生态环境部"十三五"时期

优秀调研报告

生态环境部办公厅　编

中国环境出版集团·北京

图书在版编目（CIP）数据

生态环境部“十三五”时期优秀调研报告/生态环境部办公厅编.
—北京：中国环境出版集团，2021.12
ISBN 978-7-5111-4988-6

Ⅰ. ①生… Ⅱ. ①生… Ⅲ. ①生态环境保护—调查报告—中国—2016-2020 Ⅳ. ①X321.2

中国版本图书馆 CIP 数据核字（2021）第 265780 号

出 版 人 武德凯
责任编辑 韩 睿
责任校对 任 丽
封面设计 彭 杉

出版发行 中国环境出版集团
（100062 北京市东城区广渠门内大街 16 号）
网 址：http://www.cesp.com.cn
电子邮箱：bjgl@cesp.com.cn
联系电话：010-67112765（编辑管理部）
010-67112736（第五分社）
发行热线：010-67125803，010-67113405（传真）

印　　刷 北京中科印刷有限公司
经　　销 各地新华书店
版　　次 2021 年 12 月第 1 版
印　　次 2021 年 12 月第 1 次印刷
开　　本 787×1092 1/16
印　　张 37.5
字　　数 700 千字
定　　价 158.00 元

前言

“十三五”时期，在以习近平同志为核心的党中央坚强领导下，全国生态环境系统以习近平新时代中国特色社会主义思想为指导，深入贯彻习近平生态文明思想，更加牢固树立绿水青山就是金山银山的理念，突出精准治污、科学治污、依法治污，坚决打赢打好污染防治攻坚战，全方位为人民群众提供更多优质生态产品，如期实现全面建成小康社会的生态环境目标任务。

为了进一步推动全国生态环境系统在学思用贯通、知信行统一上下功夫，勇做习近平生态文明思想的坚定信仰者、忠实践行者和不懈奋斗者，生态环境部办公厅于 2020 年年底牵头组织开展全国生态环境系统“十三五”时期调研报告成果评选工作。2020 年 12 月，生态环境部办公厅会同生态环境部环境与经济政策研究中心组织安排评审工作，组建专家评审组，召开现场专家评审会，经严格评选，最终评审出 100 篇获奖优秀调研报告，其中一等奖 15 篇、二等奖 26 篇、三等奖 59 篇。这些调研成果生动反映了生态环境保护工作取得的历史性成就，也是精准、科学、依法治污的集中体现与成果结晶，更为“十四五”深入打好污染防治攻坚战提供了一系列成功做法和宝贵经验。为系统呈现调研成果，特将部分获奖调研报告集结成册公开出版。

新阶段扛起新使命，新征程展现新气象。“十四五”时期，我国生态环境保护将进入减污降碳协同治理的新阶段，生态环境保护工作肩负起新的历史使命。展望未来，全国生态环境系统将继续坚持以习近平新时代中国特色社会主义思想为指导，深入贯彻习近平生态文明思想，聚焦重点工作，深入基层一线，不断拓展深化调研工作，形成更多优质调研成果，全力推进生态环境治理体系和治理能力现代化，以生态环境高水平保护推动经济高质量发展，为全面开启建设社会主义现代化国家新征程奠定坚实的生态环境基础！

生态环境部办公厅

2021 年 12 月

目录

一等奖调研报告

二等奖调研报告

三等奖调研报告

一等奖调研报告

北方地区冬季清洁取暖试点城市调研报告

宋玲玲　程亮　武娟妮　王兆苏
（生态环境部环境规划院）

2017年，为贯彻落实习近平总书记在中央财经领导小组第十四次会议上关于"推进北方地区冬季清洁取暖"重要讲话精神以及2017年国务院《政府工作报告》中"坚决打好蓝天保卫战"的重点工作任务，财政部会同环境保护部等部门联合启动中央财政支持北方地区冬季清洁取暖试点工作，同年，确定了12个首批北方地区冬季清洁取暖试点城市（以下简称试点城市）。按照《北方地区冬季清洁取暖试点城市绩效评价办法》（财建〔2018〕253号）的要求，2018年7月30日—8月3日，财政部、生态环境部、住房和城乡建设部、国家能源局（以下简称"四部门"）组织了4个评价工作组对12个首批试点城市的2017年度清洁取暖工作开展绩效复核，并开展实地调研，了解试点城市绩效总体情况及存在的问题。有关情况报告如下。

一、试点城市绩效总体情况

（一）部分城市科学组织、狠抓落实

鹤壁市委、市政府高度重视清洁取暖建设工作，在北方地区冬季清洁取暖试点城市推进过程中积极响应中央政策要求，加强组织领导，注重协调配合，细化方案，加快分解落实，加大财政投入，强化资金监管，狠抓贯彻落实，坚决完成任务。

在试点过程中，鹤壁市加强顶层设计，科学谋划清洁取暖试点工作。组织专门人员，通过进村入户问卷调查等方式，对全市尤其是农村地区取暖现状、取暖方式、用热习惯、住房结构、经济承受能力等进行全方位摸排，摸清全市清洁取暖底数；通过对北京、河北、吉林等地区的实地考察，学习、借鉴、吸纳清洁取暖精细化管理方法和工程建设经验，形成鹤壁工作模式；聘请著名专家、业界有实力的单位为其提供专业化、全过程的技术支撑，设计科学合理、经济适用的清洁取暖技术路线，特别是在城郊村、普通农村

地区应用以空气源热风机为代表的节能高效电取暖设备，在山区偏远村、小型村探索推进数字智能化生物质取暖，同步实施农村“煤改气”等其他多种形式的清洁供暖方式；在农村地区同步推进清洁取暖改造和建筑能效提升改造，提高建筑能效水平，降低运行费用。

（二）建立健全清洁取暖补贴政策

为保障清洁取暖工作顺利推进，各试点城市均结合自身财力情况建立健全清洁取暖补贴政策，加大项目建设补贴力度，对“煤改电”“煤改气”等用户实施运行补贴，部分城市对城镇低收入群体免收取暖费用。

项目建设补贴方面，试点城市均能充分利用中央财政资金和地方财政资金的引领作用，加大清洁取暖改造及建筑能效项目建设补贴力度，降低居民承担费用。例如，在鹤壁市农村能效提升改造项目中，村民缴费 10 元/米^2，围护结构改造农民实际承担费用不超过 1 500 元/户；农村热源清洁化改造，农民实际付费不超过 2 500 元/户，其中低温空气源热风机 1 100～2 500 元/户，生物质清洁取暖炉具 1 000 元/户。在石家庄市，“煤改气”用户的最高补贴标准为 5 000 元/户，包括 4 000 元管线投资补贴和 1 000 元采暖设备购置补贴；“煤改电”用户按设备投资额的 85%给予补贴，每户最高补贴金额不超过 7 400 元；煤改太阳能和煤改地热的补贴标准分别为 2.5 万元/户、3 500 元/户；装配式建筑补贴 50～100 元/米^2。

在气价及电价等运行补贴政策方面，石家庄、衡水、鹤壁 3 个试点城市给予 1～1.4 元/米^{3}的“煤改气”气价补贴，最高补贴气量 600～1 200 米^3，最高补贴金额为 600～1 680 元/户；大多数试点城市给予 0.2 元/（千瓦·时）的“煤改电”电价补贴，最高补贴电量 3 000～10 000 米^3，最高补贴金额为 600～2 000 元/户；部分城市对煤改太阳能、煤改生物质给予不同程度的补贴；鹤壁市等试点城市对“低保户”和“五保户”实施电费减免。

（三）清洁取暖改造任务完成情况较好

在清洁取暖试点工作的带动下，12 个试点城市合计完成清洁取暖改造面积 7.25 亿米^2、改造户数 683.91 万户，其中，城区完成清洁取暖改造面积 2.88 万米^2、改造户数 289.15 万户；城乡接合部、所辖县及农村地区完成清洁取暖改造面积 4.37 万米^2、改造户数 394.75 万户。在城区，12 个试点城市清洁取暖改造面积、改造户数、清洁取暖数均超额完成，天津、唐山、保定、衡水、太原、济南、郑州、新乡 8 个试点城市的城区清洁取暖率均已达到 100%。在城乡接合部、所辖县及农村地区，天津、唐山、廊坊、太原、济南、郑州、鹤壁、新乡等 8 个试点城市的改造任务均超额完成，廊坊的清洁取暖率已达到 100%，石家庄、太原、济南、开封等试点城市的清洁取暖率均已达到60%以上。

（四）试点城市空气质量改善显著

2017—2018 年秋季和冬季，12 个试点城市 $PM_{2.5}$ 平均浓度从 2016 年的 109.5 微克/米^3 降至 76.4 微克/米^3，下降幅度超过 30%。其中，石家庄、廊坊、保定 3 个城市 $PM_{2.5}$ 浓度下降幅度高达 40%以上（含）；天津、唐山、鹤壁 3 个城市 $PM_{2.5}$ 浓度下降幅度在 30%～40%；太原、新乡、衡水、济南、郑州 5 个城市 $PM_{2.5}$ 浓度下降幅度在 20%～30%；开封市 $PM_{2.5}$ 浓度下降幅度为 12%。12 个试点城市均不同程度地超额完成 2017—2018 年秋季和冬季生态环境部下达的 $PM_{2.5}$ 下降目标，廊坊、保定、新乡、石家庄、鹤壁、衡水完成率均超过 150%（含），唐山、天津、济南完成率为 130%～150%，开封、郑州、太原完成率为 100%～130%。受试点城市空气质量改善的有利影响，2017 年冬季京津冀地区 $PM_{2.5}$ 浓度实现大幅下降，2017 年，北京及其周边“2+26”城市全年 $PM_{2.5}$ 平均浓度同比下降 11.7%，重污染天数下降 28.8%。

二、存在的问题

（一）部分城市对清洁取暖工作认识、理解不到位，监管力度有待加强

虽然各试点城市均建立了冬季清洁取暖试点城市建设领导小组，安排部署相关工作，推动试点示范工作，但是部分城市对清洁取暖工作认识不到位，项目管理和资金管理统筹协调力度不够。部分城市片面地开展清洁取暖改造项目，忽视了建筑能效提升改造的重要性，不能同步开展热源侧和用户侧改造。部分试点城市虽然建立了资金管理办法等制度文件，但是大多数项目实施单位未遵照执行，市级部门不能及时调度项目实施进度及制度执行有关情况，监督管理力度有待加强。

（二）未按规定调整备案实施方案项目清单及内容

大多数试点城市在推进过程中，不同程度地调整了备案实施方案中的项目及内容，但是均未履行备案手续，影响了绩效考核的结果。

（三）部分城市天然气保障措施不足

2017 年，部分城市在供暖期天然气需求量大幅增加，导致天然气季节性峰谷差较大，加上天然气应急储气能力不足，造成天然气供暖期存在较大缺口。石家庄市在冬季天然

气需求最大时存在 108 万米^3/日的缺口，虽然政府采取了“压非保民”等措施确保居民供暖用气，但是仍对部分居民温暖过冬造成了一定程度的影响。

（四）建筑能效提升项目普遍推进较慢

当前北方广大农村地区建筑的围护结构热工性能较差，取暖过程中热量损耗较大，大多数试点城市对建筑能效提升项目重视不够，建筑能效提升项目推进较慢，不利于节约能源和降低供暖成本，影响清洁取暖试点工作成效。

（五）清洁取暖成本普遍较高

相比散煤采暖，农村地区清洁取暖使用成本较高，即使享受价格补贴，农村居民取暖支出仍普遍上涨。根据试点城市现有农村居民收入水平，户均取暖费用可承受范围在 1 500～2 500 元/年，若不考虑当前的运行补贴，农村居民清洁取暖支出普遍高于其可承受能力。目前，试点城市运行补贴政策实施期均为三年，三年试点期结束后政策是否延续存在不确定性。

三、政策建议

（一）加强绩效复核成果的应用

一是将绩效复核评分结果作为 2017 年度剩余奖补资金清算及 2018 年度资金下拨的依据；二是将 12 个试点城市绩效复核意见反馈给试点城市，要求试点城市在后续清洁取暖试点推进过程中按照问题与建议进行整改；三是结合绩效复核过程中发现的问题，修改、完善第二批竞争性评审评分标准，细化目标设置合理性、技术路线、投融资模式和保障机制等评分标准。

（二）加强清洁取暖试点城市的培训与交流

一方面，针对试点城市进行培训并解读北方地区冬季清洁取暖试点通知文件、绩效评价办法等，让试点城市深刻认识到冬季清洁取暖工作的重要意义，理解清洁取暖试点城市推进的政策要求、绩效评价原则及计算细则；另一方面，提供交流平台加强试点城市之间的交流，让推进较慢的城市积极向试点工作推进快、推进好的城市学习。

（三）强化项目清单及建设内容调整报备制度

试点城市实施过程中若需要调整备案实施方案中的项目清单或部分项目建设内容，及时将调整原因、调整后的项目清单及内容上报“四部门”。若备案实施方案中缺少年度示范项目清单，在年度项目确定后，及时将确定的项目清单上报至“四部门”。

（四）加强天然气供气保障

以“煤改气”为主的城市应积极推进天然气供气保障工作。提前组织签订供暖季合同，科学推进储气设施建设，积极探索季节性差价、峰谷差价、可中断气价等差别化价格政策，动态完善调峰用户清单。

（五）大力推进建筑能效项目

各试点城市应高度重视建筑能效提升项目的重要性，应坚持源头改造与末端提效相结合，推进既有建筑能效提升项目力度，完成备案目标。第一示范年未完成目标任务的试点城市，更应加大推进力度。对于农村地区的建筑节能改造，建议探索低成本围护结构的改造技术。

（六）完善清洁取暖运行补贴政策

一方面，试点城市应改进现有气价、电价补贴发放方式，建立采用直接扣缴气价、电价的收费机制，而不是先交费、后补贴的方式；另一方面，试点城市应提前研究试点示范期结束后的政府补贴政策，为确保清洁取暖试点成效不后退，试点城市应建立政府补贴逐步退出机制，逐年或分阶段减少补贴费用。

关于第三方环保服务机构突出问题的调研报告

吕盛扬　张国平　李信　陈伟达　秦妍婷
（生态环境部华东督察局）

一、调研背景

近几年，生态环境领域大力推进“放管服”[①]改革，此举为优化营商环境、充分释放市场发展活力作出了重要贡献。环保产业规模也不断扩大，第三方环保机构和从业人员数量大幅增加。但工作中发现，环评、监测、污染治理等领域不负责任、弄虚作假、以次充好等情况屡见不鲜。一些地方的生态环境主管部门坦言，当前对第三方环保机构的监管已经成为痛点和难点。为深入了解有关情况并推动问题解决，生态环境部华东督察局督察三处结合日常掌握的情况，与浙江省多地生态环境部门座谈交流，实地走访调研了嘉兴、温州、金华、湖州等地数十家企业和单位，形成本报告。

二、调研发现的主要问题

（一）环评机构技术能力不够，相关部门监管能力提升慢，环评弄虚作假现象屡禁不绝

（1）环评准入门槛降低，不少机构技术能力明显不足。2003 年版《环境影响评价法》（以下简称《环评法》）要求环评机构必须取得环评资质，2018 年《环评法》第二次修订时取消了该规定，随后环评工程师的行业类别限制也被取消。目前一家环评机构只要有一名环评工程师就可以开展业务。随着审批权下放、审批流程简化以及承诺备案

① “放管服”就是简政放权，放管结合，优化服务的简称。“放”即简政放权，降低准入门槛；“管”即创新监管，“服”即高效服务，营造便利环境。2015 年 5 月 12 日，国务院召开全国推进简政放权、放管结合职能转变工作电话会议，首次提出了“放管服”改革的概念。

制的实施，环评市场竞争日趋激烈，环评收费逐年降低，业务量明显减少。一方面一些科研院所、高等院校等“老牌”环评机构没有跟上改革步伐，业务骨干大量流失，整体技术水平明显下降；另一方面，一些新成立的机构为了挣“快钱”，不注重人才培养和队伍建设，聘请一名环评工程师加两名助手就开始接项目编环评报告，还有一些机构常年靠借证、挂靠开展业务。由于技术能力难以支撑工作需要，导致环评质量问题层出不穷。

（2）环评机构为牟利弄虚作假。主要有以下三种情形：一是环评机构主动造假。有些机构为了挣钱什么项目都敢接，遇到难处理的问题就采用忽略环境敏感点、回避生态红线、修改工艺参数、夸大治污效果等手段进行造假。例如湖州某区生态环境部门反映，有些机构明知项目存在政策或技术障碍却不告诉企业，导致项目难以通过审批，既浪费时间又浪费钱财，企业有苦说不出。还有一些机构既有环评业务，又做环保治理，为了让企业满意又顺利接到工程，主动帮助企业在环评上造假。二是企业指使环评机构造假。一些企业法律意识淡薄，把环评当作项目违法违规的“遮羞布”，提出不合法、不合规的要求，环评机构拿人钱财，不得不按企业要求造假。一旦遇到负责任的机构给出的结论不能让企业满意，企业就会换另一家“听话”的机构去造假。2017 年被第一轮中央环保督察点名的融创海南月岛项目就是一个非常典型的案例，第一家机构因不配合造假被更换，新接手的机构按企业要求故意淡化项目对生态环境的影响，甚至将项目定位成“生态旅游”类，以规避生态红线的限制。在响水天嘉宜爆炸事故中，环评机构在企业负责人的要求下，帮助其隐瞒重大环境问题，最终酿成惨痛事故。三是为降低成本抄袭造假。某机构负责人反映，近年来环评市场恶性竞争愈演愈烈，前几年要四五万元的项目被一些小公司压到 1 万元以下，甚至不够支付人员差旅费用，偷工减料、抄袭造假等成为必然。即使是有责任心的机构，面对成本的压力也会被迫减少各方面投入，能抄的就抄，能编的就编。

（3）县级环评主管部门任务重、压力大，监管能力提升慢。近几年环评审批权下放力度很大，大部分项目改由县级环评部门审批。以嘉兴市为例，2019 年市级环评审批的环评报告书、环评报告表分别为 1 个和 15 个，而所辖 7 个区（县）共分别审批了 128 个和 1 438 个。温州、金华、湖州等地的情况与嘉兴类似，绝大部分项目由县级环评部门审批。上面放得快、放得多，下面特别是县里接不住、管不好的不在少数。主要有以下两种情形：第一种是把关能力弱，顾此失彼。调研发现，大部分县级环评审批部门只有两三名工作人员，人员与工作任务严重不匹配，只能把更多精力放在环评报告书类项目上，对环评报告表重视明显不够。如温州市经开区环评审批部门只有一名工作人员，2019 年除 5 个环评报告书组织专家审查外，其他 111 个环评报告表全部直接审批；龙湾区 2019 年的 198 个环评报告表全部直接审批。除了审批环节，技术复核中也是如此。嘉兴市生态环境局2018年、2019年分别复核12个和40个环评报告书，未复核环评报告表，但浙江省生态环境厅2018年度抽查发现，全省存在质量问题的15个项目中有13个是环评报告表。有从业者表示，一些环评机构看到了这方面的漏洞，专门做环评报告表，周期短、来钱快，被抽查到的概率又低，因此工作不认真甚至抄袭、造假等情况时有发生。第二种是监管力量跟不上，事后监管落实难。目前现场监管任务主要由县级执法人员承担，而人员少、任务重、能力不足等问题长期存在，加上实施企业环保自主验收、“双随机、一公开”监管机制，很多项目建成投运后很少被检查，更不用说由此来验证环评文件质量。环评的事后监管难又助长了一些机构的侥幸心理，导致弄虚作假现象屡禁不绝。

（二）环境监测机构篡改、伪造数据为企业超标提供掩护，日常监管和调查取证难度大

（1）监测机构与企业互相串通，弄虚作假。有些机构明知企业不能达标，但为了使客户满意从而保持长期合作关系，会用各种手段协助企业做到“数据达标”。用温州市生态环境局某位负责人的话来形容就是“给钱就出报告”。例如，某些监测机构会故意不按标准开展监测、回避行业特征污染物或较难处理的因子；明知企业采样口位置不符合规范要求，仍为其出具报告等。有一些“谨慎”的机构，在企业不能稳定达标时会多次采样，还指导企业降低生产负荷、加大投药量，直至测到达标数据，这样既能让企业满意，又能保护自己。有些企业在环保验收时采用临时改用低污染原料、超常规运行治污设施等方法，故意减少污染物排放，监测机构则睁一只眼闭一只眼，帮助企业顺利通过验收。

（2）监测机构内部管理混乱，质量控制形同虚设。主要有以下几种情形：一是采样过程不规范，不按要求记录采样位置、采样人、采样环境条件等关键信息，采样设备、点位设置不符合标准要求；二是分析过程不规范，不按要求使用监测辅助工具，仪器设备使用记录和环境条件监控记录不完善，核查、维护记录不完整，场所和环境条件控制不符合要求；三是内部质量控制不规范，监测标准引用错误，相关联数据信息存在逻辑错误，标准曲线校准不符合要求等问题。2019年6月，温州市生态环境局检查发现，当地一家监测机构不但实验室环境和设备管理不规范，甚至还存在使用过期监测方法、监测结果计算公式错误等十分低级的问题，内部质量控制形同虚设。嘉兴市某监测机构为实现利益最大化，在对某企业开展定期监测时只有第一次真正进行了化验分析，此后现场采样都是装样子，把以前的数据稍加修改就出具监测报告。

（3）对环境监测机构日常监管难、调查取证难。法律法规对环境监测有明确的监管要求，但实际工作中依然存在不少困难。一是监测机构跨区域经营，日常监管难以开展。

不少机构服务范围覆盖周边多个区域，跨市、县甚至跨省经营比较普遍。据嘉兴市统计，在该市开展业务的监测机构共47家，其中27家为外市甚至外省机构，这些机构实验室在外地注册，超出嘉兴市管辖范围，日常监管存在很大困难。跨区域经营还催生出很多挂靠、借证问题，进一步增大监管难度。二是调查取证难。目前对监测机构的“双随机”检查侧重于管理体系运行、设施设备管理、内部质控规范性等方面，对数据真实性查验的办法不多，由于大多数监测行为不可重现，调查取证难度很大。某地一化工企业竣工验收监测数据全部达标，但此后监管部门数次抽测均超标。生态环境部华东督察局督察人员也曾多次遇到企业委托监测数据全部达标，但生态环境部门突击检查却超标的情况，即便如此也很难追究监测机构的责任。

（三）环保治理行业乱象丛生，一些环保治理公司基本没有技术能力，严重扰乱市场秩序

（1）环保治理公司技术能力不足，以新技术、新工艺之名蒙骗企业。当前环保治理行业鱼龙混杂，大到跨国企业、上市公司，小到两三个人的个人企业，各有各的生存之道。大型公司的业务主要集中在钢铁、电力、石化等行业，这类项目治污投入动辄数千万元甚至上亿元，一般的环保公司没有实力做。从近年情况来看，大项目污染治理工艺较为成熟，监管难度不大。其他行业的治污市场由于规模小且分散，大型公司不感兴趣，大多被小型环保治理公司占据，这方面比较容易出现问题。调研发现，不少环保治理公司实际还有另一重“身份”——环保设备经销商，他们抓住一些企业不懂环保技术的弱点，用“新概念”忽悠企业。例如前几年十分畅销的低温等离子、光催化氧化等VOCs治理设备，被环保治理公司推荐给很多企业购买使用，但实际治污效果却很差。某环保治理公司为一家颜料企业设计了复杂的治污工艺，但其关键反应环节明显违背化学原理，由于企业不懂环保技术，花费数百万元治污却依然因超标排污被处罚。多地生态环境部门反映，不少企业由于缺乏专业能力，往往将超标问题归因于自己对治污设施运行管理不到位，而不会或不敢怀疑治污设施的有效性。还有一些环保治理公司为了追求利益而偷工减料，导致治污设施长期无法正常运行，企业想用法律手段解决问题，但考虑到打官司耗时耗力，拖延下去只会造成更大的经济损失，因此他们会要求环保治理公司想办法解决问题。治污成了“无底洞”，一些企业甚至因此被拖垮。

（2）治污设施运营单位人才储备和技术能力不足问题突出，与业主责任边界不清，双方矛盾纠纷不断。近几年第三方运营模式发展迅猛，“专业的事交给专业的人去做”成为很多企业的共识。花钱买服务在一定程度上解决了企业环保专业能力不足的问题，但调研发现，不少运营单位人才储备不够、技术能力不足，难以支撑业务快速发展的需要。随着产业梯度转移，不少污染型企业也搬迁至中西部，这些企业对运营的服务需求不断增加，但当地的运营单位很难留住高水平技术人才，外来有实力的运营单位因当地市场规模小、人力成本高而难以站稳脚跟。此外，企业与运营单位责任边界不清也导致很多问题。根据《环评法》的规定，治污设施由企业运行或委托第三方运营，都不能免除企业应承担的法律责任。当前企业与运营单位的权责关系主要通过合同来约定，但很多时候运营单位给企业造成的损失难以量化，如企业被责令停产或限产造成的间接损失，以及因环保处罚造成的商誉损失等，运营单位一般只承担有限责任，间接损失还是由企业承担。有些企业对此认识不到位，认为花钱委托运营出现问题就应由运营单位担责，导致双方矛盾日益凸显。

三、加强监管的对策建议

“放管服”改革的目的是简化审批程序，降低准入门槛，从重审批转为重事中、事后监管，以此来降低企业生产经营成本，提高社会运行效率。但从调研情况来看，当前对第三方环保机构的监管能力建设和体制机制创新方面存在明显短板。对此，调研人员结合工作实际提出以下对策建议。

（一）切实强化企业环境守法意识，压实企业责任，从源头减少第三方环保机构违法违规现象

无论是环评、监测还是环保治理公司，第三方机构都是为企业提供服务，拿人钱财就要替人办事，所以上述问题的根源还是在企业身上。企业守法意识提高了，就会主动选择有实力、有信誉的服务机构，也会主动督促其提高服务质量，帮助企业发现和解决问题，第三方弄虚作假的动机就会大大降低。所以首先应该压实企业主体责任，切实提高其守法经营、诚信经营的意识。相关部门应加大对“放管服”改革精神的宣传力度，让企业认识到，简化审批程序、降低准入门槛并不是意味着放松监管要求，而是将以往由监管部门承担的责任回归企业本身，今后也会进一步加大对违法违规行为的处罚力度。只有不断强化企业环境守法意识，督促其树立自觉守法、达标排放的观念，才能从根本上清除弄虚作假的“土壤”。

（二）加大监管处罚力度，对弄虚作假、不负责任的机构进行严厉打击

一是要制定和完善处理处罚措施，进一步加大惩处力度。严厉打击第三方机构弄虚作假、违法违规行为，做到发现一起严查一起。建议适当扩大行业禁入等处罚措施的适

用范围，大大提高违法成本。二是要加大对违法违规机构的曝光力度。要借助媒体的力量，将其违法违规行为公之于众，一方面可以惩罚相关机构，使其在市场上没有立足之地；另一方面也能起到警示作用，使其他机构不敢再犯类似错误。三要建立和完善环评等行业信用平台，并尽快与“信用中国”“国家企业信用信息公示系统”等平台联网，实现政府部门间信用信息共享，真正做到将失信行为全面公开、全面惩戒。

（三）加强规范和引导，不断营造公平公正的市场环境

好的市场环境是企业健康发展的保证，各级地方政府和相关部门应该在这方面下功夫、做文章，特别是在当前经济社会运行受疫情影响较大，企业发展面临困难的特殊时期，更应该做好“服”的工作。一方面要引导第三方环保机构树立守法经营的理念，帮助其认识到提供优质高效的服务是健康发展的前提和基础；另一方面要不断完善第三方服务行业有序发展的体制机制，从技术能力培训、人才队伍建设、标准规范完善、行业自律和监督等方面着手，不断规范第三方经营行为，努力营造良好的市场环境。

（四）针对环评、监测和治理机构监管的具体建议

环评方面，应该进一步扩大技术复核覆盖范围、增加抽查比例。省、市两级生态环境部门应该把工作重心放在技术复核和环评质量监管方面，帮助县级生态环境部门提高把关能力。建议将环评报告表项目全面纳入抽查复核范围，并大幅提高抽查比例。

监测方面，应优化委托监测模式，加快新技术新手段的应用，不断提高监管水平。一是联合市场监管部门，增加对环境监测机构飞行检查、突击检查频次，对跨区域机构可以采用跨区域联合执法、交叉执法等形式进行检查。二是在工业园区等企业集中区，由园区管理机构牵头集中委托监测，并参考国控断面采样监测模式，将采样、送样和分析过程分离，相互监督。三是加快便携式监测分析仪器的研发和推广使用，尽快实现现场采样、现场分析、数据实时上传，降低人为修改监测数据的可能。

治理方面，一是监管部门应对环境保护工程技术规范和推荐技术以外的治污新工艺、新技术给予更多关注，适当增加现场检查和执法监测频次，监督其治污效果。二是进一步完善顶层设计，厘清治污设施运营单位与企业的责任边界，指导企业依法维护合法权益。将运营单位内部管理、质量控制等情况纳入日常监管范围，加大监管力度。

深入实施煤电超低排放战略，落实高质量绿色发展要求，坚决打赢蓝天保卫战

帅伟　莫华　吴家玉
（生态环境部环境工程评估中心）

党的十八大提出中国特色社会主义事业“五位一体”总体布局以来，我国生态文明建设成效显著。党的十九大指出，中国特色社会主义进入新时代，必须“坚持新发展理念”“坚持人与自然和谐共生”等基本方略，积极推进绿色发展，持续实施大气污染防治行动，提供更多的优质生态产品以满足人民日益增长的优美生态环境需要，增强人民蓝天幸福感。在国家大力推进生态文明建设和提倡绿色发展之时，煤电行业通过贯彻执行“超低排放”战略，行业烟气治理装备技术水平发生重大变革，大气污染物排放强度持续降低，治理能力大幅提升，朝着绿色高质量发展方向稳步迈进。

为全面贯彻党的十九大精神，深入了解煤电超低排放的改造与运行效果，2018 年，生态环境部环境工程评估中心组织 6 个调研组出动 80 人次，历时 3 个多月，对位于京津冀及周边地区、长三角地区、珠三角地区的 20 余家典型超低排放煤电企业展开了调研工作，调研机组单机规模在 200～1 000 兆瓦，包括发电机组和热电机组，炉型涵盖煤粉炉和循环流化床锅炉，具有典型代表性。通过现场踏勘、环保台账查阅、资料收集、大数据整理、专家咨询等方式，深入研究了煤电超低排放改造的建设和运行效果，在总结先进经验和梳理潜在问题的基础上，提出了新时期能源工业高质量绿色发展的新路径。

一、超低排放系列政策驱动环保技术创新与应用，培育新时期煤电发展新动能

党的十九大指出，我国经济由高速增长阶段转向高质量发展阶段，要实施创新驱动战略，培育新增长点、形成新动能。2011 年《火电厂大气污染物排放标准》（GB 13223—2011）的实施，拉开了烟气污染防治措施升级改造的序幕，2014 年《煤电节能减排升级与改造行动计划（2014—2020 年）》提出“超低排放”要求，给环保产业带来了从理念到技术

的全面变革，释放出千亿级别的环保市场空间。2015年《全面实施燃煤电厂超低排放和节能改造工作方案》要求"加快现役燃煤发电机组超低排放改造步伐"，进一步促进了超低排放技术的大发展、大繁荣。湿式静电除尘器、低低温电除尘、超净电袋、旋汇耦合、高效除雾器等污染治理新技术得到迅速发展与广泛应用，形成了色彩纷呈的环保新兴产业，带动了整个环保产业的快速发展。

本次调研的20余家煤电企业全部按要求在2017年年底前完成了机组超低排放改造工作，形成了各自特点的不同技术路线组合。其中，煤粉炉机组一次除尘主要采取带提效措施（高频电源、三相电源、移动电极等）的静电除尘和电袋复合除尘技术，二次除尘主要采用湿式静电除尘和湿法脱硫协同技术；二氧化硫控制主要采用石灰石-石膏湿法脱硫（空塔喷淋、旋汇耦合、单塔双区、鼓泡塔、托盘塔等）和海水脱硫技术；氮氧化物控制全部采取低氮燃烧+SCR脱硝技术；循环流化床锅炉机组均采用SNCR脱硝、炉内+炉外烟气循环流化床脱硫、布袋除尘技术。上述超低排放技术的选择均符合《火电厂污染防治可行技术指南》（HJ 2301—2017）和《燃煤电厂超低排放烟气治理工程技术规范》（报批稿）的相关要求，调研期间设施运行较好，相关指标基本达到了工程设计的目标值，控制基本合理，如图1—图4所示。

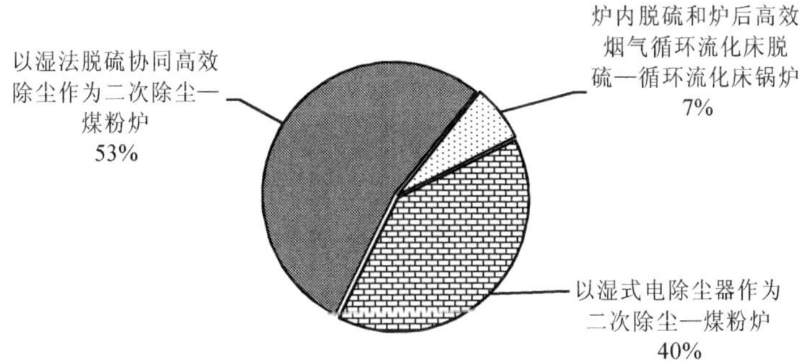

图1　调研煤电机组超低排放技术路线分类

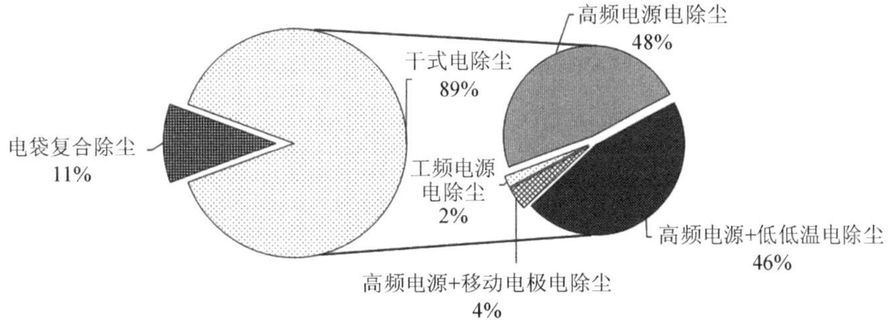

图2　调研煤粉炉机组一次除尘技术占比

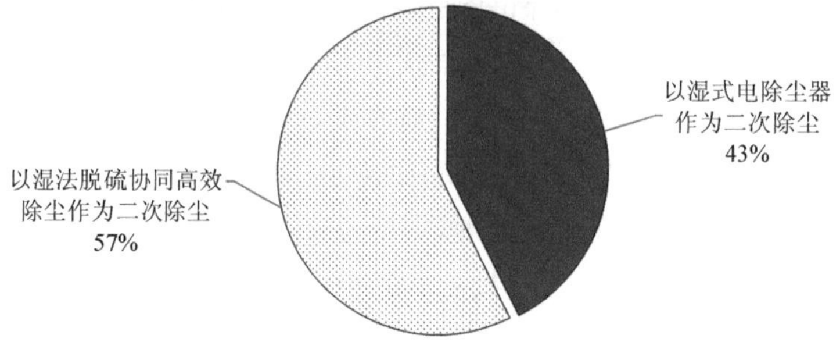

图 3　调研煤粉炉机组二次除尘技术占比

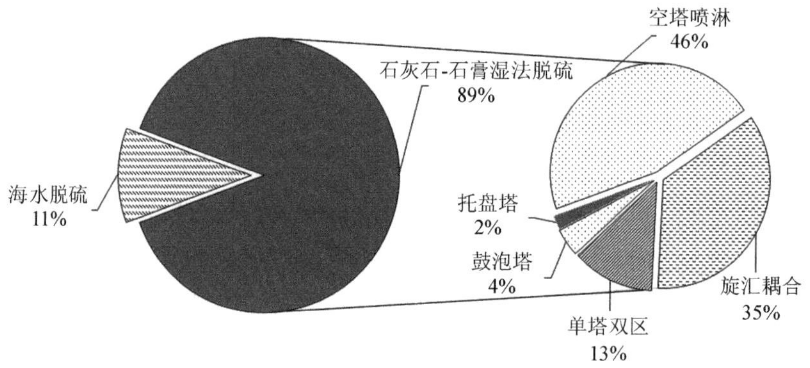

图 4　调研煤粉炉机组脱硫技术占比

二、超低排放技术推进煤炭高效清洁利用，构建新阶段现代能源新体系

2015 年以来，我国火力发电煤炭消费量占全国煤能源消费总量的比例仍保持在 50% 左右，年均消费量不低于 15 亿吨，以煤为主的能源消费模式被认为是污染最严重的资源利用途径。实施煤电超低排放创新发展战略，实现了大气污染物排放浓度达到燃气机组排放限值，补齐了煤炭资源利用的环保短板，示范了煤炭绿色高效利用方式，为顺应我国“富煤贫油少气”的自然资源禀赋和构建清洁低碳、安全高效的现代能源体系作出了重要探索。

本次调研以煤电机组超低排放改造后连续稳定运行 6 个月的 CEMS 数据为依据进行达标分析，结果显示，烟气总排口处颗粒物、二氧化硫、氮氧化物小时均值基本达到了超低排放限值要求，远低于美国和欧洲主要国家的煤电污染物排放水平。以湿式静电除尘器作为二次除尘的机组颗粒物排放浓度明显低于以湿法脱硫协同高效除尘作为二次除尘的机组颗粒物排放浓度。调研的部分煤电企业还采取了宽负荷脱硝、脱汞、消除湿法脱硫“石膏雨”等污染控制技术措施，进一步降低了烟气污染物排放对环境的影响。另外在控制三氧化硫、氨、可溶盐、重金属排放等方面也作出了积极探索，积累了重要的基础数据和运行管理经验。

三、超低排放改造减排效益显著，成本可控，引领新时代绿色煤电发展新方向

煤电和超低排放技术创新互联，优化煤炭消费与环境保护均衡发展，可以形成巨大的污染物减排空间和广阔的循环经济体系，以推动能源生产利用方式变革、优化能源供给结构、提高能源供给质量和效率。受益于煤电的超低排放改造，2016 年火电行业颗粒物、二氧化硫和氮氧化物排放量同比下降了 14%、18%和 16%。2020 年所有煤电机组实施超低排放后，其环境效益将进一步释放，火电行业主要大气污染物排放量占全国工业排放量的比重有望降至 10%左右。

本次调研的煤电机组实现超低排放改造后，颗粒物、二氧化硫和氮氧化物的排放强度平均值分别为 0.007 克/（千瓦·时）、0.045 克/（千瓦·时）和 0.105 克/（千瓦·时），远低于我国火电行业 2016 年平均水平［颗粒物 0.080 克/（千瓦·时）、二氧化硫 0.390 克/（千瓦·时）和氮氧化物 0.360 克/（千瓦·时）］，也远低于美国 2014 年水平［颗粒物 0.102 克/（千瓦·时）、二氧化硫 1.161 克/（千瓦·时）和氮氧化物 0.646 克/（千瓦·时）］，与日本东京电力 2016 年水平［0.050 克/（千瓦·时）（二氧化硫）、0.100 克/（千瓦·时）（氮氧化物）］相近；颗粒物、二氧化硫、氮氧化物的排放量与折算到《火电厂大气污染物排放标准》（GB 13223—2011）和超低排放限值下的污染物排放相比，调研时段内减排量（比例）分别达 5 577.4 吨（91.0%）、23 998.4 吨（86.1%）、20 612.0 吨（70.1%）和 2 329.2 吨（80.8%）、6 756.3 吨（63.6%）、6 235.3 吨（41.4%）（表 1）。煤电超低排放改造后，机组污染物排放强度达到国内领先、国际一流水平（图 5、图 6），环境效益显著。

表 1　调研煤电机组烟气污染物减排效益

污染物名称	实际排放量/t ①	与 GB 13223—2011 相比		与超低排放相比	
		减排量/t	减排比例/%	减排量/t	减排比例/%
颗粒物	553.1	5 577.4	91.0	2 329.2	80.8
二氧化硫	3 861.8	23 998.4	86.1	6 756.3	63.6
氮氧化物	8 809.6	20 612.0	70.1	6 235.3	41.4

注：① 调研时段内期间环境保护月报表、CMES 报表等数据核算。

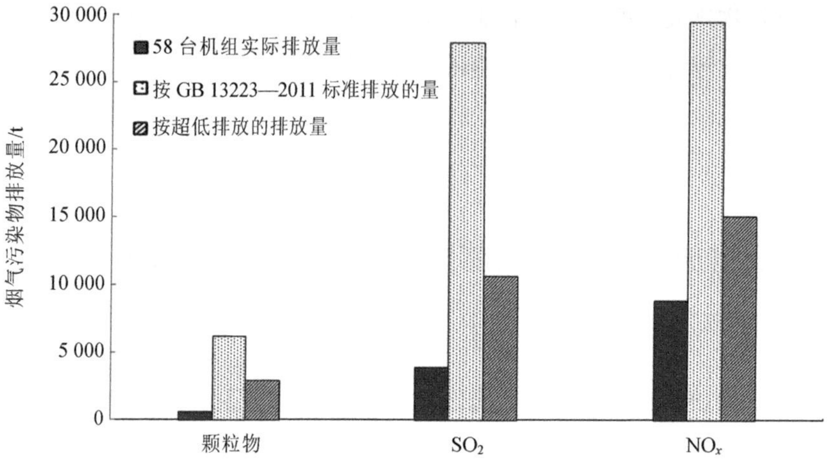

图 5　调研煤电机组不同情境下污染物排放量

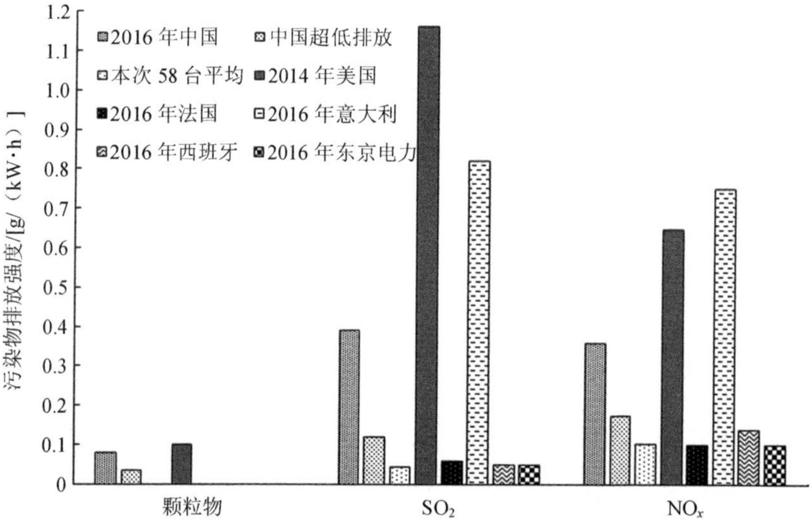

图 6　调研煤电机组平均排放绩效与主要经济体发电排放强度对比

本次调研的煤电机组均取得了环保电价和超低电价，位于河北省、山西省、山东省和河南省的超低排放机组还获得了超低排放改造资金或发电量奖励。经济模型核算分析，调研的超低排放机组污染物处理运行成本与现阶段的超低电价大致平衡，个别机组因利用小时数低等因素导致运行成本高于超低电价。

四、超低排放实践助力中国煤电走出国门，推动形成人与自然和谐共生新格局

煤电超低排放技术创新与应用实践，使我国形成了一系列具有自主知识产权的关键技术与成套装备，并基本建立了涵盖标准、设计、建设、运行、监测的煤电超低排放技术保障体系。本次调研的煤电机组超低排放环保设施建设规范，运行可靠性较好，对煤种的适应性较强，技术应用与生产运行管理经验达到国际先进水平。

近年来，全球能源发展形势正在经历重大变革，消费增速明显放缓，绿色低碳转型步伐加快，包括印度、中东在内的亚太地区多个新兴市场经济体均有以煤电替代油、气的客观需求，随着用电量的持续攀升，对绿色电力的发展也越来越重视。我国拥有世界领先的燃煤发电技术，超低排放技术的创新与应用，大幅提升了煤电的环保效能，为我国煤电企业“走出去”提高了话语权。“一带一路”倡议为绿色煤电技术走出国门提供了很好的机遇，在超低排放技术的保障下，中国煤电能够实现将“一带一路”沿线打造成绿色低碳走廊，推动构建绿色低碳的全球能源治理格局，共建人类命运共同体的宏伟目标。

五、问题及建议

（一）部分煤电企业 CMES 无法完全满足超低排放的最新监测技术规范要求，仪器设备有待进一步升级改造

煤电超低排放改造之初，由于没有相关标准规范有效指导 CMES 监测仪器的发展与应用，导致部分监测设备对超低浓度烟气污染物的适应性较差。建议煤电企业按照 2018 年 3 月 1 日起正式实施的《固定污染源烟气（SO_2、NO_x、颗粒物）排放连续监测技术规范》（HJ 75—2017）要求，对相关仪表进行升级改造，合理选择测量量程，定期做好设施比对工作，以更好地实现污染物监测的精准度。相关主管部门也应加强对超低排放烟气在线连续监测设备的检查工作，确保监测数据真实可信。

（二）煤电超低排放环境经济政策尚需进一步丰富，激励煤电行业绿色可持续发展

我国现行的火电行业环保电价和超低电价政策，对鼓励煤电企业进行超低排放改造与运行具有显著效果。建议相关部门从环境经济政策、实施清洁电能热能替代“散乱污”燃煤供暖、节能减排发电调度等方面进一步完善超低排放的环境管理制度。充分发挥市

场在绿色能源资源配置上的决定性作用，有效释放能源环保产业的发展活力。以脱硫、脱硝、除尘、超低排放、深度调峰等辅助电价方式进行持续地经济激励和约束、加大不达标惩罚力度，引导和激励企业自主自觉减排，保障超低排放设施稳定可靠运行。

（三）现行达标考核办法评判煤电超低排放企业会导致 “普遍违法”情况，亟须出台煤电超低排放在线监测达标考核办法

我国现行标准《火电厂大气污染物排放标准》（GB 13223—2011）规定的达标考核办法适用于手工监测（且采样工况负荷≥75%）。由于我国火电企业具有生产负荷率低、负荷波动大、备用时间长、启停次数多等特点，在环保执法、经济考核中采用手工监测考核办法考核在线监测数据，容易带来“普遍违法”风险。建议相关主管部门参照美国、欧盟等国家和地区的考核办法，综合考虑我国火电行业运行特点，研究制订更符合国情、易于操作、便于环境执法的在线监测考核办法。

（四）煤电行业烟气污染物排放控制因子已不能适应环保新形势要求，需对其进行规范调整

随着超低排放改造的全面实施，煤电行业颗粒物、二氧化硫和氮氧化物排放浓度限值和排放量大幅降低，其减排空间日益缩小，但原有潜在问题日益凸显，如部分电厂在相同条件下三氧化硫排放浓度甚至高于二氧化硫，SCR 脱硝喷氨量加大也会导致氨逃逸量的大幅增加，而三氧化硫和氨均是形成大气中细颗粒物的重要前体物，对大气环境的危害程度更大。建议煤电企业应提前谋划，及时调研考察相关治理技术的发展与应用情况，开展研究示范。国家相关主管部门应完善排放标准中的控制项目，适时将相关指标纳入标准体系。

（五）亟须建立完善的环保新技术测试与跟踪评估体系

煤电超低排放政策的实施对技术的设计、建造、运营等方面提出了新的更高的要求，但由于缺少国家层面的新技术跟踪评估体系，使得在部分超低排放工程应用过程中出现了各种技术简单堆积，改造费用高、能耗高、运行成本难以承受等问题。建议相关主管部门以煤电超低排放技术评估经验为基础，推广污染治理新技术（如脱硫废水“零排放”、脱硝催化剂再生技术）的测试与评估，实时跟踪新技术发展，了解有关工程实施情况，制定相关技术导则与规范，以促进技术进步和发展，推动国家环保政策的科学实施。

（六）排污许可证的落实有待进一步规范，企业“自证守法”能力尚需加强完善

部分电力企业对排污许可自行监测方案落实情况不尽完善，排污许可环保台账记录内容与相关技术规范不尽符合。建议煤电企业严格落实排污许可证制度的相关要求，进一步强化排污许可环保台账管理工作，完善自行监测方案，提高“自证守法”可信度。相关主管部门应按照“核发一个行业，清理一个行业，达标一个行业，规范一个行业”的思路，加强对企业排污许可的监督管理工作，充分发挥排污许可证制度在固定污染源管理中的核心作用，督促企业落实环境主体责任。

此外，建议相关主管部门尽快制定出台火电行业环境执法规范与指南，明确执法和现场检查的工作程序、方法、内容、处罚标准与尺度，以提高环境执法的科学性与合理性，真正做到“有法必依，执法必严，违法必究”，全面增强企业守法自觉性和紧迫性。

“绿水青山就是金山银山”。党的十九大强调，永远把人民对美好生活的向往作为奋斗目标。实施煤电超低排放改造，践行了新时期下国家创新驱动发展战略，大幅削减了煤电行业污染物排放强度，引领了煤电企业绿色转型升级方向。

以煤电超低排放实现煤炭集约清洁高效利用，是打造经济新常态下的能源产业链增长极，推动能源工业向高质量发展阶段迈进的必然选择；是保护和改善环境质量、实现我国能源安全可靠经济供应的有效途径；是推动中国煤电“走出去”，以清洁能源奉献人类命运共同体的伟大探索，为持续优化调整能源供应结构、推动能源工业供给侧革命，探索适合我国国情的能源可持续发展道路奠定了坚实基础。

雄安新区安新县水环境保护情况调研报告

张涛
（生态环境部环境规划院）

为深入贯彻党的十九大精神，进一步了解雄安新区白洋淀流域水环境保护与治理现状，推进编写雄安新区相关规划，2018 年 2 月 27—28 日，生态环境部环境规划院赴河北省雄安新区安新县，重点围绕纳污坑塘污染治理、农村生活污水治理设施的运行维护、白洋淀流域系统治理等问题开展调研。

调研组现场察看了雄安新区安新县老河头镇沈北村纳污坑塘、唐河污水库、端村镇河南村水污染治理设施、白洋淀淀区水环境状况等，听取了安新县人民政府和环境保护局对水环境保护工作的情况介绍，就有关问题开展了深入交流和探讨。

一、调研内容

（一）纳污坑塘整治

安新县针对纳污坑塘已组织开展了摸排、调查与整治工作，并取得了一定成效。一是全面摸排情况，实施台账管理。自 2017 年以来，安新县组织各乡镇和生态环境部门对全县域内纳污坑塘进行了全面摸排，排查出纳污坑塘 364 个，并按照“一坑一档”的要求全部建立档案。二是开展调查评估，积极申请资金。安新县对纳污坑塘的水质以及污染物成分、来源、存量等进行了多次调查评估，编制可行性研究报告，积极申请专项资金。三是实施分类整治，实施销号制度。按照“先易后难、分类施治”的思路，将纳污坑塘划分为自然坑塘、养殖坑塘、生活纳污坑塘、工业坑塘四大类，并分类、分级、分批制定整治方案。实行台账管理和销号制度，治理完成一处，验收一处，销号一处。

调研组实地察看了老河头镇沈北村纳污坑塘和唐河污水库情况。

1. 老河头镇沈北村纳污坑塘

该坑塘属于小型生活纳污坑塘，已完成整治工作。安新县对自然坑塘、部分小型养殖坑塘、污染较轻的生活纳污坑塘等治理难度较小的坑塘，由县级财政出资，以乡镇为主体，在专业团队的指导下，采取清理垃圾、打捞漂浮物、设置围网和警示标牌、切断污染源、加投药物等措施自行治理，力求快速见效。

2. 唐河污水库

唐河是汇入白洋淀的 8 条河流之一，40 多年来唐河污水库是工业废水和垃圾存放的主要场所，没有防渗系统，严重威胁白洋淀水质。为有效推进白洋淀流域的水环境整治工作，目前已开展库区内外垃圾及危险废物堆存情况排查，调查分析库区内外地表水、底泥、土壤、地下水和人群暴露状况，评估环境和健康风险，完成了《唐河污水库污水应急处理工程可行性研究报告》。

（二）农村生活污水治理设施

安新县农村生活污水处理站共 151 座，处理能力为 7 052 吨/日，已经与河北德龙环境工程股份有限公司签订了运营合同（20 年），由德龙公司派专人每日巡检，发现问题及时维修维护，确保污水站稳定达标排放。污水处理服务费由县财政承担，已列入财政预算。

调研组现场察看了安新县端村镇河南村水污染治理设施。端村属于淀边村，其污水处理设施是结合安新县 2015 年美丽乡村建设任务修建的，处理规模为 35 吨/日，采用 A^2/O 接触氧化一体化设备+生态滤池处理系统，出水标准为《城镇污水处理厂污染物排放标准》（GB 18918—2002）规定的一级 A 标准。村庄地形高低错落不平，部分村居靠近河道，较为分散，污水难以集中收集。出水排入的沟渠两岸堆放着大量生活垃圾。

（三）白洋淀水环境状况

2017 年，白洋淀淀区总体水质类别为Ⅴ类，营养状态属于轻度富营养。白洋淀淀区共布设国控水质监测点位 5 个，2017 年，湖心区的烧车淀、光淀张庄、采蒲台、圈头和入湖区的南刘庄点位，水质分别为Ⅳ类、Ⅳ类、Ⅴ类、Ⅴ类和劣Ⅴ类，主要污染物指标为化学需氧量、总磷、氨氮等。其中，入湖区的南刘庄点位水质最差。

白洋淀上游入淀河流共 8 条，除府河、孝义河外，其余基本断流。府河、孝义河作为保定市区、蠡县和高阳县污水处理厂的下泄通道，水质长期处于劣Ⅴ类。

二、主要问题

（一）水环境保护缺乏系统考虑

新区在水环境方面不是“一张白纸”，存在水环境质量差、水资源短缺、水生态破坏严重、水安全保障不足、尚未实现系统水环境治理等问题。

1. 水资源严重短缺

白洋淀入淀水量补给不足。在20世纪60年代以前，白洋淀区“十年九涝”，随着上游水利工程的建设运行（上游流域内共有6座大型水库、8座中型水库和116座小型水库，总库容超过36亿米^3），进淀水量逐渐减少，到80年代一度出现连续多年干淀。自1989年白洋淀重新蓄水以来，曾达到较高水位，但是随着流域内用水量的增加，重新逼近干淀警戒线。同时，流域内水资源开发利用强度高，丰水年地表水资源开发利用率超过60%，平枯水年占比高达95%。此外，地下水超采严重，以保定市为例，地下水埋深从20世纪70年代的5米降至当前的24米，出现明显的地下水漏斗。目前，入淀河流除府河、孝义河作为城市排污河道有一定流量外，其他6条河流常年处于干涸断流状态。

2. 水环境质量差

白洋淀流域内存在大量制鞋、塑料加工等“散乱污”企业，仅雄安新区范围内已排查出“散乱污”企业近万家。流域内生活污水未做到全收集、全处理，仅保定市区仍有100多个城中村生活污水直排，污水管网多为雨污合流制。农业化肥施用量大，平均化肥施用强度为19.23千克/亩①，超过国际公认的15千克/亩的安全上限。

3. 水生态退化严重

湖泊浅滩湿地受侵占，由于长期上游来水减少，河道干涸裸露，大量人工设施、违章建筑及农田耕作向河道蔓延，河道生态空间被占用，仅雄安新区就有约30万人居住地位于河道、蓄滞洪区内。白洋淀水生生物种类大幅下降，高价值的鳜鱼、鲂鱼等数量大幅减少，低质小杂鱼占绝对优势，浮游动植物中耐污种逐渐占据优势，栖息于白洋淀区的野鸭、鹁鸪等几近绝迹。

---

① 1亩约为666.67平方米。

4. 水安全面临挑战

新区上游部分工业企业可能存在违法排污，“散乱污”企业可能死灰复燃，部分生活污水处理设施尚不能稳定运行，新区水环境风险较大。

（二）纳污坑塘和黑臭水体众多

雄安新区纳污坑塘分布广、数量多，已排查出坑塘810个，部分存在重金属、有机物等污染，属于群众身边的“黑臭水体”，目前已完成整治的约300个。

调研时发现，多数坑塘内生活垃圾积存量大、积存时间久（长达25～30年），整治过程中清理出的积存生活垃圾缺少消纳渠道。部分坑塘由于分布在村内或居民聚集区，存在整治后反弹、新的生活垃圾重新进入坑塘的现象。工业废水和生活污水混排的纳污坑塘（如唐河污水库）数量多，且存在大量工业固体废物，目前依靠县政府力量基本无法清理和处置。

（三）治理工程运行维护机制不健全

虽然已实施了一批纳污坑塘、农村污水处理站等水污染治理项目，但“边治理、边污染”的现象依然存在，长效运行维护机制不健全。例如，老河头镇沈北村纳污坑塘属于已完成整治的坑塘，但现场调研时发现水体感官不佳，周边有排污口仍在排污；端村镇河南村水污染治理设施处理成本较高，且排水口下游河道垃圾堆积，水体重返黑臭，此外生活污水处理服务费由安新县财政承担，长期维护压力较大。

三、对策建议

（一）实现水资源、水环境、水生态、水安全“四水”统筹

1. 节约和优化配置水资源

雄安新区及上游应坚持节水优先，转变高耗水发展方式，优化农业种植结构与种植方式，强化工业、城镇节水措施。提高再生水的生产量及利用率，充分利用季节性河道、蓄滞洪区及闲置洼地，因地制宜地建设区域再生水资源调配、输送及循环利用等工程。以水资源价格政策促进高耗水行业节水与废水循环利用。实现立足本地水资源，保障白洋淀生态水位和白沟引河、萍河、瀑河、漕河、府河、唐河、孝义河、潴龙河等河流生态流量。

2. 全面治理水污染

建议优化调整产业结构，转变高污染发展方式，高污染行业企业全面退出，符合产业政策的行业企业限期搬迁进入工业集聚区，实施集聚区工业废水集中处理；依法取缔或整治冶炼、制鞋、塑料加工、服装、印染等“散乱污”企业。加快保定城中村等未截污地区管网建设，全面解决生活污水直排问题。调整农业生产方式。依法关闭或搬迁环淀、沿河禁养区范围内的规模化畜禽养殖场，白洋淀区全面清退围网水产养殖场；开展农作物病虫害绿色防控和统防统治，全面实行测土配方施肥。合理处置农业有机废弃物，培育发展农村环保市场主体，探索规模化、专业化、社会化的运营机制。整治农村污水和垃圾，因地制宜地开展农村污水处理，探索农村雨水、灰水、黑水分类收集处理模式；白洋淀区需要搬迁的住户，近期应配置简易或可移动污水处理设施。

3. 保护和恢复水生态

划定并严守生态保护红线，明确环淀、沿河水域岸线及缓冲保护线，严格控制开发行为。对非法挤占水域岸线的建筑提出限期退出清单，重塑健康自然的河岸线。清除围堤围埝，保持和恢复河湖水系的自然连通，构建良性水循环系统。严守水环境承载能力底线，以提高水环境承载能力（生态服务价值）为导向，统筹水域陆域，研究制定并推动实施不同土地类型生态服务价值分级鉴定评估标准，评价区域水环境承载能力。恢复和保护白洋淀河湖浅滩湿地。开展水生植物群落培育，为鱼和鸟类自然繁衍提供栖息地。

4. 保障水环境安全

加强新区上游水环境监察执法机构合作，统一流域水生态环境监察执法标准与尺度，加强流域监察执法力度，加大对环境违法行为的查处和督办力度。上游的化学品生产企业以及工业集聚区、危险废物处置场、垃圾填埋场等的运营、管理单位，采取防渗漏等措施，并建设地下水水质监测井进行监测，防控地下水位回升后的环境风险。

（二）科学制定纳污坑塘和黑臭水体治理规范及方案

研究制定纳污坑塘的调查评估和治理技术规范。统筹考虑水体、底泥、土壤、地下水等要素，尽快制定纳污坑塘和黑臭水体的治理技术规范。

科学制定并实施纳污坑塘的治理方案。全面摸排、动态更新坑塘情况，在 2017 年坑塘摸排的基础上，利用各类投诉举报渠道，广泛收集纳污坑塘环境污染线索，及时调查核实并动态更新清单。对发现的排污沟渠和坑塘进行系统治理。重点对重金属、有机污染物超标的坑塘，开展地下水环境调查评估。对于已经造成地下水污染的，优先采取地下水污染防控等措施；对于威胁饮用水水源安全等环境风险大、严重影响公众健康的，实施地下水源改水或修复措施。

（三）建立水环境治理工程项目长效管理机制

落实水环境治理工程项目运行维护措施及费用，杜绝污染反弹。在水环境治理工程项目实施时，明确后续管控措施，将后续措施纳入工程台账档案，作为环保部门后续监管与督查的依据。对治理后的纳污坑塘，根据使用功能因地制宜地实施生态修复，以利用促管理、以利用促保护。

严厉查处违法排污的行为，提高居民水环境保护意识。加强对偷排偷放违法行为的环境监管，发现一起就及时严厉查处一起，变事后治理为事前预防遏制。提高居民水环境保护意识，实现全民参与水环境保护。

（四）强化雄安新区生态环境保护规划跟踪评估和技术支撑

进一步落实环境保护部与河北省人民政府签署的《推进雄安新区生态环境保护工作战略合作协议》有关要求，着力支持雄安新区及白洋淀流域水环境系统治理、纳污坑塘及黑臭水体的综合整治等工作。依托《雄安新区生态环境保护规划》编制及跟踪评估、《河北省水污染防治攻坚战专项实施方案》编制实施、水体污染控制与治理科技重大专项（简称水专项）《京津冀区域水环境质量综合管理与制度创新研究》等工作，为雄安新区水环境保护工作提供全过程的技术支撑。

上海金山探索新型政企环境治理结构“五步工作法”调研报告

崔金星　殷培红　王卓玥
（生态环境部环境与经济政策研究中心）

如何在“放管服”改革中找准角色定位，平衡监管履职与服务企业落实治污主体责任关系，促进经济高质量发展，是各级生态环境部门共同面对、亟待解决的难题。近年来，上海市金山区生态环境局围绕打赢污染防治攻坚战目标，经过探索，总结提炼形成“一查、二劝、三改、四罚、五公开”的“五步工作法”，衔接监管与企业污染防治主体责任，将单向的“命令控制型”执法扩展为涵盖合规指导、环境治理方案咨询服务、违法风险排查预警等内容的监管服务，使生态环境在监管的同时具有了力度和温度。

为调研金山区生态环境部门的实践做法和成效，生态环境部环境与经济政策研究中心组成课题组，与金山区生态环境局领导班子座谈，走访生态环境局干部群众，访谈辖区工业园区入驻企业及镇、村生态环保办负责人，广泛收集资料、查证案例，对金山区环保“五步工作法”推进思路有了直观认识，对 “五步工作法”实施以来的成效也有了较为全面的了解。

一、“放管服”改革背景下金山环保的压力和困境

（一）严格执法“一头热”，企业自觉合规守法动力不足

自 2014 年修订后的《环境保护法》及配套办法实施以来，打击环境违法行为的力度不断增强，但辖区内企业环境合规守法的意愿与能力并没有显著提升。企业对执法措施的抵触情绪和被动接受，对要求的整改措施消极对待或持观望态度，对环境法规和环保要求熟悉及掌握的主观意愿低，学习主动性差，很少将学习或整改要求认真落实到企业的日常环境管理中，缺少自觉合规守法的动力。

（二）执法人员和企业对罚与管的关系存在模糊认识

生态环境行政执法人员存在以罚代管、一罚了之的倾向，对罚管结合认识不够，认为执法即处罚、监管即严管；企业将缴罚款、接受处罚作为接受监管的方式，对环境监管被动接受，主动应对意愿较弱。

（三）环保要求提高与企业环境管理能力偏低之间的反差加剧

大部分企业对生态环保相关法律法规的了解及掌握程度偏低，自觉合规意识薄弱，对建立内部环境管理制度和专门机构的意愿和动力不足，对生态环境监管的趋势和要求认识不足。企业缺乏全职环境管理人员，业务部门环保意识较弱，缺乏对环保合规的认识，而环保法律法规培训受众较窄、频次偏低，企业决策中环保因素考虑不多，部分企业甚至对执法存在一定的抵触心理。

二、金山生态环保“五步工作法”的基本内涵

为了解决上述问题，金山区生态环境局近年来不断摸索，逐步形成了“五步工作法”。在开展严格检查工作的基础上，对相关人员进行指导和服务，帮助其发现和改正问题，实现环境质量改善的目标。“五步工作法”核心是注重发挥严查、劝服、指导、服务、惩罚的协同效应，把环境执法的严肃性和优化营商环境、服务高质量发展结合起来。

从管理流程与内容上讲，“五步工作法”分两个层面，前三个环节“查、劝、改”是第一层面，由互动严查、指导合规、改进提升三个环节构成管理闭环。其中，“查”是基础，“查”的形式包括自查、第三方查、互查等。基本内容是生态环境部门依法履行监管职责，梳理违法风险点，对违法行为进行查处。基本流程是区环境监察支队形成“执法清单”，指导辖区重点企业建立“一企一档”。为增强“查”的实效，金山区生态环境局同时委托社会组织参与“查”，组织园区随机互评，调动各方力量，实现政府、社会、企业共查互动。“劝”是工作方法，体现沟通、指导、协调，引导企业形成环境合法合规意识，预防潜在违法，激发企业内生动力，把环保合规的主动权交给企业。“改”是目的，在“查”和“劝”的基础上，根据企业违法性质和原因，分类施策，鼓励企业加快环保设施改造，引入自我承诺、自我纠正，给企业改正机会，摒弃“一刀切”式的整厂关停做法。同时在“改”的过程中主动引导企业申请专项资金、引进先进治理技术和设备，帮助企业提高环境合规能力。

后两步“四罚、五公开”是第二层面，是保障。通过严格执法、信用监管、联合惩戒，让违法企业罚当其过、责当其错。重罚具有的威慑力，可以吓阻潜在违法者；公开企业违法信息、降低企业社会评价、减少企业交易机会，同样能起到对企业的威慑作用。在适用上，金山区生态环境局以“罚”和“公开”为手段，对企业分类管理，对恶意违法者依法从严处理，大幅提高企业违法成本，对轻微违法或过失违法者，依其过错程度给予纠正机会，在程序上坚持裁执分离、重大案件集体讨论，保证行政处理的公开、公正。

“查”“劝”“改”“罚”“公开”相互间不是隔裂的，“查”中有预防，“劝”中有监管，“改”中有服务，力争做到“罚”中有温度、有劝服，“公开”中有纠错改正的机会。惩罚和公开作为守法合规的保障，既不放松标准，也不一棒子打死，查劝改、罚劝改、公开劝改三三结合，构成生态环境部门职责转换、角色转变的“三重奏”。

2020年伊始，金山区生态环境局制定并发布了《金山区生态环境局关于实施“五步工作法”的暂行规定》，将“五步工作法”实践做法予以制度化、规范化，并进一步探索“五步工作法”2.0 版。主要提升的工作内容包括在“查”中对守法意识强、管理规范、记录良好的企业降低抽查频次，落实“双随机”抽查，对重点区域与行业、群众反映强烈、违法违规频次高的重点企业加密查。在“劝”中，充分运用第三方力量，为企业交流、合作搭建平台，及时对企业存在的问题进行诊断和指导，引导企业自律自纠。同时积极搭建企业环保治理技术转化平台，推荐先进技术，以更高水准服务经济高质量发展。

三、“五步工作法”引导治理主体转变行为方式的典型做法

（一）落实企业主体责任，从“要我改”到“我要改”

金山区生态环境局探索执法端口前移，通过前端“查”发现企业违法热点、盲点，形成执法和守法要点，以“自查清单”方式，发给企业对照检查，指导企业承担污染治理主体责任；通过“劝”，指导企业对照制作“问题清单”，对重点企业建立“一企一档”，形成“建议清单”；通过“改”，有效预测违法风险点，提前纠正可能产生的违法行为，避免造成违规事实，降低了企业环境法律风险。企业在整个过程中，心中有数，生产有了底气、守法有了动力，合规也就有了积极性，污染治理的主动性和主体意识显著增强，对金山区生态环境局推出的各项措施的配合意愿和主动性也明显提高。2018年，金山区生态环境局对辖区内200多家企业派发了“自查清单”。企业从“要我改”，有效转向了

“我要改”，企业污染治理的主体意识显著增强。

案例一　劝停高风险工艺，排除法律高风险隐患

金山区某公司生产过程中涉及 VOCs 排放，周边又有居民点等敏感目标，如果盲目投资并生产，极易引发厂群矛盾。经窗口工作人员劝解后，企业同意停用产生 VOCs 的相关工序和原辅材料，简化生产工艺，减少对周边环境的影响。据统计，2018 年金山区生态环境局共对 676 家企业提出整改要求，发现企业环保问题 576 个，帮助企业整改环保 345 个，有效地实现了环境风险的早发现、早解决，将违法行为化解在萌芽状态，监管端口前移成效显著。

案例二　“帮着改”引导企业提标改造

在某公司面对 VOCs 治理遭遇壁垒时，金山区生态环境局多次深入厂区，现场指导，帮助企业向上海市环境科学院、华东理工大学等专业机构咨询新工艺，与企业共同研究治理之策。公司投入 5 000 多万元，对原有环保处理设施进行了提标改造，新的设施自 2018 年 11 月试运行至今，将非甲烷总烃排放浓度控制在 30 毫克/米^3 以下。

（二）优化调整监管职能，从“以罚代管”到“执法互动”

金山区生态环境局结合生态环境系统深化“放管服”改革要求，在平衡“罚”与“管”的关系与尺度上，在严格遵守法律规定的前提下，改变以往单一的处罚，代之以指导、协助、服务、风险排查等监管服务，柔性执法，服务企业逐步向高质量发展、提供环境合规咨询指导服务、帮助企业排忧解难的“店小二”到“新型监管者”身份过渡，以有温度、有担当的监管服务代替单向的“命令控制型”执法，力争做到“劝”中有高度，“改”中有扶持、有协助，“罚”中有态度、有智慧，将提醒警示、业务指导、信息服务融入了执法环节，通过“执法意见书”未雨绸缪，通过过渡期项目环评等主动作为，增加了协调发展环节，增强了执法互动，监管对象获得感大大增强。

案例三　主动作为，助企业摆脱困境

凝瑞科技是金山区内一家具有较高市场占有率和技术优势的黏合剂制造企业。2017年，凝瑞科技为扩大生产，申请对超出环评部分的设备和产能补办环评，但却面临与先前区域产业发展规划环评意见相悖的困境。企业想尽了办法，但无论是将部分产品外委代加工，还是外迁重建，都难以在短时间内满足市场所需的产品质量和供应频次要求，一时陷入僵局。因此，凝瑞科技特地向金山区生态环境局提出实施生产过渡期的申请。金山区生态环境局在现场踏勘、细致梳理了企业合规风险点后，组织专家论证，得出增产不增污、风险可控的监管意见，给凝瑞科技出具了5年过渡期项目环评，确保增产不增污，将产量从2 000吨提高至28 000吨，破解了凝瑞科技过渡期内发展机遇把握与法律风险控制之间的难题，做到了高水平监管与高质量发展的平衡。

案例四　跨前一步，化解僵局

金山区内巴斯夫护理化学品（上海）公司（以下简称巴斯夫公司）拟对已经停产的上海石化助剂车间进行收购，用于后续发展。但由于石化助剂建设投产时间较久，当时存档的环保合规资料不能满足巴斯夫公司总部的审核要求。巴斯夫公司总部明确提出不解决环保合规将终止收购，使三方共赢的收购陷入僵局。金山区生态环境局在接到巴斯夫公司请求协助的申请后，主动协助企业查询了改制前的所有审批文件，并对照环评审批文件现场核查了石化助剂生产厂区，在得出项目未发生重大变动结论后，出具了石化助剂环保合规说明，让陷入僵局的收购化险为夷，巴斯夫公司放心投资。

（三）完善环境治理体系，从“单边管理”到“多方共治”

金山区生态环境局还将角色转变、职能调整与生态环境治理能力提升结合起来，通过“罚”淘汰违法状况频出、工艺水平低、管理水平差、整治没有希望的企业和产业，为优质产业腾出环境容量空间。通过“公开”增强社会公众对环境改善的感受度、获得感，曝光环境违法行为引导社会监督，助推社会共治，推动信用治理、信息共享等信息型监管手段，完善生态环境治理体系，不断提高生态环境治理能力，以高质量监管服务保障生态环境治理水平不断提升。

案例五　执法兼具力度和温度

金山区一家涂层有限公司曾因为废气无组织排放受到处罚，并被责令整改。之后，企业迅速行动，投入大量资金开展环保改造。但20天整改期过去，金山区生态环境局执法人员发现企业废气排放依然超标。如果按日计罚，罚款可能高达200万元。执法人员没有一罚了之，在了解到企业有认真整改的意愿，但却不知道怎么改的情况后，多次上门为之“指路”，指引企业向区内环保工艺先进企业学习，同时还积极“带路”，帮助企业安装整套门窗、排放口全封闭工艺，仅10天后，企业就整改达标。

四、金山生态环保“五步工作法”主要成效及启示

“五步工作法”以高质量监管服务推动高质量发展，较好地契合了改革要求，为构建新型政企关系、营造良好营商环境、提升生态环境治理能力、统筹经济社会和生态环保工作提供了值得借鉴的实践创新案例，取得了较好的工作成效。

（一）环保“开卷考”有助于营造良好的营商环境

在系统化推进“放管服”改革过程中，金山区“五步工作法”把工作重心和行政资源转向事中、事后监管和提供高质量监管服务，实现生态环境与营商环境双优，具有一定的借鉴价值。自查清单、环保医生、建议清单、整改通知、事先预警等手段，将以前让企业倍感压力的执法检查化为有确定性的“开卷考试”，企业对检查内容和标准心知肚明。“五步工作法”实施后，钻法律漏洞、存侥幸心理的企业少了，公平监管使得企业更专注于合法生产及经营。

（二）精细化帮扶，让生态环境监管既有力度，又有温度

通过精细化、精准化帮扶，使得以往自上而下的单向监管变成了双向互动共治。辖区内许多企业都表示，自己是生态环保“五步工作法”的受益者。生态环境部门发放的自查表涵盖了水、气、渣等领域，企业通过自查表自纠，管理更有针对性，让企业做到环保工作心中有数。精细化管理带来的“温度”有效地引导企业发动全员参与环境改善，使得企业在新产品引入过程中更有目标性，把企业的环保工作做好、做到位，企业也能够自觉调整市场产品结构、加强产品供应链管理。

（三）促进了环境效益、经济效益、社会效益的多赢

实行“五步工作法”以来，金山区生态环境治理高压未减，倒逼企业升级改造，在新产品导入、技术升级、优质产能释放等方面取得了显著效益，产值和纳税额均实现了增长。在无新进项目引进的情况下，金山区企业税收从 2014 年的 14 亿元增长到 2018 年的 20 亿元。产值从 2014 年的 150 多亿元发展到 2018 年的 220 多亿元。环境治理、环境容量空间的腾挪，为优质企业和项目预留了发展空间。在社会效益方面，实施“五步工作法”以来，金山区第二工业区接到的环境污染信访事件数量大幅减少。生态环境质量持续改善，空气质量指数（AQI）优良率从 2015 年的 69.6%上升至 2018 年的 80.0%，提升了 10%以上；$PM_{2.5}$平均浓度从 2015 年的 59 微克/米^{3}降至 2019 年（截至 11 月）的 35 微克/米^3，周边居民和公众对优美环境的获得感增强。这些成效印证了环境治理改善与优化营商环境能够并进，生态环境效益、社会经济效益可以共赢的治理理念。

钢铁行业“开门红”是否影响污染防治攻坚“关门绿”？

杨姝影　田春秀　尚浩冉　王敏　孙飞翔　赵梦雪　吴舜泽
（生态环境部环境与经济政策研究中心）

2019 年第一季度全国尤其是京津冀地区钢铁产量出现了一轮快速增长。2018 年第四季度，京津冀及周边地区粗钢产量同比增长 33.1%。2019 年 1—2 月，全国粗钢产量继续同比增长 9.2%，带动了焦炭、铁矿石用量大幅增长。京津冀以及全国范围内钢铁产量增长的原因是什么？钢铁产量的增长会给大气环境改善带来怎样的压力？如何在保证钢铁行业经济“开门红”时确保实现污染防治攻坚战年度目标的“关门绿”？带着这些问题，我们调研组分别于 2019 年 4 月 10—12 日、29 日赴河北省唐山市迁安、曹妃甸部分钢铁企业和中国钢铁工业协会开展调研。

一、2019 年第一季度我国经济运行开局平稳，近期钢铁行业经济形势出现新情况、新苗头

国家统计局初步核算，2019 年第一季度国内生产总值 213 433 亿元，按可比价格计算，同比增长 6.4%，经济运行平稳开局。工业第一季度增加值比上年同期增长 6.1%，其中制造业第一季度增加值比上年同期增长 6.5%。第一季度规模以上工业企业实现出口交货值 27 663 亿元，同比增长 4.8%，其中 3 月同比增长 5.7%。

经济“开门红”的同时，京津冀及周边地区、汾渭平原大气污染防治工作形势依然严峻。数据显示，2018 年 10 月 1 日—2019 年 2 月 19 日，北京及周边“2+26”城市、汾渭平原 $PM_{2.5}$ 平均浓度分别为 81 微克/米^3、82 微克/米^3，同比分别上升 9.5%、1.2%；39 个城市中有 31 个同比上升。空气质量的变化受多种因素影响，如气象、监管、经济活动增加等。其中，引起我们注意的是，2018 年第四季度，京津冀及周边地区粗钢同比增长达 33.1%，其中河北增速最快，为 50.9%。2019 年 1—2 月，全国粗钢产量继续同比增长 9.2%，带动了焦炭、铁矿石用量大幅增长。

（一）全国钢铁行业产量和效益同步增长

根据国家统计局数据，2019 年 1—2 月，全国生铁、粗钢和钢材产量分别为 12 659 万吨、14 958 万吨和 17 146 万吨，同比增长 9.8%、9.2%和 10.7%；焦炭产量 7 389 万吨，增长 7.6%，比上年同期下降 2.7%。

全国钢铁行业盈利状况明显改善，2018 年，钢铁行业效益达到历史最佳水平，实现利润 4 704 亿元，同比增长 39.30%。中国钢铁工业协会调研数据显示，第一季度，钢铁工业协会会员企业实现销售收入 9 685 亿元，同比增长 12.81%；3 月利润总额 169 亿元，比 1 月、2 月有所增加。3 月末，资产负债率为 64.08%，同比下降 1.94 个百分点。

（二）唐山市钢铁行业产量、产值和利润率同步增长

根据唐山市统计局数据，2018 年唐山市生铁、粗钢和钢材产量分别为 11 933 万吨、11 289 万吨和 14 375 万吨，分别比上年增长 33.8%、23.8%和 20.5%（图 1）。

2019 年，唐山钢铁总产能约 1.2 亿吨。2019 年 1—2 月，唐山市生铁、粗钢和钢材产量分别同比增长 22.2%、19.3%和 15.5%，增速远高于全国平均水平。迁安市是唐山钢铁产能大户。迁安市统计局数据显示，2019 年 1—3 月，生铁、粗钢和钢材的产量分别比上年同期增长 23.5%、19.2%和 20.2%，增速高于唐山平均水平。

调研组访问的迁钢、鑫达和燕山 3 家钢铁企业，其 2018 年的钢铁产值均比 2016 年有较大幅度增长，企业利润增加 10%以上。

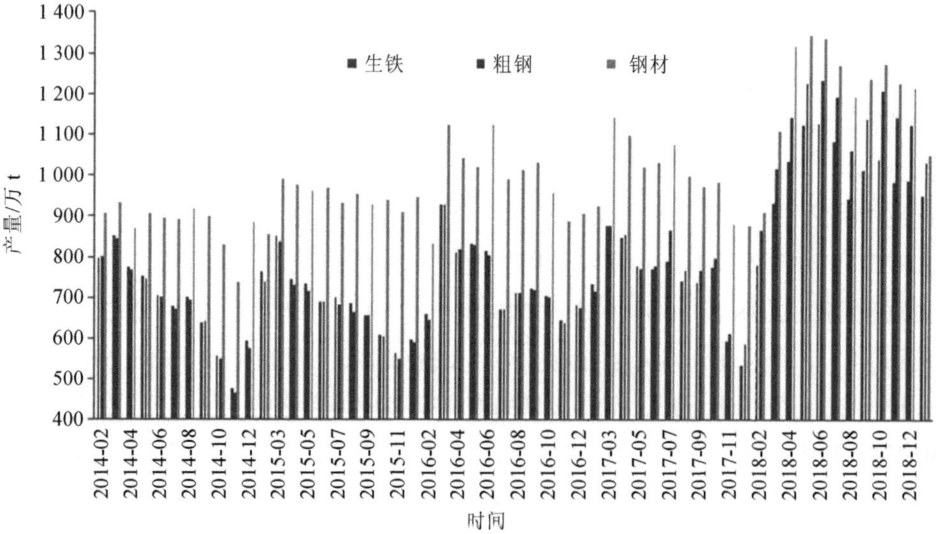

图 1　近 5 年唐山市钢铁产量

数据来源：唐山市统计局。

二、钢铁产量增长的主要原因分析

（一）过去一些钢铁产量未纳入统计范围之内，2018 年基数偏低；随着“地条钢”的退出，统计内合规产能开始快速释放

第一季度产量恢复是每年惯例且地方基建项目能集中拉动市场行情。2019 年 1—2 月，由于矿价涨幅较快，行业利润缓慢回升。3 月，由于企业开工、市场复苏以及经济形势好转，行业情况全面好转。4 月，钢铁产量创新高，特别是企业及区域库存都在下降，这说明行业产量可能还会稳中有升。

过去非法生产、污染十分严重的“地条钢”产量并未包括在粗钢产量统计数据中，但实际上切割了市场份额。2017 年以来，随着“污染防治攻坚战”的提出和强力推进，“地条钢”清理成效显著。大量非法产能被清除后，其对应的需求被生态环保合法合规的钢铁企业“接盘”，所以在统计数据中表现为钢铁产量增长。

2018 年钢铁行业产量统计数据可能存在失真情况，也使 2019 年第一季度产量增长态势被高估。从统计数据看，2019 年第一季度，钢铁产量同比上升 9.9%，但实际上并未提高，主要原因是 2018 年统计数据不实，地方存在瞒报行为。调研时有表示，“2018 年钢铁产量 9.28 亿吨里面，大致瞒报钢铁产量 4 000 万吨，顶替‘地条钢’3 000 万吨，经济增长拉动 2 000 万～3 000 多万吨”。这也与在唐山调研时企业没有觉察到产量同比上升或上升幅度明显的情况一致。

（二）受市场形势驱动，产能置换速度加快，但原置换产能往往是纸面或者未形成生产能力，看似产能“减量置换”，实则“净增产量”

随着钢铁行业供给侧结构性改革的推进，钢铁业开始持续向好，业绩大幅提升，钢铁行业已进入减量价增的创新发展新阶段。

从唐山市看，唐山钢铁行业效益提升的主要原因是污染防治攻坚战推动供给侧结构性改革。2013 年以来，唐山市已累计压减炼钢产能 4 969.3 万吨、炼铁产能 2 851 万吨。2018 年超额完成河北省下达的总计压减 781 万吨的任务。由于供需衔接较好，钢价基本稳定在合理区间，钢铁业效益进一步改善（图 2）。

因此，受利益驱动，产能置换速度加快。钢铁工业协会有关负责人向调研组反映，“产能置换政策执行中，出现了批而未建产能通过置换新增、闲置产能通过置换净增两种情况，值得我们关注。在江苏、河北、广西、福建、山东等地都有发生。很多企业之

前不知道是否存在，产能置换时就都出现了，比较典型的案例是广东省揭阳市泰都、国鑫两家钢铁企业，2018年被举报，国家相关部门对其进行了联合调查，发现存在文件造假行为。此外，还有超过2 000万吨电炉钢产能上在了不知道的地方”。

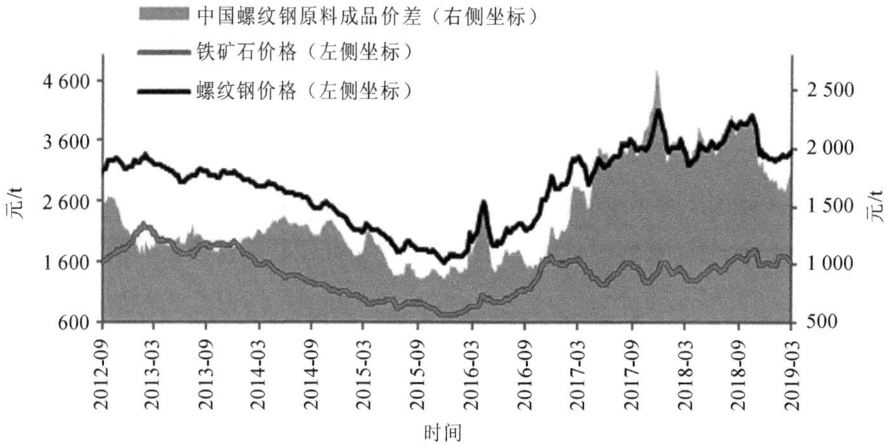

图2　2012—2018年钢铁行业获利情况

数据来源：瑞银集团。

（三）秋冬季差异化错峰生产为钢铁产量增加提供了空间

生态环保表现越好的企业被要求的限产比例越低。2017—2018年采暖季，唐山市综合分析了35家钢铁企业污染排放绩效水平和工艺装备、生产特点，将其分为绿、黄、红三类，相应的限产比例分别低于43%、50%、75%。2018—2019年采暖季，唐山市根据钢企生态环保绩效评定结果将钢铁企业划分为四个等级进行限产，平均限产比例分别为0、39.3%、53%和60%。

调研发现，有些企业2018—2019年采暖季的限产比例，比2017—2018年采暖季有所下降。例如，首钢迁安2017年秋季和冬季被评为绿色，排名第一，其高炉限产比例为16.5%；2018年秋季和冬季被评为A类企业，高炉不限产。鑫达钢铁2017—2018年限产比例高达78.6%，而2018年被评为B类企业，限产比例直降至30%。

（四）高炉利用率大幅增加，使得钢厂在产能限产量增加的同时依然能够保证产量的增加

国家统计局数据显示，2019年第一季度，黑色金属冶炼和压延加工业产能利用率为79.2%，比上年同期增加2.3%。

唐山市发改委资料显示，虽然 2018—2019 年采暖季高炉限产产能比上年同期增加 49.75 万吨，但由于近年来高炉利用效率的不断提高（图 3），使得限产产能增加的同时，钢铁产量也在增加。高炉利用率的增加，会带动烧结（球团）工艺的生产，而钢铁企业产生的污染物 70%～80%来自烧结过程。

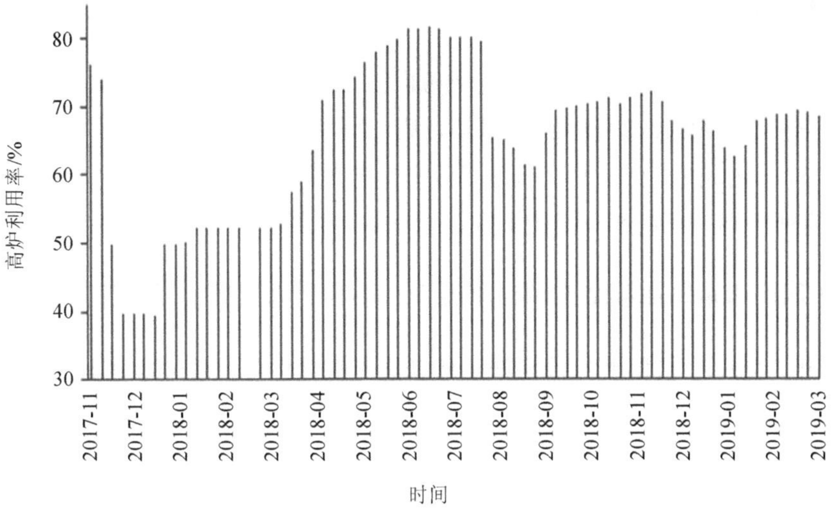

图 3　唐山市钢铁行业高炉利用率情况

数据来源：Mysteel、瑞银集团。

（五）钢厂废钢使用比例大幅增加，支撑其秋冬季错峰生产期间钢铁产量不断增加

唐山市在完成国家下达的采暖季错峰生产任务后，市委、市政府自我加压，要求全市钢铁企业在非采暖季继续实施错峰生产。在市场行情的驱动下，为了弥补错峰生产期间带来的产量损失，钢厂会通过其他手段补齐产量。调研了解到，鑫达钢厂错峰生产限产后，就采用大量废钢进行生产。据该企业负责人介绍，第一季度产量增加的原因之一就是使用废钢比例变大。只要废钢有利润，就往高炉里加，往转炉里加，通过把产量提高上去，摊薄成本。废钢原本是“地条钢”的原材料，取缔“地条钢”以后，大量的废钢进入了正常渠道。

三、钢铁产量增长的环境影响分析

（一）2018年年底突击式完成年度大气质量目标，助推2019年第一季度钢铁产量集中释放，造成大气环境污染压力

唐山市采取的差别化限产措施，虽然考虑了企业的生态环境管理水平，但是执行中仍导致一些偏差。例如，2018年12月初，唐山市将错峰限产任务量尽可能多地调整到12月11—31日内完成。由于整个秋冬季限产任务量是固定值，因此在“决战20天”后，限产比例有所下调，钢铁产量开始上升。

（二）唐山市钢铁运输结构调整难度大，不利于大气环境质量加快改善

2019年，唐山市规划十六条钢铁企业铁路专用线，可实现80%的原料和产品主要依靠铁路运输。调研的3家钢铁企业中，迁钢公司铁路运输比例已达到80%，燕山钢铁公司投资2亿元左右完成公转铁，鑫达钢铁目前也在开展铁路建设工作。

但是这样的努力面临一些障碍：一是管理职能交叉。唐山市所在区域铁路由太原局和北京局共同管理，企业铁路线规划时互相推诿现象严重。二是“有铁无皮”现象较为普遍。钢铁企业向调研组反映，投资修建了铁路专线直接进厂，但车皮协调遇到困难。实际上目前公转铁的推进还是生态环境部门单打独斗的局面。

（三）钢铁企业缺乏搬迁动力，唐山市大气污染物排放总量削减压力还将持续

钢铁工业协会告诉调研组，“为了置换产能，钢铁企业被动搬迁或改造现象普遍”。

唐山市人民政府网站信息显示，唐山市政府为优化钢铁产业布局，2019年启动了主城区周边13家钢铁企业优化整合、退城搬迁、升级改造，涉及炼钢产能2 737万吨、炼铁产能2 398万吨。根据调研组调查，唐山市钢铁企业搬迁意愿普遍较低。谈到生态环保压力巨大，钢铁企业是否有搬迁意愿时，有关人员表示：“搬迁得受政策影响，但是难度很大。建1吨钢铁产能需要3 000～3 500元，我们按400万吨产能算，需要投入140亿元，这笔钱对于企业来说基本上不可能。自己搬迁费用太大，没有企业主动说想搬的。”

（四）在钢铁产量增加、环保治理水平没有同步跟上的情况下，改善大气环境质量的压力不断加大

2018年10月—2019年3月，唐山市$PM_{2.5}$平均浓度为71微克/米^3，同比持平，重

污染天数为 12 天，同比增加 1 天。两项指标均未达到《京津冀及周边地区 2018—2019 年秋冬季大气污染综合治理攻坚行动方案》规定的目标值。

从唐山市源解析结果来看，冶金行业是唐山市各个功能区的主要行业贡献来源，其全年贡献比例均超过 21%，工业区的冶金贡献比例较高，达到了 26.26%（图 4）。

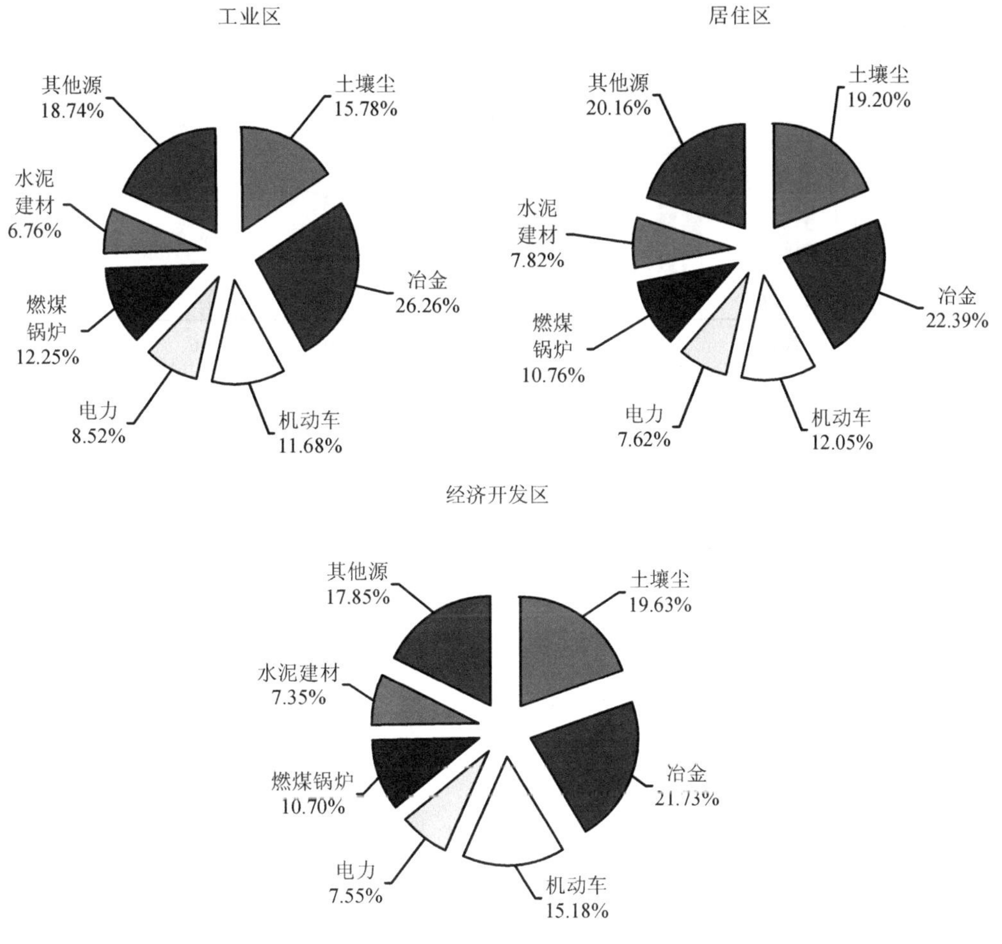

图 4　唐山市各功能区源解析结果

如图 5、图 6 所示，唐山市大气污染物排放总量与钢铁行业大气污染物排放量之间有较为明显的对应关系，唐山市大气环境质量改善速度放缓与该市钢铁行业产量扩大，具有一定的关联性。

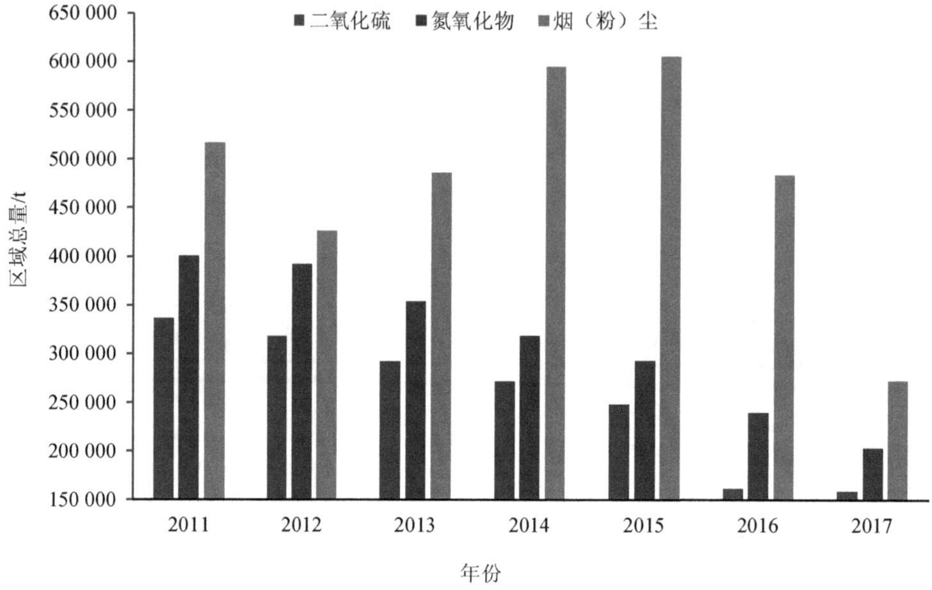

图 5　2011—2017 年唐山市空气污染物排放量

数据来源：中国环境监测总站。

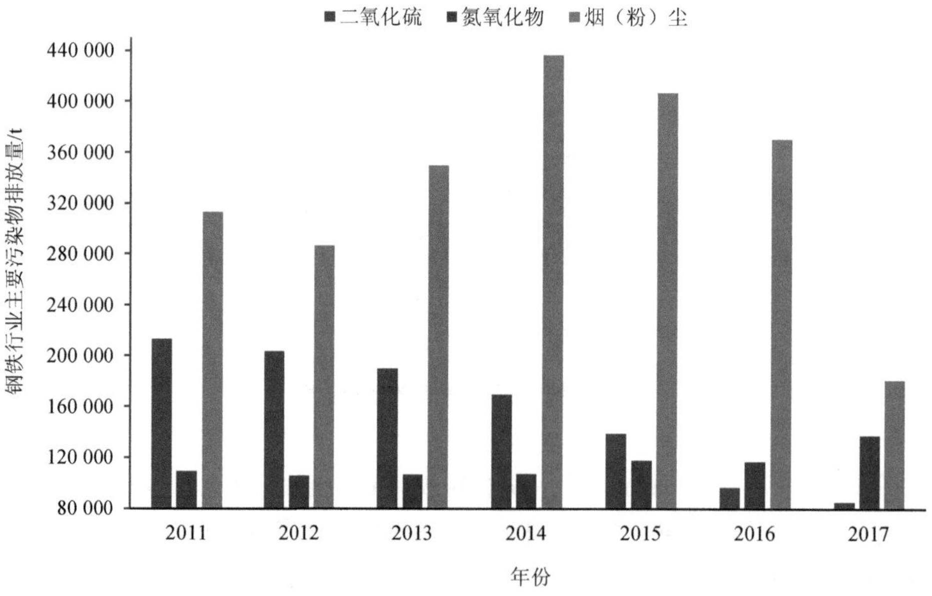

图 6　2011—2017 年唐山市钢铁行业空气污染物排放量

数据来源：中国环境监测总站。

四、对策建议

（一）重点跟踪关注第二季度钢铁产能产量变化情况

2019 年第一季度钢铁产量增速较快，在一定程度上是受数据统计、政策扰动等因素影响。2019 年第一季度钢铁产量尚未达到 2018 年 5—11 月的平均日产水平，第二季度钢铁产量更接近全年水平。受市场利益驱动，违规新增产能和“地条钢”死灰复燃的苗头仍需警惕。因此，要密切跟踪和研判钢铁行业发展和政策变化，及时分析各方面形势变化对生态环境保护工作可能的影响，第二季度前后就其对年度污染防治目标影响进行深入分析，及时出台管控措施，确保大气污染防治“关门绿”。

（二）合理提升生态环保成本，大幅减少落后钢铁供给

目前，钢铁行业总体效益趋好，而生态环保成本尚未接近钢铁企业承受边界，具备进一步提升的条件。

一是调整完善钢铁行业税费政策。研究实施钢铁行业“一揽子”绿色税收政策。可以结合唐山等地经验，根据钢铁企业生态环保绩效调整税费。二是研究制定钢铁行业绿色价格政策。建议抓住钢铁行业关键环节，采取有利于促进企业加大生态环保投入、提高污染治理绩效的价格措施。三是研究制定全国统一的更严格的排放标准。当前行业发展势头良好，可以顺势在全国范围内逐步实现超低排放标准。四是持续加强执法和监督问责，将污染防治攻坚战的压力层层传递、有效落实。

（三）加快构建绿色钢铁市场，大力扶持优质钢铁供给

一是加大鼓励技术创新的政策力度。国家和地方各级政府可以采取“以奖代补”等方式，实施对绿色技术的相关政策优惠和扶持。二是推动建立跨区域跨领域的绿色技术创新体系。各级政府组织建立绿色技术市场、制定公平竞争规则，引导钢铁行业上下游协同创新，推动构建绿色供应链。三是鼓励企业走出国门构建绿色国际市场。政府应当指导和帮助企业做好向外拓展的准备，推动与国内企业形成良性竞争，刺激国内企业绿色技术创新。

（四）坚持污染防治适度从严，激发企业绿色生产动力

一是在特殊地区适度从严。在京津冀及周边地区、汾渭平原等重点地区，深入研究

明确产能结构和分布，综合施策，抑制企业盲目扩产扩能的冲动，使其在合理的区间稳定发展。二是在特殊时期适度从严。在京津冀及周边地区，采暖季往往大气污染治理压力最大。从唐山市采取差别化错峰生产的情况看，这样的时期不宜放宽要求。三是对特殊企业适度从严。目前仍有部分钢铁企业存在明显的环境违法行为。对于这些企业，应当保持适度从严的生态环保压力，避免其产量大幅反弹，更要警惕少数企业"捞一把就走"的极端做法。

（五）研究重构区域产业布局，加快优化相关运输结构

一是通过"以新换旧"逐步实现产业布局优化。建议按实际污染排放量进行钢铁产能减量置换。二是统筹研究铁路货运规划与钢铁行业新发展规划。将铁路货运作为引导钢铁行业产业新布局的重要"向心力"。三是加大对公路运输钢铁产品的限制力度。倒逼钢铁企业采取更加绿色的运输方式和路径，最终引导相关企业向更高质量的产业布局靠拢。

我国农村污水治理中的问题与对策

谌建宇　骆其金　黎京士　赖后伟　刘立
（生态环境部华南环境科学研究所）

据统计，目前农村污水排放量占全国生活污水排放总量25%左右，而村镇污水处理率仅为15%，未经处理污水的直接排放会对农村生态环境造成严重影响。生态环境部华南环境科学研究所依托承担着发达地区农村污水治理技术研究、整县农村连片整治PPP项目或EPC项目、省级贫困村农村污水处理专项、第二次全国污染源普查等一系列工作，针对农村水污染防治过程中存在的问题进行了系统分析，对如何科学实施农村生活污水治理攻坚行动提出了对策建议。

一、农村污水治理过程中存在的问题

总体来看，农村低水平民宅建筑和杂乱的乡村排水系统，使得农村生活污水的源头控制成效甚微，收集管网建设问题突出。一是“散乱”现象比较普遍，农村村落一般无系统规划，民宅建筑依山、依河两岸或依村道两侧而建，生活污水大多无序排放。二是事实上的绝大部分农村为合流排水，虽然部分新建民宅实现了“污废分流”，但是由于村内收集系统缺失，居民生活污水和废（油）水在建筑外基本都会合流排入村道的边沟或自然沟渠，生活污水多未经处理就近排入附近的河流或鱼塘。三是排水收集管网建设布置实施难，特别是在用地、路由、打通最后10米入户管联网等方面。四是建设施工实施推进难。由于村道不规整，巷道狭窄施工作业面小，村房屋基础比较差，可能存在一定的施工风险，管网开挖深度和施工方式受限，村民“阻工”“绕道”现象时有发生。五是各类污水处理设施由于技术经济等原因，常态化稳定运行少，治污成效大打折扣。

二、原因分析

（一）农村水环境保护缺乏系统性谋划

长期以来，农村发展缺乏系统规划，“多规合一”处于起步阶段，对具体实施指导作用不突出。特别是没有把村级发展规划尤其是公共设施规划、民舍规划与农村水环境整治科学地有效衔接起来；没有在专项规划阶段把生态建设、综合整治技术路线、集中与分散程度、雨污分流、建设水平标准等关键问题合理地确定下来；跨部门、跨专业角度谋划力度不够。

（二）农村水污染控制系列标准滞后

一是缺乏全国指导性的农村生活污水处理排放标准。当前已有 28 个省级行政区正式颁布农村污水排放标准或发布征求意见稿。从长远来看，为统一环境监管尺度，加强全国层面的污染控制，制定农村生活污水国家排放标准十分必要。二是在农村排水收集管网建设方面缺乏相应技术规范，只能参照市政排水规范进行，结果经常导致投资过大、资源浪费、技术不接地气。同时，缺少收集与分散处理技术指南，对投资规模、考核评估影响很大。

（三）缺乏农村污水处理最佳适用技术

目前，农村污水处理工艺技术和设备多种多样，缺乏统一的评估认证标准和最佳适用技术指南，导致不少地方的农村水污染治理存在一种工艺包打天下的情况，地方政府经常陷入“工艺技术选择难、工程方案确定难”的困境。调研中发现，由于对各类污水处理技术与农村社会发展技术经济水平的适用性、差异性研究不够，大多数 PPP 项目、EPC 项目没有考虑农村生活污水的产排污特性和受纳环境要素特点，采用的处理工艺针对性不强。在实际治理过程中，一体化设备存在质量标准模糊、稳定运行可靠性较差、造价偏高等问题，不少地方的生态处理工艺因陋就简，缺乏有效维护措施，其结果往往沦为形象工程。

（四）建设资金缺口大，缺乏统一的运营考核、绩效评估体系

农村生活污水治理设施属于农村基础设施，其建设、运营、维护以及监管均需要长期持续地投入大量的公共财政资金。县级财政统管 EPC 模式与 PPP 模式，实质都是政

府“兜底包干”。这对于经济欠发达的地区来说压力非常大，各省普遍存在建设资金保障力度不足、运营资金来源较少的情况。同时，农村生活污水处理工程普遍存在重建设、轻管理的倾向，缺少统一的运营考核、绩效评估标准，监管部门手中无“标尺”，监管困难。

三、对策建议

（一）制定乡村“多规合一”中生态环境保护专项技术要点

正在实施的“多规合一”实用性村庄规划主要整合了村庄土地利用规划、村庄建设规划等乡村规划。在生态环境保护方面，除生态红线外其他相关内容基本没有涉及。建议在“规划图表+管制规则”中增加公共设施规划、民舍规划与环境保护设施规划的衔接内容，并用于指导乡村环保专项规划的编制。

（二）进一步完善农村水污染控制管理技术标准体系

一是尽快制定全国性的农村生活污水处理排放标准或标准制定技术指南，统一地方对农村水污染控制的认知，指导地方标准的制定和修订。二是制定适合于农村地区的污水管网设计规范、区域特色民宅的建筑给排水设计规范；制定急需的农村生活污水治理设施运行维护技术导则、农村生活污水处理设施运营维护效能评价标准等。三是制定农村生活污水分类分区集中/分散处理技术指南，因地制宜地设定集中收集处理范围，确定分散处理条件，杜绝为完成收集处理率考核搞“一刀切”。对于平原地区，应优化污水处理设施选址，避免多级提升，减少管道埋深；对于南方山区丘陵地带，应有选择性地进行局部集中收集处理；对于一般对于欠发达地区农村，以“小集中+分散处理”为主。

（三）加强农村污水处理最佳适用技术应用

依托国家生态环境科技成果转化综合服务平台开展农村污水处理技术的评估。在推广应用中，农村污水处理工艺技术应充分考虑南北地域、平原与丘陵山区乡村、经济发达程度、排水敏感性等因素差异，处理工艺以稳定运行、少维护类型为主。经济发达地区，人口密集，可以根据排放标准的需要，优先选择以好氧处理工艺为主体的一体化处理工艺。经济落后地区，可以采用运行费用低、管理维护简单的生态处理技术，如土地渗滤系统、人工湿地系统。对于地理位置偏远、经济水平发展较差的区域，可采用生态塘系统等有效处理途径。对于农村污水处理“一体化设备”的研究与应用，要充分吸取十年前“地埋式”污染处理装置的经验教训，对标日本净化槽技术，系统解决“生产、运行、维护”各环节的问题。

（四）拓宽资金筹措渠道，鼓励地方探索多元化建设模式

一是从国家层面制定农村污水管网、处理设施建设及运管等方面的可持续财政支撑措施，如纳入财政预算等，降低农村污水设施建设资金筹措、融资成本，在征地、用电、税收等方面提供一定的保障、优惠政策。二是鼓励地方根据自身发展方向、模式、经济条件等特点，探索多元化建设管理模式，提高村民在农村生活污水治理设施建设、运管等方面的积极性和参与度，实施分散式处理的奖励机制，逐步改变由政府大包大揽、“一肩挑”的模式。三是以“最小化成本、专业化管理、市场化运作、信息化提升”为目标，强化长效运行管理，建立基于考核结果的激励机制，有条件的区域尝试建立“政府购买服务、企业一体化运作、委托第三方监管”机制，充分发挥镇一级人民政府在运维监督考核方面的作用。

推动山水林田湖草一体化保护和修复
——湖北长江三峡地区工程试点调研报告

朱振肖　张箫　孟锐　王夏晖
（生态环境部环境规划院）

党的十八大以来，习近平总书记多次从生态文明建设的宏阔视野提出“山水林田湖草生命共同体”的理念，强调“对山水林田湖草进行统一保护、统一修复是十分必要的”。2018年4月，习近平总书记在深入推动长江经济带发展座谈会上再次强调，要把修复长江生态环境摆在压倒性位置，从生态系统整体性和长江流域系统性着眼，统筹“山水林田湖草”等生态要素，实施好生态修复和环境保护工程。“十三五”时期，党中央、国务院先后印发一系列深化生态文明体制改革的政策文件，均对山水林田湖草生态保护修复做出明确部署。统筹山水林田湖草一体化保护和修复，已逐步成为推进国家生态文明建设领域治理体系和治理能力现代化的重要环节。

湖北省长江三峡地区位于长江中上游分界点，“大国重器”三峡大坝坐落于此。区域生态系统具有重要的水土保持、水源涵养、防洪调蓄和生物多样性维护等功能，对于调节维持长江中下游的生态稳定具有不可替代的作用，是支撑长江经济带绿色高质量发展的重要战略支点。2018年11月，湖北省长江三峡地区山水林田湖草生态保护修复工程被正式列入国家第三批试点，宜昌市沿江8个县级行政区、恩施州巴东县、荆州市松滋市合计10个县级行政区被划入试点区域，总面积1.47万千米^2。

为深入学习领会“山水林田湖草生命共同体”理念的内涵，结合具体实践，研究山水林田湖草一体化保护和修复的制度体系和技术模式，2019—2020年，生态环境部环境规划院先后多次赴湖北长江三峡地区开展集中调研，采取查阅资料、现场走访、交流座谈等方式，全过程跟踪试点进展，总结工程试点的阶段成效和亮点经验，可为“十四五”时期生态保护修复工作提供参考建议。

一、试点地区主要做法

（一）规划引领，制度先行，高站位推进

1. 强化顶层设计，坚持“一张蓝图绘到底”

长江三峡地区坚持“共抓大保护，不搞大开发”，把修复长江生态环境摆在压倒性位置，落实“一高双争三决胜”要求，按照“两个走在前列”的奋斗目标，组织编制《湖北省长江三峡地区山水林田湖草生态保护修复工程试点实施规划（2019—2021年）》，确保项目实施有规可依、有章可循。围绕保障“一江清水东流”的总目标，从矿山修复及水土流失治理、流域环境治理、流域水环境保护治理、人居环境质量提升4个方面设置24项绩效目标，强化目标引领。

2. 建立健全生态保护修复协同联动与监督管理机制

建立省级工作联席会议制度，创建跨区域、跨部门的生态协同治理机制。完善工程试点实施项目、资金、绩效监督管理机制。建立山水林田湖草生态保护修复工程项目库，激发生态保护修复的长效动能。各试点县级行政区分别成立山水专班，负责统筹协调跨区域跨部门重大事项，督促检查重要工作落实情况，压实责任，主动对标，扎实推进工作落地生根。建立示范项目领导联席制度，强化督导考核奖惩和责任追究。定期组织专家现场指导和培训。

3. 拓宽资金筹措渠道，统筹整合各类项目资金

工程试点总投资103亿元，其中争取中央专项奖补资金20亿元，省级配套资金24亿元，市、县级配套资金34亿元，通过地方债券、银行贷款、义务人投资等其他社会资本渠道筹措25亿元。积极与三峡集团开展对接，带动社会力量共同推进生态修复和环境保护建设。另外，在黄柏河、香溪河等流域探索建立横向生态补偿机制，推进生态产品市场化。

（二）空间统筹，系统布局，全地域推进

1. 优化生态保护修复总体布局

试点区域从长江流域生态系统的整体性和系统性着眼，统筹流域上下游、岸上岸下、

地上地下、左岸右岸，综合考虑试点地区自然地理条件、生态环境风险及生态服务功能，重视各类生态系统的内在联系和空间分布规律，以长江干流为轴心，从“源、点、线、面、体”五个维度出发，确定“一江、两廊、三区、多源”的总体布局。

2. 以生态保护修复片区为单元布设系统工程

根据试点地区具有典型代表性的河湖水系、山体山脉，结合不同生态系统生态环境问题的空间差异，进一步打破行政区划界限，划分11个生态保护修复片区，以片区突出生态环境问题为导向，以空间统领水资源利用、水污染防治、岸线使用、航运水利等空间利用任务，将相对完整独立的生态修复片区作为单元整合系统工程，提高工程项目的系统性和连通性。

（三）因地制宜，综合施策，全方位推进

科学开展生态状况调查评估，系统梳理和掌握各类生态隐患和环境风险，充分尊重区域现状，统筹山水林田湖草生态要素，系统部署矿山生态修复等六大任务体系和八大工程措施，合计63个工程项目。注重各项措施的关联性和耦合性，打出一套“保护、治污、修复、转型、增效”的“组合拳”。

1. 严格保护重要生态空间，维护生物多样性

对生态基础良好的区域，尤其是流域上游地区、自然保护区、饮用水水源地、水产种质资源保护区等重要生态空间实行严格保护。保护森林、湿地、自然岸线等生态系统，维持和改善野生动植物栖息地，抢救性保护中华鲟、达氏鲟（长江鲟）、胭脂鱼、江豚、宜昌核桃、疏花水柏枝等濒危野生动植物，维护生物多样性。

2. 深化污染防控，实施精准治污

围绕区域“化工围江”危害长江生态安全、城乡水环境污染加剧、航运污染日益加重、农业面源污染等关键问题，剖析问题的根源，从源头寻找解决途径，构建“源头减排、过程阻断、末端治理”全过程防控模式。开展沿江化工企业重金属污染调查，防范环境风险。

3. 实施生态敏感脆弱区域生态修复，增加优质生态产品供给

重点在废弃矿山、水土流失、石漠化等生态敏感脆弱区域，以及人类活动集中的城镇、农业空间，实施一体化治理修复，恢复重要生态系统服务功能，推进城市绿色空间

体系建设，改善农村人居环境，扩大优质生态产品供给。

4. 推进产业生态化，倒逼产业转型

立足长江经济带协同发展大局，强力破解“化工围江”，实施“关改搬转”“一企一策”工作方案，扎实推动沿江经济发展动力转换，积极稳妥地化解旧动能，淘汰传统落后产能，破除生态环境风险，利用旧动能腾退出的新空间培育发展先进产能，增加有效供给，引导化工产业向高端发展。

5. 促进生态产品价值转化，实现绿水青山保值增值

依托长江水道，统筹岸上水上，正确处理防洪、通航、发电的矛盾，自觉摒弃损害甚至破坏生态环境的发展模式，推动绿色循环低碳发展。创新磷石膏综合利用技术模式，变废为宝；建设生态农业示范区，发展生态旅游，促进绿水青山保值增值。

二、典型经验

宜昌市牢固树立“上游意识”，紧紧围绕保障长江生态安全的核心，高质量推进试点工作，初步形成一批可总结、可推广的典型经验。

香溪河流域上游地区在重点推进消落带治理的基础上，同步实施小流域治理、美丽乡村建设、土地整治、水土流失治理等项目，实现岸上岸下系统治理、综合发力，在有效改善香溪河上游地区生态环境质量的同时，也为发展生态农业、生态旅游业筑牢了“绿水青山”本底（图 1）。

宜昌市有关部门和夷陵区围绕宜昌市母亲河——黄柏河，深入推进流域综合治理，坚持流域统筹、综合施策，制度先行、务实创新。在跨区域统一执法、流域水质达标与生态补偿、矿产资源开采指标“双挂钩”机制、全流域在线监测等方面开展了积极尝试，积累了丰富的流域综合治理经验。中心城区统筹推进“三水共治”，努力化解“化工围江”生态环境风险，深化“关改搬转治绿”“组合拳”，严控长江航运污染，有效改善城区“活水、用水、蓄水”水循环系统。

枝江市将金湖湿地及周边区域山水林田湖草各要素按照一个有机生命体统筹考虑，以变“臭湖”为“金湖”、彻底改善金湖生态环境质量为核心，兼顾景观效果，努力为人民群众提供优质的生态产品，为湖北“千湖之省”的湖泊生态环境治理竖立了良好的典范。

宜都市在推进松宜矿区废弃矿山生态修复过程中，因地制宜，统筹兼顾，以维护生

产生活安全和生态环境安全为首要目标，结合废弃矿渣再利用、文创旅游发展等市场化手段，积极拓宽资金来源渠道，在稳固历史遗留废弃矿山、尾矿渣堆的山体物质结构，有效降低地质灾害隐患的同时，协同减轻了废弃矿山、尾矿渣对周边生态环境的污染，恢复了林地生态系统服务功能，破解了废弃矿山棚户区转型发展难题，真正实现了生态惠民（图2）。

图1　香溪河流域综合治理项目实地调研

图2　宜都市松宜矿区废弃矿山地质环境生态恢复工程公示牌

松滋市沿长江干流实施岸线生态修复，建设生态廊道，结合美丽乡村、环境治理、景观优化等途径开展综合治理修复，在恢复生态基底的同时，为群众提供优美生态环境和民生福祉。松滋市小南海湿地生态修复项目（图 3），将污水处理厂尾水及雨污分流的初期雨水采用潜流湿地、表流湿地相结合的方式实施系统修复，消除劣Ⅴ类水体，生态效益明显。

巴东县长江库岸治理以保障长江干流生态安全为核心，采用自然修复与人工修复相结合的措施，对受损崩岸实施整体保护、综合治理，成效显著。巴东县生态农业示范区建设项目（图 4），采取扶贫共建、共营、共享的模式，充分尊重农田现状，林田相间，建设标准化生态农业示范区，在创造生态效益的同时带动生态旅游、促进生态价值转化。

图3　松滋市小南海湿地生态修复项目

图4　巴东县生态农业示范区建设项目

三、“十四五”时期生态保护修复工作政策建议

《中共中央关于制定国民经济和社会发展第十四个五年规划和二〇三五年远景目标的建议》明确了“十四五”时期推动经济社会高质量发展的主题，提出建设人与自然和谐共生的现代化的远期愿景。立足生态环境部“统一行使生态和城乡各类污染排放监管与行政执法职责”的职能定位，落实黄润秋部长关于“十四五”时期“坚持两手抓”的总体部署，基于长江三峡地区山水林田湖草生态保护修复工程试点实践，对“十四五”时期全国生态保护修复工作提出以下建议。

（1）严格保护重要生态空间，守住自然生态安全边界。建立国土空间开发保护制度，强化国土空间用途管控，落实生态保护、基本农田、城镇开发等空间管控边界，完善自然保护地、生态保护红线监管制度，严格保护各类重要生态空间，减少人类活动对自然生态空间的占用，为自然生态预留休养生息、自我更新的空间。对森林、草原、湿地、海洋等重要生态系统实施整体保护，构建健康稳定的绿色生态基底，恢复河湖水生态系统服务功能，保护生物多样性，筑牢生态安全屏障，守住生态安全边界。

（2）实施生态退化区域一体化治理修复工程，提升生态系统质量和稳定性。参考《全国重要生态系统保护和修复重大工程总体规划（2021—2035年）》，衔接国家京津冀协同发展、长江经济带发展、粤港澳大湾区建设、海南全面深化改革开放、长三角一体化发展、黄河流域生态保护和高质量发展等国家重大战略，优先实施生态保护修复重大工程。以突出的生态问题为导向，推进生态环境敏感脆弱区的治理与修复，实施城乡生态系统修复，扩大优质生态产品供给。强化河（湖）长制和林长制，推行草原、森林、河流、湖泊休养生息，健全耕地休耕轮作制度。

（3）提升生态监测监管和综合执法能力建设，构建生态保护修复“事前—事中—事后”全过程监管链条，做到“源头严防、过程严管、后果严惩”。确立生态保护在综合决策中的优先地位，夯实生态监管执法的法律基础，健全统一生态监测预警机制，定期开展生态状况调查评估，防范生态破坏风险，强化“事前严防”；加强生态保护红线、自然保护地、河湖岸线等重点领域监管，建立重点领域生态保护问题台账和督办反馈机制，做到“事中严管”；建立常态化执法机制，推进生态保护修复司法联动，加大对生态环境违法犯罪行为的惩处力度，开展生态保护修复成效评估，完善生态保护修复绩效考核制度，落实生态破坏问题责任追究制度，完善“事后奖惩”。

（4）积极探索推广生态产品价值实现路径。充分发挥生态示范创建的引领作用，结合山水林田湖草生态保护修复工程试点，依托生态资源和优质生态环境，发展生态旅游

和特色文化产业，探索资源权益出让和生态补偿等方式，促进物质供给类、文化服务类、生态调节服务类产业价值实现[1]，积极探索创新生态产品价值实现途径，打开“绿水青山就是金山银山”转化通道。鼓励地方重点针对生态价值核算、生态产品交易平台、生态产品保护绩效评价等进行深入探索[2]，先行先试开展美丽乡村、美丽城市、美丽省建设，让生态产品价值成为推进美丽中国建设、实现人与自然和谐共生的现代化的增长点、支撑点、发力点。

（5）补齐生态保护修复治理能力和治理体系短板。建立生态监测评估与风险预警机制，对全国、省域、重点区域、重点流域定期开展生态状况普查和调查，夯实生态保护修复工作基础。整合构建国家生态状况监测网络，建立统一的生态监测、预警和信息发布机制，形成生态环境数据“一本台账”“一张网络”“一个窗口”。完善生态保护修复法律法规标准体系。探索生态保护红线保护成效的纵向生态补偿制度，培育生态产品价值实现市场交易和金融体系，建立生态产品调查评估与价值核算机制。建立健全生态保护修复领导责任体系、企业责任体系、全民行动体系，压实各方责任，推动多元共治、全民参与。

参考文献

[1] 王夏晖，张箫，牟雪洁，等. 国土空间生态修复规划编制方法探析[J]. 环境保护，2019，47（5）：36-38.

[2] 王金南，王夏晖. 推动生态产品价值实现是践行“两山”理念的时代任务与优先行动[J]. 环境保护，2020，48（14）：9-13.

[3] 王夏晖，张箫. 我国新时期生态保护修复总体战略与重大任务[J]. 中国环境管理，2020，12（6）：82-87.

生态公益岗位设置调研报告

崔书红[1]　蔡蕾[1]　臧春鑫[1]　俞海[2]　王勇[2]　刘丽香[3]
（1. 生态环境部自然生态保护司；2. 生态环境部环境与经济政策研究中心；
3. 生态环境部环境科学研究院）

2015 年 11 月，习近平总书记在中央扶贫工作会议上提出，按照贫困地区和贫困人口的具体情况，实施“五个一批”工程。其中要求生态补偿脱贫一批，加大贫困地区生态保护修复力度，增加重点生态功能区转移支付，扩大政策实施范围，可以让有劳动能力的贫困人口就地转成护林员、草管员等生态保护人员，从生态补偿和生态保护工程资金中拿出一点，作为他们保护生态的劳动报酬。2017 年 6 月，习近平总书记在山西召开的深度贫困地区脱贫攻坚座谈会上，再次作出了“对生态环境脆弱的禁止开发区和限制开发区增加护林员等公益岗位”的重要指示。

目前我国许多贫困地区都开展了生态管护公益岗位设置工作，并且在推动生态保护和促进精准扶贫上取得了一定的成效。为深入梳理分析生态公益岗位设置的整体政策、实践进展以及存在的问题，进一步发挥其在脱贫攻坚和生态环境保护工作中的具体作用，基于资料收集整理、专家座谈研讨和实地调查研究分析，本报告对当前各类生态公益岗位设置的基本情况以及存在的问题进行了总结，并提出了相应的政策建议。

一、调查研究情况

本报告采取的调查研究方法包括专家座谈咨询和实地调查访谈两类。专家咨询方面，2019 年 3 月 31 日邀请北京大学、国家信息中心的有关专家进行了研讨交流。2019 年 6 月 13 日，再次就生态公益岗位专题召开了专家座谈会，来自北京大学、中国环境科学院、中国农业大学、农业农村部农村经济研究中心以及青海省生态环境厅有关代表讨论分析了生态公益岗位设置情况以及存在的问题。基于专家研讨和资料整理分析形成了初步的研究报告。

在此基础上，2019 年 7 月 7—14 日，课题组分别前往云南省和青海省就生态公益岗位设置情况及其在脱贫攻坚和生态环境保护工作中的具体效果进行了实地调研。实地调研采取部门座谈和入户访谈相结合的形式。在云南省怒江州，调研组与怒江州生态环境、发改、财政、林草、水利、公安、公路、扶贫开发办等部门代表进行了座谈，详细了解了怒江州生态公益岗位设置的整体情况。随后，调研组深入怒江州泸水市六库镇赖茂村和片马镇片马村，分别就生态护林员、地质灾害监测员、护边员、护路员、河道管理员以及村庄保洁员的具体工作状况进行了入村入户访谈。在青海省，调研组与青海生态环境厅、财政厅、林草局、三江源国家公园管理局等部门代表进行了座谈，从省级层面了解了青海省生态公益岗位设置、管理以及资金来源情况。随后，调研组分别前往青海省西宁市大通县向化藏族乡、果洛州玛多县花石峡镇和扎陵湖乡、玛沁县雪山乡就生态管护岗位具体工作情况对当地工作人员和农牧民生态管护员进行了访谈。基于两地的实地调研情况，分别形成了《云南怒江州生态公益岗位调研报告》和《青海省生态公益岗位调研报告》。

二、生态公益岗位政策进展

（一）从中央层面来看，有关文件提出了生态环境公益岗位的设置方向和发展目标

2018 年 1 月，国家发改委等六部委印发的《生态扶贫工作方案》明确提出，到 2020 年新增生态管护员岗位 40 万个，其中生态护林员 30 万个、草原管护员 10 万个。随后出台的《中共中央　国务院关于打赢脱贫攻坚战三年行动的指导意见》对上述目标再次进行了明确，同时提出通过探索天然林、托管集体公益林和组建生态扶贫专业合作社的形式吸纳贫困人口参与生态保护。此外，在乡村振兴战略实施意见和规划中也提出了，推行生态建设和保护以工代赈做法，提供更多生态公益岗位。事实上，早在 2016 年，国家林业局办公室、财政部办公厅、国务院扶贫办综合司就出台了《关于开展建档立卡贫困人口生态护林员选聘工作的通知》，并制定了建档立卡贫困人口生态护林员管理办法。2018 年 12 月，生态环境部出台的《关于生态环境保护助力打赢精准脱贫攻坚战的指导意见》也明确提出，在污染防治、生态保护修复等工程项目建设运行中，设置一定数量岗位安排贫困人口就业，鼓励各地根据需要设置生态环境强化监督、生态保护红线管护等岗位（表 1）。

表 1　中央层面关于生态环境公益岗位的有关政策

时间	文件名称	相关内容
2018年6月	《中共中央　国务院关于打赢脱贫攻坚战三年行动的指导意见》	• 推进生态保护扶贫行动，到 2020 年在有劳动能力的贫困人口中新增选聘生态护林员、草原管护员岗位 40 万个。 • 探索天然林、集体公益林托管，推广"合作社+管护+贫困户"模式，吸纳贫困人口参与管护。 • 建设生态扶贫专业合作社（队），吸纳贫困人口参与防沙治沙、石漠化治理、防护林建设和储备林营造
2018年1月	《中共中央　国务院关于实施乡村振兴战略的意见》	• 推行生态建设和保护以工代赈做法，提供更多生态公益岗位
2018年9月	中共中央　国务院印发《乡村振兴战略规划（2018—2022 年）》	• 完善生态资源管护机制，设立生态管护员工作岗位，鼓励当地群众参与生态管护和管理服务
2018年1月	国家发展改革委、国家林业局、财政部、农业部、水利部、国务院扶贫办六部委印发《生态扶贫工作方案》	• 到 2020 年，贫困人口通过参与生态保护、生态修复工程建设和发展生态产业，收入水平明显提升，生产生活条件明显改善。 • 力争组建 1.2 万个生态建设扶贫专业合作社［其中造林合作社（队）1 万个、草牧业合作社 2 000 个］，吸纳 10 万贫困人口参与生态工程建设；新增生态管护员岗位 40 万个（其中生态护林员 30 万个、草原管护员 10 万个）
2016年9月	国家林业局办公室、财政部办公厅、国务院扶贫办行政人事司《关于开展建档立卡贫困人口生态护林员选聘工作的通知》	• 制定了建档立卡贫困人口生态护林员管理办法。 • 建档立卡贫困人口生态护林员选聘实施方案编制提纲
2018年12月	生态环境部印发《关于生态环境保护助力打赢精准脱贫攻坚战的指导意见》	• 引导贫困地区采取政府购买服务或设立公益岗位的方式，吸纳贫困人口参与生态环境保护，安置贫困人口就业，增加劳务收入。 • 污染防治、生态保护修复等工程项目建设运行中，设置一定数量岗位安排贫困人口就业，在政府采购、招投标、合同约定中予以明确保障。 • 鼓励各地根据需要设置生态环境强化监督、生态保护红线管护等岗位，让贫困人口参与生态环境监管，对表现突出的给予奖励，提高贫困人口生态环境保护的积极性

注：根据相关资料整理。

（二）从地方层面来看，大部分省份针对生态护林员岗位设置出台了具体管理办法，部分省份就生态管护公益岗位设置进行了创新探索

青海、四川、云南、贵州、重庆、湖南等中西部多个省级行政区针对建档立卡贫困人口出台了生态护林员政策实施范围，以及岗位选聘办法、实施细则等，对生态护

林员的选聘条件、管理机制、管理原则、选聘责任、选聘程序等要点内容进行了说明，见表 2。

表 2　各省级行政区关于生态公益岗位的相关政策文件

青海	• 青海省人民政府办公厅《关于印发青海省公益性岗位开发管理办法的通知》 • 青海省人民政府办公厅《关于印发青海省生态保护与服务脱贫攻坚行动计划》 • 关于《三江源国家生态保护综合试验区生态管护公益岗位设置及管理意见》 • 关于印发《青海省草原湿地生态管护员管理办法的通知》 • 关于印发《青海省生态公益林管护办法（试行）》的通知 • 青海省人民政府关于《三江源国家生态保护综合试验区生态管护员公益岗位设置及管理意见》
四川	• 中共四川省委　四川省人民政府关于打赢脱贫攻坚战三年行动的实施意见 • 四川省建档立卡贫困人口生态护林员选聘实施细则
贵州	• 贵州省生态扶贫实施方案（2017—2020 年） • 贵州省建档立卡贫困人口生态护林员工作实施方案
云南	• 云南省建档立卡贫困人口生态护林员选聘办法 • 云南省建档立卡贫困人口生态护林员选聘实施细则
重庆	• 重庆市建档立卡贫困人口生态护林员管理细则（试行）
湖南	• 湖南省建档立卡贫困人口生态护林员管理办法
安徽	• 安徽省建档立卡贫困人口生态护林员选聘管理办法（试行）
甘肃	• 《甘肃省建档立卡贫困人口生态护林员管理细则（试行）》
陕西	• 陕西省林业厅关于加强生态护林员管理的意见
湖北	• 湖北省林业生态扶贫三年规划和 2018 年工作计划
广西	• 广西壮族自治区建档立卡贫困人口生态护林员选聘实施细则 • 广西生态扶贫实施方案
广东	• 广东省级财政专职护林员补助资金管理办法
海南	• 关于做好海南省 2018 年新增生态护林员选聘工作方案的通知
福建	• 福建省人民政府关于健全生态保护补偿机制的实施意见
江西	• 江西推进生态保护扶贫实施方案的通知
内蒙古	• 内蒙古自治区生态扶贫工作实施方案 • 内蒙古自治区林业生态扶贫三年规划（2018—2020 年）
辽宁	• 辽宁省生态扶贫工作方案 • 辽宁省生态护林员精准扶贫工作实施方案
吉林	• 吉林省建档立卡贫困人口生态护林员选聘实施方案
甘肃	• 甘肃省 2019 年乡村振兴公益性岗位实施方案

注：根据相关资料整理。

早在 2014 年，青海省人民政府就出台了关于《三江源国家生态保护综合试验区生态管护员公益岗位设置及管理意见》，就草原、林地、湿地等设置生态管护员公益岗位的工资标准、基本条件、选聘程序等进行了规定。2015 年，青海省又专门出台了草原湿地生态管护员管理办法。

四川省探索构建了生态公益岗位动态退出机制，规定了贫困户退出生态公益岗位的两种情况：一是生态公益岗位从业者本人或家庭成员有其他稳定的、可以确保不返贫的收入来源；二是在岗期间贫困户本人出现重大工作失误、身体不适等不可逆因素。

青海、贵州、江西三省均出台了专门的生态保护扶贫工作实施方案。区别在于，青海省在生态保护与服务脱贫攻坚行动计划中主要提出以完善生态管护公益岗位推进精准扶贫，而贵州、江西还在生态保护修复、生态补偿制度等方面进行了部署。此外，贵州省还专门提出了退耕还林、森林生态效益补偿、生态护林员等十大扶贫工程。

三、生态公益岗位设置情况

通过调研总结和分析，目前我国生态公益岗位设置的基本情况如下。

（一）生态护林员等生态管护岗位设置规模逐步扩大

2016 年，国家林业局会同财政部、国务院扶贫办开展了选聘建档立卡贫困人口担任生态护林员扶贫工作，当年安排中央投资 20 亿元。2017 年，中央财政进一步加大了生态护林员资金投入，共安排资金 25 亿元，37 万名建档立卡贫困人口通过生态护林员选聘上岗就业，使 2 188.64 万公顷的森林、湿地、沙地得到有效管护[①]。

2018 年 1 月，国家发展改革委、国家林业局、财政部、农业部、水利部、国务院扶贫办六部委印发《生态扶贫工作方案》。我国生态护林员选聘规模稳步扩大，以中西部 22 个省级行政区为重点，落实生态护林员资金 35 亿元，选聘建档立卡贫困人口生态护林员 50 多万名[②]。按照《生态扶贫工作方案》，2019 年拟新增选聘 20 万名生态护林员、10 万名草原管护员。根据相关资料初步计算，全国仅生态护林员岗位就设置了约 70 万个。生态护林员、草原管护员等生态管护公益岗位的大规模设置，在推动生态精准脱贫过程中发挥着重要作用。

（二）生态公益岗位设置类型日益丰富

目前，各地区生态管护公益岗位设置主要包括以下几种类型：一是生态护林岗位，包括重点生态公益林护林员、新增造林护林岗位等；二是草原湿地生态管护员、沙化土地封禁保护管护员；三是水生态保护岗位，包括水资源管护员、水土保持监督员、河道

① http://www.forestry.gov.cn/main/72/content-1085193.html.

② http://www.forestry.gov.cn/main/72/20190305/115859089191083.html.

管护员等；四是农村生态环境保护岗位，包括农村公路养护岗位、旅游厕所保洁员岗位、村级环境监督员岗位等。以云南省怒江州为例，共设置了生态护林员、地质灾害观测员、河道管理员、城乡保洁员、护边员和护路员六大类生态管护公益岗位。

另外，围绕乡村振兴战略，生态公益岗位在美丽乡村建设领域进行了有益拓展。2018年中央一号文件《中共中央　国务院关于实施乡村振兴战略的意见》明确提出，推行生态建设和保护以工代赈做法，提供更多生态公益岗位。例如，甘肃省专门出台了《甘肃省2019年乡村振兴公益性岗位实施方案》，提出在全省3 720个深度贫困村和“两州一县”其他村，新开发1万个乡村公益性岗位，主要从事乡村道路维护、乡村保洁、乡村绿化、乡村水电保障、农村养老服务、村级就业社保协管、乡村公共安全、乡村公益设施管理等公共服务工作。部分地区也根据实际需求设置了生态环境保洁员、生态河道管护员、生态村级公路养护员等公益性岗位。

（三）生态公益岗位补助标准高于脱贫标准

根据国家林草局、财政部、国务院《关于开展2018年度建档立卡贫困人口生态护林员选聘工作的通知》，每个生态护林员劳务补助标准按照每人年均1万元测算，各地可以结合本地实际情况统筹考虑上一年度选聘的生态护林员管护补助标准、管护面积、管护难度和现有生态护林员劳务补助水平等因素，确定具体补助标准。原则上人均管护面积不能低于500亩、补助标准要能够促进全家脱贫，与上一年度选聘的生态护林员补助标准相衔接。

通过收集相关省份关于生态公益岗位设置的工资标准来看，除青海省以外（人均管护面积较大，草原湿地管护员每3万～5万亩一个岗位），大部分省级行政区生态公益岗位每年每人在4 000～10 000元，具体工资待遇根据实际岗位情况、收入水平和资金来源来确定（表3）。以云南省怒江州为例，按照省级“管护补助标准原则为每人每年10 000元、不低于8 000元”的要求，全州四县（市）合理确定生态护林员管护补助标准分别为泸水市、兰坪县补助标准均为8 400元/（人·年）、每月700元；福贡县为10 800元/（人·年）、每月900元；贡山县为10 000元/（人·年）、每月800元、年底奖励资金400元。

表3中将收集的相关地方生态公益岗位年工资水平与当地农村居民人均纯收入进行了比较。可以看出，部分中西部地区生态公益岗位的收入水平已经接近甚至高于当地农村居民人均纯收入水平，且每个地区的生态公益岗位工资水平都能够使贫困家庭收入超过脱贫标准。因此，生态公益岗位在精准脱贫工作中发挥了重要作用。

表 3　各地相关生态公益岗位设置与工资待遇状况

地区	岗位名称	岗位总数/个	工资水平/[元/（人·年）]	当地农村居民人均纯收入/元
青海省三江源国家公园	生态管护员	14 581	21 600 元	10 393
贵州省	生态护林员	60 000	10 000 元	9 716
四川省阿坝州	生态管护员	26 600	6 600 元	12 893
云南省怒江州	生态护林员	13 889	9 300 元	6 122
安徽省旌德县	生态护林员	170	6 000 元	12 758
黑龙江省嘉荫县	生态护林员	224	8 400 元	13 184
四川省凉山州	生态护林员	3 835	10 000 元	9 422
安徽省阜阳市	生态护林员	1 500	省级每年补贴不低于 6 000 元，县乡级每年补贴不低于 3 600 元	11 830
重庆市黔江区	生态护林员	760	5 000 元	12 638
湖北省十堰市	生态护林员	6 105	4 000 元	10 295
浙江省衢州市衢江区	绿色公益岗	160	7 200 元	22 255
湖北省黄冈市	垃圾公益岗	21 800	7 200 元	13 238

注：根据相关资料整理。

（四）“一职多能、一岗多责”成为生态公益岗位设置方向

云南省怒江州结合生态护林员岗位实际和工作需要，积极探索生态护林员“一职多能、一岗多责”管理模式，让生态护林员在履行管护森林资源职责的同时，分别承担农村公路养护管理、城乡人居环境提升、河流水系保护、地质灾害监测等方面的工作职责。通过优先聘用建档立卡贫困群众，统筹整合人员职责，统筹调度使用管理，不断在扩展生态护林员工作职责的改革创新上集中发力，探索“增责加薪、绩效考核、激励奖惩”的创新模式，帮助贫困群众脱贫增收。青海省三江源国家公园管理局对相关森林、湿地、草原等生态管护要素进行整合，对每个生态管护员划定一定的管护面积，实现山水林湖草一体化管护。

四、存在的主要问题

（一）生态公益岗位设置的定位和范围仍然不清晰

生态公益岗位设置的初衷旨在加强生态环境保护工作的同时，为贫困人口提供一定的就业岗位，促进其增收。但是从调研情况来看，部分类别的生态公益岗位设置只顾及

了脱贫攻坚问题，或侧重脱贫攻坚效果，而将生态环境保护置于其次。岗位设置定位和范围的不明晰带来了以下问题：一是生态公益岗位设置没有考虑生态类型和区域统筹的需要，存在生态管护任务区域分布不均的问题；二是对生态管护人员生态管护职责职能的监督和考核等方面的组织管理不够；三是部分基于脱贫考虑的生态管护人员选聘难以胜任实际生态管护需求。

（二）目前生态公益岗位设置主要集中在森林、草原等生态要素管护领域，而针对环境污染治理领域的设置较少

在设置生态护林员岗位的基础上，围绕生态管护需求，针对建档立卡贫困人口设置的生态管护岗位类型日益丰富。但是，总体来看，岗位设置多集中于生态保护领域，在环境保护领域的探索较少。目前，各类生态公益岗位仍以生态护林员和草原管护员为主。以四川省为例，全省从建档立卡贫困户中选聘生态护林员、草原管护员 7.96 万名，占全省贫困县公益岗位总数的 71%。虽然生态环境部在《关于生态环境保护助力打赢精准脱贫攻坚战的指导意见》提出了在污染防治工程项目、生态环境强化监督、生态保护红线管护为贫困人口设置一定就业岗位的意见，但是从实地调研来看，目前各地在这些领域的考虑较少，也未在现有生态公益岗位职责中纳入上述有关职能。就这个角度而言，通过在生态环境治理领域设置生态环境管护公益岗位，或在现有生态公益岗位设置基础上纳入有关环境污染治理和生态监管职能，对于助推脱贫攻坚和促进生态环境保护工作依然能够发挥较大的积极作用。

（三）在资金来源上，除生态护林公益岗位有中央专项资金来源外，其他相关生态公益岗位资金多由地方根据自身情况进行统筹，缺乏稳定可持续的资金保障

生态护林员补助资金主要来源于中央利用生态补偿和生态保护工程资金对重点生态功能区进行的转移支付，如中央财政公益林补偿和天然林管护补助资金。部分地区根据自身实际情况，对相关生态保护资金进行统筹安排。例如《贵州省生态扶贫实施方案（2017—2020 年）》提出实施生态护林员精准扶贫工程，按照中央、省、县三级分担原则，整合中央补助资金、森林管护资金以及切块到县的财政专项扶贫资金，并新增省级财政资金，加大对生态护林员的资金投入[①]。

而对于除生态护林员之外的其他相关的生态公益岗位，尚无足够的中央专项补助支持。以青海省为例，在设置的草原、林业、湿地三类管护岗位中，仅有林业生态公益岗

① http://www.gzass.net.cn/xwzx/skyw/201801/t20180115_3137021.html.

位经费由中央财政资金安排，其他岗位经费分别从省财政扶贫资金和省财政生态保护资金安排。青海省生态公益岗位年安排资金 13.5 亿元，其中省财政安排 11.6 亿元，中央专项仅 1.9 亿元。尽管青海省级财政资金很大程度上也来源于中央各类转移支付资金，但是调研发现，大规模生态公益岗位资金负担实际上存在挤占其他领域资金支出的情况，对省级财政也产生了一定的压力。以云南省怒江州为例，在六大类管护员中，生态护林员和护边员的补助经费主要来源于中央专项经费；地质灾害监测员补助由省、州、县三级按照不同比例承担；护路员、河道管理员补助主要由州、县承担，中央和云南省尚无明确的资金来源。

（四）在顶层设计上，针对生态护林员之外的其他生态公益岗位设置缺少较为细致的实施方案，系统性的制度设计较为欠缺

目前，很多贫困地区在农村设立了针对贫困人口的环保公益岗位，但是与生态护林员岗位相比，这些岗位设置缺乏国家层面的政策，导致全国各地岗位数量、岗位性质、工资标准、资金来源都不一致，部分环保公益岗位人员选聘较为随意。当前关于生态公益岗位扶贫的相关政策仅在国家六部委生态扶贫方案里有一段阐述，还没有上升到一个系统性政策体系。也缺乏针对环保公益岗位的考核、监管和评估的长效机制。各类环境公益岗位的管护边界也存在交叉重叠、不清晰等问题。

（五）在长期规划上，面临着 2020 年后生态公益岗位政策如何延续的问题

目前，部分地区生态公益岗位设置侧重于满足脱贫攻坚的需要，但是对生态公益岗位的长效机制仍然缺乏长远的规划。主要表现在以下几个方面：一是生态公益岗位的设置缺乏长效稳定的资金保障机制；二是关于 2020 年脱贫攻坚后是否存在有效的部分公益岗位退出机制仍然没有明确；三是在乡村振兴战略中，生态公益岗位的重点领域和拟发挥的作用也未能明确。从这几个层面来讲，对生态公益岗位的制度设计亟须相对长期的系统规划。

（六）在实际管理中，生态公益岗位规模扩张较快，但长效动态的人员和资源的管理机制设计相对滞后

目前很多地区由于脱贫攻坚和实际生态保护工作的需要，设置了大量的生态管护岗位，但是在岗位人员和资金管理的长效机制设计上相对滞后。主要表现在：一是部分公益岗位的设置缺乏稳定的资金来源，一些农村环境公益岗位由村集体自行解决，影响生态公益岗位设置的稳定性和预期效果。二是有些公益岗位设置是为了脱贫临时加设的纯粹的脱贫岗位，与生态环境保护工作的长期需求结合的不够，这会影响公益岗位政策能否在助推脱贫和生态环境保护上发挥长期有效的作用。三是部分地区对岗位人员的管理缺乏动态调整机制，对于已经脱贫家庭或不再符合生态公益岗位条件管护员的退出机制、新的有意愿且符合条件的贫困户的进入机制有待调整优化。

（七）在实际工作中，存在选聘的建档立卡贫困户不能很好地胜任生态管护岗位能力需求的情况

在青海省和云南省的调研中均发现，由于特殊社会发育和经济发展阶段等方面的原因，针对建档立卡户选聘的生态管护员普遍存在文化素质偏低、年龄偏大的现象。很多生态管护员属于不会讲汉语、文化水平低、劳动技能差、外出务工难、就业门路少的贫困群体。甚至有一些生态管护员体弱多病，难以承担体力消耗较大的生态巡护工作。在履职尽责中还存在不能全面了解、掌握工作职责，不能依法高效地履行职能等情况，影响生态管护的实际效果。此外，基层工作人员和生态管护员普遍反映存在生态管护配套装备和工作经费不足的问题。

五、政策建议

（一）在岗位定位上，应明确生态优先兼顾扶贫的基本原则

设置生态公益岗位的初衷在于发挥人民群众参与生态环境保护的积极性，同时兼顾为贫困人口提供稳定就业岗位的作用。明确生态优先兼顾扶贫的原则，岗位设置面向生态环境保护工作实际需求进行科学设置，不需要的岗位就不开发，以免造成人员和资金的双重浪费。一方面能够避免通过盲目设置生态公益岗位实现快速脱贫但脱贫效果不稳定、不持续的问题，另一方面实现“因事设岗”而非“因人设岗”，避免生态公益岗位设置区域不均衡、管护任务不均等带来的新的矛盾，这有助于形成长效稳定的生态管护和生态扶贫机制。

（二）在岗位规模上，应因地制宜地结合管护面积、任务、难度等因素综合确定

当前生态公益岗位的设置规模多根据管护面积来确定，如生态护林员人均管护面积不低于 500 亩。实际工作中。不同地区生态容易遭受破坏的程度和管护的难度存在很大的差别。因此，森林、湿地、草原、河流湖泊等生态公益岗位的设置应在综合考虑生态容易遭受破坏的程度、生态管护的难度、生态管护的任务量等方面后确定，避免出现生态管护岗位设置过剩的现象。

（三）在岗位类型上，对现有生态环境保护领域的相关公益岗位进行整合，拓展岗位职能职责，充分发挥生态公益岗位效能

由于缺乏顶层设计，部分地区尤其是在农村生态公益岗位的设置上存在岗位职责相近、职能重叠、工资标准低等问题。通过出台具体意见，对相关公益岗位设置进行整合，探索生态公益岗位“一职多能、一岗多责”模式，在提高岗位效能的同时，逐步提升生态公益岗位的工资标准水平，提高贫困人口收入水平。根据各地区实际情况，可以将山水林草湖等生态要素管护进行优化整合，实现山水林草湖一体化管理，制定统一的管护细则和管理办法。

根据生态环境保护工作任务，生态环境保护公益岗位可以在生态修复、生态环境强化监督、生态保护红线监管、环境污染防治以及生态环境保护宣传教育等几个方面进行侧重。按照各地区生态环境保护的重点领域和重点要素，充分发挥生态公益岗位在生态空间管控、河流湖泊等流域污染治理、农村人居环境整治等方面的积极作用。在具体岗位设置方面，建议积极开发如生态资源管护、环境基础设施维护、环境卫生维护、生态环保宣传等有利于当地脱贫攻坚的工作岗位。此外，也可以考虑在现有生态公益岗位职能的基础上，纳入上述生态环境保护职能，适当增加每个生态公益岗位的补助水平。

（四）在岗位对象上，兼顾脱贫攻坚和生态环境保护实际需要，生态公益岗位向深度贫困地区和重点生态功能区倾斜

岗位设置对象要切实体现出向贫困家庭倾斜的特点，切实发挥生态岗位在各地区尤其是“三区三州”等深度贫困地区在脱贫攻坚中的积极作用。一是生态公益岗位设置应结合国家重大战略，如乡村振兴战略、长江经济带绿色发展战略等，向生态环境保护的重点地区和重点领域进行倾斜，将生态公益岗位设置充分融入国家战略。二是岗位工资标准向贫困家庭和生态环境保护艰苦岗位进行适当倾斜，提高这些岗位人员工资，有利于这些岗位的人员稳定，也体现了多劳多得的原则。同时体现岗位兼职设置原则，贫困劳动力可以按照岗位要求不定期地、自主灵活地完成工作，着力增加贫困家庭总体收入。

（五）在资金来源上，拓宽生态公益岗位的资金来源渠道，建立稳定可靠的资金增长保障机制

建议生态环境保护领域的公益岗位设置应该积极争取中央转移支付资金支持，同时将生态公益岗位设置纳入国家相关重大战略的专项资金支持，探索“综合财力补助+专项”方式的中央资金来源渠道，建立根据生态管护效果完善中央资金支持的动态评估调整机制。地方可根据生态公益岗位的工作职责对相关职能资金来源进行整合，针对生态公益岗位人员的绩效补助地方也可从中央、省各类转移支付以及市（县）相关配套等资金进行统筹解决。同时拓宽社会筹资渠道，探索社会资本为生态管护人员提供巡护、交通、监测等设备配套支持的有效渠道。

（六）在岗位管理上，完善生态公益岗位的选聘、培训、考核、监管和评估的长效管理机制

研究出台针对生态环境保护领域生态公益岗位选聘的基本条件、工作职责、工资标准等管理办法以及绩效考核细则。针对不同类别生态公益岗位要求，定期组织相应的技能培训，不断提升业务能力和综合素质，适应岗位需求。实行生态公益管护岗位动态管理机制，将管护岗位人员设置与管护面积、管护效果相挂钩，切实强化综合管理体系，提升生态管护和精准脱贫成效。适时开展生态公益岗位政策评估调研，对生态公益岗位管护任务、考核指标等情况进一步进行调查研究，全面评估生态公益管护岗位管理实施效果，并及时完善相关政策。创新生态管护员管护模式。如开发统一的生态管护员巡查管理系统，开展管护员身份信息核对、巡护、管理、统计、考核等试点工作。

（七）在组织模式上，构建生态公益岗位网格化运转管理机制

借鉴三江源国家公园山水林草湖一体化网格化管理模式，形成“点成线，网成面”管护体系，提升生态管护人员的组织化管理水平。可以在县市成立管理大队，乡镇成立管理中队，负责本区域生态管护员及其扩展职能的统筹管理；以行政村为单位成立管理小队，由 10～20 人为一组，明确一名组长及若干名副组长，负责组织开展工作。明确管护队员在生态巡护、生物多样性保护、生态环境保护法律法规等方面的具体工作职责。

（八）在制度设计上，开展生态公益岗位长期规划，明确阶段性目标和任务，实现由数量扩张向质量提升过渡

针对生态公益岗位设置制定出台职能优化整合和未来发展规划，推进形成生态公益岗位政策制定和管理的协同机制，统筹考虑各部门的生态管护需求，构建形成稳定、持续、长效的管理和保障机制，切实发挥生态公益岗位在生态环境保护和生态扶贫中的长期作用。

（九）制定生态环境保护领域设置生态公益岗位的指导意见和工作实施方案

从必要性来看，一方面，在生态环境保护领域设置公益岗位能够在助推脱贫攻坚过程中发挥一定的积极作用，且具有较大的潜力；另一方面，在生态环境保护领域，尤其是针对污染防治攻坚重点地区、重点领域和农村生态环境治理需求设置公益岗位，能够充实基层生态环境保护工作力量，有助于充分调动社会力量，凝聚生态环境保护合力。针对部分生态公益岗位设置，尤其是环境保护公益岗位设置混乱、缺乏顶层设计的问题，应该结合脱贫攻坚战和污染防治攻坚战需求，制定出台国家层面环境保护领域公益岗位设置的具体办法、实施细则等，明确在生态环境保护领域设置公益岗位的主要内容、职责边界、管理模式、保障措施等，为各地探索优化生态公益岗位设置提供指导。

加强闭矿地下水及生态风险防控 推动绿色矿山建设

郭二民　冯启言　袁彦婷　何皓
（生态环境部环境工程评估中心）

近年来，随着我国一些老矿区煤炭资源趋于枯竭，国家相继出台了资源整合及去产能政策，大量煤矿被废弃、整合、关停。自 2015 年国家实施去产能政策以来，“十二五”期间已淘汰落后煤矿 7 100 座，预计到 2020 年将有更多的煤矿关闭，全国关闭煤矿总量将达到 7 万多座。为调查煤矿闭井后的生态风险及环境管理状况，生态环境部环境工程评估中心对全国 18 个典型关闭煤矿集中区近 100 座关闭煤矿的生态环境现状开展了调研。调研发现，部分地区废弃煤矿缺乏有效管理，去产能煤矿存在直接关闭、一关了之的现象。煤矿闭井后面临土地资源空置、水环境恶化、生态问题突出等问题，关闭煤矿区的生态环境形势非常严峻，需要尽快加强关闭煤矿的环境管理，促进煤炭产业的可持续发展。

一、关闭煤矿水环境和生态环境问题突出

（一）废弃煤矿矿井水严重污染地表水体

矿井退役后生产排水停止，井内会产生大量的矿井涌水并淹没巷道、工作面。由于废弃巷道里存在人为的留弃物，同时，矿产资源的伴生有害物质在空气、水和微生物的共同作用下进入地下水系统，含重金属、有机污染物的矿井水涌出地表造成矿区及受纳水体的污染，尤其在部分矿井中监测出多环芳烃等有毒有害污染物。本次调研表明，酸性矿井水主要分布于鲁西南、山西、云贵等地区；山东淄博矿区、山西阳泉矿区、大同矿区、贵州凯里矿区、云南弥勒矿区、河南鹤壁矿区、宁夏石嘴山矿、湖南金竹山矿等煤矿区矿井水的铁、锰含量严重超标。

贵州凯里鱼洞河流域的煤炭开采始于 20 世纪 80 年代初期，该地区内有记录的煤矿

共 80 多个，另有部分没有任何记录的废弃煤矿，目前大部分已关闭，少量关停整合。调查监测发现鱼洞河流域矿井关闭后造成矿井水直接溢流出水点共 21 处，其中井筒出水点 14 处，溶洞、暗河出水点 5 处，岩溶出水点 2 处，溢流水总排放量最高时约 6 万米^3/天，水中 pH、硫酸盐、总铁超标点数分别为 15 处、17 处、16 处，且最高超标分别为 8.4 倍、13.7 倍和 800 倍，关闭煤矿外排的高铁酸性废水导致流域内水体、河床和岩土呈现红褐色，形成“小黄河”并汇入重安江。鱼洞河、白水河、重安江 26 个地表水水质监测断面中，pH、总铁分别有 9 个断面超标，硫酸盐、镉分别有 11 个监测点超标，其中镉最大超标 2.4 倍，造成区域地表河流受到严重污染；pH 超标河段长度为 9.5 千米；总铁和硫酸盐超标河段长度为 13.7 千米。

（二）关闭矿井地下水位回弹造成串层污染，严重威胁地下水系统和供水安全

煤矿开采时，由于大量排水，矿井形成了区域性的地下水降落漏斗，矿井关闭地下疏排系统停止运行后地下水位迅速回弹，污染物通过采动裂隙、断层、封闭的不良钻孔等通道进入上部或下部含水层，引发地下水各层之间的串层污染，影响居民供水安全，甚至影响地下水系统的安全。

山西阳泉山底河流域地处娘子关泉域北侧中部，流域面积 58 千米^2，属于海河流域的七级支流。流域内曾有 28 座煤矿（村镇小煤矿较多，含 3 座露天煤矿），2005 年通过整合目前仅保留 5 座。闭坑“老窑水”蓄满采空区后从煤系地层最低处出流渗漏至地表，出水平均流量为 7 842 米^3/天，pH 最小为 2.39，呈酸性；总溶解固体最大达到 11 545 毫克/升，超出《地下水质量标准》（GB/T 14848—2017）Ⅲ类水质的要求；特别值得关注的是，苯并[α]芘（高致癌物）含量也超出《地下水质量标准》（GB/T 14848—2017）Ⅲ类水质的要求。更严重的是，山底河流域煤矿“老窑水”溢流出地表约 700 米后，进入碳酸盐岩裸露区二次大量入渗地下，实测渗漏率达到 61.4%，形成了对娘子关泉域深层岩溶水的渗漏补给。煤矿“老窑水”的长期大量入渗使得娘子关泉域岩溶水遭受严重污染，据统计，2003—2013 年，娘子关泉域受严重污染区面积由 173 千米^2 增加到 939 千米^2。娘子关泉是我国北方最大的岩溶泉，也是阳泉市最主要的供水水源地，担负着全市约 80 万人的供水任务，多年来其水质趋于恶化，近几年恶化趋势明显加快，已造成大量村民水井报废，地方政府不得不投入巨资另辟水源解决村民安全饮水问题。

另外，山东淄博洪山煤矿 1995 年废弃后，矿坑水位迅速回升，高出奥陶系岩溶含水层水位，造成地下水污染面积达 49.2 千米^2，直接影响当地 7 万人生活用水。

（三）闭矿矿坑水大量蓄积，地表水及地下水资源污染的环境风险较高，一旦污染难以治理

北京京西矿区煤矿集中关闭区地处北京西部生态涵养区核心地段，总面积约1 300千米^2，区域河流主要有永定河及大石河，是本区工业及民用主要水源。目前，北京仅剩余4座大型煤矿还在生产，计划于2019年全部关闭。《北京岩溶水资源勘查评价工程》调查结果表明，京西矿区岩溶地下水多处的硬度、TDS、SO_4^{2-}、Cl^-含量大幅上升，山前隐伏区的岩溶水水源地已经出现了V类地下水。本次调研水质分析也表明岩溶地下水受到了酸性矿井水的影响，且值得关注的是，地下水中NO_3^-含量高达42.49毫克/升。西山门城矿闭坑8年后矿坑水水位上升了600多米，总的矿坑水蓄积量达到2 370万米^3，其存储的酸性“老窑水”对北京市的供水安全构成了潜在威胁。

徐州矿区接连鲁西和两淮煤炭基地，是我国最老的煤矿区之一，已有120多年开采历史，由于资源已基本枯竭和去产能政策的要求，徐州城区周边煤矿已于2017年全部关闭。旗山煤矿曾于2010年发生重大突水灾害，来自韩桥夏桥等关闭煤矿的矿井水逾20万米^3/天，其中铁离子高达500毫克/升，锰离子高达30毫克/升，导致周边主要河道中铁、锰浓度超出《地下水质量标准》（GB/T 14848—2017）近200倍，受污染水体总量近1 000万米^3，不仅严重影响周边群众的生活和生产，还直接威胁大运河的水质安全。徐州新河矿经过近6年的抽水，矿井水水质仍未恢复，在2016年年底停止排水后，矿井水中铁、锰离子含量均出现大幅增加，锰离子最高值达4.0毫克/升，超出《地下水质量标准》（GB/T 14848—2017）数十倍之多，硫酸盐和总硬度也出现了不同程度的增加，存在地下水污染风险。

（四）关闭煤矿遗存的大量矸石带来严重的环境和生态风险

煤矸石是我国排放量较大的固体废物，化学成分很不稳定，不同地区变化很大，常含有铬、镉、汞、铅等微量及痕量有害元素。据不完全统计，目前我国历年累计堆放的煤矸石约45亿吨，规模较大的煤矸石山有2 600多座，占用土地约150千米^2。调研发现，各矿区普遍堆积大量煤矸石，占压大量耕地，如河北峰峰矿区部分堆场煤矸石堆积长达47年；抚顺露天矿形成的排土场占地面积总计28.19千米^2，占城市建成区总面积的1/3。

大量的煤矸石堆场未开展生态恢复，也没有排水涵洞或排水渠，不仅会产生扬尘、水土流失现象，同时，淋溶液也极易污染当地水环境和土壤环境。此外，部分煤矸石山有自燃现象，释放出大量有害气体，影响周边环境。

（五）采空区面积庞大，采煤塌陷地治理及生态修复问题严峻

由于煤炭资源的高强度开采遗留下大量的井下采空区和地面沉陷区，据估算，我国去产能矿井地下空间到2020年约为72亿米^3，塌陷地复垦率仅为49%。《关于加强矿山地质环境恢复和综合治理的指导意见》中明确计划经济时期遗留或者责任人灭失的矿山地质环境问题为历史遗留问题，由各级地方政府统筹规划和治理恢复，中央财政给予必要支持。但调研发现，大部分地区关闭煤矿的生态恢复进展缓慢，并造成大量土地资源浪费和生态环境问题。

二、环境管理中存在的主要问题

上述关闭煤矿问题的普遍存在，与我国原生态环境保护领域长期存在的职责交叉重复、多头治理、监管机制不顺等密切相关。目前，生态环境部明确了统一行使生态和城乡各类污染排放监管责任，很好地解决了在生态环境保护体制、机制方面存在的问题和困难，并为历史遗留问题的解决创造了更好的条件。目前关闭煤矿环境管理中存在的主要问题是：

（一）关闭煤矿环境管理的政策法规及技术标准体系建设严重滞后

我国尚未出台有针对性的关闭煤矿的环境管理要求及技术标准，部分政策、标准虽已考虑到废弃矿井的资源、安全及生态环保等问题，但一些条款过于原则化，难以发挥管理效力。建设项目的环境影响评价和后评价结论由于服务时效性的不同，不能满足煤矿关闭阶段的环保要求。

（二）事中、事后环境监管不力

部分地区重矿产资源开发、轻矿井关闭，重地质灾害和安全、轻生态和环境保护；且由于闭坑类型多样、原因复杂，废弃矿井关闭后大部分失去监管成为无主煤矿，关闭煤矿信息缺乏，底数不清，导致地下空间资源的分布、数量、采空区范围、矿井排水、矸石及塌陷地生态恢复等信息严重缺失，加之缺少相关的法律法规，对关闭煤矿的环境监管严重缺位。

（三）关闭煤矿环境污染防控技术严重缺乏

关闭煤矿涉及废弃场地、塌陷地、矿井水、煤矸石、地下水等环境治理和生态修复

等内容。在生态恢复方面，我国已有较为成熟的技术和工程应用，但在地下水方面由于污染途径、污染机理、迁移规律非常复杂，目前我国尚无针对废弃矿井地下水污染风险防控的成熟技术，而地下水一旦污染难以治理。阳泉、淄博等矿区的地下水污染隐患令人担忧。

三、对策建议

（一）树立“绿色闭矿”理念，加强全过程环境风险管理

为扭转重开发、轻闭矿的思想，树立“绿色闭矿”理念，创新闭矿环境管理机制，建议生态环境管理部门建立关闭煤矿环境影响评价—潜在环境风险评估—后续环境监测—环境监管的全过程环境管理体制。区分闭矿类型，根据资源枯竭性关闭和政策性关闭矿井、永久关闭和暂时关闭矿井的特点，开展闭坑专项评估，对矿井剩余煤炭储量及其可利用价值，废弃场地的再利用途径、地下空间开发潜能、闭坑的安全问题、环境风险及后续监管提出明确的技术要求（尤其是环保技术要求），并编制详细的闭坑环保规划，对即将关闭的煤矿提出明确的污染风险防控对策。

（二）尽快制定和完善闭矿环境管理的相关政策和技术标准

建议生态环境管理部门针对关闭煤矿的环境管理，特别是煤矸石、矿井水及地下水污染、生态风险防控等方面尽快制定、修订相关政策及技术标准，指导并推进关闭煤矿的生态环境治理，为规范闭矿的环境管理奠定坚实的基础。

（三）加强理论与技术攻关，尽快形成我国的闭矿环境风险防控技术体系

废弃和关闭煤矿的安全、环保、开发利用是一项大型系统工程，涉及安全治理、生态环境治理、废弃资源再利用等多个领域，建议将废弃煤矿、去产能矿井纳入区域经济和社会发展中统筹规划，并选择抚顺、阳泉、京西、徐州、凯里等典型关闭煤矿区开展综合试点示范，以点带面，总结经验，构建适合我国国情的闭矿开发及环境管理技术体系。

（四）以关闭煤矿为突破口，逐步推广到全部关闭矿山，建立我国关闭矿山污染防控、生态恢复、环境管理体系

关闭煤矿存在的生态环境管理问题，在其他类型的矿山中同样存在甚至更加严重，因此，建议以加强、完善关闭煤矿的环境管理为突破口，逐步形成符合我国国情的关闭

矿山生态环境管理体系。

总之，关闭矿井环境管理研究项目第一阶段顺利结束，调研结果表明关闭矿井后续产生的环境问题不容忽视，在部分地区已经产生了很大的负面效应且长期存在，不仅影响了当地生态环境，也影响了当地社会稳定。党的十九大报告指出，建设生态文明是中华民族永续发展的千年大计，必须树立和践行“绿水青山就是金山银山”的理念，坚持节约资源和保护环境的基本国策，像对待生命一样对待生态环境。新成立的生态环境部对地下水污染和生态保护负有明确监督管理职责，面对目前各类关闭矿山存在的重开发、轻闭矿，缺乏相关环境管理法律法规及政策标准、环境管理无抓手且监管缺位、现有技术不适用等问题，应尽快开展深入调研、工程示范、制定标准，推动我国关闭矿井的环境管理规范化，为绿色矿山建设提供政策指导和技术保障。

“党政部署—媒体曝光—部门落实”环境问题快速解决机制研究

——基于浙江和四川乐山情况调研

郭红燕　李晓　贾如
（生态环境部环境与经济政策研究中心）

近年来，浙江等地通过开设舆论监督栏目，借助媒体曝光，推动当地突出环境问题整改落实，形成了一套较为成熟的环境问题解决机制。生态环境部环境与经济政策研究中心长期关注此类环境问题解决机制，成立调研组于2017年11月1—3日赴浙江和四川乐山开展调研，并将其归纳总结为“党政部署—媒体曝光—部门落实”环境问题快速解决机制。该机制相对成熟有效，能够有效推动政府重大决策部署的贯彻落实，推动环境治理体系和治理能力现代化，同时又可以引导各方良性互动，不会造成较大的社会风险，值得总结和推广。

一、主要经验做法

“党政部署—媒体曝光—部门落实”环境问题快速解决机制的实施，可简要概括为监督报道、督查整改、结果反馈三个阶段。其核心是在党政领导的支持推动下，以解决典型问题为导向，依托媒体曝光典型环境问题，督促地方党委及相关职能部门及时整改落实的一种机制，打破了以往媒体曝光的一元化线性传播模式，形成了发现问题并解决问题的完整闭环，有利于推动问题的最终解决。

（一）在监督报道阶段，以理性曝光为基础，实现媒体“建设性”舆论监督常态化

党政主要领导部署指导地方主流媒体开设舆论监督类专栏（由媒体筛选新闻选题，深入现场独立调查后向社会曝光环境问题），并引导媒体坚持理性曝光原则，注重促进问题的解决，避免引发社会不稳定等。

如浙江卫视开设了《今日聚焦》栏目，重点推动“三改一拆”“五水共治”两大行

动，选题恪守“政府关注、群众关心、近期能整改”三原则，基本保证了曝光后问题能够立即得到整改，并要求记者调查时做到“三个关键”：关键内容要核准、关键画面不遗漏、关键人物要采访，细致、深入地挖掘事实真相，同时在曝光问题时遵循“建设性”原则，理性看待“突出问题”的形成、演变、解决。

四川乐山市委、市政府主要领导也亲自研究部署“环保曝光台”工作，乐山日报社、乐山广播电视台、乐山新闻网3家市级媒体，在重要版面和黄金时段统一开设了专栏，以“问题表现典型、群众反映强烈、社会高度关注”为选题原则，从网络、热线电话中收集到的问题线索确定采访选题，要求记者要走访现场及周边地区，并在曝光问题时把握“五有”尺度：做到“有利”，有利于党委和政府中心工作，有利于环境问题的圆满解决；“有序”，节目遵守规定程序，严格审核；“有据”，新闻稿件事实准确，客观公正；“有度”，把控舆论监督流量和力度；“有别”，做到内外有别，力求公开报道和内参反映问题相结合。

（二）在督查整改阶段，以解决问题为导向，实现政府督办落实工作制度化

浙江和四川乐山均建立了媒体曝光环境问题督办制度，由督查部门负责整理涉事地党委、政府上报的问题并向党委政府主要领导提交专报，全程跟踪督促曝光问题的整改落实，并紧盯媒体曝光环境问题的违规违纪行为，加大追责问责力度，力图实现问责一人、警醒一片。

如浙江省委督查室建立曝光问题一事一报、次日专报、领导批示跟踪督促落实等工作制度。按照要求，问题所在地政府在曝光次日上午12：00前提交专报，上报调查处理情况；省委督查室收到专报后，结合相关职能部门提供的核查整改建议，形成报告提交给省委、省政府的主要领导，并对领导批示事项进行全面落实。每半年或一年，对曝光问题突出的地市下发督促检查通知书，要求其梳理前期曝光问题的整改落实情况。

四川乐山同样建立了媒体曝光环境问题督办制度，媒体曝光一起、挂牌督办一起。对能立即解决的问题，要求相关单位立即整改；对短期内无法解决的问题，要求说明原因，并督促相关单位制定整改方案、落实工作措施、明确完成时限，将情况汇总后上报领导。四川乐山对因工作不作为、慢行为、乱作为造成环境问题的单位和个人，根据情况进行批评、通报、约谈、处分等，截至2017年11月9日，追责问责干部60余人；对破坏生态环境，造成重大、恶劣影响的涉事企业或人员，一律依法顶格处罚，形成有效威慑。

（三）在结果反馈阶段，以群众满意为准绳，实现问题整改落实公开化

涉事地政府部门非常重视问题整改的后续宣传报道，在整改完成后积极与媒体对

接，媒体也设立了用于报道整改落实情况的专栏，实现“事事有回音”。同时涉事地政府部门严格按照环境问题整改时间节点，采取定期和不定期相结合的方式开展回访复核，对曝光的环境问题实行清单式管理，整改完成后对应销号，并梳理分析共性问题，以点带面、举一反三，基本做到曝光一件、解决一批、全面推进。

如浙江省涉事地在问题曝光后，会主动与省级媒体联系，及时反馈工作进展。随后整改情况及处理结果将在浙江卫视《新闻联播》和《今日聚焦》栏目微信公众号的“报道反馈”板块被公开报道。浙江省委督查室建立了当月报结工作制度，根据涉事地提交的整改情况报告，组织职能部门进行抽查；对省委、省政府领导批示件，进行不定期暗访核查，并形成通报材料在系统内通报，确保曝光问题整改落实到位。浙江省还建立了《今日聚焦》曝光环境问题整改工作台账，动态跟踪每个问题的整改情况，解决一个，销号一个，避免“一罚了之”。针对曝光的问题，浙江省省直有关单位结合曝光问题的阶段性特点，研究对策措施，指导和推动各地补齐工作短板，通过全省上下合力抓问题进行整改。

四川乐山则设置“环保曝光台”的姊妹篇“环保回音壁”，对每个曝光环境问题进行后续跟踪报道，并专门成立了两个市级专项督查组，通过现场察看、查阅资料、走访群众等方式，对曝光环境问题的整改落实情况，逐一进行现场回访核查，将整改情况及时进行公开，并设立了“四个必须”（即问题整改必须到位、回访核查必须过关、人民群众必须满意、主要领导必须认可后方可销号）的环境问题销号标准。四川乐山各级各部门参考曝光的问题，积极开展自查整改，集中解决了一批关系群众切身利益的环境问题。

二、效果和影响

从各方反馈来看，该机制基本达到了曝光环境问题、反映群众呼声、促进问题整改解决、服务中心工作的目的，取得了良好的社会反响。不仅促进了曝光问题的整改落实，还有力地提升了政府部门、企业、媒体和社会公众各方意识和能力。

（1）督办和整改力度较大，解决了一大批公众关心的环境问题。截至 2017 年 8 月底，浙江曝光的 408 个问题已经完成整改 379 个，整改完成率为 92.9%。截至 2017 年 11 月 9 日，四川乐山“环保曝光台”刊播 81 期，共曝光环境问题 81 个，按时整改率为 100%，极大地促进了当地的环保工作。

（2）曝光和追责强度较高，提升了政府部门的责任担当意识和工作效率。调研了解到，虽然一些部门在曝光初始阶段存在抵触情绪，担心曝光后政绩大打折扣、地位受到威胁，在问题曝光后也出现过推诿扯皮、拒不配合的情况，但随着报道的持续开展和整改效果的显现，各职能部门思想认识不断提高，工作作风迅速转变。一方面，开始积极组织开展曝光案例专题学习，剖析问题、查找不足、补齐短板，同时加强部门间协调合作，共同推动问题整改落实。另一方面，开展媒体应对能力培训，提高与媒体打交道的能力和水平，与媒体形成良性互动。许多基层干部反映，媒体对问题不留情面、直点痛处地曝光，压力很大，但很受教育。

（3）核查和处罚力度较大，增强了企业的环境意识、责任意识和遵法守法的自觉性。从浙江曝光问题涉及企业责任追究情况看，三年共问责企业问题 55 个，140 名涉及违法犯罪的企业相关当事人被行政拘留、刑事拘留、判刑；四川乐山因曝光环境问题，截至 2017 年 11 月 9 日，共查处违法企业 13 家、定额罚款 44.6 万余元、行政拘留 1 人。在整改过程中，企业对国家环保相关法律法规的了解程度逐步加深，环境意识和法律意识进一步提升，遵法守法的自觉性和责任意识也不断增强。

（4）政府和媒体持续良性沟通合作，促进了媒体“建设性”健康舆论监督氛围的形成。调研了解到，媒体参与曝光节目制作初期，也出现过为博取公众眼球将采访聚焦在曝光人物丑态的现象，如提出一些不易回答的问题，让有关工作人员故意出丑以体现其不作为、乱作为。但通过一段时间的摸索，在政府的引导下，媒体逐渐意识到，监督类报道节目应做到“既要对上负责，也要对下负责”，要把镜头对准问题，而不是干部本身，摒弃了商业化恶意曝光和炒作等行为。在政府与媒体良性互动的氛围下，浙江已开办近 70 档监督类电视新闻栏目，形成了建设性舆论监督的强大声势。

（5）媒体的持续报道宣传和政府的及时落实反馈，提高了公众的环保意识和参与度，增强了公众对政府的信任和信心。该机制为公众提供了全过程参与机会，在问题曝光前期可以向媒体投诉举报，中期可以配合记者采访调查，后期可以监督问题的整改落实。随着整改效果的显现，公众不再单纯地把自己摆在受害者的位置对政府和企业表达不满，而是有效地参与和推动政府工作，对政府的信任度和信心也大幅增加。浙江苍南、萧山、嵊州、武义、新昌等地村民曾自发赶到杭州，向《今日聚焦》栏目组赠送锦旗和感谢信；一位绍兴观众给《今日聚焦》栏目写信说：“收看你们的节目，觉得特别带劲。你们对政策实施的推动、对社会公平正义的维护，都起到了很大作用。老百姓总算看到了希望。”四川乐山也有许多热心观众通过拨打热线电话等方式表达了感谢，并为乐山通过“环保曝光台”对环境问题动真格、接受群众监督等行为点赞。

三、机制发挥作用的关键点

（一）政府和媒体互信合作，明确舆论监督栏目要立足于解决问题，而非恶意曝光

政府和媒体应共同找准和明确舆论监督栏目的定位。明确开办这类栏目的目的是坚持问题导向，通过曝光典型案例和突出环境问题，督促各地及时抓好问题整改，最终推进政府及有关部门重大决策部署的落实，目的是要解决环境问题，而不是通过恶意曝光炒作吸引公众眼球，影响社会稳定。

（二）主要领导敢于担当、善于担当，为机制发挥作用提供前提和保障

党政主要领导充分认识到媒体问政工作的重要性，并且敢于担当、善于担当，借力借势，在短时间内推动曝光问题快速整改落实，是环境问题快速解决机制有效运行的重要前提和保障。主要领导重视，既有利于各级各部门统一认识、形成合力推动问题整改，也有利于推动媒体监督常态化。

（三）科学合理地选择曝光问题，领域上要围绕当地政府中心工作并适时动态调整，地域上要综合考虑各地环境问题的严重程度

在报道领域和内容设置方面，应围绕当地政府中心环保工作，选择反映群众呼声的、短期内可整改的典型突出环境问题进行曝光。同时，也要根据政府中心工作的阶段性变化，适时进行动态调整。报道地域分布上，应综合考虑各地环境问题的严重程度，问题多的多报道，问题少的少报道，避免出现一段时间内集中报道一个地方，尽量做到地域全覆盖。

（四）党委、政府统筹部署安排整改落实，便于部门协调、共同推进

问题曝光之后，应由涉事地党委、政府统筹安排问题整改落实工作。特别是曝光问题涉及多个部门的，所在地党委、政府能够迅速协调部署工作，结合各部门意见制定有效整改方案，确定牵头部门及配合部门，合力推动问题及时有效解决。

（五）严肃追责问责，保障问题迅速整改落实，有力促进干部作风快速转变

追责问责力度要大。对因工作不作为、慢行为、乱作为造成环境问题的单位和个人，根据情况进行批评、通报、约谈、处分等；对破坏生态环境，造成重大、恶劣影响的涉

事企业或人员，一律按法律法规顶格处罚。有责必究、有责必问，才能推动各地各部门更好地落实整改。

四、相关建议

当前我国环境形势严峻，环保工作复杂、难度大，需要探索和创新有效的环保工作机制。从两地调研情况来看，“党政部署—媒体曝光—部门落实”环境问题快速解决机制确实产生了较为显著的环境效应和社会效应。在强化各地党委、政府依法行政、履行主体责任，促进广大干部勇于担当使命，反映群众呼声，服务中心工作，营造社会公众和媒体参与舆论监督的氛围等方面，起到了其他措施难以替代的作用。为此，笔者提出以下几点建议：

（1）加大宣传力度，发挥示范效应。鼓励宣教部门加大对浙江、四川乐山等地“党政部署—媒体曝光—部门落实”环境问题快速解决机制做法的宣传推介，使其起到典型示范带头作用，推动形成全社会共同推进环保的健康舆论监督氛围。

（2）完善现有机制，积极进行推广。研究总结和完善现有的各地“党政部署—媒体曝光—部门落实”环境问题快速解决机制，探索该机制在我国不同经济社会发展水平地区推广的必要性和可行性，并积极在有条件的地区先行推广。

（3）鼓励机制创新，调动社会各界力量共同推动环保。不断创新完善信访举报机制、第三方参与和托管机制等，全面调动包括企业、智库、高校和研究机构、社会组织、社区等在内的社会力量，充分发挥其优势和作用，形成生态环保统一战线。

农村生态环境改善亟须统筹谋划、系统推进

——以北京市农村生态环境治理情况调研为例

王飞
（生态环境部华北督察局）

2020年中央1号文件要求，要扎实搞好农村人居环境整治，建设农村“美丽家园”。2016年开展的北京市第一轮中央环保督察指出，北京市存在城乡接合部污水垃圾处理、农村绿色生活方式推进不足等问题。近年来，北京市把美丽乡村建设作为加强首都生态文明建设的重要抓手，全面启动农业农村环境治理工作。为深入了解北京市农村生态环境问题整改情况，生态环境部华北督察局2019年对此开展了督察调研。调研发现，北京市虽然在改善农村生态环境治理方面取得了积极成效，但在生活垃圾与污水处理、民俗旅游污染管理、畜禽养殖污染防治等方面还存在不少问题，亟须统筹谋划、系统推进。

一、北京市农村生态环境治理情况

第一轮中央环保督察以来，特别是党的十九大以来，北京市出台了一系列政策措施积极推进农村生态环境治理。一是深入实施“美丽乡村建设三年专项行动计划”，围绕十大重点任务，积极开展村庄建设规划编制、修订农村生活污水处理设施水污染物排放标准、加强农村基础设施和公共服务设施建设、开展农村饮用水水质提升和污水治理等工作，实现重要水源地村庄和民俗旅游村庄污水处理设施全覆盖。二是制定实施《北京市落实〈农业农村污染治理攻坚战行动计划〉实施方案》，加强农村饮用水水源地保护、推进农村污水垃圾治理、推动农业污染防治、提升农业农村环境监管能力。三是制定实施《关于落实农业农村优先发展扎实推进乡村振兴战略实施的工作方案》，实施“百村示范、千村整治”工程，按照“清脏、治乱、增绿、控污”要求，每年集中推进1 000个左右村庄人居环境整治和美丽乡村建设，并纳入市级生态环境保护督察。截至2019年年底，全市累计完成2 200余个村庄规划编制；完成第一、第二批2 400余个村庄的

人居环境整治，第三批正积极有序推进；全市累计完成 300 个村污水治理、839 座农村公厕改造任务，户厕无害化率达到 97.6%。

二、存在的主要问题

（一）农村污水未得到有效治理

《北京市落实〈农业农村污染治理攻坚战行动计划〉实施方案》要求，到 2019 年年底前，污水处理设施基本覆盖全市城乡接合部；到 2020 年年底前，全市农村地区污水得到有效治理。但调研发现，北京市城乡接合部以及大部分农村地区生活污水仍未得到有效管控，污水直排问题仍未得到有效解决。一方面，农村污水收集管网建设滞后和处理能力不足。很多农村地区污水处理没有实现全覆盖，如怀柔区 42%的村庄没有污水处理设施，通州、大兴、昌平、丰台、顺义等区村外截污工程和村内污水收集管网工程建设滞后，断头管、无头管成为污水收集盲区，生活污水直排导致周边水体黑臭。另一方面，现有污水处理设施运行管理不到位。“重建轻管”或“有建无管”问题突出，不少投入大量资金建设的污染治理设施没有正常运行，甚至停运。调研的 61 处农村污水处理设施，不正常运行数量占比近 40%，怀柔区近 1/3 村镇污水处理设施未正常运行，延庆区 7 处村级污水处理站长期未运行。

（二）农村垃圾围村现象仍普遍

北京市推进垃圾治理工作要求，到 2020 年年底前，基本完成非正规垃圾堆放点整治工作，全市 99%左右的行政村生活垃圾得到了处理。但调研发现，全市垃圾围村现象仍比比皆是，农村垃圾源头整治不到位。虽然全市农村地区垃圾收运覆盖率较高，但很多村庄生活垃圾并未进入“村收、镇运、区处理”处理体系，野外垃圾焚烧、非正规垃圾填埋等问题依然突出。调研发现，大兴、房山等 7 个区均存在农村生活垃圾随意堆存、非正规就地填埋现象，在门头沟、昌平等山区地带还发现有大量垃圾散落山沟造成环境污染等问题。

（三）民俗旅游业污染重视不够

近年来，北京市乡村特色民俗旅游业发展迅速，截至 2019 年年底，民俗旅游实际经营户已近 8 000 户。据统计，乡村民俗旅游产生的生活垃圾是非旅游地区的数十倍。调研发现，北京市度假村、民俗旅游等经营活动给农村饮用水水源地周边生态环境带来了严峻考验。密云、怀柔、延庆等区有近 20 余家正在经营的民俗旅游餐饮企业位于一级、二级饮用水水源保护区和风景名胜区内，且在保护区内还有餐饮企业正在建设。不少民俗旅游企业污染问题突出，普遍缺乏配套的污染治理设施，不同程度地存在“前门生态、后门排污”的问题，垃圾随意抛、污水随意排，严重影响农村水环境，特别是饮用水水源地环境保护。

（四）畜禽养殖污染监管存盲区

据不完全统计，我国规模以下畜禽养殖污染贡献率占全行业的50%以上，但由于法规标准等方面的不完善，对规模以下经营性畜禽养殖粪污监管缺失问题较为突出。尽管北京市 2019 年全市规模养殖场粪污处理设施装备配套率已达 100%，畜禽粪污综合利用率已达 87.5%，但规模以下经营性畜禽养殖粪污处置的问题很大。首先，粪污处理设施不全。调研发现，顺义、通州等区规模以下的经营性畜禽养殖户较多，其中 85%的养殖户粪污处理设施不全、污染问题严重。通州区在 2019 年曾对 17 家畜禽养殖场的干粪场、污水收集池、雨污分流系统等进行改造提升，但改造不彻底、管理粗放，造成部分粪污露天堆积、污水随雨水径流汇至河道，造成水体污染。其次，粪污资源化综合利用不足。调研发现，平谷、昌平等区规模以下的经营性畜禽养殖户推进粪污堆肥化不足，通过种养结合、就近还田消纳粪污的资源化利用率不高。

三、原因分析

（一）缺乏统筹规划引领

北京市对农业农村污染特别是农业产业发展及其污染治理缺乏全面统筹规划，规划引领不够。全市已开展的村庄规划编制对特色民俗旅游资源整合不到位，缺乏对环境承载能力的科学评估，部分民俗旅游设施缺乏选址和配套污染治理设施建设规划，导致民俗旅游设施建设选址随意、生态环境问题突出。全市所有行政村生活垃圾处理设施建设虽已基本达到全覆盖，但垃圾集中投放点规划不科学，相关措施不配套，导致部分农村垃圾未进入收集转运体系。全市规模以上养殖粪污处理设施装备配套率已基本全覆盖，但对规模以下经营性养殖户污染治理缺乏规范性指导。这类养殖户难以承受规模畜禽养殖粪污达标排放的高昂成本，而且北京市对他们既没有强制退出的有效举措，又没有通过粪污资源化综合利用促进其健康养殖的发展规划。

（二）缺乏投入保障机制

据了解，2014—2018 年，北京市工业污染源治理和城镇环境基础设施建设总投入约 3 000 亿元，两项资金投入在全市环境污染治理投资中占比超过 80%，而包括美丽乡村建设等在内的市级农业财政投入仅 300 多亿元，治理资金缺口较大。一方面，没有将农村生态环境治理资金纳入各级财政资金支持的重要科目，对农村生态环境治理项目资金投入缺乏系统规划。“重建轻管、只建不管”问题突出，有治理设施建设而无设施运行维护资金预算，有污染处理设施建设而无配套污水管网或垃圾收集转运系统建设资金预算等现象均较为普遍，导致一些治理项目“虎头蛇尾”。另一方面，在推进农村生态环境治理市场化改革方面未取得实质性突破，社会资本参与度低，治理资金投入缺乏保障。

（三）缺乏技术标准支撑

农村地区污水垃圾量大且分散，农民可承受处理成本能力弱，但农村具有消纳污染物生态空间大和人力成本低等优势，北京市对农村生态环境治理的艰巨性、复杂性和特殊性认识不到位。一方面，对农村污染治理环境排放标准体系特殊性重视不够，简单引用城市污染治理环境排放标准体系，不仅不利于因地制宜地选择合适的治理技术，而且会给今后设施运行的有效性、稳定性、经济性带来严峻挑战；另一方面，对适用农村的污染治理技术研发重视、投入、引导、推进力度不够，适合广大农村地区且成熟的污染治理和农业废弃物资源化技术缺乏，导致不少农村污水处理设施“中看不中用”。由于缺乏引导和规范，以及农村环境治理技术市场鱼目混珠，农村地区选用的治理技术复杂多样，导致设施运行维护难、成本高、效果差，且追责问责难，影响工作有效开展。

（四）缺乏有效环境监管

农村生态环境监管缺乏统一的责任主体。中央明确的全国 5 支综合执法队伍中，明确整合组建农业综合执法队伍，将农业系统内兽医兽药、生猪屠宰、种子、化肥、农药、农机、农产品质量等执法队伍整合，实行统一执法，由农业农村部指导；明确整合组建生态环境保护综合执法队伍，整合环境保护和国土、农业、水利、海洋等部门相关污染防治和生态保护执法职责，统一实行生态环境保护执法，由生态环境部指导。由此可见，在全国综合执法改革中，缺乏对农村生态环境监管行使统一执法权的责任部门，广大农村地区显而易见的环境违法行为无人监管。加之农村生态环境治理目标责任体系也尚未有效建立，管理中的责任认定难，追责问责难。

四、几点建议

（一）农村环境治理与乡村振兴战略融合

将农村生态环境治理作为实施乡村振兴战略和全国生态环境保护“十四五”规划的重要内容，提上重要议事日程；将其作为建设生态文明、推进农业农村绿色发展、打赢农业农村污染防治攻坚战、建设美丽中国、实现农村现代化的重要内容，列入对各级党委、政府和各级各部门生态文明建设和环境保护目标责任制的重要考核内容，列入中央生态环境保护督察关注的重要内容，确保在广大农村地区实现生态美、产业兴、百姓富。

（二）农业产业化与产业生态化规划同步

乡村民宿、休闲度假、旅游业和养殖业等农村产业应在统筹编制规划的前提下有序发展，同时要结合当地实际，在产业规划中优化生态环境保护的规划专篇，确保产业规模、布局与生态环境承载力相匹配，污染治理设施建设规划与产业发展规划相配套，产业发展与生态环境管理相协调，防止自然生态遭到破坏、水环境特别是饮用水水源地环境受到污染，确保在推进农业产业化的同时，同步推进农业产业生态化，实现可持续发展。

（三）农村生态化与农村现代化推进结合

要以推进农村现代化为抓手，大力推进农村道路、污水处理设施及配套管网等基础设施建设，同时，借鉴扶贫异地搬迁经验，将分散住户适度集中，积极推进集约适度、交通联系便捷、易于现代化基础设施配套的田园乡村建设，在大力提高农村现代化水平的同时，建设便于污水收集处理和垃圾收集转运处理的配套环境基础设施，增强农村生态环境治理的可行性、经济性，促进农村生态化水平提升。

（四）农村环境治理项目运行与建设配套

建立各级财政加大资金投入、村民适度自筹的农村生态环境治理资金稳定投入保障机制，加大农业农村生态环境治理技术研发投入，鼓励通过农业产业化带动农村生态环境治理，积极培育农村生态环境治理产业市场，推动工商资本、科技和人才“上山下乡”，吸引社会资本参与农村生态环境治理。在规划建设农村生态环境治理项目时，要同步规划建设配套的污水收集网络、垃圾收集转运系统项目；在落实环境治理及配套项目建设资金预算的同时，要同步落实项目长期稳定运行的保障资金，防止建成项目“晒太阳”。

（五）农村环境治理标准体系与当地适宜

在选择农村污水收集处理方式与工艺、农村垃圾收集转运与处置方式和畜禽粪污收集处理方式与方法时，应与当地的条件和农村特点相适应，相应的污染治理工艺、污染排放标准不能简单套用城市集中污染治理设施排放标准。以“生态美、质量优”为准绳，鼓励通过设施预处理加湿地生态系统方式处理农村污水；支持宜焚烧则焚烧、宜填埋则填埋、宜资源化则资源化等方式处理农村生活垃圾；大力推行种养结合，坚持以种定养、种养平衡原则，引导畜禽养殖业合理布局，并在财政奖补等方面予以优惠补贴，畅通还田渠道，实现粪污资源化综合利用；通过政府补偿或企业联合、并购等方式，引导规模以下的经营性养殖户升级改造或有序退出，促进农业规模化与养殖规模化协调发展。

（六）农村环境监管体系与形势要求匹配

建立农村包括污水与垃圾收集处理、畜禽粪污资源化综合利用、水环境（特别是饮用水水源地）保护、自然生态（特别是各级各类自然资源地）保护、农药化肥减量化施用和村民生态环境保护意识提升在内的农村生态环境评价和目标责任体系，并实施严格考核，倒逼各级党委、政府和部门承担起本行政区域的农村生态环境治理责任。要落实农村生态环境统一监管执法责任制，坚决去除广大农村地区污水横流、垃圾遍地、畜禽粪污熏人等行为无人管的顽疾。

加强环保举报热线管理，深挖举报信息“金矿”

——“不忘初心、牢记使命”主题教育调研报告

李小婧　周睿
（生态环境部环境应急与事故调查中心）

“12369”环保举报热线作为群众参与生态环境监督的主要方式，不仅具有听取民意、沟通民心的作用，而且是了解生态环境问题的重要渠道和信息来源，为各级生态环境部门发现污染线索、掌握污染证据、履行监督职责提供了重要支撑。做好“12369”环保举报热线管理工作，是各级生态环境部门的重点任务之一。生态环境部原部长李干杰、副部长翟青在《2018 年全国“12369”环保举报数据分析报告》上分别作出重要批示，提出要进一步完善公众监督机制，紧盯群众举报问题整改，将群众信访举报作为精准发现生态环境问题线索的“金矿”。

为落实部领导工作要求，结合部党组关于“不忘初心、牢记使命”主题教育调查研究统一安排，生态环境部环境应急与事故调查中心围绕“加强环保举报热线管理，深挖举报信息‘金矿’”主题，2019 年 6 月 20 日至 7 月 11 日开展了系列调研。

一、调研工作安排

（一）书面调研

邀请北京、河北、河南、山东、浙江、贵州六省（市）负责环保举报热线工作的管理部门，针对当地环保举报热线的能力建设、制度建设、平台建设和数据联网、举报大数据应用和突出生态环境问题处置等方面内容，全面梳理工作现状，汇总意见和建议。

（二）组织座谈

邀请北京、山西、山东、广东、广西五省（区、市）环保举报热线工作负责人集中座谈，重点从各地工作经验、优秀做法、面临问题等方面进行研讨，进一步明确工作思

路和推进措施。同时组织部"010-12369"热线接线人员集体讨论，听取工作感受，归纳常见问题，研究解决思路。

（三）深入基层

专门赴河南省生态环境厅以及郑州、新乡两市生态环境局和新乡、原阳、牧野 3 个县（区）生态环境局，与当地环保举报热线工作人员进行面对面交流，实地了解工作情况。

（四）现场核查

结合强化监督帮扶行动，选取生态环境部环境应急与事故调查中心定点包保城市新乡市作为核查对象，筛选了当地群众反映最集中的 40 件举报进行现场走访，核实举报问题处理和整改情况。

二、调研情况

（一）各级环保举报热线能力建设情况

本次调研地区中，生态环境部与 9 个省级生态环境部门均明确了具体负责"12369"环保举报热线的管理部门，其中设在应急部门的共有 5 个，设在厅机关（办公室）的共有 3 个，设在执法部门的 1 个，成立独立受理中心的 1 个（附表 1）。均安排有专人负责相关工作，其中北京市实行全市统一受理，工作人员共计 37 名，为调研地区中最多的；浙江、广东省级"12369"热线均已与"12345"热线合并，省生态环境厅不再安排接线人员，因此工作人员仅有 3～4 人，其他省生态环境厅工作人员为 5～13 人。从对市、县调研情况来看，大部分市级负责"12369"环保举报热线的管理部门设在执法部门，专职工作人员为 5～18 人；区县级生态环境部门基本没有专职工作人员或人员不稳定。

（二）各地制度建设情况和好的做法

本次调研的 9 个省级生态环境部门，均参照生态环境部《环保举报热线工作管理办法》先后出台了一系列管理办法和实施方案，全面规范了热线值守、来电登记、转办、反馈等工作环节。此外，各省级行政区均出台了举报奖励制度，鼓励公众积极参与环保监督。山西省印发了《"12369"工作目标考核细则》，建立了季度、半年、年终绩效考核制度，对环保举报工作成效进行了量化评估，并每月直通生态环境厅厅长、副厅长汇报工作；贵州省出台了《贵州省环境信访法制化建设实施方案》，督促各级生态环境部门依法依规，及时有效地处理群众投诉的环境污染问题；河南省新乡市建立了二次督查制度，所有已查处的举报件，均安排副局长带领的督查组进行后督察，确保问题处理整改到位。

（三）重复举报问题核实情况

本次调研选取的河南省新乡市40件集中、重复举报，均为2019年交由地方开展查处并已超过整改期限的问题。所有问题中涉及大气污染的35件，涉噪声污染的9件，涉水污染的6件。从现场核实情况看，新乡市高度重视生态环境举报工作，大部分重复举报问题得到了妥善解决，但也发现部分案件存在办理不到位、推进不足等问题。其中，举报问题已完成整改或未发现举报问题的共25件，举报问题仍未解决的有11件，发现举报问题之外环境问题的4件。原阳县、长垣县、辉县市、卫辉市等地整改到位率均为100%；新乡县、封丘县、凤泉区整改到位率均低于50%。

三、存在的问题

（一）环保举报热线管理部门能力建设与工作需求之间差距较大

环保举报工作面临的主要问题是能力建设普遍较为薄弱。部“010-12369”热线负责举报管理正式在编人员仅3人，接线人员长期从各地借调而来，每年轮换一批。山西、贵州等地均存在环保举报热线管理工作人员配备不足、流动性大、任务繁重等情况，导致工作队伍不稳定，业务水平难以持续提高。一些省级行政区特别是区县级行政区生态环境部门垂改尚未完成，信访举报管理机构尚未明确，没有专职工作人员，举报记录、办理工作质量难以保证。

（二）环保举报热线管理制度不能满足新形势下举报热线管理的需求

近年来，生态环境保护事业飞速发展，环保举报工作发生了许多重大变革，特别是微信举报、联网管理等方面屡有创新，但相关工作制度建设进度滞后，各地没有可以统一参照的工作标准。此外，随着环保举报热线工作要求日益严格，全国适行的《环保举报热线工作管理办法》中案件受理、转办、信息公开、监督管理、举报奖励等方面有待进一步明确和完善。

（三）与“12345”热线整合地区热线数据有待补全

截至 2020 年年底，全国已有 50%以上的地市级行政区的“12369”热线已与“12345”整合，生态环境领域投诉举报件由各级人民政府直接办理，生态环境部门无法直接获取，这是全国环保举报量下降的一个重要原因，对宏观上掌握全国举报形势、指导和监督地方“12369”工作、大数据分析应用等造成了一定影响。广东省于 2016 年完成了全部地市级行政区的“12369”与“12345”热线整合工作，2018 年全省电话举报量约 30 万件，但生态环境部门掌握确切线索的电话举报每年仅 1 000 余件。此外，“12345”热线环保专业性较弱，记录环保投诉内容时缺少必要要素，信息不全，推送给生态环境部门的数据质量较差，难以利用，对后续开展大数据分析产生了阻碍。

（四）部分群众举报查处、整改不到位

检查过程中发现一些重点企业还存在不同程度的污染问题，地方政府和生态环境部门已经多次检查，但是问题依然存在。这说明无论是检查方还是被检查方，都存在懈怠情形。首先，没有对所有产污环节进行梳理，检查过程中遗漏问题，没能从根本上解决问题，导致重复举报；其次，缺乏责任心，对待群众举报的问题，抱着“就事论事”的态度，对举报问题“一罚了之”，没有切实帮助企业整改提升；最后，跟踪监督力度不够。在处理举报问题时，地方生态环境部门虽然第一时间抵达现场进行调查，要求被举报对象整改，但整改进度未能及时跟踪监督。河南省新乡市新乡县顺达化工厂长期被举报废气污染严重，地方已多次进行查处，但现场检查时，该企业仍然存在污染防治设施运行不规范的现象，厂区异味刺鼻；二次检查时还发现地下储罐酸气泄漏、管理人员安全意识淡薄等问题。

四、下一步工作建议

（一）增强各地举报管理部门能力建设

加快构建解决群众身边突出生态环境问题的“大平台、大数据、大系统”。推进信访、举报管理部门以及人员的整合，提升管理效能，提高工作效率，提升基层生态环境部门业务能力水平。结合信访举报、执法处罚等多角度进行系统培训，强化一线工作人员能力。

（二）完善环保举报工作制度

加快群众投诉举报管理工作制度的制定，坚持用最严格制度、最严密法制保护生态环境，规范各级生态环境主管部门举报管理工作。强化上级对下级办理举报工作的监督，夯实省级监督责任。重点关注人民群众集中重复举报问题的有效解决。

（三）进一步夯实数据积累

借助信访举报部门整合契机，全面推广“全国生态环境信访投诉举报管理平台”使用，督促各地特别是区县级生态环境部门直接使用“全国生态环境信访投诉举报管理平台”完整、翔实地录入举报信息。制定“12345”数据推送规范，督促通过数据对接将举报信息上传至“全国生态环境信访投诉举报管理平台”的地区提高数据质量。帮助已与“12345”热线整合地区做好衔接，全面获取环保举报数据并传至“全国生态环境信访投诉举报管理平台”；鼓励尚未与“12345”等政府热线整合的地区，积极参与“12345”平台设计，保障政府服务热线工作人员根据规范录入和筛选环保领域举报数据，为之后的数据推送工作提供便利。

（四）推动解决群众身边突出生态环境问题

探索解决“热点”“难点”问题的“组合拳”措施。及时向属地人民政府进行预警，督促协调相关职能部门抓紧落实；定期移交各流域海域生态环境监督管理局，作为生态环境监管和执法工作线索参考；将解决群众身边突出生态环境问题与强化监督帮扶工作统筹结合起来，作为生态环境部应急与事故调查中心派驻河南省新乡市工作组特色工作内容；将重点、难点问题移交中央生态环境保护督察组，视情况开展督察；通过信息公开、开设媒体专栏曝光等形式，强化舆论监督。

（五）积极探索大数据应用

对“全国生态环境信访投诉举报管理平台”现有内容进行完善和优化，增强统计查询和预警功能，增加信息目录内容和指标分类，为深入分析和提供数据打好基础。加强与业务司局的双向沟通，协助各司局更有效地利用群众举报数据信息，使环保举报数据与其他业务数据联系更加紧密，服务环保决策。同时，积极与专业机构开展大数据分析研究，充分挖掘群众举报这座“金矿”。

附件 1

调研地区环保举报热线管理部门情况

地区（机构）		管理部门	工作人员/人		
			在编	借调	聘用
部级行政机构、省级行政区					
生态环境部		应急中心	3	5	—
北京市		市生态环境局投诉受理中心（同时承担信访工作）	18	—	19
河南省		省生态环境厅应急处"12369"举报中心	4	—	6
河北省		省生态环境厅生态环境信访处（同时承担信访工作）	8	—	5
山东省		省生态环境厅办公室信访办（同时承担信访工作）	5	—	8
山西省		省环境应急中心管理科	1	—	3
广东省		省生态环境厅生态环境监察二处（同时承担信访工作）	2	—	2
广西壮族自治区		省监察总队信访科（同时承担信访工作）	3	—	4
浙江省		省应急监控中心下属受理中心	1	—	2
贵州省		省应急中心综合科	2	—	3
市级、县级行政区					
郑州市		市环境监察支队	12	—	6
济源市		市环境监察支队	—	—	10
新乡市	新乡市	市环境监察支队办公室	—	—	6
	新乡县	县环境监察大队办公室	1（兼职）	—	—
	原阳县	县环境监察大队办公室	1（兼职）	—	—
	卫滨区	无	无	—	—
唐山市		市环境执法支队	3	—	2

二等奖调研报告

先进核安全监管体系调研报告

黄志超　依岩
（生态环境部核与辐射安全中心）

一、背景与目的

当前，我国核电机组总数位居世界第二，共有运行核电机组 49 台、在建机组 13 台。随着核电机组的快速增加，核安全事故发生的潜在风险也随之增加，给我国核安全监管带来了严峻挑战。我国现有核安全监管资源不足，监管能力与当前核能发展的规模和速度不相适应。如何有效利用监管资源，提高核安全监管效率和监管决策的科学性及有效性，是国家核安全监管部门亟待解决的问题，也是制约我国核电事业发展的重要“瓶颈”。

本报告旨在通过全面调研国际上先进的核安全监管体系，研究美国风险指引核安全监管的发展历程、最新进展及应用情况。结合我国核安全监管体系及风险指引监管实践，提出构建我国风险指引监管体系的对策建议，以提高国家核安全治理体系和治理能力现代化水平。

二、美国核安全监管框架体系

（一）核安全监管机构

美国核管会（NRC）是美国联邦政府的独立核与辐射安全监管机构，监管领域包括核反应堆、核材料、放射性废物、核安保等。NRC 由 5 位委员组成的委员会（以下简称委员会）领导。委员会集体制定核安全监管政策和法规，向核电厂许可证持有者发布命令，并裁定相关法律事务。委员会下设国会事务办公室等职能部门。执行运营总监根据委员会授权和指令履行许可、监督等职能，负责管理行政办公室等行政职能部门、核反应堆监管办公室等监管项目办公室以及四个地方监督办公室。

（二）核安全监管体系框架

美国核安全监管框架体系主要包括互为支持、自成体系的五类监管活动：①立法和指南；②许可、退役和认证；③监督；④运行经验；⑤决策支持等。其框架如图1所示。

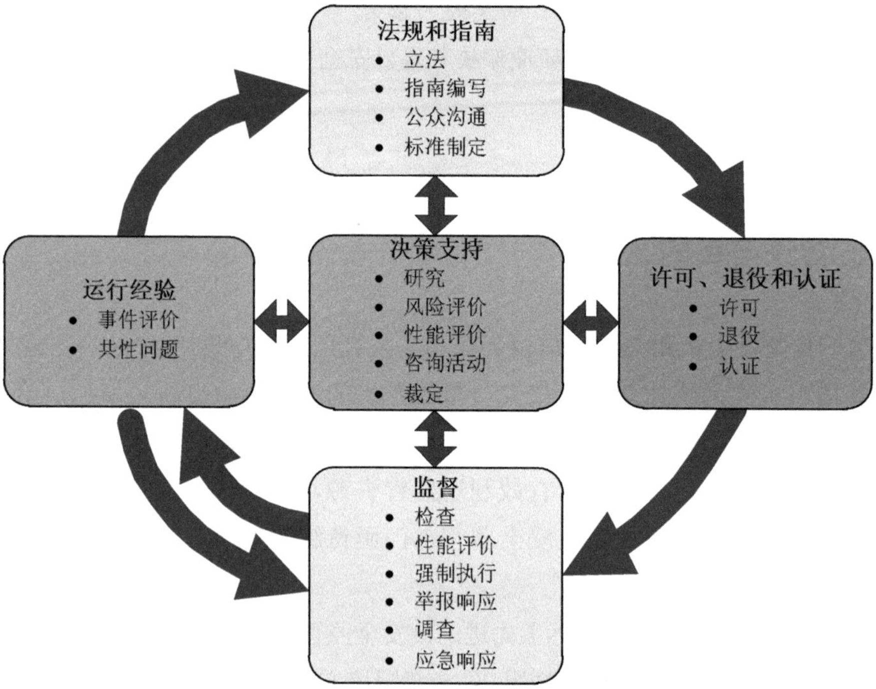

图1　NRC监管框架体系

（三）风险指引核安全监管法规体系的发展

美国早期主要依据原子能法及其他适用法律对民用核材料进行监督管理。随着放射性材料在各个监管领域应用的不断增加，NRC及核电站运行许可证持有者面临如何确保这些应用活动不会对公众的健康和安全产生不必要的风险的挑战。

1975年WASH-1400报告首次引入了概率风险评价（PRA）方法来量化衡量核安全与NRC法规的有效性。该方法可有效获取核电厂的重要风险见解，为监管决策提供强有力技术支持。1985—2000年，NRC发布了多项政策声明，为NRC监管相关安全目标提供了法律依据。

1998年，NRC提出开展基于性能的风险指引监管草案，同年12月为确定联邦法规的修改方向，提出了三个选择方案。2006 年，NRC 拟制定新的基于绩效、风险指引和技术中立的法规体系，即“风险指引核安全监管框架”。2015 年 12 月，NRC 认为已发布的“安全目标”和“PRA 技术应用”等政策声明，在风险指引监管活动和决策过程中已经建立了风险管理监管框架，建议维持现有的核电厂监管框架不变，并在此基础上持续进行风险指引改进。NRC 风险指引核安全监管法规体系发展历程如图 2 所示。

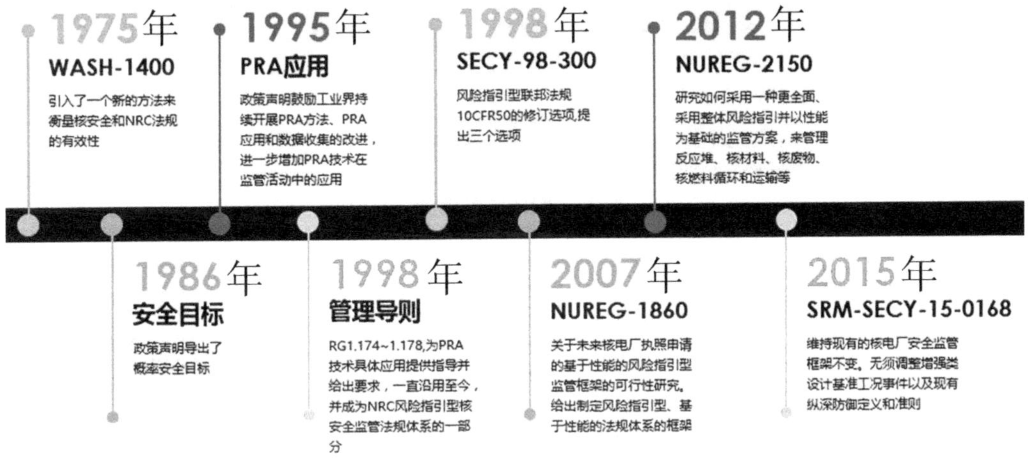

图 2　NRC 风险指引核安全监管法规体系的发展历程

（四）反应堆监督程序

美国对核电的监管可分为三个阶段：①注重监督与执法过程；②基于绩效的监督；③反应堆监督程序（ROP）。

根据保护公众健康和安全的总体目标，反应堆监督程序分为三个关键领域：反应堆安全、辐射安全和电厂保卫，并确定出始发事件、缓解系统、屏障完整性、应急准备、公众辐射、职业照射和实体保卫七大安全基石，建立风险指引绩效指标对核电厂许可证持有者进行监督，其框架如图 3 所示。

反应堆监督程序对安全基石设立了性能指标和检查程序。每个安全基石的良好性能为电厂的安全运行提供保证，进而满足 NRC 的安全目标，其实施流程如图 4 所示。

反应堆监督程序制定了性能准则，用绿色、白色、黄色和红色表示不同层级的电厂性能水平，并制订相应的监管行动计划，包括电厂响应与监管要求的行动矩阵，如图 5 所示。

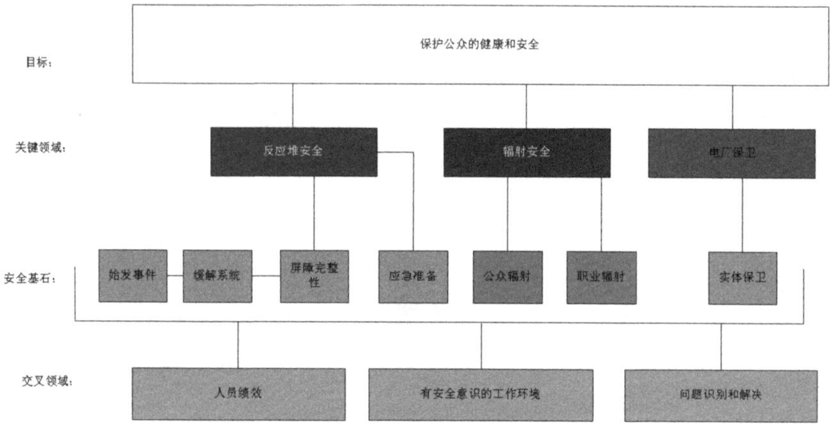

图 3　ROP 监管框架

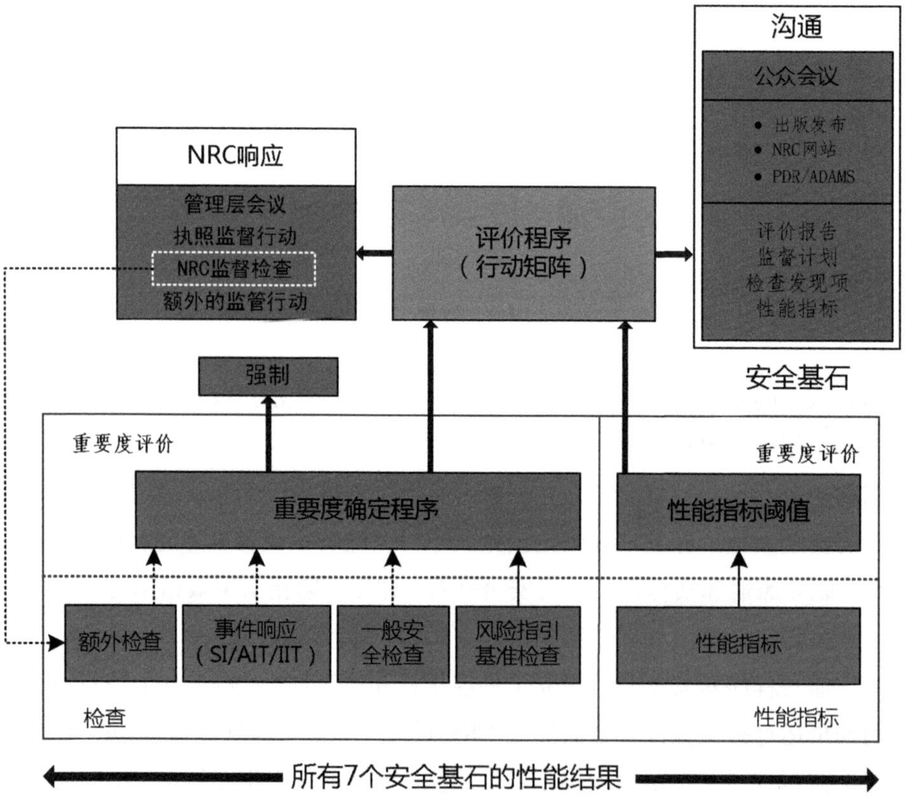

图 4　ROP 实施流程

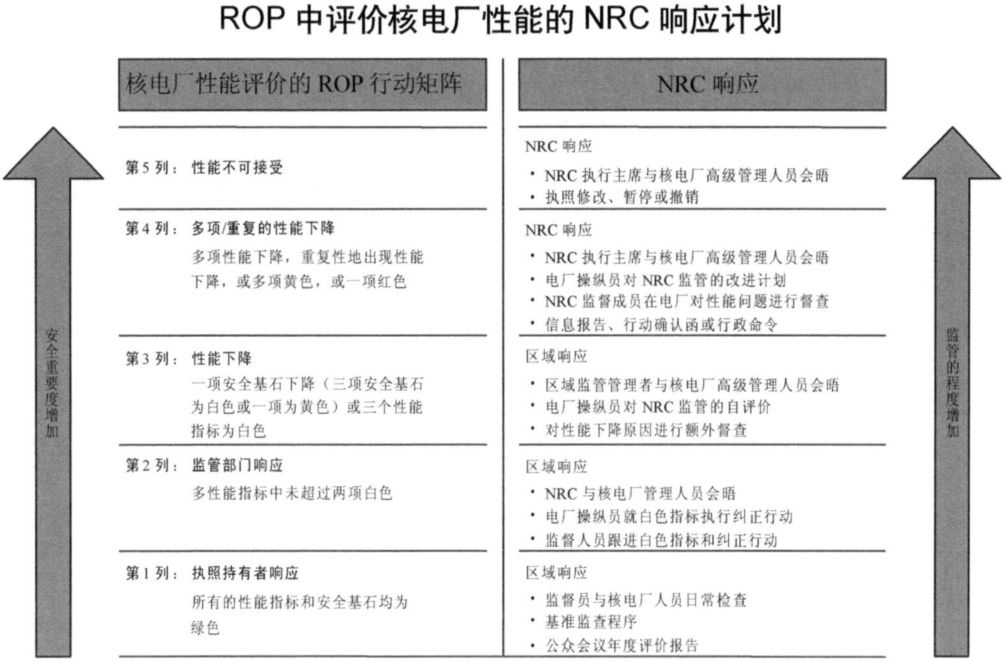

图 5　ROP 监管响应行动矩阵

反应堆监督程序有机结合运行经验与风险评价，减少主观经验判断，根据电厂绩效确定监督响应，基于确定论并融合风险指引的理念而进行综合决策。自实施以来，通过应用实践、经验反馈和不断完善，反应堆监督程序已日臻成熟，成为可自我革新的核电厂监管框架。

三、美国风险指引技术应用与最新进展

1998 年以来，NRC 颁布了一系列的风险指引核安全管理导则，标志着核安全监管方式发生重大转变。NRC 引领核工业界使用风险指引综合决策技术在技术规格书、设备分级、在役检查、维修规则等方面开展了诸多应用，取得了显著的经济效益与社会效益。

（一）技术规格书优化

1998 年 NRC 颁布了 RG1.177 用于指导技术规格书具体条款的变更申请。随着一系列风险指引技术规格书优化个案变更申请的成功应用，业界着手制定全面的风险指引技术规格书优化。优化内容分为 8 项议案。

议案 1：修改后撤状态，允许某些系统在故障时可后撤至热停堆而不是现行的冷停堆。

议案 2：修改漏做试验的要求，允许无意漏做的试验在风险评价并采取风险管理措施后，可以推迟到下个试验周期补做。

议案 3：放松状态转换的限制，允许机组设备不可用时，进行风险评价并采取风险管理措施后，可过渡到更高的运行模式。

议案 4：风险指引完成时间，分为 4a 和 4b。4a 针对技术规格书中单项条款延长后撤时间；4b 是对整个技术规格书进行优化，通过引入风险指引后撤时间概念，建立风险管理型技术规格书。

议案 5：自行控制监督试验周期，将监督试验频度从技术规格书中剥离，由电厂自行控制，也分为 5a 和 5b。

议案 6：修改立即停堆的要求，修改进入运行限制核条件（LCO），在开始停堆前有更多的时间实施纠正行动。

议案 7：修改技术规格书外支持系统不可用的要求。

议案 8：技术规格书中移除非安全和非风险重要的系统。

迄今为止，技术规格书优化申请数以百计，绝大多数已经得到了 NRC 的批准。

（二）管道在役检查优化

在役检查是确保核电站保持纵深防御完整性，保证电站安全可靠运行的重要手段。传统的在役检查是基于确定论准则来确定，检查策略未充分考虑特定核电厂真实的运行环境、运行经验以及部件潜在的降级可能性，检查策略相对保守。

NRC 与业界在管道在役检查中引入了风险指引方法，美国 103 座反应堆几乎都实施了风险指引在役检查优化，NRC 批准了很多使用风险指引方法对管道焊缝在役检查优化的申请。通过实施风险指引在役检查优化可明显减少管道检查次数，降低工作人员辐照剂量。国际原子能机构曾认为风险指引在役检查是风险指引决策技术在核电厂最成功的应用之一。

（三）风险指引设备分级

为确保核电站运行的经济性和安全性，风险指引设备分级理念逐渐发展起来，风险指引设备分级并不能取代现有的安全分级，而是根据设备风险重要性的高低，将"安全相关"和"非安全相关"分为高安全重要、低安全重要，如图 6 所示。

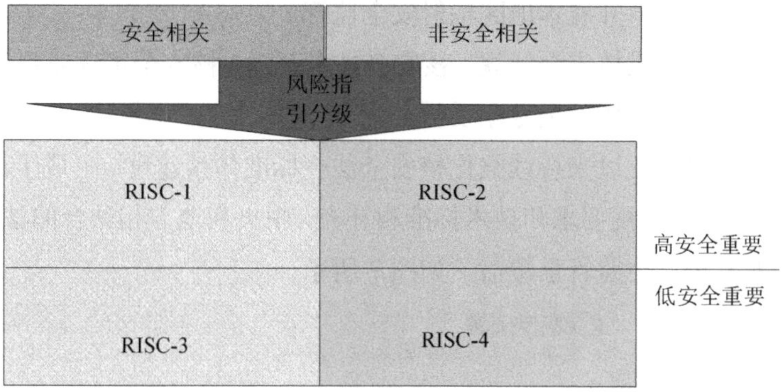

图6 风险指引设备分级

风险指引设备分级可以在减轻电厂不必要的负担优化电厂资源的同时，加强非安全相关但高安全重要设备的监督管理，可提高电厂安全水平。美国 STP 等核电厂是开展风险指引设备分级的典型代表，多项获得 NRC 豁免，取得了可观的效益。

（四）维修规则

基于性能、风险指引的维修规则体系更关注维修活动的结果及活动引起的潜在风险，核电厂将资源更为有效地投入对机组安全运行有着重要贡献的设备维修、试验中，不仅提高了机组的安全水平，还提升了核电厂的经济效益。除美国外，一些国家和地区陆续推行了维修规则，包括日本、西班牙和中国台湾等。通过实施维修规则进一步提高核电厂构筑物、系统和设备维修的有效性，加强相关维修活动的风险评价及管理。

四、我国核安全监管现状与存在的问题

（一）核安全监管现状

我国实行核安全、辐射安全和辐射环境管理的统一独立监管，建立了总部机关、地区监督站、技术支持单位“三位一体”的核安全监管组织体系。1984 年成立国家核安全局，负责民用核设施安全监督管理，制定核安全政策、法规、标准和规划，实施核安全许可，统筹全国核安全监管工作。在华北、华东、华南、西南、西北、东北 6 个地区设置了核与辐射安全监督站，作为国家核安全局派出机构，实施区域核安全监督检查。设立核与辐射安全中心、辐射环境监测技术中心等专业技术机构，为安全审查、独立验证、监督执法、辐射环境评价等提供全方位支持。各级地方政府结合实际设立监管机构或配

备专（兼）职监管人员，开展本地区辐射安全监管。

国家核安全局为提供核安全法规、核安全技术开发、核安全审评监督和法规标准审查技术咨询，建立了国家核安全专家委员会。

国家核安全局自成立以来持续强化核安全法规标准体系建设，形成了法律、行政法规、部门规章相衔接，法规要求和技术标准相补充，中央和地方相结合的法规标准体系，实现了核能开发利用安全监管全覆盖，如图 7 所示。

图 7　我国核安全法规体系

国家核安全局积极推动经验反馈交流活动，目前已建立国家级、行业级、集团级和电厂级经验反馈体系。同时还加强了国际运行经验反馈交流，与欧盟、美国、俄罗斯、日本、韩国等国家核安全监管机构和核电营运单位，以及国际原子能机构等组织保持密切的联系，定期或不定期地组织经验反馈交流活动，分享经验。

（二）风险指引核安全监管实践

国家核安全局一直致力于提高核安全监管能力，建立健全风险指引型核安全监管体系。近年来，国家核安全局依托技术支持单位，鼓励和推动概率安全分析技术在核安全领域的深层次应用。

国家核安全局发布了《概率安全分析技术在核安全领域中的应用》《改进核电厂维修有效性的技术政策》以及《核电厂配置风险管理的技术政策》，制定《核安全领域概率安全分析技术应用实施计划》，开展风险指引 PSA 试点应用，鼓励核电厂积极开展风险指引技术规格书优化、管道在役检查、在线维修与定期试验周期优化等，取得了显著的经济效益与社会效益。编译出版了国际相关技术文献，以规范与指导开展风险指引应用试点工作，同时提供技术审评依据；国家核安全局建立了中国核电厂设备可靠性数据库平台，收集整理并定期发布反映中国运行经验的核电厂设备可靠性数据报告；为强化监管的独立性与技术权威性，国家核安全局开发标准 PSA 监管模型，用于独立校核计算。目前国家核安全局已经初步建立了核电厂维修有效性评价和管理体系，正在建设核电厂配置风险管理体系与相关监管平台等；初步建立了性能指标体系，各核电厂也开发了缓解系统性能指标和安全事项重要度确定程序等监管工具。

（三）存在的主要问题

经过 30 余年的不懈努力，我国核安全监管体系建设取得了举世瞩目的成绩，但顶层设计不足，在科学性、系统性和一致性方面与国际先进国家还存在一定差距，具体如下：

（1）核安全监管体系的顶层设计有待完善，基于确定论的传统方法缺少针对性、效率不高；立法、监督、执法、决策架构尚不清晰，未能形成相辅相成的有机整体和自我革新的框架体系。

（2）核安全监督体系未能有效发挥效能，缺乏监督标准与程序，执法尺度不一，各自为政，缺乏有效沟通。

（3）监管文件体系有待进一步完善，现有的核电厂监督文件体系在系统性、逻辑性方面还有待改进。

（4）监管资源使用的有效性不足，包括人力资源、从业人员资质管理、培训以及相关监管工具的开发、使用与维护等，未能根据监管重点，有针对性地合理调配监管资源。

五、建议

美国风险指引核安全监管取得了显著的成效。借鉴美国的良好实践经验，建立独立、公开、法治、理性、有效的监管体系，不断推进核安全治理体系和治理能力现代化，保障核安全监管的独立性、权威性和有效性。在此谨提出以下几点建议，供决策者参考。

（一）优化顶层设计，建立风险指引监管

基于现有核安全监管框架体系，优化顶层设计，建立健全风险指引核安全监管体系。加强立法、监督、执法与决策等有机结合，通过完善法规体系、开发监督检查程序、统一执法标准、多方决策支持，完善形成自我革新的核安全监管框架体系。

（二）加强技术保障，全面提升监管能力

建立长期有效的科研经费保障机制，加大财政投入，加快推进基础性、战略性与公益性核安全科技研究，开发独立核安全监管工具与数据平台，为提高核安全监管效率提供技术保障，全面提升监管能力现代化水平，充分利用最新技术提高监管能力建设水平。

（三）推进队伍建设，建立人才培养机制

着眼于核安全监管需要，大力培养政治强、本领高、作风硬、敢担当，特别能吃苦、特别能战斗、特别能奉献的核安全“铁军”。以本领高为抓手，推进核安全领军人才、专业人才队伍建设，建立人才培养机制、健全人才成长通道。

（四）开展技术合作，推广经验交流反馈

加强与国内外的技术合作、信息交流、经验反馈和数据共享，充分利用现有资源，避免低水平重复性活动。

核安全监管有效性相关理论和实践调研报告

郭承站　封有财　刘英伟　邱国盛　董毅漫　杨丽丽
（生态环境部核设施安全监管司）

对核工业进行安全监管是当前国际通行做法，监管有效性是国内外共同关注的问题。在我国，党中央、国务院对核安全高度重视，社会公众对涉核问题极度敏感，当前王亦楠等专家以防城港质量事件为由，质疑我国核安全监管的有效性。为此，生态环境部核设施安全监管司组织核安全中心开展核安全监管有效性专题研究，梳理了国际原子能机构（IAEA）、经济合作与发展组织（OECD）和美国核管会（NRC）对监管有效性问题的理论研究与相关实践，调研了国内金融、食药品、煤炭、民航等行业监管实践，希望可以为我国提高核安全监管有效性提供参考和借鉴。

一、监管有效性研究综述

对核安全监管有效性问题的关注可以追溯到1974年，美国颁布了能源重组法，拆解原子能委员会（AEC），成立了独立的核安全监管机构NRC。原因是AEC难以有效兼顾促进核能发展和安全监管的职能，在处理应急堆芯冷却系统问题时举措不当，引发了美国国会和公众的质疑并最终失去信任。随后，监管有效性问题被越来越多的国家所关注，IAEA和OECD也对监管有效性开展了深入的研究。

NRC历来重视提高监管有效性，1975年发布了《反应堆安全研究：美国核动力厂事故风险评价》（WASH-1400）报告；1979年三哩岛核事故后将风险指引型监管作为确定监管的增强手段；1995年发布了《概率风险评价在核安全监管活动中的应用》；2000年发布并实施了基于传统工程经验和风险指引技术的反应堆监督程序（ROP），随后按照风险管理理念修订了联邦法规10CFR50中的相关章节。

IAEA围绕监管有效性开展了大量工作，1999年发布了《监管有效性评价》报告，探讨监管有效性的概念、相关要素和评价指标；2016年颁布了安全标准GSR part 1及系列导则，对监管机构及其重要活动提出了一系列要求；向各成员国提供综合监管评审服务（IRRS），为成员国提供核与辐射安全监管基础结构自评定的方法和工具（SARIS）；2006年、2009年、2013年、2016年先后召开了四次核安全监管有效性国际大会，共同探讨监管有效性，交流实践经验。

OECD也对监管有效性开展了一系列研究，2001年发布《改善监管有效性》报告，讨论监管有效性的概念、模型和评价指标等；其后，陆续发布《改进和维持核安全》《监管效率和监管有效性的直接指标》等文件，召开监管检查程序有效性的国际核监管研讨会；2014年发布《有效监管者的特征》，聚焦监管机构，系统阐述了有效监管者的角色、职责、原则和特征。

二、监管有效性与评价

（一）监管有效性的概念

IAEA在《监管有效性评价》中提出，监管的有效性体现在监管机构的有效性上，有效的监管机构能够确保营运单位维持一个可接受的安全水平；采取适当行动预防安全降级并促进安全改进；及时、经济、高效地履行监管职能，以维持营运单位、公众和政府的信心；寻求自身绩效的持续改进。此后，从“安全”到“安全和安保”，从“及时、经济、高效”到“独立、透明、及时、高效”，从“寻求自身绩效的持续改进”到“寻求自身和行业的持续改进”，IAEA从多个侧面逐步深入地探讨监管有效性问题。

OECD区分了“有效性”和“效率”，认为监管有效性是指“做正确的事”，体现在监管机构的核心行动中；而监管效率是指“用正确的方法做事”，体现在监管机构的工作成果和工作机制中。

（二）监管有效性的关键要素与评价指标

IAEA认为监管有效性主要包括以下关键要素：一是具有足够的独立性；二是具备充足的人力、财力等资源保障；三是实施与安全目标相一致的管理体系并不断改进；四是能够获得必要、独立、公正的技术支持；五是持续提高领导力并充分发挥作用；六是通过适当的方式与利益相关者沟通并提高其对监管机构的信任度；七是推动培育强健的安全和安保文化；八是开展广泛的国际合作和经验共享，对标IAEA标准，充分利用IAEA的各项服务，提升安全水平。为有效评价监管有效性，IAEA研究了一套指标体系，包括3个层面：在立法和政府规定层面，关注监管机构合法性、独立性、资金保障等方面共5项指标；在监管机构层面，关注监管机构的决策、内部管理、能力、监管规则、与监管对象和利益相关方的沟通、国际联系等方面共 26 项指标；在营运单位业绩层面，关注安全评估和电厂持续改进、事件和事故、总体状况等方面共 10 项指标。

OECD 开发了一个评价和衡量监管有效性的模型。首先，明确监管机构的任务和使命，一般由国家政府赋予，具体的核心价值观由监管机构确定；其次，明确完成任务的方式方法，即监管机构的核心行动，如制定规则、进行检查和评估等；再次，明确完成任务的先决条件，如必要的资源和能力等；最后，对任务成果进行评价，如审计、自我评价，外部评价等。OECD 将评价监管有效性的指标分为直接绩效指标和间接绩效指标两类。直接绩效指标使用监管机构内部产生的数据，旨在评价监管者自身的活动，包括法规标准更新情况、计划检查与评估评价执行情况、人员配置与能力情况、政府、行业和公众信心等。间接绩效指标一般使用持证单位的绩效指标，以推断监管机构的绩效，包括潜在事故后果、核电厂安全性能指标、放射性废物产生量与环境影响等。

三、提高监管有效性的相关实践

（一）NRC 主要实践

NRC 采取多种措施，不断提高监管有效性。一是通过年度自评估和独立评估，征求公众或利益相关方意见，持续改进反应堆监督程序的有效性；二是每半年向国会提交并向社会公开关于许可和监管职责情况的报告；三是设立监察办（OIG）开展独立审计调查，每半年向国会递交并公开关于 NRC 内部情况报告；四是 NRC 组建“转型团队”，不断适应环境变化，提高监管有效性。

（二）其他 IAEA 成员国主要实践

IAEA 总结了各成员国提高核与辐射安全监管有效性的良好实践。一是在政府的职责与功能方面，如法国成立独立的专家咨询委员会；瑞士制定核安全法案，发布核安全政策，提供不受政府当局干预的资金系统；芬兰实施地质处置的政治承诺；我国的核安全规划，“安全第一、质量第一”的政策声明、注册核安全工程师制度等均被认为是良好实践。二是在监管机构的职责和功能方面，包括机构的独立性、综合管理体系的建立、全面妥善的人员培训和技能评估方案、有效的人力资源规划、良好的公众沟通、积极参与国际合作、核材料进出口管理、放射源登记及其他国家辐射数据库系统、广泛的技术支持机构等。三是在其他方面，如韩国在无损检验（NDT）中使用高活性密封源实时辐射源位置跟踪系统（RADLOT）；西班牙使用一种创新的数据管理工具评估放射性物质运输安全性；比利时建立密封源跟踪、库存、检验记录的中心信息系统等。

（三）国内有关领域实践

他山之石，可以攻玉。我们对国内金融、食品、药品、煤矿、民航等行业安全监管情况开展调研，以期汲取借鉴基于我国基本国情、社情的监管实践经验。金融监管不断创新和完善制度，对监管对象实施分类监管，注重加强一线监管职能；食品安全监管实施风险评估，加强法律法规“立改释”和有关标准制修订，强化落实食品生产企业主体责任；药品安全监管严格市场准入和药品审批，推行行政执法公示、执法全过程记录等制度，调动社会力量构建共治格局；煤矿安全监察实行垂直管理，实行安全生产许可制度，对失信企业实施联合惩戒和“黑名单”管理；民航安全监管建立行业监管事项库，采用年度检查与临时检查融合，强化信息化执法运用。

四、对我国提高核安全监管有效性的建议

（一）立足实际，加快构建风险指引型监管模式

深入研究 NRC 基于风险监管模式的运行原理和机制，梳理审视我国现行监管模式的经验和短板，探索建立风险指引型监管模式，加强监管内外部形势分析与研判，不断推动监管工作创新发展。

（二）对标国际，完善法规制度体系

对标 IAEA 标准，健全我国核与辐射安全法规标准顶层设计，加快推进核安全法配套法规标准制修订，开展定期审查，推动“立改废释”工作。将提升监管有效性的有关要求纳入核与辐射安全管理体系，研究汲取美国 ROP 经验，持续完善第三层级监督程序和审评大纲，定期评估改进，推动管理体系全面落实。

（三）独立公正，加强技术支持体系建设

围绕保障核电厂运行安全监管等核心任务，加强技术支持力量建设；加强国家核与辐射安全监管技术研发基地内涵建设，提高试验验证和校核计算能力；确保技术支持机构只服务于监管机构或运营单位一方，保证技术结论公正。

（四）传承经验，提升核与辐射安全监管能力

加强人才培养，强化人员培训顶层设计，注重加强对一线监督执法人员的专业培训。统一执法标准，加大执法力度，与纪检、公检法、安监等部门加强沟通，对严重违法违规企业实施联合惩戒。关注省级机构改革，确保辐射环境监测和核技术利用安全管理有关机构和力量得到充分保证。加强核与辐射安全监管信息系统“一张图”建设，提升监管信息化、智能化水平。

（五）公开透明，构建社会共治格局

立足国家核安全工作协调机制等现有机制，做好向全国人大报告年度工作，及时报送核安全相关信息，为国家战略决策提供支撑。依法公开核安全信息，加强公众沟通和公共参与，争取公众的信任；优化局网站、官方微信、国家核安全局年报等现有沟通渠道，畅通信访举报机制，构建社会共治的良好局面。

（六）加强合作，不断完善监管有效性评估方法

持续跟踪国际核与辐射安全监管有效性研究最新动态，及时转化成果，做好吸收借鉴。加强履约工作和多边核安全合作，积极参与国际核与辐射安全监管有效性评估活动，互通有无，加强交流。充分吸收运用 IAEA 提供的自评估工具（SARIS）和 OECD 提供的评价模型，建立符合实际、适应国情、覆盖全面的核与辐射监管有效性评估体系，结合监管工作总结等活动开展自评估。

“有一种生活叫永春”的“绿水青山就是金山银山”转化路径有效模式调研报告

李庆旭　班远冲
（中国生态文明研究与促进会）

“绿水青山就是金山银山”理念是习近平生态文明思想的重要组成部分。2020 年 4 月，习近平总书记在陕西视察时提出了“人不负青山，青山定不负人”的科学论断，进一步丰富和发展了“绿水青山就是金山银山”理念，彰显出生态文明建设的本质特征和时代价值，成为推动生态文明建设和经济高质量发展的重要遵循。全国各地牢固树立“绿水青山就是金山银山”理念，因地制宜，将“绿水青山就是金山银山”实践创新基地建设作为探索“绿水青山就是金山银山”理念实践路径典型做法和经验的重要载体。2020 年 8 月，中国生态文明研究与促进会一行赴福建省永春县开展“绿水青山就是金山银山”实践创新转化路径及有效模式调研活动。

一、背景情况

永春，地处福建省中南部、泉州市中北部、戴云山脉东南麓，是晋江东溪的发源地。东邻仙游县，西接漳平市，南与安溪、南安两县相连，北与大田县、德化县接壤。永春古称“桃源”，置县至今已有 1 000 多年历史，历史悠久，人文荟萃，自然资源丰富，是著名的侨乡，面积 1 468 千米^2，下辖 236 个村（居），人口 60 万。北宋蔡襄盛赞永春“万紫千红花不谢，冬暖夏凉四序春”。

近年来，永春深入贯彻习近平生态文明思想，积极践行“绿水青山就是金山银山”理念，围绕“乡愁故里、生态桃源、美丽永春”建设目标，突出产业升级、乡村振兴、城市提质、改革创新、民生补短等工作，积极打响“有一种生活叫永春”的城市品牌，创新探索出一条属于永春的内源式绿色发展路径，城乡品质不断得到提升，主要流域水质、空气质量、生态资源治理在全省位居前列，全县森林覆盖率为 69.5%，绿化程度达到 95%，打造出“业兴、民富、水清、林绿、景美、韵醇”的全域生态综合体，先后荣获国家生态县、国家园林县城、国家卫生县城、全国绿化模范县、全国文明县城、国家生态文明建设示范县、首届中国生态文明奖先进集体、“绿水青山就是金山银山”实践创新基地等20多项国家级荣誉称号。

二、主要做法

（一）注重顶层设计，构建生态文明格局

高标准成立了由县委、县政府主要领导任组长的“绿水青山就是金山银山”实践创新基地建设工作领导小组，全县28个职能部门和22个乡镇全部纳入成员单位，实行“一把手”负责制。坚持规划引领，编制实施了“绿水青山就是金山银山”实践创新基地建设实施方案、生态文明建设规划、乡村振兴规划及各产业发展专项规划。构建宣教矩阵，成立了全国首个县级生态文明研究院，举办生态文明大讲堂，全县党政领导干部参加生态文明培训人数的比例达到100%;强化环境基础教育和生态文明警示教育基地建设，编制了永春乡土生态文明读本；运行全省首个县级水生态文明馆——永春县水生态文明馆。

（二）聚焦生态环境，厚植绿水青山本底

强化流域综合治理，以河（湖）长制为抓手，深化治水工作，把桃溪流域综合治理作为“一号工程”，注重小流域、清新流域水质提升，强化饮用水水源保护，5条主要河流水质环境功能区达标率为100%，国家级、省级、市级控断面水质均达III类及以上。综合实施优化产业布局、扬尘管控、“散乱污”及VOCs治理等举措，使空气环境质量优良率持续保持在95%以上，$PM_{2.5}$年均浓度稳定在25微克/米^{3}以内，达世界卫生组织第二阶段标准。完成重点行业企业用地基础信息采集和耕地土壤环境质量类别划分，强化对危险废物产生和经营单位监管，全县不存在疑似污染地块及污染地块，土壤环境质量总体稳定。在全省率先启动并推广美丽乡村及升级版建设，累计创建80个县级示范村和25个精品村。

（三）突出绿色发展，深化产城融合质量

坚持绿色发展，制定国家重点生态功能区产业准入负面清单，推动老醋、香、陶瓷三大特色有根产业创新转型升级，实现与文化创意、健康养生和旅游经济融合发展，成功打造“中国香都”“中国红曲醋都”和“中国陶瓷之乡”品牌。深化现代农业发展，

成功探索出种养结合、生态养殖等循环农业模式，建设20个精品农业示范基地，4个产品通过绿色食品认证、20个产品通过无公害农产品认证。实施“雨露计划”，培养现代农业产业人才。探索“旅游+”融合发展模式，创新推动全域旅游发展。

（四）创新机制体制，畅通绿水青山就是金山银山转化通道

深入落实国家生态文明试验区建设改革重点任务，完成国土空间规划编制，形成了国土空间综合利用“一本规划、一张蓝图”。深化林权制度改革，完成确权赋能，放活林地经营权，建立林业产权金融服务平台和产权抵押融资风险分担机制，创新推出“花卉贷”“林好贷”等金融产品。全省率先成立“生态警察”、提出“湖长制”，构建县—乡镇—村三级河长。永春县由县委书记、县长任总河长，设立副总河长6位，乡镇级河长140位，村河道专管专员211位。创建福建省首家“河长制110”指挥中心，组建24小时在线问题受理专业队伍，对云平台、随手拍、监督热线举报问题进行快速处理。

三、典型案例与主要成效

（一）永春芦柑生态产业化区域品牌获习近平总书记称赞

充分发挥生态优势，优化“永春芦柑”种植服务体系，出台土地承包经营权流转、经营权登记及抵（质）押贷款政策，成立泉州市首家农村土地流转专业合作社；引进“五新”技术，实现生态种植和绿色种植。建设“永春芦柑”特色产业基地，制定国家标准（地理标志产品——永春芦柑）、福建省地方标准（如《永春芦柑综合标准》等）体系，47家永春芦柑种植基地通过国家质检总局注册备案，成为“国家级出口柑橘质量安全示范区”。强化“永春芦柑”产学研合作，联合财政部设立国家现代柑橘产业技术体系永春综合试验站，邀请专家走进永春，从树体管理到规范化建设进行全链条的技术培训。推广“永春芦柑”宝贵种植经验，出版发行《中国永春芦柑栽培》。

2015年1月12日，习近平总书记结束与中央党校培训班座谈后，与泉州市委常委林锦明（时任永春县委书记）交谈时称赞“永春芦柑非常有名，很甜很好吃”。2019年，永春芦柑区域公用品牌价值评估达33.34亿元。

（二）全域生态综合体永春样本纳入国家生态文明试验区改革成果

创新探索流域综合治理，以桃溪流为重点，首创了福建省“生态优先、统筹资源，多元治水、综合治理”模式，实现全县62千米主河道治理全覆盖，打造出“会呼吸的

河道”，成功创建2个国家水利风景区和3个省级水利风景区，获建桃溪国家湿地公园。创新推动最美县城创建，重点实施县城“十大提升工程”，建成香都广场、九福山公园、留安山等城市公园、8.62千米城市慢道和25.4万米^{2}绿地，创成美丽社区6个。在全省率先启动并推广美丽乡村建设，深入实施“清新桃源·宜居永春”三年行动和美丽乡村升级版建设，实现生态红利全民共享。创新开展“全城植绿、全民造绿、全面提质、全境美丽”活动，全面推进“生态连绵带”建设，用绿道成功串联山林、水体、湿地、田园等自然资源，打造相互贯通、连绵成片的生态体系。

永春县系统打出“流域综合治理、最美县城创建、美丽乡村建设和全城植绿”四套“组合拳”，不断增强生态系统功能，成为全国生态文明建设福建方案的永春样本。2019年，全域旅游生态综合体永春实践模式被列为国家生态文明试验区第三批改革成果。

（三）桃溪流域综合治理经验被国家发改委列入全国典型模式案例

永春县坚持拓宽治理资金筹措渠道，实行“以水生财、以财治水”运作模式，撬动投资31.22亿元，以治理带动沿溪土地资源开发。突出治理项目生态策划，累计策划、生成、捆绑、整合、推进项目377个；以万里安全生态水系试点建设为契机，策划生成七大项目群。强化治理，突出生态优先，坚持河道自然形态，避免过度硬化；推进植树造林、封山育林，突出水源涵养。实施面源污染治理，累计关闭拆除禁养区内生猪养殖场465家；创新完成全县154座小水电实现生态下泄流量改造；累计建成6座污水处理厂，配套管网120千米。提升一溪两岸环境品质，融合安全、文化、旅游、绿色生态等元素，实施河道治理景观工程、滨水绿地公园建设和“十里花海”景观提升工程，建成乡愁寄园、余光中文学馆、白鹤广场等22个文化主题公园、32千米漫步休闲通道，桃溪流域沿线共创建54个美丽乡村示范村。

永春县实施“治污”“绿化”“美化”三大战役，桃溪流域水质由Ⅴ类提升至Ⅲ类，成为福建省小流域治理的标杆。并坚持“以溪为轴、两岸展开、山水呼应、组团开发”思路，带动沿溪旅游产业链，通过守护绿水青山，真正实现了以生态灵气吸引人气、以人气集聚商气、以商气催生财气，切实转化为百姓增收致富的“金山银山”。

（四）生态产品“三级市场”改革实践获省委改革办推广

建立“一级市场”，盘点土地等资源性资产，集体经营性、非经营性资产等“有形资产”和民俗技艺、文化品牌等“无形资产”，形成“绿色资源”台账，通过“市场比价+企业估值+政府指导+村民协商”的方式，形成可抵押、可融资的生态资产，推动生态资源向生态资产转变。培育“二级市场”，通过创新金融制度，率先推出“福村贷”

金融产品，根据区域“绿色资源”价值总量和发展预期进行区域授信，成立生态资源市场化运作主体，统一管理运营；鼓励村民以土地、房屋、林地等资源作价入股，共享发展收益，推动生态资产向资本转变。筹备“三级市场”，建成县产权融合交易平台，与海峡产权交易中心合作发行债券募集资金，构建专业化的生态产品金融组织体系，推动资本向股本转化。

永春县探索的“资源变资产、资产变资本、资本变股本”生态产品“三级市场”改革实践，成功破解了“生态资源价值低估，生态资源市场化难”的困境，截至 2018 年年底，试点镇 8 个村集体收入均在 5 万元以上，7 个村集体收入达 10 万元以上。

（五）全域旅游创新实践成就“有一种生活叫永春”的城市品牌

坚持规划引领，编制实施《永春县旅游发展战略规划》和《永春县全域旅游发展总体规划》。突出全域布局，打造出以牛姆林、北溪文苑 2 个国家 AAAA 级旅游区为龙头的 13 个国家 A 级旅游区，大羽村入选全省金牌旅游村。强化产业融合，深化“旅游+”思路，与文化产业、研学、康养、工业、农业、林业融合发展，开发出 200 多种永春特色的旅游伴手礼，永春芦柑、永春佛手、永春篾香、永春老醋、永春漆篮、永春纸织画、岵山荔枝等获国家地理标志保护产品。强化智慧监管，先后建成投用县旅游集散中心和永春智慧旅游云平台，科学运用大数据和人工智能，有效实现全域旅游的云服务和云监管。突出全民参与共建共享，通过全员营销、全员招商、全员宣传的方式，使 10 个旅游重点扶贫村和 265 户贫困户实现脱贫。

近年来，永春县旅游接待人数年平均增长率为 21.6%，旅游总收入年平均增长率为 23.3%，“全地域覆盖、全资源整合、全领域互动、全社会参与”的全域旅游实践模式，实现了“产业绕着旅游兴、环境为着旅游美、乡村靠着旅游富”。

四、工作建议思考

永春县在“绿水青山就是金山银山”理念的实践创新探索方面成效明显，但全县传统产业比重大，环境污染治理成本高，生态环保压力逐渐加大；经济实力偏弱，综合竞争力不强，自主创新动力不足；旅游产品同质化严重，且受交通条件限制；“绿水青山就是金山银山”理念的双向转化机制体制仍不健全。为持续深化永春“绿水青山就是金山银山”实践创新，有效打通“绿水青山就是金山银山”理念的双向转化通道，将永春打造为国家生态文明试验区建设样板县、全国“绿水青山就是金山银山”理念实践创新特色县、人与自然和谐共生美丽中国示范县，项目组就下一阶段永春深入推进“绿水青山就是金山银山”理念实践创新提出以下四点工作建议。

（一）厚植绿水青山本底，持续提升生态产品供给能力

坚决打赢打好三大污染防治攻坚战，综合推动城乡生态环境整治提升。落实落细空间规划，严守生态保护红线、永久基本农田和城镇开发边界。深化全域生态综合体建设，突出山水林田湖草生态系统保护修复，强化区域自然生态资源保护提升，持续提升生态产品的供给水平和保障能力。

（二）推动“金山银山”转化，创新驱动绿色高质量发展

着力推进“产业生态化与生态产业化”与空间资源综合立体开发有机结合，强化要素市场化配置，科学合理地引导第一、第二、第三产业融合发展，激发绿色发展活力，推动资源向资产、资产向资本转化，强化资源能源节约集约利用，创新驱动生态系统功能的价值实现，推动向“金山银山”转化。

（三）保障“绿水青山就是金山银山”理念的双向转化，持续深化体制机制改革

持续深化体制机制改革，逐步扩大推进生态产品“三级市场”改革范围，突出组织方式的制度层面创新，构建更加完善的要素市场化配置体制机制，注重“中等收入群体”对生态产品价值实现的作用，确保绿水青山生态产品价值实现和金山银山生态产品价值优化双提升，打通“绿水青山”与“金山银山”的双向转化通道。

（四）打造绿色共享品牌，构建“绿水青山就是金山银山”理念的全民参与体系

创建“绿水青山就是金山银山”理念的实践创新全民参与体系，立足永春优秀文化品牌，强化文化深耕，突出本地人、文、地、产、景五大元素，积极构建生态文明宣教体系，推动形成全民参与“绿水青山就是金山银山”理念传播的共建共享社会氛围，让人民群众得到实实在在的绿色发展红利，实现生态文明理念的生活习惯化。

关于海南省海水养殖污染防治有关情况调研的报告

周超　孙凯峰
（生态环境部海洋生态环境司）

为进一步了解海水养殖污染情况及沿海地方防治经验，做好《海水养殖尾水排放标准》编制工作，2020 年 8 月 14—15 日，生态环境部海洋生态环境司组织有关专家，赴海南省开展海水养殖污染防治调研工作。

一、调研基本情况

调研组由生态环境部海洋生态环境司带队，生态环境部华南环境科学研究所、国家海洋监测中心相关专家组成，采取座谈交流、现场踏勘等方式，重点围绕海水养殖情况、养殖污染防治措施、有关标准实施成效及经验等方面开展调研工作。

（一）座谈交流

2020 年 8 月 14 日上午，调研组与海南省生态环境厅、农业农村厅以及相关技术单位人员进行座谈交流。调研组听取了海南省生态环境厅、农业农村厅及技术单位关于海南省海水养殖污染防治、海水养殖产业发展及清理整治、《海南省水产养殖尾水排放要求》编制实施、海水养殖污染治理关键技术及调查监测等情况的汇报。调研组就海水养殖污染防控相关法规、政策以及管控等问题与各相关单位进行了深入交流，并就正在编制的国标《海水养殖尾水排放标准》的工作思路、进度以及重点、难点等进行了讨论。

（二）现场踏勘

2020 年 8 月 15 日，针对 8 月 14 日座谈会交流情况和海南省海水养殖特点，调研组赴文昌市冯家湾烟堆村和海口市演丰镇塔市村养殖片区，现场走访了连片海水养殖散户、小规模养殖工厂、规模化养殖企业及在建养殖园区共 7 家，基本涵盖了海南省海水养殖的全部类型。调研组重点就养殖饵料投喂、水循环模式、尾水处理过程及设施运行情况开展现场踏勘，就海水养殖相关法律法规要求、企业尾水检测和达标情况等与养殖业主进行交流与沟通。同时，调研组现场抽检了文昌市永联养殖场的尾水达标情况，经文昌市生态环境局检测，养殖场尾水各项指标均符合《海南省水产养殖尾水排放要求》的标准。

二、海南省海水养殖污染防治工作情况

海南省海水养殖大规模发展始于 20 世纪 80—90 年代，在一定程度上解决了沿海渔民的生计问题。为解决海水养殖长期无序发展带来的环境污染及生态破坏问题，海南省在 2015 年省海岸带综合整治行动中启动养殖专项治理工作。2017 年第一轮中央环境保护督察指出海南省海水养殖存在的问题后，省领导高度重视，进一步加大治理力度，由时任省长沈晓明亲自挂帅，多部门联动，指导沿海市县实施针对性的整治措施。

（一）海水养殖基本情况

2019 年，海南省海水养殖面积 30.77 万亩，产量 27.10 万吨，产值 116.35 亿元。养殖种类主要以对虾（11.50 万吨）和海水鱼类（11.80 万吨）为主，蟹、贝类和藻类产量相对较低。养殖类型中，池塘养殖面积 24 万亩，产量 19.30 万吨；工厂化养殖水体 120 万米^3，产量 5 704 吨；深水网箱养殖水体 630 万米^3，产量 4.40 万吨。

海水养殖在沿海各市县均有分布，其中，文昌市、海口市和儋州市养殖面积相对较大，分别为 7.0 万亩、6.4 万亩和 4.2 万亩；其次为澄迈县（2.8 万亩）、临高县（2.6 万亩）、万宁市（2.0 万亩）和东方市（1.1 万亩）；琼海市、乐东县和三亚市均小于 1.0 万亩。

（二）污染防治工作情况

（1）建立健全海水养殖产业规划体系，促进产业绿色发展。先后出台《海南省水产养殖产业发展规划（2018—2020 年）》《海南省养殖水域滩涂规划（2018—2030 年）》，明确水产养殖产业发展空间布局及管理政策，是全国最早完成水产养殖禁养区、限养区和养殖区划定的省级行政区。出台《关于促进水产养殖业绿色发展的指导意见》，指导市县依法规范水产养殖业整治，推广循环水养殖和生态碳汇养殖模式，加快推动养殖产业绿色转型升级。

（2）规范水产养殖项目环境管理，加大尾水排放监管力度。2018 年，海南省生态环境厅出台《海南省陆域水产养殖建设项目环境保护管理规定（试行）》，2019 年海南省发布地方标准《海南省水产养殖尾水排放要求》（以下简称省尾水排放标准），为各市县全

面落实水产养殖建设项目环境准入及尾水管控提供指导措施。在此基础上，海南省生态环境厅加强重点海水养殖区域的监管力度，指导市县制定养殖集中区综合整治方案，查处尾水排放超标行为。

（3）实施水产养殖清理整治，帮扶渔民转产转业。各市县均已制定完成整治实施方案，并开展不合规养殖底数排查及清理整治工作。截至 2020 年 7 月底，全省已清退禁养区水产养殖面积 13.9 万亩。针对退养渔民转产转业难等问题，省领导高度重视，组织农业部门分类制定整改措施，鼓励渔民“往岸上走、往深海走、往休闲渔业走”，指导当地结合实际引导渔民转产转业，如文昌市启动建设冯家湾养殖产业园区 2 000 亩，将引导附近禁养区渔民集中到园区养殖，临高县将另择非保护区的养殖区发展深水网箱养殖等。

（三）现场调研有关情况

（1）连片海水养殖散户污染防治情况。该养殖类型主要调研地点为文昌市冯家湾烟堆村连片养殖场和海口市演丰镇塔市村连片池塘养殖。一是文昌市烟堆村距离海岸线不足 1 000 米，2019 年以前村内大量花螺、虾苗养殖场密集分布，养殖排水管散乱分布、尾水直排沙滩。实施整治后，该片区海水养殖塘实施排放管道集中整治，统一排放到天然湿地沟渠后进入海洋。二是海口市塔市村养殖类型以对虾、鱼类单塘养殖为主，面积约 1 100 亩，其中高位池对虾约 100 亩，鱼、虾、鸭混养约 1 000 亩。区域内养殖方式较为单一、养殖技术相对落后，排放尾水主要采用人工湿地工程完成净化，即将尾水通过地下管道集中收集、沉淀后将表层水提升至地上人工潜流湿地，经芦苇等生物降解、去除部分水体无机氮、活性磷酸盐后排放进入临近的东寨港红树林潮沟。

（2）小规模养殖工厂尾水处理情况。文昌市小规模养殖工厂尾水处理多采用《文昌市冯家湾水产养殖尾水治理规划（2018—2020 年）》推荐的尾水处理工艺，采用微滤机—生化反应池—沉淀池等构建养殖悬浮物、无机氮和磷等污染物的一体化处理设施。该处理设施投入成本在 3 万～6 万元，处理后的尾水对外排放或进入生态沟渠/人工湿地进一步净化后排放入海。

（3）规模化养殖企业尾水处理情况。海南定大养殖有限公司是海南省最大的海水养殖种苗生产企业之一，主要生产南美白对虾苗、石斑鱼苗和东风螺苗等。企业现有 3 个种苗基地，育苗车间 1.2 万米^2，育苗水体 6 400 米^3 和养殖池塘 350 亩。经现场调查，该企业养殖规模较大、资金相对充足，尾水处理设施投入大、处理技术较为成熟，主要采用集中收集处理、循环利用以及消氮除磷后排放等工艺措施。企业定期开展尾水自主监测，基本实现了养殖尾水达标排放。

三、存在的问题及不足

经过近年的探索，海南省形成了一系列的海水养殖污染防治经验：一是以落实中央生态环保督察整改要求为契机，在省层面形成了“系统谋划、统一推进”的工作局面；二是及时制定出台省尾水排放标准和有关环境管理制度，填补了监管制度的空白；三是多种方式推进尾水处理，特别是实施连片养殖尾水集中排放，尽可能减少入海排污口数量；四是因地制宜地实施分类处置，不搞“一刀切”，通过建设养殖园区等方式引导转产转业。污染防治的总体成效明显，但由于养殖污染欠账较多，存在的问题和不足仍较为突出。

（一）基层部门环保职责不清，投入力度仍需加大

由于长期以来职责不清，基层管理部门仍存在混淆，市县级农业部门对养殖行业环保职责定位不清，市县级生态环境部门对养殖尾水的环境监管工作力度不够，未形成长期有效的监管措施。同时，受到海南省经济实力限制，海水养殖污染防治清退补偿投入力度还有待加强，资金保障仍较为紧张。

（二）地方标准指标设置不合理，宣贯落地不足

技术人员及养殖业主普遍反映，海南省尾水排放标准未分区、分类考虑近岸海域水质本底情况和养殖类型，仅在农业农村部现行行业标准要求的基础上提高部分指标要求，部分养殖场在建设尾水处理设施后，活性磷酸盐等污染物指标仍难以达到要求。同时，标准宣贯工作不够深入，除规模化养殖企业外，小规模或散户养殖业主尚不清楚省尾水排放标准的有关规定。

（三）尾水处理设施建设能力不足，技术有待提升

现场调研发现，限于资金、技术、场地等原因，连片海水养殖散户和小规模养殖工厂尾水处理设施建设能力不足，一是天然湿地或人工湿地的面积较小，难以满足连片养殖区尾水净化需求，部分区域的湿地植物覆盖度和长势欠佳，处理成效有待进一步评估；二是小规模养殖工厂尾水处理设施中的微滤机制简单，生化反应池规模较小、控制粗放，难以满足大量尾水连续排放的处理需求。

（四）部分养殖业主对自身责任认识不清

规模化养殖企业环保意识较强，但部分小规模养殖工厂或散户养殖业主对自身应承担的环保责任认识不清，多数业主无主动开展养殖尾水监测的意识，不掌握尾水排放是否达标，不清楚尾水超标排放对海洋造成的环境破坏和需承担的法律责任。

四、下一步工作建议

现场调研结束后，海南省生态环境厅已部署开展对省尾水排放标准的实施效果评估和案例的编写工作，同时成立专班，开展促进海南水产养殖产业高质量绿色发展研究工作。研究工作将以冯家湾养殖园区为试点，从规划布局、项目环评、标准、治理、执法、跟踪评价等方面，对行业全过程环境管理提出“一揽子”方案。下一步，我们将借鉴海南省经验做法，积极推进国家层面海水养殖污染防治工作。

（一）充分汲取海南省经验，做好《海水养殖尾水排放标准》编制

会同海南省生态环境厅进一步整理总结海南省海水养殖典型案例，以省尾水排放标准实施效果评估为基础，分析省尾水排放标准存在问题及对策，并着重从分区分类管控、可操作性、实施宣贯等方面，推进《海水养殖尾水排放标准》的编制。

（二）以美丽海湾为牵引，切实解决海水养殖污染问题

组织国家海洋环境监测中心、珠江流域南海海域生态环境监督管理局，结合全国海洋生态环境保护“十四五”规划，编制海南省督导帮扶工作，指导海南省充分发挥部门联动、分工协作的工作机制，压实地方环保、主管行业、养殖主体的环保责任，有序推进海南省海水养殖污染防控工作。同时，我们将继续实施专题调研，针对近期媒体报道的广东吴川高位池养殖尾水无序排放等问题，在南海区域开展广泛调研。

（三）以海南省为试点，建立海水养殖污染防控长效工作机制

指导海南省生态环境厅进一步汇总整理海水养殖污染防控先进经验、监管手段、管理政策，以海南省为试点提炼形成好用、管用的工作模式，适时向全国沿海各省市推广应用，填补当前海水养殖污染防治的制度空白。

（四）充分发挥部属单位技术优势，加强污染防治技术支持

组织国家海洋环境监测中心、生态环境部华南环境科学研究所加强海水养殖尾水处理技术研究，针对不同海水养殖类型形成经济适用的处理模式。以海水养殖为典型，利用高分辨率遥感手段帮助海南省建立海洋环境智慧监管技术，满足问题巡查、快速发现、智能分析、决策支持的监管需求。

我国废弃电器电子产品管理政策建议

高鹏　孙阳昭　姜晨
（生态环境部对外合作与交流中心）

废弃电器电子产品又称电子废物，是世界范围内增长最快的废物之一，其带来的环境管理问题是人类经济、生活水平发展到一定阶段后出现的新问题，也是当前世界各国特别是发展中国家面临的难题。我国已逐步进入电器电子产品报废高峰期，其废弃物引发的持久性有机污染物（POPs）和重金属污染等环境问题接踵而来，对我国部分地区的空气、土壤和水环境造成严重污染，对拆解地生态系统及居民健康构成严重威胁，给我国履约《斯德哥尔摩公约》带来了巨大压力。为进一步贯彻落实党的十九大精神，推进绿色发展、着力解决突出环境问题，根据《环境保护部党组学习宣传贯彻党的十九大精神“五大活动”方案》的要求深入一线开展“大调研”的部署，并结合《斯德哥尔摩公约》履约需求，生态环境部对外合作与交流中心履约三处于 2018 年 1 月和 3 月前往天津市生态环境部门、江苏省生态环境部门进行座谈交流，前往电子废物处理企业进行现场调研，并结合支部的实际工作，探讨我国电子废物管理体系与拆解企业的经营现状，提出针对我国电子废物政策管理的相关建议。

一、我国废弃电器电子产品政策管理背景情况

我国是电器电子产品生产、消费和出口大国，2015 年电视机、电冰箱、洗衣机、空调、微型计算机产量约为 8 亿台。中国家用电器研究院测算[①]，我国“四机一脑”2016 年的报废量约为 1.12 亿台，加上目录中新增的 9 种产品的报废量，总报废量超过了 3.78 亿台。

在 2002 年之前，我国的电子废物大多通过个体回收者进入二手家电市场，剩余的才被小作坊拆解。2003—2011 年，随着一系列政策的引导和刺激，我国废弃电器电子产品处理能力明显提升，回收处理企业基本覆盖全国。2012 年以来，随着《废弃电器电子

① 家用电器研究院《2017 年电器电子产品回收处理行业白皮书》。

产品处理目录（第一批）》和《废弃电器电子产品处理基金征收使用管理办法》相继实施，我国废弃电器电子产品回收处理体系逐步走向规范化、规模化和产业化。截至 2015 年年底，我国废弃电器电子产品处理基金补贴名单的处理企业达到 109 家，年拆解能力超过 1.36 亿台，这 109 家处理企业针对首批目录五种产品的处理数量已经达到 7 500 万台，行业规模效应、环保效益和资源效益日益凸显。

从图 1 中可以看出，广东、湖北、河南、江苏和四川 5 个省废弃电器电子产品年处理能力均超过 1 000 万台，河北、福建、江西、浙江 4 个省年处理能力均超过 800 万台。经济相对发达的长三角、珠三角、环渤海湾地区拆解处理企业分布较为集中，拆解处理能力强；此外湖北、河南、四川、湖南、安徽等人口密度较大的地区拆解企业分布也较为密集；而西部地区由于人口密度低、经济相对落后，每年报废的废弃电器电子产品数量少，拆解企业分布稀疏。

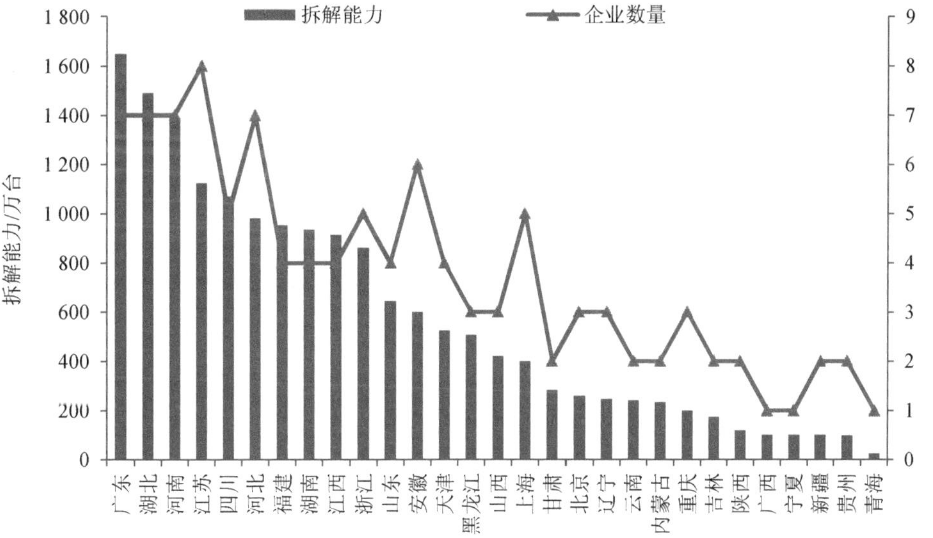

图 1　109 家企业拆解能力地域分布

二、调研情况与分析

（一）废弃电器电子产品基金补贴制度实施情况

2011 年我国建立了废弃电器电子产品基金补贴制度，对废电器处理产业的快速发展、废电器规范化处理数量的大幅提升起到了至关重要的作用，有效缓解了电子废物环境污染隐患。从 2012 年基金补贴制度开始实施起至 2016 年年底，废电器处理企业已拆解处理废电器超过 2.7 亿台。废电器处理行业逐步向规范化、集中化、产业化发展。联合国大学相关研究数据[①]表明，2012—2016 年我国电子废物规范回收率已经超过日本和美国，仅低于欧盟，使得废电器电子产品处理的城市矿山资源效益初显。据测算，2012—2015 年拆解产物的价值达到 90 亿元左右；若考虑对电路板进行深加工，提取稀贵金属价值，2012—2015 年拆解产物总价值可达 110 亿元左右。

我国的废弃电器电子产品基金补贴制度在实施过程中也存在突出问题：①行业出现诚信危机，威胁基金使用安全。据了解，受高额补贴资金的利益驱动，废电器处理企业采用虚报、伪造、冒领等方式，不符合申领补贴条件而被扣减基金补贴申报数量的情况时有发生，甚至存在部分处理企业以拆解仿制废电器来骗取基金补贴，极大地增加了环保管理人员的核查难度，同时造成管理成本的提升。②基金收支严重失衡，影响制度运行。废电器处理基金从 2014 年下半年开始出现收支失衡，基金制度运行受到影响。这可能与基金补贴制度实施前各处理企业大量囤积电子废物，导致全国电子废物总报废量预估不足有关系。征收基金远不够覆盖拆解补贴基金。2016 年 1 月财政部、环境保护部、国家发展和改革委员会、工业和信息化部四部委联合发布新版废弃电器电子产品处理基金补贴标准，对我国的基金补贴制度进行一次动态调整，比之前统一的补贴标准更为合理。但此次调整中并未涉及电器电子产品生产者征收基金的产品范围和征收标准。截至 2018 年 3 月，财政部仅发放了截至 2015 年第三季度的部分废电器基金补贴。③产业发展不健全，影响基金制度成效。基金补贴在很大程度上有利于废电器进入处理企业进行拆解处理，但是由于基金补贴发放滞后，导致废电器处理企业没有足够流动资金与非正规的处理企业进行竞争。据处理企业反映，从 2017 年开始，一些城市边缘地区的非法处理小作坊有死灰复燃的迹象。

（二）多渠道回收的建设与发展

目前，我国废弃电器电子产品回收已经出现了多种新型的创新回收模式，每个回收模式都具有自身的特性和优劣势。从回收渠道来看，主要有三种：个体回收、规模型回收公司回收（包括生产厂家、销售厂家、处理企业自建渠道）和新兴的“互联网+”回收模式。可以说中国废弃电器电子产品回收环节已经实现了市场化，但是个体商贩和回收公司占据了绝对的主流。“爱回收”等品牌近几年兴起的网络回收模式多用于手机、笔记本电脑等小型电子废物回收，其所占比例相对较少，对大型家电的回收市场影响不

① 联合国大学报告 *Global E-waste Monitor* 2017。

大。以“百度回收站”为代表的处理企业自建渠道回收模式，因运输成本等原因，回收覆盖面较为有限。

从废弃电器电子产品处理企业的原料来源来看，目前回收渠道主要有以下三种：市场采购、政府机关企事业单位定向交投和自建回收网络。以常州翔宇公司为例，企业的回收模式主要来自企事业单位交投回收、定点门店回收、社会渠道回收、“400”电话回收，其回收实施效果见表1。

表1 企业自主回收实施效果分析

回收模式	实施效果	影响因素
企事业单位交投回收	该回收模式运营情况良好，废弃电器电子产品来源稳定，影响范围覆盖苏州、无锡、常州行政事业单位	企业信誉直接影响行政事业单位是否愿意将本单位报废的电子电器产品交由公司来处理
定点门店回收	社区内居民使用方便快捷，还可以为“400”电话回收、网络回收提供物流渠道等服务	由于需要租赁门店，因此回收成本较高
“400”电话回收	因其使用便利简单，老年人对“400”电话回收的接受程度较高，目前是公司占比份额最大的线上回收途径，尤其是通过广播电视报纸等宣传后，本地广大居民在遇到废旧电器报废时经常会拨打热线电话，此外，除传统的“四机一脑”外，公司还在“400”电话回收中经常接到其他废旧家电等的回收询问	居民对废弃产品的估价经常与企业估价有所区别，人工成本较高

2014—2017年企业回收及拆解废弃电器电子产品情况见表2。从表中可以明显看出由于近两年行业形势不好，企业经营压力明显增大，公司每年的回收量和拆解量均有所下降。据了解，主要原因是废弃电器电子产品补贴基金发放滞后，导致企业资金周转困难，无法投入更多的精力去建立更多的回收模式，扩大回收体系。

表2 2014—2017年企业回收及拆解废弃电器电子产品情况

年份	回收量/万台（套）	拆解量/万台（套）	拆解量/回收量/%
2014	84.14	83.31	99.01
2015	57.29	58.86	102.74
2016	37.52	36.43	97.09
2017	24.70	25.40	102.83

（三）废弃电器电子产品拆解污染防治措施

随着我国生态环境要求日趋严格，对基金补贴审核的管理水平逐步提升，对从事废弃电器电子产品处理企业的许可条件也在不断加强，这其中就包括了需要具备完善的废弃电器电子产品处理设施、具有与所处理废弃电器电子产品相适应的分拣、包装及其他设备、具有健全的环境管理制度和措施以及具备的专业技术人员。各企业多以废弃电器电子产品的种类建设起不同的大型机械化生产线，并结合部分人工拆解与分拣，如图 2～图 5 所示。

图 2　精细化电视机、电脑拆解线

图 3　低尘低噪声 CRT 切屏线

图 4　多功能洗衣机、空调拆解线

图 5　密闭负压电冰箱拆解线

废弃电器电子产品及其组件种类繁多，各种产物如含多溴联苯醚（PBDEs）等溴代阻燃剂的塑料、制冷剂、重金属等有毒有害物质经拆解、分拣的严格管控后，按照规定进入有资质的单位进行末端处置。在《废弃电器电子产品拆解处理情况审核工作指南

（2015 年版）》中，对电子废物拆解的关键产物和其他污染物流向提出了明确要求。以常州翔宇公司为例，每年拆解大量的废弃电器电子产品，拆解产生的主要产品及流向如表 3 所示。另外在废弃电器电子产品拆解过程中，需要用除尘器对生产过程中产生的废气进行处理，此过程中会产生次生危险废物（如废活性炭），翔宇公司委托北控安耐得环保科技发展常州有限公司处理。

表 3　主要拆解产物及流向

主要拆解产物	主要来源	流向
塑料	废旧家电外壳	销售给塑料加工企业
金属	废旧家电的边框支架、散热器、电动机等	销售给再生金属加工企业
普通玻璃	电冰箱支板	销售给玻璃品制造公司
锥玻璃	CRT 电视机	交由天津仁新玻璃材料有限公司（危险废物经营许可证编号：TJHW020）
矿物油	电冰箱压缩机、空调压缩机	交由常州市锦云工业废弃物处理有限公司（危险废物经营许可证编号：JSCZ0411OOD009-1）或常州市风华环保有限公司（危险废物经营许可证编号：JSCZ0404OOD020-1）
荧光粉	CRT 电视机、电脑	交由常州市工业固体废弃物安全填埋场（危险废物经营许可证编号：JS0412OOL471-3）
背光灯管	液晶电脑	交由宜兴市苏南固废处理有限公司（危险废物经营许可证编号：JS0282OOD544）
废线路板	电视机、电冰箱、洗衣机、空调和电脑	公司危险废物经营许可证未过期时是由该公司自行利用处置的，目前是委托给临汾市久环环保科技开发有限公司（危险废物经营许可证编号：HW1410020030）
制冷剂	电冰箱、空调	苏州同和资源综合利用有限公司（危险废物经营许可证编号：JS0500OOD009-7）

（四）废弃印制电路板深加工处置污染防治困境

废弃印制电路板是电子废物拆解的关键产物之一，虽然只占电子废物总重量的 3.1%，但是其中含有大量贵金属，如金、银、钯等，通过再生利用获得废弃电器电子产品中的资源是各处理企业提高拆解产物残值的方法之一。然而在处理电路板时添加的强酸类物质，处理中的粉尘与二噁英等污染物对周边场地的环境和人群的健康产生不利影响。我国的拆解补贴基金不包括处理废线路板，所以在目前环境下，由于资金压力直接降低了处理企业对废线路板处理新技术开发的积极性。2016 年 8 月《国家危险废物名录》调整并实施后，将线路板上所有的元器件归为危险废物，导致废家电处理企业因找不到有资质的带元器件线路板的处理企业，将线路板与元器件囤积在工厂里形成隐患。

三、完善我国废弃电器电子产品管理的工作建议

根据以上分析结果，提出以下建议：

（1）配合财政部等相关部门完善基金制度。废弃电器电子产品基金补贴标准的测算需要科学的测算方法，在保障基金有盈余的前提下，合理确定废电器处理基金征收标准，建立补贴基金动态调整机制，不断研究完善基金征收补贴标准和废电器目录，缩短补贴资金发放周期，使得正规的拆解企业有资金进入电子废物行业去获得报废的电器电子产品。

（2）加快制定废弃电器电子产品回收效果评价指标体系，建立评价激励机制。由政府主管部门出台相关政策支持和鼓励处理企业与相关电器电子产品生产企业、销售商以及废弃电器电子产品回收经营者等进行回收处理合作。此外，加强社区和消费者在回收过程中的责任和义务，协同推行垃圾分类的回收责任，不仅有利于废弃电器电子产品回收渠道的源头建设，也将废弃电器电子产品回收融入社区服务中，可大大降低回收成本，促进绿色回收。

（3）强化废电器处理企业基金补贴审核和综合评估工作，完善信息化平台助力审核工作，规范第三方审核。同时加强对废弃电器电子产品处理企业场地环境质量监控，引入奖惩和退出机制，对不规范拆解、骗补行为的企业进行严惩，甚至取消其经营资格，规范我国电子废物拆解行业，促进守法企业自觉提升自我能力与竞争能力。

（4）推广废弃电器电子产品污染控制技术的最佳可行技术和最佳环境实践的示范，利用示范项目取得的经验及成果的应用，鼓励处理企业加强废弃电器电子产品循环利用产业的规模化，加快拆解产物深加工工艺技术的研发，带动废弃电器电子产品处理行业的发展。

（5）加强环保宣传，提高居民环保履约意识。每个人都离不开电器电子产品的使用，废弃电器电子产品的回收涉及各行各业和千家万户，鼓励处理企业加大宣传力度，组织青少年等人群进入企业，了解废弃电器电子产品拆解处置过程，进一步引导全社会的力量积极参与，形成节约型社会。

共建绿色"一带一路"背景下的澜沧江—湄公河环境合作调研报告

宋小智　李永红　王迎　张洁清　李霞　温竹青　唐华清　闫峰　汉春伟
（生态环境部国际合作司）

为推进"一带一路"重点区域合作，2018 年 1—3 月，环境保护部国际合作司联合环境保护部对外合作与交流中心组成联合调研组，采取座谈、走访、实地考察、组织国际研讨会和举行双边会谈等形式，了解区域、国家和地方三个层面推动或参与澜沧江—湄公河环境合作、落实《"一带一路"生态环境保护合作规划》的现状及问题、经验与挑战。调研涉及相关部委和云南省及西双版纳傣族自治州生态环境保护部门、企事业单位和社会组织等十余家对象。在综合分析调研所获信息的基础上，提出进一步推进澜沧江—湄公河次区域环境合作的五点建议。

一、背景

自 2008 年全球金融危机爆发以来，世界经济进入一个以长期低速增长为主要特征的"新平庸"（New Mediocre）时代，迫切需要新的增长动力。在此背景下，2013 年秋，习近平主席在哈萨克斯坦和印度尼西亚分别提出共建丝绸之路经济带和 21 世纪海上丝绸之路，即"一带一路"倡议，以"和平、合作、发展、共赢"为核心理念；以"政策相通、设施联通、贸易畅通、资金融通、民心相通"为主要内容；积极发展与沿线国家的经济合作伙伴关系，共同打造"政治互信、经济融合、文化包容"的利益共同体、命运共同体和责任共同体，建成"和平之路、繁荣之路、开放之路、创新之路和文明之路"。

澜沧江—湄公河流域地处"一带"和"一路"交叉地带的"中国—中南半岛经济走廊"，也是中国与东盟合作的跨国经济走廊。2014 年 11 月，李克强总理在第 17 次中国—东盟领导人会议上倡议建立澜沧江—湄公河合作机制，得到湄公河沿岸各国的积极响应。2015 年 3 月，国家发展改革委、外交部、商务部联合发布《推动共建丝绸之路经济带和 21 世纪海上丝绸之路的愿景与行动》。同年 11 月，澜沧江—湄公河合作首次外长会议在云南景洪正式宣布建立澜沧江—湄公河合作机制（以下简称澜湄合作机制）。2016 年 3 月，李克强总理在“澜湄合作”首次领导人会议上提出“中方愿与湄公河国家共同设立澜沧江—湄公河环境合作中心”的倡议。2017 年 5 月，习近平主席在“一带一路”国际合作高峰论坛主旨发言中提出设立生态环保大数据服务平台，倡议建立“一带一路”绿色发展国际联盟。同年 12 月，“澜湄合作”第二次领导人会议发布了《澜沧江—湄公河合作五年行动计划（2018－2022）》，正式提出“推进澜沧江—湄公河环境合作中心建设，制定《澜沧江—湄公河环境合作战略》，实施‘绿色澜湄计划’”。作为以我国主导的新型次区域合作机制，澜湄合作机制发挥了“推土机”作用，正在成为落实“一带一路”倡议的次区域合作典范。持续推动澜湄环境合作成为生态环境部落实《“一带一路”生态环境保护合作规划》和《关于推进绿色“一带一路”建设的指导意见》的重要抓手和切入点。按照部党组部署并在部领导推动下，澜湄环境合作以推进绿色“一带一路”建设的支撑、服务和保障定位，推动生态文明和绿色发展理念、环保政策法规和技术标准、环保产业和咨询服务“走出去”。

二、澜湄经贸合作概况

澜沧江—湄公河发源于我国的青藏高原唐古拉山脉，干流全长约 4 880 千米，我国境内称澜沧江，长约 2 130 千米（含中缅界河 31 千米），流经我国的青海省、西藏自治区和云南省；在云南省南腊口出境后称湄公河，流经缅甸、老挝、泰国、柬埔寨和越南，在越南胡志明市注入南海。澜沧江—湄公河是亚洲唯一连接六国的国际河流，被誉为“东方多瑙河”。

澜沧江—湄公河流域面积 79.5 万千米^2，其中澜沧江流域面积 16.4 万千米^2。中、缅、老、泰、柬、越六国人民依河而居，流域总人口约 3.26 亿，近年来经济增速率年均近 7%，是亚洲乃至全球最具发展潜力的地区之一。由于历史原因，湄公河次区域发展起步较晚，经济水平落后于周边其他国家和地区，人均 GDP 只有 2 800 多美元，工业化、信息化和农业现代化水平较低。为尽快缩小发展差距，湄公河沿岸各国都将发展作为第一要务，积极参与区域合作，改善国内投资环境，吸引外来投资，大力开发基础设施建设。澜湄合作机制正式启动以来，六国开展了 20 余个大型基础设施和工业化项目，实施了上百个惠及民生的中小型合作项目。昆曼公路全线贯通，中老铁路、中泰铁路相继开工，老挝南欧江流域梯级水电站项目一期投产发电，柬埔寨暹粒新机场开工在即，澜沧江—湄公河航道二期整治工程启动实施。2017 年，我国同其他湄公河沿岸五国贸易额超过 2 200 亿美元，同比增长 16%，人员往来 3 000 万人次；我国累计对五国投资超过 420 亿美元，

2017 年投资额比上年增长 20%以上；累计签署承包工程合同总额超过 1 400 亿美元。

图 1　澜沧江景洪段（王迎摄于 2018 年 3 月 20 日）

三、澜湄环境合作现状及问题

澜沧江—湄公河流域水资源丰富，是全球生物多样性最丰富的地区之一。随着工业化、城镇化的加速，域内国家都面临水土流失、农村面源污染、航道水运污染、梯级电站开发环境影响、固体废物处理、生物多样性丧失、气候变化等诸多环境挑战。

（一）环境合作亟待主流化，资金来源单一且不稳定

自 2017 年 11 月 28 日澜沧江—湄公河环境合作中心在北京正式挂牌成立以来，生态环境部依托该中心开展了一系列能力建设、研讨班和环保产业对话交流等活动，为澜湄合作机制注入了新鲜动力。但是，尽管环境部门之间合作意愿强烈，环境合作并非澜湄合作的优先领域。环境合作与其他优先领域项目彼此孤立，对本区域如火如荼的基础设施和产能合作影响力有限，不能为推进绿色“一带一路”建设提供有力保障、支撑和服务。具体表现为澜湄六国提出的 78 个早期收获项目中，柬埔寨申请的水质监测项目与老挝申请的工业废气控制项目在中方拨付资金后至今没有进展；出于对湄公河的水电开发及生态流量的考虑，湄公河国家其实更关注水量而不是水质。为推动澜湄环境合作打开局面，澜湄环境合作专项基金（5 年 3 亿美元，支持中小型项目）已经拨付大半（其中环境保护部 2017 年获批 1 111 万元人民币用于实施“绿色澜湄计划”），随着六国申请单位日益增多，澜湄环境合作倾向务实合作，环境合作获批机会和金额存在不确定性。

（二）“走出去”企业面临项目适用环保标准不完善和缺乏正规沟通渠道问题

据华能澜沧江水电有限公司介绍，湄公河沿岸国家的环保标准不是缺失就是比国内标准低，或者直接适用国际标准，环境管理部门能力弱，增加了工作沟通成本，造成项目筹备和工期拖延。例如，缅甸采用欧盟或世界银行等的国际标准，但缅甸相关部门对这些标准并不完全了解，通常一个项目环评需要两年时间完成。企业遇到环境风险时，一般通过其当地合作伙伴直接找所在国环境部长协调。云南交投集团称其在承接湄公河下游河道整治工程中因与泰国当地职能部门沟通不顺，工程进展缓慢。

（三）云南及其边境地区参与澜湄环境合作地缘重要，基础好，但基层人力与资金不足

云南地处我国与南亚、东南亚的接合部，在澜湄环境合作中具有独特区位优势。习近平总书记考察云南时指出，云南要建设成面向南亚、东南亚的辐射中心。云南省生态环境厅和西双版纳傣族自治州生态环境局一直积极支持并参与生态环境部牵头的澜湄环境合作，并希望生态环境部同意设立澜湄环境合作云南中心和西双版纳跨境环境合作示范区（点），以推动地方相关工作。

1. 云南省生态环境厅具备承接澜沧江—湄公河环境合作云南中心的条件

云南省生态环境厅设有对外交流合作处（6 人），负责环境保护国际交流与合作的监督管理等工作；直属事业单位云南省环境保护对外合作中心（编制 10 人），负责环境保护国际合作与交流项目的前期准备、组织实施、监督管理和指导等工作。云南省生态环境厅先后组织实施了世界银行、亚洲开发银行、全球环境基金等多个国际合作项目。自 2006 年开始全面参与大湄公河次区域经济合作（GMS）框架下的环境合作，组织实施了亚洲开发银行援助“大湄公河次区域生物多样性保护廊道建设云南示范项目（一期、二期）”。2015 年，云南省生态环境厅与老挝南塔省、琅勃拉邦省自然资源与环境厅签署《环境保护合作备忘录》；组织直属单位、西双版纳傣族自治州生态环境局与老挝南塔省自然资源与环境厅共同实施了“中国云南省—老挝南塔省环境保护交流合作技术援助项目（2016—2017）”，向老挝援助 200 多万元人民币。目前，正在组织实施全球环境基金“中国生活垃圾综合环境管理项目昆明示范项目”和“建立遗传资源及其相关传统知识获取与惠益分享国家框架项目云南试点示范项目”。云南省生态环境厅开展国际合作经验丰富，并拥有开展国际合作的专业团队，具备承接澜沧江—湄公河环境合作云南中心建设的基础和能力。

2. 中老跨境生态环境风险压力大，西双版纳傣族自治州环保部门人力有限、资金不足

西双版纳傣族自治州（以下简称版纳州）与老挝、缅甸接壤，毗邻泰国、越南，与湄公河沿岸国家地理、人文、宗教、民族相似。勐海县、景洪市与缅北（地方武装控制区）接壤，勐腊县与老挝接壤。中缅边境自2009年以来交往不顺畅，中老边境交往较好。景洪市、勐海县、勐腊县均被列入国家扶贫开发工作重点市县，享受中央重点生态功能区转移支付政策。勐腊县的中老边境磨憨是中老铁路的北起点，也是建设中的中老磨憨—磨丁经济合作区所在地。

版纳州坚持“保护生态环境、发展生态经济、弘扬生态文化、建设生态文明”的发展思路，全力推动生态建设及环境保护，2017年获环境保护部首批“国家生态文明建设示范州”命名授牌。版纳州经济结构以第一和第三产业为主，第二产业占比较小，主要有5家糖厂、50余家橡胶厂和3家水泥厂，除由于橡胶厂排放而可能存在的少量可降解的有机物质外，第二产业对生态环境影响相对较弱。版纳州重要的经济作物香蕉林和橡胶林相对于天然植被具有较弱的保水固土功能，且耗水量大，导致了一定程度的水土流失。虽然基于市场对绿色食品的需求，目前经济作物基本不施用农药、化肥，然而，过去几年农业化学品使用导致的土地污染及河流污染仍然对澜沧江水质存在一定威胁。

版纳州作为澜沧江最后的出境地区，面临跨境河流水环境保护风险，存在水土流失、工业和生活水污染、农村面源污染、航道水运污染等环境风险。版纳州跨境环境应急能力较为薄弱，难以达到未来跨界河流环境管理不断上升的需求，同时也缺少应急监测、监察和管理设备，人员配置不足，对跨界河流应急措施针对性不强。

版纳州生态环境局设有办公室、生态科、污防科等5个科室，共有在编人员116人；全州环境执法人员31人，环境监测人员31人。目前组建成立的监测站共有国家环境监测二级站1家，三级站3家，正常开展监测工作的两家，即版纳州环境监测站和景洪市环境监测站，勐腊县及勐海县环境监测站未能正常开展监测工作。州内澜沧江主干流上共有3个监测断面，8条支流上共有9个监测断面。版纳州环境监测站通过资质认定的项目共96个，其中水和废水（含大气降水）49个，环境空气和废气（含室内空气）20个，土壤、水系沉积物、固体废物17个，生物4个，噪声6个。国家环境保护总局于2003年在版纳州澜沧江干流上建设了澜沧江西双版纳橄榄坝水质自动站，并委托版纳州环境监测站托管，负责自动站的日常运行维护工作。该站监测项目为总有机碳、pH、溶解氧、浊度、电导率、氨氮、大肠杆菌总数、耐热大肠杆菌、大肠埃希氏菌、水温、高锰酸钾指数。监测数据通过VPN方式传送到托管站、省级环境监测中心及中国环境监测总站，并实现每周一报。

版纳州先后完成“澜沧江—湄公河六国外长会议”“中国云南—老挝北部合作工作组第八次会议”等重要会议的接待工作，具备一定的大型外事活动接待经验和能力。2007年以来，版纳州环保局先后协助云南省环保厅实施完成了“大湄公河次区域（GMS）核心环境项目（CEP），生物多样性廊道保护行动计划，西双版纳生物多样性保护廊道建设一期、一期增资、二期示范项目”和“西双版纳州中国—老挝跨境生物多样性保护合作政策研究与评估项目”等多个国际合作项目，正在积极推进实施“全球环境基金建立和实施遗传资源及其相关传统知识获取与惠益分享的国家框架项目——云南西双版纳试点示范项目”。版纳州生态环境局开展国际合作的方式是抽调局办公室、生态科等工作人员组成项目办公室，协调和发挥州内各有关部门和中国科学院西双版纳热带植物园等科研单位优势共同参与实施各个项目。基层同志反映，“放管服”后基层工作压力增大，开展国际合作有些力不从心，资金唯一来源是云南省生态环境厅下达的项目资金，非常有限。

3. 中老跨境生物多样性保护合作成效显著

中老边境区域有着丰富的珍稀野生动植物，有良好的热带自然环境、热带森林等自然资源。与此同时，捕猎珍稀动物、破坏生态环境、砍伐原始森林等问题层出不穷。自2006年起，中国与老挝在跨境生物多样性保护领域逐步开展深入合作，经过8年的努力，中老边境构建起地跨云南省版纳州和老挝北部三省的联合保护区域，长约220千米，东西宽约5千米，总面积约21万公顷，标志着4个中老边境联合生物多样性保护区（中国尚勇—老挝南木哈、中国勐腊—老挝风沙里、中国磨憨—老挝磨丁、中国勐腊—老挝乌渡姆塞）绿色生态廊道全线贯通，为栖息于该区域的亚洲象、印支虎、绿孔雀等珍稀濒危动植物提供了安全生态栖息地。通过建立中老联合保护管理年会和边民交流互访机制，开展项目工作人员能力建设（技能培训）、村寨社会经济情况调查、生物多样性本底调查、联合监测巡护、项目宣传推广以及举办边民保护意识提高培训班等七个方面的中老合作，促进了联合保护区域双方的管理能力，对共建绿色“一带一路”具有重要示范意义。

（四）澜沧江—湄公河次区域环保社会组织活跃，基础设施项目面临较大的环境社会风险

澜湄次区域社会组织（非政府组织，NGO）活跃，仅缅甸估计有1 000多个NGO在活动。NGO屡以存在生态环境风险为由叫停已开工建设基础设施项目或阻挠新的基础设施项目立项。随着澜湄合作机制的迅速推进，域外团体也通过在域内建立新的合作机制或开展项目活动制衡澜湄合作机制。由此可见，澜湄区域的基础设施建设项目会面

临更多的来自 NGO 的压力，如环保措施不到位，则可能面临较大的社会环境风险。澜湄环境合作机制的进程也会不断受到域外团体的影响。

（五）我国对绿色“一带一路”良好实践的正面宣传少而分散、缺少集中展示平台

调研发现，我国的基础设施项目规划与建设有不少符合生态文明理念的良好实践。以水电开发为例，根据国内现有的针对澜沧江水电梯级开发的环境影响评价，我国澜沧江—湄公河水电梯级电站建成后，下泄流量与天然情况相比，年内水量汛期减少枯期增加，总体上年均减少不到 0.5%，有利于提高湄公河沿岸引水灌溉工程运行效率和湄公河梯级水电工程发电量，并改善通航条件。为避免水电站阻隔鱼类洄游等不利影响，我国取消了规划中的勐松梯级电站，削减了相关阻隔影响。农业农村部也连续多年在景洪实施土著鱼苗增殖放流活动，惠及湄公河国家。2016 年，我国政府克服自身困难，通过景洪水电站对下游实施应急补水，缓解下游湄公河沿岸国家的旱情并提供生态用水。此外，为避免电站日调峰导致的日内水位大幅波动对下游鱼类和航运造成影响，景洪电站下游 20 千米之外规划了反调节作用的橄榄坝梯级。据版纳州生态环境局的同志介绍，景洪水电站建成后，澜沧江景洪段水质变清，基本能维持Ⅱ类水质标准。景洪当地政府希望橄榄坝梯级尽早建成，可利用其“回水”功能为景洪规划的城市湿地供水。在已建成的梯级电站中生态环境部在澜沧江水电开发过程中，功果桥电站、小湾电站、糯扎渡等电站因重视水生态修复及景观重建荣获国家水土保持生态文明工程（水利部）、“中国美丽电厂”称号。云南交投集团在项目前期设计阶段对公路沿线稀有动植物、生态状况、环境敏感点等进行调查并制定成套措施，降低公路建设环境风险。华能开展柬埔寨装机容量最大水电站桑河二级水电站建设项目，修建寺庙、水井等民生设施妥善安置移民。

我国政府和企业践行生态文明理念的上述实践偶见报端，信息分散、形象单薄，暂无集中展示平台，宣传效果有限。

四、关于推动澜沧江—湄公河环境合作，打造绿色“一带一路”次区域合作典范的建议

党的十九大指出，各国人民应同心协力，构建人类命运共同体，建设清洁美丽的世界。我们将团结在以习近平同志为核心的党中央周围，在新组建的生态环境部党组带领下，以党的十九大精神为指引，打造澜湄次区域环境合作新模式，着力推动生态环境保护对“一带一路”建设的保障、支撑和服务功能。为此提出以下几点建议。

（一）建立澜湄合作环境工作组，将生态环保内容融入五大优先合作领域决策过程

2018 年 1 月 10 日，澜湄合作第二次领导人会议将澜湄合作升级为“3+5+X 合作框架”，即以政治安全、经济和可持续发展、社会人文为三大支柱，优先在互联互通、产能、跨境经济、水资源、农业和减贫领域开展合作之外，进一步拓展合作领域。考虑到生态环境部推动澜湄环境合作中心、澜湄环境合作云南中心先后启动运作、六国基本就《澜湄环境合作战略》达成一致，为确保“绿色澜湄计划”顺利实施，实现环境政策在澜湄合作进程中的主流化，建议倡议六国成立澜湄合作环境工作组或论坛，以此强化环境合作机制，提升影响力、争取澜湄合作基金优先资助和其他财政资金支持，推动澜湄环境合作成为建设绿色“一带一路”的典范。

（二）通过培训与联合研究，帮助湄公河国家完善其环境法律法规标准体系

根据环境管理的属地原则，“走出去”企业适用当地污染物排放标准合乎法理。建议兼顾湄公河下游国家当地环境容量、企业成本利润，以及未来我国环保标准和技术“走出去”的多重考虑，通过组织培训和开展联合研究，帮助项目所在国逐步完善环境法律法规标准体系，增强项目所在地的法律确定性，推动我国环境法律法规标准、环保产业和工程设备“走出去”。

（三）加强对云南省参与澜湄环境合作的指导，支持版纳州开展跨境生态环境合作示范区试点

云南边境地区长期肩负扶贫、维护边疆稳定和维护国家生态安全的重任。为化解边境地区潜在的生态环境压力，实现边境环境合作与扶贫开发的协同效应，建议澜湄环境合作中心与澜湄环境合作云南中心加大对云南省版纳州的支持力度，积极开展中老边境地区农村环境综合整治合作示范，形成区域、国家和地方多层次合作基础，探索建立“中老跨境生态文明试验区”的可行性，在能力建设、政策主流化、可持续基础设施建设等具体领域，以及跨部门合作机制等方面不断探索“澜沧江—湄公河环境合作”的创新模式，树立边疆少数民族地区建设生态文明、推进绿色“一带一路”建设的地方典范。

（四）支持环保社会组织参与澜湄环境合作，充当民间沟通桥梁

建议有针对性地鼓励国内环保社会组织积极参与澜湄环境合作，在澜湄次区域这块“一带一路”的前沿阵地，发挥争取民心、专业支持、调解纠纷、服务企业等独特优势，充当中资企业与项目所在地 NGO 和民众的沟通桥梁，并在此过程中锻炼提高自身国际化水平，助力绿色“一带一路”建设。

（五）加大正面宣传、集中展示共建绿色“一带一路”良好实践和案例，表彰优秀企业

针对当前湄公河沿岸国家对我国投资或承建大型工程仍持疑虑或观望态度，建议充分利用即将成立的“一带一路”绿色发展国际联盟等平台，加大正面形象塑造和宣传，集中展示我国践行生态文明理念、建设绿色“一带一路”的中国故事，表彰良好环境行为实践，减少湄公河国家疑虑，为在推进绿色“一带一路”建设中表现优秀的企业设立绿色丝绸之路（企业实践）奖。

以设施开放为载体，探索化解“邻避”困境的生态环境社会治理之路

——关于中央文明委重点工作项目基层联系点的调研报告

连斌　杨小玲　刘海东　侯冠羽
（生态环境部宣传教育司）

2020年7月，经中央文明委批准，光大环保能源（常州）有限公司（以下简称常州光大）被确定为首批中央文明委重点工作项目基层联系点。为加强对基层联系点的联系指导，2020年9月16—18日，生态环境部宣传教育司会同中央文明办秘书局赴常州光大展开调研，与光大环境、常州光大及江苏省、常州市、武进区遥观镇相关部门负责同志座谈交流，深入了解基层联系点通过环保设施向公众开放工作促进群众性精神文明建设的特色做法和工作成效，共同研究推进基层联系点建设相关工作。现将有关情况汇总如下。

一、基层联系点设立背景与概况

近年来，我国进入“邻避”事件易发多发期，尤以生活垃圾焚烧发电领域的“邻避”问题最为突出。因应对不力、处置不当等导致的“邻避”事件呈高发态势，“一建就闹”“一闹就停”所引发的恶性连锁反应和示范效应，加剧了“邻避”项目的“污名化”程度，对社会和谐稳定和产业健康发展造成严重不良影响。“邻避”问题的产生，往往源于一些群体的环境权益受到不平等对待，发酵于公众参与不足、科学认知不够，这归根结底属于一种社会问题。在社会主要矛盾发生转化的大背景下，社会利益格局深刻调整、公众权利意识不断增强、利益诉求日益多元，单纯依赖行政管理或经济调节来化解“邻避”困局的老路越走越窄，创新探索多方共治、全民行动的社会治理新路，成为化解“邻避”困局，推动构建现代生态环境治理体系的必然选择。

环境保护部自2017年起联合住房和城乡建设部在全国范围推动城市生活垃圾处理设施等四类设施向公众开放，促进公众参与和社会监督，成为探索和践行基层生态环境

社会治理理念的有效载体。通过设施开放，不仅能够提升公众生态环境保护意识和科学认知，有利于化解潜在“邻避”风险；同时有利于打造习近平新时代中国特色社会主义思想特别是习近平生态文明思想的宣传阵地，切实推进习近平生态文明思想在基层群众心中落地生根。截至 2020 年上半年，全国环保设施开放单位已达到 1 239 家，覆盖了全国 70%的地级及以上城市，累计参访公众达 8 500 万人次。设施开放工作取得良好成效。

常州光大是众多设施开放单位其中之一，采用 BOT 模式投资、建设与运营，是国家 AAA 级生活垃圾焚烧厂，日处理生活垃圾 800 吨，年发电量约 1 亿千瓦·时。项目于 2007 年开工建设，2008 年投入商业运行。作为地处城镇中心、距离居民区最近（最小距离仅为 200 米）的垃圾焚烧发电项目，常州光大多年来采取了一系列有效举措化解“邻避”问题，并在“邻避”设施“污名化”形象未根本改观、风险形势依然严峻的现阶段，敢于“打破”围墙，拥抱群众，为实现共治、共建、共享的基层环境社会治理提供鲜活的经验案例。中共中央办公厅、国务院办公厅印发的《关于构建现代环境治理体系的指导意见》，明确提出“构建党委领导、政府主导、企业主体、社会组织和公众共同参与”的现代环境治理体系，健全环境治理全民行动体系。常州光大基层联系点为打通顶层设计与“最后一公里”的联系进行了有益探索和生动实践，对其他“邻避”项目具有重要的借鉴与参考价值。2019 年 7 月，常州光大垃圾焚烧项目入选了中共中央组织部《贯彻落实习近平新时代中国特色社会主义思想在改革发展稳定中攻坚克难案例》。

二、主要工作和特色亮点

常州光大自建成投产以来，努力承担起企业社会责任与担当，践行习近平生态文明思想，被当地镇政府高度评价为经济效益与社会效益“双叠加”的好项目、生态文明与精神文明“双彰显”的好典范、高质量发展和美丽中国建设“双促进”的好起点。其主要工作和特点亮点如下。

（一）强化社会监督，构建政府、企业、群众共建共治格局

加强生态环境社会共治，体现在汇集各方力量参与到帮扶与监督中来。常州市政府在 2006 年常州光大筹建之初，面对当地群众的担心和质疑，组织当地群众前往上海、苏州、宜兴等地，参观标杆性垃圾焚烧发电厂的规范运营，颠覆人们对垃圾焚烧发电项目“脏乱差”的传统认识，减少人们对垃圾焚烧发电项目的抵触心理，推动了项目的顺利落地。

项目建成以来，常州市政府各相关部门、当地镇党委和政府与常州光大建立了联系

和沟通机制，搭建维稳联系平台，及时掌握企业信息，传达最新政策，帮助协调解决企业困难。生态环境部门将常州光大烟气实时排放数据与生态环境部门联网，加强排放监管。常州市城市管理局全过程监管设施运营情况，加强对运输车辆监管和周边运输道路的保洁工作，消除垃圾运输过程中可能产生的环境影响。常州光大还与周边村委和社区建立定期沟通联系和参观座谈机制，主动与周边居民交流沟通，共同商议解决问题，有效消除群众对项目运营管理的担忧和不信任。

（二）打造“城市客厅”，推动社会共享治理与发展成果

2019 年，常州光大投资 1.4 亿元启动提标改造工程，成为国内首座无围墙、全开放、花园式的“邻利型”垃圾焚烧发电厂。拆除厂区围墙，增设厂区开放式街心花园、篮球场、健身广场、儿童游乐场等大量便民惠民设施，优化美化周边环境，为周边居民提供休闲娱乐、休憩新去处。将“拆除围墙”上升到“拆除心墙”，进一步消除人们心中的隔阂和不安，使企业渐渐融入社区，成为人们日常生活的一部分，曾经“闲人免进”的环保封闭场所变成群众家门前的“城市客厅”。

此外，常州光大利用工作日、周末时间深入社区、学校开展志愿服务活动，走进困难居民家中送温暖、走进社区送清凉、为自闭症儿童与孤独老人表演节目送爱心、向居民宣传文明小知识等，成为周边社区居民的好邻居、好伙伴。

（三）培育生态文化，涵养生态文明思想

常州光大依托垃圾焚烧设施，不断研发推广环境文化产品与活动。增设“秋白书苑”，总面积约 1 000 米^2，藏书量约 3 万余册，与常州市图书馆借阅系统互联互通；开设了习近平总书记重要论著、生态文明图书等专区，针对成人、少儿、幼童设有专门阅读区域，得到了政府和群众的一致好评，已累计服务人数超过 2 万人，成为远近闻名的“网红”打卡点。文明办和周边社区也充分利用常州光大舒心便利的场地，开展道德讲堂、政策宣讲、技能培训等文明实践活动，发挥项目在精神文明建设领域的阵地作用。

常州光大设计制作全景导览图等各类标识牌，将工厂风貌、生态环保知识、工厂生产过程等展现给公众，提供纪念币、文化衫等特色环保纪念品；组织开展“跟着垃圾去旅行”等一系列环保科普主题实践活动，打造环保旅游、研学旅游活动，开通亲子游路线，前来参观的公众人数逐年增加。2016 年，常州光大被评为江苏省工业旅游示范点，成为常州市一张亮丽的城市旅游名片。

（四）加强教育宣传，提升公民环保素养

常州光大依托设施开放工作，传播生态文明理念，培育生态道德，增强公众对节约能源资源、垃圾分类及处理处置的科学认知。让公众了解垃圾产生、收集、转运、处理的全过程。截至 2020 年 9 月，常州光大累计接待国内外参观 2 639 批次，共 76 838 人次，其中包括接待 21 个国家 104 批次共计 483 人。从 2016 年开始，常州光大将每月的第一个周末设为公众开放日。让公众在寓教于乐中接受精神洗礼，成为新时期公民思想道德建设特别是生态道德建设的"城市课堂"。常州光大针对学生、政府、专家、居民等不同群体，精心设计不同的参观路线和接待方案。此外，常州光大还投资建设环保科普馆，制作提供《环保卫士》《我是地球》《生活垃圾巧发电》动漫视频、宣传手册、文创产品等，设计制作垃圾分类互动教育游戏、环保收回等科普设备，开设环保手工 DIY 区等互动项目，让学生、公众在互动体验、寓教于乐中学习掌握环保知识。

常州光大凭借良好形象，打造了行业标杆，产生明显的溢出效应，接待来自浙江杭州、湖北仙桃等多地垃圾焚烧发电项目的参观考察，当地群众在参观"取经"后，转变了对垃圾焚烧发电项目的抵触心理，有效化解了"邻避"纠纷和矛盾，使得项目得以顺利建设投产。

三、存在的困难和不足

作为基层联系点，常州光大积极探索推进环保设施向公众开放工作，参与志愿服务等文明实践活动，在生态环境领域群众性精神文明建设方面取得了良好的经验和做法，但公众开放工作是一项系统性、专业性、长远性的工作，在常州光大实践过程中，我们也发现一些不足和困难。

（1）对基层联系点整体工作的"顶层设计"有待完善。目前针对基层联系点整体工作的指导规范还不健全，工作机制也有待完善。各相关部门仍处于摸索阶段，对于如何找准精神文明建设与自身业务的结合点；如何指导、服务基层联系点深入开展设施开放与环境社会治理特色实践、加强信息交流等还缺乏系统性的"顶层设计"。大多数情况下设施开放等工作主要以企业自身为主，各相关部门指导和参与较少，政企合作有待加强。

（2）对基层联系点的总体支持与服务力度有待加强。企业设施开放是一项系统性工程，不只是简单的开门迎客，需要系统谋划，配套一系列软硬件设施。常州光大等企业深入开展设施开放及社会治理实践等工作仍然面临一些现实困难：一是所需经费主要由企业自身承担，增加了企业运营成本；二是存在影响开放设施正常工作运转、承担人身

安全责任和造成技术泄露等风险；三是可再生能源财政补贴缺口给企业正常运行和行业可持续发展带来实际困难。需要进一步激发企业开放的动力，提高企业开放频次、扩大开放范围，给公众创造更多参与开放和文明实践的机会。

（3）典型经验的研究总结有待深化拓展。常州光大设施开放工作开展较早，各方面已形成较为完备的工作规范，在行业中树立了标杆，为其他垃圾焚烧发电开展项目工作提供了示范。但环保设施门类较多，涉及水、大气、土壤、核等不同业务领域，对于全国其他地区的设施开放单位而言，由于工作基础和条件不同，所遇到的问题和困难差距也大，常州光大所提供的参考借鉴在其他领域或将受到限制。

四、工作建议

（1）建议完善基层联系点工作机制。加强基层联系点整体工作的“顶层设计”，完善相应的工作机制，统筹协调常州光大工作涉及部门的力量，如生态环境、城市管理、文明办、教育、团委、妇联、科协等部门，加强部门联动，共同围绕基层联系点开展工作，丰富基层联系点工作的内涵和外延，将其打造成各部门共建共享的工作平台。统筹将基层联系点工作与新时代文明实践中心、志愿服务、思想道德建设等工作有机结合，更系统、更有针对性地指导其开展设施开放、公益宣传、文明实践等工作，使工作属地化、项目化、常态化，使基层联系点在精神文明建设工作中发挥更大作用。

（2）建议加大对基层联系点的扶持力度。协调有关部门制定出台税收优惠、财政补贴等激励政策，在文明创建、“四个100”等评比表彰活动中，对基层联系点予以适当考虑，为基层联系点开展相关行业领域精神文明建设工作提供必要的支持和帮助，鼓励基层联系点大胆创新实践，形成更多更好的有益经验。与杜绝餐饮浪费、垃圾分类等政策有序衔接，协调有关部门完善各类市场准入机制，建立健全“污染者付费+第三方治理”等机制，明确地方政府、企业、居民的责任，提升各类主体的环保意识和参与意识。

（3）建议组织开展经验模式的研究推广。组织精神文明建设方面的研究机构和专家，为基层联系点建设提供专业化技术支撑，指导总结基层治理的先进模式，凝练可复制、可推广的经验。加强对典型案例的宣传推广，提高公众的知晓度和社会影响力，让更多人参与到设施开放等工作中来。搭建学习交流展示平台，为各部门、各联系点创造经验交流和学习借鉴的机会。

（4）建议基层联系点从常州光大升级为光大环境。2018年11月，光大环境在行业内率先宣布旗下环保设施项目整体向公众开放，截至2020年6月，已实现开放项目101个，覆盖垃圾焚烧、污水处理、生物能源、资源再生等不同类型。将基层联系点上升到光大环境层面，有助于对设施开放工作更为全面研究，挖掘类型更为丰富多样的经验案例，更好地指导推进全国其他地区的设施开放工作。

下一步，生态环境部将以中央文明委重点工作项目基层联系点为依托，加强联系指导，探索和拓展环保设施向公众开放等工作内容和成效，深入研究总结精神文明建设典型经验做法，为推进国家治理体系和治理能力现代化、助力经济社会高质量发展提供更有效的示范和借鉴。

关于江苏省省以下生态环境机构监察执法垂直管理改革情况的调研报告

胡凯波　白晶
（生态环境部华东督察局）

党的十八届五中全会提出，实行省以下环保机构监测监察执法垂直管理（以下简称垂改）制度，这是我国生态文明制度和环保管理体制的一项重大改革。2016 年 9 月，中共中央办公厅、国务院办公厅印发了《关于省以下环保机构监测监察执法垂直管理制度改革试点工作的指导意见》，要求各地区各部门结合实际认真贯彻落实。

江苏省是我国经济发达的省级行政区之一，生态文明建设总体水平居于全国前列，作为垂改的试点省级行政区之一，总结其做法、取得的成效以及改革过程中遇到的问题，具有重要的指导意义。为此，生态环境部华东督察局第二党支部通过与江苏省级、地市级、县级环保部门召开座谈会、对基层一线执法人员进行访谈以及调阅相关材料等方式，对江苏省省以下环保机构监察执法垂直管理改革情况进行调研，情况如下。

一、改革进展

江苏省委、省政府高度重视垂改工作，将其列为全面深化改革的重要任务。2017 年 7 月 4 日，省委办公厅、省政府办公厅印发了《江苏省环保机构监测监察执法垂直管理制度改革实施方案》（以下简称《实施方案》），标志着江苏省环保机构垂改正式进入全面实施阶段。随后又出台了一系列配套实施文件，为《实施方案》真正落细、落实、落地提供了有效支撑。其他有关干部管理体制调整、经费、资产和债权债务划转等方面的文件，江苏省生态环境厅正在积极争取相关省级部门的支持。2017 年 12 月 28 日，江苏省环境保护厅 4 个区域环境监察专员办公室正式揭牌，13 个设区市驻市监察室专员同时到位。

设区市生态环境机构垂改工作稳步推进，其中常州市的改革工作方案于 2017 年 10 月获得江苏省环境保护厅和江苏省机构编制委员会办公室的同意，成为江苏省第一个环保机构垂改工作方案成功备案的设区市。截至2018年2月底，江苏省13个设区市中，无锡、常州、南通、连云港、淮安，盐城、泰州七市工作方案已上报江苏省环保厅、江苏省机构编制委员会办公室备案批复，其中常州、盐城、泰州、淮安市已印发；常州、泰州已按新的环保管理体制在县级行政区挂牌；宿迁市工作方案已上报备案，待批复；南京、苏州、镇江、徐州、扬州五市工作方案已经市级层面相关会议研究，待上报备案。

二、主要做法和成效

（一）建立环境监察体系，监督落实“党政同责”“一岗双责”

《实施方案》明确提出建立环境监察专员制度，按区域设置环境监察专员办公室，负责协助环境监察专员处理日常事务。环境监察专员统筹区域内环境监察工作人员开展环境保护日常驻点监察和重点督察，环境监察专员或其委托的环境监察人员列席区域内市、县两级党委和政府涉及生态环保相关议题的重要会议。目前，江苏省已在省环境保护厅设置了6名副厅职环境监察专员。江苏省环保厅成立了环境监察综合处，负责统筹全省环境监察综合业务。成立了4个跨区域、跨流域的环境监察专员办公室，分别负责协助环境监察专员处理宁镇扬泰、苏锡常、徐淮宿、通盐连等区域范围内的环境监察日常事务。每个设区市成立1个驻市监察室专员办公室，并派驻1名处级驻市监察专员，常驻设区市开展环境监察工作。拟在省环保厅设置专门处室，专职督察省直有关部门落实“一岗双责”情况。改革完成后，将形成一支180人左右、直属省环保厅领导的专职环境监察队伍。江苏省以这支队伍为主体，采用省级生态环境保护督察等形式，监督省地方党委、政府和有关部门落实环境保护“党政同责”“一岗双责”。

（二）调整市县环保机构管理体制，破除地方对环境执法的干扰

设区市环境保护局实行以省环境保护厅为主的双重管理体制。设区市环境保护局为设区市政府工作部门，省环境保护厅党组负责提名设区市环境保护局局长、副局长和同级非领导职务，会同设区市党委组织部门进行考察，征求设区市党委意见后，提交设区市党委和政府按有关规定程序办理，其中局长提交设区市人大任免；设区市环境保护局党组书记、副书记、成员，征求设区市党委意见后，由省环境保护厅党组审批任免。

县级行政区环境保护局调整为设区市环境保护局的派出机构，由设区市环境保护局直接管理，人员和工作经费由市级承担，领导班子成员由设区市环境保护局任免。

（三）加强基层执法队伍建设，充实基层一线执法力量

（1）强化县级行政区环境执法能力。将环境执法重心向市县下移，强化属地环境执法。县级行政区环境保护局调整为设区市环保局派出机构，强化现场环境执法职能。通过推进环保监察执法能力标准化建设，加强人员教育培训，提高队伍专业化水平，有效加强县级行政区的环境执法能力。

（2）加强基层执法队伍建设。将执法机构延伸至乡镇一级，在乡镇（街道）按区域设置环境执法机构，苏南、苏中、苏北区域各乡镇（街道）分别配备 8 人、6 人、4 人以上的专门巡查人员，加强一线环境巡查监管队伍建设。

以常州市为例，根据实际工作需要，一般每 2～3 个乡镇（街道）设立一个环保所，实施综合行政执法体制改革的重点乡镇（街道）单独设立环保所，全市共设立 25 个副科级以上建制的环保所，基本实现了乡镇一级环保机构的全覆盖。环保所作为以环境执法为主体的综合环境管理机构，委托各辖市（区）环保局进行管理。每个环保所除按照《实施方案》的要求配备 8 名专职巡查人员以外，各乡镇（街道）还按照 1∶1 的比例配备相应的工作人员。改革完成后，常州市环保行政编制数由 149 个增加到 234 个，其中市一级增加 29 个，市以下增加 56 个。全市环保机构科级职数由 56 个增加到 93 个，其中市局增加 6 个，市以下增加 31 个。基层执法力量得到了极大增强。

（3）优化基层环保执法力量。通过调整结构优化执法力量，确保一线环境执法工作需要。常州市在对市环保局机关和下属单位强化配置的基础上，对辖市（区）环保局的人员编制和内设机构进行优化，将市环境执法局、辖市（区）环境执法局人员，除保留适当的执法人员进行高位监管外，其余人员全部下沉到环保所，全力保障一线环境监管执法力量。

三、下一步改革需要关注的重点

（一）建立健全环保工作议事协调机制

从整体的环境管理来看，需要建立议事协调机构。环保工作既要摆脱地方党委、政府意志对环保工作的影响，但也不能不切实际地完全脱离地方党委、政府的支持。环境保护问题实质是经济社会发展问题，除环保部门的监管和执法外，还需要发改、财税、工信、农林、建设等各相关部门的配合，地方政府的综合协调和管理职能十分重要。例如，在执法过程中，采取限制生产、停产整治等措施时，需要取得工商、税务、水务、

供电等部门的配合支持。县级环保部门成为派出机构后，不再是县级政府组成部门，这在一定程度上增加了沟通协调的难度。若不建立议事协调机构，环保部门则可能要应对因缺乏地方政府组织协调和相关部门合作不畅而导致的工作难度增大、执法成本增加等问题。

从县级党委、政府履行环保职责方面来看，也需要建立议事协调机构。《环境保护法》规定，“地方各级人民政府应当对本行政区域的环境质量负责”，但改革后，县级环保部门将成为上级环保部门的派出机构，可能在一定程度上削弱环境管理的工作职能。在日常督察中，与基层党委、政府交流，有的地方认为自己要机构没机构、要人没人、要钱没钱，无力对环境质量负责，改革成果反而成为个别地方推脱或懈怠环保责任的借口，改革后县级党委、政府如何履行其环保职责，也是多方关注的焦点。

从常州市的改革实际来看，常州市将环境保护委员会、“263”市专项行动小组、生态文明建设领导小组等各类环境保护议事协调机构进行整合，设立了“生态环境保护委员会”，作为生态文明建设和环境保护工作的领导、组织和协调机构，由党委及政府主要负责同志任主任，政府分管负责同志任副主任，负有生态环境保护职责的相关部门主要负责人为成员，下设生态环境保护委员会办公室。各辖市（区）新设立生态环境保护委员会办公室，由辖市（区）环保局局长兼任办公室主任一职，承担辖市（区）党委、政府推进履行生态环保主体职责。

（二）确保相关部门环保责任落到实处

不少相关部门工作职责中涉及环境保护职责，要做好环境保护工作，需要各责任主体落实各自的环保责任。江苏省出台的《江苏省生态环境保护工作责任规定（试行）》厘清了各相关部门的责任。在环保机构垂改之后，县级环保部门成为派出机构，其他各相关部门仍应继续承担相应的环境保护责任。在厘清部门环保责任的前提下，议事机构可以承担必要的综合协调职责，解决县级环保部门上收后党委政府缺乏环境保护事务综合性、专业性抓手的问题。如果各相关部门的环保责任不能有效落实，环保系统长期以来的“小马拉大车”的体制问题得不到有效解决，环保机构垂改的成效将大打折扣。

（三）尽快完善方案中的各项保障措施

（1）要稳妥解决人员划转问题。目前基层环保机构人员混岗混编情况普遍，人员编制种类众多，包括行政、参公、事业编制以及社会化用工。人员划转是整个环保机构垂改工作的重点和难点，触及人民的根本利益问题，必须稳妥推进，做好相关工作。

（2）要统筹考虑人员待遇问题。江苏各县域经济发展水平差异巨大，尤其是苏南地区，县域经济发达，普遍存在区县机构工资待遇高于市级机构的现象。环保机构垂改后，原各县环保机构同属设区市分局，若以设区市为标准平均，必然受到原待遇较高区县人员的强烈抵制，若以工资待遇属地化为标准，也有一定的不平衡。

垂直管理改革的主要措施是人财物管理权从地方的剥离，但这些要素如何从地方剥离，剥离后又该如何重新构建基层环保部门与地方政府间的关系，是改革需要关注重点的。在调研中，常州市有一些工作思路，但仍没有具体方案，这些重要问题还需要进一步协调。

（四）关注垂改后环保干部的成长问题

管理体制调整后，环保系统的干部成长从以前的一个“面”，变成了“一条线”，干部大多在系统内流动，可能造成来源单一、工作单一导致的视野狭小、大局观不足的情况。省级层面要综合统筹管理全省环保系统处级岗位职数，解决市县环保局干部成长通道问题。地方各级党委和政府要继续关心环保部门领导班子建设，积极推荐优秀干部，支持环保部门领导干部选拔任用和干部交流，拓宽环保系统人员流通的通道，保持工作人员的活力与工作积极性，不断提高环保系统干部队伍素质。

被忽视的严重污染
——石化企业渗漏及防渗情况调研报告

夏光[1]　李丽平[1]　孙飞翔[1]　刘国良[2]　王樑[3]　李瑞娟[3]　徐欣[1]　王永军[1]
（1. 生态环境部环境与经济政策研究中心；2. 北京华清净宇环保科技有限公司；
3. 北京国环清华环境工程设计研究院）

大气污染防治、水污染防治、土壤污染防治这三大战役是“十三五”期间的生态环境保护重点任务。《水污染防治行动计划》和《土壤污染防治行动计划》都非常重视地下水污染防治，但其中对地下水污染造成严重威胁的工业企业渗漏仍缺乏相应的政策安排。

2016 年 3—8 月，环境保护部组成联合调研组，累计 23 个工作日，到两家大型石油炼化国有企业进行了实地调研和现场测量；到河北等地开展了“工业企业渗漏和防渗情况”的专题调查。另外，生态环境部还对相关专家进行了访谈。

一、企业污染物渗漏调查、测量和分析

两家企业均在内部设有健康、安全和环境委员会处理环保事务、有质量、健康、安全、环境管理体系，以及环保管理制度，“三废”（废水、废气、废渣）排放管理细则等相关环保政策。均设有地下水观测井，有一定的防渗措施。

调研组在两家企业都进行了调查和测量。

调查、测量方法：与企业负责人及企业环保部门技术人员进行座谈，与施工技术人员和监理人员进行交流，查阅企业技术报告和年鉴，发放调研提纲，根据装置平面布置图进行统计，对渗漏点进行现场测试等方式进行。

调查、测量对象：生产核心及防渗重点区域——加氢装置区的天然裂缝、地面施工缝；含油（盐）污水管线及检查井。

测量方法：检查井渗漏测试和缝隙渗漏测试。

计算方法：按式（1）计算该规格检查井渗漏速率。

$$K = \Delta H/\Delta t \tag{1}$$

式中：K——渗漏速率；

ΔH——注入水面高度变化；

Δt ——渗漏时间。

（一）检查井渗漏情况测试及分析

选取废弃含油污水管线两口检查井进行测试（图1）。实验步骤如下。

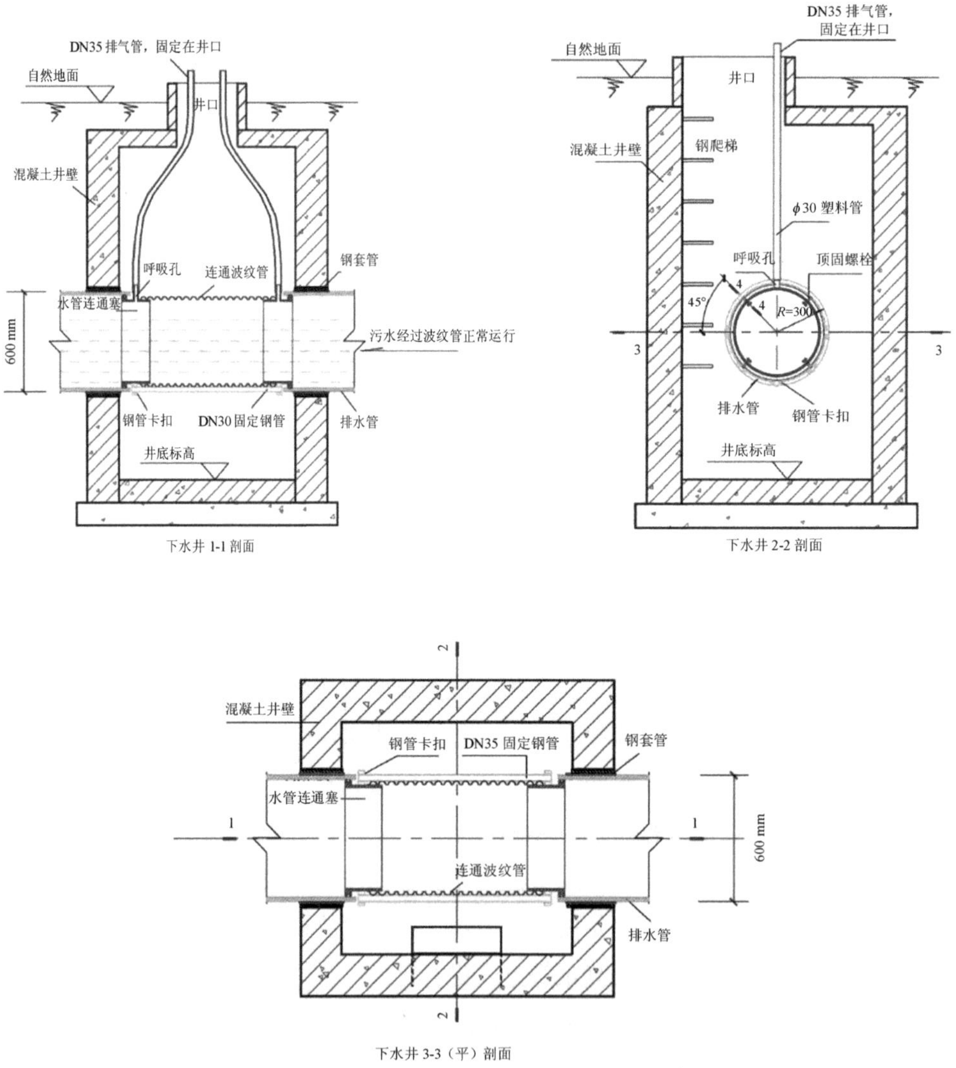

图1　检查井实验

（1）将井口打开，检测井内含氧量、有毒有害气体含量等，后将井内原有污泥清除，雨水抽出，露出砖砌井底及两侧下水管口；

（2）人工入井安装雨水管阻断塞，用塑料波纹管将两侧下水管线连接，封堵井底两侧下水管口；

（3）将检查井管线封闭后，向井内注水至一定高度，定时观察记录井中剩余水量。

（二）缝隙渗漏情况测试

实验对象包括地面施工缝、围堰墙体与地面施工缝、地面天然裂缝、塔基柱桩与地面施工缝、井基与地面施工缝等（图2）。实验步骤如下。

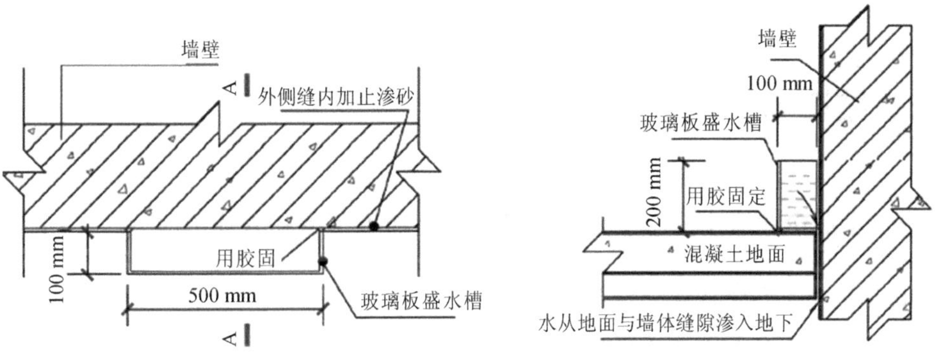

墙壁实验缝平面　　墙壁实验缝 A-A 剖面

图2　墙壁实验缝

1．墙壁实验缝——围堰墙体与地面施工缝、塔基柱桩与地面施工缝、井基与地面施工缝

（1）在玻璃板盛水槽［500（或 1 000） mm×100 mm×200 mm］外，缝隙处填入止渗砂；

（2）用玻璃胶将玻璃板盛水槽与墙壁固定；

（3）待玻璃胶凝固后，向水槽注水，定时观察水槽中剩余水量。

2．地面实验缝——路面施工缝、地面天然裂缝

地面实验缝如图3所示。

（1）用玻璃胶将玻璃板盛水槽（1 000 mm×100 mm×200 mm）固定在地面上，水槽中心线与地面实验缝重叠；

（2）待玻璃胶凝固后，向水槽注水，定时观察水槽中剩余水量。

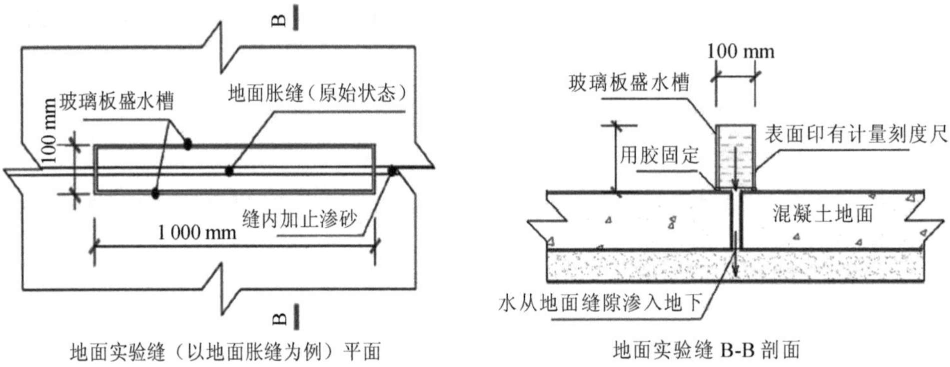

图 3　地面实验缝

二、结论与分析

（一）工业企业废水渗漏十分严重，影响土壤地下水和人体健康

所访谈的多家石化行业管理人员、技术人员和现场施工人员都提到石化企业废水渗漏严重，可见石化企业的严重废水渗漏早已成为业内共识，且为普遍现象。

本次所调研的两家企业的污水检查井、地面缝隙等都存在渗漏情况。现场的技术人员和施工人员介绍，A 企业的防渗和管理情况在行业内已经很不错了，一些老的石化企业废水渗漏情况更为严重。

废水渗漏具体表现在：

废水渗漏量大，渗漏废水污染物质浓度高。检查井特别是含油污水检查井与含盐污水检查井是废水渗漏的主要途径。A 企业一期共有含油污水检查井 139 口，根据实地测验数据，全年从含油污水检查井渗漏的污水量为 5 577 吨。B 企业有 288 口含油污水检查井、95 口含盐污水检查井及 109 口生产生活污水检查井，其中 70%的检查井为早期砖砌结构。砖砌井壁水泥涂层已严重脱落，井壁严重老化，井壁与套管之间亦存缝隙。测试结果显示，渗漏量可达 5 952 吨/天，全年共计 217.2 万吨[①]。依据实验计算结果，B 企业污水渗漏量为处理后废水外排量的 1.32 倍，A 企业污水渗漏量虽小于处理后废水外排量，但因渗漏的污水未经任何处理，污染物质含量高，故而两家企业经由污水管道渗漏的污染物质量均远大于企业达标排放的废水中的污染物质含量，特别是挥发酚、石油

① 每立方米污水按 1 吨计。

类污染物。

地面缝隙普遍存在，是高污染风险渗漏源之一。装置区日常检修、采样频率较高，平均 2～3 个月一次，发生污染物泄漏的可能性很大；调研组在现场调研过程中发现两家企业装置区部分地面及水体呈黑色。A 企业二期罐区裂缝总长约为 57 840 米，汽油、柴油加氢装置区域各类缝隙总长度约为 7 368 米。B 企业加氢装置区域各类缝隙总长度约为 8 700 米，各类设备基础与地面接触处缝隙、地面施工缝分别约为 2 200 米和 5 500 米。A 企业墙壁与地面接触处施工缝隙隙宽 5～10 毫米，缝内无任何填充；地面施工缝缝隙宽 10～20 毫米，缝深 200 毫米，缝内虽填充沥青玛蹄脂，但已经老化。

石化企业检查井、地面裂缝等渗漏源，对环境风险很大，而且这些污染都是隐蔽性很强、看不见的污染，同时又是持久性的污染。有毒物质渗漏后，在没有防渗措施的情况下，土壤和地下水将直接受到污染。

（二）管理部门对工业企业废水渗漏情况“底数不清”

长期以来我国水污染防治工作对企业污染物渗漏几乎没有管理措施。调研发现，工业企业废水渗漏属于管理“真空”，地下水污染多少来自渗漏、渗漏量有多大等一概“底数不清”，缺乏统计、管理措施和监测。

调研组了解到，部分企业或者绝大多数规模以上企业都有自己的水量平衡数据信息，但均不愿公开来揭开这一层“神秘面纱”，且不愿向调研组提供该水量平衡数据信息。

（三）工业企业渗漏污染缺乏有效法律和政策约束

法律层面没有提及工业企业废水渗漏。《环境保护法》等法律中均未对企业渗漏及防渗提出管理要求；《水污染防治法》（2008 年）虽将地下水纳入了管理范围，但也只是对开采利用角度和污染控制一般性条款进行了规定。

政策规划层面有个别原则规定，但无具体措施。《水污染防治行动计划》（2015 年）提出了“石化生产存贮销售企业和工业园区等区域应进行必要的防渗处理”，但对地下废水管道等严重污染隐患并未做出具体指示。《土壤污染防治行动计划》（2016 年）中要求“加强工业废物处理处置”，但主要针对固体废物堆存经淋雨等造成渗漏，并无针对石油化工等工业企业生产环节废水渗漏控制治理相关内容。

渗漏技术规范只是推荐性而非强制性标准。石化企业防渗工作主要依据住建部和国家质检总局 2013 年颁发的《石油化工工程防渗技术规范》（GB/T 50934），该标准为推荐性标准，非强制性标准。

（四）工业企业渗漏污染监管严重缺位、多部门职能交叉职责不清

通过调研、座谈发现，目前我国对石化企业渗漏污染的监管基本处于空白，相关部门职能交叉。地下水防治从监测、调查、污染评价到事后修复，横跨国土、水利和环保三部门，各部门职责不清。环保、水利、国土三部门对地下水皆有管辖权。环保、水利和国土等部门都曾开展过地下水调查，但调查面积仅占全国国土面积中的极小部分，都说不清全国情况。各部门之间信息不相互沟通，特别是在省级层面。在监管的每一个关键链条上各部门又都“缺斤短两”。

（五）工业企业防渗资金、技术支撑不足

企业进行防渗工程建设或是防渗升级改造资金需求量巨大；改造施工过程中，施工作业区域可能要面临停产，成本代价高昂，且对于部分老厂，止渗后企业污水处理厂有效接受废水量增加，污水处理系统或需配套升级。总之，防渗资金缺乏而又无强制法规和标准要求下，企业只能在防渗面前止步。

地下水污染防治和工业企业防渗技术匮乏。有些中型石化企业管理人员甚至表示未听说过防渗技术。

（六）工业企业渗漏的本质原因分析

我国工业企业污染物渗漏如此严重，是多方面原因综合的结果，本质原因如下：

（1）企业在历史发展初期缺乏渗漏污染防治意识和知识的必然结果。我国工业企业一般起步于 20 世纪 50 年代，而环保事业 1972 年以后才逐渐开始，1989 年才颁布第一部《环境保护法》。企业的污染防治意识甚至 90 年代或以后才慢慢形成和具备。这样，早于环境管理之前的工业企业在工程设计、工程施工和管理上等各个环节上都没有考虑废水渗漏。即便 90 年代后期，由于缺乏相关政策标准和惩罚措施，工业企业的渗漏污染防治意识仍然缺乏和淡薄。

（2）企业“利益至上”的本质使然。工业企业的内生性质和根本追求就是以盈利为目的，实现利润最大化。在缺乏外部法律、政策和标准约束的情况下，如不能将防渗设施强制纳入其建设或运营成本，加上执法和监管不到位的情况，企业绝不会主动在防渗等工程上投入“额外”资金。或者说，在渗漏“产权”没有明晰的情况下，工业企业自身性质决定了其不会损失自己“私利”换取公共治理的“正外部性”效果。

（3）渗漏本身的性质决定了其被忽视管理的应然性。首先，渗漏具有隐蔽性。与地表的污水不同，大家都能看得见。渗漏是悄无声息的、深藏在地下看不见的。污染往往

不能被及时发现并控制，往往直至发生突发事件、产生严重影响才暴露出来。其次，渗漏污染具有流动性。随着地下水的流动，污染物也在移动。最后，污染对地下水造成的影响具有长期潜伏性。污染造成的生态环境和健康影响不会立即显现，有迟滞效应，难获取证据和定性。这样，就如同污水处理的地下管网一样，企业和地方管理部门只重视看得见和容易做的污水处理厂建设，而不关注或少关注看不见和不易做的地下管网的建设和维护。这也就造成了圈内人人尽知，但无人愿意“捅破那层窗户纸”。

三、建议

鉴于防治工业企业污染物渗漏是水污染和土壤污染防治工作中的一个新领域，信息很不充分，目前很难全面提出防治企业渗漏的政策建议，故先提出以下工作建议：

（1）尽早开展对企业污染物地下渗漏情况的调查和普查，掌握信息。生态环境保护部、自然资源部等相关部门联合开展饮用水和地下水全国性调查，制定《土壤和地下水污染防治规划》，建立土壤和地下水防治和管理的联动机制。

（2）开展企业地下渗漏防治对策研究，形成中期战略。利用城市规划中“多规合一”的条件，提出石化企业或工业区在新建选址时优先选取地下水层上方含有黏土层等天然渗漏屏障的地区的要求，规避喀斯特地貌等易渗漏地质环境区，从源头消除或降低对土壤、地下水、地表水的污染风险。

（3）把防止污染物地下渗漏纳入《土壤污染防治行动计划》（以下简称“土十条”）实施细则、《土壤污染防治法》及企业排污许可证制度实施中。尽快将石化行业水平衡等信息纳入许可证管理数据库，并要求说明不明去向的水量。要求有能力的石化企业将各类废水管线提上地面改为明线。

（4）研究制定工业企业渗漏污染控制法规标准、技术指南。制定“石油化工渗漏污染控制标准”，作为强制性和约束性标准。组织制定石化行业工程建设环境保护技术指南。在拟制定的“土十条”实施细则及《土壤污染防治法》中加入防止企业污染渗漏的内容。

（5）研究制定工业企业渗漏污染控制管理和经济政策。探索通过政府采购手段规范渗漏污染防治。组织开展渗漏检查/防控/治理第三方试点工作。

（6）扩充现有国家环境监测体系，把企业渗漏监测纳入该体系，加强企业自我监测。

（7）加强对防渗技术、管理创新的引导，将其纳入环保创新总体规划中，鼓励多主体和全社会参与防渗技术创新和研发。

（8）在生态环境部水生态环境司或土壤生态环境司设立管理企业渗漏的处级机构。在生态环境部直属单位设立“工业企业污染物扩散监督和政策研究中心”。

铅酸蓄电池生产者责任延伸制度实施调研报告

张波[1] 杨一鹏[2] 沈苏[3] 汪赟[4] 马广文[4] 姚永奎[5]
（1. 生态环境部信息中心；2. 生态环境部卫星环境应用中心；3. 生态环境西南核与辐射安全监督站；4. 中国环境监测总站；5. 生态环境部西北核与辐射安全监督站）

2018 年 12 月 18—20 日，生态环境部党校秋季处级班赴浙江省湖州市长兴县开展专题调研，与县发展改革委、经信委、环保局、铅酸蓄电池行业协会负责人进行了座谈，现场调研了浙江天能动力能源有限公司、浙江天能电源材料有限公司、超威电源有限公司长兴郎山分公司、长兴永超环保科技有限公司，电话调研了超威梯次（北京）能源科技有限公司。有关情况报告如下。

一、基本情况

2017 年，我国金属铅产量为 472 万吨，约占全球铅总产量的 44%。其中，超过 85% 的铅被用于生产铅酸蓄电池。2017 年，我国铅酸蓄电池产量 19 923 万千伏安小时，比上年下降 2.88%（表 1），销售规模约 1 565.4 亿元，比上年增长了 2.60%（图 1）。

表 1　2009—2017 年我国铅酸蓄电池产量情况

年份	产量/万 kVAh	比上年增长/%
2009	12 000	32.20
2010	14 417	17.34
2011	14 229	−1.30
2012	17 486	22.89
2013	20 503	17.25
2014	22 070	7.64
2015	21 000	−4.78
2016	20 513	−2.20
2017	19 923	−2.88

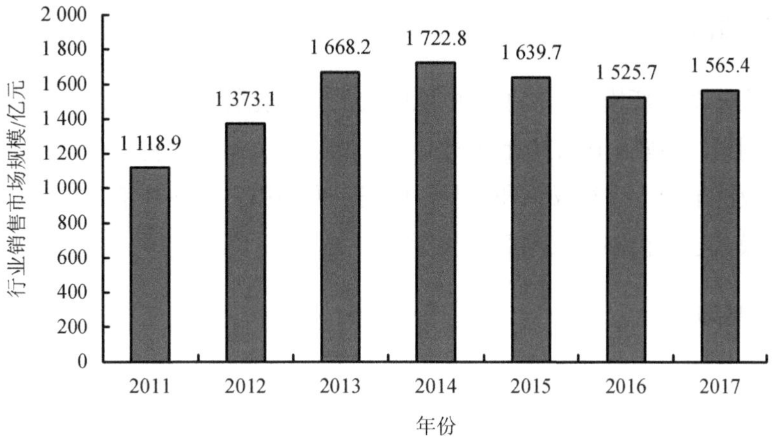

图 1　2011—2017 年我国铅酸电池行业销售市场规模

铅酸蓄电池产业是浙江省长兴县的支柱产业之一，起步于 20 世纪 70 年代，经过 2004 年、2011 年两次转型升级，铅酸蓄电池企业从当初的 175 家减少到 2017 年的 16 家，工艺装备、治污设施、安全防护等方面大幅提升，拥有天能、超威两家行业领军、上市企业和中国民营企业“500 强”。目前，铅酸蓄电池生产过程的生态环境污染隐患可防可治可控，但由于铅酸蓄电池销售后遍布在广大消费者手中，非法回收、运输、处置环节的铅污染形势最为严重。

二、铅酸蓄电池生产者延伸责任制度实施情况

2016 年国务院办公厅印发了《生产者责任延伸制度推行方案》，引导铅酸蓄电池企业建立产品全生命周期追溯系统。长兴铅酸蓄电池企业在生产设计、流通消费、回收利用和监管措施方面，积极落实生产者责任延伸制度。

（一）生产设计

生产设计阶段推行生产者延伸责任制度，便于废铅酸蓄电池回收。目前，天能集团等龙头企业在产品设计阶段实现：①原材料安全、环保。外壳采用阻燃等级高的材料，铅料不含镉、砷等有毒物质；②原材料可以回收循环利用。电池主要用材铅、ABS 塑料、硫酸等都可回收利用；③极板制造采用拉网、冲孔、连铸等新技术，组装采用机器包片、自动铸焊、塑壳热封等自动生产线，减少了人工接触铅料的机会。

（二）流通消费

打造供应链金融新模式，实现废电池回收的规范化管理，有效改善回收利用环节的污染问题。例如，超威集团在电池生产企业、回收公司、再生利用企业之间引入供应链公司，在供应链平台上进行操作和交易，保证三方的原料供应和销路畅通，实现多方互利共赢。该模式已在衡阳、安阳等地推行。

（三）回收利用

成立蓄电池产业联盟，打通生产、回收壁垒，完善绿色循环产业链。2018 年 2 月，国家环境保护铅酸蓄电池生产和回收再生污染防治工程技术中心（以下简称工程中心）联合国内主要蓄电池生产、回收和再生企业、行业协会成立京津冀蓄电池环保产业联盟，打造电池“生产—回收—再生利用”绿色循环产业链。目前，天能集团已经在长兴县建成投产 30 万吨/年废铅酸蓄电池处置能力，在河南省和安徽省正在分别建设 10 万吨/年、30 万吨/年回收能力；超威集团依托覆盖全国 98%地区的 3 000 个电池销售代理商和 63 万个基层销售网点，构建回收网络，通过“以旧换新、逆向物流”的方式进行废铅酸蓄电池回收。

（四）监管措施

工程中心发起制定了《铅蓄电池二维码身份信息编码规则》，由中国电池工业协会发布。不同生产厂家产品可以采用统一的信息标识实现信息互联互通，为铅酸蓄电池全生命周期管理奠定坚实基础。组织开发全生命周期物联网监管平台，可接入生产企业、回收企业、经销商、物流商、再生企业和金融机构的相关信息，实现电池生产、销售、回收、储存、运输、冶炼全过程监管。

三、存在的问题

（一）相关法规、制度和政策不健全

（1）废铅酸蓄电池收集许可制度不完善。我国缺乏一套完整的废铅酸蓄电池仓储、回收、运输标准、车载路线控制等管理细则，制约了企业落实生产者责任延伸制度；考虑到铅酸蓄电池中绝大部分产品密封好、免维护、贫液式，塑料外壳强度高，废铅酸电池不是人为强力破坏，正常贮存、收集、运输不会产生漏酸等对环境污染的情况。

（2）生产企业从事废旧铅酸蓄电池回收业务手续多、成本高。生产企业办理危险废物经营许可证耗时较长，即使拿到许可证，还需在每个地级市建设规范化回收公司，且对收贮仓库的面积、防渗、防腐、消防、视频监控、信息化平台等建设改造要求高、耗资大。建设面积 200 米^2 以上的收贮仓库，一般需投入 100 万元以上。

（3）废铅酸蓄电池跨省转移周期长。持证再生铅企业仅分布在部分省份，因此大量集中收集的废铅酸蓄电池需要跨省转移，需要填写危险废物转移联单，从申请到审批手续复杂，周期长。废铅酸蓄电池从转出省转移到接受省，一般情况下至少需要 2～3 个月。

（4）废铅酸蓄电池物流运输成本高昂。废铅酸蓄电池跨省和省内转移运输转移均需采用危险化学品物流专用车，价格是普通物流运输车的两倍以上，大大增加了生产企业开展回收业务的运作成本，导致合法正规回收企业没有利润空间。

（5）地方政府对废铅酸蓄电池回收企业不太欢迎。全国各地对铅酸电池收贮仓库选址要求必须进驻化工园或循环经济产业园，但有些城市并没有规划类似园区。由于回收项目税收少、就业少，很多地方政府不乐意接受废铅酸蓄电池回收企业入驻，实际操作中选址往往无法落地。

（二）监管缺手段

近年来，生态环境部门针对非法回收、冶炼的打击力度不断加强，但由于缺乏科学有效的监管手段，仍然存在大量非法回收商贩，废铅酸蓄电池回收市场约 80%仍被非法商贩占据。非法小商贩走街串巷，难以监管，导致合法正规的回收企业生存空间越发狭小。一些合法正规的回收行为甚至经常遭到各地非法回收企业人员的恶意举报，影响了合法正规回收企业的正常运营。部分有资质的回收企业并未实际经营，而是将其资质转借给个人或其他市场主体挂靠经营，导致废铅酸蓄电池回收市场混乱无序。

（三）税收不合理

进项税：正规回收企业将废铅酸蓄电池转移到有资质的单位处置需开具 16%的增值税发票，而从终端客户那里无法取得发票，且新电池销售的增值税发票无法与废电池回收的进项税相互抵扣。消费税：国家征收 4%的电池消费税，合法正规的生产企业一般不会逃税漏税，而非法小商贩以降低开票价格、少开票、不开票等多种方式逃避消费税。增值税：2012 年以前合法正规回收处理企业增值税退税为 70%～80%，目前下降为 30%，正规企业的废铅酸蓄电池的收购价格与非法小商贩、小作坊比处于劣势，没有竞争优势。

四、建议

（一）细化《生产者责任延伸制度推行方案》

一是铅酸蓄电池生产企业通常不具备回收资质，应允许其下属网点及中转站将现有店面和库房作为废旧电池收集暂存点，报环保管理部门备案审核后发放收集、贮存许可证，以高效开展废铅酸电池回收业务；二是缩短回收企业环评审批周期，地方政府出台切实可行的收贮仓库工程建设标准，不强制选址在化工园或循环经济产业园，使规范化回收体系的构建更容易落地；三是简化跨省转移审批流程，缩短审批时间，将跨省转移计划有效期由一年延长至两年，允许省内以普通物流运输车对无破损的废旧铅酸蓄电池进行转移运输。

（二）优化税收等市场化方式

切实解决进项税的问题，对履行生产者延伸责任的生产企业参考自来水及水力发电行业政策，对电池回收企业按照简易办法以3%征收率征收增值税；建立包括回收处置、行业准入、清洁生产、绿色制造、环保排放等具体情况在内的一套指标体系，对电池消费税进行差异化退返，确保落实生产者责任延伸制度有抓手、可操作、能落地；加大增值税的退税力度，进一步提高大型生产企业落实生产者责任延伸制度的积极性。

（三）推广“互联网+”铅酸蓄电池监管平台

推进《铅酸蓄电池二维码身份信息编码规则》的落实，统一企业和铅酸蓄电池产品的身份信息标识规则；由政府部门建立基于“互联网+”的监管平台，该平台可接入铅酸蓄电池生产、运输、回收、冶炼等企业的相关信息数据库，政府管理部门能够实时查看废铅酸蓄电池的收集、运输、暂存、中转以及跨省转移信息，规范铅酸蓄电池的生产、使用及回收利用环节；加强电池流向监管，销售、收集、转移、处置等全过程能够通过扫描二维码方式，追踪每块电池的来源、去向，实现铅酸蓄电池全生命周期可追溯管理。

（四）加强对非法回收、冶炼企业的监管和处罚力度

进一步加大对铅酸蓄电池非法产业链上回收处置行为的打击力度，依法从严处置非法企业和个人，营造公平竞争的市场环境，从源头上确保合法正规的回收处置企业走上良性发展轨道；通过联合工商、公安等部门加强对终端个体电动车修理门店的监管。

复工还是破产均有风险，亟须组建顾问团队“把脉问诊”

——关于湖北楚源集团环境违法相关情况的报告

贾峰　唐玉佳　周恋彤　梅斯勒
（生态环境部宣传教育中心）

生态环境部宣传教育中心对部领导在《民主与法制》杂志社《要情专报》栏目刊发的“湖北石首‘纳税大户’停产谁之过”一文上的批示高度重视，一是为做好舆论应对，与“人民网”舆情监测室编写了《楚源集团暗管偷排事件舆情专报》；二是组成宣教中心领导带队的四人专班，赴湖北实地调研；三是广泛收集网上资料，电话咨询专家学者和听取环保社会组织的意见。

一、实地调研与发现

2016 年 8 月 31—9 月 2 日，环境保护部宣传教育中心一行四人赴湖北省武汉市、荆州市和石首市（县级市）三地，分别与省、市、县三级环保部门及荆州市政府、石首市政府主要负责人及相关部门座谈交流，实地走访了楚源集团厂区，听取了公司董事局主席和公司高管的意见。对事件的来龙去脉有了一定了解，初步掌握了双方的争议焦点。

（一）大事记

（1）媒体曝光违法行为。2016 年春节前夕，新华社在《国内动态清样》（第 171 期）刊文反映楚源高新科技集团股份有限公司（以下简称楚源高新）及其子公司湖北华丽染料工业有限公司（以下简称华丽公司）存在向长江违法排污问题。

（2）环保执法责令停产整治。2016 年 1 月 24—26 日，环境保护部华南督查中心会同湖北省环保厅对楚源高新、华丽公司进行了现场检查，发现存在废水超标排放、未严格执行环评和“三同时”制度、煤炭贮存场所未密闭和涉嫌稀释排放等问题。1 月 28 日，石首市环保局对楚源高新一技改项目未经验收合格就进行生产下达了《责令停止生产通知书》；1 月 29 日，石首市环保局对楚源高新、华丽公司分别下达《限期治理决定书》；2 月 11 日，石首市环保局以“（限期治理）期间你公司整治行动迟缓、措施不力”为由对楚源高新、华丽公司分别下达《责令停产通知书》，要求两公司停产整治。

（3）企业申请恢复生产。上述两家公司分别于 2016 年 2 月 19 日和 6 月 6 日先后向石首市环保局、荆州市环保局递交《申请恢复生产的报告》，至本次调研时企业尚未恢复生产。

（4）违法新发现追加处罚。2016 年 3 月 6—15 日，湖北省环保厅会同荆州市环保局、石首市环保局组成专班，再次对楚源高新、华丽公司进行全面调查，发现楚源高新存在稀释排放、不正常运行污染防治设施等严重违法行为，发现华丽公司存在超标排放、私设暗管严重违法行为。6 月 6 日，荆州市环保局在召开处罚听证会后，对楚源高新稀释排放、不正常运行污染防治设施两项违法行为做出共计罚款 573.516 7 万元的处罚决定，对华丽公司超标排污及私设暗管两项违法行为做出共计罚款 2 196.006 万元的处罚决定。

（5）企业不服先复议后起诉。2016 年 6 月 24 日，上述两家公司分别向荆州市政府提出行政复议申请。8 月 16 日，荆州市政府做出《行政复议决定书》，决定维持行政处罚决定。9 月 6 日上午，楚源高新和华丽公司向荆州中级人民法院递交起诉书。

（二）争议的焦点问题

（1）楚源高新否认私设暗管违法排污。该公司认可其存在超标排污行为，愿意上缴罚款，但不认可生态环保部门对其私设暗管的认定。其解释说那是该企业进驻厂区前某香港企业所为，且是废弃不通的管道。为此，楚源高新 2016 年 6 月 22 日通过企业官网发表了题为《楚源高新科技集团股份有限公司关于子公司湖北华丽染料工业有限公司私设暗管真相的声明》，指环保部门做出的行政处罚严重损害了公司形象和声誉。此外，他们认为公司高管和员工签字承认公司私设暗管是被胁迫所为。

楚源高新董事局主席与我们当面交流时多次表示，罚款随时可交，但是不承认私设暗管。有地方官员认为，楚源高新担心私设暗管一经做实，可能会出现从影响集团上市到诱发环境公益诉讼和追究企业高管刑事责任等连锁反应。

（2）环保部门认为处罚证据确凿，有理有据。荆州市环保局处罚依据主要包括三个方面：一是 2016 年 3 月 7 日发现暗管偷排后，华丽公司主要负责人、暗排水泵操作人员已承认偷排事实，并在核对调查笔录后签字盖章；二是处罚证据确凿，包括《荆州市环境保护局污染源现场检查（勘察）笔录》《荆州市环境保护局污染源现场监察记录》、偷排暗管及相关设施现场照片和录像等；三是案件调查期间，华丽公司未得到环保部门批准擅自改动阀门、设备，涉嫌刻意销毁证据的照片等。针对楚源集团 6 月 22 日的声明，荆州市环保局 6 月 24 日在官方网站发表《关于湖北华丽染料工业有限公司环境行政处罚案件有关情况的说明》。

（3）恢复生产是否要环保部门批准？楚源高新认为其先后两次向地方环保部门提出恢复生产的申请，一直未获得书面批准，而且向我们反映环保部门口头提出只有认可处罚决定后方能恢复生产。省、市（含石首市）环保部门则认为依照有关规定，企业是否恢复生产只需向环保部门备案，可以自主决定，并且在多次与企业的当面沟通过程中他们均详细解读了有关恢复生产的具体法律要求。

二、舆情专报

《楚源集团暗管偷排事件舆情专报》的舆情监测范围涵盖 2016 年 2 月 1 日—9 月 4 日 7 个多月的事件。该时间段传统报刊报道量 20 篇、论坛帖文 312 篇、博客博文 392 篇、微博 10 篇、微信文章 1 662 篇、App19 条、网络媒体报道量及转载报道量共 1 162 篇。内容主要包括“湖北省开出史上最大环保罚单、湖北铁腕治污、化工行业转型、楚源集团与环保部门博弈”四个方面。从舆情关注度来看，2016 年 4 月舆情升温、6 月继续升温、7 月达到峰值、8 月进入沉降区（图 1）。

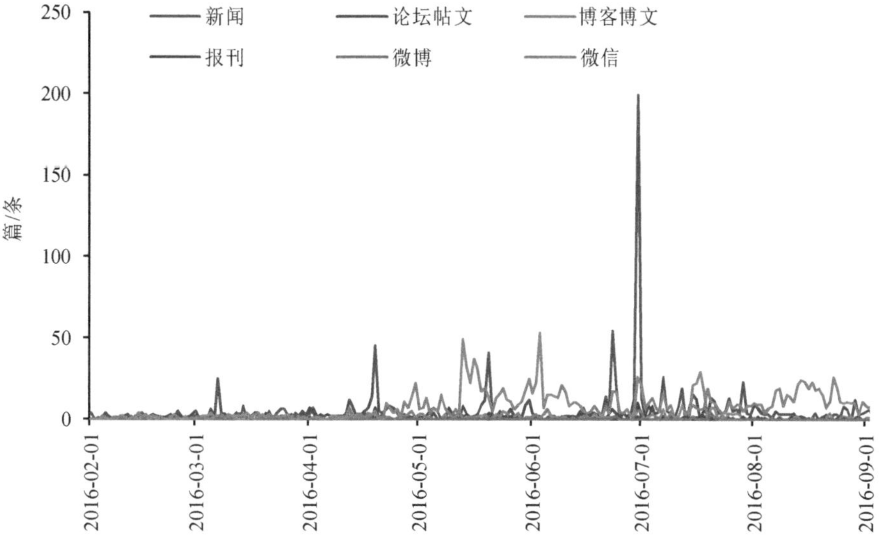

图 1 各媒介关注度趋势

对该事件进行全国跨地域的网民观点抽样显示，近九成的网民观点对环保部门重罚污染企业表态支持。有网民表示，罚得伤筋动骨，才能掂量以后的违法成本。还有网民猜测楚源高新叫板环保部门是为复工做准备。此外也有部分网民对楚源高新长时间污染环境，当地有关部门处置不力表示不满。

对石首市当地的网络舆论监测显示，当地网络舆论对环保部门严厉处罚楚源高新多持赞同观点。在支持声音之外，也有网民对当地政府及环保部门过往做法进行指责，认为他们有不作为之嫌（图 2）。

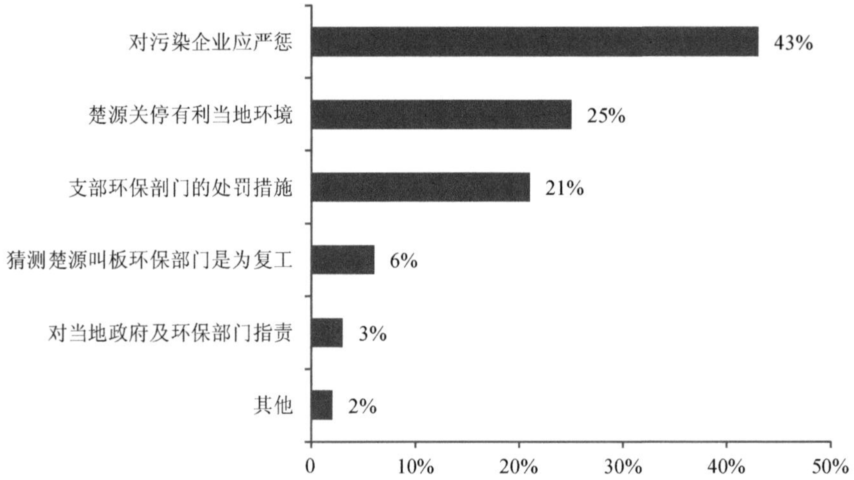

图 2　全国网民观点倾向性分析（抽样 500 条）

总体来看，尚未出现与 2015 年山东省临沂市相似的知名媒体将环境严格执法与经济发展对立的报道。

此外，我们还特意了解了《民主与法制》杂志社《要情专报》的背景，并与杂志社总编间接交换进行了沟通。得知该报道非文章署名记者调查所得，实为 2016 年 7 月 15 日《澎湃新闻》“湖北楚源偷排长江案僵局：企业力证未设暗管，荆州将公布证据”一文中的部分信息和楚源高新某董事的口述。《要情专报》的发放范围主要是地方政法机关及有关部门。

三、风险分析

（一）楚源高新起诉环保部门有引发新一轮舆论关注的可能

楚源高新对环保处罚从发表声明不服，到行政复议直至走上法庭起诉环保部门，双方对立在逐步升级，很可能再次引发舆论关注。

（二）争议久拖不决，企业有破产可能，进而可能引发社会风险

进入司法程序后，到做出判决至少需要数月时间审理。在与企业交流过程中，企业表示长期停产会产生一系列影响。一是设备长期闲置致使腐蚀严重，有报废的风险；二是厂区储存的原料安全隐患加重，当地安监局认定的全市主要安全点共 37 处，楚源高新认为只有 19 处；三是员工开始流失增加复产难度，5 个月以来，已有 1 200 多名员工出外打工，但劳务关系尚未解除；四是员工生活困难，投产前员工平均工资 4 000 元左右，而今只能领到 600～800 元的生活费；五是企业面临巨额产品供应违约损失。

荆州市工信委同志介绍说，楚源高新有员工 4 000 余人，另拉动地方就业 5 000 多人。近两年，其产值占石首市规模以上工业总产值的 30%以上，对地方财税贡献超过三成甚至接近一半，出口创汇超过 90%；楚源高新是石首市最大的规模以上企业及利税大户，是荆州市前 5 位规模以上企业，连续 6 年位列湖北工业企业 100 强。受楚源高新停产影响，今年上半年，石首市生产总值增长率为负 6.7%。

（三）企业若破产，恐引发媒体对政府尤其是环保部门执法是否严谨的关注，导致舆论反转

《环境保护主管部门实施限制生产、停产整治办法》（以下简称《办法》）第十七条规定：排污者完成整改任务的，应当在十五个工作日内将整改任务完成情况和整改信息社会公开情况，报作出限制生产、停产整治决定的环境保护主管部门备案，并提交监测报告以及整改期间生产用电量、用水量、主要产品产量与整改前的对比情况等材料。限制生产、停产整治决定自排污者报环境保护主管部门备案之日起解除。

从以上内容来看，企业是否复产与其是否认可荆州环保局的处罚决定无因果联系。但企业却一直坚持认为曾书面请示市、县两级环保局，未获得书面批准。另外，企业还认为环保部门在与其当面沟通时，一直把是否认可行政处罚特别是对私设暗管的处罚作为复工的前提条件。

调研期间，原湖北省环境保护厅（现湖北省生态环境厅）同志为我们提供了文字材料，说明他们在与企业会面时详细介绍了《办法》第十七条内容，企业已知晓复工的条件。

不过，对于普通公众而言，可能并不知晓《办法》第十七条的内容，误认为政府或环保部门掌握停业企业复工的审批权。而 2016 年 6 月 27 日石首市人民政府在其官网发布的《楚源高新整改任务不完成，不予恢复生产》通告，虽然未提及企业复产需要政府批准，但是，通告中对“楚源高新整改工作正在进行”的认定，客观上加深了公众对该事件的误解。

（四）若环保部门败诉，恐令环境执法工作陷入困境

2016 年 9 月 6 日上午，荆州市中级人民法院受理了楚源高新的起诉。虽然，环境执法部门掌握大量证据，但最终结果难料。若环保部门败诉，恐引发连锁反应。

（五）楚源高新复工还是破产，均有风险存在

关于后者，前文已有分析，而符合法定条件后复工并不意味着皆大欢喜没有阻力，还要过石首市的民意关。职工出于生计之需盼着复产，但长期受楚源高新污染影响的市民却希望企业关停，例如舆情监测表明有 25%的网民认为楚源高新关停有利于环境改善。此外，6 月下旬在网络上出现的“楚源高新即将开厂复工，号召市民请愿游行”信息值得警惕。也有网民“煽动”石首市民众要求政府关停楚源高新，有 296 个微信群共 2 万多人参与。事实上，石首市政府有关《楚源高新整改任务不完成，不予恢复生产》通告并非空穴来风，针对的就是网上的上述信息。为此，石首市公安局 6 月 29 日特意发布了“关于楚源的谣言，大家不要轻信!”的通告。

四、对策建议

（一）组建顾问团队，做好社会风险预防工作

鉴于楚源高新环境违法一事的全国影响，有必要组建强有力多学科专家参与的顾问团队，对该事件未来发展的趋势做好预测，编写应对方案，防范风险发生。近期特别要做好应诉工作，并把说服企业撤诉作为优先目标。

（二）积极主动做楚源高新高管的思想工作，帮助企业整改到位

石首市委书记刘忠诚在与调研组交流时曾表示，希望将企业复产与履行处罚义务做双轨制安排。调研组也认为，通过耐心细致的思想工作，有助于实现严格环境执法和污染企业绿色发展的双赢。正如习近平总书记要求的“我们要坚持有事多商量，遇事多商量，做事多商量，商量得越多越深入越好”，只有多商量多交流，才能有共识，才能消除对立，才能把“绿水青山就是金山银山”理念落到实处。

（三）注重发挥环保社会组织的作用，推动环境治理

据了解，楚源高新邀请了公众环境中心、北京环友科学技术研究中心、淮河卫士

（淮河水系生态环境科学研究中心）、武陵山生态保护协会等环保社会组织到石首为该公司整改出谋划策。这些环保组织希望通过绿色文化宣传、制度建设和独立第三方环境审计来推动楚源高新整改到位。

对环保组织深度参与楚源高新整改生态环境主管部门要保持密切关注并予以指导，注重发挥其正能量，使其成为推动企业绿色转变统一战线的一员。

（四）积极主动做好信息公开，释疑解惑

环境已成为公众最为关注的热点之一，而做好环境科普、环境普法，及时公开环境信息，能够凝聚社会共识，打造有利于绿色发展的舆论环境，增强企业守法和公众参与的积极性。例如，利用政府网站、社交媒体加强对环境保护法律法规和规章的宣传；再如，系统梳理环境执法的信息，有计划地予以公开，满足公众的知情权。

（五）做好舆情监测，及时引导舆论

楚源高新事件表明，环境执法已经进入深水期，多方利益博弈的情况将长期存在。面对环境违法我们不仅要铁面无私，还要注意关注舆情发展，及时发声，让权威发布“跑”在谣言出现之前。通过引导和主导舆论，让全社会形成有利于环境执法的新局面。

山东省黄河流域生态文明建设水环境综合治理专题调研报告

路瑞
（生态环境部环境规划院）

为贯彻落实习近平总书记关于黄河流域生态环境保护和高质量发展的重要讲话和指示精神，做好沿黄九省（区）政协主席联名提案和河南、山东人大代表团重点建议办理工作，按照国家发展改革委促进黄河流域生态文明建设调研总体安排，2019 年 7 月 7—12 日，生态环境部会同发展改革委、自然资源部、水利部等部门有关同志赴山东省开展黄河流域生态文明建设情况调研。按照统一部署，生态环境部环境规划院重点对山东省黄河流域水环境综合治理情况进行了现场调研，察看了黄河三角洲农业高新技术产业示范区、东平湖湿地、艾山黄河古道、位山灌区、陶城铺引黄灌区、现代农业灌溉节水等情况，并与山东省人民政府、东营市人民政府、泰安市人民政府、聊城市人民政府及其他相关部门进行了座谈。有关山东省黄河流域水环境综合治理情况报告如下。

一、水环境综合治理工作成效显著

（一）做好顶层设计，强化规划引领

山东省研究制定“1+1+8”系列文件，第一个“1”是山东省委、省政府出台一份文件——《关于全面加强生态环境保护　坚决打好污染防治攻坚战的实施意见》。第二个“1”是省委、省政府联合印发的一份文件——《山东省加强污染源头防治推进“四减四增”三年行动方案（2018—2020 年）》，调整产业结构，减少过剩和落后产业，增加新的增长动能；调整能源结构，减少煤炭消费，增加清洁能源使用；调整运输结构，减少公路运输量，增加铁路运输量；调整农业投入结构，减少化肥、农药施用量，增加有机肥施用量，强化污染源头防治。“8”是山东省人民政府（省政府办公厅）以文件形式出台 8 份标志性重大战役作战方案，聚焦全省生态环境保护领域存在的突出问题和短板，集中优

势兵力，用三年时间攻坚，切实解决损害群众健康的各类生态环境问题。东营市出台了《东营市湿地保护修复总体规划》《东营市生态保护红线规划（2016—2020）》，加强湿地保护与修复；泰安市正在编制《泰安市生态建设总体规划（2018—2035 年）》，从顶层设计谋划生态环境保护。

（二）加强督导考核，压实治理责任

山东省分流域、分区域、分年度明确水环境改善目标和重点任务，省政府与流域各市政府签订水污染防治目标责任书，层层传导压力、逐级压实责任。建立水污染防治综合督导及断面“挂销号”办法，对水质超标或波动断面视情况采取预警、挂号、通报、调度、现场督办、约谈、限批等措施，定期召开全省水环境质量达标滞后地区调度会，通报全省水环境形势，达标滞后情况最为突出的县级行政区政府主要负责同志做表态发言，连续 3 个月作为达标滞后地区的，由省生态环境厅对县级行政区主要负责同志进行约谈。对突出水环境问题长期拖而未决、水环境质量持续恶化的地市，依据《山东省环境保护约谈办法》，提请省领导对市政府主要负责同志实施约谈。山东省将黄河流域突出环境问题作为省级环境保护督察的重点内容，以环境保护督察推动地方党委、政府及其职能部门落实生态环境保护责任。

（三）创新治污理念，完善治污体系

山东省探索出了“治、用、保”流域综合治理思路，体现了减少污染物排放、实现水资源循环利用、促进经济增长方式转变的循环经济理念。“治”——通过全过程污染防治，污染物稳定达标排放；“用”——利用流域内季节性河道和闲置洼地，建设中水截、蓄、导、用设施，合理规划中水回用工程，使中水不进入或少进入输水干线；“保”——综合采用河流入湖口人工湿地水质净化、河道走廊湿地修复、湖滨及湖区湿地修复等生态修复和保护措施，对流域内生态恢复过程进行强化。健全完善网格化环境监管责任体系。大力推动网格员队伍和信息化建设，全省共建立一级网格 17 个、二级网格 182 个、三级网格 2 100 余个、四级网格 5 万余个，配备专职网格员 4 800 多人。

（四）加严地方标准，倒逼产业结构调整

2018 年 10 月，山东省发布了新修订的《流域水污染物综合排放标准》（以下简称《标准》），自 2019 年 3 月 10 日起实施。修订后的《标准》按照流域特点和环境管理需求重新设置环境控制要求，例如在东平湖流域禁止向核心保护区直接排放投饵养殖废水、禁止船舶污染直排。

经过近年来水环境综合治理，山东省黄河流域水环境质量保持稳定。根据《水污染防治目标责任书》，山东省黄河流域共有 9 个断面，2018 年均达到或优于Ⅲ类水质标准，水质状况为优。与 2015 年相比，达到或优于Ⅲ类水质标准比例保持稳定。

二、存在的问题

近年来，山东省在黄河流域水生态环境保护工作方面取得积极成效，但山东省黄河流域农业生产发达，粗放式经济社会发展方式与流域敏感脆弱的生态环境和有限的资源环境承载力不相适应；生态环境破坏历史“欠账多”与治理能力严重不足的矛盾突出；强烈的经济发展意愿与当前流域极其迫切的生态环境保护需求之间的矛盾突出，水生态环境保护仍然存在一些问题。

（一）部分断面不能稳定达到目标要求

5 个断面部分月份存在超标现象。《水污染防治目标责任书》中，山东省黄河流域共有 9 个考核断面，2018 年贺小庄、寨子河桥、王台大桥、东平湖湖南、东平湖湖北 5 个断面分别有 3 个月、2 个月、2 个月、5 个月、4 个月水质未达到目标要求（表 1），其中东平湖湖北为南水北调东线 2017—2018 年调水期和 2018—2019 年调水期的调水断面，2017—2018 年 9 个月调水期间有 7 个月氟化物超标。

表 1　山东省黄河流域部分月份超标断面情况

断面名称	所在河流	2018 年水质目标	超标月份（当月水质）	超标因子（超标倍数）
贺小庄	牟汶河	Ⅲ	1 月（Ⅳ）	氟化物（0.1）
			2 月（Ⅳ）	氟化物（0.07）
			3 月（Ⅳ）	氟化物（0.1）
寨子河桥	牟汶河	Ⅲ	6 月（Ⅳ）	化学需氧量（0.2）
			11 月（Ⅳ）	化学需氧量（0.2）
王台大桥	大汶河	Ⅲ	6 月（Ⅴ）	五日生化需氧量（0.7）、化学需氧量（0.7）、高锰酸盐指数（0.2）
			7 月（Ⅳ）	五日生化需氧量（0.02）
东平湖湖南	东平湖	Ⅲ	1 月（Ⅳ）	氟化物（0.5）、总磷（0.4）
			2 月（Ⅳ）	氟化物（0.09）
			3 月（Ⅳ）	总磷（0.6）、氟化物（0.05）
			4 月（Ⅳ）	总磷（0.4）、氟化物（0.2）
			5 月（Ⅳ）	五日生化需氧量（0.05）

断面名称	所在河流	2018 年水质目标	超标月份（当月水质）	超标因子（超标倍数）
东平湖湖北	东平湖	III	1 月（Ⅳ）	氟化物（0.5）、总磷（0.4）
			2 月（Ⅳ）	氟化物（0.2）
			3 月（Ⅳ）	氟化物（0.1）
			4 月（Ⅳ）	氟化物（0.2）

（二）部分区域存在氟化物等特征污染物

2018 年山东省黄河流域各断面年均值水质均达标，但在不同月份出现氟化物浓度超标。如东平湖湖北、东平湖湖南 2018 年均有 4 个月氟化物超标；牟汶河贺小庄断面 2018 年第一季度 3 个月氟化物超标。东平湖总氮浓度呈升高趋势。由 2015 年的 0.37 毫克/升升高至 2018 年的 1.26 毫克/升，升高了 2.4 倍。

（三）减排扩容潜力仍待进一步挖掘

部分污水处理厂负荷率不高。2018 年山东省黄河流域共有 67 套城镇污水处理设施，设计处理能力为 102 790 万吨，实际处理污水 90 995 万吨，污水处理设施负荷率约为 88.5%，但博兴兴福嘉诚水质净化有限公司、博兴县店子清源水务有限公司、胜利石油管理局供水公司滨海分公司污水处理厂等负荷率仍不足 60%。农村生活污水处理有待加强。东平县 716 个村庄中已建农村污水处理设施 30 套，农村小型湿地 2 处，但收集管网不完善，污水收集率低，运维资金和技术不足，导致农村污水处理站效用无法有效发挥。农业面源污染防治任务重。山东省黄河为地上悬河，河道两岸滩地广泛种植农作物，化肥、农业、农膜等农业面源污染对水质产生的影响较大。东营市单位耕地面积化肥、农药施用量较 2015 年分别降低 16.57%、48.03%，但仍高于全省平均水平；67.44%的秸秆用于还田，农作物秸秆综合利用水平尚待提高；新型高效化肥、有机肥，高效低毒农药、生物农药等农业投入品价格偏高，农民使用积极性低。此外，人工湿地缺少冬季运维管理经验，导致人工湿地功能性退化，水质净化效果难以长期稳定。

（四）风险防范压力不断加大

结构性布局性风险突出。山东省黄河流域电力、热力生产和供应业，化学原料和化学制品制造业为主要的工业废水排放行业，占工业废水排放量的 40%以上。黄河干流及支流重点断面与风险企业交织分布，进一步加剧了风险防范压力，生态破坏风险加剧。黄河河口水生态脆弱。黄河入海水沙减少，影响河口湿地淡水水源补给，破坏了近海生物的生存环境和盐沼湿地环境分布格局；“河—海—陆”水文连通受阻，湿地植被持续退化；围填海工程破坏了海、河、陆间的良性水文交互和循环，盐沼湿地和滩涂湿地退化严重；河口地区土地盐碱化，河口湿地生态系统退化，生物多样性减少。

三、下一步工作建议

（一）推进思路

基于山东省黄河流域水生态环境现状分析、问题识别，提出山东省推进黄河流域水环境综合治理思路：以保持水质持续稳定为核心，以防范环境风险为底线，以污染减排与生态扩容为抓手，以氮、磷、氟化物、农业面源污染防治等为突破点，以更加细化的控制单元落地，确保山东省黄河流域水环境承载力持续向好。

（二）重点任务

以《重点流域水污染防治规划（2021—2025 年）》编制为契机，做好顶层设计。在国家已建立的三级分区体系基础上，利用已有各级水质监测断面，考虑水功能区管理、水环境质量改善需求，进一步细化山东省黄河流域控制单元划分，抓紧编制包括山东省黄河流域在内的《重点流域水污染防治规划（2021—2025 年）》。

以问题为导向，开展科学研究。建立水域—陆域污染防治响应体系，厘清污染物输入与断面水质的响应关系，精准治污。重点开展氟化物研究，根据氟化物时空分布特征、迁移转化规律等，查找氟化物主要污染来源，根据水质目标需求，制定切实可行的防控措施。

以氮、磷等污染物为重点，推动治污升级。以水源地、黑臭水体、农业农村攻坚行动为契机，全面排查、治理各类污染源，巩固已有成果，全面实施工业、城乡生活、农业面源、交通航运“四源共治”。以东平湖等总氮浓度升高的湖库为重点，实施入湖库河流总氮排放控制，开展总氮污染来源解析，明确重点控制区域、领域和行业，制定总氮总量控制方案；以王台大桥、贺小庄等不能逐月稳定达标的断面为重点，继续实施污染减排；以农业面源控制为重点，在滩区深入开展节水农业、循环农业、有机农业、现代林业和生物肥料等技术研发，实施粮食高产创建、高效特色农业、标准农田建设等，发展精品农产品生产基地，全面提升黄河滩区现代农业发展水平，提高滩区绿色农产品供给能力及市场竞争力，促进农业提质增效和可持续发展；以冬季出水水质稳定达标为重点，探索人工湿地管护及长效运行机制。

以划定和保护河湖生态缓冲带为举措，做好生态扩容。尽快推动河湖生态缓冲带划定与保护修复工作。统筹生态环境保护、国土空间管控、防洪安全和城市景观等方面要求，在主要支流及重点湖库划定生态缓冲带并纳入生态保护红线管理；同时，根据水质改善需求、污染源类型、对不同类型水体、不同类型生态缓冲带实施差异化的保护修复措施，确保生态缓冲带充分发挥生态环境效益。加强黄河三角洲生态建设与保护，加强大汶河、东平湖水体生态修复及人工湿地建设，加快实施黄河三角洲国际重要湿地保护与恢复工程。

以能力提升为抓手，防范环境风险。以确保环境安全为底线，围绕预防、预警和应急三大环节，构建由环境风险评估、隐患排查、事故预警和应急处置组成的多级环境安全防控体系，提升环境风险防控基础能力和管理水平。开展山东省黄河流域环境风险隐患排查，建立重点环境风险源、敏感目标、环境应急能力及环境应急预案等基础数据库。完善企业突发环境事件风险评估制度，推进突发环境事件风险分类分级管理，严格重大突发环境事件风险企业监管。选择典型区域、工业园区开展试点，进行废水综合毒性评估、区域突发环境事件风险评估，以此作为行业准入、产业布局与结构调整的基本依据。

（三）政策建议

建立健全长效激励机制。建立病虫害统防统治、绿色防控、低毒农药补贴、水肥一体化、测土配方施肥、有机肥替代、农作物秸秆综合利用、种养结合循环农业、畜禽粪污资源化利用等资金投入机制，鼓励、引导各类农业经营主体、社会化服务组织和企业等参与生态农业建设。积极引导财政资金、金融机构对发展生态农业的农户和龙头企业等经营主体给予补贴和贷款倾斜。配合水利、财政部门推动建立东平湖生态补偿机制。鼓励社会资本进入水环境保护领域，推进环境基础设施市场化运营，探索政府支持与村民自治、市场化运作相结合的农村环保设施长效运行体制机制和生态补水、人工湿地管护等机制。

充分发挥价格的杠杆作用。建立合理的供水价格形成机制，充分体现黄河流域水资源稀缺性；探索建立黄河供水的水价调节机制，根据市场供需、供水成本、丰枯季节适时、灵活调整供水价格。

江苏省产业园区规划环评管理调研报告

谢慧[1] 张明博[2] 仇昕昕[3]
（1. 生态环境部环境影响评价与排放管理司；2. 生态环境部环境发展日中；
3. 生态环境部环境工程评估中心）

为加强产业园区规划环评全链条管理，推动落实规划环评成果，充分发挥规划环评引领区域高质量、绿色发展的作用，2019 年 5 月 20—23 日，生态环境部组织调研组赴江苏调研产业园区规划环评管理和典型园区规划环评成果落实情况，并与江苏省生态环境厅、发改、科技、工信、自然资源、商务等相关部门进行了座谈交流。现将调研情况总结如下。

一、江苏省产业园区规划环评实施情况

江苏省是全国最早开展规划环评的省级行政区之一。2003 年《环境影响评价法》施行后，江苏省积极参与规划环评试点，2008 年印发了《江苏省规划环境影响评价试点工作方案》，确定了试点工作总体要求、基本原则、主要内容和任务、组织保障等。2009 年，《规划环境影响评价条例》施行，江苏省政府办公厅印发《关于切实加强规划环境影响评价工作意见的通知》。全省先后开展了沿江、沿海开发总体规划、高速公路网规划、长江南京段产业布局规划、城市总体规划、工业结构调整与产业升级等规划环评工作。各级各类规划环评的全方位开展对促进江苏省产业合理布局、资源优化配置及产业结构调整，实现区域经济、社会和环境高质量发展等发挥了重要作用，主要体现在以下几个方面。

（一）建章立制，强化规划环评工作保障

一方面，将规划环评工作作为入区项目落地的前提条件，以项目环评审批为抓手，通过实施区域限批，督促园区开展规划环评工作。2011 年，为认真落实环境保护部《关于加强产业园区规划环境影响评价有关工作的通知》及江苏省相关文件精神，江苏省启

动规划环评与项目环评联动机制。另一方面，进一步细化管理要求，积极推进规划环评、跟踪评价工作开展。2017年，江苏省发布《关于切实加强产业园区规划环境影响评价工作的通知》（苏环办〔2017〕140号），对需要重新开展规划环评的情形作了具体规定，一方面，要求“产业园区上层位《城市总体规划》《土地利用总体规划》等发生较大变化的，应当及时重新开展规划环评工作”；“开展跟踪评价后再满五年的产业园区，若规划仍在实施且未发生重大变化，可根据实际情况开展第二轮跟踪评价，但不作为与项目审批联动的要求；若规划期已满，应重新进行规划，并依法开展规划环评工作”。另一方面，明确了跟踪评价的审核部门，“规划环境影响跟踪评价由原规划环境影响评价审查部门组织审核”，强化了规划环评、跟踪环评工作的可操作性和延续性。通过近几年管理政策的推进，目前，省级园区规划环评完成比例达87%，满五年开展跟踪评价的比例超过40%。

（二）深化“放管服”改革，提高行政审查效率

一是下放审查权限。为响应国家“放管服”改革要求，江苏省陆续下放了部分市级产业园区规划环评的审查，通过实行“同级审查”和“重点审查”原则，省级产业园区及环境风险大的专业化工园区规划环境影响报告书由省级生态环境部门组织审查；其他各类开发区或工业集聚区实行同级审查。二是缩短审批时间。2018年，为进一步提高行政审查效能，江苏省简化了规划环评审查流程。通过明确规划环评受理原则和审查要点，由环评处与评估中心对报告书进行初判是否受理。在受理后5～10个工作日内，邀请专家及相关部门召开审查会，并将行政审查会与技术咨询会“二会合一”。审查会后按约定时间报送修改后的报告书，根据报告书修改情况作出退回或出具评估意见的处理，极大地提升了审查效率。

（三）强化“三线一单”约束，严格园区环境准入

作为生态环境部“三线一单”试点省，江苏省已基本完成“三线一单”编制工作，初步建成“三线一单”信息平台。通过产业布局、行业准入、项目准入等分析模块，深度分析现有污染源及行业分布情况，有效识别各行业新建项目在省内允许落地的区域，为全省产业布局的优化调整提供决策支撑，指导园区规划布局和项目落地。在规划环评层面，江苏省要求明确园区生态环境准入清单，从环境准入、空间管制、总量管控等方面提出具体准入要求，并将准入清单写入审查意见，推进落实规划环评成果。调研发现，吴中经济技术开发区通过出台政策文件等形式，严格执行审查意见提出的项目准入要求，阻止了20多项不符合区域生态环境保护要求的项目入区，发挥了源头预

防的作用。

（四）定期跟踪规划环评执行情况，推进规划环评成果落地

为进一步加强规划环境影响评价管理，推动规划环评成果落地，江苏省出台了《关于开展产业园区规划环境影响评价执行情况核查的通知》（苏环办〔2017〕141 号），对国务院、江苏省政府批准设立的开发区以及由省生态环境厅审查的市级产业园区开展核查，内容包括规划环评或跟踪评价开展情况、审查意见执行情况、项目环评与规划环评联动情况、基础设施建设情况和区内环境质量状况等，根据核查结果对园区采取约谈或区域限批。切实厘清和总结江苏省全省规划环评工作的成效与问题，为开展下一步工作奠定基础。

二、面临的问题和挑战

（一）产业园区规划体系不清晰，管理缺乏统筹

根据《国务院办公厅关于促进开发区改革和创新发展的若干意见》（国办发〔2017〕7 号）的要求，各省级行政区人民政府组织编制开发区总体发展规划。但调研发现，国家及江苏省对产业园区规划形式、编制部门、批复部门等没有明确要求，园区相关规划法律地位不清，特别是园区总体规划不属于法定规划体系，而以城市总体规划和控制性详细规划为对象开展规划环评不能解决园区层面的问题和发展需求。由于缺乏对产业园区规划的统筹管理，部分园区为了推进项目环评，随意编制或调整园区规划，规划未经最终审批，导致规划环评报告书及审查意见中的各项要求无从落实，规划环评"评而不用"，严重制约了规划环评成果落地。

（二）规划环评全过程管理机制不健全

根据江苏省对产业园区规划环评执行情况调研结果，部分园区规划未按照规划环评确定的产业安排、发展规模、功能布局等实施，规划环评提出的各项要求落实不到位，存在企业与园区规划产业定位不相符、环境基础设施配套建设不到位等情况。究其原因主要是规划环评实施过程管理机制缺失、责任追究制度不健全，责任主体不落实或选择性落实。根据《规划环境影响评价条例》，规划环评结论以及审查意见只是规划审批决策的重要依据而不是决定性依据，规划审批中不采纳环评结论和审查意见的，只需作出说明并存档备查。但对于规划实施过程缺乏监督与考评，规划实施后由于未采纳规划环评意见而导致的

生态环境损害没有相应的追责机制，导致规划环评无法有效地发挥刚性约束作用。

（三）重新开展规划环评的要求不具体

根据《规划环境影响评价条例》第十四条的规定，对已经批准的规划在实施范围、适用期限、规模、结构和布局等方面进行重大调整或修订的，应重新或补充进行环境影响评价。目前，“重大调整”尚无具体界定，地方园区主管部门对园区范围扩大、产业定位调整，园区内小园区面积调整、定位调整等是否需要重新开展规划环评把握不准。此外，环境主管部门也缺少针对规划发生重大变动的管理抓手。

（四）与相关环境管理制度衔接不足

在与项目环评联动方面，目前各园区规划环评对项目主要是指导与约束作用，基本能够按照规划环评准入要求引进项目，但由于导则体系、管理风险等制约，项目环评尚未实施相关内容的简化。在与“三线一单”及排污许可证制度的衔接方面，园区正在按照相关要求陆续发放排污许可证，区域“三线一单”成果尚未发布，各管理制度之间没有形成有效的衔接成果。规划环评与区域“三线一单”和项目环评、排污许可证制度等运行机制的衔接尚需进一步完善。

（五）规划环评基础研究亟待加强

规划环评基础理论研究存在不足，各个环境要素评价主要依靠项目环评技术导则体系，对区域大尺度的评价技术支撑不足。规划实施对人群健康的影响、长期性和累积性影响，生态系统完整性评估等多个领域尚缺乏有效的分析手段。基础研究的不足加上报告书编制质量的缺陷，严重影响了规划环评审查的科学性。

三、加强产业园区规划环评管理的建议

（一）加强规划环评与规划体系的衔接

对接《关于建立国土空间规划体系并监督实施的若干意见》（中发〔2019〕18 号）等规划政策文件要求，推动规划环评与规划体系的衔接，统一需编制规划环评的规划与法定规划的口径，打破规划环评“评而不用”的困境。修订、修编规划环评相关法律及配套文件，将规划环评制度纳入规划管理体系，作为规划审批、决策过程中必不可少的环节，将规划环评及审查意见作为规划实施、管理的重要依据，贯穿到法定规划的编制、

实施、后续管理过程中。

（二）健全规划环评全过程管理体系

建立健全规划环评监督管理体系，强化事中、事后监管。针对规划与规划环评实施过程，建立有效的监督与考评机制，强化规划环评要求落实情况跟踪监管。严格落实《环境保护法》《党政领导干部生态环境损害责任追究办法（试行）》，以环境质量底线为抓手，对规划实施后由于未采纳规划环评意见而导致的区域生态环境质量恶化生态环境损害严格追责。

（三）强化主体责任，促进规划环评落地

明确规划环评实施主体和监管主体，是保障规划环评落地的前提条件。对于实施主体，建立健全以园区管理部门为责任主体，以地方环保部门为监管主体，发展改革委、生态环境、住建、自然资源、水利等多部门配合、多部门协作的机制，并将规划环评实施效果纳入各部门考核体系，推动地方政府树立自我监管、自我考核等意识，以内生动力推动规划环评落地。

（四）强化产业园区规划环评法律支撑

建议在《环境影响评价法》修订中，考虑从法律层面明确国务院及省级行政区人民政府批准设立的经济技术开发区、高新技术开发等开发区以及设区的市级以上地方人民政府批准设立的各类产业集聚区、工业园区等产业园区编制规划和开展环评的要求。同时，配套相关政策文件，对“重大调整”等进行解释说明，明确规划内容调整或变更后需重新编制规划环评的具体细则。

（五）加强规划环评与相关管理制度的联动

进一步强化规划环评与区域环评、项目环评、“排污许可”联动。将区域“三线一单”要求融入产业园区规划环评生态环境准入清单，规划环评准入清单作为“三线一单”动态更新的基础。对于符合园区生态环境准入清单的，对环境影响小的产业类别，应明确提出项目环评简化要求，规划环评审查部门依据环境管理需求及区域环境质量、园区环境管理现状等因素判断规划所含项目下一步简化的可行性。构建“环评—排污许可—环境执法”联动系统，排污许可、环境执法应落实环评要求，并及时反馈污染源、环境风险源、污染物排放、主要环境问题等信息，促进提高环评的科学性和有效性。

（六）推动规划环评重点、难点专题研究

重点针对产业园区规划环评中的人群健康、累积性评价、长远性生态影响、大气环境影响预测、环境风险评价等关键问题，加大技术方法研究。结合环境问题突出、重金属污染严重、环境隐患大、环境关注度高的园区，开展针对性专题研究，提高专题研究的科学性和环境影响预测评价的准确性，为提高规划环评质量提供更坚实的技术支撑。

（七）强化信息化、智慧化管理

建立园区环境信息数据库。动态更新现有园区范围、主导产业、基础设施建设、环境质量、重点环境风险源、污染物排放、环境风险管理、各级生态环境督查问题等基础信息，及时掌握园区规划环评、跟踪评价开展及落实情况，及时掌握园区现有主要环境问题和环境风险隐患，为园区实施更准确、更有针对性的环境监管措施提供支撑。

（八）畅通公众沟通渠道，加强社会监督

在园区规划环评编制、规划实施等过程中建立公众沟通渠道，尽早化解信息不对称等难题，为规划环评的执行提供更多的社会监督。同时，促进生态环境主管部门、园区管理部门与公众的互相了解，加强公众的参与度，提高公众的信任度，为化解矛盾和解决问题提供有效途径。

浙江省生态环境保护规划指标体系的思考与建议

刘冬　徐梦佳　杨悦　邹长新
（生态环境部南京环境科学研究所）

浙江省是习近平总书记“绿水青山就是金山银山”理念的发源地，也是取得过较好生态环境治理成效的先行省份。在实践中采取了诸多创新举措，在生态环保规划编制、指标逐级分解等方面经验丰富，且具有前瞻性和示范性。2019 年 8 月 3—8 日，生态环境部南京环境科学研究所研究人员前往杭州市政府、湖州市生态环境局、浙江省环境保护科学设计研究院、德清市莫干山镇、“绿水青山就是金山银山”理念诞生地——安吉县天荒坪镇余村、绿色发展典型企业久盛地板等多地开展调研，了解浙江省生态环境保护规划指标完成情况。调研发现，在生态环境保护规划指标的指导下，浙江省“十三五”时期以来治水、治气、治土实施成效显著，各项指标进展顺利，全省绿色发展水平得到全面提升。但在具体工作中仍存在指标设计创新性、全面性有待提高，考核体系有待改进，保障及治理机制尚不健全等问题，亟待进一步解决。

一、浙江省生态环境保护规划指标设计及完成现状

浙江省环境规划经过长期的发展，逐渐形成了一套较为完整的生态环境保护规划指标体系，总体上既保证了与国家级指标的有效对接，也通过适当的简化和改良，保证了对浙江省地方特性的关注，同时也为地市级和县区级的规划体系提供了指引。在实践中，浙江省也通过较为完善的制度保障，保证了规划实施和目标完成取得了良好的效果。

（一）指标设计较为完善

在与浙江省环境科学院座谈时我们了解到，浙江省在“十三五”生态环保规划指标体系制定之初，就在全省范围内收集问题建议，由各级政府逐级上报，共计收集汇总了 124 个重点问题作为指标体系编制依据，有效避免了省级政府和科研机构在制定规划指标时脱离基层、问题导向不清的问题。《浙江省生态环境保护“十三五”规划》指标体

系在继承国家规划指标的基础上，结合自身省情以及数据的可获得性共设置指标 13 项，涵盖了水、大气、土壤环境质量，主要污染物、重金属污染物总量控制，生态建设和风险防控等方面，尤其突出了对重金属污染物总量的关注和生态文明示范区创建的要求，重点指标可量化、数据可获得，目标设置合理，还为下属的 11 个地级市都做出了具体到地市的生态环境保护指标要求，在全国范围内较早地实现了省级指标的分解工作。

（二）制度创新保障指标顺利完成

浙江省对生态环境保护工作高度重视，探索建立了“党委领导、政府主导、人大监管、政协支持、部门协作、公众参与”的规划工作推动机制，实行落实到街道级（要求高于国家提出的县级）的生态环境状况报告制度，解决了生态环境工作“最后一公里”的问题。例如湖州市成立市委下属的生态文明办公室，两周一次主要领导参加污染防治例会，起到了协调应对问题的重要作用，显著提升了生态环境工作的能力和效率。在《“十三五”生态环境保护规划》中期评估时，浙江全省提前 3 年完成国家“水十条”消除劣Ⅴ任务，“大气十条”阶段性任务收官，土壤污染防治指标有序完成。

（三）指标实施推动了对生态环境治理机制的探索

为高效完成相关指标要求，浙江省探索研究出一系列生态环境治理政策措施和管理机制体系，综合施策、统筹推进环境污染治理。接连或同时打出“三改一拆”“四边三化”“五水共治”“811 行动计划”“特色小镇建设”等系列“组合拳”，以治水为突破口加快推进产业转型升级、有力带动城乡环境面貌提升，在土壤环境治理方面出台《污染地块治理修复规划编制指南》，率先探索流域生态补偿机制和排污权交易制度，试点领导干部自然资源资产离任审计，在全国率先实现了省级层面公检法机关驻生态环境联络机构的全覆盖，健全环境执法与司法联动体系。

二、存在的问题

（一）指标设计分解不充分、创新性不足，可操作性有待提升

浙江省级指标设计存在滞后性，在国家淡化总量要求、弱化空气优良率的背景下，地方层面仍看重这两项指标的考核，在调研以及资料收集分析时发现，浙江省及 9 个地级市和 30 个县级行政区的规划均将这两项作为考核指标。一方面，部分地市指标在省级指标分解上存在“一刀切”现象。9 个地级市中只有杭州市、湖州市和绍兴市对不同

县级行政区做出了目标分解，宁波市对个别指标进行了分解。另一方面，对地方生态环保工作的探索和创新激励不足。一些地区在指标体系设计上，只是遵照上级指示或既往经验，较少主动探索创新。指标设计过程中未充分考虑地区实际情况，指标可操作性存在较大的提升空间，例如受地理环境限制，湖州市自然条件导致臭氧浓度难以进一步降低，优良天数很难继续增加；又如存量成果较多的杭州市面临沉重的增量目标完成压力。

（二）指标全面性需进一步提升，治理成效尚需巩固

在指标设计上，相较于水环境的 5 项指标和大气环境的 6 项指标，土壤类仅有重金属排放总量和受污染地块/污染耕地安全利用率 2 项指标。同时，在治理成效上也出现了反复，环境治理中的长效治理和激励机制缺乏。水环境方面，仍有 12.4%的地表水交界断面未达到功能目标要求；近岸海域四类和劣四类海水占比 51.1%；部分地区水污染治理成果反弹；在水治理过程中，“五水共治”等机制虽成效显著，但“五水共治”工作领导小组办公室结构松散，职责不清，治理成果难以巩固。大气环境方面，$PM_{2.5}$、臭氧、挥发性有机物持续改善难度较大，酸雨问题仍然突出；在大气治理过程中，一些污染问题的成因分析和技术攻关有待加强。土壤环境方面，2015 年全省 243 个土壤样品全部检出有机氯农药残留，还受到其他有机污染物污染；土壤治理周期长、见效慢，例如台州市路桥区 20 亩严重污染地块治理斥资千万元，耗时 4 年才完成，导致一些追求短期成效的地区对土壤治理积极性较低。

（三）指标评估考核标准未明确，机制尚需完善

规划指标评估考核没有明确法律法规文件规定，缺乏统一“打分表”，一些考核标准全面性不足。现有的重视增量的考核评估方式，给部分生态环境基础较好的地区带来挑战。例如，浙江湖州等一些地区很多指标已位居全省甚至全国前列，进步空间较小，难以完成增量考核要求。同时，生态环境问题涉及部门众多。以水环境保护管理为例，管水、供水、排水、治污各部门相互独立，权责纠缠；而河流、海域等又往往地跨多个行政区，各行政区和部门间缺乏统筹协调，考核指标设计存在差异，造成各自为政和多头管理。部分地区需要同时应对规划考核、“三个十条”考核等多项评估考核，侧重不同，甚至相互交叉冲突的评估考核压力聚集在生态环境部门，基层生态环境工作人员压力较大，降低了行政效率和治理能力。

（四）“共建共享共治”的环境治理保障机制尚不健全，政民联动有限

调研发现，管委会、领导小组等缺乏长效协调能力，过度依赖临时性安排赋权，相应配套法规制度相对滞后。虽然在“政企民”联动上取得一定成果，例如浙江卫视《今日聚焦》节目成为公众环境监督的重要媒介，杭州市“公述民评”面对面问政互动已经运行多年；但公众参与仍有不足，政务公开程度较低，很多部门由于旧的工作惯性限制，对公众参与理解仅限于“群众举报环境问题”，忽略了信息公开、民间自治等更有效的治理方式。在 11 个地级市中，只有 9 个地级市的“十三五”生态环境保护规划指标可以被检索到，在 89 个县级行政区中只有 30 个可以被检索到，而其中设置了如公众对生态文明建设满意度等公众参与类指标的仅有 8 个县级行政区，且公众满意度大多不到 80%。主管部门与一线实际情况存在脱节，给部分唯利是图的企业和个人以可乘之机，造成污染反弹问题。

三、对进一步完善生态环境保护规划指标的建议

针对调研过程中发现的浙江省生态环境保护工作中存在的问题，建议在“十四五”时期进一步完善生态环境保护规划指标设计，发挥生态环境保护规划在国土空间规划体系中的专项支撑作用，提升管理水平和机制建设，合力为实现绿色高质量发展夯实生态基础。

（一）提升指标设计的灵活性与创新性

对各地市进行“分区管理、分类指导”，设置“必选指标+可选指标”，强调对情况类似地区的横向比较。加强对耕地及工业用地土壤污染的考核，增加对生态系统保护的关注，探索设置生物多样性保护、物种栖息地保护等相关指标，加强对自然保护区、饮用水水源保护区等生态区域规范化的建设和管理；增加对浙江省水土侵蚀程度和地质灾害程度方面考虑的指标，以及体现资源环境发展承载力的人均可利用水资源、环境承载力等指标。鼓励各县级行政区根据其生态系统状况实行差异化的指标体系和管控措施。

（二）探索建立综合污染防治体系的指标体系

探索建立包含源头防治、风险管控、治理与修复、监管能力建设的综合污染防治系统。引入影响平原河网富营养化的关键指标总氮、总磷排放控制。弱化以“优良率”指标考核空气治理效果，结合具体地理环境进行指标制定。对土壤考核设置绩效激励，并

允许地方制修订土壤环境质量标准。根据污染程度进行分类施策和分区治理，明确监管主体及责任，强化部门间与参与主体的信息共享。特别是在土壤治理方面，落实被污染土地修复治理追责和未被污染土地的责任主体。探索建立创新污染防治基金机制，提升污染防治效率。

（三）加强部门间环境保护考核工作的系统性

加强生态环境保护规划与经济和社会发展规划、国土空间规划及其他重大专项规划的协同。探索建立对生态环境评估考核工作跨部门、跨区域的统一评定标准，明晰法律法规规定。推广设立市委、县委生态文明建设办公室，制定、整合生态文明建设的各项政策措施。建立“目标责任书”制度，统筹各部门任务目标。强化“责任清单制度”，细化职责分工、明晰权责，构建“层层抓监管”的环保责任体系。重视发挥基层环保部门的作用，提升城乡环境综合整治工作，将生态环保责任下移，切中环保监管的核心和要害。

（四）构建多层次现代化生态环境治理体系

推进建设政府主导下的生态环境治理机制，完善信息公开和统一发布，加大生态环境保护规划指标的公众参与和监督力度，对主管部门进行公众参与能力建设培训。鼓励多元化生态环境保护社会治理模式，发挥基层村民自治作用，建立村—企协调制度。培育和扶持环保社会组织，对依法正当开展活动的环保社会组织予以支持引导。注重对企业环境责任的利益引导，建立约束机制，强制企业履行环境保护的社会责任。同时，以市场化推进污染治理，推广政府与社会资本合作治理模式，在不同利益主体之间形成环境合作意识与监督机制。

关于吕梁市“双替代”工作的调研报告

常猛[1] 叶远虑[1] 毛经纬[2] 张平霞[3]
（1. 生态环境部核与辐射安全中心；2. 生态环境部太湖流域东海海域生态环境监督管理局；3. 陕西省旬邑县生态环境保护综合执法大队）

推动北方重点地区（京津冀及周边地区、汾渭平原等区域）冬季清洁取暖工作落地见效，是党中央、国务院的重大决策部署，是促进能源生产、消费以及农村生活方式革命性转变的一项重要内容。随着各地“双替代”（“煤改气”“煤改电”）任务的推进和实施，北方重点地区冬季清洁取暖工作取得了阶段性成果，但仍存在工作推进滞后、部门联动协调不畅、兜底保障措施缺位等问题。本报告结合吕梁市第三轮监督帮扶工作组“双替代”工程改造实施“回头看”现场检查工作开展情况，分析当前冬季清洁取暖工作存在的问题，拟提出具体整改解决建议。

一、北方重点地区“双替代”工作开展情况

作为打赢打好“蓝天保卫战”的重要抓手和重大民生保障问题，北方重点地区冬季清洁取暖尤其是“煤改气”“煤改电”工作受到社会和舆论的持续高度关注。总体而言，我国北方地区冬季清洁取暖工作已经具备一定的实践基础，中央和地方有关部门与相关责任主体有序推进并积极探索，形成了一系列可复制、可推广的制度性经验和成果。但部分地区在组织领导、补贴政策、监管措施、兜底保障和长效机制建设等方面仍存在诸多缺项，有待进一步完善和提升。

（一）顶层设计的构建完善

近年来，党中央、国务院有关部门针对推进我国北方地区冬季采暖改造工作、加快清洁能源替代利用和煤炭清洁利用，陆续出台了各项政策法规、行动方案和计划。2017年，环境保护部牵头国家发展和改革委员会、财政部、能源局及北京等六省（直辖市）出台《京津冀及周边地区2017年大气污染防治工作方案》，要求全面实施北方“2+26”城市冬季清

洁取暖重点工程。发展改革委、能源局等十部委共同印发了《关于印发北方地区冬季清洁取暖规划（2017—2021 年）的通知》（发改能源〔2017〕2100 号），对推动北方地区散煤供暖清洁化工作目标提出明确要求。2018 年，国务院出台《打赢蓝天保卫战三年行动计划》（国发〔2018〕22 号），对加快重点区域产业和能源结构迭代调整、推进散煤综合治理与监管作出总体部署。北方各重点地区也陆续制订相应冬季采暖改造行动计划和实施方案。作为开展能源革命综合改革试点省，山西省委、省政府于 2019 年印发了《山西能源革命综合改革试点行动方案》等文件，为北方重点地区清洁采暖改造示范打样创造了有利政策条件。

（二）财政政策的实施

中央与地方财政资金的共同支持为北方地区冬季清洁取暖提供了有力保障。2017 年以来，财政部牵头四部委先后发布《关于开展中央财政支持北方地区冬季清洁取暖试点工作的通知》（财建〔2017〕238 号）、《关于扩大中央财政支持北方地区冬季清洁取暖城市试点的通知》（财建〔2018〕397 号）等文件，明确了中央财政的覆盖范围及组织实施方式，通过开展试点城市财政补贴，对全面推行北方地区冬季清洁取暖形成了良好的示范效应。在此基础上，各重点地区也制定了配套的地方财政专项奖补资金方案。

当前，北方清洁取暖工作严重依赖财政补贴，无论是建设补贴还是运行补贴，中央和地方政策的财政压力都在持续加大，而地方财政支出远超中央财政补贴。据统计，2017 年，中央财政奖补资金投入 60 亿元，12 个试点城市地方政府共投入 226.29 亿元（含省级补助资金）；2018 年，试点城市扩大到 35 个，中央财政奖补资金投入 139.20 亿元，35 个试点城市共投入 328.80 亿元（含省级补助资金）。2017—2018 年，中央及地方清洁取暖财政补贴支出共 754.29 亿元。2019 年，试点城市扩大到 43 个，中央财政奖补资金达 152 亿元。随着北方清洁取暖工作的持续推进，中央和地方财政补贴压力将进一步加大。

（三）环保督察机制的建立

为贯彻落实党中央、国务院关于大气污染防治决策部署，加强对北方重点地区清洁取暖工作实施的监督与指导帮扶，2018 年 6 月，生态环境部围绕“蓝天保卫战行动计划”以及秋冬季攻坚治理方案任务措施，针对 39 个重点区域城市开展了强化监督定点帮扶，有效管控了散煤的无序使用，重点区域环境空气质量得到进一步改善。

从大气污染防治、蓝天保卫战到秋冬季攻坚行动，从“煤改电”“煤改气”到“四宜”（宜电则电，宜气则气，宜煤则煤，宜热则热）原则，从多能互补到因地制宜，从中央环保督察到督察机制下沉，再到督察“回头看”，中国已经初步形成了关于散煤综合治理的政策和监管体系，为北方重点地区冬季清洁取暖工作的实施提供了保障。

二、“双替代”工作存在的问题

随着散煤治理迈向深水区，北方重点地区冬季清洁取暖保障形势更加严峻。一是秋冬季空气质量波动明显。2018—2019年秋冬季京津冀及周边地区28个城市中20个城市以及汾渭平原11个城市中4个城市空气质量不降反升。二是财政补贴政策难以为继。北方地区冬季清洁取暖试点的中央补贴时效只有3年，优化现有补贴政策和保障后补贴时代散煤治理效果是当下面临的迫切难题。三是散煤使用存在反弹。部分地区未能严格落实散煤清零工作，散煤在本区域内的流通、使用得不到杜绝，仍需加大监管力度，同时高度警惕散煤复烧，才能保障在后期顺利完成规划目标。

吕梁市第三轮监督帮扶工作组根据工作期间“双替代”改造“回头看”现场摸排走访情况，结合地方提供的政策性文件与相关台账资料，发现当前清洁取暖保障工作主要存在以下问题。

（一）“双替代”工程进度总体滞后

根据第二轮、第三轮“双替代”改造“回头看”检查情况，截至采暖季之前（11月15日之前），吕梁市仍有150余个纳入本年度清洁取暖计划的村庄无法按期完成改造。“煤改气”方面，大部分县（市）均未完成户外燃气管网改造，部分村庄仍沿用旧燃气管网，临县、汾阳市等地室内燃气采暖设施均未完成招投标；“煤改电”方面，仅有离石区完成了外部线路改造和变压器增容，其余县（市）均未完工；汾阳市、临县部分村庄安装了室内电采暖炉及暖气片等设施，其余地市进度缓慢，除离石区12月前完成施工外，其余县（市）均无法确认完工日期。石楼县、柳林县、岚县等边缘县城均未按要求开展“双替代”工作。

（二）各地政府补贴政策差异明显

清洁煤临时性过渡补贴方面，吕梁市区及周边纳入“禁煤区”范围内的村庄，政府清洁煤补贴为400元/吨，汾阳市补贴为215元/吨，石楼县、交城县补贴为200元/吨，临县补贴为180元/吨。各地清洁煤的供应上限也存在差别，如临县、交口县农户每户封顶为3吨（超出3吨原价购买），汾阳市为不超过2吨。“煤改电”居民电价方面，汾阳市在采暖季用电量2 600千瓦·时/月范围内，按照“煤改电”居民电价0.2 862元/（千瓦·时）、补贴上限2 000元为标准进行计价，其余地区（如临县等）均未了解到补贴政策。

（三）多地气源难以保供

根据吕梁市发展和改革委员会提供的《关于供暖季民生用气气源保障情况说明》，吕梁市“煤改气”项目“以气定改”原则未得到有效落实，部分县级行政区气源无法保障。通过现场走访工作组了解到，汾阳市、临县、岚县等地由于气源得不到充足保障，大部分纳入本年度“确村确户”改造计划的村庄均无法如期实施采暖改造。汾阳市三泉镇拟利用中燃公司干熄焦项目焦炉余热发电后的乏汽作为热源，为本地 23 个村进行集中式煤改气供热，由于需要安装锅炉并进行管网敷设，最短安全周期为 180 天，当年度亦无法按期完成改造任务。

（四）部分地区缺乏兜底措施

部分地区（如岚县、文水县、石楼县等）的村庄在改造工程未完工的情况下已经提前拆除了原有取暖设施，存在“未立先破”情况；部分地区（如汾阳市）清洁煤补贴上限仅为 2 吨（按常规居住面积估算，人均采暖季清洁煤用量最少需 2.8 吨），不足以覆盖采暖季需求，超出部分政府不兜底，村民需按当地市价自行采购，并支付运输配送费用；石楼县清洁采暖补贴政策仅针对未纳入“煤改电”改造的当地住户，对于未接通外部线路但已安装采暖设备的用户，不再继续享受当地的清洁煤补贴。

（五）清洁煤存在以次充好现象

中心组前往汾阳市三泉镇实施“双替代”改造的部分村庄开展现场检查时，发现村民家中所使用的清洁煤光泽度较高，怀疑煤品位较低。通过向当地环保局负责人质询了解到，政府招标采购的清洁半焦煤成本较高，而山区农村块煤市价仅为清洁半焦煤市价一半，供应城郊地区村民使用时，掺杂了部分供山区农村使用的块煤，山区农村块煤含硫量为 1%，未超出山西省煤炭工业厅规定的民用煤含硫量标准［根据《关于限制销售硫分高于 1%灰分高于 16%民用散煤的通知》（晋煤经发〔2017〕316 号），禁止燃用硫分高于 1%、灰分高于 16%的民用散煤］。

（六）农户仍大量使用散煤

现场检查过程中了解到，大部分农户考虑到清洁取暖比散煤燃烧成本高很多，仍保留了使用散煤的习惯，检查中发现相当一部分居民仍使用散煤取暖，其中一户居民家中留存有几十千克原煤。另外，“双替代”改造工程实施后，村民采暖成本较原来烧散煤时有较大幅度上升（以一个采暖季为周期，按补贴后气价 1 元/米^3、用气量 20 米^3/天估计，

“煤改气”使用成本约 3 000 元），农村经济基础差，无固定收入来源，经济上难以承受，尽管政府给予一定补贴，但采暖经济负担依然居高不下。

三、加强“双替代”工作的建议

（一）提前部署谋划

秋冬季清洁采暖改造作为一项重要的民生工程、民心工程，是能源结构和产业结构调整的大势所趋，也是大气环境治理的现实需要。未来乃至更长的一段时间内，北方各重点地区将继续面临新的“双替代”改造任务。地方政府作为实施冬季取暖工作的责任主体，应从思想上予以高度重视，提前部署谋划，及早完成“确村确户”工作，摸清任务底数；把好项目可研关、工程报批关、招标采购关，督促责任企业加快工程实施进度，严格按时序推进改造计划；充分保障民生用气需求，切实做好清洁取暖气源调度和协调，扎实做好“双替代”改造工程过渡期间的政策兜底保障，坚持“以气定改”，防止“先破后立”现象。同时，加强地方各部门联动协调，建立健全发改、住建、能源、环保等部门和乡镇的联动机制，互通工作进展情况，避免出现因信息不畅导致工程进展拖延滞后。

（二）明确清洁煤标准

根据现场了解，吕梁市对于清洁煤的定义并不统一，提供城郊、平原农村与山区农村的清洁煤，品位存在一定差异。其中，供应城乡接合部的清洁煤含硫量标准为 0.5%；供应平原农村的清洁煤含硫量标准为 0.6%；供应山区农村的清洁煤含硫量标准为 1%。建议出台地方清洁煤标准，在采暖改造规划区域内，推广符合标准的清洁型煤、块煤、半焦煤。同时，不同品位清洁煤采购成本差异明显，应进一步规范清洁煤采购监管，防止弄虚作假现象。

（三）加强清洁煤流通领域监管

加大清洁煤煤质抽检力度，要强化各职能部门的联动机制，确保每一批次清洁煤检测覆盖率。实施清洁煤入户抽检制度，确保发放到户的清洁煤符合要求，将此项惠民工程落到实处。发放过程中，乡镇（村）政府、能源局、供煤企业三方要紧密合作，严把发放关，建立“确村确户”台账及销售台账并及时更新；对发放过程中出现的问题及时进行沟通合作。

（四）加强散煤回收管理

限制散煤使用是推动实现清洁采暖改造任务目标的有效举措。属地政府要充分发挥散煤清零工作的主体责任，对辖区范围内进行一次全面的排查行动，对仍留存有散煤的农户，要足额足量的进行清洁煤置换，杜绝散煤在本区域内的流通、使用。同时，注重加强舆论的宣传引导，提升公众自觉杜绝燃用劣质散煤的意识，畅通举报渠道，引导和鼓励公众监督劣质民用散煤销售工作，形成全民参与的良好氛围。

（五）加强政策宣传

通过现场检查发现，部分村民对冬季“双替代”采暖改造电价补贴及政府的清洁煤补贴政策并不了解，部分边缘地区甚至存在多年未获得电费采暖补助的情况，客观上导致了“双替代”工作难以推进实施。建议当地政府切实落实主体责任，加强对“双替代”采暖改造的优惠政策宣传；同时，加大对残障人士、孤寡老人的政策扶持，宣传采暖设备的正确安全使用方法，将政府各项惠民利民政策宣传到位，确保群众能够放心使用。

（六）建立长效机制

对于已建成清洁取暖项目的运行管理，各县级行政区政府应充分预估清洁采暖设备性能、运行损耗、使用寿命等因素，研判采暖设备维护维修的潜在风险，通过建立设备维护维修定点服务机构，保障项目设备正常运行。同时，对于范围较大、影响面广的清洁采暖设备的故障报修，要做好突发事件应急预案编制，形成项目运行管理与设备维护维修工作的长效机制，确保居民安全温暖过冬。

从持久性有机污染物残留看白洋淀水质变化及生态环境改善的对策建议

董亮　杨文龙　朱超飞　郭婧
（生态环境部环境发展中心）

白洋淀是冀中平原的第一大内陆湖，素有“华北明珠”之称。白洋淀湿地是华北地区最大的湿地，由白洋淀、烧车淀、池鱼淀等143个大小不等的淀泊组成，总面积360千米^2。白洋淀汇集了从南、西、北三面流来的唐河、府河、漕河、拒马河等9条河的河水，正常蓄水量为4亿米^3，在拦洪蓄水、调节气候、改善生态环境等方面发挥了重要作用。

2017年4月1日，中共中央、国务院决定设立国家级新区——雄安新区，并于4月21日正式发布《河北雄安新区规划纲要》。2018年12月，《河北雄安新区总体规划（2018—2035年）》获得国家批复，标志着雄安新区建设进入“快车道”。白洋淀处于雄安新区腹地，保护白洋淀是新区“生态优先、绿色发展、创新融合”发展原则的体现。

国内外学者多年来一直关注白洋淀中污染物的特征和变化研究，有关重金属、多环芳烃、有机氯农药等方面的研究和报道也很多。2019年春，生态环境部开展调查，共采集水质和沉积物样品各13个、土壤样品10个、典型鱼类和螺类各4种，分析了多环芳烃（PAHs）、有机氯农药（OCPs）、多溴联苯醚（PBDEs）、六溴环十二烷（HBCDs）、短链氯化石蜡（SCCPs）、全氟辛基羧酸/全氟辛基磺酸（PFOA/PFOS）和二噁英（Dioxins）等POPs，结合文献发表的历史数据分析了PAHs和OCPs等POPs的分布规律和演变趋势，并就白洋淀生态环境质量改善提出建议。

一、白洋淀水质变化的历史

随着白洋淀上游人口的增长和社会的发展，城镇工业废水、生活污水排放量激增，白洋淀水域遭到严重污染。20世纪80年代以来，白洋淀水质总体处于Ⅳ类和劣Ⅴ类之间。从生态环境监测系统提供的历史数据来看，影响水质类别的项目为化学需氧量（COD）、五日生化需氧量（BOD_5）、总磷（TP）、总氮（TN）。从历史文献数据来看，白洋淀砷、镉、铅、铜、镍和锌等重金属污染的问题也较突出。沉积物中铜、铬、锌、砷的平均含量在20世纪90年代达到峰值，此后有所下降，而铅、镉的平均含量却呈升高的趋势，镍的平均含量变化幅度不大。同时，文献数据也反映出白洋淀水生态系统中PAHs的残留较高，OCPs、多氯联苯（PCBs）、PBDEs、HBCDs和SCCPs等POPs也有检出，其中PAHs的历史浓度曾达到较高的水平。总体来看，白洋淀水质较差，与红线考核为Ⅲ类水质的目标还有较大差距。

二、白洋淀水质恶化的主要原因

（一）入淀水量的急剧减少影响水体自净功能

白洋淀原有9条入淀河流，现除府河常年有水入淀外，其余8条河流均为季节性断流。白洋淀地区平均降水量为510毫米，在1988年、1994年和2012年出现峰值之后降水量急剧减少。20世纪60年代以来，白洋淀上游修建大中型水库143座，导致入淀水量急剧减少，20世纪80年代干淀现象频发。为保护白洋淀生态实施了“输水救淀”，1981—2003年，流域内上游水库为白洋淀补水18次，共计约5.37亿米^3，但调入水量只能平衡巨大的水体蒸发及渗透量，白洋淀下游的泄洪闸及溢流堰长期处于关闭或干涸状态。由于缺乏足够的流入量和流出量动态平衡，白洋淀水体的自净化能力一直处于较低水平，富营养化问题得不到根本解决，重金属和POPs污染问题也逐渐显现。

（二）白洋淀上游和周边第一、第二、第三产业的快速发展加剧了水质恶化

白洋淀接纳了上游保定市和安新县1 000多万人口的生活污水，虽然保定市和安新县生活污水处理率在2019年分别达到95%和85%，但历史上白洋淀上游地区污水和废水处理率一直较低，COD、总磷和总氮的排放总量不可小觑。府河全长60多千米，是白洋淀一条重要的供水河，但也是保定市的排污河道。保定市工业废水、生活污水及府河沿岸众多企业的废水大部分经过污水处理厂后排入府河，小部分未经处理的污水进入府河后最终汇入白洋淀。

据文献报道，2004—2016年白洋淀沉积物中砷、镉和铅浓度有所升高，其中镉是最主要的污染因子，府河入淀口浓度最高。水体中铜-镍及镉-锌浓度呈高度相关性，反映出白洋淀中重金属污染主要来自上游和周边的200多家电力、印染、电镀、金属冶炼等企业。尽管近年来取缔“散乱污”的治理行动获得阶段性胜利，排放量得到有效控制，但已造成的水体中重金属污染在短期内仍无法消除。

水产养殖和农家乐旅游是白洋淀区农业经济的重要支柱，不仅水域被人为圈地搞养殖，岸边养殖场数量也迅速增加，生活面源污染和农业面源污染对白洋淀水体污染更是雪上加霜。据文献报道，白洋淀水体中普遍存在氧氟沙星、氟甲喹，马波沙星和氟罗沙星等喹诺酮类及磺胺类水产养殖禽类用抗生素。同时，总磷和氨氮浓度变化与抗生素浓度的相关性显著，表明生活污水和养殖废水是抗生素的主要来源。旅游业的发展，尤其是夏季旅游人数的激增，导致大量生活污水和生活垃圾未经处理直接排入白洋淀区。保定市第一产业、安新县第二产业和保定市第三产业与白洋淀水质的相关系数分别为 0.771、0.708 和 0.624，也表明产业布局和发展对白洋淀的水质起着决定性作用。

三、本次白洋淀 POPs 调查的结论

（一）有机氯农药、多氯联苯和二噁英等传统 POPs 浓度低，生态风险低

十几年来，白洋淀内各种环境介质中一直有 OCPs 检出。本次调查发现水中 OCPs 的浓度低于 0.35 纳克/升，沉积物中浓度在 N.D.～3.4 微克/千克。异构体的组成和分布反映出残留主要来自“六六六”和“滴滴涕”的历史使用，没有新污染源输入。对照“中国地表水环境质量标准”“美国国家水质标准”“欧盟水框架指令”和“加拿大环境质量准则”中规定的浓度限值，白洋淀 OCPs 的残留水平已远低于上述标准限值。与国内其他重要湖泊水体的残留状况相比，白洋淀与太湖相当，低于西湖、微山湖、巢湖和鄱阳湖。和历史文献数据相比，OCPs 的下降趋势明显，说明我国禁用 OCPs 后，效果显著，环境残留已经降低到较低的水平。

白洋淀水体中 PCBs 的浓度水平比 OCPs 还要低，无生态风险，以四氯和五氯取代联苯为主，这与我国历史上使用量最大的 PCBs 产品类型一致，环境中的残留是历史使用所致。

白洋淀水体和沉积物中二噁英的浓度分别是 0.28～0.68 皮克每升（毒性当量）和 2.3～24.6 皮克每升（毒性当量），远低于日本水质标准限值［1.0 皮克每升（毒性当量）］和沉积物标准限值［150 皮克每升（毒性当量）］。鱼类体内的二噁英残留也远低于欧盟水产品限量值。土壤中二噁英浓度也低于日本土壤标准限值。因此，二噁英的环境风险处于低水平。

（二）多溴联苯醚和六溴环十二烷等溴代阻燃剂类新 POPs 的浓度水平也处于正常残留范围

PBDEs 和 HBCDs 是电子电气产品和发泡海绵中常用的一种溴代阻燃剂，在我国曾经有一定量的生产和使用。环境中溴代阻燃剂主要来源于含阻燃剂的材料释放。白洋淀环境介质中的 PBDEs 残留以十溴联苯醚为主，和我国多溴联苯醚的使用状况一致。PBDEs 的浓度水平较低，远低于长三角和珠三角等经济发达地区，与国外浓度相当或略低，沉积物中的残留远低于生产厂周边的浓度。白洋淀地区土壤中 HBCDs 浓度为 0.2～0.7 微克/千克，沉积物中为 0.5～7.9 微克/千克，水中浓度低于 0.7 纳克/升，与国内其他区域相比，其浓度水平属于正常残留。

（三）短链氯化石蜡残留明显，浓度变化趋势值得关注

氯化石蜡（CPs）兼有增塑和阻燃作用，在我国产量超过 30 万吨/年，应用广泛，环境残留普遍。可以说，有社会生产和人类活动的地区就能检测出浓度并不低的 CPs。由于我国 CPs 产品标准中并没有 SCCPs 含量限值的规定，所以环境中 SCCPs 的残留很普遍，其比例最高可达 35%。白洋淀地区土壤中 SCCPs 为 71～94 微克/千克，水中为 96～216 纳克/升，沉积物中为 144～269 微克/千克，浓度水平与我国其他区域相近，比经济高度发展地区的残留略低。由于缺乏环境中 SCCPs 的标准限值和风险阈值，SCCPs 的残留或污染状况以及生态风险无法评价，和国外文献数据相比，基本处于相同的浓度水平。

（四）全氟辛基羧酸和全氟辛基磺酸污染明显，远高于我国地表水平均水平

白洋淀水体中 PFOA 和 PFOS 是必须引起关注的一类 POPs。白洋淀水体中 PFOS 的浓度为 74～830 纳克/升，PFOA 高达 140～5 820 纳克/升。对比近年来我国地表水大量文献数据，这一浓度水平高于我国地表水平均水平 1～2 个数量级。2009 年全球开始淘汰 PFOS，我国的生产厂家为了满足法规而转产全氟己烷磺酸（PFHxS），并在织物处理行业推广。这一问题在白洋淀水体中 PFHxS 的高浓度残留（478～4 770 纳克/升）中显露无遗。2006 年，美国明尼苏达州规定饮用水中 PFOA 和 PFOS 的最大允许浓度分别为 0.5 微克/升和 0.3 微克/升，新泽西州则将 0.04 微克/升定为 PFOA 的非致癌限量值，白洋淀水体中 PFOA/PFOS 的残留水平远高于这一限值。虽然白洋淀水域不属于饮用水水源地，但 PFOA/PFOS 的残留水平不容乐观。

四、针对白洋淀生态保护的几点建议

（一）持续推进白洋淀区及上游能源结构转变和经济结构调整

白洋淀地区 PAHs 污染主要来源于煤炭和薪柴燃烧的共同作用以及上游的输入。淀内及周边分布有 39 个村庄，常住人口约 8.6 万人，历史上主要通过煤和薪柴采暖。散煤和薪柴燃烧释放出大量 PAHs，经过干湿沉降，进入土壤和水体。近 15 年来汽车的普及和道路运输的快速发展，以及旅游、捕鱼、水路运输等活动中船舶尾气排放、油料泄漏均不同程度地造成白洋淀 PAHs 的污染。

2012 年以来，随着国家经济和能源结构的转变以及新环保法规的颁布，保定市大力推广清洁能源，到 2019 年基本完成了“散煤替代”。燃气和电力等清洁能源占比达到 55%，实现了能源结构从“燃煤为主”到“气电为主”的根本性转变，白洋淀区散煤和薪柴燃烧基本杜绝，白洋淀水体和沉积物 PAHs 污染状况也在发生了改变。对比本次调查和历史数据，可以看出 20 世纪 90 年代 PAHs 污染达到顶峰，近 10 年呈现明显的下降趋势。2007 年沉积物中 PAHs 总浓度在 325～1739 微克/千克，2016 年为 163～861 微克/千克，本次调查结果 90%以上点位的 PAHs 总浓度为 79～634 微克/千克，下降趋势显著，PAHs 的生态风险也相应降低。

推进供给侧结构性改革，压减炼钢、炼铁过剩产能，逐步淘汰和退出化学原料和化学制品制造、非金属矿物制品、有色金属冶炼和压延工业等高耗能、高污染行业，为高质量发展腾出空间。扶持高端装备制造、新能源、新材料、大数据与物联网、生物医药健康等产业做大做强。对接雄安新区建设规划方向，推进产业转型升级。

（二）实现白洋淀生态补水的长效化机制，监控补水水质

为改善白洋淀缺水的问题，不仅从本流域上游王快水库、西大洋等水库补水，还进行了跨流域引水。2004 年“引岳济淀”。2012 年大暴雨为白洋淀蓄入 1.8 亿米^{3}的水量，随后两年未进行规模化调水。2016 年“引黄入冀”补淀工程完工，年均向白洋淀淀区补水 1.1 亿米^3，2018 年南水北调中线工程向白洋淀生态补水近 1 亿米^3，流域内水库也向白洋淀生态补水 0.28 亿米^3。生态补水保证了白洋淀在枯水期保持较高水位和较大水域面积。除黄河水外，从丹江口水库和本流域水库调入的水质良好，处于甚至优于Ⅲ类水质，有效地稀释了白洋淀中的污染物，大大改善了白洋淀的水生态环境。2009 年白洋淀水域 PAHs 浓度水平为 819～6 268 纳克/升，2016 年为 71.3～228 纳克/升，2017 年春季

和夏季浓度水平为46.7纳克/升和76.2纳克/升，本次调查为25.7～52.4纳克/升，呈现明显下降的趋势。OCPs 2017年总浓度平均值为0.9～1.77纳克/升，本次调查显示90%以上水域浓度低于0.5纳克/升。本次调查沉积物中16种PAHs的总浓度为43～1 110微克/千克，相较于2017年的163～861微克/千克和2009年的1 011～1 494微克/千克，略有下降。虽然生态补水对水质的改善作用快而显著，但沉积物中PAHs是长期沉降的结果，浓度水平需要较长的时间才会有明显的下降。

生态补水对提高白洋淀纳污容量和自净能力具有重要作用，是白洋淀生态恢复的重要手段，也是保护白洋淀决策的重要组成部分。南水北调入淀水量和水质是最重要的两项指标。每年至少调入1.0～1.5亿米^{3}的Ⅲ类水，并建立长效补水机制，才能彻底缓解并改善白洋淀的生态环境。

（三）开展全氟辛基羧酸和全氟辛基磺酸污染来源排查，强化源头治理

全氟辛基羧酸和全氟辛基磺酸类化学品由于良好的表面处理特性而广泛用于织物和纸张的表面处理。历史上也曾大量用于电镀行业的铬雾抑制剂。电镀和纺织行业在白洋淀流域都有分布，特别是羽绒、制鞋、服装和纺织是白洋淀上游地区的支柱产业，“中国羽绒之乡”大张庄村紧邻白洋淀，流域内还有大量的其他纺织企业。PFOA/PFOS很可能来源于轻纺行业织物处理工艺的使用和排放。近年来《斯德哥尔摩公约》拟将PFOA纳入管控范围，并调查PFHxS的环境风险。白洋淀中较高浓度的PFHxS的来源仍不明确。只有开展系统监测调查，才能排查出全氟化合物污染来源，了解全氟化合物进入环境的途径，为减排提供明确的方向。

（四）持续关注新型POPs和高关注化学品的时空变化趋势，为污染防治和环境管理提取基础数据

溴代阻燃剂、短链氯化石蜡、烷基酚、双酚A和有机磷酸酯等新POPs和高关注化学品在白洋淀水体中都有检出，浓度变化趋势和环境风险值得关注。这些有机污染物多数仍在使用，并通过各种途径释放进入环境。由于其持久性的特性，不排除不久的将来其浓度到达风险阈值的水平。目前的文献报道过于碎片化，而且样本采样点位不规范，数据质控不系统，无法有效评估趋势性变化。只有开展定期监测，收集代表性样品，采用可靠的检测方法和统一的质控措施，才能系统掌握其浓度变化规律和趋势，为污染防治和环境管理提供基础数据和技术支撑。

（五）加强白洋淀上游流域环境综合整治，开展流域内的联防联控，才能彻底改善白洋淀生态环境

全面排查白洋淀流域内污染源，抓主要矛盾，聚焦重点，分类施策，制定实施专项行动方案，着力解决纳污坑塘、黑臭水体、“散乱污”企业、非法入河排污等问题，才能持续改善白洋淀的生态环境。完善城区雨污分流系统，推进污水处理厂扩容或污水处理厂新建，提高污水处理率和处理深度是比较容易实施且有效的治理手段。

在白洋淀上游实施退耕还林和规模化人造林场不仅能够有效涵养水源，还能大大降低耕作带来的农业面源污染，实现雄安新区森林、湿地和湖泊一体化生态系统。淀区内逐步退出散户水产养殖和周边散户畜禽养殖，彻底解决饲料、粪便等养殖业带来的农业面源污染。

在雄安新区发展进程中，做好规划，在白洋淀周边设置缓冲区和保护地带，降低社会活动对白洋淀生态环境的影响。

总之，白洋淀生态环境恢复仍旧是一项长期而艰巨的任务。

长江生态环境保护与流域智慧治理

徐富春　张聪　李顺　闫其年　刘鑫　张璇
（生态环境部信息中心）

一、调研目的意义

长江是中华民族的母亲河，也是中华民族永续发展的重要支撑和基础资源。长江全长 6 397 千米，自西向东横贯中国中部，流域面积达 180 万千米^2，约占中国陆地总面积的 1/5。长江经济带覆盖云南、四川、重庆、湖北、安徽、江苏、上海等 11 省（直辖市），人口和经济总量均超过全国的 40%，生态地位十分重要，综合实力较强，发展潜力巨大。

习近平总书记一直高度重视长江保护修复工作，亲自谋划、亲自部署、亲自推动。2018 年 4 月，习近平总书记考察长江视察湖北，实地了解长江经济带发展战略实施情况。在武汉主持召开深入推动长江经济带发展座谈会并发表重要讲话，指出新形势下推动长江经济带发展，坚持“共抓大保护，不搞大开发”，加强改革创新、战略统筹、规划引导，以长江经济带发展推动经济高质量发展。

生态环境部原部长李干杰在 2019 年 5 月 16 日的长江生态环境保护修复联合研究启动会中强调，科技创新是加强生态环境保护的重要支撑，是解决突出生态环境问题的利器。李干杰部长指出，针对长江生态环境治理要提高认识，强化责任；求真务实，常抓不懈；强化监督，严格考核；协调配合，统筹推进。

我们要以习近平新时代中国特色社会主义思想为指导，认真学习习近平生态文明重要思想，贯彻落实习近平总书记关于长江大保护指示精神，深入了解长江大保护和生态环境保护修复面临形势和任务，深刻分析长江生态环境保护存在的问题和需求，结合生态环境信息化建设与发展，运用信息化思维和方法，生态环境部信息中心组织开展“长江生态环境保护与流域智慧治理”专题调研。调研组由生态环境部信息中心徐富春带队，赴重庆、湖北等长江重点省市开展实地调研。

本次专题的调研目的，一方面是深入了解长江流域重点地区针对长江大保护开展生态环境保护工作情况、面临实际问题、具体实施策略和工作措施等；另一方面是掌握长江流域重点省市生态环境信息化建设情况和应用水平，探讨运用信息技术和方法，努力提升长江生态环境保护科学决策和精准监管水平，助力改善长江生态环境质量，促进长江经济带高质量发展。

二、调研过程

“长江生态环境保护与流域智慧治理”专题调研活动分两个阶段开展：一是前期调研准备，调研组赴国家长江生态环境保护修复联合研究中心开展调研，充分了解长江生态环境保护修复的前沿科研进展情况；二是实地调研座谈交流，调研组赴重庆、湖北、宜昌、武汉等长江生态环境保护重点地区，实地了解长江流域生态环境保护工作情况、面临实际问题、具体实施策略和工作措施等，以及生态环境信息化建设与应用水平，听取意见建议。

2019 年 7 月 11 日，调研组赴长江生态环境保护修复联合研究中心（以下简称长江中心）开展工作调研。调研组详细了解了长江中心工作重点、长江生态环境保护修复智慧决策平台（一期）建设情况及针对长江生态环境保护修复的科研工作进展情况。

2019 年 7 月 18—20 日，调研组赴重庆市生态环境局、宜昌市生态环境局、湖北省生态环境厅和武汉市生态环境局开展实地调研。在重庆市生态环境局调研期间，调研组认真听取了重庆市生态环境保护工作情况介绍，查看了重庆市生态环境大数据平台和水环境大数据系统，针对长江生态环境保护工作面临的问题和任务，以及信息化支撑服务和部省数据共享等进行了探讨和沟通。在宜昌市生态环境局调研期间，调研组上午实地考察秭归县凤凰山饮用水水源地、尖棚岭码头，详细了解长江流域饮用水水源地保护情况和船舶污染物接收转运处置情况，以及三峡库区生态环境保护修复进展。在湖北省生态环境厅调研期间，调研组听取湖北省生态环境厅关于网络安全与信息化工作的专题汇报，重点听取了湖北省长江大保护数字化治理智慧平台规划方案及工作推进情况，并就长江大保护面临的形势任务和困难问题进行了深入交流。在武汉市生态环境局调研期间，调研组重点了解了第七届世界军人运动会（以下简称武汉军运会）空气质量保障指挥调度平台、府河水环境管理信息系统等建设成果，观看了系统演示模拟指挥调度工作场景。结合全国生态环境信息化“一盘棋”以及“四统一五集中”工作要求，调研组就如何保障武汉军运会期间网络安全和视频会商调度等实际应用需求与武汉市生态环境局与会同志进行了交流沟通。

三、调研成果

通过对重庆、湖北等省（直辖市）进行实地调研发现，各沿江省（直辖市）对长江生态保护高度重视，按照中央部署结合本地实际开展了一系列保护工作。重庆市通过大数据建立流域画像，从而对水环境进行诊断、研判；宜昌市通过库区清漂、码头整治、船舶污染防治、岸线复绿和岸电建设等一系列措施，用具体行动保护修复长江生态；湖北省规划建设“长江大保护数字化治理智慧平台”，辅助地方生态环境保护战役，形成区域联防创新工作机制，支撑和服务长江大保护。具体详情如下。

（一）大数据助力长江水环境保护

重庆市提出了建设智慧环保的工作目标，通过智慧环保重点工程建设，到 2020 年，建成生态环境大数据中心，实现生态环境数据资源全面共享。

基于生态环境大数据中心，以应用为导向，按照“目标—现状—问题—成因—措施—成效”的闭环管理思路，开展了水环境大数据平台建设。水环境大数据平台主要围绕流域管理思路，打破行政区划界限，按照流域控制单元开展大数据建设，形成流域多维数据画像。在水质监测数据的基础上，进一步扩大数据汇聚范围，汇集河流水系、自然环境数据、社会经济数据、污染源、治理工程等各个维度数据，形成了 7 000 万个数据资源。通过大数据分析，量化城镇化、工业化等社会发展带来的环境压力，以及上游污染压力，最终实现数字化、定量化的河流健康表征。

大数据在水环境保护中的应用，实现了环境管理由经验治污到精准“智”污转变。通过系统建设，运用大数据、物联网、人工智能、无人机、空间遥感信息等先进技术，解决了传统管理中数据更新困难、问题分析耗时长、工作量大、措施针对性不强等问题。

（二）综合施策保护库区清水

位于三峡库首的宜昌市，通过岸线码头整治、船舶岸电建设、船舶污染防治、漂浮物清理和全域生态复绿等综合措施，趟出了一条凸显库区、坝区、山区、贫困地区特色的绿色生态发展之路。

宜昌市秭归县强力推进船舶污染治理，制定了《秭归县港口和船舶污染物接收、转运及处置设施建设方案》，近 4 年上岸处置船舶垃圾 6 800 多吨。在船舶岸电设施建设方面，推进待闸船舶用能清洁化，每年可为过往临时停靠船舶供电 1 200 千瓦·时，减少二氧化碳排放 8 460 吨、二氧化硫排放 79.1 吨、氮氧化物排放 108.64 吨，基本实现“锚地不再有噪声、船头不再有黑烟、江面不再有油污”的目标。在漂浮物清理方面，自2004年以来，宜昌市秭归县连续15年开展境内长江干支流清漂，同时将打捞后的漂浮物运送到专业公司进行焚烧利用，达到漂浮物无害化处理和节能减排双赢效果，累计替代原煤7.3万吨。在生态复绿方面，完成全域复绿5 991.7亩，其中按照“拆除到位、清场到位、复绿到位”原则，恢复自然岸线3 000米，补植复绿1.2万$米^2$。

（三）信息化创新支撑长江大保护

2018年6月8日，湖北省人民政府印发《湖北省人民政府关于印发沿江化工企业关改搬转等湖北长江大保护十大标志性战役相关工作方案的通知》，部署实施沿江化工企业关改搬转、城市黑臭水体整治、农业面源污染整治等湖北省“长江大保护十大标志性战役”。2019年1月15日，湖北省人民政府印发《湖北省推进数字政府建设实施方案》，明确“开发长江大保护智慧应用，充分结合湖北省情特点，建设长江大保护数字化治理智慧平台”。长江大保护数字化治理智慧平台以支撑服务长江经济带高质量发展为工作目标，以“顶层设计，规划引领”“充分利旧，资源共享”“目标导向，迭代创新”“统一标准，协同联动”“自主可控，保障安全”为基本原则，汇聚湖北省长江大保护“十大标志性战役”相关责任部门的感知、统计、分析等数据，服务15个专项行动协同联动，挖掘分析、智能研判长江生态环境问题，为长江大保护协同治理提供科学依据，进一步促进湖北省长江流域经济布局、人口分布和资源环境的空间均衡与协调，着力将湖北省打造成长江经济带生态安全屏障、文化创新高地、绿色发展增长极。

四、调研发现的问题

调研发现，总体来看，长江流域重点省（直辖市）针对长江大保护采取了一系列措施，长江生态环境保护修复工作取得了积极进展，各地信息化建设和数字化应用也初具规模，推动了管理方式转变，提升了管理工作效率。调研也发现，面对长江大保护新形势、新任务，长江生态环境保护面临许多新问题，特别是长江大保护“一盘棋”工作格局尚未形成，生态环境保护修复工作存在许多执行难、执行不到位等困难，数字化智慧治理平台建设严重滞后等。

（一）长江流域缺乏有效的协同工作机制

目前，长江大保护重点工作以地区为边界，以一个业务部门为主导，分布投入、分散建设现象普遍存在。长江经济带覆盖云南、四川、重庆、湖北、安徽、江苏、上海等

11 省（直辖市），各地区各自为政、相对独立；同一个地区的不同部门也缺乏必要的工作联动，长江大保护“一盘棋”工作格局尚未形成，缺乏有效的协同工作机制。

（二）长江流域生态环境信息化建设缺乏系统设计

调研发现，长江流域各省（直辖市）生态环境管理部门都积极推动信息化建设工作，但生态环境信息化工作各自为政，缺乏顶层设计和系统规划。在建在用的信息系统不少，但大部分是服务于单一业务的小系统，系统功能单一、数据维度单一，缺乏综合管理和科学决策的数字化智慧治理平台。近几年，各地开展生态环境大数据平台建设，平台功能有所扩展，数据资源大幅增加，但平台建设与业务需求脱节，缺乏实际应用场景支撑，生态环境信息化建设应用效益不高。

（三）长江流域信息化建设针对性不强

随着各地对生态环境保护工作的重视，长江流域各省（直辖市）陆续投资建设生态环境大数据平台、数据中心等信息化项目。但大部分项目面向具体行政区域，或面向具体生态环境业务场景，长江流域生态环境保护应用场景没有充分明确，基础性科学研究支撑不足。这使得现有生态环境信息系统无法很好地支持长江生态环境保护修复与流域智慧治理等需求，而针对长江大保护和长江流域智慧治理，一体化长江生态环境保护管理平台建设需求也尚未明确。

（四）长江流域智慧治理数据需求不明确

调研发现，长江重点省（直辖市）在长江流域开展了大量基础性监测监控，形成了大量基础性数据和资源。由于地区不连通、部门不连通等原因，一方面，数据资源得不到充分开发利用；另一方面，长江生态环境保护修复需要各地区各部门数据共享，在实际工作中缺乏数据支持和服务。调研还发现，在建设长江大保护数字化智慧治理平台等工作中，由于对长江大保护缺乏系统性认识，对长江生态环境保护修复科学研究不够，实际应用场景缺失等，长江流域智慧治理数据需求尚不明确，也严重影响了长江大保护工作深化开展。下一步各地都在寻求对基础数据进行开发利用，希望从大数据中找到解决长江大保护核心问题的答案，建立智慧治理体系，形成智慧治理能力。目前，亟须加强长江生态环境保护修复科学研究，明确长江流域智慧治理应用场景，汇聚各类基础数据，建立智慧治理数据目录，服务于长江大保护。

（五）长江流域生态环境信息化发展不均衡

长江流域各地生态环境信息化工作各具特色，由于各地条件不同，投资规模和建设需求不一致，信息化发展出现不均衡现象。有的地区信息化基础薄弱，数据资源不足，尤其是基层信息化人才，既面临储备不足又面临大量流失等困难。同时，随着信息技术日新月异，生态环境信息化建设模式亟待研究，传统分层分级的建设模式是否继续适用？各省（直辖市）在现有条件下，如何发挥生态环境信息化全国“一盘棋”的效益，支撑打好“长江大保护攻坚战”，也是当前面临的问题。

五、工作建议与措施

为了支撑长江生态环境保护与流域智慧治理，实现到 2020 年年底长江干流、主要支流及重点湖库的湿地生态功能得到有效保护，生态用水需求得到基本保障，生态环境风险得到有效遏制，生态环境质量得到持续改善，长江生态环境信息化工作还需要加大投入和建设。因此，围绕长江生态环境保护与流域智慧治理，提出以下建议：

（一）生态环境部统筹规划长江大保护，推进建立长江大保护协同工作机制

长江经济带覆盖云南、四川、重庆、湖北、安徽、江苏、上海等 11 省（直辖市），同时长江大保护涉及交通、公安、水利等多部门。可以看出长江生态环境保护需要打通流域内、部门间的交流协作。因此，生态环境部应以改善长江生态环境质量为核心，围绕落实《长江经济带生态环境保护规划》《长江保护修复攻坚战行动计划》，着力建立长江大保护协同工作机制，促进长江生态环境保护工作协同高效。

（二）加强长江大保护信息化规划引导和顶层设计，整合资源共建长江大保护智慧治理平台

长江生态环境保护和智慧治理工作，涉及国家多个部门和流域内各省（直辖市），迫切需要打破信息壁垒，从流域管理整体性系统性出发建立省（直辖市）间、部门间的协同联动机制，生态环境部信息中心应会同长江生态环境保护修复联合研究中心，加强长江生态环境保护信息化建设规划引导和顶层设计，联合相关部门、省（直辖市），加强资源整合，共同组织开展长江大保护数字化智慧治理平台设计和建设，力求做到平台共建、数据共享，成果共用、上下贯通、左右联通，最终实现智慧决策、科学管理，为长江大保护各项工作提供支撑。

（三）开发长江流域数据共享服务平台，富集各类数据资源，助力科学决策和精准监管

要提升长江生态保护修复科学化和精准化水平，打好长江保护攻坚战，就需要富集各类多维数据资源。建议充分利用生态环境保护信息化工程项目签订的部委间数据共享协议，依托生态环境信息资源中心，研究建立长江流域数据共享服务机制和技术平台，一方面，建立针对长江生态环境保护修复的数据目录清单，明确数据需求，从而有的放矢地富集各类数据资源；另一方面，汇聚数据应用场景，对有具体数据应用需求的省（直辖市）开放接口，使得数据回流至地方，让数据更好地服务长江生态环境保护与流域智慧治理，助力科学决策和精准监管。

（四）充分利用生态环境科技成果转化综合服务平台，示范应用与推广新技术新方法

2018 年生态环境部印发了《关于促进生态环境科技成果转化的指导意见》，建立增强技术服务能力，围绕生态环境科技成果转化全链条的综合服务平台。目前平台已经汇聚 4 000 多项环境治理技术类和管理类成果。因此，充分利用转化综合服务平台，针对长江生态环境保护与流域智慧治理有效贯通线上专家、技术和科技成果与线下环境治理需求，打造长江生态环境保护与流域智慧治理成果示范应用。

（五）加强长江流域生态环境信息化基础能力建设，助推长江大保护

从长江生态环境保护的整体性系统性出发，以部门系统集成和实现数据共享为前提，利用“互联网+”、大数据、云计算等先进技术加强长江流域生态环境信息化基础能力建设，利用视频监控、卫星遥感、无人机及人工智能等手段，构建“天地一体，水陆统筹，测控互补，防控协同”的智慧监管平台，以实现对长江生态破坏和水质污染行为全面监控、准确评价、智能分析、科学决策、直观展示，做到实时发现、快速响应、科学施策、智慧治理，大幅提高长江大保护工作水平，促进长江经济带高质量发展。

关于京津冀地区水污染联防联控工作调研情况的报告

张涛
（生态环境部环境规划院）

为进一步推动京津冀地区水污染联防联控工作，根据生态环境部领导指示和生态环境部水生态环境司工作部署，2018 年 11 月 21—22 日、11 月 26—29 日，生态环境部环境规划院专家在先后赴北京市、天津市、河北省（以下简称三省市）开展调研，以官厅水库、密云水库、引滦入津流域、白洋淀和跨界断面为重点，现场察看了北京市官厅水库、密云水库、天津市于桥水库及前置库湿地、果河桥断面、河北省潘家口水库、大黑汀水库、府河、孝义河、白洋淀入湖口和湖心区断面、淀中村等，将相关情况汇成报告如下。

一、基本情况

2015 年 11 月，京津冀及周边地区水污染防治协作小组正式成立。三省市水污染联防联控工作取得积极进展。

（一）制定协调统一的水污染防治方案

编制实施水污染防治方案。京津冀及周边地区水污染防治协作小组先后印发了《京津冀及周边地区水污染防治部际协调小组工作规则》《京津冀及周边地区落实〈水污染防治行动计划〉2016—2017 年实施方案》及《京津冀区域 2017 年水污染防治工作方案》等。

建立重大项目区域准入会商机制。2015 年，三省市签署《京津冀区域环境保护率先突破合作框架协议》，明确提出“联合立法、统一规划、统一标准、统一监测、信息共享、协同治污、联动执法、应急联动、环评会商、联合宣传”十项重点工作。在环评会商机制方面，针对可能对区域水环境、大气环境产生重大影响的重点行业规划、园区建设规划和重大工程项目实施环评会商。三省市共同确定环评会商项目名录，共同制定环评会商管理办法。

（二）积极推进建立流域生态补偿机制

推进“引滦入津”上下游横向生态补偿机制。2017 年 6 月，河北省、天津市签订《关于引滦入津上下游横向生态补偿的协议》（以下简称《协议》），设立引滦入津上下游横向生态补偿资金，其中 2016—2018 年中央资金 3 亿元，河北省、天津市每年各 1 亿元。按照《协议》，一是河北省开展了潘大水库库区网箱养鱼清理工作，共清理网箱 73 275 箱，库鱼 0.865 亿千克；二是两省（直辖市）针对跨省界断面（黎河桥断面、沙河桥断面）开展联合监测，水质类别均从 2016 年的Ⅳ类上升为 2017 年、2018 年（1—10 月）的Ⅱ类，水环境质量持续改善；三是两省（直辖市）开展联合执法，对引滦沿线进行现场勘察。

建立密云水库上游潮白河流域水源涵养区横向生态保护补偿机制。2018 年，北京市、河北省共同签署了《密云水库上游潮白河流域水源涵养区横向生态保护补偿协议》，实施年限暂定为 2018—2020 年，按照“成本共担、效益共享、合作共治”的原则，共同促进流域水资源与水生态环境整体改善。为推进协议落实，北京市、河北省生态环境部门印发《密云水库上游潮白河流域水源涵养区横向生态保护补偿水质联合监测方案》，以水量、水质、上游行为管控三方面指标，对河北省承德市和张家口市相关县（区）进行生态保护补偿。

建立官厅水库治理和保护联席会议制度。张家口市怀来县政府与北京市官厅水库管理处联合制定《关于官厅水库环境治理工作的实施意见》，成立工作领导小组，明确职责分工，建立官厅水库治理和保护联席会议制度，定期组织有关部门和乡镇政府召开联席会议，及时研究部署官厅水库周边日常监管和治理、水库保护项目推进、库区水质监测等工作。建立官厅水库管理处与县政府，以及政府职能部门联合执法机制，组建官厅水库环境治理和保护综合执法队，对官厅水库周边进行综合巡查、联防联治。

（三）开展生态保护红线划定

2017 年 2 月中共中央办公厅、国务院办公厅《关于划定并严守生态保护红线的若干意见》印发，京津冀地区为首批开展生态保护红线划定的省（直辖市）。依托国家生态保护红线划定专家委员会及国家生态保护红线划定工作办公室，成立了京津冀生态保护红线专家指导组。三省市编制生态保护红线划定工作方案与技术方案，建立生态保护红线划定工作协调机制，按照国家专家组明确的京津冀生态保护红线整体空间格局与分布范围，依据统一的划定原则、评估标准开展生态保护红线划定工作。目前，三省市划定方案已分别发布。

（四）加强地下水保护和超采治理

一是利用南水北调水置换受水区城区地下水开采，截至 2017 年年底，受水区各城区已封填机井 14 533 眼，与 2014 年相比，压减年地下水超采量 15 亿米^3，占城区超采量的 43%。二是实施河北省地下水超采综合治理试点，通过地表水置换地下水灌溉、发展高效节水灌溉、压减冬小麦种植、实施非农作物替代、推广节水小麦种植等措施，地下水年超采量减少了约 20 亿米^3。三是推进水资源税和农业水价综合改革，地下水最低平均税额为 1.5～4 元/米^3。四是加强地下水管理，明确了京津冀地区地下水开采总量控制指标和压采目标，对年取用地下水 20 万米^3 以上的工业及生活取水大户实现在线计量监控。

二、存在的问题

尽管目前京津冀三地水污染防治的跨区域联防联控工作取得了一些进展，积累了一些经验，但总体而言仍处于起步和探索阶段，部分领域限于小范围试点实践阶段，部分领域仍停留在规划方案阶段。

（一）水资源保护与利用形势依然严峻

水资源保障压力较大。海河流域水资源开发利用强度极高，人均水资源量仅为全国平均水平的 1/20，城市供水水源依赖性、脆弱性矛盾突出。如天津市南水北调中线工程已经达到和超过了年度分水指标，于桥水库受上游来水超标、蓝藻暴发影响，难以满足水质和水量要求。

生态水量目标普遍缺失。例如，《海河流域综合规划》仅对潮河、白河及潮白河干流断面规定了生态水量目标，尚未对密云水库、白河堡水库、云州水库等主要水库规定生态水量目标。目前这 3 座水库在调度运行中也没有考虑下泄生态水量，同时缺乏相应的泄放设施。

（二）水环境质量改善任务依然艰巨

地表水劣Ⅴ类水质断面比例较高。受水资源短缺制约，生态用水严重匮乏，河流水体流动性差、自净能力弱，地表水劣Ⅴ类水体仍占相当高的比例，距全国平均水平仍有较大差距，水环境质量改善难度较大。例如，天津市入境断面劣Ⅴ类水质比例达到 80%，武清境内的龙河、龙北新河、凤河西支等入境河流污染严重。

“引滦入津”工程水质保障仍面临压力。根据海河委员会水土保持局数据，2017年，进入潘家口—大黑汀水库的污废水量1.2亿吨，主要入库河流滦河干流乌龙矶断面水质仍为劣V类；库区周边邻水建设项目、生态旅游经营在原有基础上呈增多趋势，临库渔业生产和零散捕捞等活动仍时有发生。

（三）上下游水污染治理联动机制仍不完善

水污染协同治理不强，流域上下游沟通机制仍不顺畅。流域上下游治理标准、要求、步调不统一，“飞地”与所在区域环境管理要求不统一等。例如，“引滦入津”生态补偿机制落脚点主要在环境治理上，而非引水补偿。补偿方案将有限的补偿资金实化为各项环境综合整治工作，客观上促进了滦河流域水环境质量短期内的大幅改善，但也给河北省增加了财政负担以及后续的社会责任履行压力。潘家口和大黑汀水库网箱养鱼清理后，库区居民（绝大多数都是修建潘家口水库时的后靠移民）人均耕地只有0.12亩，每年仅有600元生活补助，失去主要经济来源后，收入远低于所在县市的平均水平，仍未完全脱贫，社会稳定风险仍然存在。

三、下一步工作

（一）完善补偿机制，促进上下游水生态环境稳步改善

继续实施“引滦入津”流域上下游生态补偿协议。“引滦入津”流域上下游生态补偿协议（2016—2018年）即将到期，有关部门将继续加强指导，加大水质改善目标、奖补资金配额、绩效评估等方面协调，推进河北省、天津市续签补偿协议。继续推进“引滦入津”后续保障工作，在巩固潘家口—大黑汀水库网箱养鱼清理成效的基础上，谋划实施小流域治理、生态修复、城镇环境基础设施建设等多方面工程。

推进建立官厅水库上下游生态补偿机制。为适应张家口市推进首都水源涵养区和生态环境支撑区建设的形势和需要，参照密云水库补偿协议模式，研究建立官厅水库上下游生态补偿机制。在现有生态补偿和合作的基础上，积极探索通过实物补偿、服务补偿、设施补偿、对口支援、干部支持、共建园区、飞地经济等方式，建立综合性生态补偿机制，提高补偿针对性和实效性。

（二）加强流域保护，构建京津冀地区健康生态系统

严守生态保护红线。加快推进三省市生态保护红线勘界定标与基础调查，设立界桩、

标识牌，将生态保护红线划定范围准确落图、落地，形成京津冀地区生态保护红线“一张图”。严格生态保护红线管理，强化生态保护红线刚性约束，发挥生态保护红线对于国土空间开发的底线作用。采取以封禁为主的自然恢复措施，辅以人工修复，实施生态保护红线保护与修复，改善和提升生态功能。

优化产业发展定位和布局。严格执行区域一体化产业准入目录和国家产业政策、环保标准。京津冀生态环境支撑区发挥生态优势，促进经济发展与生态保护协调互动，培育发展特色、高效、富民的绿色产业，强化生态涵养功能。有序推进产业梯度转移，强化承接产业转移区域的环境监管。科学核定水资源与环境承载力，把水资源、水环境承载能力作为刚性约束，以水定产。河流沿岸、重要饮用水水源地补给区，严格控制化学原料和化学制品制造、医药制造、制革、造纸、焦化、化学纤维制造、石油加工、纺织印染等项目环境污染风险，合理布局生产装置及危险化学品仓储等设施。

（三）加强源头控污，遏制京津冀地区违法排污

推进建立流域标准和目标体系。加强上下游地区、流域机构的交流与协作，推进统一标准、统一规划等措施。深入细化落实流域控制单元分区管理，可适时组织制定严于国家标准的地方污染物排放标准，确保符合流域、区域实际。

加强联动执法和应急管理。推进三省市落实《京津跨区域环境联合执法工作制度（暂行）》，联合上游地区不定期组织开展跨省联动执法，重点依法排查与处置跨行政区、跨流域的重点污染企业、环境污染行为、环境违法案件或突发环境事件。强化应急管理，推进三省市落实《水污染突发事件联防联控机制合作协议》等，积极稳妥处置跨界水污染事件。组织京津冀生态环境部门定期开展联合应急演练，提升跨界水污染应急联动应对能力。

完善区域水环境监测网络。优化完善地表水环境质量监测网络，加强跨界地区水环境监测合作。推进建立数据在线共享机制和流域水质水情定期通报制度，使跨界上下游地区及时掌握相关数据，指导各自辖区进行分析研判，妥善应对突发水污染事件等应急情况。

典型行业 VOCs 自动监控存在的问题及改进建议

王婧　吕晓君　高雷利
（生态环境部环境工程评估中心）

挥发性有机污染物（VOCs）的浓度直接影响臭氧这一约束性指标的达标率，已成为当前大气污染防治工作的关注重点。《打赢蓝天保卫战三年行动计划》中要求全国 2020 年基本完成石化、化工、包装印刷、工业涂装 4 个行业（以下简称四大行业）的 VOCs 排放重点源应自动监控设施安装。生态环境部环境工程评估中心受执法局的委托，从 2019 年 4 月开始，对上述四大行业的 VOCs 自动监控设施的安装、运行和管理等情况进行专题研究，调研涵盖全国 40 家石化企业、23 家化工企业、33 家包装印刷企业和 11 家工业涂装企业。调研发现，四大行业企业的 VOCs 自动监控设施存在覆盖率尚且不足、监测结果比对难、管理应用少等问题。为此，课题组提出应细化自动监控设施安装要求、提高自动监控质量、强化以用促管等建议。

一、VOCs 自动监控存在的问题

（一）安装比例低，距《打赢蓝天保卫战三年行动计划》的要求还存在较大差距

按《打赢蓝天保卫战三年行动计划》要求，2020 年年底前全国石化、化工、包装印刷、工业涂装 4 个典型行业 VOCs 重点源基本完成安装纳入自动监控。本次抽样调查的四大行业企业中，工业涂装行业企业安装 VOCs 自动监控设施的比例最高，占比 50%以上，石化、化工、包装印刷行业的安装比例分别只有 30%、9%、1%。其原因一是指导规范正式出台较晚，一些地方和企业消极等待、工作延迟。2020 年 3 月生态环境部印发了《固定污染源废气中非甲烷总烃排放连续监测技术指南（试行）》（以下简称《技术指南》），一些地方工作延迟部署，而企业对具体应安装点位也往往把控不准。例如，石化企业典型的 VOCs 排放源有 12 个，化工、涂装、包装印刷企业的 VOCs 排放节点更是小而多，难以确定主要排放口。二是各地的监控工作要求

不明确、不统一。如北京市、广东省笼统要求重点排污单位安装 VOCs 自动监控设施，但对企业内部具体哪个排放口须安装则没有规定；天津市、南京市和上海市以具体排放口的风量来确定是否需要安装；河南省则按 VOCs 年排放量来确定需要安装自动监控设施的排口。不同的要求既复杂又难以操作，让企业无所适从。同时，VOCs 作为区域联防联控的重点因子，安装要求的不统一，容易导致地区间的不公平。

（二）设备标准化、建设规范化不足，监控质量难保证

（1）从已经安装的 VOCs 自动监控设施来看，仪器设备品牌多且杂，均未被列入相关单位的《固定污染源废气非甲烷总烃连续监测系统认证检测合格产品名录》。以工作基础较好的山东省淄博市为例，淄博市目前安装的 146 台设备中，共涉及 33 个品牌，每个品牌平均不足 5 台，尚未出现市场公认质量可靠的设备。

（2）设备标准化不够、质量良莠不齐。2019 年年初，上海市环境监测中心对 41 家仪器公司的 VOCs 自动监控设施进行检查，发现存在技术指标不达标、采样口设置和管线安装不合理、分析仪量程设置不规范、运维不规范等问题；对抽取其中 21 个型号的自动监控设施（进口 8 个、国产 13 个）进行了通标气测试，结果显示仅有 9 个型号（进口 5 个，国产 4 个）通过测试，测试通过率仅为 42.6%。

（三）数据比对难、联网监管空白，管理效果难体现

（1）自动监测数据难以比对。VOCs 组分复杂且变化快，数据审核难度大。本次研究选择了 4 家炼化企业、9 家化工企业的 20 个自动监控点分时段开展了现场比对（50 毫克/米^3≤VOCs 浓度均值＜500 毫克/米^3）。结果显示，有 10 个监控点在所有时段中手工监测和自动监测的相对误差均低于 40%；4 个监控点在所有时段中比对相对误差均高于 60%；6 个监控点在不同时段中比对相对误差差异较大，最低误差为 10%，最高误差达 120%。按照《固定污染源废气非甲烷总烃连续监测系统技术要求及检测方法》（HJ 1013—2018）中相对准确度≤40%的要求，有高达 50%的自动监控比对结果是不合格的。

（2）联网监管方面仍属空白。由于将 VOCs 作为主要污染物纳入监管的时间较短，多数排放量较大的印刷、涂装等企业尚未纳入各地的重点排污单位名录，难以按照现行法律法规强制要求其与生态环境主管部门联网。本次调研中发现已安装 VOCs 自动监控的企业也多数未与地方生态环境部门联网。自动监测数据不与国家和地方生态环境部门联网，对典型行业 VOCs 污染的监管效果大打折扣。

二、推动实施典型行业 VOCs 自动监控的对策建议

（一）以排污口为单元明确安装要求，并开展督办

（1）统一标准尺度，进一步明确企业中需要安装 VOCs 自动监控设施的排气口。对于排污许可证中已明确作为主要排放口管理的 VOCs 排污口优先按照许可证的要求安装自动监控；对于未发放排污许可证的企业，可借鉴天津市、南京市、上海市的做法，对于排放速率每小时大于 2.5 千克或排气量每小时大于 6 000 米^3 的排气口排放，建议安装非甲烷总烃等连续监测设施。

（2）对以无组织排放为主，或暂不具备安装非甲烷总烃连续监测的技术可行性或经济可行性的企业，可安装 VOCs 治理设施工况监控设备，或安装光离子化检测仪，对 VOCs 排放进行定性预警监控。

（3）为促进四大行业尽快实现重点污染源 VOCs 自动监控全覆盖，建议对四大行业安装联网开展专项督办。

（二）开展摸底排查，规范自动监控市场秩序

（1）对 VOCs 自动监控仪器厂商进行摸底。根据 HJ 1013—2018 中的有关规定，对目前已经使用的设备进行适用性排查，尽快推出合格产品清单。

（2）通过规范自动监控设施第三方运维服务市场，保障数据质量。建议通过行业自律的方式，建立运维服务评价“红名单”“黑名单”。将运维质量差、数据失真率高、设备故障率高甚至弄虚作假的列入“黑名单”；反之运维服务质量较高、数据较稳定的则列入“红名单”。

（3）对通过检测并已安装运行的自动监控设施进行跟踪评估，保证其长期稳定运行。

（三）加快补充完善技术标准规范，试点推动数据应用

（1）建议进一步完善 VOCs 安装验收标准、数据校核规则，规范 VOCs 自动监控系统管理要求。《技术指南》沿用了 HJ 1013—2018 的实验室手工比对方法。由于手工校验受气袋材质、采样温度和时间、运输时间等诸多因素影响，比对误差大，因此应加快研究更加可靠的比对方法代替传统手工参比，保证自动监控数据的准确性、稳定性，确保对收集到的自动监测数据的分析处理方式有理有据。

（2）建议推动 VOCs 自动监测数据与生态环境部污染源监控中心的联网工作，一方面可基于大样本量的数据互相校验数据准确性；另一方面通过对数据分析，试点开展自动监测数据应用于执法的研究。

关于推动全国辐照装置退役工作的建议

王杨　王海理　罗建军　冯建平
（生态环境部东北核与辐射安全监督站）

随着辐照行业安全标准的不断修订、监管要求的不断提升，于20世纪70—80年代建成的辐照装置在装置运行、安全联锁、人员管控、应急措施等方面存在的安全隐患逐渐显现，已不能满足国家现行标准要求，这些装置也逐步临近40年安全寿期，未来10年将是早期建成辐照装置的集中退役时期。鉴于上述情况，全面掌握全国辐照装置退役现状，推动国家关于装置退役的标准、导则等文件的进一步精细化、规范化，对推动全国辐照装置退役工作、为监管部门提供参考性建议与积累监管经验具有重要意义。

一、我国辐照装置退役问题现状

生态环境部东北核与辐射安全监督站高度重视老旧辐照装置退役工作，针对东北三省内辐照装置存在退役困难的实际，提出解决方案并不断推进辐照装置的退役进程，2006年以来，共推动10家单位完成退役工作。这些单位中，4家曾出现因各种问题导致的无法退役或者退役进程滞缓的情况，包括未清理的放射源对周边环境及公众带来安全隐患、滞缓的进程给监管部门及地方政府带来监管负担、废弃的场地也给不知情的公众造成心理影响，继而可能引发不良舆情。

统计2006—2018年情况，全国完成辐照装置退役单位56家，大部分集中在华东、华北、东北地区，其中华东20家、华北12家、东北10家。各区域存在不同程度退役困难，尤其是退役资金困难的单位共10家，以东北地区情况较为严重，占全国总数的40%。同时，生态环境部东北核与辐射安全监督站调研了已退役单位的历史情况，对存在退役困难单位的不同难点进行分类与整理。

二、辐照装置退役难题及原因分析

（一）退役专项资金短缺

辐照装置单位因债务问题、经济效益差等原因，未按要求预留退役资金，或预留资金被挪作他用。

（二）退役单位不能或不愿承担退役责任

一是某些单位法人代表在装置运行时或违法入狱，或畏罪潜逃，导致装置停运后不得不退役，法人代表自身不能承担退役责任，普通员工也不愿配合监管部门或地方政府开展后续工作；二是部分单位管理人员存在侥幸心理，认为已经停运的装置只要无人接触就不会出现问题，长期不实施退役；三是有些单位装置年代久远，历史记录缺失，管理人员以此为由，拖延退役进程。

（三）退役监管推动力不足

监管部门和地方政府未能及时督促退役，待装置闲置较长时间后才引起重视。虽然法律法规对未按期开展退役的单位有明确罚则，但因“对确实存在困难（如资金困难）单位进行处罚也未必能达到目的”观点的存在，导致监管人员对退役工作的推动未有实质进展。

分析上述问题发生的原因，主要是以下几个方面：

1．企业老旧或规模小，未预留退役资金或资金预留不足

存在退役困难的单位多数规模较小、生产能力较低，企业自身经济效益存在问题，并未预留足够的退役资金甚至完全没有能力负担退役费用。以辐照装置设计装源量计算，30 万居里以下为小型装置。以东北地区为例，现存 9 家正常运行单位共 11 座辐照装置，其中有 4 座小型装置，占东北三省行政区总辐照装置的三成以上；已完成退役的 10 家单位中，小型装置占比更是在六成以上。多数小型装置的退役是因为经济效益不好，正常运行都是由本单位其他部门拨款支撑，一旦进入退役阶段，大额的退役资金会成为最大困难。

2．企业管理人员认识不足

目前进入退役阶段的单位均建成较早，装置的设计、运行等历史数据因为时间的推移而变得情况不明。部分单位管理者核安全意识淡薄，核安全文化缺失，对人员辐射安全防护和设备的运行安全没有足够的认识，对装置闲置的环境风险和公众影响没有足够的了解，未意识到退役工作应按期开展。

3．现行法律未明确退役完成时限导致退役活动未得到及时推进

自国家核安全局主管辐射安全以来，我国不断规范相关标准与导则，但是对辐照装置完成退役的时限并未明确规定，涉辐行业多数人员对此理解为，源项清理后的退役工作无须积极开展，导致了场所闲置时间过长仍未能完成退役；此外，监管部门多倾向于把监管重点放在运行单位的联锁有效性方面，未对已完成源项清理而未开展退役的单位予以足够的重视，认为装置单位应承担主体责任从而未对其退役行为进行积极督导，同时由于退役时限在法规中未明确而限制了监管部门对装置退役的强制性行为。

三、推动辐照装置退役难问题解决的建议对策

（一）建立运行机制，保障退役资金

一是建立、完善辐照装置退役准备金制度，要求企业定期向退役专用账户存入资金，确保在装置启运后的规定年限内账户中有能够负担退役费用的足额资金，并将其作为与“三同时”同样重要的审查要求，列为监督检查技术程序中的必要检查项目和辐射安全许可证换发的必要条件；二是建议行业协会建立退役互助财务机制等，鼓励辐照装置企业共同参与，以应对退役资金短缺的重大风险。

（二）加强培训教育，提升核安全文化

辐照装置退役难的一个重要原因在于法人和管理者的不重视安全以及核安全文化缺失，须加强外部监管和持续强化核安全文化培育力度，从根本上提升各单位的安全和责任意识。国家核安全局可通过行业交流会、网络媒体平台等多种途径发布核安全文化相关知识，在行业内部营造良好的文化氛围，将单位核安全文化的培育程序化、指标化，并纳入监督检查范畴；地区监督站应在日常监督检查与管理中向企业强调法律法规的严肃性与核安全文化建设的重要性，明确单位退役阶段的法律责任，有条件的可组织针对

性较强的辐射安全培训活动，为企业创造参训的机会，对于核安全文化建立与培育情况较好的单位可进行推广宣传，形成积极的学习与交流氛围。

（三）严格行业标准，加大惩处力度

一是修订并完善辐照装置设计、建造、运行、退役等辐射安全标准，将辐射安全提升至最高优先级，对于新进入行业的单位和原有单位都要严格审查，通过提高标准的方式筛选符合要求尤其是有能力在停运后自行开展退役活动的单位进入，为后续顺利开展工作奠定基础。二是在新建单位许可证申请、运行单位许可证延续/增项审查过程中，增设编制退役方案的要求并加强对退役方案及退役预留资金的审查，退役方案应保证至少5年修订1次，方案应包括详细的资金规划与时间节点，同时将本部分内容作为单位自查与监管部门监督检查的必要项目。三是在相关法律法规中进一步明确辐照装置单位对退役的责任与罚则，制定标准、导则等文件规范退役时间节点，对于有能力退役却不履行退役手续的单位，应根据法律要求严格进行处罚，处罚的方式应根据企业实际情况的不同而有所区别，可通过处以罚金配合约束企业或其责任人行为能力的方式，保证切实达到推动退役的效果。

关于海南自由贸易港建设生态环境保护的调研报告

左志山　杜文强　田雪
（生态环境部综合司）

2020 年 1 月 7—10 日，生态环境部赴海南省开展自由贸易港建设及生态环境保护专题调研，与海南省深改办（自由贸易办）、发展改革委、商务厅、自然资源与规划厅、工业和信息化厅、生态环境厅、海口海关等有关部门负责同志座谈，了解海南自由贸易港建设进展和相关环保工作情况；与海南省生态环境厅相关业务处室负责同志座谈，了解生态环境部门参与海南自贸港建设情况、生态环境保护重要制度落实情况、部省战略合作协议推进过程中的困难和问题，以及需要生态环境部支持和协助的事项；实地考察了海南省生态环境监测中心、核与辐射监测中心能力建设情况，乐城医疗旅游先行区、崖州湾科技城等项目规划建设情况。

一、海南全面深化改革开放对生态环境保护有明确要求

2018 年 4 月 11 日，中共中央、国务院印发《关于支持海南全面深化改革开放的指导意见》（简称“中央 12 号文件”），明确提出海南深化改革开放总体要求，主要任务是建设“三区一中心”，即全面深化改革开放试验区、国家生态文明试验区、国家重大战略服务保障区、国际旅游消费中心。“生态文明试验区”是海南自由贸易港建设的重点任务之一。

2019 年 4 月 26 日，中共中央办公厅、国务院办公厅正式印发《国家生态文明试验区（海南）实施方案》（以下简称《海南方案》），《海南方案》明确提出海南生态文明建设三个阶段目标：到 2020 年，生态文明制度体系建设取得显著进展，生态环境质量持续保持全国一流水平；到 2025 年，生态文明制度更加完善，生态文明领域治理体系和治理能力现代化水平明显提高，生态环境质量继续保持全国领先水平；到 2035 年，生态环境质量和资源利用效率居于世界领先水平，海南成为展示美丽中国建设的亮丽名片。

为达到上述目标，需要做好以下几个方面的工作。一是完善生态文明制度体系。率

先建立生态环境和资源保护现代监管体制、以绿色发展为导向的评价考核体系、党政领导干部自然资源资产离任审计和生态环境损害责任追究制度、自然资源资产产权制度和有偿使用制度、生态保护成效与财政转移支付资金分配相挂钩的生态保护补偿机制、水权制度、绿色产品政府采购制度、环境污染“黑名单”制度、环境污染强制责任保险制度等。二是国土空间开发保护。严格自然生态空间用途管制，构建以热带雨林等国家公园为主体的自然保护地体系和生态廊道、生物多样性保护网络；严格保护海洋生态环境，加快建立重点海域入海污染物总量控制制度。三是推动形成绿色生产生活方式。包括建立产业准入负面清单制度、实施能源消费总量和强度双控行动、创建农业绿色发展先行区、构建清洁能源供应体系、推广新能源汽车和节能环保汽车、禁止销售燃油汽车、推进快递业绿色包装应用等。

二、海南生态环境工作状况与生态文明试验区建设要求

海南省围绕党中央、国务院的战略部署，在生态环境质量巩固提升、生态环境监管能力、国土空间管控、陆海统筹保护发展、生态价值实现机制探索等方面取得一定成效。其中，热带雨林国家公园建设、“清洁能源岛”“限塑令”等具有地方特色的创新试验成为海南生态文明试验区建设的标志性工程。但总体来看，海南生态环境工作基础差，主动作为不够，对照生态文明试验区建设的目标任务和自贸港建设的管理要求还存在不小的差距。

（一）顶层设计尚未形成

建设海南自由贸易港、打造生态文明试验区，必须对标国际生态环境质量和资源利用率一流的国家和地区，《海南方案》提出了到2035年的阶段目标，如何围绕这些目标开展工作，如确定重点任务、提出政策策略、分解年度任务等，目前还是空白。

（二）宏观管控缺乏抓手

自贸港建设对各领域的要求是宏观规划管好，微观审批放开。环保领域重点要靠“三线一单”实现宏观管控。海南省“三线一单”工作进展缓慢，生态保护红线还没有落地，环境质量底线、资源利用上线还不明确，负面清单制度没有建立，宏观层面约束不足，全面放开后没有抓手。

（三）与自由贸易港建设对应的生态环境管理制度还未研究

自由贸易港建设对标世界一流水平，相应的生态环境管理制度安排也应该对标世界一流水平，尤其要学习新加坡、中国香港地区等地的环境管理制度，全面构建面向未来的制度体系。这项工作目前还未启动。

（四）基础工作不够扎实

绿色发展水平不高，资源能源使用效率明显偏低，2019 年煤炭使用约 1 000 万吨，可再生资源使用仅占 3.6%。生态环境基础设施建设严重不足，农村黑臭水体治理、内河湖和近岸海域污染治理、企业水污染治理、生态保护监管等方面存在差距；秋冬季节臭氧污染问题突出，碳达峰研究和海洋碳汇试点等技术支撑不足；一味注重海洋、海岸大开发、大建设，海洋海岸生态保护意识不强，自然保护区内红树林破坏问题屡禁不止。

（五）智慧管理水平较低

生态环境监管信息化水平不高，缺少覆盖全省统一高效的环境信息化系统和智慧环保综合监管平台。对标国际领先水平，覆盖水、气、土壤、生态、海洋、辐射等天地一体化监测网络缺少相应规划。生态环境保护专业人员短缺、能力严重不足。

三、海南省提出的支持事项

海南省生态环境厅清醒地认识到自身能力不足，希望生态环境部予以大力支持，他们提出的主要需求包括：

（一）关于技术支撑方面

一是支持海南对标国际生态一流的国家和地区，提出 2020 年、2025 年、2035 年分阶段目标、任务、时间表和路线图，建立海南实现高质量发展的生态环境目标指标体系与行动框架；二是支持海南建立健全符合自由贸易港发展需求、与国际通行规则接轨的生态环境监管体制机制；三是加快推进设立生态环境部核与辐射安全中心海南分中心以及中国环境科学研究院海南分院。

（二）关于碳减排、碳达峰研究、海洋碳汇试点方面

一是在开展碳排放总量控制制度试点和研究制定碳排放达峰路线图方面给予指导

和技术支持，支持海南率先“达峰”；二是在海南省海洋生态系统碳汇方法学、蓝碳交易试点机制等方面给予技术支持，推动“蓝碳”纳入国家应对气候变化“一揽子”计划；三是支持海南结合行政区划改革，在特定区域如热带雨林国家公园区域开展“零碳”示范；四是帮助海南省组建应对气候变化的人才队伍及其能力建设，指导海南省推进与国际机构、碳交易试点省份、相关科研院所及咨询机构在应对气候变化领域的技术交流和项目合作。

（三）关于涉海生态环境管理方面

一是支持海南加强海洋生态环境监测能力建设，以组建三沙市生态环境局为着力点，在理顺海洋生态环境监测、观测、调查体制机制等方面取得突破；二是在港口船舶污染物上岸处置、重点海域陆源入海污染物总量控制等方面给予业务指导并建立试点，支持建立陆海统筹的污染防治联动机制。

（四）关于资金支持方面

加大海南大气、水、土壤、农村环境整治、近岸海域等环境保护专项资金支持，加快补齐环保基础设施短板。海南省生态环境基础设施建设资金保障难以适应自由贸易港建设需求，请求给予资金支持。经初步估算，2020 年需要土壤污染防治资金 5 000 万元、农村生活污水治理资金 24 亿元，海洋污染防治资金 1. 5 亿元，水污染防治资金 16 亿元，大气污染防治资金 1 亿元。

（五）关于制度创新方面

支持海南探索环评审批制度改革。环评项目审批只保留生态类项目，污染排放类项目的环评审批全部取消。

（六）关于对外交流与合作方面

一是支持海南参与“一带一路”国际合作项目，结合海南生态环境保护需求，在统筹示范项目上给予支持；二是在组织对外交流与合作培训学习团组时，为海南提供更多参与机会；三是帮助建立东南亚地区国际生态环境保护合作交流的重要区域性平台，通过组织召开生态环境保护国际论坛等方式，加强与东南亚国家的交流与合作，谋求推动环境保护共同发展。

海南省发展和改革委员会等有关部门还提出支持海南重点项目建设的要求，包括三亚新机场和核电设施建设。

四、下一步工作建议

在海南省建设中国特色自由贸易港，是习近平总书记亲自谋划、亲自部署、亲自推动的重大国家战略，建议海南省、生态环境部要统一思想认识，提高政治站位，深入学习贯彻习近平总书记关于探索建设中国特色自由贸易港的重要指示精神，全力以赴做好自由贸易港建设中的生态环境保护工作，推动海南建成生态文明试验区、示范区。

（一）健全机制，扎实推进部省战略合作协议

生态环境部与海南省人民政府签署的《全面加强海南生态环境保护战略合作协议》基本囊括了中央对海南省生态环境保护工作的所有要求。应建立高效有序的工作机制，加快落实协议中的相关要求。建议领导小组每年召开一次联席会议，总结工作进展，谋划下一步工作计划，部署重点工作任务。领导小组办公室应每季度召开一次会议，定期分析调度各项任务推动落实情况，协商讨论迫切需要解决的阶段性工作难题。根据工作需要，领导小组、领导小组办公室也可以临时召集会议，专门研究部署相关重点工作任务。

（二）加强指导，尽快完成生态环境保护顶层设计

生态环境部应指导海南省开展生态环境中长期规划设计，确定环境质量（水、大气、土壤、生态、危险废物等方面）目标，对比现状与目标的差距，明确主攻方向和领域。总体考虑生态保护、海岸线保护、海洋资源保护等各个领域的主要目标、主要任务和重大工程。加大对海南省打好污染防治攻坚战、重点海域入海污染物总量控制制度试点、环保大数据和云平台试点示范、天地一体化监测网络、排污许可“一证式”管理、碳排放总量控制等重点工作的指导，督促相关司局细化工作要求和时限安排，强化工作指导的针对性。

（三）合力推动，加快“三线一单”管控制度落地

组织相关技术支撑单位，强化对海南省生态环境保护工作的技术支撑，共同组建“三线一单”专家团队和技术团队，推动海南省“三线一单”尽快落地，加强对海南省生态环境保护的宏观管控。

（四）制度创新，建立完善生态环境管理政策体系

支持海南逐步探索、稳步推进中国特色自由贸易港建设，分步骤、分阶段地建立自

由贸易港政策体系，其核心任务是制度创新，这同时也是建设海南自由贸易港各项工作的着力点。充分借鉴阿联酋迪拜、新加坡、中国香港等国际自由贸易港成功经验，研究提出中国特色自由贸易港的政策和制度体系，形成更多的“海南智慧”和“海南方案”。指导海南省探索按流域设置环境监管和行政执法机构；建立健全海洋生态环境监管体制，推进实施区域联动机制创新；依法推进环评制度改革，实施以排污许可“一证式”管理为核心的固定源环境管理制度；建立国际碳排放权交易场所，实行碳排放总量控制。

（五）多措并举，全面提升生态环境管理能力

加强理论知识培训，针对海南生态环境管理薄弱环节开展专题培训研讨，组织开展省域之间的交流学习。选派优秀同志到生态环境部学习锻炼，选派生态环境保护系统优秀干部和科研人才到海南挂职交流；加强技术支持，必要时派专门技术队伍常驻海南，及时为海南生态文明试验区建设提供技术支持。

秸秆禁烧管控的经验、问题与建议

金玲　宁淼
（生态环境部环境规划院）

生态环境部历来高度重视秸秆禁烧工作，每年紧盯春、秋两季全国火点情况，指导地方建立完善各级网格监管体系，依法划定秸秆禁烧、限烧区域，充分利用卫星遥感、无人机、高清摄像等科技手段监测监控火点情况，开展秋收春播时节禁烧专项巡查，严格落实秸秆焚烧责任追究制度，同时，加强与发展改革委、科技、财政、农业农村、能源等相关部门协调配合，积极推进秸秆综合利用，有效解决秸秆出路问题，秸秆露天焚烧现象大幅减少。卫星遥感监测结果显示，2019 年，全国火点数较 2017 年减少 40%以上。

一、秸秆禁烧经验

近年来，秸秆禁烧管控机制不断完善，技术能力不断提高，形成了一些有效的做法并积累了一定的经验。

（一）强化秸秆禁烧工作组织领导和职责分工

从调研情况来看，各地对秸秆禁烧工作高度重视。黑龙江省委书记张庆伟作出批示，要求秸秆综合利用和禁烧工作要“年年有提高，三年一大步”；省长王文涛多次就秸秆禁烧和综合利用开展专题调研，强调堵疏结合、分类施策，既要短期内解决秸秆离田燃眉之急，也要找到秸秆综合利用的长远出路。安徽省省长李国英专门召开全省推进秸秆综合利用工作电视电话会议，强调大力发展以秸秆资源利用为基础的现代环保产业，推动秸秆资源多途径、多层级、高附加值利用。原吉林省委书记巴音朝鲁要求“下更大功夫，努力解决好秸秆焚烧问题”；省长景俊海主持召开省政府专题会议，研究坚决彻底治理秸秆露天焚烧，多措并举地推进秸秆综合全量化利用工作，确保禁烧工作取得良好成效，坚决打好“蓝天白云保卫战”。

黑龙江省建立秸秆综合利用和秸秆禁烧两个部门联席会议，分别由农业农村厅、生态环境厅牵头，并明确了各部门职责。河南省农业农村厅负责秸秆综合利用和禁烧管控工作，公安、生态环境、纪检监察等部门协作配合，凝成合力。安徽省大气污染防治联席会议牵头负责秸秆禁烧管控工作，省有关部门包保相关城市秸秆禁烧工作。吉林省发展改革委牵头，工信、农业、能源、畜牧和生态环境等部门按职责分别负责原料化、肥料化、燃料化、饲料化等综合利用和禁烧工作。

（二）建立完善全覆盖的网格化监管和包保责任制度

建立“分工明确、部门联动、网格化监管”的工作机制，构建市、县、乡、村四级网格化管理体系，压实乡镇政府属地管理责任，将秸秆禁烧任务和责任分解到单位和个人，细化到田间地块，实行划片分包、网格监管、轮班作业、全天驻守，确保第一时间发现和制止秸秆露天焚烧行为。黑龙江省建立监管网格 42 038 个，实现责任落实横向到部门、纵向到村，结合区划、人员变动情况，动态更新网格管理体系表，确保秸秆禁烧“定区域、定人员、定职责、定任务、定奖惩”的“五定”要求落实到位。各市（县）党委、政府主要负责同志担任本级监管网格的网格长，亲自指挥部署秸秆禁烧工作；副职领导负责联系，有关部门直接包保区县、乡镇，指导推动秸秆禁烧管控相关工作。安徽省蚌埠市开展分阶段督查，禁烧前期主要督查宣传发动、组织建设、机械装备，禁烧期间主要督查包保人员在岗在位、发现火点追责问效，禁烧后期重点督查秸秆离田、奖补资金拨付使用等情况，确保每一阶段督查重点突出、目的明确、针对性强，有效发挥督查机制作用。

（三）落实严格的奖惩和问责机制

地方实践证明，严格的经济处罚、政纪问责和相应的奖励机制，将有力倒逼地方政府强化禁烧管控责任，加大秸秆综合利用政策支持力度，形成疏堵结合、以禁促用的工作格局。河南省坚决执行秸秆焚烧 50 万元/火点扣减地方财力的规定，省污染防治攻坚办不定期进行暗访检查和交叉互查，发现焚烧现象交地方严肃处理，并专项督办。黑龙江省制定《禁止秸秆露天焚烧工作奖惩暂行规定》，2019—2020 年禁烧期间，省财政厅共扣拨火点资金 4 070 万元，各地市共问责党政干部 340 人，拘留焚烧秸秆人员 601 人。吉林省出台《秸秆禁烧量化责任追究办法》，对 1 426 名直接或间接责任人予以行政处分或治安处罚，对发现火点的地区扣款近亿元。安徽省规定对百万亩两个以上火点且火点数排名前三的城市，市委、市政府领导同志要上省电视台做公开检讨；滁州市政府将秸秆禁烧工作纳入县域经济与社会发展目标管理责任制考核；蚌埠市规定区（县）政府应向市财政缴纳秸秆禁烧工作保证金，未发现火点的退还保证金并给予奖励，对发现火点的依规扣减保证金。

（四）高科技手段助力禁烧监管

利用环境卫星、无人机、通信铁塔高清摄像头等科技设备进行火点监控。河南省、安徽省和黑龙江省部分地区，利用移动通信铁塔基站设施资源，依托视频智能监控，建立高空眺望、秸秆焚烧可视化监控系统，“人防”与“技防”相结合，提高监控效率，缩短应急处置时间。例如，河南省“蓝天卫士”监控系统，安徽省滁州市“天网工程”等。此外，河南省、安徽省每年两个收获季重点时期，与省内相关单位签署遥感监测协议，每日对当天卫星遥感火点监测情况进行研判和分析。河南省生态环境厅 24 小时加密监控环境空气质量数据，利用空气质量监测超级站，监测颗粒物组分中代表生物质燃烧的钾离子浓度，发现火点及环境空气质量异常现象，要及时通知地市，并采取响应措施。

（五）强化宣传引导，增强农民禁烧意识

综合运用广播电视、微信短信、宣传车、通告标语，宣传手册，承诺书等多种宣传方式，营造浓厚宣传氛围，把“不想烧，不敢烧，不能烧”的思想在群众思想观念中扎实树牢。如在乡村交通干道悬挂横幅标语；与农户签订禁烧保证书；利用微信、抖音等新媒体，大力宣传秸秆禁烧的法律法规及秸秆综合利用技术知识；开展“禁烧进校园”，通过中小学生引导家长提高禁烧意识、法治意识和环保意识。2019 年 12 月国家统计局黑龙江调查总队调查显示，“经过几年治理，秸秆禁烧禁燃已得到全面控制”“多数群众支持秸秆禁烧政策，支持对焚烧者严惩”。秸秆禁烧已经成为各级党委政府、有关部门、乡村和广大农民的共识。

二、秸秆禁烧存在的问题

（一）监管人力成本、资金成本高

当前禁烧主要还是以行政推动为主，没有形成农民的自觉行动，稍有松懈，焚烧秸秆现象就会反弹。秸秆禁烧工作需要大量人力、财力保证，基层工作压力大、人员紧张、财力有限，应对全年禁烧的高压态势难以保持常态化。安徽省蚌埠市每年收获季，全市安排近 5 000 名干部下乡，严密盯防秸秆禁烧，其中收获季 10 余天时间内，各乡镇大部分人员下到村组，严防死守，人力成本大。禁烧管控系统运维成本较高，河南全省“蓝天卫士”监控系统租金约 1.4 亿元/年，全部由各县财政承担。

（二）丘陵、山区、沼泽地、水田和分散地块禁烧难度大

丘陵、山区、沼泽地、水田、分散地块和高低不平地块等，无法使用大型秸秆打包机械，难以满足当前秸秆收集需求，是目前秸秆禁烧的难点。例如，对于坡度 30 度以下的农田仅能采取小型机械作业，效率低，对于坡度大于 30 度以上的农田目前无法使用机械，只能人工收集秸秆。黑龙江省 2020 年 4 月出现了秸秆离田后的根茬及残余物露天焚烧现象，当地群众反映主要原因是清理秸秆残余物的大型机械价格高、数量不足，难以满足使用需求。

三、下一步建议

（一）统筹粮食生产、土地保护和秸秆利用相关政策措施

秸秆与粮食生产密切相关，目前，全国粮食产量约 6.6 亿吨，相应秸秆产生量约 8 亿吨。在当前农业生产和农村生活自用秸秆量越来越少的情况下，秸秆出路问题在一定程度上制约着粮食安全，保粮食生产必须妥善解决秸秆问题。目前我国粮食生产方面政策工具充足，支持有力，但秸秆利用相关政策仍显薄弱，与当前实际需要远不相称，应当统筹粮食生产、土地保护和秸秆利用相关政策措施，增强政策的可操作性和持续性，完善收储运体系建设，合理引导地方因地制宜地选择秸秆综合利用途径和方式，形成长效机制。

（二）压实地方政府秸秆禁烧和综合利用工作主体责任

好的制度靠执行。要督促地方严格执行《大气污染防治法》的相关规定，落实生态环境保护“党政同责、一岗双责”。指导地方完善网格长制度，实现监管网格全覆盖；切实发挥村、屯（组）等基层组织作用，实行群防群治；加强工作调度，适时开展督导巡查，落实考核奖惩机制；广泛开展宣传教育，提升全民秸秆利用和禁烧意识。

（三）提升科技化管控手段

当前秸秆禁烧管控主要靠人盯人防，行政成本居高不下。应加大“人防”与“技防”统筹，大力推进卫星遥感监控、推广铁塔高清摄像头智能监控，适时组织无人机巡查，提高自动识别率和识别准确度，增强警示提醒功能。加强气象研判，精准预测秸秆综合利用和禁烧管控时间窗口、处置利用气象条件等，在减轻人力监管成本的同时，提高管控的科学性和精准性。

（四）集中资源支持东北地区秸秆综合利用和禁烧工作

秸秆综合利用需要大量资金投入，以黑龙江省哈尔滨市双城区西关镇为例，2019年各级财政资金共投入3亿元，80%用于还田作业农机补贴。秸秆的主要处理方式包括还田、打包离田和免耕，秸秆全量还田需要进行翻埋、打碎、起垄等机械作业，补贴80元/亩；秸秆碎混还田补贴70元/亩；打包离田补贴80元/亩（其中打包离田50元/亩，清理残余秸秆30元/亩）。无论是哪种方式都需要增加农业生产成本，种地收益本就微薄，农民缺乏秸秆利用的动力，需要持续的资金补贴。

秸秆禁烧监管成本高。以哈尔滨市双城区为例，每年人防和技防费用约2 056.2万元（246个村每村需要6名禁烧管控人员，每年工作120天，工资标准每天100元/人，一年人员费用约1 771.2万元。移动铁塔高清视频监控系统，购买服务每个点位约5万/年，双城区全覆盖共需要57个点位，年运行费用285万元）。视频监控系统提高了秸秆焚烧火点监测的效率和响应速度，但是人防成本并未降低。

近年来，全国其他地区秸秆焚烧问题得到明显遏制，东北地区秸秆焚烧问题相对突出，焚烧火点数仍占全国遥感监测火点数的一半以上，严重影响区域空气质量，是秸秆问题最突出的区域。党的十九大期间，东北地区秸秆大量焚烧，引发大范围空气重污染，为此黑龙江省先后对60余名干部实施问责，给予政纪处分。2020年4月上中旬，吉林省、黑龙江省再次出现大规模秸秆焚烧，哈尔滨、长春等20多个城市空气质量指数（AQI）“爆表”，部分城市$PM_{2.5}$浓度小时值一度超过2 000微克/米^3，灰霾范围达60万千米^2，严重污染区域大气环境。东北秸秆焚烧问题既是重点，也是难点，吉林省更是全国秸秆综合利用率最低的省份之一，需集中资金、技术、项目资源。建议“十四五”时期进一步增加财政资金，加大对东北地区支持和指导力度，坚持疏堵结合，全面提升秸秆综合利用水平，强化禁烧管控力度，全面改善区域环境空气质量。

（五）完善秸秆综合利用率统计、评价和考核体系

农业农村部于2019年建立了全国农作物秸秆资源台账，搭建国家、省、市、县四级秸秆资源数据共享平台，掌握全国农作物秸秆产生与利用情况，数据由县级农业农村部门采集，自下而上逐级审核。这一套详细的秸秆数据可以为“十四五”时期秸秆禁烧精细化管控提供数据基础。

根据目前各省农业农村部门的统计，秸秆综合利用率为秸秆综合利用量和可收集资源量的比值，其中，可收集资源量为理论资源量与可收集系数的乘积。按照目前的统计方法，即使秸秆综合利用率达到100%，仍然存在焚烧秸秆的风险，可收集资源量之外

的秸秆（主要为留茬）目前很大一部分都以焚烧的方式处理。以黑龙江省为例，2019年全省秸秆理论资源量 8 426.84 万吨，可收集资源量 7 225.60 万吨，秸秆综合利用量6 597.06 万吨，尽管综合利用率已经高达 91.3%，但未被利用的秸秆量占秸秆理论资源量的比例仍然为 21.7%。建议“十四五”时期进一步提高秸秆综合利用率目标，力争到2025 年全国秸秆综合利用率达到 90%以上（2019 年全国平均秸秆综合利用率为 86%），完善秸秆综合利用率统计、评价和考核体系。对于区域，可考虑通过卫星监控区域过火面积，量化秸秆综合利用考核指标，将考核得分作为区域补贴的重要依据。对于农户个人，建立耕地地力补贴与秸秆利用挂钩机制，深入探索推进秸秆利用区域性补偿制度。

（六）加强收获作业技术指导，推行秸秆留茬高度作业标准

根据农业农村部 2019 年公布的《可参考的主要农作物秸秆收集系数》，玉米、水稻和小麦三种作物的可收集系数平均为 0.81。提高农作物收集率是缓解秸秆焚烧风险的有效办法。建议“十四五”时期各地根据当地农用地分布情况、种植制度、秸秆产生和利用现状，加强收获作业技术指导，推行秸秆机械化还田作业和留茬高度等标准，促进秸秆就地还田或应收尽收。

（七）探索秸秆禁烧管控模式

2019 年黑龙江和吉林两省秸秆综合利用率分别为 91%和 76%。两省采取了不同的管控模式，黑龙江省为全域全时段禁烧，以地方政府为管理主体，实施网格化监管、包保责任制度和奖惩考核等手段，这种模式可以形成以禁促用的局面，倒逼秸秆综合利用率的提高，但投入较大，2019 年黑龙江省实施全环节补贴，全省投入资金 40 亿元。吉林省划分禁烧区和限烧区，确保机场、铁路和公路 5 千米范围内划定为禁烧区，限烧区实施错时限量，有组织有计划分批烧，2019 年省级财政投资 3.07 亿元，但是禁烧限烧“两区”管理模式管理难度大，实际操作过程中，禁烧管控的组织和监督存在难度。对比发达国家，美国在保证空气质量且并无其他焚烧替代方案的情况下，有计划允许秸秆焚烧，主要采取建立烟雾管理计划、划定秸秆限烧时段等手段，农户申请审核制，要求农户达到条件后，向有关部门进行申请，审核通过后，方可进行焚烧。东北三省和内蒙古等严寒地区秸秆还田较为困难、其他利用方式不足、焚烧现象屡禁不止，面对秸秆综合利用率短时间内难以大幅提高的现实，建议“十四五”时期吉林省等未实行全域禁烧的省份，可借鉴美国秸秆计划焚烧管理经验，制定秸秆焚烧授权管理办法，因地制宜地制定秸秆焚烧气象指数分级办法，加强秸秆焚烧过程中的管控工作。对秋冬季和春播前秸秆集中焚烧问题，制定专项工作方案，加强科学有序疏导，严防因秸秆露天焚烧造成区域性重污染天气。

（八）支持秸秆综合利用新技术和装备研发

调研组在黑龙江省调研时发现，目前秸秆还田、捡拾打捆和秸秆收储等农机具仍然存在很多问题，例如，缺乏适合小块农田秸秆收获的机械和田间配套处理机械，秸秆打捆机械捡拾剩余秸秆较多、打捆质量较差、掺土多，无法满足综合利用企业需求，导致秸秆还田或离田工作不及时、容易引发秸秆焚烧现象。农业机械化程度较低，农机具质量低、数量少，秸秆综合利用的高值化利用技术装备仍显不足，这些关键技术与设备的缺位，在一定程度上制约了秸秆综合利用产业化发展。建议下一步积极支持新技术和装备研发，鼓励秸秆综合利用企业、科研单位引进和开发先进实用的秸秆粉碎还田、捡拾打捆和秸秆收储等新装备，推广秸秆就地就近实现资源转化的小型化、移动式装备，推进秸秆综合利用装备的产业化发展与应用，提高装备制造水平。

（九）推动秸秆高值化利用

秸秆“五料化”综合利用途径已比较普遍，相关的技术也比较成熟，但由于技术含量相对不高，附加值也相对较低，限制了秸秆的运输半径，制约了秸秆综合利用产业的规模化发展。而秸秆高值化利用将可承受更高的秸秆运输成本，可扩大秸秆运输半径，对秸秆综合利用形成强有力的补充。建议“十四五”时期以推动实现秸秆“高值化利用”为目标，研究制定秸秆综合利用和禁烧工作思路、目标和推进措施。积极推动省级政府制定本地秸秆综合利用规划，统筹秸秆综合利用重大项目的区域布局，合理确定秸秆综合利用目标。

太原市强化监督定点帮扶进展及对空气质量改善的作用

王敏　冯相昭　梁启迪　杜晓林　赵梦雪　王鹏　田春秀
（生态环境部环境与经济政策研究中心）

一、太原市强化监督定点帮扶实施情况

（一）工作开展情况

截至 2019 年 11 月 30 日，太原市强化监督定点帮扶工作共开展 15 轮次，重点任务内容包括燃煤锅炉及工业炉窑专项检查、特色企业集群和热点网格企业调查、重点行业特别排放限值落实、钢铁产能压减落实、重污染企业搬迁改造专项检查、“散乱污”企业专项检查、清洁取暖保障专项排查、重污染天气应急响应监督检查、企业排污许可证发放、信访投诉与交办件核查 10 个方面（表 1）。此外，工作组还围绕扬尘、移动源、面源等方面污染整治工作进行了核查检查。

表 1　太原市强化监督定点帮扶重点任务及开展轮次

序号	重点任务	涉及轮次/次	备注
1	燃煤锅炉及工业炉窑专项检查	1、13、14、15	—
2	特色企业集群和热点网格企业调查	9、14、15	—
3	重点行业特别排放限值落实	5	—
4	钢铁产能压减落实	4	—
5	重污染企业搬迁改造	10	—
6	“散乱污”企业综合整治	9	—
7	清洁取暖保障专项排查	2、12、13、14、15	2017 年和 2018 年“煤改电”落实；“煤改气”“煤改电”清洁取暖保障专项排查；燃气公司气源调查表网上填报核查

序号	重点任务	涉及轮次/次	备注
8	重污染天气应急响应	11、12、13、14、15	—
9	企业排污许可证发放	6、7、8	—
10	信访投诉与交办件核查	1、2、3、4、5、8、10	—

从检查轮次看（表 1），信访投诉与交办件核查落实次数最多，高达 7 次；重污染天气应急响应和清洁取暖保障专项排查次之，均为 5 次，主要集中在秋冬季；燃煤锅炉及工业炉窑专项检查、特色企业集群和热点网格企业调查、企业排污许可证发放核查的次数分别为 4 次、3 次、3 次；重点行业特别排放限值落实、钢铁产能压减落实、重污染企业搬迁改造、“散乱污”企业综合整治的检查轮数最少，均只有 1 次。

（二）发现的主要问题

问题主要集中在重污染天气应急响应、工业企业污染防治、扬尘污染综合治理、信访投诉与交办件核查、排污许可制度执行、燃煤锅炉整治、移动源污染防治、“散乱污”企业综合整治、清洁取暖及燃煤替代等 9 个方面。其中，重污染天气应急响应和工业企业污染防治方面发现问题最多，分别占 37.9%和 27.7%；扬尘污染综合治理以及信访投诉与交办件核查次之，分别占 17.6%和 10.4%；“散乱污”企业综合整治、清洁取暖及燃煤替代方面发现问题最少，分别只有 7 个和 1 个（图 1）。

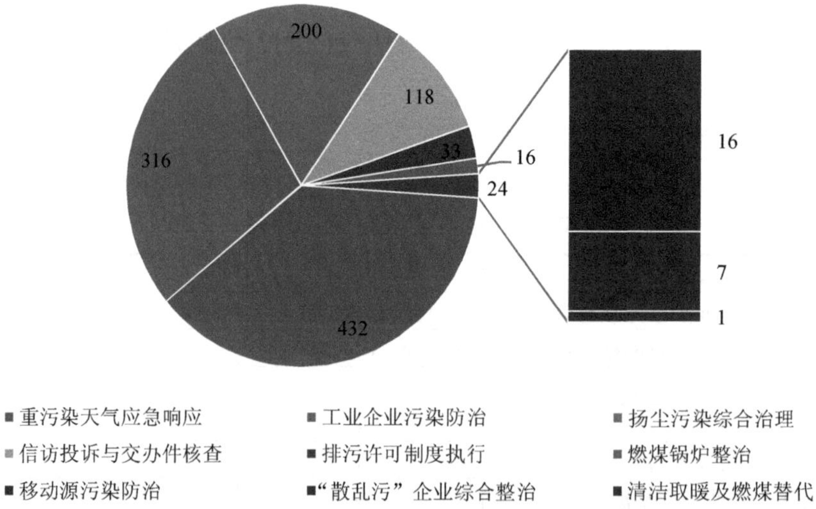

图 1　强化监督定点帮扶发现的问题类型及数量

其中，工业企业问题主要包括部分企业特别是中小企业治污设施未运行或未正常运行、个别企业在线监测数据超标或备用排污口无监测装置、VOCs 治理技术单一低效且运行维护不力、工业企业烟粉尘无组织排放管理相对滞后、部分企业环保设施操作和运行管理制度不完善等。扬尘污染防治问题主要包括部分建筑工地未严格落实“六个百分百”、远郊县市道路扬尘污染治理不力、存在露天焚烧杂草和垃圾现象等。重污染天气应急响应问题主要包括应急预案未制定或未按要求制定执行、应该纳入应急减排清单而未纳入、未落实重污染天气应急响应措施、企业“偷换概念”未落实应急减排措施等。移动源污染防治问题主要包括非道路移动机械冒黑烟、存在黑加油站和流动加油罐车等（图 2）。

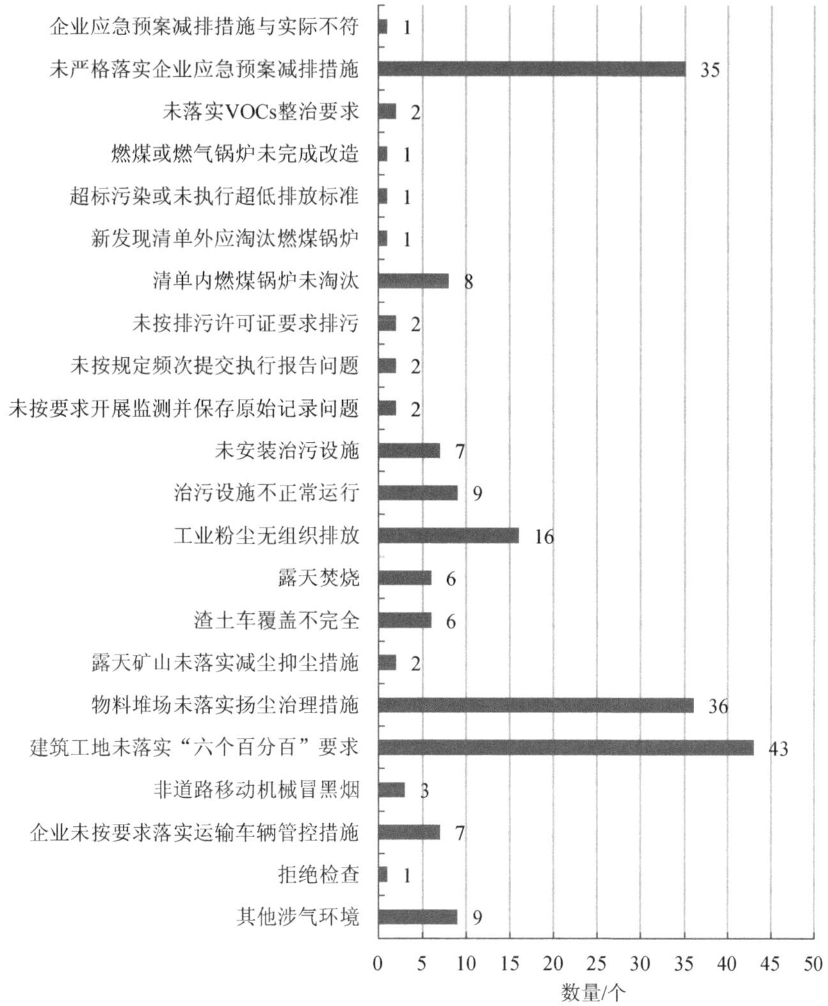

图 2　强化监督定点帮扶督办的问题类型及数量

（三）地方整改情况

截至 2018 年 11 月 30 日，生态环境部正式交办太原市督办函 9 批次，涉及前 11 个轮次共 200 个问题。其中，扬尘污染问题数量最多，有 93 个，主要是建筑工地未落实“六个百分百”要求、物料堆场未落实扬尘治理措施；工业企业污染问题数量次之，为 51 个，主要是工业粉尘无组织排放、清单内燃煤锅炉未淘汰、治污设施不正常运行、未安装治污设施等；重污染天气应急响应方面的督办问题有 36 个，主要是企业未按应急预案严格落实减排措施；移动源污染防治方面也涉及 10 个问题，主要是企业未按要求落实运输车辆管控措施以及非道路移动机械冒黑烟。目前，太原市对督办的 200 个问题已按要求完成整改，第 9 批次督办问题整改情况正在汇总上报。

二、模型、方法与数据

（一）计量模型介绍与设定

本文在总结分析太原市强化监督定点帮扶工作进展的基础上，进一步采用双重差分模型（DID）量化分析太原市强化监督定点帮扶对空气质量改善的净效应。双重差分方法最早由 Ashenfelter 和 Card 在 1985 年提出，主要原理是通过设计实验组和对照组来评价一项政策或机制的实施效果。该方法既可以排除实验组和对照组在政策实施前就存在的差异，又可以控制其他因素对研究对象的影响，被广泛应用于环境经济政策实施效果评估。双重差分模型设定如下：

$$y_{it} = \alpha_0 + \alpha_1 u_{it} + \alpha_2 v_{it} + \beta z_{it} + \alpha_3 x_{it} + \varepsilon_{it}$$

式中，各变量的下角标 i 表示城市；t 表示日期，范围是 2018 年 10 月 13 日至 2019 年 11 月 30 日；y 表示 AQI 及六种污染物浓度；u 表示时间虚拟变量，强化监督定点帮扶开展后 207 天（即 2019 年 5 月 8 日至 11 月 30 日），u=1，强化监督定点帮扶开展前 207 天（即 2018 年 10 月 13 日至 2019 年 5 月 7 日），u=0；v 表示处理变量，若该城市为强化监督定点帮扶城市即处理组，则 v=1，否则为控制组，v=0；$z=u\times v$，为时间变量和处理变量的乘积，其系数β即为强化监督定点帮扶的净效应。x 表示一系列控制变量，是除强化监督定点帮扶外其他对空气质量改善的影响因素，ε表示随机扰动项。

（二）变量及描述性统计

被解释变量分别为 AQI 及六种污染物浓度日数据。虚拟变量包括处理变量（太原市和忻州市①分别作为处理组和控制组，分别取值 1 和 0）和时间变量（强化监督定点帮扶开展前后 207 天分别取值 1 和 0）。从图 3 中可以看出，处理组和控制组 AQI 及六种污染物浓度的日变化趋势基本一致，符合双重差分方法关于共同趋势的前提假设。此外，本文还引入平均气温、平均气压、平均相对湿度、平均风速、降水量和日照时间②六个控制变量，以进一步减少因遗漏变量导致出现非平行趋势的可能。各变量描述性统计结果见表 2。

表 2　各变量描述性统计结果

变量	变量属性	样本数	处理组		控制组	
			均值	标准差	均值	标准差
AQI /量纲一	被解释变量	414	106.111	43.565	92.261	42.438
SO_2/（μg/m^3）	被解释变量	414	23.396	18.304	31.205	19.484
CO/（mg/m^3）	被解释变量	414	1.045	0.480	0.974	0.504
NO_2/（μg/m^3）	被解释变量	414	51.727	18.892	44.092	15.860
O_3_8H/（μg/m^3）	被解释变量	414	94.787	57.425	93.094	53.771
PM_{10}/（μg/m^3）	被解释变量	414	119.488	65.865	86.169	53.521
$PM_{2.5}$/（μg/m^3）	被解释变量	414	57.809	40.084	45.169	39.873
处理变量	虚拟变量	414	1.000	0	0	0
时间变量	虚拟变量	414	0.500	0.500	0.500	0.500
平均气温℃	控制变量	414	10.831	10.669	9.983	10.670
平均气压/hPa	控制变量	414	928.168	7.150	922.595	7.008
平均风速 /（m/s）	控制变量	414	1.842	0.953	2.033	0.983
平均相对湿度/%	控制变量	414	52.000	18.751	42.775	20.020
日照时间/h	控制变量	414	6.683	3.869	6.494	3.910
降水量/mm	控制变量	414	0.318	2.057	0.538	3.257

① 忻州市未开展强化监督定点帮扶。
② 数据来源于中国气象数据网（http://www.nmic.cn）发布的中国地面气候资料日值数据集（V3.0）。

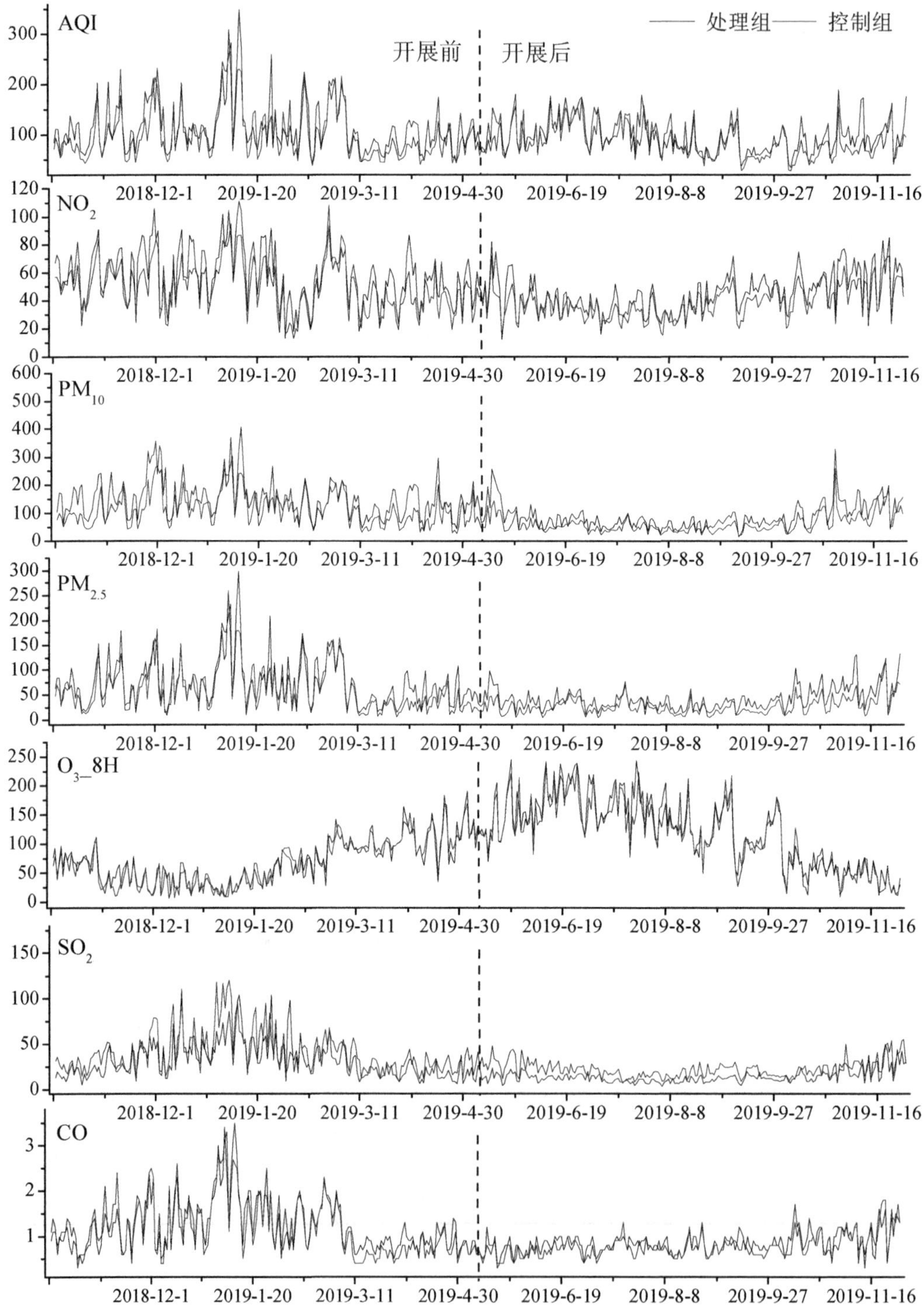

图 3 强化监督定点帮扶前后 AQI 及主要污染物浓度日变化

注：CO 浓度单位为毫克/米^3，其他污染物单位为微克/米^3。

三、实证分析

（一）实施前后空气质量的对比

强化监督定点帮扶期间[①]，除 O_3_8H 浓度较上年同期有所上升外，AQI 及其他五种污染物浓度均有不同程度下降，并且达到近年来同期最低值，特别是 PM_{10} 和 $PM_{2.5}$ 浓度改善幅度最大，分别较上年同期下降 24.5%和 11.1%（图 4）。另外，除 O_3_8H 外，强化监督定点帮扶开展后的空气质量较开展前改善明显，且 PM_{10}、$PM_{2.5}$、NO_2、CO 浓度降幅较上年扩大（图 5）。但是以上分析仅表明，太原市强化监督定点帮扶对 AQI 及除 O_3_8H 之外的五种污染物特别是 PM_{10}、$PM_{2.5}$、NO_2、CO 浓度改善可能起到了有力的促进作用，但还不足以识别和判定强化监督定点帮扶对上述污染物浓度改善的净效应。

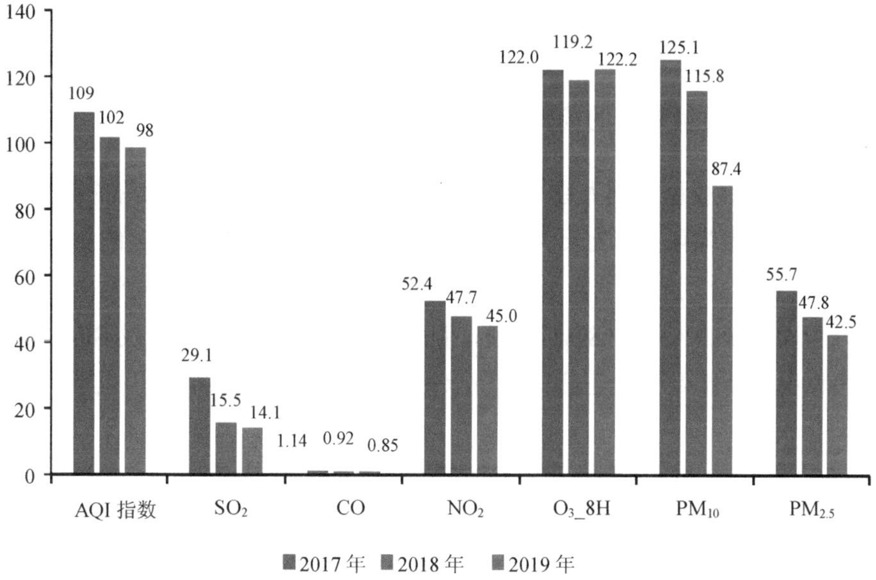

图 4　AQI 及主要污染物浓度（5 月 8 日至 11 月 30 日）

注：CO 浓度单位为毫克/米^3，其余污染物浓度为微克/米^3。

① 本文研究时间范围是 2019 年 5 月 8 日至 11 月 30 日。

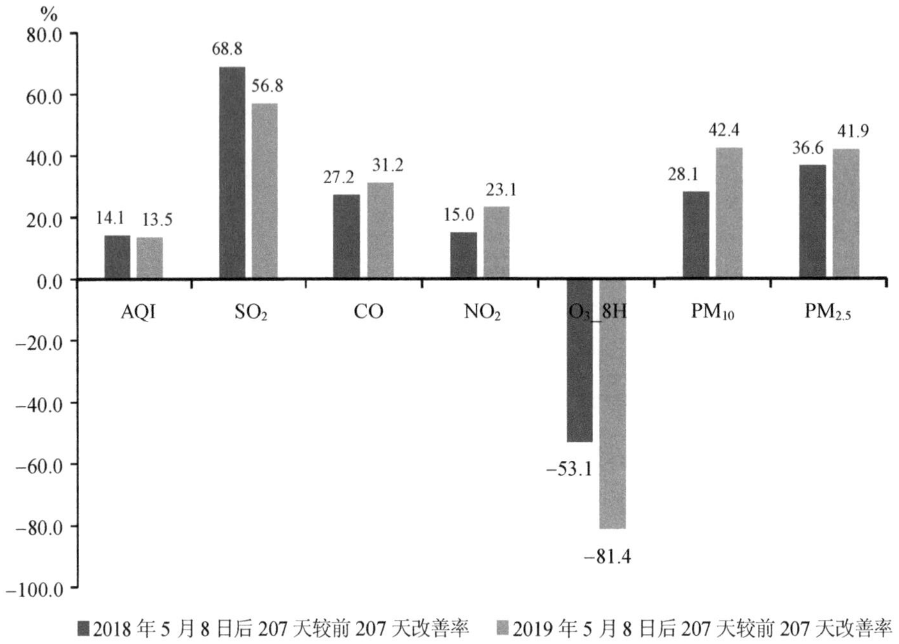

图 5 强化监督定点帮扶前后 AQI 及污染物浓度改善率

（二）改善空气质量效果的检验

进一步采用 DID 模型识别太原市强化监督定点帮扶对空气质量改善的净效应。结果（表 3）显示，太原市强化监督定点帮扶对 PM_{10} 和 NO_2 浓度有极其显著的负向影响，使得 PM_{10} 和 NO_2 浓度分别显著下降 16.465 微克/米^3 和 3.621 微克/米^3，对污染物浓度下降的贡献率分别达到 25.9%和 26.8%。但是，强化监督定点帮扶对 AQI 及 SO_2、CO 浓度降低的促进作用还不显著，并且对 $PM_{2.5}$ 和 O_3_8H 浓度变化的改善作用也不明显。

表 3 强化监督定点帮扶前后双重差分回归结果

	AQI	SO_2	CO	NO_2	O_3_8H	PM_{10}	$PM_{2.5}$
开展前							
Diff（处理组-控制组）	34.417（0.000***）	0.375（0.834）	0.212（0.000***）	11.242（0.000***）	5.263（0.066*）	64.557（0.000***）	23.028（0.000***）
开展后							
Diff（处理组-控制组）	30.474（0.000***）	-1.213（0.227）	0.210（0.000***）	7.621（0.000***）	9.578（0.004***）	48.092（0.000***）	27.258（0.000***）
DID	-3.943（0.463）	-1.588（0.373）	-0.002（0.958）	-3.621（0.050**）	4.315（0.272）	-16.465（0.011**）	4.230（0.303）
R^2	0.22	0.56	0.52	0.45	0.75	0.44	0.47

注：***表示 $p<0.01$，即通过 0.01 水平的显著性检验；**表示 $p<0.05$，即通过了 0.05 水平的显著性检验；*表示 $p<0.1$，即通过了 0.1 水平的显著性检验。

为保证以上双重差分结果的可靠性，进一步开展安慰剂检验[①]。检验结果见表 4，强化监督定点帮扶实施后 207 天的 CO、NO_2、PM_{10}、$PM_{2.5}$ 浓度较实施前有增加趋势，AQI 及 SO_2、O_3_8H 浓度有减少趋势。AQI 及除 SO_2、O_3_8H 之外的其他四种污染物均不显著。这一结果增强了上述强化监督定点帮扶对 PM_{10} 和 NO_2 有显著负向影响结论的可靠性。

表 4　安慰剂检验结果

	AQI	SO_2	CO	NO_2	O_3_8H	PM_{10}	$PM_{2.5}$
开展前							
Diff（处理组-控制组）	36.464（0.000***）	20.140（0.000***）	0.253（0.000***）	7.953（0.000***）	22.128（0.000***）	59.340（0.000***）	22.801（0.000***）
开展后							
Diff（处理组-控制组）	29.759（0.000***）	1.652（0.341）	0.293（0.000***）	10.799（0.000***）	7.479（0.080*）	61.347（0.000***）	28.936（0.000***）
DID	−6.705（0.275）	−18.488（0.000***）	0.040（0.487）	2.846（0.196）	−14.649（0.002***）	2.0007（0.803）	6.135（0.208）
R^2	0.14	0.47	0.35	0.27	0.65	0.34	0.30

注：***表示 $p<0.01$，即通过 0.01 水平的显著性检验；*表示 $p<0.1$，即通过了 0.1 水平的显著性检验。

四、主要结论与分析

（1）对 PM_{10} 浓度改善的作用最为显著。扬尘污染防治虽未被生态环境部作为重点检查任务，但是几乎每个检查轮次都会围绕各类扬尘，特别是建筑工地污染综合治理开展工作，发现的问题数量占比达到 7.3%，纳入督办的问题数量更是占比 21.5%。如此高压态势下，太原市高度重视，在完成整改任务的同时，加大了各类扬尘污染治理力度，并开展了建成区建筑工地扬尘污染问题清零行动，提出市县建成区、市政和建筑施工工地做到扬尘管控“六个百分百”、渣土车规范运行、确保每月每平方千米城市平均降尘量低于 9 吨等目标和要求。量化结果显示，强化监督定点帮扶使得太原市 PM_{10} 浓度显著下降 16.465 微克/米^3，实现了近年来最大幅度改善。

（2）对 NO_2 浓度降低也有极显著影响。NO_x 主要排放源是道路移动源、焦化企业和非道路移动源，电力供热锅炉、民用燃煤、工业锅炉、钢铁和水泥企业等其他排放源占比仅 30%。其中，移动源污染防治不属于重点检查任务，但工作组发现 16 个非道路移动机械冒黑烟、黑加油站、流动加油罐车、未安装油气回收装置或装置不正常等问题，

① 采用 2018 年 5 月 8 日前后 207 天的相应数据，设置同样的被解释变量、虚拟变量和控制变量。

其中有 3 个冒黑烟问题被纳入督办。除移动源之外的其他排放源均属重点检查任务，工作组发现并上报的问题数量占比近 1/3。在完成相关整改任务的同时，太原市加大了工业企业污染治理和清洁取暖及燃煤替代的工作力度，开展了柴油货车冒黑烟现象清零、重点排污单位超标排污问题清零、“禁煤区”散煤清零等多项行动。量化结果显示，强化监督定点帮扶使得 NO_2 浓度显著下降 3.621 微克/米^3，但这一结果可能被低估，主要原因是机动车数量攀升及天然气广泛使用增加了 NO_x 排放量，导致 NO_2 浓度改善幅度不及 PM_{10} 和 $PM_{2.5}$，出现 NO_2 浓度下降但以 NO_2 为首要污染物的天数增加的现象。

（3）对 $PM_{2.5}$、SO_2、CO 浓度改善的作用较为明显。燃煤和工艺过程源属重点检查任务，工作组在燃煤锅炉改造、清洁取暖及燃煤替代、工业企业污染防治、机动车污染防治等方面发现 600 多个问题，有 70 个被纳入督办。综上所述，太原市在完成整改任务的同时，开展了重点排污单位超标排污问题清零、“禁煤区”散煤清零等多项行动，并发布《太原市 2019 年工业企业无组织排放治理方案》（并环发〔2019〕52 号）、《太原市 2019 年农村地区煤改电煤改气工作方案》（并环改办发〔2019〕17 号）、《太原市 2019 年工业炉窑大气污染综合治理攻坚行动方案》（并环改办发〔2019〕29 号）等文件，再加上扬尘和 NO_2 污染治理成效显著，使得 $PM_{2.5}$、SO_2、CO 浓度较同期均有改善。但量化结果显示，太原市强化监督定点帮扶对上述污染物浓度的改善作用还不显著。

（4）对 O_3 污染未起到有效控制的作用。O_3 污染治理主要是围绕两个前体物即 VOCs 和 NO_2 减排展开。VOCs 主要排放源依次是焦化企业、道路移动源、民用燃煤、钢铁企业，累计排放占比达到 70%以上。强化监督定点帮扶发现的涉 VOCs 排放问题主要集中在工业企业和道路移动源，其中，工业企业方面纳入督办的问题只有 5 个。分析结果显示，强化监督定点帮扶期间，O_3_8H 浓度不降反升，说明强化监督定点帮扶还未对 O_3_8H 起到有效控制作用。除受气象条件影响外，O_3_8H 浓度上升还与 VOCs 排放增量大以及工业企业有机废气治理成效不高有关，如几乎全部的中小企业都采用 UV 光解技术，但该技术治理效果有限，分解过程中还会产生 O_3，并且不少企业 VOCs 治理设备未正常运行。

关于结合水功能区设置“十四五”国控断面有关情况的报告

王谦　郝远远
（生态环境部水生态环境司）

为贯彻党和国家机构改革决策部署，根据部领导批示要求和部长专题会工作部署，2019 年 7—9 月，结合“不忘初心、牢记使命”主题教育活动，生态环境部组成 92 个调研组，分 12 个批次赴全国 30 个省（区、市）323 个地市开展调研（西藏因意见均沟通一致，未赴现场），提出衔接水功能区的“十四五”国控断面设置初步方案，并于 10 月 21 日发文征求地方意见；11 月 6—15 日，生态环境部与全国 31 个省（区、市，含新疆生产建设兵团）逐一研究确认，形成了满足水功能区考核要求的“十四五”地表水国控断面清单。现将有关情况报告如下：

一、工作背景

为落实党和国家机构改革决策部署，整合水功能区划相关管理职责，打通岸上水里，建立全国统一的水生态环境管理体系和监测体系，亟须解决以下问题：一是水功能区断面和国控断面各有侧重和不足。当前，重要江河湖泊水功能区断面侧重满足水资源开发利用的需要，国控断面侧重厘清地方水污染治理责任，两者存在交叉重复。二是断面总量较大。全国重要江河湖泊水功能区 4 493 个涉及断面 5 071 个、国控断面 2 050 个，如果全部由国家层面开展监测，人力、财力压力巨大。三是部分断面不够合理。部分水功能区断面和国控断面已不能客观反映所在水体水质状况或不利于厘清地方水污染治理责任。

6 月 27 日，翟青副部长主持召开部长专题会研究“十四五”国控断面设置和水环境控制单元细化工作，审议通过《“十四五”国控断面设置与水环境控制单元细化工作方案》（以下简称《工作方案》）、《“十四五”国控断面设置技术指南（试行）》（以下简称《技术指南》），要求生态环境部水生态环境司（简称水司）牵头、生态环境监测司（简称监测司）配合，结合"不忘初心、牢记使命"主题教育活动，深入群众、深入实际，全面开展"十四五"国控断面设置现场调研，切实厘清拟设置国控断面必要性、科学性、合理性；将全国重要江河湖泊水功能区情况作为调研重点，提出分类处理意见。会后，水司会同监测司上报《关于开展"十四五"国控断面设置工作调研的请示》，李干杰部长、翟青副部长、刘华副部长分别作出批示，同意工作安排。

7月4日，生态环境部印发《工作方案》和《技术指南》，明确2019年年底前完成"十四五"国控断面设置，2020年"十三五"国控断面、水功能区断面、"十四五"国控断面同步开展监测，2020年年底前完成水环境控制单元细化和"十四五"国控断面水质目标确定；要求"十四五"国控断面设置要有利于全面客观反映水环境状况并体现"三水"（水资源、水生态、水环境）统筹，有利于分清行政区域的水生态环境保护责任，有利于深化改革、平稳过渡，有利于优化监测点位、提高监测效率。

10月15日，翟青副部长再次召开部长专题会听取水功能区与国控断面融合工作汇报，明确水司牵头、监测司配合继续做好水功能区与国控断面融合工作，报请部党组审议水功能区断面整合和"十四五"国控断面设置成果，水司、监测司分别汇报相关工作；监测司牵头、水司配合做好与地方对接工作。

二、工作开展情况

（一）前期准备

（1）组建专班，制定方案。水司会同监测司组建了由规划院、监测总站、各流域局及水利部水科院等熟悉流域水系和水功能区情况专家组成的工作专班，研究制定整合工作技术路径。

（2）试点先行，积累经验。2019年7月，在北京、天津、河北、江苏、浙江5省（市）开展现场调研试点，深入了解断流河段、平原水网、入海河流等不同水体的特点和相应的监测管控要求，制定现场工作手册。

（3）全面培训，统一尺度。7月12日，对各省（区、市）相关管理和技术人员，开展《工作方案》与《技术指南》解读与培训。7月27日，对规划院、监测总站、各流域局、水利部水科院等全部参与调研人员开展培训，详细解读现场工作手册，进一步明确职责分工、现场勘查、成果填报等工作要求。

（4）上下联动，提前谋划。考虑到时间紧、工作量大、多数省份水功能区职责尚在理顺过程中，水司组织规划院集中攻关，分省提出断面设置需求，印发各地征求意见。

同时，要求各地对照《技术指南》提出本地国控断面设置建议。

（二）现场调研

7 月 2—9 月 22 日，调研组深入基层一线，围绕新增断面必要性、水功能区断面整合可行性、跨界断面设置科学性、地方建议调整“十三五”时期国控断面的合理性等进行调研。92 个组对全国 31 省（区、市）及新疆生产建设兵团 323 地市提出的 1 762 条意见建议与地方逐一进行研究，采纳地方意见 886 条，占意见总数的 50.3%，并对意见较集中的 1 249 个断面开展了现场查勘，现场调研里程（不含往返调研省份）达 15.6 万千米（约为赤道周长 4 倍）。为保障调研工作质量，调研组扎实开展以下工作：

（1）深入基层，听取意见。调研组每到一地均与所到城市生态环境、水利部门座谈，充分听取地方对“十四五”时期国控断面设置需求的意见建议。对争议断面河流流量、水质状况、开发程度、建站条件、水功能区考核需求等进行实地查勘，并留取照片、视频、卫星图片等影像资料。调研过程中，调研组对地方的合理意见及时采纳，不能采纳的耐心细致地说明理由。地方普遍表示，通过调研交流，加深了他们对“十四五”国控断面设置的认识，解除了他们对改革后水功能区如何监管的困惑。

（2）集中研讨，发扬民主。建立“每晚一讨论，一周一会商”制度。结合座谈和现场查勘情况，调研组每晚进行集体研究，为每个断面建立档案，提出初步结论。返程后，水司会同监测司、规划院、监测总站等单位，利用周六日时间开展集中会商，针对地方意见较为集中、调研组不好把握的断面从“设不设、设在哪、考核谁”三方面逐一审核把关。

（3）“不忘初心，牢记使命”。结合开展主题教育，力戒形式主义、官僚主义，变昔日坐在办公室等地方汇报，为深入基层一线实地查勘、倾听地方诉求，做到情况在一线了解、意见在一线倾听、问题在一线解决。调研期间正处盛夏，面对酷暑、“利奇马”台风、病痛、高原反应、滑坡、泥石流等困难，调研组发扬铁军精神，连续作战。地方同志普遍反映，在事关考核的大事上，部里组织如此大规模、接地气的调研活动还是第一次，他们对此表示由衷敬意。

（4）统筹协作，部门联动。为了提高效率，自 2019 年 7 月起水司采取压茬推进的工作方式，每完成一批调研成果即向监测司移交一批。全部调研完成后，再次征求各省（区、市）意见，并赴水利部就水功能区断面整合情况进行沟通，取得理解和支持。调研形成了全国 3 710 个“十四五”时期拟设的国控断面清单，其中，兼顾水功能区考核需求的 2 223 个。

（三）集中对接

10 月 21 日，生态环境部发文征求地方意见，累计收到地方再次反馈意见 1 334 条（修改属性类意见 576 条），其中，地方新提出意见 587 条。11 月 6—15 日，监测司会同水司、监测总站、规划院、各流域局与全国 31 个省（区、市，含新疆生产建设兵团）省级生态环境部门就"十四五"时期国控断面设置方案逐一研究确认。

对接确认后，"十四五"时期全国拟设国控断面 3 649 个。其中，兼顾水功能区需求的 2 208 个，占总数的 60.5%；利用现有各类断面 3 521 个，占总数的 96.5%。

全国七大流域、三大片区中，长江流域断面数量最多（1 334 个），占总数的 36.6%；各省（区、市）中，江苏省断面数量最多（228 个），占总数的 6.2%。

现有"十三五"时期 2 050 个国控断面中，建议取消或调整 121 个（其中删除 47 个），占"十三五"国控断面总数的 5.9%。

三、工作成效

（一）覆盖更加全面

拟设的 3 649 个断面分布在 2 042 个水体上，其中河流 1 826 个、湖泊（水库）216 个，覆盖全部 339 个地级及以上城市和占城市年来水径流量 80%以上的河流，基本覆盖人口密度较大区域（每平方千米大于 100 人，未覆盖区域为人类活动较少的江河源头地区，主要位于西藏、新疆、内蒙古、黑龙江等）流域面积 1 000 千米^2 以上的河流和水域面积 100 千米^2（库容 10 亿米^3）以上的湖泊（水库），覆盖全部重要江河湖泊水功能区，能够反映我国地表水环境总体状况，并满足水功能区考核要求。

（二）重点更加突出

"十四五"时期拟继续在国家重点战略区域适当加密点位，京津冀、长江经济带、沿黄 9 省（自治区）、粤港澳大湾区、长三角地区、雄安新区单位国土面积拟设断面数量为全国平均水平的 2.4 倍、2.2 倍、0.7 倍、3.1 倍、7.8 倍和 11.9 倍，增幅与全国平均水平相当。

（三）责任更加清晰

拟设省界断面 486 个、市界断面 643 个，较"十三五"时期分别增加 241 个、319

个，基本实现主要跨省界、市界及存在重大跨界纠纷河流全覆盖。同时，在现场查勘和沟通协商的基础上，通过适当调整断面位置、合理确定考核主体等方式，解决了一批长期以来地方反映矛盾突出“十三五”时期跨省界断面问题（如位于廊坊境内、考核上游北京市的老夏安公路桥断面）。地方表示，此次断面调整厘清了跨界河流的治理责任，有助于从根本上解决省际推诿扯皮的问题。

（四）设置更加科学

综合考虑水质代表性、监测条件、建站条件等因素，对受海水影响显著且调整断面位置不影响水污染防治、距城市污水处理厂出水口位置过近不满足断面设置规范要求、断面位置不具备监测条件的均对断面位置进行相应调整。

（五）监测更加高效

对全国 1 182 个重复设置的水功能区断面与国控断面进行整合；对功能相近且近 3 年水质类别相同的相邻水功能区断面进行融合。经优化调整，在满足水功能区考核要求的前提下，全国用于水功能区考核的断面 2 208 个，较现有 5 071 个水功能区断面减少了 56.5%。

四、主要问题及处理意见

（一）平稳过渡问题

地方水利、环境部门反映，水功能区数量巨大，且区划成果编制及实施距今已近 10 年，不少水体功能发生了较大变化，不应按区划及目标进行考核，建议对区划进行修订。处理意见：考虑到《全国重要江河湖泊水功能区划（2011—2030 年）》由国务院批复实施，为保持平稳有序衔接，按照部党组工作要求，“十四五”国控断面设置工作暂以现行水功能区划为基础。同时，为优化断面设置、满足水功能区考核需求，已与水利部相关司局、地方沟通一致，通过“一代多”的方式（一个断面代表多个相邻水功能区水质）解决。

（二）厘清责任问题

一些地区跨省界河流众多，污染矛盾突出（如山东临沂与江苏徐州之间有几十条小河），难以做到逐一设置国控断面厘清地方责任。一些沿海地区入海河流众多，也存在类似的问题（如浙江、胶东半岛）。处理意见：一是建议在矛盾突出、水量较大的跨省界水体设置国控断面，其他较小水体由流域局组织相关省（直辖市）开展联合监测，建立跨省界水体联测、联治、联管机制。二是对污染较重、流经城区的入海河流增设国控断面，其余河流由流域海域局开展监督性监测，为管理提供参考。同时，研究规范跨省界区域污染物排放的去向，对排污改道的，提出报备要求。

（三）断流问题

地方反映，永定河后沙窝村等 40 个断面所在河流常年断流，其中，30 个为水功能区代表断面，涉及水功能区 47 个。虽然《水污染防治行动计划实施情况考核规定（试行）》已有扣除考虑天然因素和上游省份影响导致断流的规定，但由于认定困难，易引发争议。处理意见：建议保留此类断面，作为生态流量恢复观察断面。在河道断流时，仅做观察和记录，不对水质状况进行监测评价；对年断流 8 个月及以上的，不纳入地表水环境质量或水功能区考核。

（四）自然因素影响问题

一是背景值影响。内蒙古呼伦贝尔市乌兰木伦河等 18 个断面，因天然原因，化学需氧量、高锰酸盐指数偏高。处理意见：加快制定背景值影响扣除办法。二是潮汐影响。秦皇岛饮马河口等 38 个入海断面盐度多在 2‰以上，易使化学需氧量监测数据失真。处理意见：鉴于目前无法扣除海水对化学需氧量监测数据的影响，建议在评价考核时暂不将化学需氧量等指标纳入评价考核。

（五）其他问题

一是新疆生产建设兵团断面设置。自治区要求在兵团辖区内设置国控断面，以厘清兵地责任。处理意见：增设兵团考核断面 30 个，在发布新疆水环境质量状况时，将兵团断面纳入新疆统计。二是入国境河流断面处置。目前，广西、新疆等省（自治区）5 个断面为入国境河流断面。处理意见：建议此类断面只监测不考核。三是断面位置偏差处理。“十三五”国控断面中少数断面实际采样位置与生态环境部 2017 年确定的“十三五”国控断面经纬度存在偏差。处理意见：增补地理参照标志物信息。四是水体类型界定。地方要求将少数狭长形湖库断面按照河流进行考核。处理意见：建议出台河流型湖库界定标准，按照标准确定水体考核类型。

粤港澳大湾区生态环境保护规划研究编制调研报告

李新　秦昌波　关杨　容冰
（生态环境部环境规划院）

为积极贯彻落实《粤港澳大湾区发展规划纲要》要求，扎实做好粤港澳大湾区生态环境保护专项规划研究编制工作，2019 年 4 月 8—12 日，生态环境部环境规划院带队，生态环境部综合司有关同志、生态环境部环境规划院技术骨干共计 19 人组成调研组，赴广东省开展规划编制专题调研。技术组与香港、澳门环境保护主管机构以及广东省生态环境厅、发展改革委、省工信厅、省自然资源厅、省港澳办、省发展研究中心等省直部门以及珠三角 9 个地市、三地专家学者进行交流座谈，并赴珠海、东莞、广州、深圳市开展实地调研，多方听取规划编制的意见建议。现将调研情况报告如下。

一、粤港澳大湾区生态环境保护取得积极进展

粤港澳大湾区是我国生态环境空间分区管控、大气污染联防联控、区域环保合作交流等多项生态环境保护政策制度的策源地、试验田，区域生态环境治理起步早、生态环境品质领先、高水平保护与高质量发展的基础优势突出，已初步具备建成生态环境高品质世界级绿色城市群、世界一流美丽湾区的基础优势。主要成效如下：

（一）粤港澳大湾区生态环境品质优良

（1）深入推进区域大气污染联防联控，空气环境质量保持全国领先

实施粤港珠三角地区空气质素管理计划，建立完善与国际接轨的粤港澳区域空气监测网络，率先以改善大气环境质量为目标实施联防联控，大湾区大气环境质量在全国处于标杆。其中，珠三角区域 $PM_{2.5}$ 年均浓度于 2015 年在全国三大重点防控区中率先达标，香港、澳门 $PM_{2.5}$ 浓度稳定在 20 微克/米^3 左右。

（2）联合开展跨界流域水环境系统治理，保障粤港澳大湾区饮水安全

强化珠三角生态水网建设，珠江流域水质居全国重点流域前列，供港、供澳饮用水

水源水质多年来均达到协议水质要求。深港两地持续推进深圳河、深圳湾、大鹏湾治理，珠澳两地协商共治鸭涌河等跨界流域水环境污染。成立了粤港海洋环境管理专题合作小组，建设海防垃圾预警系统。

（3）积极推进生态保护和修复，维护陆海生物多样性

珠三角 9 市已全部创建为国家森林城市，2017 年珠三角地区森林覆盖率达 51.68%，城区人均公园绿地面积 19.2 $米^2$。粤港澳三地持续开展共同打击区域内跨境走私濒危物种活动，加强中华白海豚、红树林等生物物种保护，积极推动构建粤港澳珠江口湿地保护圈。

（二）粤港澳大湾区高质量发展水平持续提升

（1）实施工业能效提升行动，工业绿色发展水平得到显著提升

开展电机能效提升行动，在水泥、玻璃、造纸、钢铁、纺织、石化、有色金属七个重点耗能行业开展能效对标，炼油、乙烯、硅酸盐、水泥等产品平均能耗达到国内先进水平。实施“万企清洁生产审核行动”。“十三五”以来，广东省累计开展清洁审核企业 6 056 家次，可产生经济效益 67.4 亿元，实现节能 321.8 万吨标准煤，减排废水 3 360.5 万吨、二氧化碳 56.2 万吨、一般工业固体废物 42.3 万吨。

（2）加快实施绿色制造，初步构建形成具有产业特色的绿色制造体系

推行产品全生命周期和全产业链绿色管理，开展绿色制造示范创建，引导企业及园区实施绿色化改造。广东省对照国家标准规范开发绿色产品，加快建设绿色工厂，发展绿色园区，打造绿色供应链，已累计创建国家级绿色工厂 96 家，绿色世界产品 285 种，绿色园区 2 个，绿色产业链 9 个，绿色制造示范数量居全国首位。

（3）开展百园循环化改造行动，推进湾区循环经济加快发展

2019 年广东省已累计推动 110 家园区开展循环化改造，涵盖了全省 76.6%的国家级园区和 73.5%的省级园区，提前完成了国家“十三五”时期规划要求的目标任务。率先开展新能源汽车动力蓄电池的回收利用试点省建设工作，成功获批国家新能源汽车动力蓄电池回收利用首批试点地区。

（4）培育壮大节能环保产业，碳交易等市场环境不断优化

2018 年广东省节能环保产业总产值已突破 8 000 亿元。节能环保上市公司共计 98 家，约占全国的 16%，主营业务收入、净资产总额均居全国首位。积极推进碳排放交易，广东省碳交易市场规模居全国首位。

（三）粤港澳大湾区生态环保合作联动机制不断完善

（1）全面深化环保交流合作，区域环保合作体系日益完善

在粤港、粤澳合作联席会议框架下，设立了粤港持续发展与环保合作小组、粤澳环保合作专责小组，持续推动空气、水、环境监测，突发环境事件通报等领域双边合作。2014 年粤港澳三地环保部门共同签署《粤港澳区域大气污染联防联治合作协议书》，推进环保合作由“双边”走向“三边”。

（2）强化核应急联动，保障区域环境安全

1992 年粤港就大亚湾核电站事故场外应急事宜签署共识文件 10 份，备忘录 2 份，持续加强双方信息通报机制。2017 年粤澳双方正式启动粤澳核应急合作工作，并在 2018 年共同签署了《广东核电站核事故应急粤澳合作共识》，建立核应急信息通报制度，不定期举行粤澳核应急合作会议。

二、粤港澳大湾区生态环境保护的突出难题

（一）粤港澳大湾区经济发展的资源环境压力凸显

粤港澳大湾区大部分地区资源环境承载能力已超过或接近上限，城镇扩张对生态空间的挤占较为明显。深圳、东莞、中山、佛山国土开发强度已超过国际警戒线（30%）。未来，大湾区城镇开发建设、机动车数量仍将持续增长，尤其肇庆、惠州等相对落后的珠三角城市，以及湖南、江西、广西等周边省市经济增长趋势依然强烈，维护区域生态安全、保障优良生态环境系统健康的压力依然较大。

（二）粤港澳跨界生态环境重点问题亟待统筹解决

大湾区大气环境质量处于向更清洁大气环境进阶发展阶段，前瞻探索开展 O_3、VOCs 等污染治理路径形势紧迫，湾区内仍有部分城市部分大气污染物未达标。珠海、澳门跨界河流鸭涌河长期断流。粤港河段和深圳河罗湖断面、深圳河口断面等跨界水质超标问题突出。部分地区近岸海域水质不达标，咸淡水质衔接压力较大。粤港海漂垃圾问题突出，亟待统筹解决。

（三）粤港澳地区环境标准差异加大环保目标任务统一难度

在大气、水质、污染物排放标准方面，粤港澳三地标准不一。香港实行的是 AQHI

（空气健康指数）制度，已提前考虑了环境健康指数，珠三角在国内执行 AQI 指数标准。在船舶燃油标准方面，柴油船排油量标准不统一，柴油销售价格存在差价，导致柴油走私现象加剧和地区之间污染转移的问题突出。

（四）大湾区生态环境治理体系与能力仍亟待提升

广东省省级环境污染治理投入占 GDP 的比重始终处于 1%左右，环境治理投资依然不足。环境基础设施建设仍是短板，全省污水配套管网长度低于全国平均水平，“僵尸”管网、“断头”管网大量存在，城镇污水实际处理率较低；生活垃圾无害化处理能力缺口较大，25%的垃圾处理设施超负荷运行。大湾区治理能力和治理体系与世界现代化美丽湾区建设仍不匹配。

（五）三地法律制度文化差异导致统筹协调难度加大

粤港澳三地属于一个国家、两种制度、三种法律体系、多种语言文化交汇区域，在环境标准、司法协助以及法治观念等方面存在巨大的差异，面临协调统筹压力。在司法协助方面，三地仍未签订相关协议，而三地在珠江口各自管辖的水域与陆域没有严格界定，容易造成三地在环境执法过程中出现冲突和“三不管”现象。

三、地方关于规划编制建议及需求

粤港澳大湾区 9 地市、2 个特别行政区对生态环保规划研究编制的意见主要集中在湾区生态环保研究范围、目标标准设计、协同治理、环境基础设施统一布局、差异化政策制度统筹创新等方面。主要建议及需求如下：

（一）规划研究范围适当拓展，湾区生态环保目标指标设计坚持可实现、不降级

考虑到大气流动性、东江及西江等流域性特征，建议从自然生态环境系统本底规律出发，以大湾区为规划区域，在研究中适当考虑粤东西北等地区生态环保特征及要求。同时，珠三角地区生态环境品质与港澳地区仍存在差距，建议在高品质美丽湾区愿景目标引领下，结合各地治理进程设计生态环保目标。可在法律框架下，统筹研究制定大湾区污染排放标准。

（二）重点研究共性及跨界等生态环境问题，研究协同高效治理方案

地方建议以共惠为基础，对需要同担共治、错位优势互补的任务开展研究，各地要

发挥生态环保、绿色发展特色优势，积极融入粤港澳生态环境保护中，谋划好美丽湾区的城市建设篇章。继续加强区域大气联防联控，研究共同应对臭氧、全球气候变化等环境治理方案。加强水污染共同治理，实施“粤港澳大湾区水资源保护联合行动计划”。在海漂垃圾、海洋生物多样性、海洋岸线资源、陆海统筹等方面加强共同治理。

（三）充分研究粤港澳大湾区政策制度差异，从产业、技术、金融等角度探索合作创新路径

港澳地区、珠三角地区制度体系不同，经济发展、生态环境治理与环境质量改善进程也存在较大差异，建议各地区要充分利用各地环境经济政策等手段，加快推进技术、标准、产业、金融等制度创新，重点关注建设生态文明示范湾区、治水联盟、无废湾区、节能环保产业联盟、环境治理技术创新平台、绿色基金等共同议题。

（四）着力补齐环境短板，全面加强湾区环境治理体系与治理能力现代化建设

建立与国际一流美丽湾区相匹配的现代化治理体系，从顶层设计上理顺管理体制，厘清生态环境部门责任边界。加快补齐基层生态环境保护人、财、物的能力短板，加强科技投入，推行智慧环保平台。加大对大湾区重污染水体防治力度，着力补齐污水、垃圾等环境基础设施短板。推动大湾区在节能减排、排放标准、产业准入等方面实现环境标准逐步统一，完善“大环保、大执法”机制。

四、政策建议

生态环境保护是《粤港澳大湾区发展规划纲要》中明确研究编制的四个专项规划之一，地位重要、意义重大。规划编制要以世界一流的美丽湾区、世界级生态文明示范区建设为目标，充分利用三地制度文化多元融合优势，以及科技、金融、环境治理等互补优势，深入研究区域性环境重点问题，推动实现规划科学适用，让粤港澳同胞共担祖国生态文明建设的历史责任、共享祖国美丽繁荣的现代成果。

（一）以开放性为基础，推动各界广泛参与规划编制，确保规划编制的适用好用

建立粤港澳大湾区生态环保规划研究编制联动机制。在技术层面，生态环境部环境规划院联合广东省环科院、港澳地区相关机构，开展深入研讨交流，并广泛吸纳三地社会公众、环保组织、政府机构、高校科研单位相关意见，共同加强在环境治理、生态保护、科技创新、体制机制等方面的研究，凝聚粤港澳三方最大共识，为推动大湾区生态环境保护工作提供强大的技术支撑。

（二）以一体化为要求，分析大湾区共性生态环保问题，研究提出系统性解决方案

粤港澳大湾区生态环境保护建设是一项系统性工程，需要以全局视角、前瞻眼光、世界标准，统筹解决对大湾区生态环境有重要影响的区域性、流域性、共同性的生态环境问题。要以持续改善空气质量、维护人体健康环境为目标导向，研究加强重点地区、重点行业、重点企业综合治理，协同控制挥发性有机物和氮氧化物，进一步降低 $PM_{2.5}$ 浓度，遏制臭氧浓度上升趋势等方案。研究以优化供排水格局，强化水环境系统治理为重点，搭建一体化供水安全体系。研究开展共同打击区域内跨境走私濒危生物的活动，加强中华白海豚保护，搭建交流互动平台。

（三）以高标准为起点，对标国际先进水平，研究设计大湾区生态环境保护标准

在大湾区探索建立一套严于国家、对标世界的新目标指标，借助港澳高标准倒逼珠三角及全省经济高质量发展，推动大湾区成为世界级生态文明示范湾区。创新大湾区标准的构建体系，综合考虑先进性、科学性、可操作性，考虑在部分地区统一大气、船舶燃油、咸淡水、跨境河流断面水质的各项标准。在珠三角有条件的城市，探索开展环境管理制度改革创新的试点工作。

（四）以创新性为引领，发挥改革前沿阵地及三地互补优势，探索实践大湾区生态环保政策机制

利用“一国两制三法域”多文化交融优势，探索打造粤港澳大湾区国家生态文明示范区、绿色发展引领区、美丽中国先行区、共建世界清洁美丽共同体的路径机制，鼓励大湾区城市开展试点示范。以广东省碳排放交易试点为基础，大力推广碳普惠制度。探索以国家无废城市试点为理念，指导粤港澳大湾区实施固体废物有效促进循环及利用。利用香港金融、技术等优势，探索建立粤港澳绿色发展基金，吸引港澳基金参与投资新能源汽车、新能源、新材料等绿色产业。推进粤港澳三地生态环境保护科技创新和应用合作，加强环保基础科学和应用科学等学科的建设。

钢铁行业排污许可证核发情况及污染排放现状分析

邹世英　吴铁　杜蕴慧　卢熙宁　张钊
（生态环境部环境工程评估中心）

一、钢铁行业排污许可证核发情况

（一）基本情况

根据环境保护部发布的《关于做好钢铁、水泥行业排污许可证管理工作的通知》（环办规财〔2017〕68号）要求，“2017年12月31日前，京津冀及周边地区‘2+26’城市（以下简称‘2+26’城市）和长三角、珠三角重点区域完成钢铁工业企业排污许可证申请与核发工作”。

1．2017年12月底钢铁行业排污许可证核发情况分析

根据各地上报的钢铁行业应发企业清单，三大重点区域钢铁企业数量为1 325家，均应于2017年年底前申领排污许可证。截至2017年12月31日，三大重点区域实际发放钢铁行业排污许可证1 160张，剩余165家钢铁企业因各种原因未申领排污许可证，钢铁行业按时发证率为87.5%。

其中，“2+26”城市应完成844张钢铁行业排污许可证核发工作，实际核发许可证716张，按时发证率为81.0%；长三角区域应完成392张钢铁行业排污许可证核发工作，实际核发许可证358张，按时发证率为91.3%；珠三角区域应完成89张钢铁行业排污许可证核发工作，实际核发许可证86张，按时发证率为96.6%。

2．2018年钢铁行业排污许可证发放情况分析

为深入分析钢铁行业未发证状况，生态环境部环境工程评估中心于2018年6月初对三大重点区域钢铁企业数量重新进行了梳理，同时对未发放排污许可证的钢铁企业名单及

原因进行了进一步核实。

经核实，2017 年各地上报的应发钢铁企业名单中有 36 家属于重复上报，另有 54 家未列入名单。截至 2018 年 6 月，列入未发证企业名单的 165 家钢铁企业中有 53 家符合发证条件，已完成许可证核发工作，未列入名单的 54 家钢铁企业亦核发了排污许可证。

河北省环境保护厅于 2018 年 4 月撤销了 6 家钢铁企业排污许可证，其中有 5 家位于“2+26”城市。根据《关于全省钢铁企业提标改造和排污许可证后监督核查情况暨整改意见的通报》(冀环评函〔2018〕303 号)，河北省环保厅撤销排污许可证的原因为“违反《河北省达标排污许可管理办法》第五条第（三）项要求，‘擅自建成或运行违规产能，污染物排放总量超出控制指标的’，依据《行政许可法》第六十九条第（四）项规定由发证机关依法撤销排污许可证，并移交同级生态环境部门依法责令停止生产”。其中，河北鑫达钢铁有限公司在剔除未在河北省发展和改革委员会综合备案的一条 650 毫米带钢生产线后，于 2018 年 4 月重新申报并取得了排污许可证；在河北省发展改革委出具了符合综合备案条件的意见后，河北文丰钢铁有限公司于 2018 年 5 月重新申报并取得了排污许可证。

综上所述，经调查核实后，“2+26”城市、长三角和珠三角区域应发放钢铁行业排污许可证 1 343 张，实际发放排污许可证数量为 1 264 张，实际未发证企业数量 79 家。

根据各省反馈的材料，钢铁行业未发证的原因多种多样，本报告对上报的企业未发证原因进行归类统计，主要可分为 8 类，具体原因及数量见图 1。

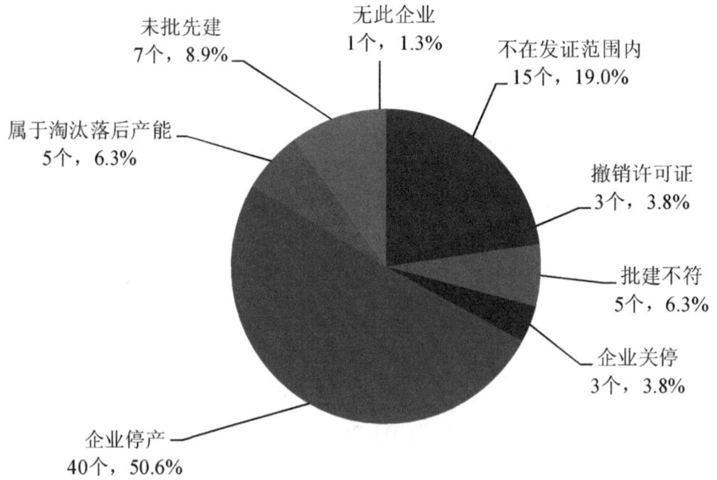

图 1　钢铁行业未发证原因统计

由图 1 可知，钢铁行业未发证企业情况主要有以下三方面：一是因企业停产而未申请许可证或申请延期发证（40 家，50.6%）；二是企业建设内容不属于钢铁行业发证范围（15 家，19%）；三是企业无环评或备案手续（7 家，8.9%）。

（二）未发证原因分析

对钢铁行业未发证的原因进行深层次分析，本报告认为钢铁行业未发证原因按照管理逻辑可以归为三大类。

1. 企业不属于本轮发证对象

由于企业信息有误、建设内容不在钢铁行业发证范围或企业已关停等原因，不需要在 2017 年 12 月底前核发排污许可证。图 1 中“企业建设内容不属于钢铁行业发证范围”“企业已关停，不再生产”“经查无此企业”属于此类，共包括 19 家企业。

此类企业不属于本轮钢铁行业发证对象。已关停企业和实际不存在的企业应及时从摸底名单中剔除，以保证统计资料的准确性；不属于钢铁行业发证范围的企业在后续管理中对照排污许可管理名录适时纳入排污许可管理即可。

2. 企业属于禁止发证范围

企业违反相关规定、属于产业政策淘汰类的，按法律法规要求，应及时予以关停拆除，各级政府部门不应为其核发许可证。图 1 中“企业属于产业政策的淘汰落后产能”属于此类，共包括 5 家企业。

此类企业属于排污许可管理办法明确的不予发证的对象，环境管理部门应对其严格监管，不得向其核发排污许可证，同时监管企业不得排污，并依法报请有批准权的人民政府责令关停。

3. 企业存在环境管理问题

企业因存在需整改的环境管理方面问题，环保部门未对其发证。图 1 中“发证机关依法撤销排污许可证”“建设内容与环评不符”“企业停产，未申请许可证或申请延期发证”和“企业无环评或备案手续”属于此类。共包括 55 家企业。

此类企业存在一些环境问题亟待解决，但是仍属于需要核发排污许可证的，属于“应发未发企业”。对于企业环保措施不符合要求、存在违法行为未处理完成、因环保手续问题撤销许可证等情形，均不是未向企业发证的理由。

“应发未发企业”是本应纳入排污许可管理，却因为各种原因未按时持证的企业，给这一部分企业尽快核发排污许可证，将其纳到环境监管体系中来，是发挥排污许可基础核心作用的重要基础。三大重点区域钢铁企业“应发未发”排污许可证的企业总体数量为 55 家，占名单中 79 家企业的 69.6%。

按照以上三类原因划分，企业未发证原因见图 2。

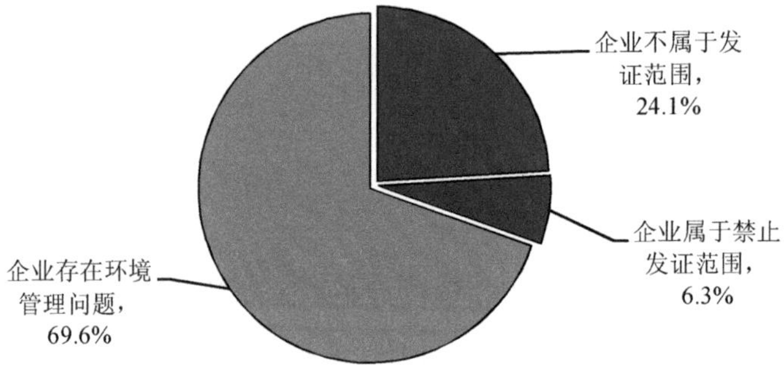

图 2 钢铁行业未发证原因分类汇总

二、基于排污许可数据的超低排放现状分析

（一）钢铁行业发展现状

1. 产能产量

根据排污许可数据分析结果，"2+26"城市、长三角、珠三角等重点区域已发排污许可证企业的粗钢产能约为 4.38 亿吨，占全国产能将近一半，各省粗钢产能见图 3。

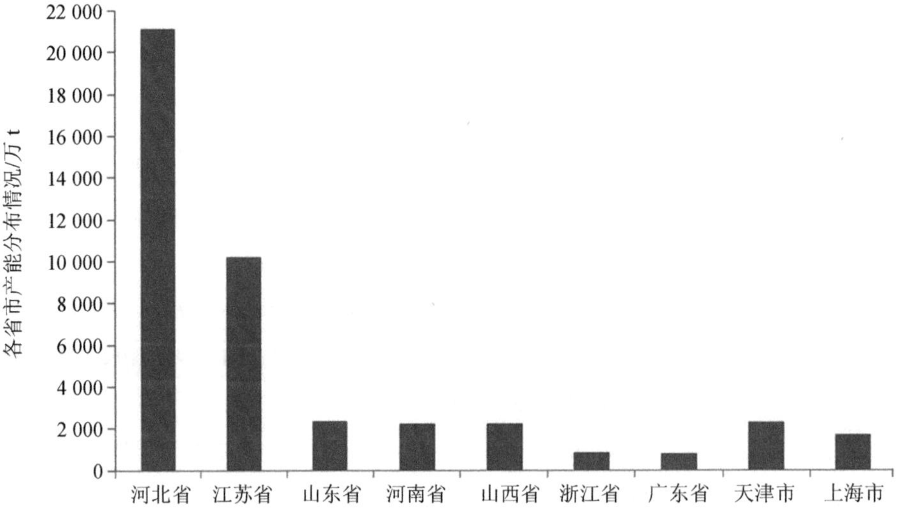

图 3 已发证各省市钢铁企业产能分布情况

由图 3 可知，河北省产能约为 2.1 亿吨，约占全国总量的 1/5，是第二名江苏省的两倍。

2. 企业分布

钢铁联合企业主要集中在河北省唐山市与邯郸市，独立轧钢企业主要集中在河北省唐山市和山东省聊城市等地区。

长三角地区钢铁联合企业较为分散，独立轧钢企业主要集中在常州、嘉兴、绍兴等地区。

珠三角地区钢铁联合企业稀少，独立轧钢企业主要集中在佛山市。

3. 执行标准情况

根据排污许可数据分析结果，在“2+26”城市、长三角和珠三角重点区域中，河北省和山东省均已制定钢铁行业地方标准，其他地区按国家钢铁行业污染物排放标准执行。

4. 主要污染防治措施

（1）颗粒物无组织排放控制措施

三大重点区域已发证企业中，封闭形料场配置率达到 70%左右，防风抑尘网配置率约为 30%；大宗物料基本采取封闭式皮带运输，转运站配套除尘设施；高炉出铁场铁沟、渣沟加盖封闭并设置捕集罩；炼钢车间屋顶罩三次除尘系统配置率约为 30%。

（2）颗粒物有组织排放控制措施

①烧结、球团废气除尘

烧结机头、球团焙烧烟气除尘采用四电场静电除尘器或袋式除尘器的企业比例约为 85%，三电场静电除尘器及其他设备应用比例约为 15%。其中，河南省全部采用四电场静电除尘器或袋式除尘器，河北省、山西省、天津市应用比例分别约为 93%、84%和 80%。针对湿法脱硫配套采用湿式电除尘器的企业比例不足 20%，其中，河南省配置比例为 100%，山东省、河北省配置比例分别约为 30%和 10%，天津市仅 1 家企业在用，山西省、浙江省、广东省与上海市均未配置。

烧结机尾废气除尘采用袋式除尘器、电袋复合除尘器比例分别约为 52.4%和 31.3%，四电场和三电场静电除尘器配置率分别约为 7%和 9%，另有一家企业采用旋风除尘器。

②高炉炼铁废气除尘

高炉出铁场和矿槽废气采用袋式除尘器的比例均达到 98%以上。

③转炉炼钢废气除尘

转炉二次和三次烟气除尘均采用袋式除尘器，且滤袋均为覆膜或超细纤维材质。

转炉煤气"LT"干法工艺配置率接近 20%，其余基本采用新型 OG 湿法或半干法除尘工艺。

④其他废气除尘

除上述排污节点以外，其他废气除尘系统采用袋式（含电袋复合）除尘器的比例达到 90%以上，其中 92%的企业采用了覆膜或超细纤维材质滤料。

（3）二氧化硫控制措施

烧结机头、球团焙烧烟气脱硫措施中（活性炭协同处理法），采用石灰/石灰石-石膏法占比 81%；其余企业采用氧化镁法、双碱法、氨法、钢渣法等湿法脱硫工艺，以及循环流化床、旋转喷雾、密相干塔等半干法脱硫工艺，其中氧化镁法约占 5%，循环流化床工艺约占 4%，旋转喷雾法约占 5%，密相干塔法约占 2%，氨法约占 1%，双碱法约占 1.5%，钢渣法约占 0.5%，见图 4。

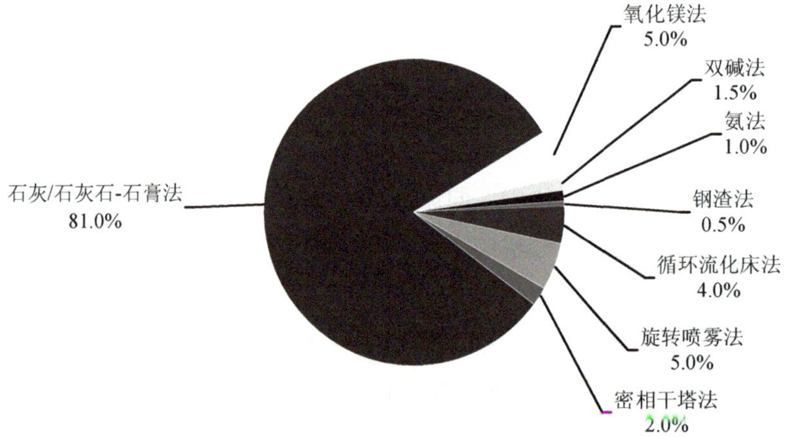

图 4　烧结机头、球团焙烧烟气脱硫措施占比

（4）多污染物协同控制措施

针对烧结机头、球团焙烧烟气多污染协同治理，三大重点区域目前仅有宝山钢铁股份有限公司、山西太钢不锈钢有限公司、河钢股份有限公司邯郸分公司、联峰钢铁（张家港）有限公司 4 家企业采取了活性焦干法措施。

高炉热风炉、轧钢加热炉、热处理炉等生产设施均以净化后煤气为燃料，同时应用低氮燃烧技术。

5. 排放水平分析

根据 2016 年环境统计数据，全国钢铁行业颗粒物、二氧化硫和氮氧化物排放总量分别为 255.95 万吨、97.34 万吨和 89.50 万吨，其中“2+26”城市钢铁企业颗粒物、二氧化硫和氮氧化物排放占比分别为 30.97%、31.06%和 38.18%，区域减排压力较大。

长三角、珠三角重点区域钢铁企业颗粒物、二氧化硫和氮氧化物排放占比之和分别为 4.70%、11.65%和 15.60%，较“2+26”城市有所降低，主要由于该区域钢铁企业多为短流程电炉企业，无大宗散状料场、烧结、球团、炼铁等工序。

（二）与超低排放要求的差距

1. 排放水平差距

对标《钢铁企业超低排放改造工作方案（征求意见稿）》中的排放要求，根据 2016 年钢铁企业监督性监测数据初步统计，烧结、炼铁、炼钢、轧钢工序颗粒物达到超低排放限值（10 毫克/米^3）的企业比例分别约为 4.1%、6.4%、11.2%、26.4%；除炼钢工序，二氧化硫达到超低排放限值（35 毫克/米^3）的企业比例分别约为 6.0%、24.3%、30.7%；烧结工序氮氧化物达到超低排放限值（50 毫克/米^3）的企业比例约为 1.5%。燃净化后煤气的高炉热风炉、轧钢热处理炉（按基准氧含量 8%折算）按照二氧化硫和氮氧化物分别为 50 毫克/米^3 和 150 毫克/米^3 的超低限值要求，现阶段可满足高炉热风炉要求的钢铁企业占比分别约为 24.5%、94.7%；满足轧钢热处理炉要求的钢铁企业占比分别约为 75.9%、77.6%。

2. 原因分析

与超低排放要求存在差距的原因主要体现在污染防治措施方面，结合排污许可数据中主要污染防治措施名称、工艺、配置比例等信息，对部分主要排放口和无组织排放环节具体分析如下：

（1）颗粒物无组织控制措施

根据三大重点区域钢铁企业排污许可证数据，料场防风抑尘网和无三次除尘系统的炼钢厂无法满足超低排放控制措施要求。

（2）颗粒物有组织控制措施

采用单一静电除尘器的、湿法脱硫未配套建设湿式电除尘器或其他高效除尘装置的烧结机头、球团焙烧烟气，无法满足超低排放要求。采用静电除尘器和普通袋式除尘器

（非覆膜滤料）的其他环节废气无法满足超低排放要求。

（3）二氧化硫控制措施

烧结机头、球团焙烧烟气脱硫措施存在因设备老化、设计能力不足等导致脱硫效率不高的问题，无法达到超低排放要求。

（4）氮氧化物控制措施

对于大多数无脱硝措施的烧结机头、球团焙烧烟气，其氮氧化物无法满足超低排放要求；对于采用中高温 SCR 或活性炭控制措施的，具备满足超低排放要求的能力。

三、钢铁行业排污许可管理工作建议

（一）以排污许可制度全面管控钢铁行业

按照生态环境部关于"核发一个行业，清理一个行业，达标一个行业，规范一个行业"的要求，结合钢铁行业特点，按照"三大战役"总体要求，结合当前环境保护督查、巡查等工作，严厉打击无证排污企业，确保完成钢铁行业"核发一个行业、清理一个行业，达标一个行业、规范一个行业"的任务。同时，提出具体工作建议如下：

1."全面核发"钢铁行业排污许可证

在现有已发排污许可证基础上，对于不在本次发证范围的排污单位，核发部门要提前做好清单梳理，按照国家规定于 2018 年完成许可证核发工作。对于属于禁止发证情形的排污单位，应开展专项执法，重点检查无证排污。对于存在环境管理问题的"应发未发"排污单位，应严格按照《排污许可管理办法（试行）》第六十一条的规定执行，排污单位承诺改正并提出改正方案的，环境保护主管部门可以向其核发排污许可证，许可信息纳入全国钢铁行业排污许可数据库；或确保排污单位处于停产状态，无证不得排污。对于《固定污染源排污许可分类管理名录》范围以外的钢铁行业排污单位，由各地进行摸底排查并纳入排污许可备案管理范畴。

2."系统清理"钢铁行业历史问题

解决大量钢铁企业未批先建的问题，建立存在环境管理问题的"应发未发"企业清单，重点关注未批先建钢铁企业的整改情况，对于按许可证要求完成整改的，纳入环境管理体系；对于未按许可证要求完成整改的，许可信息保留在全国钢铁行业排污许可数据库中，同时移交执法部门。

3.“分类达标”钢铁行业排放口

对于钢铁企业主要排放口，通过核查排污许可证环境管理台账，建立基于统计学原理的钢铁行业许可数据分析方法学，对主要排放口开展大数据分析，选取长期稳定达标企业，总结管理经验并应用于全行业，实现钢铁行业主要排放口全面达标排放。对于钢铁企业一般排放口，通过核查排污许可证执行报告，梳理并分析超标时段运行情况，归纳总结超标情形及运行规律，制定污染防治措施运维红线，逐步降低钢铁行业一般排放口超标率。

4.“依证规范”钢铁行业运行管理

基于排污许可证及执行报告等环保大数据，加快制定钢铁行业污染防治可行技术指南，细化污染防治措施运行维护管理要求，并将具体要求载入排污许可证，作为后续依证规范运行管理的重要依据。

（二）主要污染防治措施超低排放改造技术思路

基于三大重点地区已发证钢铁企业污染防治措施情况，结合监督性监测和环境统计数据，对标《钢铁企业超低排放改造工作方案（征求意见稿）》，提出如下工作建议：

1. 加快改造超低排放除尘系统

防风抑尘网全部改造升级为封闭料场，大宗物料采取封闭式运输方式，炼钢车间全部设置三次除尘系统。对于静电除尘器，可在进口增设重力过渡仓，实现对大量粗颗粒粉尘的捕集，同时应采用四电场及以上设计的除尘器，并配套脉冲高频或高压电源，增强粉尘荷电，提高捕集效率；对于湿法脱硫，需增建湿式电除尘或高效除尘装置，确保颗粒物达标排放；对于普通袋式或电袋复合除尘器，应采用扩建除尘器仓室数量、增加过滤面积、降低过滤风速、更换品质更优的覆膜滤料等方式予以系统改造。

2. 全面升级脱硫工艺

对于因施工质量问题导致运行较差的脱硫工艺，应拆除重建。对于已建成的半干法脱硫工艺，可通过更换脱硫剂或建设多级脱硫反应塔等方式，延长烟气与脱硫剂接触反应时间，提高脱硫效率；对于湿法脱硫工艺，可通过扩塔径降流速延长烟气停留时间，同时更换大流量循环浆液泵提高液气比，提高脱硫效率。

3. 研究实施超低排放脱硝技术

对于中低温 SCR、活性炭等脱硝技术，应通过提高反应活性、增加反应层数等方式，加快研究长期稳定达到超低排放要求的运行条件和管理要求。分类实施脱硫、脱硝技术组合，对于采用湿（半干）法脱硫的，可结合催化剂抗中毒特点采取先脱硝，或脱硫后升温再脱硝等技术路线。

三等奖调研报告

制药行业 VOCs 污染管控调研报告

沙莎　蔡梅　徐海红　黄敏超
（生态环境部环境工程评估中心）

2020 年是蓝天保卫战收官之年，“优良天数”是当前制约打赢蓝天保卫战的主要“瓶颈”。2019 年，臭氧仅次于 $PM_{2.5}$，成为影响全国空气质量优良天数比例的第二大因素，在京津冀及周边、长三角等重点区域，臭氧已经成为首要影响因素。挥发性有机物（VOCs）是形成 $PM_{2.5}$ 和臭氧的重要前体物之一。

加强 VOCs 治理是控制臭氧和 $PM_{2.5}$ 污染的有效途径，也是帮助企业实现节约资源、提高效益、减少安全隐患的有力手段。《大气污染防治行动计划》实施以来，我国相继出台了《“十三五”挥发性有机物污染防治工作方案》《重点行业挥发性有机物综合治理方案》《2020 年挥发性有机物治理攻坚方案》等系列文件，全面加强了针对 VOCs 治理的整体要求。但 VOCs 管理基础依然薄弱，尤其是在落实层面，普遍存在重视认识不足、源头控制不力、无组织排放问题突出、治污设施简易低效、运行管理粗放、监测监控不到位等问题，已成为当前我国大气污染防治工作的突出短板。

制药行业是 VOCs 排放大户，在打赢蓝天保卫战三年行动计划的各项攻坚行动方案中，制药行业均被纳入需实施应急管理的行业。生态环境部在“十三五”期间，持续深入制药企业，到山东、河北、浙江、新疆等多个省份开展监测与调研，通过梳理行业现状，总结行业特点，针对 VOCs 排放环境问题，在核算排放量、完善标准内容、强化标准执行力度等方面提出了建议。

一、制药行业现状

（一）制药工业产业规模长期高涨，近年来正处于调整期

（1）持续增长

据统计，改革开放 40 多年我国制药工业产值增长了 400 多倍，逐步成长为全球第二大

消费市场和最大的原料药生产和供应国。医药产业成为国民经济各产业中发展最快的产业之一，增长速度远高于全国国内生产总值（GDP）的增速。随着人口老龄化程度的加深，我国医药市场的增长趋势依然会得到保持，如图 1 所示，2019 年其规模达到 8 190 亿元。

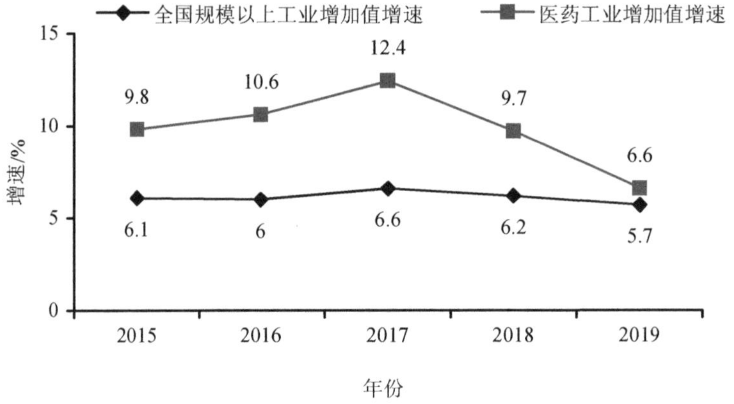

图 1　2015—2019 年制药工业增加值增速

（2）进入转型调整期

近年来，我国加大了医疗健康产业的改革力度，医保控费、集采降价、合理用药等政策相继出台，以及受到贸易摩擦、安全生产和环境整治的影响，我国医药工业发展进入重要的转型期，发展速度明显下降，部分产品价格出现显著下降，如国家实行“带量采购”后药品售价大幅下降，平均降幅超过 50%。2017 年后原料药产量也出现下降，尤其是山东、江苏等传统化工大省的原料药产量出现断崖式下降，2015—2020 年化学原料药产量变化情况如图 2 所示。

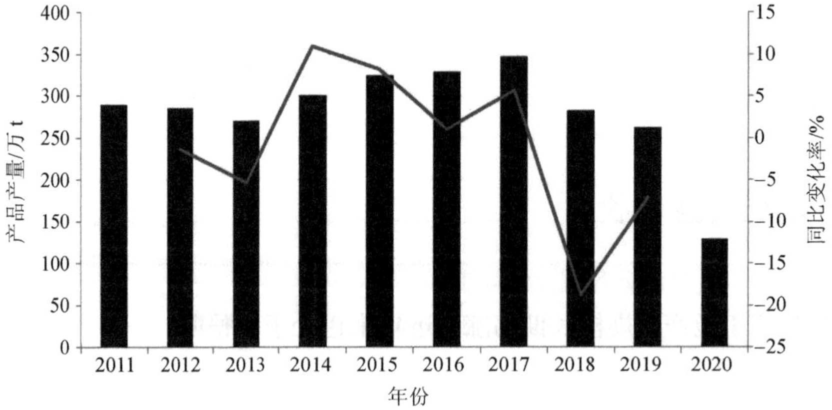

图 2　2015—2020 年第一季度化学原料药产量变化情况

（3）企业数量呈现下滑态势

近年来，中国医药制造企业数量总体下降，根据国家统计局数据，截至 2019 年年底和 2020 年 4 月，全国规模以上医药制造企业数量分别为 7 382 家和 7 342 家，较 2017 年年底有所减少，如图 3 所示。

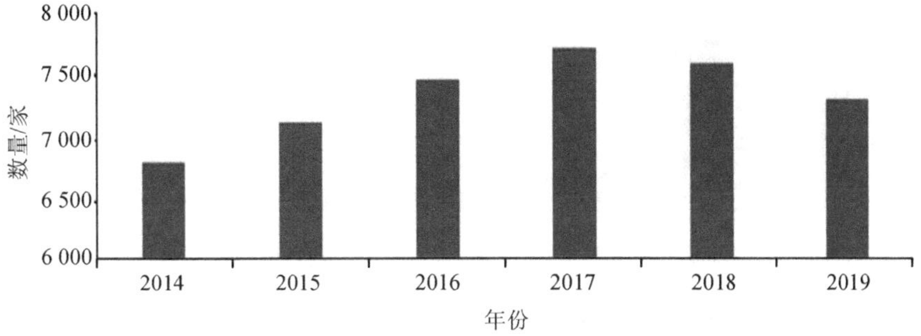

图 3　2014—2019 年医药制造企业数量

注：国家统计局，联合资信整理。

随着安全环保生产监管的逐步趋严以及相关医改政策导向，从某种意义上看，生态环境工作将加速行业间企业的优胜劣汰，推动中国医药制造业产业集中度提升。

（二）原料药产业布局区域集中而企业分散，产能相对过剩与局部垄断并存

我国制药行业特点可概括为“一小、二多、三低”，即企业规模小、企业数量多、产品重复多、产品技术含量低、新药研发能力低、经济效益低。根据有关资料，制药企业中的小型企业比例高达 80%以上，近年虽然已淘汰了一批落后的制药企业，但制药企业多、小、散、乱的问题仍未得到根本解决，具有国际竞争能力的龙头企业仍然十分缺乏。

（1）区域布局集中

我国化学原料药生产企业遍布 30 个省市（区、市），分布在江苏、浙江、山东东部沿海地区的化学原料药生产企业占全国总企业数量的近 30%。产业布局相对集中，原料药及相关中间体的生产商主要集中在山东、河北、湖北、四川、河南、浙江等传统化学工业发达地区，如图 4 所示，尤以浙江、山东及河北为代表，浙江临海的国家级化学原料药出口基地是国内化学原料药和医药中间体产业发展最早和最大的集聚区。

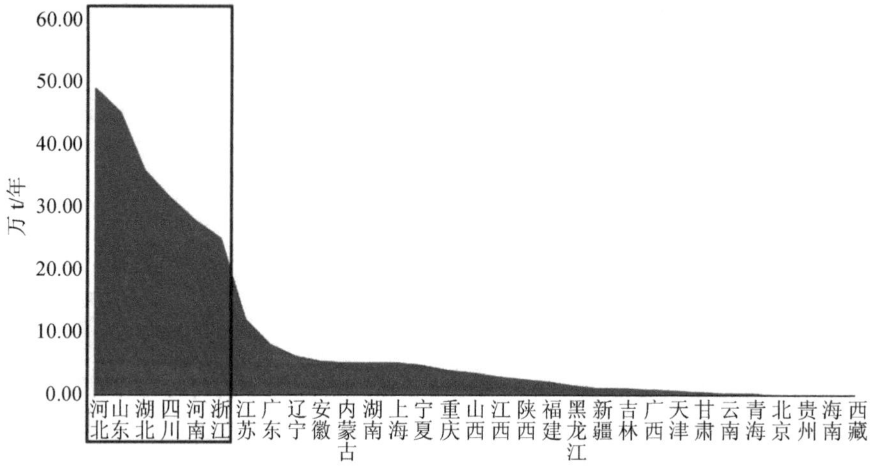

图 4　我国化学原料药产量前 20 省份排名情况

（2）企业集中度低

我国制药行业企业集中度较低，处于国际较低水平。据统计，同为医药强国的美国、印度两国的行业前八企业产能占全国的 50%左右（图 5），但我国仅占 20%左右，行业集中度仍处于较低水平。

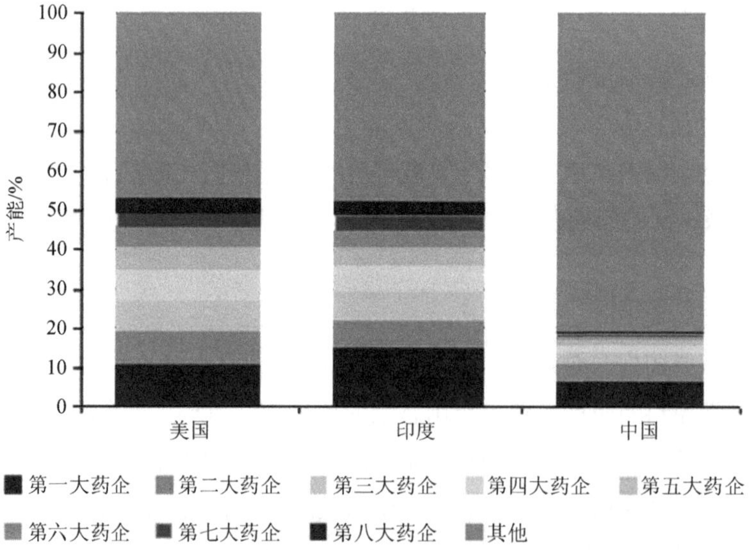

图 5　中国、美国、印度三国的制药行业前八企业产能集中度对比

（三）产业与环保政策逐步加严，行业转型已成趋势

（1）持续发布重大改革政策

已上市的药品质量和疗效一致性评价、“4+7”带量采购试点、新《药品管理法》和《药品生产监督管理办法》《推动原料药产业绿色发展的指导意见》等政策法规的发布，导致药品销售利润显著下降，企业竞争显著加剧，影响了制药工业的生产和运营格局，并将持续产生长期影响，将有效促进规模企业市场集中度提高和研发创新业务的发展。

（2）生态环保政策不断加严，VOCs 污染治理势在必行

《环境保护法》《大气污染防治法》的相继修订以及各类环保政策标准的不断升级，对污染相对严重、环保欠账较多的化学原料药企业带来了较大冲击，治理压力不断加大，叠加供给侧去产能的推动，制药行业面临加速实施清洁生产改造和提升环保设施的压力。

根据“二污普”统计结果，制药行业 VOCs 排放量在工业源中居第七位。《制药工业大气污染物排放标准》（GB 37823—2019）和《挥发性有机物无组织排放控制标准》（GB 37822—2019）于 2019 年 5 月发布，两个标准相对于《大气污染物综合排放标准》（GB 16297—1996）和《恶臭污染物排放标准》（GB 14554—93），大幅加严了颗粒物、苯、甲醛等多种污染物的浓度限值，增加了 VOCs 无组织排放控制措施要求，监管要求整体显著提升。

二、存在的主要问题

近两年，制药行业通过原料替代、改进原料储运和投加方式、提高设备水平、加强末端治理措施等方式，在清洁生产水平、生产工艺技术、污染物治理能力等方面均取得了较大进步，但在环境管理方面，仍存在较多难点和不足。

（一）制药行业 VOCs 污染存在的主要问题

（1）VOCs 排放量核算难度大

有机溶剂的使用量和种类是核算制药企业 VOCs 排放量的关键参数和重要依据。在实际生产中，制药企业根据市场需求不断调整生产计划，每批次投入的有机溶剂数量和种类均有可能不同，甚至存在较大差异。制药企业在环评、排污许可等平台申报的有机溶剂使用情况通常为估算，与药品生产质量管理规范（GMP）认证后的日常监管检查的生产记录及实际生产情况往往存在差异，在国家统计部门及相关协会发布的数据中亦无

准确信息。多套数据不一致直接导致制药企业 VOCs 排放量难以准确核算。

（2）标准尺度不一且存在明显缺陷

目前，蓄热式燃烧或蓄热式催化燃烧是公认的处理 VOCs 尾气的高效治理措施之一，基准含氧量是对处理装置最终排放废气中大气污染物达标判定的关键折算指标，主要目的是防范企业稀释排放，现行的国家及地方相关大气污染物排放标准中对该指标要求差异过大，且存在不合理的地方。如新颁布的《制药工业大气污染物排放标准》以及河北、天津、浙江、四川等省（直辖市）的地方标准，对基准含氧量校核指标要求从 3%到 18%不等，且均明确指出，VOCs 燃烧装置需要补充空气进行燃烧、氧化反应的，排气筒中实测浓度应按基准含氧量换算成基准排放浓度，无须另外补充空气的以实测浓度作为达标判定依据。

评估中心对 50 余家制药企业的 VOCs 焚烧处理装置尾气监测结果的分析表明，设备先进、管理水平高的制药企业废气收集率高、风量小、浓度高，通常进气 VOCs 浓度可达到 2 000～3 000 毫克/米^3，焚烧处理时无须补加燃料，但需补充空气，排放尾气含氧量一般在 18%～20%。若按前述标准要求，因补充空气而采用 3%基准含氧量进行达标校核，校正后排放浓度将是实际浓度的 6 倍左右，就可能会超过标准限值。这样，环境管理严格且治理设备好的企业反而出现了废气排放不达标的现象，不能真实反映企业实际治理水平。

（3）达标性分析指标的代表性欠佳

非甲烷总烃在制药行业大气排放标准中是达标性评价的监测指标之一，被各地生态环境管理部门广泛使用。非甲烷总烃虽然对大多数有机物均有响应，但对于制药行业的含氧有机化合物、卤代烃、含氮化合物、含硫化合物等多数特征污染物存在响应弱、缺乏规律性的缺陷。根据实测调研，用乙酸乙酯和乙酸异丙酯的真实物质为分析指标进行监测时浓度可达上千毫克/米^3，但同时监测非甲烷总烃指标，浓度只反映出几十毫克/米^3，相差数十倍。因此采用非甲烷总烃浓度评价达标性，对于以非碳氢化合物为主的制药行业来说误差过大，不能真实反映企业排放的实际水平，无法为管理提供可靠支撑。

（二）VOCs 监管发现的主要问题

（1）末端治理问题仍然突出

①应治未治

现场调研发现，在工人进行投料时，未配套任何收集措施，集气罩与末端治理设施形同虚设，产生的废气直接排放，造成车间环境空气非甲烷浓度瞬间可达 600 毫克/米^3。

②应用未用

现场调研发现企业正常生产，但仅开启风机，VOCs 治理设施未开启。

③治理低效

目前，部分小微企业采用单一的光氧化、低温等离子等低效治理技术，相关研究表明，这些技术治理效率仅为 20%左右。不仅治理效率低，单一使用光氧化技术，还会导致出口臭氧浓度高于进口，引发臭氧二次污染。如部分采用光氧化技术治理 VOCs 的喷涂企业监测数据表明，设施进口臭氧浓度与环境空气臭氧浓度相当，但出口浓度大幅增高，最高增加倍数可达 263 倍。

（2）过程管控不到位

①收集效率低

《重点行业挥发性有机物综合治理方案》（以下简称《治理方案》）明确提出无组织废气按照应收尽收的原则设计废气收集措施。调研发现集气罩过高、风力不够等未有效收集问题普遍存在。未有效收集导致大量废气仍以无组织形式排放，不仅没有起到治理的效果，还会浪费治理设施的投入。

②管理不规范

调研发现部分企业用于吸附 VOCs 的活性炭变色板结严重、紫外线光管大部分损坏而未更换，甚至活性炭吸附设施中未安装活性炭，光氧化装置内未安装紫外线光管等，导致治理设施形同虚设或大幅降低治理效率。

三、对策建议

（一）源项解析与黑箱模式相结合，精细化核算制药行业 VOCs 排放量

“十四五”期间，建议对全国所有制药企业提出全过程精细化管控要求，先控有机溶剂使用，后管清洁生产水平，推进医药行业 VOCs 排放量准确核算及综合整治工作。基于美国、欧盟等发达国家和地区制药行业 VOCs 排放量核算方法，结合我国制药行业的实际情况，以全厂物料衡算的“黑箱”模式，结合污水处理、固体物料堆存等源项的核算方法，真实客观地反映我国制药行业 VOCs 排放量。同时，建议联合发展改革委、工信以及药监等部门形成合力，真实记录各企业有机溶剂消耗量和种类，为该行业 VOCs 的核算奠定坚实的基础。

（二）完善标准内容，加强标准执行力度

（1）完善标准内容

对相关大气污染物排放标准中基准含氧量校核要求进行修改完善。一方面可采用工艺废气浓度指标作为是否需进行基准含氧量校核的依据，而不是简单以是否补充空气作为判定依据，鼓励企业采用高效的 VOCs 收集处理系统；另一方面可用焚烧烟气的停留时间和燃烧温度两个参数替代基准含氧量校核，确保尾气被充分燃烧，从而实现污染物排放浓度满足标准要求。

（2）进一步强化标准执行

一方面按相关排放标准落实制药企业“全指标”监督监测，取代仅以非甲烷总烃作为 VOCs 达标评价因子的现行做法；另一方面，由于 VOCs 排放以无组织为主，废气的高效收集是有效处理 VOCs 尾气的必要条件，所以还应落实无组织排放位置风速检测要求，倒逼企业提高无组织废气收集设施的有效性。同时，强化企业 VOCs 管理台账核查，重点审核有机溶剂使用量与出入库记录、GMP 认证检查的运行记录等数据的一致性，确保涉 VOCs 物料数据的真实性。

（三）加快出台相关技术规范，加大政策宣传和查处力度

（1）研究制定制药行业 VOCs 治理可行技术指南

针对 VOCs 尾气的特征因子种类、浓度范围提出对应的治理设施名录，细化末端治理设施运行管理要求，提出关键参数指标，指导企业开展 VOCs 治理工作。

（2）进一步加大《重点行业挥发性有机物综合治理方案》《挥发性有机物无组织排放控制标准（GB 37822—2019）》等文件的宣贯力度

通过向企业发放告知书，明确企业应承担的使用低 VOCs 原辅料、规范设计集气系统、保持有效密闭措施以及有效运维治理设施等具体责任，督促企业落细、落实国家及地方政策要求。

（3）加大执法力度

对应治未治、应用未用等环境违法行为，严格依法查处，对典型案例加大宣传，切实形成震慑。

（四）精准施策，提高监管效果

（1）加快发布 VOCs 执法检查规范，通过执法推动标准和政策落地

在《重点行业挥发性有机物综合治理方案》《制药工业大气污染物排放标准》等文

件的基础上，针对行业排放特点、产污环节制订具有可操作性的执法规范，实现各项要求可查、可罚。细化至各环节、各参数，避免执法人员的主观判断和模糊判断影响执法检查的效果。

（2）创新监管手段，加强精准监控

推行环保治理设施电力监控（环保治理设施与生产设施电表分开安装）并与当地生态环境主管部门联网，在线监控末端治理设施是否运行，避免出现治理设施仅为应付检查而开启的现象，利用科技力量减少监管投入。

海洋牧场建设情况的调研报告

刘述锡
（国家海洋环境监测中心）

海洋牧场是指在一个特定的海域里，为了有计划地培育和管理渔业资源而设置的人工渔场，主要建设内容是人工鱼礁设计、建造和投放，配套的船艇、管护平台、监测和管理系统等设施设备以及海藻场和海藻床的移植修复等。为贯彻落实习近平总书记及胡春华副总理关于海洋牧场建设的重要批示精神，农业农村部组织国家发展和改革委员会、财政部、自然资源部和生态环境部等部门，于 2019 年 2 月下旬对辽宁、山东、海南等省开展海洋牧场建设情况联合调研，重点厘清海洋牧场发展过程中存在的问题，推动我国海洋牧场科学有序发展。

一、调研的基本情况

本次联合调研通过了解海洋牧场发展情况，包括对产业发展情况和生态环保情况的综合评价中海洋牧场存在的主要问题，重点对照《经济参考报》所报道的《谨防海洋牧场建设一哄而上借势圈海》文中有关内容，查找问题、分析原因，并提出对策建议。

第一调研组于 2019 年 2 月 25—27 日先后实地查看三亚市蜈支洲岛海洋牧场建设情况，参与了《海南省海洋牧场建设布局规划（2019—2025 年）》编制研讨，考察了海南大学南海海洋资源利用国家重点实验室，并召开了 3 场座谈会，听取了海南省和三亚市有关部门以及海南大学关于海洋牧场建设相关情况的汇报，认真了解了相关单位对海洋牧场建设的意见建议。根据调研情况来看，海南省各级渔业主管部门高度重视海洋牧场建设，认真贯彻落实习总书记 4·13 重要讲话精神，着力推进海洋牧场发展。对于海洋牧场良好的功能作用大家已形成共识，社会各界参与海洋牧场建设的积极性较高。但由于起步晚、底子薄以及相关政策限制等原因，海南省海洋牧场发展相对缓慢，同时也未发现相关报道中所提及的“圈海”问题。

第二调研组于 2019 年 2 月 26—28 日先后在山东威海、青岛和辽宁大连等地开展了专题调研。调研组实地考察了威海市爱伦湾、爱莲湾和西霞口等国家级海洋牧场，在青岛和大连两地与省、市农业农村管理部门、海洋管理部门、浙江大学海洋学院、大连海洋大学、中国水产科学院黄海水产研究所以及国家级海洋牧场示范区建设主体单位相关人员座谈交流。经广泛交流和多方核实，调研组认为，海洋牧场建设和管理是在发展中学习，在学习中发展，总体趋势良好，虽然不存在一哄而上借势"圈海"的现象，但海洋牧场存在顶层设计不完善、体制机制不健全、管理能力不足、产业化程度较低等问题。

二、海洋牧场建设存在的问题

总体来看，山东、辽宁两省高度重视海洋牧场建设，在海洋牧场建设方面做了大量工作，并取得了一定成绩，目前两省已建设国家海洋牧场示范区 51 个，其中辽宁 19 个，山东 32 个；海南省海洋牧场建设起步晚、底子薄，尚未成功申报国家级海洋牧场示范区。通过这次调研，发现了一些海洋牧场存在的主要问题，汇总如下。

（一）共性问题

（1）缺乏统筹规划，科学布局有待加强

海洋牧场是一项科学的系统工程，建设前需要开展认真深入的调查，并在此基础上做出科学规划。一些海洋牧场的规划布局、礁区选址、建设规模及人工鱼礁工程设计等方面缺乏科学论证和统筹规划，建设布局不够合理；一些海洋牧场缺少明确的功能定位，过于强调经济效益而忽视了生态效益，这些都制约了海南省海洋牧场整体功能和效益的发挥。

（2）区域发展不平衡，资金投入总体不足

海洋牧场建设是一项系统工程，投资高、风险大。由于各地区重视程度和资金支持存在较大差异，目前全国海洋牧场发展并不平衡。尽管沿海各省高度重视并给予了大量的资金支持，但是总体而言海洋牧场建设财政资金投入普遍不足，导致海洋牧场建设虽然数量多但规模偏小，难以形成有效规模，造成以生态保护和生物资源恢复修复为主要目标的人工鱼礁和海藻场海洋牧场发展受到制约。同时，海洋牧场建设主体由于运行和管理缺乏配套资金，导致海洋牧场的生态效益和社会效益难以充分、持续发挥，严重影响了海洋牧场的实际效果。

（3）法律法规待完善，体制机制需健全

海洋牧场的建设和运营涉及政府、企业、渔民等多方利益主体，需要全面统筹、综合管理。由于海洋牧场是一个全新的海洋生态文明建设内容，在一定程度上表现为管理制度滞后于事业发展。由于缺少专门的规章制度，海洋牧场项目建设与管理，仅限于政府资金立项扶持的项目。人工鱼礁建设海域使用金征收标准是养殖用海的几十倍，透水构筑物海域批准使用年限过短，在一定程度上挫伤了海洋牧场建设主体的积极性。一些地区尚存在重建设、轻管理现象，后续监测和管理监督不到位，管理目标发生偏差，对海洋牧场可能发生的生态问题重视程度不够。

（4）科研基础相对薄弱，科技管理能力不足

海洋牧场建设涉及海洋物理、海洋化学、海洋地质、海洋生物、海洋生态、海洋信息、海洋管理等多个学科和领域。目前，我国从事海洋牧场研究的机构和专业人才匮乏，对海洋牧场关键技术缺乏系统性的研究；对海洋牧场配套技术、环境优化技术研究的力度明显不够；对海底构造、小生境营造、鱼类行为观测及管控等方面的研究亟待加强；对技术体系与平台建设等方面的研究亟须攻关。海洋牧场选址、监测、效果评估标准、技术规程编制滞后，项目系统管理信息化不足等，严重制约了海洋牧场科学发展。

（5）顶层设计不通透，基层贯彻有偏差

海洋牧场是一种新型的海洋渔业可持续发展方式，是海洋渔业新旧动能转换、高质量发展的有力抓手，是推动生态优先、资源恢复、三产融合的有效举措。但是由于国家顶层设计方面对海洋牧场的概念、内涵和外延明确不够，引起了基层在海洋牧场宣传和管理角度出现偏差，较为突出的是有些地方把传统的海水养殖与海洋牧场混淆了，强化了海洋牧场的经济效益，弱化了海洋牧场的功能定位、生态效益和社会效益，进而导致海洋牧场的新闻报道大幅渲染海水养殖，在一定程度上误导了读者和利益关注者。

（二）个性问题

我国幅员辽阔，海岸线长，南、北方海洋牧场建设规模、数量不平衡，引发的问题略有不同。北方表现为：产业化水平总体较低，急需三产融合发展。人工鱼礁海洋牧场推动着海洋渔业转型升级，拓展了海洋牧场的社会和经济功能。辽宁、山东两省海洋牧场起步早、发展快，亟须探索以休闲海钓为核心的三次产业发展模式，由于缺少完善的陆基餐饮、住宿、交通、救助等相关配套服务设施建设的政策和资金支持，在推进渔业与旅游业深入融合、开发多元化的精品休闲渔业项目方面动力不足。南方表现为：南北发展不平衡，建设规范需修订。当前我国海洋牧场发展基本面向好，但全国发展并不平衡，现代化建设仍存"瓶颈"。目前农业农村部制定的《国家级海洋牧场示范区管理工作规范（试行）》有关国家级海洋牧场示范区建设有些评判指标在渤海、黄海和东海等海区适用性强，但对南海海区养护型海洋牧场要建设国家级海洋牧场示范区存在很多制约因素。因此，海洋牧场管理办法需要重新修订，要考虑南北海区差异，进行分类管理。

三、政策建议

（一）坚持国家建设规划引领

遵循“保护优先、自然恢复为主”的理念，坚持《国家级海洋牧场示范区建设规划（2017—2015）》引领，强有力推动海洋牧场建设。沿海各省要制定本省海洋牧场规划，做好规划环评工作，严格建立现代化海洋牧场环境准入负面清单，在满足环境承载力的基础上，指导本地区海洋牧场建设。早日实现海洋生物资源恢复、海洋生态环境修复、渔业产业转型升级。

（二）制定海洋牧场“三线一单”空间管控办法

海洋牧场建设和管理要充分衔接并遵从目前生态保护红线划定、管理的相关要求。明确建设海洋牧场海域环境质量底线，实施海域环境分区管控。完善海洋牧场资源利用上线，提升海域自然资源开发利用效率。划定海洋牧场附近海域环境综合管控单元，实施近岸海域环境综合管理。建立现代化海洋牧场环境准入负面清单。

（三）加大海洋牧场基础和关键共性技术研究

我国海洋牧场科技力量薄弱，缺乏重大研究成果。当前研究热点应集中于我国沿海海洋生物栖息地变化成因、海洋牧场渔业资源变动和产出机理，研究海洋牧场选址、功能配置、生物栖息地构建、典型生态系统修复、生物驯化增殖、生物生态利用、休闲渔业开发和可视化管理利用平台构建的技术与理论，海域使用金征收标准适宜性，评估我国海洋牧场的适宜开发模式与潜力，适时成立国家海洋牧场工程研究服务中心，有效支撑我国海洋牧场科学发展。

（四）探索海洋牧场海域生态补偿制度政策顶层设计

建议坚持“谁开发、谁受益、谁保护”原则，探索对养护型海洋牧场海域生态补偿制度政策顶层设计，维护海洋生态系统良性循环，提高海洋生态补偿的边际收益，巩固近岸海域环境质量改善的效果。明确近岸海域管辖地方政府责任与海域使用利益分配原则，建议出台海洋生态补偿工作指导意见，制定工作规程和阶段工作任务，明确地方政府问责形式和奖惩措施，确保海域使用和海洋生态补偿工作有据可依、利益共享，实现海洋牧场的绿色发展。

（五）开展海洋牧场人工鱼礁普查清查工作

从管理层面上，海洋牧场管理多关注于国家级海洋牧场，其规范性和程序性符合国家规定。但是，投掷人工鱼礁起始于20个世纪90年代，确权海域所有者或者未确权海域使用者，从自身经济利益出发，向海底投掷石块、废旧轮胎的情况时有发生。也就是说未纳入国家级海洋牧场管理的自发投放人工鱼礁行为处于监管之外，其带来的生态负面影响尚未得到有效评估，国家海域使用金征收也处于流失状态，因此，亟须开展人工鱼礁的普查清查工作。

（六）严防海洋牧场形成新的点源污染

海洋牧场建设需要在海上管护平台，部分三产融合较好的海洋牧场建设主体有配套的加工厂，渔旅文化配套的餐饮、住宿设施，休闲垂钓的钓船。在运营的过程中，生产生活休闲娱乐产生的废水、生活污水、废弃物可能对海域造成再次污染。因此，需要对以上污染源严加防控，避免形成新的污染源。

（七）加快制定海洋牧场建设标准和管理体系

当前我国海洋牧场建设缺乏一套完整的海洋牧场行业标准和管理体系。海洋牧场选址所采用的研究方法、分析手段和评价方法不统一，导致各海洋牧场建设时的选址决策主观性、随意性、片面性现象比较严重。海洋牧场建成后的监测技术规程、效果评估技术指南尚未公开发布，缺少了海洋牧场建设效果科学评估和规范管理的抓手。《国家级海洋牧场示范区管理工作规范（试行）》中的建设评判指标不完全适用于我国南、北海域。这些不利因素在一定程度上制约了海洋牧场的健康发展。建议在标准指南、管理办法、监管制度、生态环境保护和能力建设等方面制定体系性文件，加快现代化海洋牧场建设。

（八）提高对海洋牧场的生态环境监测预警和跟踪监管能力

探索现代化海洋牧场建设生态环境监测预警和跟踪监管技术体系，提高对海洋牧场的生态环境监测预警和跟踪监管能力。定期组织对海洋牧场示范区和现代化海洋牧场建设、生物资源恢复和环境修复等生态效果情况开展监测或调查评估。

调整思路，建立适应风险管控要求的土壤环境标准样品研制体系

王尧　封跃鹏　田文　李国刚
（生态环境部环境发展中心）

2016 年 5 月，国务院印发了《土壤污染防治行动计划》，要求对农用地实施分类管理，保障农业生产环境安全；实施建设用地准入管理措施，防范人居环境风险。2018 年 6 月，生态环境部发布了《土壤环境质量　农用地土壤污染风险管控标准（试行）》（以下简称《农用地标准》）和《土壤环境质量　建设用地土壤污染风险管控标准（试行）》（以下简称《建设用地标准》），为实施农用地分类管理和建设用地准入管理提供了标准依据。2018 年 8 月，第十三届全国人民代表大会常务委员会第五次会议通过了《土壤污染防治法》，将土壤污染防治工作纳入法治化轨道，提出加强土壤污染防治标准体系建设，并要求定期评估土壤污染风险管控标准执行情况。基于污染风险管控的土壤污染防治法治体系的完善，为土壤环境标准样品的研究与体系建设指明了方向，为土壤环境标准样品事业的发展带来了重大机遇和挑战。

一、我国土壤环境标准样品的发展状况

（一）土壤环境标准样品的现状

我国在土壤环境标准样品研究和土壤污染物监测技术研究方面起步较晚，有关技术条件和工作基础都比较薄弱。由于土壤环境标准样品研制过程复杂、研制周期长，国内有能力从事相关产品开发的研究机构不多，较具代表性的单位有生态环境部环境发展中心环境标准样品研究所、中国计量科学研究院、中国地质科学院地球物理地球化学勘查研究所等。目前虽然成功研制了一批土壤标准样品，但是对照土壤环境管理对监测质量控制的要求，还存在较大差距。主要表现在两个方面：首先，样品量值指标的种类不够丰富，指标种类偏重地球化学领域的无机元素总量，缺乏适用于污染风险管控的有机污

染物指标样品。其次，样品之间量值指标的浓度差别不大，较多样品的指标浓度均接近环境本底值，无法形成浓度梯度的样品系列。分别见图 1 和图 2。

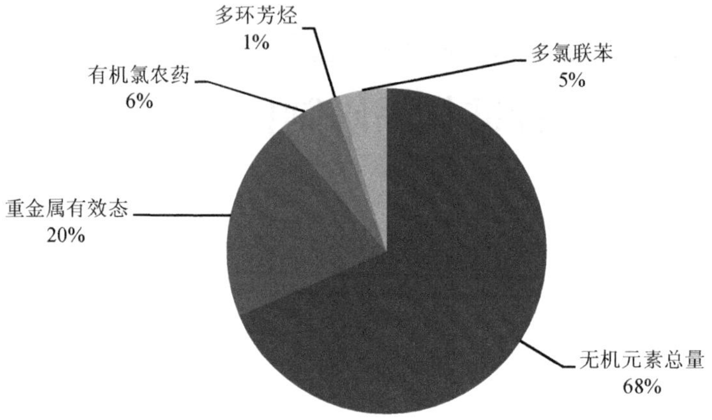

图 1　我国土壤标准样品指标种类的总体构成

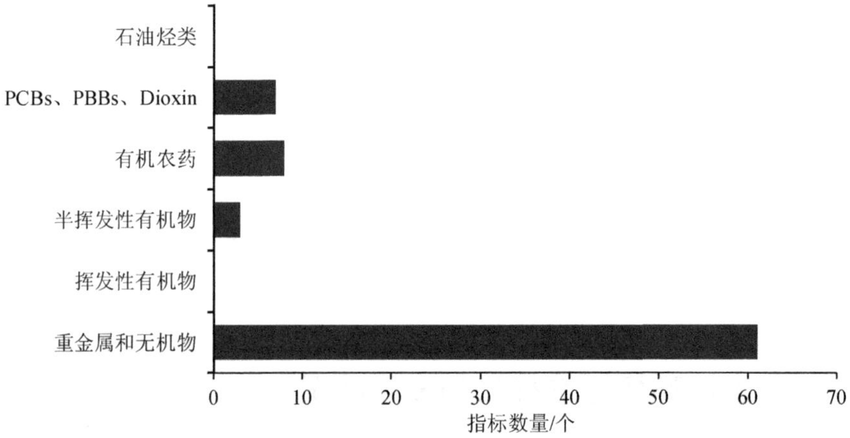

图 2　我国土壤标准样品量值指标的数量

（二）土壤环境标准样品研制的“瓶颈”

研究发现，随着我国土壤污染防治工作的深入推进，虽然相关分析检测工作对土壤环境标准样品种类以及数量的需求大幅增加，但是我国土壤环境标准样品研制配套土壤环境管理和市场需求的能力却还未驶入发展的“快车道”。主要制约因素表现在以下四个方面：

一是作为环境基体样品，土壤环境标准样品中污染物的种类和浓度完全取决于所采集的土壤原材料，难以实现量值指标的全面覆盖和指标浓度的精确配制，样品产出周期长；二是作为固体形态的环境标准样品，确保样品均匀性的加工过程较为复杂；三是环境基体样品中的部分有机污染物指标（如挥发性有机物）的稳定性较差，在样品加工制备以及储存过程中，较难达到标准样品对稳定性的要求；四是对照方法标准或污染物指标进行土壤环境标准样品研制，会出现因产品的适用面受限，使样品研制效率、成本效益、环境效益等降低的情况。能力与技术制约导致我国土壤环境标准样品的供给与现实需求存在较大的差距，详见附件之附表1～附表9。

二、问题的原因剖析

（一）土壤环境标准样品体系建设的思路不适应土壤环境管理工作的新要求

土壤污染具有滞后性、累积性、难可逆性等特点，不能再以达标式的评价指标判定土壤环境质量，而要以风险筛查和分类管控的方式开展土壤环境管理工作，通过对土壤污染风险的评估，提高土壤污染防治措施的针对性和有效性。目前，我国土壤环境标准样品的体系建设还在延续原来的管理思路，未能及时与土壤环境管理的最新要求相匹配。当前的研制较多以污染物指标为关注点，过多地强调与分析方法标准的配套以及土壤类别和土壤质地的差别，而对于样品在检测工作中的实用性缺乏深入调研。这导致工作力度和相关投入虽然在增加，但是样品对土壤环境管理的服务效果还有很大的提升空间。

（二）土壤环境标准样品研制的创新能力不足

土壤环境标准样品的加工制备过程复杂，相关分析检测技术难度较大。而我国在土壤环境标准样品研制方面的科技创新能力和技术储备有明显欠缺，致使有关研究提速乏力。主要表现在以下两个方面：一是缺乏土壤环境标准样品研制方面的专业人才，技术骨干人员的断档导致相关研制经验的传承不够，有关标准样品开发的开创性和突破性不足；二是缺乏土壤环境标准样品加工制备方面的专业设备和工作空间，硬件条件的短板制约了有关科研技术的发展。

（三）土壤环境标准样品基础研究的力度不够

近年来国家虽然加强了土壤环境监测等技术方面的研究，但是对土壤环境标准样品基础研究的投入力度和研究深度还存在明显的不足。以自 2007 年开始的国家环境保护公益性行业科研专项技术研发为例，虽然针对土壤环境标准样品研究方向的科研立项批复了5个，但是相比土壤污染风险评估、监测与修复实用技术等方面科研专项的数量，差距还是很明显的。在国家自然科学基金项目中，关于土壤环境标准样品研制的立项更是难觅踪迹。此外，对于相关科研成果的转化和应用，推进的力度还有欠缺，项目成果产出服务土壤环境监测的程度不高。

三、对策与建议

为使土壤环境标准样品的体系建设尽快适应新形势下的土壤污染风险管控工作的要求，针对目前土壤环境标准样品研制存在的问题和困难，提出以下对策与建议：

（一）调整土壤环境标准样品体系建设的思路

建议根据注重风险防范与管控的指导思想，调整土壤环境标准样品研制的工作思路。通过建立分类分级的土壤环境标准样品体系，提升土壤环境标准样品的通用性、实用性和经济性，使土壤环境标准样品能够更好地服务于土壤污染风险管控。根据《土壤污染防治法》“从国家层面上支持对土壤环境背景值和环境基准的研究”的要求，同时以新发布的《农用地标准》和《建设用地标准》为技术依据，该分类分级体系将土壤环境标准样品划分为三大类四个层级，并对建设用地土壤污染风险管控标准样品进行细分。具体的分类分级体系框架及适用范围见表1。

表1　土壤环境标准样品体系分类分级基本框架

土壤环境标准样品的类别	土壤环境标准样品的级别	污染物指标浓度水平	主要用途
未利用地土壤标准样品	一级（背景值）	浓度为仅受地球化学过程和非点源输入影响的土壤天然背景值	主要用于各类土壤的常规监测以及相关科研工作
农用地土壤污染风险管控标准样品	二级（筛选值）	浓度在污染风险管控标准的筛选值上下	主要用于评估是否需要对农用地土壤采取安全利用措施
	三级（管制值）	浓度在污染风险管控标准的管制值上下	主要用于评估是否需要对农用地土壤采取严格管控措施
	四级（修复值）	浓度显著高于污染风险管控标准的管制值	主要用于治理修复受污染农用地土壤的相关工作

<table>
<tr><th>土壤环境标准样品的类别</th><th colspan="2">土壤环境标准样品的级别</th><th>污染物指标浓度水平</th><th>主要用途</th></tr>
<tr><td rowspan="5">建设用地土壤污染风险管控标准样品</td><td rowspan="2">二级（筛选值）</td><td>第一类用地</td><td>浓度在污染风险管控标准的第一类用地筛选值上下</td><td rowspan="2">主要用于评估是否需要对建设用地土壤采取污染风险详细调查</td></tr>
<tr><td>第二类用地</td><td>浓度在污染风险管控标准的第二类用地筛选值上下</td></tr>
<tr><td rowspan="2">三级（管制值）</td><td>第一类用地</td><td>浓度在污染风险管控标准的第一类用地管制值上下</td><td rowspan="2">主要用于评估是否需要对建设用地土壤采取污染风险管控措施</td></tr>
<tr><td>第二类用地</td><td>浓度在污染风险管控标准的第二类用地管制值上下</td></tr>
<tr><td colspan="2">四级（修复值）</td><td>浓度显著高于污染风险管控标准的管制值</td><td>主要用于污染场地治理修复的相关工作</td></tr>
</table>

（二）提升土壤环境标准样品研制的技术开发能力

从人才建设和基础投入两方面着手，增强土壤环境标准样品的综合研制能力。首先，以生态环境部环境发展中心环境标准样品研究所为依托，加大对该领域专业人才培养的支持力度，培养一批具有国内领先水平的专家，建立一支结构合理的土壤环境标准样品研制技术队伍。据此，标准样品研究所已成立了固体样品研究室，在机制上为相关工作的开展以及人才的培养提供了基础。其次，依托国家环境保护污染物计量与标准样品研究重点实验室，升级土壤环境标准样品研制的基础技术能力。具体地讲，可利用国控网能力建设资金，加快配备土壤样品加工制备及分析测试的现代化专业设备，提升土壤标准样品研究基础能力。

（三）强化对土壤环境标准样品研制科技立项的支撑

进一步加强对土壤环境标准样品基础研究以及应用技术的科研扶持，增加土壤环境标准样品研制方面的标准立项。具体地讲，可以通过建立国家层面的土壤优先控制污染物名单，根据名单立项，丰富完善土壤环境标准样品体系的样品构成。同时，推进土壤污染状况详查，保证质控样品的标准化，使其更好地应用于土壤常规例行环境监测等工作。另外，从技术角度出发，通过做好土壤环境标准样品与土壤风险管控标准、土壤环境监测技术规范等标准规范的衔接，进一步促进土壤环境标准样品全面满足土壤污染风险管控的需求。

附件

土壤环境标准样品与质量（评价）标准及方法标准的分析对照

附表 1　“十三五”监测方法标准制（修）订需要配套研制的土壤标准样品

序号	方法标准名称	配套标准样品
1	土壤　硫化物的测定	土壤中硫化物
2	土壤　矿物油的测定　红外光谱和气相色谱法	土壤中矿物油
3	土壤　持久性有机污染物的测定　加速溶剂萃取或微波萃取/气相色谱－质谱、气相色谱-电子捕获检测器或高效液相色谱法	土壤中持久性有机污染物
4	土壤和沉积物　痕量金属元素的测定　碳酸钠碱熔/电感耦合等离子体原子发射光谱法	土壤中痕量金属元素（碳酸钠碱熔） 沉积物中痕量金属元素（碳酸钠碱熔）
5	土壤阳离子交换容量的测定　乙酸铵法和氯化钡法	土壤中阳离子交换容量
6	土壤、沉积物　杀虫剂气相色谱法、气相色谱-质谱法或高效液相色谱法	土壤中杀虫剂 沉积物中杀虫剂
7	土壤、植物　氟化物的测定	土壤中氟化物 植物中氟化物
8	土壤和沉积物　有机磷农药的测定　气相色谱法	土壤中有机磷农药（模拟） 沉积物中有机磷农药（模拟）
9	土壤和沉积物　挥发酚的测定　4-氨基安替比林分光光度法	土壤中挥发酚（模拟） 沉积物中挥发酚（模拟）
10	土壤和沉积物　指示性毒杀芬的测定　气相色谱-质谱法	土壤中指示性毒杀芬 沉积物中指示性毒杀芬
11	土壤和沉积物　铊的测定　石墨炉原子吸收分光光度法	土壤中铊 沉积物中铊
12	土壤和沉积物　苯氧羧酸类农药的测定　高效液相色谱法	土壤中苯氧羧酸类农药 沉积物中苯氧羧酸类农药
13	土壤和沉积物　阿特拉津和西玛津的测定　液相色谱法	土壤中阿特拉津和西玛津 沉积物中阿特拉津和西玛津
14	土壤和沉积物　草甘膦的测定　液相色谱法	土壤中草甘膦（模拟） 沉积物中草甘膦（模拟）
15	土壤和沉积物　敌稗的测定　气相色谱法	土壤中敌稗 沉积物中敌稗
16	土壤和沉积物　代森锰锌的测定　顶空气相色谱法	土壤中代森锰锌 沉积物中代森锰锌
17	土壤和沉积物　多溴联苯醚的测定　气相色谱-质谱法	土壤中多溴联苯醚 沉积物中多溴联苯醚

序号	方法标准名称	配套标准样品
18	土壤和沉积物　全氟辛基磺酸和全氟辛基羧酸的测定　液相色谱-质谱法	土壤中全氟辛基磺酸和全氟辛基羧酸 沉积物中全氟辛基磺酸和全氟辛基羧酸
19	土壤和沉积物　六溴环十二烷和四溴双酚A的测定　液相色谱-质谱法	土壤中六溴环十二烷和四溴双酚A 沉积物中六溴环十二烷和四溴双酚A
20	土壤和沉积物　烷基汞的测定　吹扫捕集/气相色谱原子荧光法	土壤中烷基汞 沉积物中烷基汞
21	土壤和沉积物　酞酸酯类的测定　气相色谱-质谱法	土壤中酞酸酯类 沉积物中酞酸酯类
22	土壤和沉积物　醛、酮类的测定　液相色谱法	土壤中醛酮醚类（模拟） 沉积物中醛酮醚类（模拟）
23	土壤和沉积物　苯胺类和联苯胺类的测定　液相色谱-质谱法	土壤中苯胺类和联苯胺类 沉积物中苯胺类和联苯胺类
24	土壤和沉积物　总石油烃的测定　气相色谱法	土壤中总石油烃 沉积物中总石油烃
25	土壤和沉积物　六价铬的测定　碱溶液提取/原子吸收分光光度法	土壤中六价铬 沉积物中六价铬
26	土壤和沉积物　醛酮醚类的测定　顶空-气相色谱/质谱法	土壤中醛酮醚类（模拟） 沉积物中醛酮醚类（模拟）
27	土壤和沉积物　二噁英类的测定　同位素稀释气相色谱串联质谱法	土壤中二噁英类 沉积物中二噁英类

附表2　农用地土壤标准样品配套情况

序号	污染物指标		土壤标准样品			
			pH≤5.5	5.5<pH≤6.5	6.5<pH≤7.5	pH>7.5
1	镉	水田	无	无	无	无
		其他	有其中之一			
2	汞	水田	无	无	无	无
		其他	有其中之一			
3	砷	水田	无	无	无	无
		其他	有其中之一			
4	铅	水田	无	无	无	无
		其他	有其中之一			
5	铬	水田	无	无	无	无
		其他	有其中之一			
6	铜	果园	无	无	无	无
		其他	有其中之一			
7	镍		有其中之一			
	锌		有其中之一			
8	六六六总量		无			
9	滴滴涕总量		无			
10	苯并[a]芘		无			

附表 3 建设用地土壤标准样品配套情况

序号	污染物指标		配套情况	
	类别	名称	第一类用地	第二类用地
1	重金属和无机物 13 种	锑、砷、铍、镉、六价铬、钴、铜、铅、汞、甲基汞、镍、钒、氰化物	部分有（不含六价铬、甲基汞和氰化物）	
2	挥发性有机物 31 种	一溴二氯甲烷、溴仿、四氯化碳、氯仿、氯甲烷、二溴氯甲烷、1,2-二溴乙烷、1,1-二氯乙烷、1,2-二氯乙烷、1,1-二氯乙烯、1,2-顺式-二氯乙烯、1,2-反式-二氯乙烯、二氯甲烷、1,2-二氯丙烷、1,1,1,2-四氯乙烷、1,1,2,2-四氯乙烷、四氯乙烯、1,1,1-三氯乙烷、1,1,2-三氯乙烷、三氯乙烯、1,2,3-三氯丙烷、氯乙烯、苯、氯苯、乙苯、苯乙烯、甲苯、间二甲苯+对二甲苯、邻二甲苯、1,2-二氯苯、1,4-二氯苯	无	
3	半挥发性有机物 21 种	六氯环戊二烯、苯胺、2-氯酚、2,4-二氯酚、2,4-二硝基酚、2,4-二硝基甲苯、硝基苯、五氯酚、2,4,6-三氯酚、苯并[*a*]蒽、苯并[*a*]芘、苯并[*b*]荧蒽、苯并[*k*]荧蒽、䓛、二苯并[*a,h*]蒽、茚并[1,2,3-*cd*]芘、萘、邻苯二甲酸二（2-乙基己基）酯、邻苯二甲酸丁基苄酯、邻苯二甲酸二正辛酯、3,3′-二氯联苯胺	无	
4	有机农药类 14 种	阿特拉津、氯丹、滴滴滴、滴滴伊、滴滴涕、敌敌畏、乐果、硫丹、七氯、α-六六六、β-六六六、γ-六六六、六氯苯、灭蚁灵	部分有（不含阿特拉津、敌敌畏、乐果和六氯苯）	
5	多氯联苯、多溴联苯和二噁英类 5 种	多氯联苯总量(即 PCB 77、PCB 81、PCB105、PCB114、PCB118、PCB123、PCB 126、PCB156、PCB157、PCB167、PCB169、PCB189 12 种物质含量总和)、3,3′,4,4′,5-五氯联苯（PCB 126）、3,3′,4,4′,5,5′-六氯联苯（PCB 169）、二噁英（总毒性当量）、多溴联苯总量	无	
6	石油烃类 1 种	石油烃（C_{10}-C_{40}）	无	

附表 4 展览用地土壤标准样品

序号	食用农产品产地标准样品	污染物指标
1	土壤中 13 种元素和总氰化物（低浓度水平）	锑、砷、铍、镉、铬、铜、铅、镍、硒、银、铊、锌、汞和总氰化物
2	土壤中 13 种元素和总氰化物（高浓度水平）	
3	模拟土壤中 24 种挥发性有机物（或甲醇中 24 种挥发性有机物溶液）	1,1-二氯乙烯、二氯甲烷、1,2-二氯乙烯、1,1-二氯乙烷、氯仿、1,2-二氯烷、1,1,1-三氯乙烷、四氯化碳、苯、1,2-二氯丙烷、三氯乙烯、一溴二氯甲烷、1,1,2-三氯乙烷、甲苯、二溴一氯甲烷、四氯乙烯、1,1,1,2-四氯乙烷、氯苯、乙苯、二甲苯、溴仿、苯乙烯、1,1,2,2-四氯乙烷、1,2,3-三氯丙烷
4	土壤中半挥发性有机物（或甲醇中 47 种挥发性有机物溶液）	1,3,5-三甲苯、1,2,4-三甲苯、1,3-二氯苯、1,4-二氯苯、1,2-二氯苯、1,2,4-三氯苯、萘、六氯丁二烯、苯胺、2-氯苯酚、二（2-氯异丙基）醚、*N*-亚硝基二正丙胺、六氯乙烷、4-甲基苯酚、硝基苯、2-硝基苯酚、2,4-二甲基苯酚、2,4-二氯苯酚、*N*-亚硝基二苯胺、六氯苯、联苯胺、菲、蒽、咔唑、邻苯二甲酸二正丁酯、荧蒽、芘、苯并[*a*]蒽、3,3′-二氯联苯胺、䓛、邻苯二甲酸二（2-乙基己）酯、4-氯苯胺、2-甲基萘、2,4,6-三氯苯酚、2,4,5-三氯苯酚、2,4-二硝基甲苯、2-氯萘、2,4-二硝基苯酚、芴、4,6-二硝基-2-甲基苯酚、苯并[*b*]荧蒽、苯并[*k*]荧蒽、苯并[*a*]芘、茚并[1,2,3-*cd*]芘、二苯并[*a,h*]蒽、苯并[*ghi*]苝
5	土壤中有机氯	六六六（总量）、滴滴涕（总量）、艾氏剂、狄氏剂、异狄氏剂
6	土壤中多氯联苯	多氯联苯总量
7	土壤中总石油烃	总石油烃

附表 5 食用农产品产地土壤标准样品

序号	食用农产品产地标准样品	污染物指标
1	酸性土壤中 8 种重金属	镉、汞、砷、铅、铬、铜、锌、镍
2	中性土壤中 8 种重金属	
3	碱性土壤中 8 种重金属	
4	土壤中六六六和滴滴涕	六六六、滴滴涕
5	酸性土壤中稀土总量和全盐量	稀土总量（氧化稀土）和全盐量
6	中性土壤中稀土总量和全盐量	
7	碱性土壤中稀土总量和全盐量	

附表 6 食用农产品产地土壤标准样品

序号	温室蔬菜产地标准样品	污染物指标
1	酸性土壤中 8 种重金属	镉、汞、砷、铅、铬、铜、锌、镍
2	中性土壤中 8 种重金属	
3	碱性土壤中 8 种重金属	
4	土壤中六六六和滴滴涕	六六六、滴滴涕
5	土壤中全盐量	全盐量

附表 7　生态环境部土壤监测对固体标准样品的需求

序号	标准样品名称	标准样品量值指标	方法标准
1	土壤中指示性和共平面多氯联苯	7 种指示性和 12 种共平面多氯联苯	HJ 922—2017 HJ 743—2015
2	沉积物中指示性和共平面多氯联苯	7 种指示性和 12 种共平面多氯联苯	HJ 922—2017 HJ 743—2015
3	沉积物中有机氯农药	23 种有机氯农药异狄氏剂	HJ 921—2017 HJ 835—2017
4	土壤中多氯联苯混合物	PCB1221、PCB1242、PCB1248、PCB1254 和 PCB1260	HJ 890—2017
5	沉积物中多氯联苯混合物	PCB1221、PCB1242、PCB1248、PCB1254 和 PCB1260	HJ 890—2017
6	土壤　阳离子交换量和有机质	阳离子交换量和有机质	HJ 889—2017
7	土壤　水溶性氟化物和总氟化物	水溶性氟化物和总氟化物	HJ 873—2017
8	土壤中多环芳烃	多环芳烃类	HJ 834—2017 HJ 805—2016 HJ 784—2016
9	土壤中邻苯二甲酸酯类	邻苯二甲酸酯类	HJ 834—2017
10	土壤中苯胺类（模拟）	苯胺类	HJ 834—2017
11	土壤中硝基苯类（模拟）	硝基苯类	HJ 834—2017
12	土壤中有效态铜、铁、锰、锌、镉、钴、镍、铅 8 种元素	有效态铜、铁、锰、锌、镉、钴、镍、铅	HJ 804—2016
13	土壤中镉、钴、铜、铬、锰、镍、铅、锌、钒、砷、钼、锑 12 种金属元素（王水提取）	镉、钴、铜、铬、锰、镍、铅、锌、钒、砷、钼、锑	HJ 803—2016
14	沉积物中镉、钴、铜、铬、锰、镍、铅、锌、钒、砷、钼、锑 12 种金属元素（王水提取）	镉、钴、铜、铬、锰、镍、铅、锌、钒、砷、钼、锑	HJ 803—2016
15	土壤　电导率	电导率	HJ 802—2016
16	土壤　氰化物和总氰化物	氰化物和总氰化物	HJ 745—2015
17	土壤中 12 种挥发性芳香烃（模拟）	12 种挥发性芳香烃	HJ 742—2015
18	沉积物中 12 种挥发性芳香烃（模拟）	12 种挥发性芳香烃	HJ 742—2015
19	石英砂中 12 种挥发性芳香烃（模拟）	12 种挥发性芳香烃	HJ 742—2015
20	土壤中挥发性有机物（模拟）	35～37 种挥发性有机物	HJ 741—2015 HJ 642—2013
21	沉积物中挥发性有机物（模拟）	35～37 种挥发性有机物	HJ 741—2015 HJ 642—2013

序号	标准样品名称	标准样品量值指标	方法标准
22	石英砂中挥发性有机物（模拟）	35～37种挥发性有机物	HJ 741—2015 HJ 642—2013
23	土壤中挥发性卤代烃（模拟）	29～35种挥发性卤代烃	HJ 736—2015 HJ 735—2015
24	沉积物中挥发性卤代烃（模拟）	29～35种挥发性卤代烃	HJ 736—2015 HJ 735—2015
25	石英砂中挥发性卤代烃（模拟）	29～35种挥发性卤代烃	HJ 736—2015 HJ 735—2015
26	土壤中全氮（60目）	全氮	HJ 717—2014
27	土壤中21种酚类（模拟）	21种酚类	HJ 703—2014
28	沉积物中21种酚类（模拟）	21种酚类	HJ 703—2014
29	石英砂中21种酚类（模拟）	21种酚类	HJ 703—2014
30	石灰性和中性土壤中有效磷（碳酸氢钠浸提）	有效磷	HJ 704—2014
31	土壤中丙烯腈、乙腈（模拟）	丙烯腈、乙腈	HJ 679—2013
32	沉积物中丙烯腈、乙腈（模拟）	丙烯腈、乙腈	HJ 679—2013
33	石英砂中丙烯醛、丙烯腈、乙腈（模拟）	丙烯醛、丙烯腈、乙腈	HJ 679—2013
34	酸性土壤　可交换酸度（氯化钾提取）	可交换酸度	HJ 649—2013
35	酸性土壤　可交换酸度（氯化钡提取）	可交换酸度	HJ 631—2011
36	土壤中氨氮（氯化钾溶液提取）	氨氮	HJ 634—2012
37	土壤中总磷	总磷（碱熔）	HJ 632—2011
38	土壤中挥发性有机物（模拟）	50～60种挥发性有机物	HJ 605—2011
39	沉积物中挥发性有机物（模拟）	50～60种挥发性有机物	HJ 605—2011

附表8　农业农村部土壤监测对土壤标准样品的需要

序号	标准样品名称	标准样品量值指标	方法标准
1	土壤中pH	pH	NY/T 1377—2007
2	土壤中氯离子	氯离子	NY/T 1378—2007 NY/T 1121.17—2006
3	土壤中有效硼	有效硼	NY/T 1121.8—2006
4	中性土壤阳离子交换量和交换性盐基	阳离子交换量和交换性盐基	NY/T 295—1995
5	土壤中全量钙、镁、钠	全量钙、镁、钠	NY/T 296—1995
6	土壤中有机质	有机质	NY/T 85—1988 NY/T 1121.6—2006
7	土壤中碳酸盐	碳酸盐	NY/T 86—1988
8	土壤全钾	全钾	NY/T 87—1988
9	土壤全磷	全磷	NY/T 88—1988
10	石灰性土壤中阳离子交换量	石灰性土壤阳离子交换量	NY/T 1121.5—2006

序号	标准样品名称	标准样品量值指标	方法标准
11	土壤中交换性钙和镁	交换性钙和镁	NY/T 1121.13—2006
12	土壤中有效硫	有效硫	NY/T 1121.14—2006
13	土壤中有效硅	有效硅	NY/T 1121.15—2006
14	土壤中水溶性盐总量	水溶性盐总量	NY/T 1121.16—2006
15	土壤中硫酸根离子含量	硫酸根离子含量	NY/T 1121.18—2006
16	石灰性土壤中交换性盐基及盐基总量	交换性盐基及盐基总量	NY/T 1615—2008
17	土壤中 9 种磺酰脲类除草剂残留量	9 种磺酰脲类除草剂残留量	NY/T 1616—2008
18	土壤速效钾和缓效钾含量	速效钾和缓效钾含量	NY/T 889—2004
19	土壤中有效态锌、锰、铁、铜（DTPA 浸提）	有效态锌、锰、铁、铜	NY/T 890—2004

附表 9　森林土壤监测待研制的固体标准样品

序号	标准样品名称	标准样品量值指标	方法标准
1	森林土壤中氮	氮	LY/T 1228—2015
2	森林土壤中钾	钾	LY/T 1234—2015
3	森林土壤中有机质	有机质	LY/T 1237—1999
4	森林土壤中 pH	pH	LY/T 1239—1999
5	森林土壤中交换性酸度	交换性酸度	LY/T 1240—1999
6	森林土壤中阳离子交换量	阳离子交换量	LY/T 1243—1999
7	森林土壤中交换性钙和镁	交换性钙和镁	LY/T 1245—1999
8	森林土壤中交换性钾和钠	交换性钾和钠	LY/T 1246—1999
9	碱化土壤中交换性钠	交换性钠	LY/T 1248—1999
10	森林土壤中全钾、全钠	全钾、全钠	LY/T 1254—1999
11	森林土壤中全硫	全硫	LY/T 1255—1999
12	森林土壤中有效硼	有效硼	LY/T 1258—1999
13	森林土壤中有效钼	有效钼	LY/T 1259—1999
14	森林土壤中有效铜、锌、铁	有效铜、锌、铁	LY/T 1260—1999 LY/T 1261—1999 LY/T 1262—1999

渤海综合治理攻坚战生态修复项目现场核查调研报告

曹可　于子江　尹翠玲　孙家文　王权明　孙凯峰
（生态环境部海洋生态环境司）

为贯彻落实部领导“紧盯不放五个核心指标”的批示精神，持续跟进渤海生态修复项目进展，确保渤海综合治理攻坚战各项目标的顺利实施，按照生态环境部工作部署，生态环境部牵头组织在前期工作的基础上，于 2020 年 7 月上旬开展了渤海综合治理攻坚战生态修复项目现场核查调研工作。

一、核查调研工作开展情况

调研本着“应查尽查”的原则，对 61 个生态修复项目通过听取汇报、实地踏勘、无人机航测、查阅资料等方式进行了核查，并对部分项目进行了公众满意度调研。

核查调研组在三省一市（河北省、辽宁省、山东省、天津市）分别组织召开了渤海生态修复项目座谈会，听取了地方关于项目进展情况的汇报，详细了解地方政府主体责任落实情况、收到预警函后采取的工作措施、存在的问题及下一步工作计划等。核查调研组要求各地方政府作为攻坚行动实施主体，应进一步提高站位、明确责任分工，协同配合、抓紧落实、统筹推进，确保按时保质完成渤海综合治理攻坚战任务。在现场核查过程中，核查调研组对进展严重滞后的项目，深入了解原因，加强调度协调；对治理效果明显、完成进度较好的项目给予积极认可，建议加以宣传推广，形成可借鉴、可复制、可推广的生态修复工作模式，为渤海其他区域生态修复工作提供参考借鉴。在核查调研过程中，海河流域北海海域生态环境监督管理局组织建立“每日一总结，每日一报告”的工作机制，及时汇总两个核查调研组每天的工作情况和初步核查结果，形成当日工作情况简报报生态环境部海洋生态环境司。

通过本次核查调研，强化了地方在渤海综合治理攻坚战中的主体责任，进一步传导压力，压实责任，形成了部门协同配合、共同攻坚的良好氛围。同时，通过核查调研，总结了海洋生态保护修复的经验做法，为合理制定海洋生态环境保护“十四五”规划目标任务奠定了基础。

二、项目进展情况

经现场核查，预警函下发以来，渤海三省一市各级地方政府加大了项目推进力度，完善了项目调度和监督机制，项目进展较为迅速。从开工率看，61 个生态修复项目，除 4 个项目（天津 1 个，沧州 2 个，唐山 1 个）尚未进行实质性开工外，其余 57 个项目均已开工，开工率为 93.4%（4 月核查仅 13 个项目开工，开工率为 21.3%），其中已完工项目 3 个，进度在 80%以上的项目 10 个，进度在 50%～80%的项目 2 个，进度在 30%～50%的项目 14 个，进度在 10%～30%的项目 22 个，进度在 10%以下的项目 9 个。从项目效果看，截至目前，累积已修复滨海湿地面积 2 506.6 公顷，修复完成率为 29.8%（4 月为 4.1%，为国家下达指标数百分比）；累积已整治岸线长度为 32.9 千米，整治完成率为 47%（4 月为 19.6%）；需清理养殖池塘 1 718.9 公顷（辽宁省 948.1 公顷，河北省 406 公顷，山东省 364.8 公顷），已完成约 28.6%（辽宁省 16.7%，河北省 0%，山东省 91.3%）。

（一）天津市项目进展

《渤海综合治理攻坚战行动计划》指标分解要求天津市滨海湿地修复不低于 400 公顷、岸线整治不低于 4 千米。全市共实施 5 个生态修复项目，落实修复湿地 421 公顷、整治岸线 7.1 千米。经核查，天津市 5 个生态修复项目中，开工率为 80%，1 个项目未开工（永定新河入海口湿地修复）。已开工项目中，1 个项目已经完工，1 个项目实施进度 85%，1 个项目实施进度为 30%，1 个项目实施进度为 26.1%。全部项目主体工程预计年底前完成，部分绿化及其他附属设施预计 2021 年上半年完成；目前，天津市已完成修复湿地面积 0 公顷，进度滞后，预计年底前完成主体工作。已完成整治修复岸线 5.23 千米，超出国家下达指标数。

（二）河北省项目进展

《渤海综合治理攻坚战行动计划》指标分解要求河北省滨海湿地修复不低于 800 公顷、岸线整治不低于 14 千米。全省共实施 13 个生态修复项目（沧州 2 个，唐山 2 个，秦皇岛 9 个），落实修复湿地 1 229.3 公顷、整治岸线 17.09 千米。经调研核查，2020 年 5 月，生态环境部印发预警函后，河北省及各地市政府立即开展现场督导检查，实时跟进项目进展。13 个生态修复项目中，除沧州 2 个项目、唐山 1 个项目未开工外，其余 10 个项目均已实质性开工，开工率为 76.9%。已开工项目中，1 个项目总体进度约为 85%，2 个项目总体进度在 30%～50%，5 个项目总体进度在 10%～30%，2 个项目总体进度低于 10%。由于秦皇岛暑期保障需要，4 个项目处于暂时停工状态，预计 9 月初可复工。秦皇岛 4 个项目大多以回填沙修复岸线为主，预计 2020 年 10 月 30 日前可全部完工。目前，河北省已完成修复湿地面积 15.4 公顷，占任务目标的 1.9%，湿地修复任务按期完成存在风险；整治修复岸线 5.2 千米，占任务目标的 37.2%。

（三）辽宁省项目进展

《渤海综合治理攻坚战行动计划》指标分解要求辽宁省滨海湿地修复不低于 1900 公顷、岸线整治不低于 30 千米，全省共实施 14 个生态修复项目（大连市 2 个，营口市 3 个，盘锦市 1 个，锦州市 4 个，葫芦岛市 4 个），落实修复湿地 2 614 公顷、整治岸线 43 千米。经调研核查，2020 年 5 月，生态环境部印发预警函后，辽宁省及各地市政府严格落实“周报、月报、季报、半年报、年报和专报”制度，成立 2 个副厅级领导任组长的专项督查小组，强化项目精准施策和精准化管理，14 个生态修复项目均已开工，开工率为 100%。2 个项目实施进度超过 80%，1 个项目实施进度为 50%～80%，5 个项目实施进度为 30%～50%，5 个项目实施进度为 10%～30%，1 个项目刚刚开工，计划 2020 年 9 月底前全部完工，部分种植工作按时完成存在不确定性。目前，辽宁省生态修复项目已完成整治修复岸线 8.01 千米，占任务目标的 26.7%，修复湿地面积 394 公顷，占任务目标的 20.7%。

（四）山东省项目进展

《渤海综合治理攻坚战行动计划》指标分解要求山东省滨海湿地修复不低于 3 800 公顷、岸线整治不低于 22 千米。全省共实施 29 个生态修复项目（滨州 2 个，东营 3 个，潍坊 14 个，烟台 10 个），落实修复湿地 3 905.83 公顷，整治岸线 60.84 千米。2020 年 5 月，生态环境部印发预警函后，山东省及各地市、县主要领导亲自部署和督导，生态环境部门和海洋部门定期逐级调度，采取有效措施，加大项目推进力度，29 个生态修复项目已全部开工，开工率为 100%。5 个项目实施进度超过 80%，1 个项目实施进度 50%～80%，6 个项目实施进度 30%～50%，11 个项目实施进度 10%～30%，6 个项目不足 10%，预计 11 月完工。目前，山东省生态修复项目已完成修复湿地面积 2 097 公顷，占任务目标的 55.8%；整治修复岸线 14.48 千米，占任务目标的 65.8%。

总体来看，省、市两级加大了工作督导调度力度，项目较 4 月取得了积极的进展，开工项目进入快速施工阶段。湿地修复面积完成攻坚战目标任务的近 1/3，岸线整治完成近一半，山东、辽宁两省已经全部开工，天津、河北仅有个别项目未开工。

从各市推进情况看，总体推进顺利，进展较好的地市有东营市（3 个项目均已主体完工，湿地修复和植被恢复效果初步显现）、营口市（3 个项目中，1 个已经主体完工，湿地修复和植被恢复效果明显；另外 2 个项目进展正常）。进展滞后的地市有唐山市（2 个项目特色较为明显，但是进展速度较慢，其中 1 个未开工）、沧州市（2 个项目均未开工）。

从具体项目推进情况看，进展较好的项目有 7 个：天津中新生态城东堤路生态岸线修复项目、秦皇岛金屋浅水湾浴场沙滩修复项目、营口团山海洋公园生态修复项目、东营垦东咸水沟退养还湿、小岛河北海滨海湿地恢复项目、永丰河—小岛河岸滩生态修复项目、长岛岸滩整治修复项目（三期）等基本完工，修复初现成效。进展滞后的项目有 4 个：天津永定新河入海口左岸湿地修复项目、唐山滦南湿地人工岸线生态修复项目、沧州南大港湿地生态修复项目、沧州黄骅湿地生态修复项目等均未开工。

三、存在的问题

（一）个别地方重视程度不够，部门协调不太畅通

政府牵头作用没有充分发挥，自然资源、财政、生态环境等部门间沟通协调不畅，导致部分项目立项、招投标、方案审查周期过长，资金落实拨付不到位，少量项目至今仍没有实质性开工。

（二）顶层设计不够，部分项目缺乏科学设计和区域布局统筹

对自然规律认识不精准，深入贯彻“自然恢复为主、人工修复为辅”的理念不足，部分项目人工化痕迹明显，生态功能能否充分体现存在不确定性。项目布局基本以点为主，点线结合不足，导致修复项目区域和周边环境存在反差，邻近区域间生态功能难以形成大范围的生态系统。

（三）部分项目植被种植错过最佳种植季节，夏秋季种植成活率受到影响

受项目手续办理及疫情影响，盘锦市、滨州市、潍坊市、烟台市等地多个涉及翅碱蓬、乔木等植被种植的项目，正在开展潮沟清理、围堰地形整理等工作，植被种植工程尚未开展，已经错过了春季最佳种植季节，部分品种夏秋季种植成活率较难保证，受冬季北方海边恶劣气候条件影响，后期无法及时养护和补种，新栽植被能否安全越冬有不确定性。

（四）部分项目实施难度较大，在一定程度上影响计划工期

滨州北海经济开发区岸线岸滩整治修复、潍坊昌邑胶莱河入海口西岸生态修复等海岸防护工程施工受潮汐影响较大，需要在低潮时施工或修筑防潮围堰，导致每日有效作业时间短。大连复州湾生态修复项目拆除养殖池塘堤坝工作量大，松软淤泥对机械施工效率影响较大。目前进入多雨季节，施工受风暴潮、暴雨等影响较大，工期更加紧张。另外受暑期保障影响，北戴河及周边区域的工程 7—8 月暂停施工。昌邑海洋生态特别保护区湿地植被生态修复等 3 个项目位于部队靶场管控范围内，近期受军事训练活动影响较大，如期完工存在一定风险。

（五）部分项目宣传不够，公众对整治修复重要意义缺乏了解

部分修复项目（如大连养殖池塘清理，烟台莱州、龙口和蓬莱等岸线整治修复项目）毗邻乡镇社区，是周边群众传统的亲海赶海区域，或者施工车辆需要经过乡村道路。施工现场未设置项目宣传标牌，沿海居民对项目基本内容、重要意义缺乏了解，公众参与较少，在一定程度上影响了周边老百姓的理解支持，拉低了老百姓对渤海综合治理攻坚战的满意度和获得感，甚至发生少数群众阻碍项目施工的现象。

四、下一步工作建议

（一）总结核查成果，并在例行新闻发布会上加以宣传

详细梳理本次核查调研成果，并与地方进行沟通反馈核实，并将渤海生态修复项目进展总体情况在部例行新闻发布会上进行通报。同时，对项目进展滞后的地市进行提醒，对项目进展较好并取得一定成效的典型进行宣传。

（二）建议生态环境部持续跟进项目实施进度

建议 9 月联合自然资源部门对项目实施情况再次进行监督检查。实行差别化管理，重点对未开工项目、进度滞后项目以及存在不能如期完成风险的项目进行现场核查。对进展相对顺利的项目，通过卫星遥感监测，与自然资源部门共享信息，及时了解进度，督促保证修复质量。

（三）建议自然资源部门强化项目监管指导

针对部分项目施工难度大、工期紧的问题，建议自然资源部门指导建设单位优化实施方案和施工计划，督促增加机械设备、施工人员，增加作业面，加快推进项目进度。针对植被种植受季节影响问题，建议自然资源部门组织科学论证，合理调整项目实施计划，坚持质量第一，实事求是地安排种植时间，注意后期养护，确保修复效果。

（四）建议强化顶层设计，系统谋划“十四五”时期海洋生态保护修复工作

全面总结渤海综合治理攻坚战生态修复项目实施经验，合理制定“十四五”时期海洋生态保护修复目标，提早进行项目储备和论证，确保“十四五”时期海洋生态保护修复工作取得更大成效。同时，加强已实施项目的后续维护和管理，并建立生态保护修复长效机制，通过选划海洋保护区或海洋公园等形式，维持并提升生态修复效果。

（五）加强宣传和公众参与

继续加强渤海综合治理攻坚战生态修复项目的宣传，对正在施工的项目，通过现场设立标志牌或修复效果图等形式，强化公众宣传，让人民群众了解并支持生态保护修复工作；同时，对已经取得初步修复效果的项目，开展广泛的媒体宣传，总结经验，宣传成效，并听取人民群众的意见，切实提高社会公众的生态幸福感和获得感。

国家核技术利用辐射安全管理系统工作情况、存在的问题及建议

周晓剑
（生态环境部核与辐射安全中心）

在加快推进核安全治理体系和治理能力现代化过程中，信息化是实现核技术利用基础支撑和保障核与辐射安全的重要手段。党中央、国务院高度重视放射源安全管理与信息化建设工作。习近平主席出席第四届核安全峰会时指出“中国将实施加强放射源安全行动计划，在未来 5 年内进一步梳理境内放射源情况，提高放射源安全监管水平”。国务院 449 号令明确要求建立放射性同位素备案信息管理系统。

国家核技术利用辐射安全管理系统（以下简称“管理系统”）是生态环境部组织建立的一套全国联网使用的、以放射源实时动态管理为核心的信息系统，是落实放射源安全监管规范化、流程化、标准化的重要平台。经过 7 年的推广使用，我国已基本形成放射源安全监管信息化“一张网、一盘棋、一本账”新格局。信息化是放射源安全监管工作的良好实践，利用信息化技术，能有效保障放射源安全监管向严、真、细、实、快的方向发展，安全监管的规范性、高效性和科学性也能得到进一步提升，可以有效解决传统放射源安全监管工作中存在的不足。

一、基本情况

（一）管理系统是放射源安全监管的良好实践

我国放射源分布广泛、种类繁多、性质复杂，从生产、销售、使用、转移、运输、贮存到处理处置各环节在时间与空间上都存在着较大的动态变化。目前，全国共有涉源单位 1 万余家，在用放射源 14 多万枚，其中在用 Ⅰ 类极高危险源和 Ⅱ 类高危险源近 3 万枚。放射源是把“双刃剑”，既利国利民，又因放射性和污染难以消除性等特征，利用或处理不当就会对人体健康和环境造成潜在危害。放射源辐射事故的发生率和绝对数量虽然比其他行业

少，但由于社会公众缺乏对核与辐射知识的了解、对其高度敏感等因素，容易引起公众广泛关注，甚至产生社会恐慌情绪。这就使得放射源安全监管成为环保领域难点之一。

于 2010 年 6 月管理系统正式上线使用，后于 2016 年追加 200 多万元投入进行全面升级改造，管理系统已成为一套既汲取国际同类系统优点，又符合我国当前辐射安全监管需求的信息系统。经过 10 年的推广使用，现已形成放射源安全监管信息化“一张网、一盘棋、一本账”新格局。信息化是放射源安全监管工作的良好实践，利用信息化技术，能有效保障放射源安全监管向严、真、细、实、快的方向发展，安全监管的规范性、高效性和科学性得到了进一步提升，有效解决了传统放射源监管方式存在的不足问题。信息化监管方式是放射源安全监管时代发展的需要，也是建设高效服务型政府的必然选择。

（二）管理系统信息数据量大

管理系统是各级生态环境部门对全国核技术利用单位和放射源进行业务管理的必不可少的工具。管理系统用户和访问操作量稳步增长，目前系统中监管系统用户 3 605 个，申报系统有效用户 8.6 万个，累计访问与操作 739 万次，工作中日均访问操作 4 500 余次；核技术利用单位 7.8 万家（注销、吊销除外）、在用放射源数量 14.6 万枚、射线装置 19.8 万台（套），核技术利用单位数、在用放射源与射线装置数保持稳步增长态势。

（三）管理系统功能丰富，实用有效

管理系统经多次更新完善，功能丰富，符合监管切实需要。利用业务流程模块，注重全过程监管；利用监督执法模块，加强监督执法信息化；利用实时同步功能，形成生态环境部门与申报单位间的良性互动；利用业务提醒功能，促使业务办理效率提升。

主要成效：一是放射源安全监管工作日益规范化、流程化、标准化；管理系统规范了涉源单位“申报—受理—审批—登记入库—发证—监督检查”管理和放射源“生产（进出口）—销售转让—异地使用—送贮”审批或备案的办事流程，使业务申请表单统一、填报标准一致、业务办理流程化、执法工作规范化；二是放射源安全监管更加高效、透明。通过网上申办、网上查询、网上互动方式，让涉源单位办理相关业务更加便捷，拉近了各级监管部门与涉源单位间的距离，改善了监管部门的形象，提高了公信力；三是全国涉源事故发生率逐年下降。2000 年前后，我国辐射事故发生率平均每年每万枚放射源 6 起以上。而自监管系统上线后使用的这些年，辐射事故发生率下降到每年每万枚不到 1 起。

（四）多系统对接融合逐步推进

为落实习近平总书记重要讲话精神和国务院“简政放权、加强服务”的要求，生态环境部不断优化监管，建成高风险移动放射源在线监控系统和核技术利用辐射安全培训考核系统，后续将研究推进管理系统优化升级，对接融合高风险移动源在线监控系统、核技术利用辐射安全培训考核系统，形成核技术利用辐射安全监管“一张网、一朵云、一套数、一张图”的信息化要求。

二、存在的问题

虽然管理系统为核技术利用辐射安全审批、监督、验证提供数据支持，但是运行至今还存在一些问题，且影响着系统优化功能的实现，分析如下。

（一）管理系统功能仍需不断优化升级

管理系统涉及全国 7 万多核技术利用单位和国家、省、市、县各级几千名监管人员，用户数量庞大，用户群体中国家重点关注的市场主体和中小微企业占比高，牵扯面广，关注度高，系统日常业务量大。随着“放管服”的进一步实施和辐射安全监管政策要求的日趋精细化，需要对管理系统功能不断进行优化升级，以满足规范管理的工作需求。

（二）管理系统数据质量有待提升

通过对管理系统中全国 31 个省级行政区的辐射工作单位信息、放射源监管信息、业务办理、监督检查和年度评估报告等监管信息数据的核查，发现管理系统数据有效性存在一定的欠缺。一是管理系统中涉源单位和放射源信息的准确性还有待提高。存在少数涉源单位信息不完整、不准确，放射源用途或类别有误或不详，放射源审批表、备案表等内容填报有误，监督检查和年度评估信息缺失，备案业务办理不及时等问题，影响管理系统数据质量。二是放射源生产厂家、废旧放射源收贮单位的台账登记管理有待加强。管理系统中回收、收贮等非在用源共约 4.6 万枚，与实际不完全一致。三是各省与国家管理系统数据对接进度较缓。目前只有商务部、北京、上海与升级后的新版国家管理系统数据连通对接，另外还有 7 个省市提出对接需求。在各省与国家管理系统数据实现对接前，存在多系统信息管理导致重复性工作较多、监管效率不高和监管信息的实时性、准确性得不到有效保障等问题，而且管理系统的数据成果难以得到应用。

（三）管理系统专项工作经费不足

生态环境部核与辐射安全中心负责系统的具体运行维护工作，但目前该系统建设经费、运行维护经费保障存在严重不足问题，高风险移动放射源在线监控系统和核技术利用辐射安全培训考核系统的对接经费支持还未落实，这就直接影响了系统升级和监管功能的进一步完善。各省级生态环境部门相关运行维护工作经费也不同程度地存在不足。

（四）管理系统运行管理人员欠缺

生态环境部于 2012 年发布《管理系统运行管理规范（试行）》，明确要求各级生态环境监管部门设置专门人员负责管理系统相关工作，但目前各级监管部门难以落实，只能由人员兼职负责，再加上地方监管人员频繁轮岗等原因，系统运行管理人员不固定、业务不熟练成为系统运行管理中的重要问题。

三、对策建议

加强辐射安全监管信息化建设是推进核安全治理体系和治理能力现代化的探索与实践。随着监管政策的优化、“一网通办”等政府服务方式转变，中央与地方数据对接等都对管理系统的建设提出了新任务、新要求，建设好、运行好管理系统十分必要。各相关单位应高度重视，持续规范推进辐射安全管理系统各项工作。

（一）持续开展管理系统功能优化研究，定期进行系统升级

随着“放管服”政策的不断推进和“一网通办”等政府服务方式的转变，核技术利用辐射安全监管措施不断优化，管理系统相关人员要紧跟核技术利用辐射安全监管政策的调整步伐，同步研究管理系统功能，定期进行系统升级。一方面适应辐射安全监管政策的调整，另一方面考虑精细化管理需求，优化智能查询、统计和分析功能，持续推进管理系统中数据信息及时更新，确保数据质量有效可靠，满足大数据分析建设要求，更好地发挥管理系统在辐射安全监管决策中的支撑作用。

（二）建立健全管理系统制度保障，加强数据质量管理

2020 年，生态环境部组织开展数据质量核查专项工作，推进了管理系统中数据信息的及时更新和完整，有效提升了数据质量。建议结合核技术利用相关法规修订契机，将管理系统运行管理要求纳入法规，建立健全管理系统配套运行程序制度文件，督促各级生态环境监管部门及时评估管理系统情况，提升管理系统数据质量，促进各级监管部门辐射安全监管信息化水平，更好地发挥管理系统在辐射安全监管决策中的支撑作用。

同时，建立数据质量核查常态化制度，持续核实、维护数据信息，促使各级监管部门及时办理审批备案登记等业务。在组织对全国各级系统管理员培训与数据质量专项核

查的基础上，各地方应根据实情，组织本省内专题培训和数据质量核查。在此基础上，按照生态环境部《核与辐射安全监管大数据建设顶层设计方案》中的有关建议，推动全国放射源大数据分析，为辐射安全监管提供决策支持。

（三）加大管理系统工作经费支持

管理系统功能完善和升级更新需要专项工作经费的保障，建议生态环境部协调相关单位加大对该系统建设、升级方面的经费支持，以满足系统升级和运行管理需求。

（四）加强管理系统运行管理专业人员支持

管理系统承担着大量的审批备案业务，需要熟悉核技术利用审批监管业务的专门人员进行系统日常运行管理、功能需求研究、数据质量核查、大数据分析等，才能满足系统优化升级和对监管的决策支持需求；生态环境部应加强管理系统人员支持，特别是运行管理业务人员，保障 3～4 人的专门团队负责日常业务管理和功能研究；各级生态环境部门应设置专门岗位，保障管理系统正常运行，定期开展管理员培训交流，提升系统管理人员的业务水平。

附件：调研照片

民用核安全设备采购监造活动的监管困境与对策建议

孙兴见
（生态环境部华北核与辐射安全监督站）

我国核电项目建造多采用工程总承包模式，即营运单位通过合同委托工程总承包单位，总体承担设计、采购、施工、调试等建造活动，工程总承包单位代行营运单位职责，具有集约、专业、高效等诸多的优势。核安全设备活动作为核电项目建设活动的重要组成部分，自然形成了由营运单位、工程总承包单位、核安全设备供货单位及零部件供应商等共同组成的核安全设备产业链，是多层级、多行业和多主体组成的复杂体系。

工程总承包单位承担的核安全设备采购监造活动是核安全设备产业链全链条质量管理活动的重要组成部分，因此《民用核安全设备设计制造安装和无损检验监督管理规定》（HAF601）将采购监造纳入核安全监督检查的范围。生态环境部（国家核安全局）监督检查发现，各工程总包单位对承担的核安全设备采购监造活动的范围界定不一致，管理模式差别较大，效果也不尽相同。本次调研就工程总承包单位核安全设备采购监造活动存在的问题进行了分析，并提出了相应的对策建议。

一、存在的问题

（一）工程总承包单位应承担的法定责任不明确

根据《中华人民共和国核安全法》的规定，核电项目营运单位对民用核安全设备的安全运行负全面责任；为营运单位提供设备、工程以及服务等的单位，应当负相应责任。现有的核安全法规中主要规定了营运单位的职责，但未明确工程总承包单位的职责，也没有具体的管理要求，仅有总体性或原则性要求。各工程总承包单位受营运单位委托负责核安全设备的采购管理，主要通过合同笼统约定工程总承包单位在核安全设备质量管理过程中的职责边界，各工程总承包单位分别形成了具有自身特点的核安全设备质量管理模式，包括组织机构、人员队伍、管理体系、监造和质量管理实施等。而营运单位主要通过监察和少量的现场见证监督等手段对工程总承包单位的质量管理状况进行监督指导，对工程总承包单位的责任落实情况难以进行客观评估、考核和问责。

（二）营运单位对工程总承包单位的管控力度不足

在各核电集团中，工程总承包单位与营运单位处于同级地位，且往往多家营运单位委托一家工程总承包单位。日常监督和调研表明，除合同约定外，营运单位和工程总承包单位的相对关系还受能力状况、分量地位、管理模式、重大质量问题处理能力等多方面因素的影响，存在营运单位因人力不足而无法掌控核安全设备质量状况的情况，存在工程总承包单位因处理重大质量问题经验不足而无所适从的情况。各方依据自身的理解进行职责划分，在执行过程中难免产生分歧和偏差，营运单位和工程总承包单位之间也时有“抱怨”，当出现质量问题造成损失时，难以真正追究合同约定的相应责任。

调研发现，各工程总承包单位对营运单位参与质量管理的态度也不同，有的希望与营运单位更多地开展联合监督检查，有的则希望营运单位减少对具体质量管理工作的干预，反映出营运单位和工程总承包单位在质量管理分级协同方面还存在不足，某些流程或环节沟通不畅，存在“梗阻”现象，如营运单位与工程总承包单位对合同和法规的原则要求如何落实到具体质量管理活动中意见不一致、调试和运行阶段核安全设备有关的经验难以及时反馈到采购管理阶段。

（三）工程总承包单位权责不匹配现象突出

在工程总承包模式下，工程总承包单位内部职责分工和机制对质量管理活动的有序开展也至关重要，内部职责设置不合理会影响内部制衡作用的发挥。一些案例表明，监造或质量管理部门由于权限不够、资源不足、沟通不畅等原因而放松了质量要求、模糊了角色定位等现象不同程度地存在。有的监造部门或人员的独立性得不到充分保障，但在出现问题后往往追责于现场监造人员，而很少从后台技术审批或技术支持的角度去找原因。有的监造部门或人员只负责监造活动的具体实施，不参与验收和质量放行，监造人员的话语权不足。

二、原因分析

（一）核安全监管职责分散

根据《民用核设施监督管理条例》和《民用核安全设备监督管理条例》，国家核安全局分别对核设施营运单位和核安全设备活动单位实施许可管理，通过行政许可方式扼住核安全设备供、需两端，达到有效防堵核安全高风险点的监管目标。对于产业链中的其他责任主体，本应通过延伸监管来督促责任的落实。但由于现有法规中没有明确工程总承包单位的法律地位，法定责任规定分散、罚则条款不清，加上核电项目场内、场外的分段监管模式和横向协同体制不够等原因，对于工程总承包单位的监督力度不够，负责核电项目设施监督的各地区核与辐射安全监督站没有延伸到工程总承包单位承担的核安全设备的采购监造活动；负责核电项目安全设备监督的华北核与辐射安全监督站虽逐步尝试开展了工程总承包单位核安全设备采购监造活动的监督检查，但面临着监管边界不明确、力度不够等问题。

调研发现，在总体性要求较为原则、专项管理要求缺失的情况下，各工程总承包单位核安全设备采购监造以及质量管理模式的差异可能导致同类核安全设备的质量管控水平不足而带来质量和核安全风险，实际上是一种以专项管理要求缺失为由而“选择性”守法的现象，实际上是钻了监管职责分散的空子。

（二）法规约束性条款缺乏

当前仅对营运单位和核安全设备持证单位进行许可监督的模式在预防系统性风险方面还存在薄弱环节。例如，由于我国尚未对设备监造、验收活动提出具体要求，各工程总承包单位一般按照设备重要性分级处理，控制要求和措施各有不同。在工程总承包单位完全自主的监造管理模式下，监造体系、监造人员、监造实施过程等方面都有较多问题。如果工程总承包单位受到进度、成本的持续加压，难以确认其是否能够坚持“安全第一”原则，而不降低质量控制要求。相对于工程总承包单位所承担的上述核安全责任，现有的监督管理制度还缺少必要的约束性规定，监管的有效性和针对性不足，对工程总承包单位的监督管理工作始终面临“小马拉大车”的困境。

三、对策建议

针对核安全设备行业现状和监管的薄弱环节，着力固根基、扬优势、补短板、强弱项，迫切需要核安全监管部门强化监管，以打通“堵点”、补上“断点”、消除“卡点”，推动工程总承包单位对核安全设备的全面管控，确保核安全设备活动单位规范过程管理和质量问题稳妥处理。

（一）强化监管，推动工程总承包单位核安全责任的有效落实

核安全监管为核安全设备管理体系的完善提供外部动力，也为活动的规范开展提供刚性约束。通过制定发布规章制度以明确方向和要求，尤其是及时总结实践经验、颁布各项管理要求和实施细则，持续推进各要素管理的精细化和规范化，准确理解和贯彻核安全法规精神实质，推动全行业法治精神的落地见效。《民用核安全设备监督管理条例》及部门规章是在《民用核设施安全监督管理条例》的框架下，针对核安全设备作出的专门规定，但绝不意味着核安全设备相关活动仅仅遵守《民用核安全设备监督管理条例》及部门规章就可以了，还需综合应用多部上游核安全法规。核安全监管部门组织调研起草专门的核安全设备采购和质量管理要求是必要的，以明确工程总承包单位的职能定位、基本条件、职责任务、工作内容和管理要求等，以便引导甚至倒逼工程总承包单位加大资源投入和制度建设，避免将核安全设备与核电项目建造管理割裂开来，成为质量管理的短板。

核安全监管是“促落实”的机制保障，具有维持核安全设备质量管理秩序的作用。对工程总承包单位的监管，可以从营运单位的监管向下延伸，组织对工程总承包单位统一监管；也可以从核安全设备持证单位向上追溯监管，利用典型的核安全设备质量问题倒查工程总承包单位的采购管理责任，从“小切口”破解系统性风险。核安全设备监管是实践性很强的工作，没有最好只有更好，无论选择何种监管策略，只要能够提升核安全设备的质量水平，均是现实可选的监管策略。强化对工程总承包单位的监管，等于抓住了核安全设备监管的“牛鼻子”，具有事半功倍的效能。

（二）全面管控，发挥工程总承包单位的质量管理“龙头”作用

工程总承包单位负责核安全设备相关资金、进度和质量三大要素管理，工程总承包单位处于产业链上的重要环节，具有管理、人力、资源和信息等多方面的优势，发挥着统筹协调的“龙头”作用，也是实现核安全设备管理体系现代化的中枢。工程总承包单位理应综合研究和统筹落实各部法律法规中核安全设备相关职责，并将核安全设备根植于核电项目建造的总体质量管理体系之下，适应全面管控的需要，建立健全各项管理制度，配备必要的人才、资源和平台手段等。工程总承包单位理应充分了解核安全设备行业各单位质量的整体情况，对同类核安全设备活动单位进行横向比较，全面掌握国产化新情况等，切实实现全覆盖、抓重点、查短板，提升一些重大问题的统筹解决的层级，强化典型事件和共性问题的调查处理、原因分析和反馈改进。

综上所述，工程总承包单位代行营运单位职责，有条件、有能力对核安全设备活动单

位进行全面管控和综合施策，也有责任和义务采取措施解决核安全设备行业的系统性问题，推动核安全设备质量水平提升是工程总承包单位的职责使命，工程总承包单位必须首当其冲。但在现有体制下，工程总承包单位自我管理提升的动力不足，还离不开核安全监管的外部推力。通过核安全监管部门的主动担当作为、系统谋划、科学立法，推动营运单位落实主体责任，构建核安全设备活动单位自我管理、工程总承包全面管控和核安全监管部门监督执法的“三位一体”管理体系，引领、约束和激发工程总承包单位的内生动力，充分发挥核安全设备全面管控的“龙头”作用。

红树林生态保护修复面临的问题与建议

霍传林　裴相斌　王权明　雷威　马瑜　宋南奇
（国家海洋环境监测中心）

为贯彻落实党中央、国务院领导关于红树林保护的批示精神，根据部领导指示，生态环境部等单位组成调研组于 2019 年 4 月 9—19 日，赴海南、广西、广东、福建和浙江开展了红树林生态保护修复监督管理专题调研。调研组实地考察了 6 处红树林保护区，并与省市生态环境、自然资源、林草等部门相关人员座谈，了解红树林生态保护修复监督管理工作进展和存在的主要问题，研究进一步加强红树林生态保护修复工作的建议。现将有关情况报告如下。

一、我国红树林保护修复已开展的主要工作

据本次调研统计，我国现有红树林总面积约 3.2 万公顷（不含港澳台地区），主要分布于广东、广西、海南、福建、浙江 5 省区，分别占全国红树林面积的 44.9%、30.7%、17.0%、7.3%和 0.1%。我国现有以红树林为主要保护对象的自然保护区 39 个、湿地公园 12 个、海洋特别保护区 2 个，红树林保护面积约 2.6 万公顷，占全国红树林总面积的 82%，基本覆盖了沿海重要的红树林生态区。

近年来，我国高度重视红树林生态保护修复，沿海有关省区党委和政府也在积极开展相关工作。

（一）制定实施红树林保护修复法律法规

一是《海洋环境保护法》明确规定要采取有效措施保护红树林等海洋生态系统。二是地方政府逐步完善红树林保护修复法规制度。例如，《海南省红树林保护规定》《广西壮族自治区红树林资源保护条例》《湛江市红树林资源保护管理规定》和《台山市红树林保护管理规定》等。三是针对红树林保护区出台细化管理办法，进一步促进保护区内红树林的保护。例如，《广东湛江红树林国家级自然保护区管理办法》。

（二）持续开展红树林生态修复

2000 年以来，沿海各地积极实施红树林生态修复工程。一是红树林面积持续增长。广东湛江市在 2000—2018 年共营造红树林 2 000 公顷。二是提高了红树林生态系统服务功能。海南在 2016—2018 年共退塘还林还湿 1 800 公顷，显著提高了红树林生态系统的完整性和自然恢复能力。三是提高了沿海居民收入水平。广西北海金海湾红树林生态旅游区在 2016—2017 年累计接待游客约 66 万人次。

（三）着力推进红树林保护区监管

一是沿海各地切实加强了保护区界线确定和总体规划修编等工作。2015 年，海南东寨港自然保护区完成了 65 千米岸线边界划定。二是组织开展了保护区日常巡护监管、监督检查，推进了中央环保督察整改落实工作。三是严格审核涉及红树林保护区的建设项目。广东开展涉及红树林保护区的建设项目生态环境影响评价工作，对生态环境影响较大的项目重新选址。

（四）不断强化红树林保护修复科研技术支撑

一是开展红树林生态保护修复科学研究。海南东寨港、广西山口和北仑河口、广东湛江等国家级自然保护区持续开展红树林树种保护繁育、红树林自然恢复等试验和研究工作。二是制定实施红树林保护修复有关技术规范。2017 年 12 月，海南发布《海南省红树林湿地生态修复技术规程（试行）》。三是开展红树林海洋生态监测。广西山口红树林国家级自然保护区 2013—2016 年累计完成红树林海洋生态状况监测点位数达 118 个。

二、我国红树林生态保护修复监督管理的主要问题

尽管我国在红树林生态保护修复方面做了大量工作，但在红树林保护修复的生态监管方面仍然存在一些问题。

（一）红树林保护法律法规制度不完善

一是现行的《海洋环境保护法》只明确了应当采取有效措施保护红树林，但没有明确有效措施的具体内容，导致在实践中缺乏可操作性。二是对红树林破坏处罚评价标准不清，处罚较低。例如，《海洋环境保护法》规定对破坏红树林海洋生态系统的，处 1 万元以上 10 万元以下的罚款。但是缺少对红树林生态系统范围、破坏程度、调查评估

程序等的规定，在地方处置破坏红树林的案件中难以适用。再如，湛江东海岛数千亩红树林滩涂遭围填而永久损毁后的生态损失评估值仅 400 余万元，远低于红树林生态修复工程的资金投入。

（二）红树林保护区生态补偿机制尚未建立

一是从法规制度上看，《海洋环境保护法》规定国家建立健全海洋生态保护补偿制度，但目前缺乏可操作的红树林保护区生态保护补偿政策、资金来源和标准等细则。二是从基层实践上看，部分红树林保护区成立之初只有四至坐标，详细保护边界不清，一些人为活动密集的滩涂湿地、渔港、码头、养殖池塘被划入保护区，且没有合理界定保护功能分区，强调封闭式、抢救式保护，影响了保护区原住民与周边社区利益，同时缺乏相关生计替代和生态补偿措施，导致保护区与周边群众争议或矛盾较多，不利于保护区长远可持续发展。

（三）红树林生态修复规划科学性不足

一是红树林人工修复工程与沿海区域生态系统整体保护的统筹协调不足，缺乏整体规划。一些地区偏重生态公益林和沿海防护林造林，往往将造林等同于生态修复，忽视了生态系统的完整性，甚至占用损毁了海草床、碱蓬湿地和鸟类觅食地。二是红树林修复规划面积存在不合理现象。例如，国家林业局、国家发展改革委于 2017 年印发了《全国沿海防护林体系建设工程规划（2016—2025 年）》（以下简称《海防林规划》），规划全国红树林造林总规模 48 650 公顷，其中广西为 16 500 公顷。广西林业厅等部门联合印发的《广西湿地保护“十三五”实施规划》提出到 2020 年新增红树林面积目标仅为 280 公顷。两者规划目标迥异的主要原因在于《海防林规划》的营造海防林沿海滩涂面积远超红树林实际适宜栽种面积。

（四）红树林人工修复管理不完善

一是人工种植本地种红树林保存率低。根据广西红树林研究中心提供的数据，2002—2015 年广西全区红树林人工造林保存率仅为 33.6%。二是人工种植红树林验收标准存在问题。部分地区参照《园林绿化管理办法》管理验收人工种植红树林工程，导致验收时红树林成活率高而几年后红树所剩无几的现象时有发生。

（五）部分区域存在外来入侵物种现象

广西林业厅资料表明，钦州湾茅尾海 2002 年以来引种了 1 066.7 公顷的无瓣海桑，给本地红树生长及红树林生态系统生物多样性带来了负面影响。福建省互花米草的侵害面积超过 1 万公顷，造成滩涂生物锐减、红树林减少，因为种植红树林先要清理互花米草，从而大大增加了红树林修复的难度和成本。

三、加强红树林生态保护修复建议

党中央、国务院领导对红树林生态保护修复工作多次作出重要批示。为进一步加强红树林保护修复工作，提出以下工作建议。

（一）坚持统筹山水林田湖草系统治理，加强红树林生态修复及其监督管理

遵循"保护优先、自然恢复为主"的理念，根据生态系统完整性和地域性确定潮间带生态环境功能分区，统一规划沿海区域生态系统保护修复。一是依据生态环境规划编制红树林保护修复专项规划。根据适宜人工种植红树林生境条件，合理确定红树林宜林地范围和规划面积目标。二是推动红树林生态修复。对生境完整、环境适宜的区域，采取以封禁为主的自然恢复措施，避免过多人工干预；对遭到破坏、损伤和退化的红树林生境区域适度改造恢复生境，实施人工修复工程；对受渔业养殖干扰大的区域实施退塘还林。三是加强对红树林人工修复工程的监督管理。对红树林人工种植恢复工程执行严格的修复标准和技术规范，建立红树林人工修复公示制度，着力提高红树林生态修复工程质量。

（二）完善法律法规制度，强化红树林保护修复制度保障

结合《海洋环境保护法》修订，进一步完善红树林保护修复法律法规制度。一是明确红树林保护修复目标管理制度。在海洋生态环境保护规划中，落实红树林保护修复总体目标指标，将红树林海洋生态系统面积、保护比例等指标纳入海洋生态环境质量目标考核体系，确保红树林生态系统面积不减少。二是完善红树林保护地和空间管控制度。在红树林生态完整集中区建立自然保护地，纳入海洋生态保护红线管理，将重要红树林生态系统保护空间落实到具体地块；自然保护地以外的红树林，按照限制开发区域的要求管理，禁止围填海、毁林挖塘及其他可能毁坏红树林资源的各类开发活动。三是研究建立红树林损害赔偿制度，明确违法违规砍伐红树林、占用红树林生态空间、损毁红树林湿地等破坏红树林生态系统行为的损害赔偿责任，细化处罚标准。四是研究建立多种补偿形式的红树林保护区生态补偿制度，协调解决因历史遗留问题造成的保护区与周边群众之间的争议或矛盾。研究相关生计替代和生态补偿措施，制定具有可操作性的红树

林保护区生态保护补偿政策、资金来源和标准等细则。

（三）完善红树林相关标准和指南，加强红树林保护修复技术指导

一是完善红树林自然保护地设置标准，对交叉重叠、边界不清、相邻相近的红树林保护区进行优化整合，合理界定核心保护区、生态修复区等功能分区。二是制定红树林生态修复分类验收标准。明确不同造林、修复工程的验收条件。细化验收工作，将工程实施过程主要环节中红树存活与保护情况纳入验收内容，杜绝“验收”形同虚设问题，确保红树林修复工程质量。三是研究制定在特定区域内开展符合生态保护方向的红树林生态旅游、观光农业等特许经营活动的标准和指南，指导开展多种补偿形式的红树林保护区生态补偿工作。四是制定红树林生态价值评估标准方法，开展红树林修复生态效果评估，提升红树林修复工程的生态效益。五是依法管理红树林外来物种人工种植，制定并实施红树林外来物种生态环境影响评价规范，严格控制无瓣海桑和拉关木等外来物种对红树林生态系统造成的负面影响。

典型区县农村“煤改电”推进案例分析

赵梦雪　冯相昭　杜晓林　王敏　王鹏
（生态环境部环境与经济政策研究中心）

北方地区冬季清洁取暖是党中央、国务院确定的一项重大决策部署，“煤改电”作为主要实现路径之一，在增加农村清洁能源消费占比的同时极大地提升了生活质量。但在改造过程中还存在设备购置成本高、农户负担大、存在潜在散煤复燃风险等问题，系统研究有代表性的案例地区对于农村清洁取暖工作科学、可持续地推进具有重要意义。

一、“煤改电”推进现状

2013 年，国务院印发了《大气污染防治行动计划》，提出在供热供气管网不能覆盖的地区，改用电、新能源或洁净煤。京津冀及周边地区大气污染传输通道的“2+26”城市是清洁取暖重点推进区域，2017—2019 年，“2+26”城市所在省、直辖市累计出台各项方案、计划、意见等 40 余份。截至 2018 年年底，“2+26”城市共完成清洁取暖改造面积 46 亿米^2，占总建筑取暖面积的 71.9%；农村地区清洁取暖率达 43%，其中“煤改电”共完成 328.07 万户，包括北京市 68.36 万户、天津市 19.67 万户、河北省 50.17 万户。

（一）环境减排效益显著

农村地区“煤改电”可显著降低大气污染物排放。以采暖季户均用煤量 2 吨计，“2+26”城市的农村地区“煤改电”可削减散煤 656.14 万吨，实现 SO_2 减排 4.86 万吨、NO_x 减排 1.05 万吨、PM_{10} 减排 8.86 万吨、$PM_{2.5}$ 减排 7.09 万吨①，同时也可协同减少民用散煤燃烧的黑炭和二氧化碳排放。

---

① 依据《民用煤大气污染物排放清单编制技术指南》散煤排放因子计算。

（二）政府补贴资金量大

目前补贴分担对象主要包括中央财政及省、市、县等多级政府，补贴类型包括取暖运行能耗补贴、建筑节能改造投入及清洁取暖设备购置补贴。2018 年，“2+26”城市清洁取暖改造资金总投入 895.14 亿元，其中中央财政投入 130.24 亿元，省级投入 156.52 亿元，市级投入 108.76 亿元，社会投入 499.62 亿元。

从地区投入看，2018 年北京市、天津市、河北省 8 市总投入分别为 118.00 亿元、75.24 亿元和 427.73 亿元，其中，政府财政投入分别为 50.00 亿元、25.99 亿元和 122.49 亿元，分别约占当地一般公共预算支出的 3.6%、2.4%和 5.5%，政府财政负担较重。

（三）技术路线复杂多样

农村“煤改电”主要采用分散式电热设备供暖，包括空气源热泵、直接式和蓄热式电热设备等，不同电热设备能耗情况与运行成本存在显著差异。由于我国取暖区域跨度较大，各地经济、气候、电力市场等条件不同，各地区选取了不同的改造技术路线。如北京市为节约能耗和减少运行费用，禁止使用“直热式”电取暖设备，限制使用蓄能式电暖器，对平原地区村庄引导住户使用空气源热泵等；天津市要求“宜集中则集中、宜分散则分散”，通过蓄热电锅炉、空气源热泵等多种形式加快“煤改电”；河北省提出在电网承载力满足的条件下，对山区县和“气代煤”无法实施的区域优先实施“电代煤”改造，包括直热式、蓄能、空气源热泵、地源热泵等形式。

二、案例地区经验借鉴

本研究选取石家庄市无极县、北京市门头沟区作为案例，剖析两地在冬季取暖“煤改电”涉及的设备推广、资金补贴、售后服务等方面的实践经验。无极县处于京津冀大气污染传输通道地区，属于清洁取暖工作推广重点地区，2018 年其农村人均可支配收入为 15 228 元，居民清洁能源支出水平较低，有利于真实地反映农村改造用户的实际使用情况，电取暖改造设备为空气源热泵；门头沟区地处北京西部，全区面积的 98.5%为山区，改造工程难度大，可较全面反映“煤改电”工作的现状与不足，该地区农村人均可支配收入为 23 746 元，财政基础相对较好，电取暖改造设备主要有空气源热泵、储能式电暖器两种。

（一）健全改造运作机制

“煤改电”改造流程环节复杂，包括前期手续办理、招投标、设备采购以及工程施工、调试、验收等，涉及对象类型多，如企事业单位、城镇居民、近远郊和偏远山区农户等，工程难度较大。对此，北京市凝聚政府、企业、农户等多方合力，从组织实施、设备购买、电费补助、后续维修等方面制定了详细的管理方案和补贴政策，构建了较为完善的改造运作机制，有效推动“煤改电”工程落实。以门头沟区为例，市政府通过制定相关改造方案，市、区两级加大财政补贴力度，供电公司施工建设，村干部组织落实，农户负担进户线路改造，形成“市区补贴+企业实施+村宣传组织+农户改造”多方改造合力，成功完成区 13 550 户用电改造。据调研，按采暖季户均用煤量 3.66 吨计，2017 年门头沟改电农户共计削减用煤量 49 593 吨，实现 SO_2 减排 391.78 吨、NO_x 减排 79.35 吨、PM_{10} 减排 669.51 吨和 $PM_{2.5}$ 减排 535.60 吨。

（二）选用高效节能设备

不同电热设备的能耗水平差异较大。直热式和蓄热式电热设备虽然直接电能利用率高，但间接一次能源利用率很低，无法达到节能目的，而空气源热泵的直接能源利用率和间接能源利用率是其 2～3 倍，可大幅降低用电成本。

以无极县为例。2018 年该县采暖季户均用电费用 1 163 元，去除 0.2 元/（千瓦·时）的政府补贴，农户实际负担约 622 元，占人均可支配收入的 4.1%。而按照采暖季户均用煤量 2 吨，每吨均价 800 元计算，冬季散煤取暖约需 1 600 元。对比可知，若取消用电补贴政策，利用空气源热泵进行取暖的实际支出较散煤取暖低 440 元左右，在现行补贴政策下，用电取暖的实际支出水平更低。

同时，对无极县 87 户和门头沟区 69 户居民进行问卷调查发现，无极县 90%的空气源热泵使用农户综合满意程度为满意及以上（其中 28%为非常满意），82%的农户对于取暖效果满意，整体满意度评价较高。门头沟区改电农户的总体满意度也较高，88%的农户满意程度为满意及以上，其中，91%的空气源热泵使用农户满意程度为满意及以上，73%的储能式电暖气使用农户满意程度为满意及以上，空气源热泵满意程度明显高于储能式电暖器。

（三）创新设备推广方式

空气源热泵虽然具有显著的节能功效，但其购置费用昂贵，6P 空气源热泵购置费用为 25 000～28 000 元，在农村地区很难普遍推广使用。无极县政府通过与企业共同出资建设，较好地解决了村民难以负担高昂设备购置费用的问题，成功推广了 14 338 个农户使用空气源热泵，可为其他农村地区提供借鉴参考。具体来看，由政府承担设备购置补贴资金（最高 7 400 元/户），企业通过批量推广降价供应设备，用户负担设备标价与补贴款差价部分，将设备购置成本分摊到三个利益相关方上。该方式显著降低了企业和农户成本，对于企业来讲，由于任务需求量扩大，试点企业批量采购原材料降低了采购成本，批量生产降低了管理成本。对于农户来讲，厂家的销售方式从三级代理改为直供，通过取消中间环节降低了销售价格。以 3P 机为例，企业供应价格为 8 400 元，除去政府给予的 7 400 元设备购置补贴，居民实际承担的购置费用仅约 1 000 元，与其他电热设备购置成本相当甚至更低。政企共建方式，既能降低农户经济压力，实现让利于民，又能促进企业产品推广。

（四）完善补贴分担形式

对于农户设备改造费用及运行电费，全国大部分地区采用多级政府补贴形式，但在电费结算方式上存在地区差异，这将影响用户的主观感受与接受程度。

以北京市为例。改造费用方面，主要采用“设备购置补贴+改造费用自付”的方式，市区两级政府给予设备购置补贴，户内线路改造费用由农户自行承担。具体而言，对于空气源热泵，采用“区政府统一招标+农民自付+区财政兜底”的成本分担方式，即市财政按照供暖每平方米 100 元的补贴设备购置，每户最高上限 1.2 万元，村民支付 500 元，剩余部分区财政兜底；对于储能式电暖器，采用“市政府+区政府+农户”三分制，即市财政按照每户设备购置费用的 1/3 进行补贴，最高上限 1.2 万元，区财政按照市级补贴标准等额配套，农户自付剩余的 1/3 费用。

取暖成本方面，采用“市政府+区政府+农户”三分制取暖分担方式。村民在享受低谷电价 0.3 元/（千瓦·时）的基础上，再由市、区两级财政各补贴 0.1 元/（千瓦·时），农户自付 0.1 元/（千瓦·时），每户补贴额度在扣除生活用电后不超过 1 万千瓦·时。同时，补贴电费由电力公司与政府直接结算，农户无须先行垫付。

以上做法有效降低了农户改造及使用成本，同时避免了由于补贴电费返还延迟给农户带来的资金负担和心理压力。从门头沟的调研数据来看，“煤改电”农户取暖用电费用约 2 588 元，占门头沟区农村人均可支配收入的 10.90%，改造后农户的年均取暖成本与改造前相比并未显著增加。空气源热泵改造农户需自付室内改造费用约 1 000 元和设备购置费用约 500 元；储能式电暖器农户需承担设备购置费用 1 439 元。可以看出两种电热设备改造成本基本一致且均较低。另外，从对门头沟 69 户改电农户的问卷调查结果来看，88%的农户满意程度为满意及以上，总体满意度水平较高。

（五）提高售后保障服务

加强售后服务管理是保障电热设备取暖运行效果的重要方面，是“煤改电”持续稳定运行的关键环节。针对电热设备售后服务体系，目前普遍存在三方面问题：一是服务意识有待加强，个别企业没能把处理好售后问题当成自家事来办，损害了群众的切身利益；二是服务能力有待提升，个别企业员工存在接待群众来电态度恶劣、专业能力技术水平欠佳等问题；三是服务水平有待提高，个别企业由于过年期间放假等客观因素，积压了很多群众问题，响应效率降低。

为此，无极县采用政府与企业共同管理的做法，由企业负责电热设备的安装运维，并在当地设立服务中心，负责空气源热泵质量保障和产品使用安全培训；政府负责对企业进行监督，并将建设资金作为企业建设运维质保金，从而保障企业的售后管理服务，集中售后管理区域的同时也降低了企业售后服务成本。

三、案例地区存在问题及复燃风险分析

（一）村改造后取暖效果差异大

在取暖成本相同的条件下，由于性能差异，储能式电暖器的取暖效果明显差于空气源热泵。由于改造前期对改造设备性能了解有限，鲜有案例借鉴，农户很难根据自身的地理位置、经济收入等情况选择合适的采暖设备。部分先行改造选用储能式电暖器的农户取暖效果不尽如人意，造成区域整体改造效果参差不齐。

（二）低收入、深山区农户负担重

调研发现，影响农户是否愿意“煤改电”的主要因素是农户的收入状况，一般来说，农户收入越高越愿意配合开展“煤改电”，虽然案例地区大幅降低了农户改造承担的取暖成本，但低收入家庭对改造带来的价格因素影响依然较为敏感。如年家庭收入在 2.2 万元以下的农户，对实施“煤改电”的满意程度普遍比年家庭收入在 2.2 万元以上的农户低。另外，受海拔影响，深山区室外温度较浅山区更低，为达到相同或相近的室内温度水平，深山区农户采暖时长需求更高，电能消耗量需求更大，取暖成本也会更高（较浅山区高约 1 500 元），因而，深山区和低收入家庭取暖负担重。

（三）改造设备购买、更换、维修机制不健全

目前，部分地方镇村、企业、农户之间尚未建立有效的“购买—更换—维修”保障机制，设备售后服务保障不到位，农户对设备的后期更换、维修较为担忧，农户改造积极性受到影响。

（四）潜在复燃隐患依然严峻

现阶段，部分地区“煤改电”仍存在一定的复燃风险，主要原因如下：一是政府补贴退坡。如在无极县，政府补贴约占居民取暖运行总成本的45%，当补贴下调或取消时，农户可能会由于采暖费用升高而复燃；在门头沟调研发现，农户主要政策需求仍集中在加大补贴力度、延长低谷用电时段等方面。二是居民取暖消费占比增加。无极县66%的农户年收入低于5万元，过半农户供暖费用可承受范围处于2 000元/年以下，而采用电暖器、空调等供热效能较低的农户取暖费用远高于这一水平。三是设备售后服务水平参差不齐。调研发现部分农户反映设备售后服务不及时、收费不合理、维修水平参差不齐等，这将会对清洁供暖的可持续性造成一定风险。

四、对策建议

（一）加强经验借鉴及改造后评估

（1）积极推广成功地区的经验。从调研案例看，“煤改电”顺利推行的根本原因在于农户获得净效益，即改造工作需达到以下目标：农户成本不显著增加、生活质量（操作方便、卫生、室温等）有效提升、取暖设备高效质优等。

（2）积极开展实施效果后评估。对已完成改造项目的地区，从农户改造成本、取暖效果、运维服务等方面进行改造效果评估。对改造效果较差的地区，可考虑补救措施或实施二次改造。此外，要实施整村“煤改电”项目改造，同步推进房屋保暖改造，从而使得改造后取暖效果更好，农户满意度更高。

（二）尽快完善取暖成本分担机制

（1）加大对低收入、深山区农户补贴力度。低收入、深山区农户取暖负担相对较大，经济压力增加了散煤复燃风险，故而政府应建立取暖成本分担机制，缓解深山区及低收入农户的取暖压力。在现有基础上，统筹民政等部门的补助资金，对深山区、低收入农

户家庭，适当提高设备购置补贴费用，按年度予以适当的冬季取暖补贴。

（2）实行差异化补贴政策，增强补贴政策精准性。在现有补贴力度上，改变补贴结构，将居民按照经济收入水平与实际用电量区分化档，制定差异化的补贴标准。对农村分散供养特困人员、低保户、贫困残疾人家庭和建档立卡贫困户等四类重点对象，出台专门取暖补贴政策，实行政府兜底。制定差异化技术补贴政策，依据地区特点引导技术发展方向，提高目标技术应用占比。此外，建议鼓励地方政府、金融机构、相关企业等创新合作机制和投融资模式，加大对“煤改电”的融资支持。

（三）积极推动采购方式创新

（1）建立成熟采购机制降低初始投入成本。不同取暖设备的市场购买价格参差不齐，高性能、低运行费、购买价格高的取暖设备，虽具备较高的取暖收益，但会给居民带来不小的经济负担，也会为政府带来沉重的财政压力，建议建立成熟的采购机制，降低设备初始投入成本。

（2）促进政府与企业共建共管。将政府的社会管理和企业的社会责任有机、有效地结合，建立由政府、用户、企业共同分摊设备购置成本、共同管理的方式，降低设备市场购置成本并让利于民，使得居民仅承担中标价与补贴款差价部分，实现用户、政府、企业、供电公司“四赢”的预期目标。

（四）加强设备售后服务保障体系建设

建立镇村、农户、企业之间设备“购置—更换—维修”工作机制及购换平台，并签署保障协议，确保镇村、设备企业的维护保障机制健全有效。政府可规定设备最低使用年限，制定年限到达之后设备更换的补贴政策。同时，强化对农户和村委与设备供给企业谈判时的法律服务。

我国医疗污水处理及监管现状调查研究

彭硕佳　张文静　张鹏　韩旭
（生态环境部环境规划院）

医疗污水是传播疾病的重要途径，新冠肺炎疫情发生后，为推动做好疫情期间水污染防治工作，生态环境部通过“云调研”方式，视频连线 21 省 467 家医疗机构，向医疗机构发放调查问卷 1 502 份，向基层环境监管人员发放调查问卷 1 563 份，及时了解我国医疗污水处理及监管现状，总结问题并提出建议。

一、总体情况

我国已基本建立了防止医疗污水传播疾病的三级防控体系。第一道防线是病房防疫，即在病房内做好源头污水分类处理，加强传染病区污水的消毒处理。第二道防线是医院污水处理，即在各级医院，特别是传染病医院，建设医院污水处理设施，处理病原性微生物和污染物。第三道防线是城市污水处理，即医院达标排放的污水排入下水道后，进入城市污水处理厂进一步净化处理。截至 2018 年年底，全国已建城镇污水处理厂 6 762 座，污水处理能力达 2.15 亿吨/日，所有污水处理厂根据标准要求，都加装了消毒设备，为阻止医疗污水中的病原微生物进入环境水体筑起了最后一道屏障。

二、存在的问题

（一）污水处理设施建设仍有缺口

（1）小型医院污水处理设施欠账严重。按照《医疗机构水污染物排放标准》（GB 18466—2005）的相关要求，传染病和结核病医疗机构、县级及县级以上或 20 张床位及以上的综合医疗机构和其他医疗机构，须建设污水处理设施才能达到相应的水污染物排放限值要求。但从调查问卷反馈的结果来看，在 1 487 份有效问卷中，没有永久性污水处理设施的医疗机构占比 11.63%。从医疗机构的规模来看，床位数在 100 床以下的小型医院污水处理设施建设欠账严重，在所反馈的 740 份小型医院调查问卷中，没有建设永久性污水处理设施的占比为 20.54%。

（2）部分传染病医院污水处理工艺不满足要求。《医疗机构水污染物排放标准》（GB 18466—2005）规定：“传染病医疗机构和结核病医疗机构污水处理宜采用二级处理+消毒工艺或深度处理+消毒工艺。”但在问卷调查的 74 家传染病医院中，有 12 家仍采用一级强化处理工艺处理医疗污水，该工艺仅能部分去除污水中携带病毒、病菌的颗粒物，很难实现达标排放。

（3）传染病与非传染病污水分类处理不彻底。《医疗机构水污染物排放标准》（GB 18466—2005）规定：“带传染病房的综合医疗机构，应将传染病房污水与非传染病房污水分开。传染病房的污水、粪便经过消毒后方可与其他污水合并处理。”传染病房的污水、粪便在进入污水处理设施前，需要进行消毒。但在问卷调查的 613 家含有传染病区污水的医疗机构中，180 家未将传染病区和非传染病区的污水分流处理，其中，规模在 500 床以上的医疗机构中，约 1/3 未开展传染病与非传染病污水分类处理，占比较高。

（4）消毒剂投加设备配置总体不足。《医院污水处理工程技术规范》（HJ 2029—2013）要求采用氯消毒工艺时，加药设备至少配备 2 套，做到 1 用 1 备。调查结果显示，具备 2 台消毒剂投加设备，且 1 用 1 备的占比不足 1/3。其中，100 床以下、100～499 床、500 床以上规模的医疗机构消毒剂投加设备为 1 用 1 备的分别占各自规模总数的 12.77%、32.99%、56.44%。消毒剂投加设备配置总体不足，并且医疗机构规模越小，问题越突出。

（二）运营管理有待进一步规范

（1）栅渣、污泥等未按照危险废物处理处置。《医疗机构水污染物排放标准》（GB 18466—2005）规定：“栅渣、化粪池和污水处理站污泥属危险废物，应按危险废物进行处理和处置。”但在问卷调查的 1 502 家医疗机构中，仅 53.20%将栅渣、化粪池和污水处理站污泥作为危险废物，交由有资质的单位处理处置。视频连线过程中还发现，部分医疗机构将化粪池污泥定期交由无危险废物处理资质的环卫部门粪车抽走处理，还有医疗机构甚至将污泥在场站内进行自然晾晒，增加了疾病传播风险。

（2）污水处理设施负荷过高或过低均会影响其稳定运行。从调查问卷反馈结果来看，规模在 100 床以下、100～499 床、500 床以上的医疗机构处理设施负荷小于 50%的分别占各规模总数量的 49.87%、24.16%、21.37%；负荷大于 100%的分别占各规模总数量的 12.90%、18.18%、14.25%。视频连线过程中，也发现医疗机构污水处理设施处理能力远高于实际处理量的情况比较普遍，有的医疗机构污水处理设施负荷率甚至不足 10%。污水处理设施负荷过高或过低都不利于设施的稳定运行。负荷过低，按照污水处理能力选型的曝气装置、污水泵等设备因流量过低难以稳定运行，生物池溶解氧、回流比等工艺参数调控难度大，易出现过量曝气、微生物活性降低等问题。负荷过高，易造成医疗污水溢流或超标排放。

（3）污水监测频次不符合标准要求。《医疗机构水污染物排放标准》（GB 18466—2005）规定："粪大肠菌群数每月监测不得少于 1 次。采用含氯消毒剂消毒时，接触池出口总余氯每日监测不得少于 2 次（采用间歇式消毒处理的，每次排放前监测）"，"COD 和 SS 每周监测 1 次"。但从调查问卷反馈结果来看，粪大肠菌群数每月至少监测 1 次的仅占 48.14%；余氯每日至少监测 2 次的仅占 35.02%；COD、SS 每周至少监测 1 次的仅占 23.83%。大多数医疗机构的污水监测频次不满足标准要求，规模越小越严重。视频连线过程中也发现有的医疗机构粪大肠菌群数每季度监测 1 次，有的医疗机构余氯每天监测 1 次，有的医疗机构 COD 和 SS 每半年才监测 1 次。

（4）污水处理设施运行管理人员水平有待提高。在视频连线过程中发现，我国医疗污水处理设施运行管理人员技术水平参差不齐，部分人员甚至不熟悉处理站基本运行参数，不会通过分析生化池污泥性状判断污泥活性，无法及时发现运行异常情况。由此导致：有的预消毒阶段未进行脱氯，影响生化处理单元微生物活性；有的消毒剂投加量过低，接触消毒池出水余氯不能满足要求或出水粪大肠菌群数超标；有的消毒剂投加量过高，造成消毒剂浪费。

（三）基层环境监管能力水平亟须加强

（1）监管人员对卫生健康部门与生态环境部门权责划分不清晰。从调查问卷反馈结果来看，51.9%的环境监管人员认为卫生健康部门与生态环境部门监管职责边界不清晰，是制约医疗污水监管工作稳步推进的重要因素。《医疗废物管理条例》虽然对卫生健康主管部门、生态环境主管部门关于医疗机构监督管理工作提出了相应的要求，但仅从疾病防治和环境污染防治方面进行了区分，并未对具体情形进行详细的职责划分；《医疗卫生机构医疗废物管理办法》规定了卫生健康主管部门对医疗卫生机构产生的污水、传染病病人或者疑似传染病病人的排泄物等的监管要求，但对排入污水处理系统的污水未明确提出监管要求。

（2）基层监管人员业务水平普遍偏低。从调查问卷反馈结果来看，约有一半的监管人员认为基层监管人员的技术水平有待提升。在视频连线过程中发现，部分市县级环境监管人员对医疗机构污水、污泥处理过程中的环境污染防治要求掌握不全面，不了解需要对医疗机构进行定期监督检查或者不定期地抽查，混淆传染病医疗机构和综合医疗机构水污染物排放管控要求，不了解采用含氯消毒剂消毒的医疗污水直接排入水体和间接排入市政管网对总余氯控制要求的区别，不清楚栅渣、化粪池和污水处理站污泥的收集、贮存、处置及监测要求，未能及时有效地学习和落实医疗污水监管工作的相关通知要求。

（3）少数地区未将医疗机构污水处理设施纳入监督性监测范畴。新冠肺炎疫情期间，大部分地区对其医疗机构废水排放开展了监督性监测，占比达到90%以上，其中一半以上的医疗机构每月至少开展1次监督性监测工作。但是，仍有148家机构反馈，受疫情、监测条件不足等因素影响，未开展监督性监测工作，其中因监测能力和监测条件不足而未开展监督性监测的医疗机构约占50%。

三、对策建议

（一）推动污水处理设施规范化建设与改造

在当前疫情基本得到有效控制时期，尽快开展全国医疗机构污水处理情况调查，建立清单，及时掌握全国医疗机构污水处理设施建设和设备配套、采用工艺以及污水收集管网建设情况。针对应建未建或能力不足、工艺不配套、污水不分流、消毒设备无备用等问题，制定整改方案，及时应对。

（1）加快补齐医疗污水处理设施短板。根据医院性质、规模和污水排放去向，严格按照《医疗机构水污染物排放标准》（GB 18466—2005）、《医院污水处理工程技术规范》（HJ 2029—2013）的相关要求建设与改造污水处理设施。尚未规范配置处理设施以及现有处理设施能力不足的，要结合医院发展规划，合理确定新建或改扩建规模。建成投运前要因地制宜地建设临时性污水处理罐（箱）等，杜绝医疗污水未经处理直接排放。

（2）加快完善污水处理工艺。对于处理工艺不能满足出水水质要求的进行改造，传染病医疗机构和结核病医疗机构污水处理采用“二级处理+消毒工艺或深度处理+消毒工艺”，综合医疗机构污水排放自然水体、执行排放标准时，采用“二级处理+消毒工艺或深度处理+消毒工艺”。现有的污水处理设施进行提标改造场地或施工条件受限时，可选用地埋式或集成化的一体化处理设备解决。

（3）开展传染病区、非传染病区污水分流改造。全面排查从医院各科室排水点到污水处理设施的排水管道路由设置，对于含有传染病区且未与非传染病区污水分流的医疗机构，应进行排水管路的改造，对传染病污水预消毒后再与其他污水合并处理。

（4）做好消毒剂投加备用设备的配置工作。采用氯消毒工艺时，消毒设备至少1用1备，以保证应急状态下的消毒效果。对于消毒剂投加设备无备用或者备用设备经常性投入运行的，应尽早加购，保证备用裕量。

（二）强化处理设施运行管理

在全国医疗机构污水处理情况调查过程中，应同步深入了解污水处理设施的运行管理情况，对栅渣等危险废物未规范处理处置、设施负荷过高或过低、水质监测频次过低、基层运行管理人员水平不足等问题，针对性地提出应对措施。

（1）安全、规范处理处置栅渣、污泥。栅渣、化粪池和污水处理站污泥严格按照危险废物处理处置，落实危险废物转移联单管理。栅渣、污泥在保证消毒效果的情况下，尽量降低含水率、减小容积，压缩处理处置量。

（2）分类施策应对设施处理负荷异常问题。对于处理负荷过低的污水处理设施，应按照实际处理水量选择相适应的曝气、水泵等设备，以利于溶解氧、回流比等工艺参数调节；对于处理负荷过高的污水处理设施，应尽早进行扩建，防止污水溢流或超标排放。

（3）加强核心污染指标监测。保证粪大肠菌群数、余氯、pH、COD、SS 等重要指标的监测频次，暂不具备设施运行维护和监测能力的医疗机构，可委托满足相应条件的单位进行管理，鼓励有条件的医疗机构加装在线仪表进行监测。

（4）强化运行管理人员培训。各地结合实际情况对污水处理设施运行管理人员进行培训，结合实际医疗污水处理案例，重点解读《医疗机构水污染物排放标准》（GB 18466—2005）、《医院污水处理工程技术规范》（HJ 2029—2013）等标准规范中对医疗污水收集、处理、排放、监测的要求，提升运行管理人员业务水平。

（三）落实卫生健康部门与生态环境部门监管责任

完善监督管理是巩固医疗污水处理成效的保障，各地应针对医疗污水处理设施的建设和运行情况，探索部门联动监管模式，确保医疗污水从源头分类到末端达标排放不留死角。

（1）明确职责分工，逐步建立信息共享机制。卫生健康部门和生态环境部门应分工负责、形成合力，共同加强对医疗污水收集、处理的监管。卫生健康部门指导和监督医疗机构实施污水收集、处理和消毒。生态环境部门加强对医疗机构污水、污泥处理的环境监管和执法检查，落实监督性监测。两部门加强医疗废物产生、转移、处置等信息共享。

（2）强化基层环境监管人员培训。各地生态环境部门应结合实际情况对基层环境监管人员进行培训，结合典型案例，提高监督核查、现场监测、分析判断的能力，进一步强化医疗污水收集、污染治理设施运行、污染物排放等监督管理。

（3）完善监督性监测机制。监督性监测工作严格按照国家有关要求执行，各级生态环境部门应理顺自行监测和监督性监测的关系，强化监督管理意识。积极争取财政支持，提高环境监测硬件、软件能力水平。及时公开医疗机构污水监督性监测相关信息，确保监督性监测公布信息与监测原始记录一致，并接受公众监督。

关于唐山市空气质量秋冬防后排名下滑原因调查报告

蒋萍
（生态环境部华北督察局）

为更好地牵头完成对唐山市的蓝天保卫战，强化监督定点帮扶工作，共同打赢蓝天保卫战，结合认真贯彻落实《蓝天保卫战重点区域强化监督定点帮扶工作方案》和开展好“不忘初心、牢记使命”主题教育调研，生态环境部华北督察局于2019年6月24—26日对唐山市大气污染防治工作开展了调研，与唐山市政府及相关部门进行了座谈，调研唐钢等6家涉气企业，结合对唐山市开展的蓝天保卫战强化监督帮扶情况，对唐山市秋冬防后空气质量排名持续下滑原因进行了分析，现将有关情况和建议报告如下。

一、唐山市大气污染防治有关重要做法

（1）唐山市委、市政府认真践行习近平生态文明思想，高度重视大气污染防治工作。明确按照“降总量、优布局、提品质、延链条、治污染”思路，在推动大气污染治理的同时，倒逼全市经济转型升级，推动高质量发展。已启动唐钢等7家市区及周边钢铁企业的减量整合搬迁。积极实施平原地区农村散煤取暖清零行动，推行钢铁、焦化、水泥、电力行业“唐山标准”，大力推进公转铁工程建设。

（2）领导坚定有力。唐山市委主要负责人靠前指挥，每月调度，强调以铁的决心、铁的措施、铁的手腕全力打好污染防治攻坚战，并决定从2019年4月10日起全市四大班子领导带领市直部门每天深入一线开展夜查，且夜查时间不得早于晚12点开始。市纪委监委正针对省级以上交办典型环境问题问责县处级干部，倒逼责任落实。

（3）强化生产管控。针对钢铁等高耗能产业数量大、占比高，常规管理手段难以实现蓝天目标的实际，唐山市根据空气质量变化情况，每月出台相应的重点行业生产管控措施。针对2019年6月以来空气质量排名持续下滑和生态环境部领导关注的新形势，唐山市出台了更严格的生产管控措施，要求钢铁企业至7月底前，除绩效A类企业限产

20%外，其余企业限产比例不得低于 50%，并实施车辆限行。

二、唐山市空气质量现状

近年来，唐山市空气质量总体持续改善。2013—2018 年综合指数年均值从 11.46 逐年下降至 6.58，优良天数从 109 天增加至 220 天。2018 年 $PM_{2.5}$、SO_2、NO_2 年均浓度分别为 60 微克/米^3、34 微克/米^3、56 微克/米^3，分别比 2013 年下降 47.8%、70.2%、18.8%。2019 年 1—6 月，唐山市空气污染综合指数累计均值为 6.849，与 2018 年同比下降 6.10%；优良天数 92 天，与 2018 年同比增加 8 天；$PM_{2.5}$、SO_2、NO_2 分别为 60 微克/米^3、26 微克/米^3、50 微克/米^3，分别与 2018 年同比下降 4.76%、21.21%、5.66%。但 2019 年秋冬防工作结束以来，唐山市空气质量在全国 168 个地级城市中排名持续下滑，其中 5 月、6 月连续两个月空气污染综合指数月度排名倒数第 1，1—5 月累计均值又跌入倒数 20 位之列，列倒数第 17 位，1—6 月进一步下滑至并列倒数第 11 位。

三、唐山市秋冬防后空气质量排名下滑原因分析

（1）以高耗能产业发展为主是根本原因。唐山市虽高度重视生态环境保护工作，通过实施超低排放改造等措施降低了污染物排放强度，但以钢铁、焦化、水泥等产业为主的高耗能发展方式未根本转变，污染物排放总量仍很大。2018 年，唐山市工业增加值占 GDP 的比重为 49.9%，其中，钢铁和化工增加值合计占工业增加值的比重达 77.1%。据统计，唐山市 2018 年生铁、粗钢、焦化产能分别达 1.253 6 亿吨、1.289 9 亿吨、0.352 0 亿吨，其中，生铁、粗钢实际产量达 1.193 3 亿吨、1.328 9 亿吨，分别占河北全省产量的 55.8%、56.0%，占全国产量的 15.5%、14.3%，粗钢实际产量较 2013 年增长 29.1%。全市 2018 年消费煤炭约 8 000 万吨。SO_2、NO_x、烟粉尘排放量分别为 12.621 万吨、16.759 万吨、25.614 万吨，空气污染综合指数在全国 168 个城市中排名倒数第四。2019 年 1—5 月，全市生铁、粗钢、水泥熟料、焦炭产量较 2018 年同比分别增加 10.27%、12.39%、118.92%、1.28%。现场调研的 6 家重点企业中，4 家钢铁水泥企业产量较 2018 年同期分别增加 4.6%～19.7%。唐山市 2017 年 $PM_{2.5}$ 来源解析显示，本地贡献率为 70%，其中燃煤和工业分别占 27%和 25%。公转铁步伐仍需加快，据统计，曹妃甸 2019 年 2 月 1 日—5 月 1 日汽车疏港 14.083 4 万辆总载重 417.28 万吨，是同期火车疏港 569 列总载重 206.24 万吨的 2 倍多。河北省综合污染指数排名显示，唐山市月度排名在全省列倒数第一的次数呈逐年增加趋势，从 2013 年的 1 次增加到 2018 年的 7 次。从唐钢等 7 家钢铁企业按

照 1.25∶1 压减产能的搬迁方案来看，搬迁后产能虽有减小，但产能总量仍较大，搬迁后累计生铁、粗钢产能分别为 1 599 万吨和 1 635 万吨。同时，唐山市正推进曹妃甸化工基地建设，炼油规划产能虽经过调减，但远期和近期仍分别为 4 000 万吨和 1 500 万吨，将会对全市空气质量的进一步改善带来压力。

（2）特殊的季节性气候影响客观存在。唐山市城区位于燕山南麓，地势为北高南低，自西、西北向东及东南趋向平缓，直至沿海。2013 年以来气象观测表明，唐山市冬季盛行偏北风，污染物易于向南部海域扩散；夏季盛行偏南风，不利于污染物向海域扩散，且北部燕山阻拦污染物向北扩散，并在市区聚集。资料表明，唐山市 3—9 月空气质量排名均不佳，2018 年 7 次排名河北省倒数第一全集中于 3—9 月，在全国 168 个城市中排名也类似。2016 年以来，唐山市月度污染综合指数相对标准偏差呈下降趋势，2016—2018 年月度标准偏差分别为 0.275 6、0.168 8、0.166 6，2019 年 1—6 月为 0.103 6，表明唐山市空气质量“采暖季污染明显重于非采暖季”现象不明显。此外，唐山市统一执行机动车采暖季限行、非采暖季不限行政策，非采暖季机动车污染将重于采暖季。据唐山市与中国环科院联合测算，取消限行后，机动车污染物日排放量较限行期间增加约 35.5 吨，其中 CO 增加约 28.5 吨，NO_x 增加约 2.4 吨。

（3）监管措施不到位问题仍比较突出。尽管唐山市委、市政府每月发文对相关行业提出停限产管控要求，但不同月间要求变化较大，且不同区县也不统一，企业适应执行难，政府部门监督执行难，措施难以完全到位。强化监督发现，唐山市部分基层单位不同程度地存在对强化监督不理解甚至抱怨现象，市委、市政府的要求并未在全市上下得到不折不扣地贯彻落实。唐钢等以企业搬迁和经济压力等为由拒绝执行市政府 2019 年 6 月的生产管控要求，且不同程度地存在“最后疯狂”现象，如唐山不锈钢公司的烧结烟气出口 NO_x 浓度接近标准限值 50 毫克/米^3，且时常出现超标现象。市政府自 6 月 12 日以来先后 11 次约谈唐钢，因缺乏法律约束未能见效，这对于按要求限产的民营企业而言确实不公平。2019 年 3 月中旬以来对唐山市开展的七轮强化监督帮扶共检查点位 7 374 个，发现上报问题 909 个，发现问题率为 12.3%，其中，工业污染防治、重污染天气预警应急响应和扬尘无组织排放类问题最多，三者占比达 69.6%，表明监管不到位问题比较普遍。因利用峰谷低电价生产等多方面原因，唐山市不少中小企业都存在铁门紧锁无厂名、狼狗把门、晚 9 点至次日晨 7 点生产现象，给有效监管带来巨大难题。调研还发现，唐山市迪牧化工有限公司在未取得环评审批的情况下，竟于 2018 年违规建成 15 万吨粗苯加氢二期项目，在受到相关部门处罚后仍继续违法生产，并通过在项目中心控制室熄灯挂帘的恶劣手段欺骗调研组，自 2019 年 4 月 10 日起已连续累计生产各类产品 1.089 5 万吨，表明当地监管缺位问题较突出。

四、有关建议

（1）深入贯彻习近平生态文明思想。唐山市应切实将认识和行动统一到习近平生态文明思想和新发展理念的精神上来，按照学思用贯通、知信行统一的要求，认真贯彻生态优先、绿色发展为导向的高质量发展理念，增强“四个意识”，做到“两个维护”，加大降总量、提质量的工作力度，努力把高耗能重化产业规模减下来，把经济发展质量提上去，把产业链延长，以空气质量目标为硬杠杠，科学谋划全市经济发展。

（2）进一步加大治本之策落实力度。加快推进钢铁、焦化等重点重化企业搬迁步伐，在优化产业布局同时，降低污染物排放强度，减少污染物排放总量。加快货用专线铁路建设和公转铁推进步伐，不断优化运输结构，减少交通运输污染。加快实施冬季群众取暖“双替代”工程建设，减少原煤散烧，进一步减少冬季取暖燃煤污染。

（3）针对季节性气候强化特殊监管。针对季节性气候的相应特点，对在曹妃甸等沿海地区布局炼油项目和钢铁企业时，应对建设规模进行科学论证，防止夏季对市区空气质量带来严重不利影响。针对空气质量生产管控措施缺乏刚性约束，唐山市应通过推动地方立法监管、运用党纪政纪追责问责（如对拒不执行生产管控的唐钢，唐山市委、市政府书面建议其母公司河北钢铁集团对有关责任人追责问责）、公开约谈等多管齐下措施，狠抓特别管控措施落实，确保蓝天目标实现。因月度差异不明显，唐山市应考虑调整机动车限行政策，实行全年常态化限行。

（4）进一步严格生态环境执法监管。唐山市不应有寄希望于冬季“天帮忙”的不正确思想，逐月实现月度空气质量目标。各级各部门应切实加大监管力度，既打造“唐山标准”，又维护“唐山标准”权威；既严肃查处违法违规行为，又深入剖析问题产生原因，严格追责问责，完善机制，落实责任，传导压力，从根本上解决问题。对大量夜间生产的中小企业应建立挂牌营业、车间公开等规范，以便公开接受部门监管和群众监督。强化搬迁企业监管，有效打击“最后疯狂”现象，确保打赢蓝天保卫战。

关于加强西藏自治区环境信息化援助工作的建议

胡昊
（生态环境部信息中心）

为加强西藏自治区环境信息化建设，提升环境信息化水平，根据生态环境部援藏工作总体安排，2017 年 12 月底，生态环境部派员开展为期一年半的援藏工作。西藏自治区环境信息化工作起步较晚，近年来在自治区生态环境厅党组的高度重视下虽有较大程度的改善，但总体来看依然远落后于内地先进地区，尤其是在环境信息化统筹规划、技术能力和资金保障上存在较大差距，与西藏自治区生态安全屏障的战略地位不符。西藏自治区面积大、常住人口少、生态环境脆弱、环保工作压力大，急需利用信息化手段辅助生态环境保护工作，建议环境部能在规划、人才、技术、资金等方面给予大力支持，以推进西藏自治区环境信息化工作迈向更高水平，进而提升自治区生态环境保护工作的整体水平。

一、西藏自治区环境信息化基本情况

“十二五”期间，西藏自治区通过实施国家环境信息与统计能力建设项目，在机构建设、基础设施建设上有了较大提高；“十三五”以来，西藏自治区在环境信息化方面持续投入，尤其是通过自治区环保信息化建设项目（一期）建设，进一步改善基础条件，在应用、数据等方面均有了较大发展。

（一）机构和人员配备相对完整

2011 年 1 月，经西藏自治区机构编制委员会批准，自治区环境信息中心（自治区环境宣传中心）正式成立。自治区环境信息中心为副县级财政全额拨款事业单位，内设正科级机构 2 个（环境宣传科、环境信息科）。中心现有人员 10 人，含主任 1 人、副主任 2 人（含援藏干部 1 人）、科长 2 人、工作人员 5 人（含驾驶员 1 人），平均年龄 34.7 岁；其中硕士 2 人、本科 2 人、大专及以下 6 人；藏族干部 6 人。主要工作职责是承担全自治区环境信息化建设、网络安全工作及全区各类环境宣传教育工作，基本具备了开展环境信息化建设的组织条件。

（二）基础设施建设持续投入

“十二五”期间，国家环境信息与统计能力建设项目为自治区配套投资 1 039 万元，形成了覆盖自治区和 7 地市的环境保护业务专网；由自治区财政安排专项经费，开展了包括中心机房、涉密机房、UPS 室和监控室在内总面积达到 280 米^{2}的机房建设；同时，依托自治区环保信息化建设项目（一期），初步建设了自治区环保云平台、安全防护措施和视频会议系统。基础设施建设的持续投入，促使自治区环境信息化实现了从无到有的重大转变，具备了开展环境信息化建设的基础条件。

（三）信息化意识和能力显著提高

为响应国务院及自治区政务信息系统整合共享要求，2018 年 1 月，西藏自治区环境保护厅开展了信息系统专项调查工作。通过调查发现，自治区环境厅使用生态环境部或自治区配发的各类信息系统超过 40 个，应用范围包括行政办公、财务管理、环境监测、环评审批、环境质量管理等多个领域；2016 年以来，在厅党组的高度重视下，多方面筹措资金，实施自治区环保信息化建设项目（一期）重大工程，目前在建各类信息系统 20 个，基本覆盖了生态环境保护工作的全领域。在厅党组的高度重视下，依托信息化改进业务管理、依赖信息系统开展日常工作、依靠信息手段提升办公效率的局面逐渐形成，为自治区环境信息化发展提供了有利条件。

（四）数据资源集中初见成效

根据重点领域信息共享的要求，目前已对自治区生态环境厅 11 类数据进行整理，并纳入环境数据资源中心，主要包括公文、生态保护红线、环境质量（含大气、水、噪声）监测、信访投诉、环境监察执法、固体废物全生命周期管理、污染源普查、土壤普查、环境统计、重点污染源监督性监测等共计 1.5 万余份、56 万余条数据的收集和整理；采集与购置 16 套生态环境相关数据，经标准化处理形成 41 套生态环境数据集。数据资源集中管理目标基本实现，为后续数据资源深度应用奠定了良好的数据基础。

二、现存的主要问题

近年来，西藏自治区环境信息化工作虽然取得了较大进展，但距离内地先进地区仍具有较大的差距，主要表现在缺乏统筹规划、技术能力严重不足和缺乏资金保障等方面。

（一）以项目推动为主，缺乏统筹规划和顶层设计

目前，自治区环境信息化发展的主要推手是国家环境信息与统计能力建设项目和自治区环保信息化建设项目（一期），这种以项目为主的发展模式对完成阶段性目标和任务具有明显的优势，但环境信息化工作既要满足中央网信工作要求，又要符合生态环境保护工作发展需要，同时还要遵守信息技术发展规律、满足自治区个性化需求、具有持续发展能力的复杂工程，没有充分的统筹规划和顶层设计，不尽早解决“向着什么目标”“做什么”“怎么做”的问题，很容易走入内地环境信息化“先建再整、推倒重来、无序发展”的老路，不能充分发挥信息化后发优势。

（二）专业技术能力匮乏，信息化发展动能不足

自治区环境信息中心现有工作人员 10 人，同时承担宣传教育工作职能，按照西藏自治区党委、政府的工作要求，还需承担驻村等工作任务，人员相对不足且工作时间无法保证。由于自治区环境信息化发展较晚，承担大型信息化项目的机会较少，在项目规划、申请、实施运行等方面的经验相对欠缺。外出参加教育培训的机会较少，对新技术、新理念的理解程度不深，与内地先进省份的交流不足，不能充分地掌握环境信息化的发展趋势和先进做法。

（三）信息化投入不足，缺乏资金保障

2013 年 1 月，自治区环境信息中心作为法人单位纳入自治区财政独立核算事业单位，除人员工资、办公等公用经费外，每年列入自治区财政预算的信息及宣教专项经费共计 150 余万元，仅能支撑机房、网络、用电等日常运行维护工作，缺少开展信息化建设的资金保障，且近年来无增长，与内地省份相比投入严重不足。虽然 2017 年一次性投入近 3 000 万元用于开展自治区环保信息化建设项目（一期）建设工作，但后续项目资金尚无解决途径，缺少持续性资金投入保障。

三、主要工作建议

为全面提升西藏自治区环境信息化水平，发挥后发优势，缩小与内地先进地区的差距，充分利用信息化手段提升生态环境保护工作水平，建议生态环境部在条件允许的情况下，协助西藏自治区开展总体规划和顶层设计、拓展人才培养模式、积极提供技术和资金支持。

（一）协助开展规划设计，建立持续发展模式

环境信息化在内地先进地区已经具备比较成熟的建设模式和良好的应用效果，建议结合生态环境部信息化发展规划及内地先进地区的建设经验，在环境质量管理、环境监测、环境影响评价、污染源管理、环境执法、固体废物管理等业务领域对西藏信息化工作进行指导，在信息系统建设、安全管理、网络建设、政府网站建设和大数据应用等方面协助西藏自治区进行统筹规划和设计，充分发挥后发优势，协助西藏自治区早日形成符合全国环境信息化发展要求、充分吸收内地宝贵经验、具有西藏自治区特色、覆盖生态环境保护工作各领域的信息化体系，为确保西藏生态安全提供技术支撑。

（二）拓展人才培养模式，提升当地干部技术能力

近年来，生态环境部援藏工作力度不断加大，也取得了良好的效果。但目前援藏工作形式主要以派员赴藏参与各方面工作为主，建议形成"引进来、走出去"的双向援藏模式。在现有援藏工作的基础上，协调生态环境部信息中心和部分省厅环境信息中心，让西藏当地环境信息化从业人员"走出去"，到内地参与一段时间的工作，提高工作技能，把内地先进信息化理念和建设经验带回高原。同时建议在生态环境部组织的各种培训、研讨和交流会议上，增加西藏自治区的参加名额，让更多西藏干部得到培训教育的机会。

（三）加强技术指导，实行成果共享共用

2017 年，西藏自治区环境保护厅投入近 3 000 万元开展了自治区环保信息化建设项目（一期）建设工作，目前该项目各项建设内容基本完成。建议环境部信息中心结合生态环境部信息化总体要求，对项目建设内容中的软硬件基础设施、安全防护措施、应用系统、政府网站等建设情况给予指导，切实保证项目各项内容符合国家和生态环境部相关要求，让项目成果惠及西藏生态环境保护工作，促使西藏自治区环境信息化工作迈上新台阶。建议生态环境部内各项信息化建设成果只需进行少量本地化工作就可以投入使用的，能尽快对西藏自治区开放、共享、共用，这样可以节约设计、建设、管理周期和成本，快速提高西藏自治区环境信息化水平。

（四）拓宽资金渠道，加强信息化资金扶持力度

"十二五"期间，中央财政共安排相关环保资金 5.48 亿支持西藏自治区生态环境保护重点工作，涉及水污染防治、重金属污染防治、农村环境综合整治等方面，但环境信息化投入较少，建议在资金投入中对西藏自治区环境信息化工作适当倾斜。同时建议生态环境部在网络租赁、环保专网运行维护、国发信息系统运行维护及建设等方面给予资金支持，确保各类信息系统正常稳定运行。

（五）加强政务信息系统整合，提升信息化服务能力

根据自治区生态环境厅政务信息系统专项调查工作结果，目前自治区生态环境厅在用的由生态环境部机关和直属单位配发的各类信息系统超过 40 个，仅自治区环境监测中心站就有 14 个。系统运行环境复杂，运行网络包括单机、环保专网、互联网以及专用网络等，运行终端包括专用计算机、普通计算机及手机 App。各信息系统功能分散，仅空气质量就涉及 5 个信息系统。配发信息系统的日益增多提高了信息化水平和意识，但也造成了重复填报等问题。建议生态环境部进一步加强政务信息系统整合共享工作，尽快将分散的各类信息系统整合为“大平台、大系统”，减轻基层工作人员压力。

上海市生活垃圾分类工作的经验与启示

佘进
（生态环境部华东督察局）

近年来，随着经济社会的发展和物质消费水平的大幅提高，我国生活垃圾产生量迅速增长，环境隐患日益凸显，并已成为新型城镇化发展的制约因素。实施生活垃圾分类，能有效推进生活垃圾的减量化、资源化、无害化处理，促进资源回收利用，改善城乡环境。习近平总书记指出，实行垃圾分类，关系广大人民群众生活环境，关系节约使用资源，也是社会文明水平的一个重要体现。

2017 年 3 月，国务院办公厅转发了国家发展改革委、住房和城乡建设部《生活垃圾分类制度实施方案》，要求 2020 年年底前，在全国 46 个重点城市的城区范围内先行实施生活垃圾强制分类。2019 年 4 月，住房和城乡建设部等多部委又联合印发了《住房和城乡建设部等部门关于在全国地级及以上城市全面开展生活垃圾分类工作的通知》，决定自 2019 年起在全国地级及以上城市全面启动生活垃圾分类工作，到 2025 年，全国地级及以上城市基本建成生活垃圾分类处理系统。

上海市已全面实施生活垃圾强制分类并取得了明显成效，对地级及以上城市更好地开展生活垃圾分类工作具有借鉴意义。2019 年 7 月以来，生态环境部华东督察局利用工作机会，对上海市的生活垃圾分类实施情况进行了系统调研，与主管部门上海市绿化和市容管理局进行了座谈，赴相关的区县、街道、社区了解了具体情况，并实地察看了部分生活垃圾中转设施和末端处置设施，现将调研情况及工作建议报告如下。

一、上海市的做法

近年来上海市生活垃圾产生量持续增长，据统计，2018 年全市平均每日生活垃圾产生量已达约 2.6 万吨，每人日均垃圾产生量约 1 千克。2018 年 3 月，上海市人民政府办公厅印发《关于建立完善本市生活垃圾全程分类体系的实施方案》，总体上按照《生活垃圾分类制度实施方案》要求，将生活垃圾分为干垃圾、湿垃圾（易腐垃圾）、有害垃圾和可回收物四类。2019 年 7 月 1 日，上海市正式实施《上海市生活垃圾管理条例》，全面推行生活垃圾强制分类。在实施过程中，上海市坚持以建立生活垃圾全程分类体系为基础，着力完善政策和监管，凝聚社会各方面力量，主要有以下四方面做法。

（一）建立健全生活垃圾分类工作体制机制

上海市按照“市级统筹、区级组织、街镇落实”的思路，建立健全生活垃圾分类责任体系。

加强统筹协调。建立了由分管副市长作为召集人、市级相关部门和区政府组成的联席会议制度，统筹推进全市生活垃圾分类减量工作。一是研究贯彻市委、市政府关于生活垃圾分类减量工作的部署，制定分类标准和推进工作机制，提出落实意见；二是讨论制定生活垃圾分类减量工作的具体目标和实施方案，并开展对各区年度目标完成情况的考核；三是定期通报全市分类减量工作推进情况，分析存在的问题，提出改进措施；四是研究垃圾分类减量工作中需要协调的重大问题，明确责任分工和工作措施。

抓好属地主体责任落实。通过党政齐抓共管的方式，主要领导亲自抓，四套班子合力抓，并由各级党委副书记和政府分管领导“双牵头”，建立市、区、街镇、村居四级管理，同时把垃圾分类纳入市委、市政府重点工作和地区领导班子考核体系，落实属地责任，特别是强化属地街镇在垃圾分类中的作用。上海市 2018 年开始推进生活垃圾分类达标（示范）街镇创建工作，通过创建评比，调动街镇积极性，促进街镇落实对辖区内居民区、单位垃圾分类工作的组织、指导和监督。在达标（示范）街镇创建的基础上，2019 年又推进示范区创建，依托第三方机构测评，对全市 200 余个街道（乡、镇、工业区）居住小区达标率进行排名，排名结果每半年通过主流媒体向社会公布，并报送市委、市政府主要领导，促进生活垃圾分类整区域推进，加快实现全覆盖。上海市还将垃圾分类工作纳入全市文明创建体系，并增加垃圾分类在文明创建考核体系中的权重。

（二）加快生活垃圾全程分类体系建设

上海市注重从源头到末端的生活垃圾全程分类体系建设，统筹投放、收集、运输、处置等各个环节。着力解决垃圾分类中常见的混装、混运、混处等问题，避免垃圾分类流于形式，确保效果，维护了居民垃圾分类的积极性。

在投放环节，落实公共场所、居住区分类容器和垃圾箱房改造；在收集环节，实现分类驳运模式和驳运工具的规范化；在运输环节，配置分类收运装备，改造分类中转设施；在处置环节，提高湿垃圾资源化能力，提升干垃圾无害化处置水平。截至 2019 年 4 月，上海市完成居住区分类投放点改造约 1.03 万个，更新完善全市道路废物箱标识 4 万余只；配置湿垃圾专用收集车 799 辆、干垃圾车 3 049 辆、有害垃圾车 31 辆以及可回收物回收车 24 辆，完成 41 座中转站分类改造，在垃圾转运码头配置了 50 只湿垃圾专用集装箱；建成生活垃圾集中处置设施 18 座，其中，焚烧厂 9 座（可处理量 13 300 吨/日），填埋场 5 座（可处理量 15 350 吨/日），大型湿垃圾处理设施 4 座（可处理量 1 030 吨/日），还建设了一批中小型就地就近湿垃圾处理设施。

（三）从源头抓好生活垃圾分类

上海市将垃圾分类工作纳入基层社区党组织管理工作职责，通过“党建引领”，推动居委会、物业公司、业委会发挥各自优势，凝聚各方力量，形成社区党组织、居委、物业、业委会合力抓垃圾分类联席会议制度，每 1～2 周对垃圾分类工作进行分析评价，发挥居民自治功能，充分调动居民的积极性和主动性。

推进居住区垃圾“定时定点”分类投放制度，并配备志愿者进行督导。减少了居住区污染源、设施成本、保洁员工作量；也使得在居民投放期间，志愿者能够陪伴居民分类投放垃圾，做到即时指导、即时检查、即时宣传，培养居民源头分类的习惯和能力。考虑到居民的接受程度和现状，上海市对住宅小区实施定时定点分类投放制度提出了逐步实施的计划，制定了《上海市实施生活垃圾定时定点分类投放制度工作导则》，对“定时定点”的点位设置、制度实施给出了具体指导意见，防止在实施中出现“一刀切”现象，激化社会矛盾。

营造氛围，提升居民的垃圾分类感受度、参与度。一是采取入户宣传，通过基层干部入户宣传、定时定点指导监督，为居民提供方便的知识查询和信息获取渠道，提高居民垃圾分类意识和参与度。二是加强媒体宣传，市政府召开新闻发布会和媒体通气会等，加强政策解读；市委宣传部牵头推进垃圾分类宣传，加大公益宣传频次和覆盖面，宣传普及垃圾分类知识；开展垃圾分类“主题宣传日”活动，传播垃圾分类理念。三是通过教育培训深化共识、提升认知。上海市采取了制定生活垃圾全程分类宣传指导手册、推出“垃圾分类听民声——区长对话居民”专题访谈、推动垃圾分类进课堂等多种形式，全面推动社会参与。在正式实施垃圾分类的前一年，全市组织开展了 12 场超过 3 000 名中小学、幼儿园老师参加的垃圾分类专项培训，通过教育一个孩子、影响一个家庭、带动一个社区；还开展垃圾分类科普宣讲，参加学生累计超过 2.8 万人次。

（四）坚持全程管控和严格监督执法

上海市利用物联网、互联网等技术，整合现有的智能监控装置、运输车辆 GPS 设备、网格化监控等资源，依托各级管理主体，建立了生活垃圾分类投放、收集、运输、中转、处置全程监管体系。

在源头分类投放及收集环节，设立绿色账户激励机制，鼓励居民正确开展垃圾分类；同时开放面向公众的监督举报平台，鼓励居民参与对分类管理责任人分类驳运、存储的监督，形成居民与分类投放管理责任人双向监督的机制。

在分类运输及中转环节，对单位分类投放管理责任人，建立“首次告知整改，再次整改后收运；对多次违规拒不整改的，拒绝收运并移交执法部门处罚”的倒逼机制；对拒不配合进行源头分类驳运的物业企业，依法实施市场退出等处罚。通过公示收运时间、规范车型标识等举措，强化环卫收运作业的监督管理，杜绝混装混运；由中转站对环卫收运作业企业转运进场垃圾进行品质控制，对分类品质不达标的拒收，对混装混运严重的实行市场退出。

在分类处置环节，推进末端处置企业进场垃圾的品质自动监控、来源全程追溯。研究差别化生活垃圾收费处理制度，对干垃圾量、符合质量要求的湿垃圾和可回收物量分别核定，建立面向区、街镇级、与垃圾分类质量挂钩的垃圾收费奖惩制度。

二、上海市在垃圾分类实践中存在的一些问题

《上海市生活垃圾管理条例》正式实施后，垃圾分类理念日益深入人心。2019 年 7 月，上海市可回收物回收量达到 4 400 吨/日，较 2018 年年底增长了 5 倍；易腐垃圾（湿垃圾）分出量达 8 200 吨/日，较 2018 年年底增长了 1.1 倍；干垃圾处置量约 17 000 吨/日，比 2018 年年底减少约 20%。达到了分类的预期效果。但上海市在实施生活垃圾分类过程中，也存在如下的一系列问题需要引起注意：

在垃圾源头分类投放方面，一是垃圾源头收集还存在不便。上海市实施生活垃圾定时定点投放后，虽在投放点安排了志愿者进行督导，但受志愿者数量和精力限制，垃圾分类投放点数量少，开放时间短，给居民投放垃圾造成了不便，在试行强制生活垃圾分类初期，一些上班的居民反映定时设定不合理、没有时间投放垃圾。另外，由于垃圾袋属于干垃圾，造成易腐垃圾（湿垃圾）在投放时，往往需要对垃圾袋进行“破袋”，将垃圾袋和易腐垃圾（湿垃圾）分别投放至不同容器，不仅不方便，气味问题也比较突出。二是居民对垃圾分类细则的掌握不够扎实，投放时仍有不准确现象。

在垃圾收集转运方面，主要问题是垃圾分类后，转运站需分别安排保洁作业位置接收干、湿垃圾，程序烦琐，造成压缩设备利用率降低，转运能力下降，一些本已满负荷运行的垃圾转运站压力更为突出，特别是无法实施改造的中转站，只能通过延长接收时间进行解决，导致噪声、臭气扰民问题加剧。

在末端处置方面，易腐垃圾（湿垃圾）处置问题较为突出，最大的问题是处置能力不足。易腐垃圾（湿垃圾）量理论可达垃圾总量的50%左右，从上海市实施垃圾分类初期的情况来看，全市平均每天收集的易腐垃圾（湿垃圾）约 8 200 吨，虽然《上海市生活垃圾管理条例》明确要求“湿垃圾采用生化处理、产沼、堆肥等方式进行资源化利用或者无害化处置”，但由于处置能力没有及时跟进，加之部分中小型设施运行不正常，约 6 000 吨易腐垃圾（湿垃圾）无法按上述要求处置，又与干垃圾混合后进行焚烧或填埋。对于按照要求处理的易腐垃圾（湿垃圾），处置后的产物缺少相应的产品标准，去向问题无法明确，存在环境安全隐患。此外，湿垃圾处置成本居高不下，上海市相关运行经验表明，采用生化、产沼、堆肥等处置方法，易腐垃圾（湿垃圾）处置费用每吨需 500 元左右甚至更高，远高于分类前每吨混合垃圾约 200 元的处置成本。垃圾分类后，干垃圾的处置也出现了新问题，干垃圾单位热值较混合垃圾高，由于原垃圾焚烧设施未及时改造，需掺杂易腐垃圾（湿垃圾）将干垃圾单位热值调至焚烧设施可接受范围，造成事实上无法完全实施分类处置。

三、对进一步做好垃圾分类工作的建议

根据上海市的实践经验，生活垃圾分类工作是一项复杂的工程，牵涉垃圾投放、收集、转移以及处置的各个环节，也涉及政策、技术、标准等多个方面，应该提前谋划，系统考虑。建议各地在推进垃圾分类工作时，重点做好以下几方面工作。

（一）建立管理体系

当前，国家层面出台的垃圾分类办法仅为指导性意见，建议各地结合实际，适时做好相应的地方性法规、规章的立法、修订工作，配套实施细则，依法依规开展生活垃圾分类管理工作。建立和健全生活垃圾分类的管理领导体制和工作机制，明确党委、政府和相关部门的相关职责和具体工作机制，建立健全相应的激励、奖惩机制，充分调动各级党委政府和部门的主动性、积极性。

（二）提高居民的垃圾分类意识、能力和积极性

加大宣传力度，通过小册子、广告栏、公益广告、志愿者讲解等形式，营造良好的氛围，让居民认识到垃圾分类的意义，逐步了解和掌握垃圾分类的具体办法。同时，将生活垃圾分类的相关知识纳入学校课程教育中，引导学生树立垃圾分类的意识。对长期准确分类投放垃圾的居民，给予激励，提高居民的积极性。此外，建议在垃圾分类实施

初期，对分类的准确性要求不宜过高，以鼓励为主，重点培育居民的分类意识，后期再逐步提高分类的准确性。

（三）及时建设垃圾分类的配套硬件设施

在投放环节，要提供便利的垃圾投放条件。设置投放点时，既要考虑大多数人的时间和投放习惯，科学布点、科学定时，也要合理安排应急投放点，保证特殊情况下的需求。对于易腐垃圾收集过程中存在的“破袋”问题，建议改由后续中转站或垃圾处理场所统一破袋；或采用可分解的垃圾袋，让垃圾袋本身成为易腐垃圾（湿垃圾），避免“破袋”环节。

在转运环节，重点解决分类后可能产生的转运能力缺口问题。提前预判产生的各类垃圾量，适度超前谋划转运能力建设；对已有的垃圾转运设施和车辆，提前实施改造，适应垃圾分类后的需要。

在处置环节，重点是要解决好易腐垃圾（湿垃圾）处置能力不足问题。按照上海市的经验，在推行垃圾分类初期，居民大多能够踊跃参与，分离出的易腐垃圾（湿垃圾）可达垃圾总量的40%左右，建议各地参考上海市经验，认真研究，选取可行的易腐垃圾（湿垃圾）处置方案，持续推进相关处置设施建设，确保易腐垃圾（湿垃圾）不仅得到分离，也得到针对性的处置，达到垃圾分类的目的。同时，做好现有的垃圾焚烧设施改造工作，提高热值适用范围，使其能够符合分类后的实际垃圾处置需求。

（四）要持续加强技术支撑

对易腐垃圾（湿垃圾）的处置，现有的《生活垃圾分类制度实施方案》仅提出“要鼓励利用易腐垃圾生产工业油脂、生物柴油、饲料添加剂、土壤调理剂、沼气等，或与秸秆、粪便、污泥等联合处置”，并无强制性的处理要求。从上海市实践情况来看，还缺乏高效处理方法，易腐垃圾（湿垃圾）处置后，减量效果不明显，需要进一步研究；此外，处置后的产物质量标准和去向还不明确，需继续研究，确保在环境安全风险可控的前提下，做好副产物的利用。

（五）要做好财政保障

一方面要做好垃圾分类投放、收集、转运、处置设施的建设财政保障，让配套设施建得够、建得快、建得好；另一方面也要确保垃圾处置费用充足。由于易腐垃圾（湿垃圾）处置费用昂贵，垃圾分类后，整体处置费用增长幅度较大，可达分类前2倍左右，应提前做好测算，采取安排专项资金、完善垃圾处理收费制度、投资补助、贷款贴息等方式，使垃圾分类收运处理系统能够顺利运行。

（六）严格全过程监管

垃圾分类涉及环节多，管理链条长，投放、收集、运输、处置过程环环相扣，任一环节出现问题，都会造成前功尽弃，应当构建严密有效的监管体系，确保各个环节有效运行，才能切实做好分类，体现成效。

西北地区工业固体废物污染防治状况调研报告

杨小宁
（生态环境部西北督察局）

保护好土壤环境是推进生态文明建设和维护国家生态安全的重要内容，工业固体废物是造成土壤污染的主要原因之一。为切实推动西北地区土壤污染防治工作，掌握西北地区工业固体废物环境管理的基本情况，生态环境部西北督察局对西北地区工业固体废物污染防治情况进行了调研，分析了存在的问题，提出了对策建议。

一、西北地区工业固体废物基本情况

近年来，西北5省区和新疆生产建设兵团（以下简称兵团）全面深入推进固体废物污染防治工作，各地固体废物污染防治工作推进均取得了较大进展，但一般工业固体废物和工业危险废物的污染防治工作面临的形势依然严峻。

（一）一般工业固体废物基本情况

从2011—2016年一般工业固体废物统计数据来看，西北地区年均产生量基本保持在3.8亿吨左右，约占全国总量的12%。其中，青海省产生量最大，约占西北地区总量的38%；新疆（含兵团）和陕西基本持平，均约占19%；甘肃约占15%；宁夏约占9%。

从产废行业分布和固废种类情况来看，化学原料和化学制品制造业、黑色金属矿采选业、电力热力生产和供应业、有色金属矿采选业、煤炭开采和洗选业等5个行业一般工业固体废物产生量约占西北地区总量的77%；尾矿、粉煤灰、煤矸石、炉渣、冶炼废渣等5类一般工业固体废物产生量约占西北地区产生总量的56%。西北各省区一般工业固体废物来源与其资源禀赋、产业结构密切相关。青海一般工业固体废物主要来源为钾肥制造企业尾盐以及铁矿采选企业尾矿；新疆（含兵团）一般工业固体废物主要来源为铁矿采选企业尾矿、煤矿开采及选煤企业煤矸石、火电企业粉煤灰和炉渣；陕西一般工业固体废物主要来源为有色金属采选企业尾矿、炉渣和冶炼废渣、火电企业粉煤灰和炉渣、煤矿开采及选煤企业煤矸石；甘肃一般工业固体废物主要来源为有色金属采选企业尾矿和冶炼废渣、火电企业粉煤灰；宁夏一般工业固体废物主要来源为煤矿开采及选煤企业煤矸石、黑色金属矿采选业冶炼废渣和炉渣。

西北地区一般工业固体废物综合利用及处置水平处于较低水平。2011—2015 年，全国一般工业固体废物的平均综合利用率约为 61%，西北地区平均综合利用率为 57%，低于全国平均水平。其中，陕西、甘肃、青海、宁夏、新疆（含兵团）的一般工业固体废物平均综合利用率分别为 35.8%、52.6%、54.5%、69.0%、53.9%，仅宁夏平均综合利用率高于全国平均水平，青海、新疆（含兵团）、甘肃基本持平，陕西最低，各地差距较大。陕西、甘肃、宁夏、新疆（含兵团）对一般工业固体废物的处置率为 43.1%、33.6%、21.0%、9.9%，青海一般工业固体废物的处置率低于 1%。

（二）工业危险废物基本情况

从 2011—2016 年西北地区工业危险废物统计数据来看，西北地区年均产生量在 800 万～1 100 万吨，约占全国总量的 26%。其中，青海和新疆（含兵团）危险废物产生量较大，其次为陕西、甘肃和宁夏。以 2015 年为例，青海、新疆（含兵团）工业危险废物产生量分别居全国第二位和第三位，占全国产生总量的 12.6%和 8.3%。

西北地区工业危险废物分布呈现出区域和行业相对集中的特点。从 2016 年各省区危险废物产生的区域分布情况来看，陕西商洛、延安、汉中、榆林 4 市产生量占全省总量的 89%；甘肃嘉峪关、白银、陇南、定西 4 市产生量占全省的 81%；青海海西州产生量占全省的 93%；宁夏宁东能源化工基地和银川市两地产生量占全区的 88%；新疆克拉玛依、哈密、乌鲁木齐 3 市产生量占全区的 83%；兵团第十三师和第八师产生量占兵团的 90%。从行业分布情况来看，非金属矿采选业、石油和天然气开采业、石油煤炭及其他燃料加工业、有色金属矿采选业、有色金属冶炼和压延加工业等 5 个行业危险废物产生量约占西北地区总量的 90%。其中，陕西和甘肃工业危险废物产生量最大的行业均为有色金属冶炼及压延加工企业，青海为非金属矿采选业（主要为石棉、云母矿采选），宁夏为石油加工炼焦业及核燃料加工业，新疆为石油和天然气开采业。

与行业分布情况相对应，西北地区危险废物种类主要为石棉废物（HW36）、废矿物油与含矿物油废物（HW08）、无机氰化物废物（HW33）、精（蒸）馏残渣（HW11）、有色金属冶炼废物（HW48）等 5 类，其产生量约占西北总量的 90%。其中，青海和新疆石棉废物产生量约占全国的 99%；新疆和陕西废矿物油产生量分列全国第一位和第二位；甘肃、青海有色金属冶炼废物产生量分别位于全国第四位和第六位。

西北地区工业危险废物综合利用水平与全国平均水平相比有较大差距。2012—2015

年，全国平均综合利用率为54.5%，而西北地区仅为32.8%。其中，除宁夏高于全国水平外，陕西、甘肃、青海、新疆（含兵团）综合利用率均大幅低于全国水平，分别为29%、36%、24%、10%。

二、西北地区固体废物污染防治工作开展情况

（一）固体废物管理制度体系建设不断加强

"十二五"以来，西北各省区围绕贯彻落实《固体废物污染环境防治法》及相关地方性法规，不断健全固体废物管理制度。陕西先后制定了《加强危险废物和医疗废物监管工作实施方案》等20余份规范性文件，制定了《含油污泥处置利用控制限值》等地方标准；省人大2015年11月通过《陕西省固体废物污染环境防治条例》，以地方法律形式规范了固体废物污染防治工作。宁夏回族自治区2016年重新修订并颁布实施《宁夏环境保护条例》，对固体废物、危险废物污染防治工作做了特别规定。甘肃省以省政府名义先后出台了《关于进一步加强危险废物监督管理工作的意见》《废弃电器电子产品回收处理管理办法》等多项规范性文件。青海省制定了《固体废物转移批准工作服务指南》《危险废物鉴别工作程序（试行）》。新疆维吾尔自治区实施了《新疆维吾尔自治区危险废物污染环境防治办法》。

（二）固体废物管理信息化水平不断提高

"十二五"以来，西北各省区积极推进固体废物管理信息化建设，取得较大发展。陕西省建成了省、市、县、企业四级联网的固体废物信息管理系统，在全国率先对危险废物实施从产生到处置利用实时追踪，做到了全过程监管。甘肃省建成投运固体废物管理信息系统一期工程，初步实现对危险废物地理分布、数据填报、审批审核管理的动态化管理。青海全省危险废物产生和经营单位、日处理规模1 000吨以上污水处理厂、年产一般工业固体废物1万吨以上工业企业全部实现网上申报登记、网上计划管理及应急预案备案。宁夏回族自治区建成全区固体危险废物管理信息平台，对240家工业固体废物企业、146家危险废物产生企业实施网上申报登记，对60家涉危险废物重点监管企业安装视频监控，实行在线监控。

（三）固体废物处置和资源化利用水平有所提升

陕西省推动建成陕西高科废有机溶剂精制再生项目、安信荧光粉回收提纯稀土元素

等一批国内领先的危险废物综合利用处置高新技术项目。甘肃省全面完成了65.16万吨历史遗留铬渣的安全无害化处置任务，彻底消除了铬渣污染环境隐患。青海省以电子废物为重点提高固体废物资源化综合利用率。截至2015年年末，共拆解各类废旧电器电子375 838台（套），全省电子废物得到了有效处置。宁夏回族自治区宁东管委会积极引导企业探索固体废物综合利用的新技术、新工艺、新途径，共引进固体废物综合利用企业17家，发展新型建材园区和新型建材产品。

（四）固体废物管理机构建设进一步加强

陕西省环境保护厅设立固体废物管理处，全省10个设区市中有6市成立了固体废物独立监管机构，其他市也配备了专门的管理人员。甘肃省环境保护厅2015年成立了固体废物与化学品环境管理处，兰州、酒泉、嘉峪关、平凉、临夏等部分市州也相继成立了专职固废管理机构。宁夏回族自治区环境保护厅2016年在机关内设机构成立土壤环境管理处，负责全区土壤、固体废物环境监管工作。新疆维吾尔自治区成立由自治区环境保护厅直属的正县级事业单位，编制17人，承担固体废物和危险废物转移的风险技术评估及危险废物经营活动监督管理等职责。

（五）违法问题查处力度持续加大

近年来，西北各省区和兵团不断强化依法行政，严厉查处涉危废企业违法违规行为。陕西省每年都针对固体废物领域突出问题开展专项执法检查，先后开展了陕北落地油泥、陕南地区铅锌冶炼等多个行业专项检查，省级危险废物规范化督查考核合格率由2013年的56.3%提高到2016年的91.0%。甘肃省2013年最高人民法院和最高人民检察院司法解释出台以来，先后将8起涉危险废物环境违法犯罪案件移交司法机关处理。2017年省环境保护厅先后会同省发展改革委、工信、公安、商务等多部门对涉危重点行业和区域污染问题进行整治，有效地震慑了环境违法行为。2015年新《环境保护法》颁布以来，青海省共查处涉危险废物环境违法案件88件，共计处罚金额330余万元，其中移交司法机关的案件3件。2013年以来宁夏回族自治区共处置涉危险废物突发性环境事件66起，移送司法机关3起，行政处罚350余万元。新疆维吾尔自治区以严厉打击非法转移、处置和倾倒危险废物的环境违法行为为抓手，2015年以来共查处危险废物非法转移、填埋、处置案件34起，其中5起移交司法机关处理。

三、存在的主要问题

（一）区域危险废物产生量与处置能力不均衡问题较为突出

目前西北地区危险废物处置能力总体上还不能满足实际需要，各省区危险废物的产生量与危险废物处置能力也不均衡。一方面，部分省区危险废物处置能力不足，问题突出，青海、新疆（含兵团）、甘肃尤为明显，2016 年 3 省区工业危险废物产生量分别为 462.1 万吨、397.4 万吨、120.2 万吨，相应危险废物经营规模为 58.8 万吨、159.1 万吨、74.3 万吨，仅为产生量的 12.7%，40%和 61.8%，能力缺口分别达 403.0 万吨、238.3 万吨、45.9 万吨。另一方面，部分省区危险废物处置能力又较为“富裕”，存在“吃不饱”的情况。2016 年陕西、宁夏的危险废物产生量分别为 99.9 万吨、49.7 万吨，相应危险废物经营规模却达到 314.6 万吨和 119.5 万吨，远超出本地区危险废物的产生量。同时，已形成的危险废物处置能力又未能充分发挥作用。如青海省 2016 年危险废物经营单位实际利用处置危险废物 16.6 万吨，仅占核准经营规模的 30%。甘肃省危险废物处置中心年处置能力为 4 950 吨，2016 年实际处理量为 3 209.2 吨，35%的处理能力未发挥作用。

另外，西北地区综合性危险废物集中处置设施少，在一定程度上制约了危险废物的及时安全处置。如甘肃省仅建成 1 个综合性危险废物集中处置项目，新疆已建成的 2 个危险废物集中处置中心项目未正常运行。在医疗废物处置方面，除省会、首府城市外，各省区其他市、州医疗废物集中处置设施基本都不具备化学性、病理性、药物性医疗废物的处置能力。部分市、州和偏远乡村小型卫生医疗机构产生的医疗废物也难以做到全收集、全处置。

（二）历史遗留固体废物环境风险隐患不容忽视

西北地区一般工业固体废物的平均综合利用率和处置率均低于全国平均水平，产生的尾矿、粉煤灰、煤矸石、冶炼废渣、炉渣等固体废物大量堆存，形成环境安全隐患。2011 年以来，每年约有 4 000 万吨尾矿、700 万吨煤矸石和 500 万吨炉渣堆存，未得到有效利用或处置。

青海和新疆历史遗留危险废物大量堆存，环境隐患突出。新疆油田公司、塔里木油田公司、西北油田公司共有历史遗留油泥 300 余万吨，亟待尽快规范化处置；新疆沈宏集团将 45 万吨铬渣长期临时堆放，存在较大环境安全隐患；全新疆大量电解铝大修渣、废铅酸蓄电池、无机氰化物废物等得不到安全处置，导致非法转移问题多发、频发，2015 年以来全区立案查处非法转移危险废物案件 22 起、4 000 余吨。两省区每年产生石棉废物 500 余万吨，长期堆存，尚未进行处置或有效治理。

（三）固体废物环境监管能力依然较为薄弱

固体废物环境管理机构不健全。西北 5 省区和兵团中，仅陕西、甘肃两省成立了独立的固体废物管理处，青海省固体废物管理中心现为省辐射环境管理站内设挂牌机构，实际在岗人数仅 3 人，是目前全国 31 个省（区、市）中唯一 1 个未批准独立编制的机构。新疆兵团尚未成立专门的固体废物管理机构，目前固体废物业务日常工作由兵团环保局污染防治处负责，配备相关业务人员 1 名。西北地区 67 个地州市（师）中，只有 11 个成立了固体废物管理机构，已设立固体废物管理机构的市州也因设备不足和人员素质偏低等原因导致工作成效不明显。

执法监管仍然较为薄弱。从近几年危险废物规范化管理督查考核工作情况看，西北 5 省区和兵团仍然存在对危险废物规范化管理工作重视不够、环境监管不到位的问题，对辖区内危险废物底数不清，在监督检查中偏松偏软，对中小企业危险废物监管存在盲区，甚至个别地方未将危险废物管理纳入日常监测和环境执法监管范围；对一般固体废物环境管理不重视，甚至不予管理。另外，危险废物环境监管工作涉及环保、公安、交通、安监等多个部门，但各省区在实际工作中相关部门尚未建立有效的协调机制，没有形成监管合力。

（四）企业主体责任落实不到位

从西北地区固体废物环境管理情况来看，企业守法意识依然薄弱。部分产废单位将一般工业固体废物随意倾倒，造成环境安全隐患。2015 年新疆（含兵团）一般工业固体废物倾倒丢弃量为 15.4 万吨，位居全国第一，主要为尾矿、粉煤灰和炉渣。在危险废物规范化管理中，部分产危废企业认识不到位，未按要求建设规范的贮存场所等污染防治设施，不如实向环境部门申报危险废物，甚至存在自行简易利用处置危险废物现象，在内部管理上存在不按规范制定危险废物管理计划和应急预案，缺乏危险废物应急演练，危险废物管理台账混乱等问题。如陕西新天地固体废物综合处置有限公司作为全省最大的危险废物集中处置单位，仍存在不如实申报危险废物产生量、转移联单制度执行不规范、应急措施落实不到位等问题。部分危险废物经营企业危险废物利用处置设施总体技术、运营和管理水平不高，超标排放现象时有发生，个别企业存在非法转移、擅自接收处置危险废物等环境违法问题。检查发现，陕西省商州冶炼厂非法跨省转移危险废物；

青海铁塔制造有限责任公司、青海桥头铝电股份有限公司、黄河水电公司新能源分公司、亚洲硅业（青海）有限公司等申报登记的危险废物种类不全或申报数量与实际数量差距较大。新疆兵团十三师新疆科利尔能源有限公司、新疆元瑞煤化工有限公司等将危险废物跨省转移给无资质单位。

四、有关建议

（一）严格落实各项固体废物污染管理措施

按照《土壤污染防治行动计划》要求，以改善土壤环境质量为核心，推动各项监管措施落到实处。对陕西、甘肃、新疆等矿产资源开发活动集中区域，严防资源开发产生的固体废物对土壤的污染；对工业固体废物进一步加强处置，全面整治堆存场所，完善防扬散、防流失、防渗漏等设施，制定整治方案并有序实施；实施固体废物分类别、分用途、分阶段治理，严控新增固体废物量，逐步减少存量，形成政府主导、企业担责、社会监督的固体废物污染防治体系。

（二）加强固体废物利用处置能力建设

各省区应牢固树立绿色发展理念，切实提高对固体废物环境管理重要性的认识。着眼经济社会发展全局，统筹考虑地方工业、经济发展等实际情况，合理规划布局，加大对区域一般工业固体废物和危险废物集中处置能力投资和建设力度，着力解决处置能力不足的问题。同时，严格危险废物经营许可管理和日常监管，优化危险废物经营能力资源配置，使危险废物经营单位集中处置设施的作用得到充分发挥。

（三）强化固体废物环境管理能力建设

各省区各级环境部门应结合工作实际，进一步健全固体废物环境管理机构，加强固体废物环境管理人员能力、装备配置，着力提升固体废物环境管理和危险废物突发环境事件环境应急能力。将危险废物重点管控企业作为环境监管以及危险废物规范化管理督查考核等工作的重点，坚持从源头抓起，从细处着手，强化对危险废物从产生到利用及处置全过程管理能力。

（四）加强历史遗留危险废物利用处置

建议地方环境部门跟踪调查关停企业遗留的危险废物，掌握底数，追踪最终去向。

督促所辖区域内石棉、铬盐、废矿物油等生产企业严格规范地采取各项措施，确保当年产生的危险废物全部得到无害化利用处置。有关地方环境部门应以历史遗留含砷、含镉和含氰废渣等以及位于环境敏感区域的其他历史遗留危险废物为重点，制定综合整治方案和开展工程示范，开展环境污染调查评估、环境风险控制和利用处置等方面的工作。

（五）严厉查处环境违法行为

各省区环境执法部门应继续加大对一般工业固体废物、危险废物重点管控企业的环境监管力度，严厉查处非法倾倒、转移、利用、处置危险废物等环境违法犯罪行为，曝光典型案件，形成震慑。同时，强化社会和舆论监督，倒逼企业落实固体废物环境管理主体责任。

核电厂运行许可证延续监管方式调研报告

顾东辉　洪阳　胡明强　侯癸合　朱伟儒　司永杰
（生态环境部华东核与辐射安全监督站）

一、背景

党的十九大之后，各地掀起了学习贯彻党的十九大精神的高潮。在生态环境部的统一要求下，华东监督站制定了学习贯彻党的十九大精神的活动方案，及时将学习活动和响应行动加以细化和明确，为各支部学习贯彻党的十九大精神提供了明确指引。

根据机关党委的统一部署，严格遵循党的十九大学习活动方案的要求，华东监督站迅速成立调研小组并开展调研活动。通过前期资料搜集，调研组了解到，我国大陆首台核电机组——秦山 320 兆瓦压水堆核电机组，自 1991 年 12 月 15 日首次并网发电以来，已安全运行 26 年，取得了良好的社会和经济效益。然而限于当时的技术条件，机组运行许可证所允许的运行期限仅等同于其 30 年的设计寿期。目前对于核电厂运行许可证的延续国内尚无先例可循，并且用于监管的法规体系也较不完善。为此，通过调研并比较研究国外经验，指导我国的核电厂运行许可证延续监管是现阶段的当务之急。经进一步讨论，调研组将“探索秦山核电厂运行许可证延续监管方案”定为本次的调研主题，并针对调研主题将内容拆分为国际监管策略、国内监管协调机制、秦山核电厂相应工作开展实况、建议监管策略等四大板块。

调研由主管领导亲自带队，采用了文献调研、现场调研、人员访谈等多种方式，按节点逐步推进。其间，华东监督站副主任刘建带队赴秦山核电现场就调研相关事项与中核运行展开座谈，就调研关注的重点问题进行了详细了解，并对调研工作进行了部署。调研组成员按照各自的分工，有序开展调研活动。本次调研得到了站机关党委以及秦山核电厂相关部门的大力支持。

二、国际监管策略

核电厂运行许可证延续是指核电机组超过由原运行许可证、设计限值、标准或法规所规定的时间期限而继续运行，又称为执照更新（License Renewal，LR）、长周期运行（Long Term Operation，LTO）或延寿（Lifetime Extension）。

在 2006 年国际原子能机构（International Atomic Energy Agency，IAEA）召开的“核电厂长周期运行和老化管理安全问题技术会议”上，各国专家认为，从世界核电发展趋势来看，各国可能会优先考虑对核电机组实施许可证延续，而将核电机组按期退役视为第二位考虑的选择。目前，全世界有多台核电机组已完成许可证延续论证工作并获得批准，其中部分机组已进入许可证延续期运行。

目前，国际上主流的核电厂运行许可证延续监管策略有两种：一种是美国的执照更新申请（License Renewal Application，LRA），相当于申请运行许可证延续；另一种是国际原子能机构的长期运行体系（Long Term Operation，LTO）。前者在机组 40 年的运行执照到期前，通过递交申请以证明机组当前及今后的安全性，从而使运行执照得以更新并延长 20 年；后者则以每 10 年一次的定期安全审查（Periodic Safety Review，PSR）为基础，评判是否批准机组在下一个 10 年能够继续运行，无论其是否有执照期限（设计寿期）以及时长为多少。

（一）美国 LRA 策略

1. 策略背景

美国核电厂的运行采用执照管理模式，并依据《1954 年原子能法》（*Atomic Energy Act of* 1954）将首次运行的执照期限统一批准为 40 年，且在执照到期后允许更新。1991 年，美国核管会（Nuclear Regulatory Commission，NRC）颁布了联邦法规 10 CFR Part 54《核电厂运行执照更新要求》，并于 1995 年进行修订，首次从法律层面对核电厂在运行执照到期前（但最早不早于到期前 20 年）为后续运行提出的执照更新申请给出了具体要求，以适应其不断增长的执照更新需求。

2. 监管范围

根据 10 CFR Part 54 的要求，美国核电厂执照更新申请时只关注长寿期、非能动的构筑物、系统和设备（Structures，Systems and Components，SSCs），包括：

（1）在设计基准事件（Design Basis Event，DBE）发生时及之后，用于实现安全有关功能的构筑物、系统和设备，以确保：反应堆冷却剂系统压力边界的完整性；反应堆停堆并使反应堆维持在安全停堆状态；预防或缓解可能导致厂外辐射的事故及其后果。

（2）所有非安全有关但其失效可能会影响安全功能的构筑物、系统和设备。

（3）为证明核电厂符合美国核管会对消防、环境鉴定、承压热冲击、未能紧急停堆的预期瞬态、全厂断电等事件的监管要求，所开展的安全分析或核电厂评估时需用到的构筑物、系统和设备。

而对于能动设备，则规定遵循 10 CFR Part 50.65《核电厂维护有效性的监督要求》实施监督与维护，并不在执照更新的监管范围之内。此外，10 CFR Part 54 还规定，执照更新申请时应递交一份环境评价报告，以符合 10 CFR Part 51《本国核电厂执照及相关监管功能的环境保护法规》的要求，并由核管会对此出具一份环境影响声明（Environmental Impact Statement，EIS）。

综上所述，美国核电厂执照更新的监管范围可分为两类：一类是遵循 10 CFR Part 54 对非能动构筑物、系统和设备的安全审查；另一类则是遵循 10 CFR Part 51 对核电厂的环境审查。

3．操作流程

一般而言，美国核电厂执照更新申请与审查的总流程如图 1 所示，估算整个过程需花费 1 000 万～2 000 万美元以及 4～5 年时间，这也是美国核管会将提出执照更新申请的时间进一步限定在运行执照到期前至少 5 年的原因。该流程里的步骤 2 和步骤 4 是整个过程的核心，前者的责任方是执照更新申请者，如核电厂业主和（或）营运单位，后者的责任方为执照更新申请的审查者，即美国核管会。

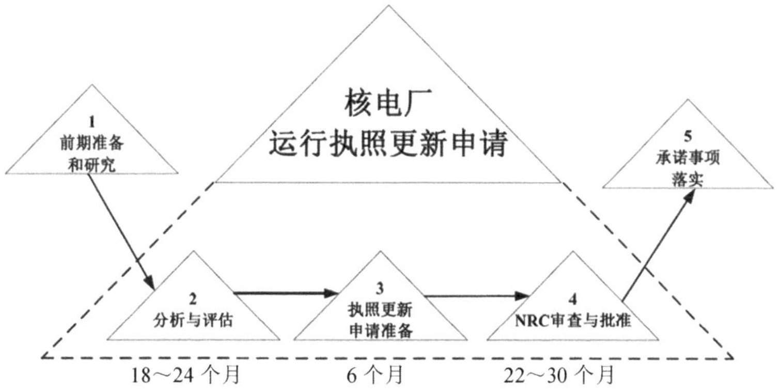

图 1　美国核电厂执照更新申请与审查的总流程

NRC的法规明确规定，LRA须按安全分析与环境分析两条腿走路。毫无疑问，前者显然是重点。为此，NEI 95-10按10 CFR 54的要求，将安全分析的流程（图1中的步骤2）主要分为整体性电厂评估IPA与时限老化分析TLAA两部分，见图2，其中IPA又可细分为老化管理SCs的确定（范围划分、筛选）与老化管理审查（老化效应评估、老化管理大纲审查）。

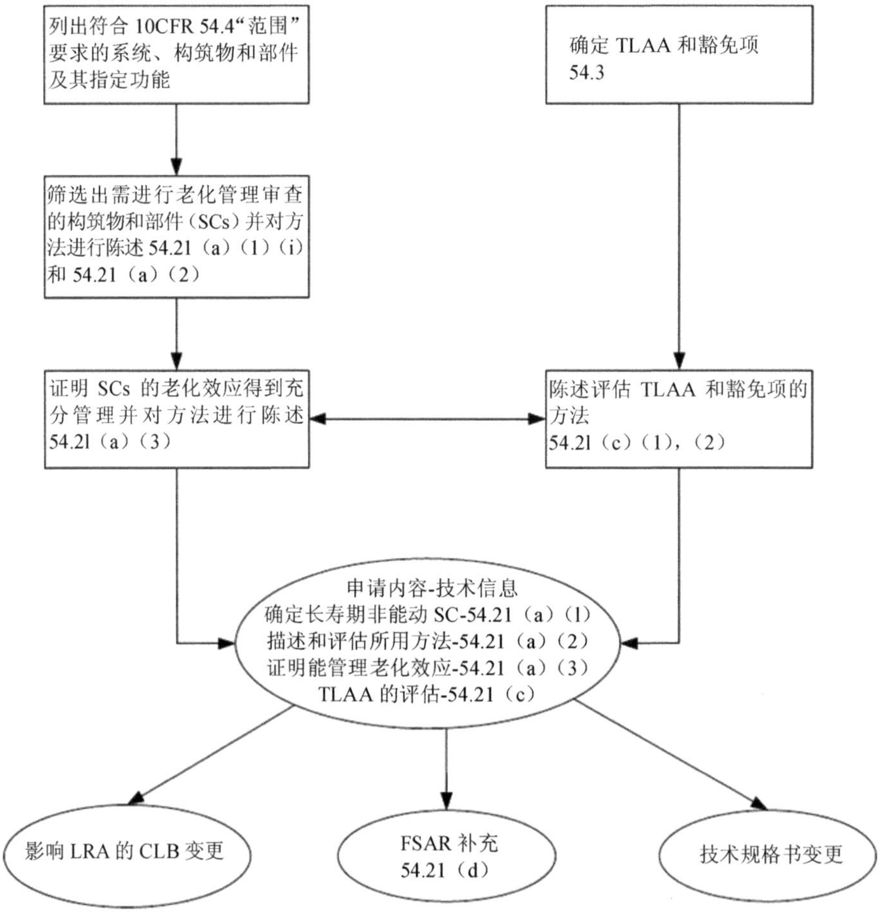

图2 美国核电厂执照更新申请安全分析流程

而NRC对LRA的审查（图1中的步骤4）同样有一般性的流程，如图3所示，它针对LRA申请者递交的报告，也分别从安全与环境两方面进行审查。

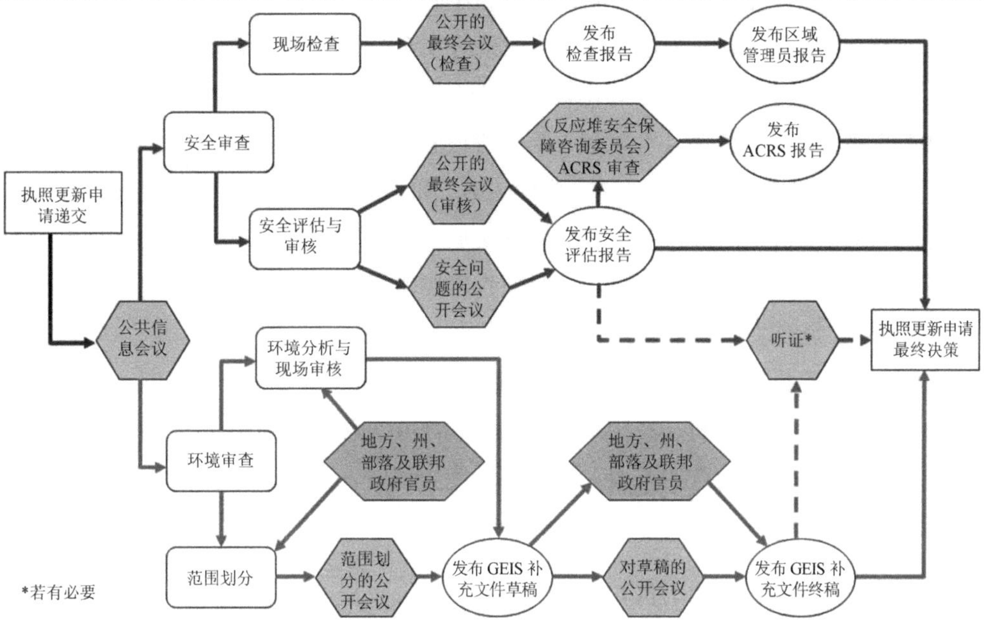

图 3　美国核电厂执照更新申请的审查流程

4. 美国实践

美国核电厂执照更新工作在 NRC 监管下严格按照 LRA 策略执行，具体监管范围和操作流程上文已详细介绍，此处不再赘述，仅对美国地区监督站在此过程中的职能作出说明：在执照更新阶段，美国地区监督站监督员需要根据监督程序（IP71002、IP71003）实施监督检查，两份程序分别在执照更新申请递交之后和执照更新批准后实施。

执照更新检查（IP 71002 License Renewal Inspection）在执照更新申请（LRA）过程中实施，检查时间在申请后 9 个月左右，地区监督站根据发现的问题与总部协调后续行动。检查目的在于验证 10 CFR Part 54 法规要求事项是否已经实施或计划实施，验证核电厂老化管理是否到位，同时验证相关文件与法规的一致性。检查组由 6 名监督员组成，现场检查 2 周，文件检查 1 周，检查领域包括老化管理大纲涉及的电气、结构、机械和在役检查。检查内容包括审查筛选的系统范围、审查大纲程序的执行、现场巡查、审查纠正行动文件等。检查结果关注应列入而未列入老化管理的设备、电厂老化管理的自我评估、GALL 报告中没有申明的情况、不符合项和环境问题等。这些检查结果需列入检查报告，并交由安全保障咨询委员会（Advisory Committee on Reactor Safeguards，ACRS）审查。

执照更新批准后检查（IP 71003 Post-Approval Site Inspection For License Renewal）

在执照更新后实施。目的在于验证老化管理大纲执行情况，验证营运单位的承诺是否落实到位，验证老化管理大纲执行情况，验证最终安全分析报告的描述与营运单位执行老化管理大纲的一致性，同时验证老化管理大纲是否符合 10 CFR 50.90、10 CFR 50.59 和 NEI99-04 的要求。检查分为 4 个阶段：第一阶段在执照更新的前一次大修期间实施，由 2 名监督员花 2 周时间对施工现场进行检查；第二阶段在执照更新前 3 个月至 1 年实施，由 6 名监督员现场检查两周，审查老化管理实施情况的充分性与有效性，承诺项的完成情况；第三阶段在执照更新后实施，主要检查第二阶段的遗留问题；第四阶段在执照更新 5～10 年后实施，主要审查老化管理的实施情况。这 4 个阶段的检查重点关注程序不完善、未按照程序执行、记录不准确、人员资质问题等。

此外，在执照更新期间，美国地区监督站与 NRC 总部会利用每个月的电话会议讨论执照更新和老化管理检查的重要议题，在年度会议时，还会讨论执照更新政策导则修改、执照更新监督检查的状况等。

（二）国际原子能机构 LTO 策略

1. 策略背景

国际原子能机构对核电厂寿期延续问题（当时称为“延寿”，Plant Life Extension）的关注最早可追溯至 20 世纪 80 年代末，并从 1990 年起出版核电厂老化管理的相关文件与导则。但从顶层监管要求来看，2000 年颁布的 IAEA No. NS-R-2《核电厂安全：运行》中尚未对核电厂“延寿”运行的要求作出规定。

随着国际上不断增长的核电发展需求，以及美国已完成的一系列执照更新案例，国际原子能机构在 2003 年启动了一项名为“水慢化堆长期运行的安全方面”的预算外项目，并在 2007 年形成最终报告——IAEA-EBP-SALTO《水慢化堆长期运行的安全方面》。该文件针对核电厂长期安全运行的范围与内容给出建议，而这里所谓“长期运行”，指代的就是超过原始设计寿期的运行，即之前所谓的“延寿运行”。2008 年，国际原子能机构又出版了安全系列报告 SRS No.57《核电厂长期安全运行》，给出了核电厂申请长期运行的方法与流程。事实上，在以上两份文件出版之前，国际原子能机构在 2006 年已出版了技术系列报告 TRS No.448《轻水反应堆长期运行的电厂寿命管理》，尽管其主题是寿命管理，但寿命管理的目的却正是长期运行。

基于以上发展，国际原子能机构在 2011 年对 IAEA No. NS-R-2 进行了修订，正式颁布新版：IAEA No. SSR-2/2《核电厂安全：调试和运行》，该文件中的“要求 16：长期运行计划”，即是针对核电厂“超出许可证条件、设计限值、安全标准和（或）条例规定期限的长期安全运行”。至此，国际原子能机构正式在顶层文件中将核电厂寿期延续的安全监管策略定为长期运行（LTO）。

2. 监管范围

IAEA No. SSR-2/2 指出，“长期运行合理性论证必须利用定期安全评审的结果，并须在必要时提交监管机构在对老化管理计划进行分析的基础上加以核准，以确保电厂在经延长的整个运行寿期内的安全”（中文版原文）。简言之，长期运行的监管范围就是定期安全审查（PSR）与老化管理审查（AMR）。

针对定期安全审查，国际原子能机构在新版安全导则 IAEA No. SSG-25《核电厂定期安全审查》里将其审查对象归纳为 5 大类 14 个安全要素，见表 1。

表 1　定期安全审查要素

分类	安全要素
核动力厂	核动力厂设计
	安全重要 SSCs 的实际状态
	设备合格鉴定
	老化
安全分析	确定论安全分析
	概率安全分析
	灾害分析
性能和经验反馈	安全性能
	其他核动力厂经验及研究成果的应用
管理	组织、管理体系和安全文化
	程序
	人因
	应急计划
环境	辐射环境影响

与 2003 年的前一版（IAEA NS-G-2.10）相比，14 个安全要素并未发生明显变化，只是将要素 2“构筑物、系统和设备的实际状态”改为“安全重要构筑物、系统和设备的实际状态”，以及要素 10“组织机构和行政管理”改为“组织、管理体系和安全文化”。

对于老化管理，国际原子能机构在 2009 年颁布了安全导则 IAEA No. NS-G-2.12《核电厂老化管理》。尽管该文件主要给出了核电厂在设计、制造和建造、调试、运行、退役等阶段的老化管理要求，但对“延寿运行”的老化管理审查也提出了要求。应说明的是，这里的老化既包含安全重要构筑物、系统和设备的实物老化（Physical Ageing），也包含过时（Obsolescence）。

综上所述，国际原子能机构长期运行体系的监管范围也可分为两类：一类是包含14项安全要素的定期安全审查；另一类则是针对安全重要构筑物、系统和设备实物老化与过时的老化管理审查。

3. 操作流程

关于核电厂长期运行的申请与审查流程，IAEA SRS No.57 做了详细规定，如图4所示，其中包括范围划分、设备筛选的具体流程等，本文将不再赘述。不难发现，长期运行总流程与美国执照更新流程基本一致，包括前期准备、评估、审查及实施。特别地，参考执照更新中时限老化分析的六大判据，长期运行也考虑了类似的分析，叫作“采用时限假设的安全分析”，具体包括以下五项：反应堆压力容器的中子辐照脆化、热与机械疲劳、热老化、预应力损失、材料损失。

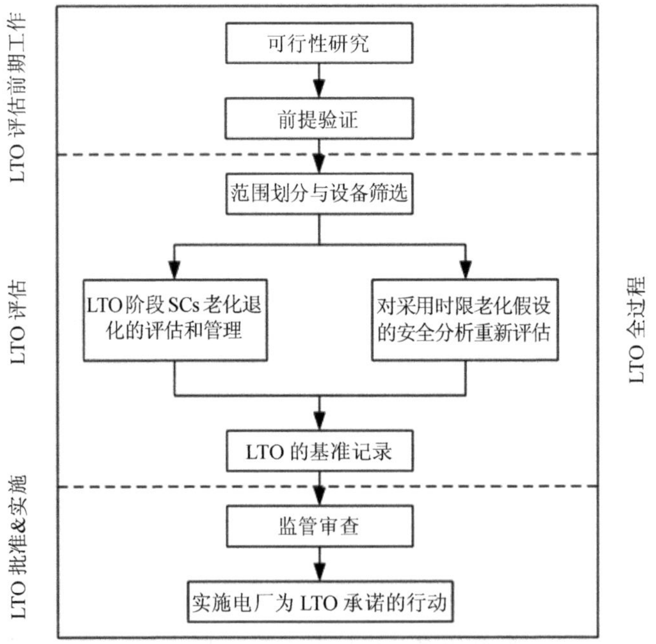

图4 国际原子能机构核电厂长期运行申请与审查总流程

由以上分析可知，IAEA SRS No.57 仅对安全重要构筑物、系统和设备的老化评估与审查给出了规定，相当于执照更新里的安全分析与审查，并不包括环境分析与审查。

当然这可能与不需要重新颁发运行执照/许可证有关，不过这显然也是长期运行应考虑的问题。尽管事实上在长期运行顶层法规 IAEA No. SSR-2/2 里就未对环境分析做直接规定，但其要求长期运行应充分利用历次定期安全审查结果，而“辐射环境影响”正是定期安全审查的 14 项安全要素之一。可以说，从内容来看，长期运行与执照更新相比同样是充分的。若就审查而言，IAEA Services Series 26 对长期运行的审查方法与实施导则进行了介绍，指出审查应重点关注以下六个方面：

（1）组织和功能、当前执照基准、配置/改造管理。

（2）长期运行范围划分、设备筛选及电厂大纲。

（3）老化管理审查、老化管理大纲审查及对机械设备时限老化分析的重新评估。

（4）老化管理审查、老化管理大纲审查及对电气与仪控设备时限老化分析的重新评估。

（5）老化管理审查、老化管理大纲审查及对土建结构时限老化分析的重新评估。

（6）长期运行的人力资源、竞争力及知识管理（可选）。

综上所述，国际原子能机构长期运行的操作流程基本参照了美国执照更新体系，整个过程的条理也较为清晰。但应意识到，作为国际组织，国际原子能机构毕竟众口难调，既要面对各成员国不同的核安全监管环境与政策，又要囊括各种不同反应堆型，故只能提出总体性要求以尽可能地扩大覆盖面，因而在操作性上与美国的执照更新体系相比略有不足。

4. 法国实践

法国核电始于 1959 年，目前在运机组 58 台，全部由法国电力公司（Electricité de France，EDF）营运，供应了法国七成多的电力需求，比重排名世界第一。

法国并不为核电厂的首次运行设定执照期限，即不采用所谓设计寿期的概念，仅假定为 40 年，政府签发的运行许可证可随时根据法国核安全局（Nuclear Safety Authority，NSA）的审查结果或因重大异常事故而随时取消。与 IAEA 的 LTO 策略基本类似，法国在其核设施的相关法规，如 63-1228 法令中规定，法国核电厂也由每 10 年一次的 PSR（与十年大修同时进行）决定下一个 10 年是否能继续运行。第 4 次 PSR 将决定机组是否能在寿期后继续运行。对此，NSA 提出了 40 年后的运行要求，这些要求主要集中在图 5 所示的寿期管理项目中。

法国核电厂的老化管理策略主要基于以下四个原则：

充分的日常运行与维护活动，包括在役检查、性能提升等，以提高机组的运行能力与可用性，并满足安全要求；

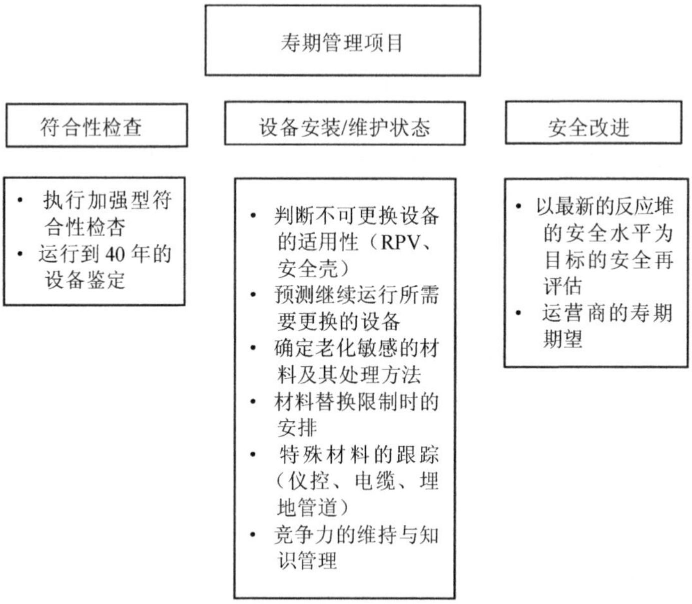

图5　NSA在第4次PSR时对后续运行的要求

具有针对安全重要设备的老化管理大纲，或叫作寿期大纲（lifetime program），包括运行经验反馈，以控制产生的老化效应；

每10年对机组进行一次全面的安全检查，包括对系统、构筑物和部件（Systems，Structures and Components，SSCs）的老化评估，相当于PSR（法国叫作VD，如VD2是第二次10年检查）；

“特大维护项目”（Exceptional Maintenance Program，EMP）。由国家层面进行决策和规划，包括运行性的（operational）和预期性的（anticipation）两类，适用于法国全部核电厂。目的是针对电厂中可能产生的通用性灾害或退化问题，如造成巨大的经济损失、放射性环境、停堆等，预估其后果并给出适当的解决措施。运行性EMP是指具体将采取的行动，通常在机组寿期内只实施一次，如蒸汽发生器、反应堆压力容器顶盖、控制棒驱动机构等的更换；预期性EMP则是明确今后可能要采取的特大维护活动并且定义相关的风险策略。

需要说明的是，根据不同的分类方法，也有资料仅采用以上1项、3项、4项原则，或将第4个原则另外列开，故都只显示三个原则，但实际上它们的内容是基本相似的。由此可见，尽管法国核电厂的寿命监管策略基本参照IAEA的LTO体系，即主要基于老化管理与PSR，但其特殊之处在于多了一个“特大维修项目”。

法国核电厂并无明确的设计寿期概念，因此也未建立专门针对设计寿期后继续运行的法规体系。目前采用的方式主要是参照 IAEA 的相关导则，即在 PSR 中进行。不过就老化管理而言，法国已具备了相关的法规与标准，例如，压水堆核岛机械设备的设计与建造法规：AFCEN RCC-M（2012）；压水堆核岛机械设备的在役检查法规：AFCEN RSE-M（2010）。

尽管 RCC-M 与 RSE-M 均为通用性标准，但通过它们对核电厂安全相关 SSCs 的监管提高了安全性，进而通过每次 PSR，换个角度来讲也算是一种有效的老化管理手段。此外，法国标准亦有其自身的特点，例如，法国 RSE-M 规范与 ASME 规范第 XI 卷对在役检查的频率及性能要求有所不同，前者主要以缺陷为导向，仅个别取样以作补充；而后者却恰恰相反，它主要基于取样，在此基础上再实施检查。

可以认为：法国尽管通过 RCC-M、RSE-M 等法规和标准对安全相关 SSCs 进行有效监管以提高安全性，但却未建立专门的核电厂运行许可证延续法规体系，对核电厂运营者而言缺乏具有可操作性的指导规范和标准。

法国 NSA 在 2003 年开展了一项针对其老化管理方法的研究，结论认为营运单位 EDF 所采用的老化管理实践实际上与 IAEA 一致。因此，法国核电厂老化管理的流程也可大致分为前期准备、SSCs 的选取、老化分析表单、详细的老化分析报告以及机组老化分析报告等几个步骤。以上流程均由 EDF 负责完成，之后交由法国核安全局 NSA 进行审查与批准。但应注意的是，到目前为止，法国尚无运行许可证延续的成功经验，且法国核安全监管当局也没有明确针对设计寿期达到后是否可以延续运行的判断准则和执行标准。

（三）策略比较

本章对美国和 IAEA 两种核电厂运行许可证延续的监管体系进行了比较研究，包括策略背景、监管范围、操作流程、实践四个方面，概括性比较见表 2。总体而言，美国的 LRA 体系较为成熟，法规层次分明、流程可操作性强；IAEA 的 LTO 体系普适性与原则性较强，但法规主要为总体性要求且稍显繁杂，流程的可操作性方面略有不足。

表 2　美国和 IAEA 核电厂运行许可证延续监管体系比较汇总

国别	美国	IAEA
策略	执照更新 LRA	长期运行 LTO
监管范围	非能动 SSCs 的安全审查+环境审查	定期安全审查+老化管理审查
操作流程	方法具体、操作性强	逻辑性与原则性强；可操作性略有不足

三、我国现状

（一）技术政策

我国环境保护部办公厅于2016年1月4日印发了《〈核电厂运行许可证〉有效期限延续的技术政策（试行）》（以下简称“技术政策”），用于指导核电厂运行许可证延续相关工作，保证核电厂运行安全。

该技术政策对以下方面作出明确规定：

（1）《核电厂运行许可证》有效期限延续的申请和批准要求；

（2）《核电厂运行许可证》有效期限延续安全论证的基准；

（3）申请《核电厂运行许可证》有效期限延续时应提交的文件资料；

（4）《核电厂运行许可证》有效期限延续安全论证所参照的标准和规范；

（5）持续改进原则。

如前文所述，美国的LRA体系较为成熟，法规层次分明、流程可操作性强；IAEA的LTO体系普适性与原则性较强，但法规主要为总体性要求且稍显繁杂，流程的可操作性方面略有不足。我国目前采取的运行许可证延续策略可以认为是二者的结合，主要借鉴美国的LRA体系，兼顾PSR定期安全审查的结论。

（二）法规体系

我国核安全法律法规体系由以下内容组成：国家法律、国务院行政法规、部门规章、指导性文件、参考性文件。

其中涉及核电厂许可证延续的法律法规及相关文件梳理如下：

第一层次，核安全法律：2018年1月1日开始实施的《中华人民共和国核安全法》第二十八条，明确规定了核设施运行许可证延续申请应于许可证有效期满前5年提出，相关内容需经过审查批准。

第二层次，核安全法规、规章：《核动力厂运行安全规定》（HAF 103—2004）对老化及定期安全审查提出了原则性要求。针对定期安全审查，明确在核动力厂整个运行寿期内，营运单位必须根据管理要求重新对核动力厂进行系统的安全评价，并且须根据系统的安全重新评价的结果，实施必要的纠正行动和合理可行的修改，以符合适用的法规和标准。2016年，国家核安全局颁发《〈核电厂运行许可证〉有效期限延续的技术政策》，对核电厂运行许可证延续工作给出了较为明确的指导。另外，目前生态环境部部门规章

《核设施安全许可管理办法》正在逐步推进中。

第三层次，核安全导则：《核动力厂定期安全审查》（HAD 103/11—2006）以及《核动力厂老化管理》（HAD 103/12—2012）中，明确了营运单位申请核动力厂延寿运行时需要进行定期安全审查，并且对老化管理在延寿运行的应用提出了建议。HAD 系列导则的其他部分内容，针对工作中涉及的质保、设计、辐射防护以及不同系统的技术要求等内容也进行了相应的规定。

第四层次，规范、标准：该层次的文件主要为行业标准，主要参考 IAEA 的技术文件、ASME 规范、RCC-M 标准、美国 EPRI 的相关技术报告等进行编制，其所针对的对象或范围相对更窄。目前在苏州热工院、上海核工院等单位的大力推动下，这一层次的标准正按计划抓紧编制中。

在上述法律法规等文件中，对许可证有效期延续中核安全监管部门及核设施营运单位、供应商责任做了规定，明确指出：营运单位应对定期安全审查的实施负全面责任；核动力厂营运单位对进行定期安全审查和向核安全监管部门报告审查结果负责；核动力厂营运单位还应尽早向国家核安全监管部门报告审查过程中的任何重要发现。强调了应接受国家核安全监管部门的监管的内容，如延寿运行中老化管理审查在内的定期安全审查对核动力厂的安全性论证、供应商和核动力厂营运单位在整个寿期内的老化管理活动、营运单位在整个寿期内的过时管理活动。

但就目前法规体系而言，尚缺乏针对审评和监督工作如何实施的执行细则，因此实际工作中，参考了美国通用老化经验 GALL 报告、管理导则、欧洲部分标准文件等。

（三）秦山核电厂

秦山核电厂于 2014 年启动运行许可证延续（Operating License Extension，OLE）项目，同时成立了专项组。2016 年 12 月 14 日向国家核安全局提交《秦山核电厂运行许可证》延续申请书，其附件包括：秦山核电厂运行许可证有效期限延续安全评估报告；最终安全分析报告的增补；老化管理大纲；环境影响评估分析。此前，按照我国技术政策，同时参考美国 NRC 执照更新相关法规标准及程序，并结合核电厂定期安全审查（PSR），秦山核电厂开展了大量的安全评估活动，涵盖老化管理审查、时限老化分析、超标缺陷评价、环境影响补充评价、FSAR 增补分析、系统的老化管理大纲（AMPs）编制等工作，结果表明秦山核电厂目前的设备状态和管理措施基本能够满足延续运行要求，某些需要改进的已承诺在 2021 年前完成，具体里程碑节点见图 6。

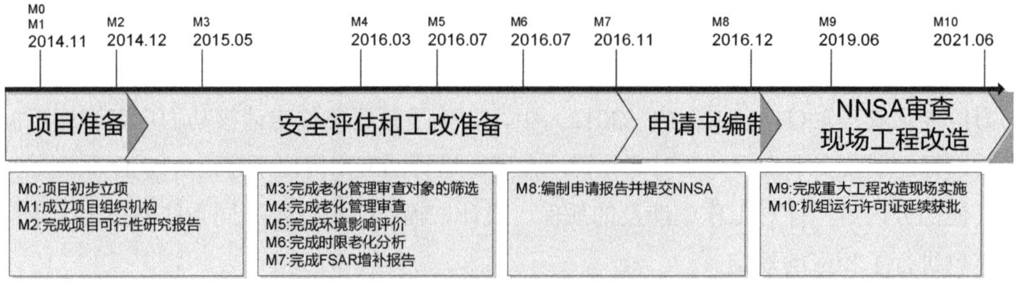

图 6　秦山核电厂 OLE 项目里程碑节点

2017—2021 年年底，秦山核电厂 OLE 项目主要工作为接受国家核安全局关于运行许可证延续申请的安全审评，同时择机实施许可证延续相关系统改造和老化管理措施。目前，秦山核电厂正在进行一次较长时间的停堆大修（Q1-OT118 大修），Q1-OT118 大修为非标准十年大修，机组已于 2018 年 2 月 26 日解列，计划于 7 月 14 日临界，其间除了实施反应堆压力容器全面在役检查、安全壳整体严密性试验、主泵 A/B 解体检修、反应堆装换料等常规十年大修的预防性维修项目、在役检查、定期试验外，根据许可证延续（OLE）工作规划安排，本次大修还要进行主控室盘台改造和常规岛设备更新改造等 11 项工程改造项目。

四、总结与建议

本报告前文系统地介绍了各国许可证延续/更新的策略和实践，对我国《〈核电厂运行许可证〉有效期限延续的技术政策（试行）》等文件进行了解读，同时对我国面临的第一个 OLE 项目——秦山核电厂许可证延续的情况进行了介绍。通过分析和梳理，当前秦山核电厂许可证延续申请期间的监督存在以下风险点和难点：

（1）许可证延续工作的监督对于监督员来说是一个开创性的工作，秦山现有的监督力量有限，需要同时兼顾 9 台机组，秦山核电厂许可证延续申请期间最多配备 1～2 名现场监督员，监督任务艰巨；且目前现场监督员技能储备有限，并未系统地接受老化管理和许可证延续相关培训。

（2）许可证延续监督需要确保营运单位有效识别和鉴定出所有的非活动和长寿命的构筑物、系统和部件，并将它们都纳入老化管理项目。此类审评由国家核安全局组织核与辐射安全中心负责，监督站并未介入，在实际监督中很难验证营运单位评估的准确性和完整性。

（3）许可证延续阶段需要进行大量的改造，其中必然涉及重要设备安装，具体如电气贯穿件改造、辅助给水系统柴油发电机更换、核2和3级支吊架项目、主控室盘台改造等。同时还会涉及设备与系统调试，调试项目按系统所处状态划分为离线调试、冷态调试、热态调试三种类型。这些安装调试工作与电厂建造阶段不同，针对其中的高风险工作，此前并无监督经验可以借鉴。

（4）针对许可证延续申请期间的大修，除了普通大修相关的组织、计划、程序、物项、维修活动、安全相关修改、定期试验、燃料操作、核安全监督等监督检查项目，还存在因大修时间过长可能导致的监督风险点，例如，人员累积照射剂量可能增多，大量承包商进驻可能导致的培训、资质、授权、接口方面的问题；此外，大修期间营运单位组织机构的变化、主控室改造后操纵员资格问题、技术规格书的适用性等问题亦值得关注。

（5）目前华东监督站并无核电厂运行许可证延续工作的监督检查程序，文件审查、现场实勘等检查方式和检查频率均缺乏明确的规范。

总体而言，核电厂运行许可证延续监管是我国核安全监管领域的一个新课题，无论从法规制度建设、标准规范完善，还是从审评经验积累和监督实践优化来看，都还有大量工作要做；同时，做好运行许可证延续监管，是防范机组延续运行风险，确保全寿期运行安全的必然要求，也是核与辐射安全监管现代化在运行许可证延续监管领域的延伸和体现。因此，运行许可证延续监管任务艰巨、意义重大。通过调研，我们形成了对做好现阶段许可证延续监管工作的一些体会和建议，总结如下。

（一）把握监管的总体要求，进行充足的技术储备

总体要求是：核实营运单位申请运行许可证延续的项目计划和组织实施符合《核安全法》《核动力厂运行安全规定》（HAF 103—2004）、《〈核电厂运行许可证〉有效期限延续的技术政策》《核动力厂定期安全审查》（HAD 103/11—2006）、《核动力厂老化管理》（HAD 103/12—2012）相关标准规范等整套法律法规体系的要求。确保营运单位已按照法规和承诺提交了许可证延续所需要的文件和信息，并且这些文件信息是可检索、可审查的，格式和内容是符合要求的。

许可证延续监管需要确认营运单位在实施许可证延续相关安全评价过程中，将那些可能因自身故障影响到安全级构筑物、系统和部件执行功能的非安全级构筑物、系统和部件纳入老化管理审查的审查范围，并重点关注对非活动的、长寿命的构筑物、系统和部件的老化管理。

在许可证延续申请得到批准前，应针对性地开展相应的监督活动，以确认营运单位的申请符合法规要求，其许可证延续所需开展项目的计划和实施按照申请承诺以及核安全监管机构的审评意见进行。监督活动由地区监督站开展，既包含文件审查、现场检查，

也包括对许可证延续申请过程中年度修改项目的监督，以及对以往检查中提出的核安全管理要求和审评问题等未解决开口项的监督。

所以，监督员应熟知营运单位申请许可证延续所提交的文件资料（如许可证有效期限延续安全评估报告、增补和修改的核电厂环境影响报告书、增补和修改的核电厂最终安全分析报告、安全重要修改报批申请和评价报告等），以及核安全监管机构的审评意见。充足的技术储备是开展许可证延续监管的前提。

（二）关注老化管理审查筛选方法的适用性和范围对象的完整性

（1）在审评过程中，确认营运单位已按照法规要求编制并发布许可证延续工作开展所需要的管理程序和技术规程，以指导老化管理评估等活动。一般而言，营运单位的老化管理评估流程应实现对下列三类 SSCs 的完整覆盖：①纳入现有执照基准的非安全相关构筑物、系统和部件；②直接与安全级构筑物、系统和设备相连接的非安全相关构筑物、系统和部件；③不与安全级构筑物、系统和设备直接连接的非安全相关构筑物、系统和部件。

许可证延续监督即是要确保营运单位有效识别和鉴定出所有的非活动和长寿命的构筑物、系统和部件，并将它们都纳入老化管理项目。需要重点关注的是，那些自身失效可能影响安全级构筑物、系统和部件执行其预期功能的非安全级构筑物、系统和部件被纳入许可证延续申请的老化管理审查范围。所以在审评过程中，可以选取一组不在营运单位老化管理审查范围的构筑物、系统、部件或其组合，以验证营运单位评估的准确性和完整性。

（2）根据许可证延续审评的结论，结合安全重要性和风险指引，现场监督可以将重点放在非安全级构筑物、系统和部件上，因为这些失效有可能导致安全功能的丧失，但同时由于其属于非安全全级，因此被忽略或者漏项的可能性更大。通过文件审查和现场实勘，确保营运单位将这些影响安全功能的非安全级构筑物、系统和部件纳入老化管理项目中，并实施有效管理。现场监督活动也可以覆盖安全相关和缓解设计基准事故的构筑物、系统和部件。

（三）多措并举，确保老化管理审查监督的有效性

在确认营运单位老化管理审查的筛选方法和筛选结果满足要求后，监督活动进入下一个环节，即通过文件审查和现场实勘等监督活动，确认营运单位对所有纳入老化管理审查的非活动、长寿命的构筑物、系统和部件都实施了充分有效的老化管理，以确保许可证延续之后的运行安全。具体来说，包括下列主要环节：

（1）对于选取的纳入老化管理审查的构筑物、系统和部件样本，确认营运单位能在延续运行期间有效管理老化效应产生的对执行设计基准功能的影响。为实现这一目标，营运单位必须首先对范围内的构筑物、系统和设备逐一进行老化效应分析，明晰老化机理，这样才能有效地进行老化项目管理和相应活动。营运单位应在安全评价报告中对老化管理审查范围内的构筑物、系统和部件的老化效应管理进行翔实的描述。

（2）审查营运单位许可证延续申请提交的老化管理项目报告、修订的最终安全分析报告、核电厂管理程序以及其他相关的支持材料，审查营运单位提交的特定的支持资料，如监测试验结果、预防性维修记录、纠正性维修记录、设备健康趋势报告、在役检查结果等，以评估相应的老化效应影响；在审查具体的老化管理项目的文件资料（包括相关的支持资料）时，监督员应判断其与许可证延续申请时营运单位所作承诺的一致性。每个老化管理项目都应清楚地表明如何对老化效应进行管控。对于那些缺少翔实描述或者没有具体的实施方案的老化管理项目，监督员要持谨慎态度，与营运单位进行充分探讨，并采取保守决策，明确其是否能满足延续运行的安全要求。

（3）对负责实施老化管理的工程技术人员进行现场人员访谈，与他们探讨老化管理项目的实施方法、过往的良好实践和经验反馈以及未来的计划，评估他们的知识储备和技术能力能否胜任相关老化管理工作。

（4）从老化管理审查范围内的构筑物、系统和部件中选取样本进行现场查勘，检查其是否存在可识别的老化效应及这种老化效应是否已被营运单位鉴定和报告。现场查勘的监督活动尽可能由营运单位负责老化管理的技术人员陪同，以便及时有效地对设备老化效应开展现场沟通。现场查勘的目的是确认样本设备的运行维护现状，以及查勘与安全设备相毗邻的非安全级设备。监督活动尽量在机组停役期间开展，以便现场查勘某些机组运行期间不可达的系统设备和区域，比如，安全壳内部、运行期间的高放区域等。在以下两种情形下，尤其应该开展安全壳内的监督活动：①有证据表明某些老化效应未被营运单位识别和报告；②某些在例行检查期间涉及的不可达的区域的检查。

（5）建议开展针对单个具体系统的竖向追溯检查，以审查营运单位是否对所有的环境老化效应、过往缺陷对系统的影响都进行了有效识别和报告，以单体样本来评估营运单位老化管理项目的合理性和完备性。

（6）善于利用营运单位的经验反馈系统。采用老化相关的关键词（如腐蚀、裂纹等）对营运单位问题识别和处理数据库等经验反馈软件系统进行检索，查到相应的纠正行动。营运单位的纠正行动中会对相关问题是否会产生老化效应进行评价，监督员应从产生老化效应和不产生老化效应的样本中各选取至少一项进行审查，以确定营运单位的分析是否恰当。当然，监督员不必完全掌握如何操作营运单位的软件系统，可以通过要求营运单位责任人员按照监督员需要进行操作的方式来实现查询活动。一些敏感的问题，如安全壳腐蚀，埋设管/地下管的泄漏、小口径承插焊缝质量问题、水下电缆、乏燃料贮存格架的硼化问题等，无疑应受到重视。

（7）监督过程中发现的未被营运单位有效识别的老化效应应记录在案并通报营运单位，同时在审评单位的协助下提出监督要求，予以解决。有些老化管理项目是通过监测跟踪持续的降级变化、并在结构或部件失效前采取纠正行动的方式来进行老化管理的。对于此类老化管理项目的监督，如果在检查过程中发现采取的监测或者纠正行动不满足许可证延续申请中的承诺或者未采取保守决策的，都应记录在检查报告中并向上级报告。

（四）重视变更改造和开口项的监督

在核安全监管机构开展许可证延续申请的审评和监督期间，营运单位有可能进行核电厂变更改造等影响现有执照基准的活动。这些变更改造的安全重要修改活动按要求是要及时向核安全监管部门报告的；此外，在核安全监管机构进行许可证延续审评和监督过程中也会提出相应的审评问题或监督意见，相应地，营运单位会进行整改、调整，会产生开口项。上述两类主动和被动产生的变更改造和开口项的监督，也是许可证延续监督的重要组成部分，为实现本部分内容监督的有效覆盖，建议开展下述工作：

（1）选取营运单位在提交了许可证延续申请后进行的影响执照基准的变更改造样本，确保这些修改被营运单位有效识别并在年度报告中及时上报。对于新安装的核电厂的设备，如果经过鉴定需要纳入许可证延续审查范围，则需确认该设备得到有效的老化管理。

（2）核实以往检查中提出的核安全管理要求的落实情况。如果相关要求或事项没有得到落实解决，则审查营运单位的整改计划是否合理可接受。

（3）核实在许可证延续审评和监督中提出的审评问题和监督意见是否被营运单位列入足够级别的管理跟踪系统并得到足够的重视，评估这些事项在许可证延续申请批准前和延续运行期间是否会得到妥善有效的处理。

（五）优化监管流程，实现监督和审评的互相促进

在审评和监督中一定要深刻理解国家核安全局印发的《〈核电厂运行许可证〉有效期限延续的技术政策（试行）》这一指导性文件，做好审评和监督工作。同时，着力克服监督和审评可能存在的脱节现象：现场监督员需要了解项目审评中关注的问题，对风险点和安全重要节点给予针对性的监督和持续跟踪；审评人员也需要足够的现场实勘的机会和现场监督的信息反馈，否则就不能及时掌握许可证延续工作的进展和出现问题的

处理情况，也就不可能对这些问题的处理提供及时有效的技术支持。

因此，许可证延续监管工作的提质增效，离不开在监督工作和审评工作之间建立充分有效的沟通协调机制，以充分发挥审评的技术支持作用，推动现场符合性监督的深入有效开展。以往通过工作协调单方式传递信息的流程时间太长，华东监督站将在秦山核电厂许可证延续和第十八次换料大修等监督工作中持续探索动态高效的定期协调机制，此方面希望得到国家核安全局的居中协调指导，通过不断优化监管流程、形成监管合力，以做好许可证延续的监管工作。

（六）与国际接轨，创新监督检查内容

华东监督站目前采用的POG监督模式是借鉴美国NRC监管模式，其监督关注的重点与美国LRA体系有诸多相同点，因此在POG框架下实施秦山核电厂许可证延续监督，可以保证监督的有效性和全面性。核电厂许可证延续申请期间，华东监督站可参考美国LRA策略组织3次左右的监督检查，具体检查方式可参考美国地区监督站执照更新检查程序和执照更新批准后检查程序的实施。

第一次检查于营运单位许可证延续申请提交后实施，重点检查我国法规和技术政策要求事项是否已经实施或计划实施，核电厂老化管理是否到位，相关文件与法规是否一致。检查内容可包括但不限于审查筛选的系统范围、审查大纲程序的执行、现场巡查、审查纠正行动文件等。第二次检查于新许可证批准之前实施，重点检查老化管理实施情况的充分性与有效性，老化管理大纲涉及的电气、结构、机械和在役检查项目，承诺项的完成情况等。第三次检查于新许可证批准之后实施，重点检查老化管理大纲执行情况，最终安全分析报告的描述与营运单位执行老化管理大纲的一致性，以及此前检查发现和遗留的问题。

为保证监督检查的有效性和规范性，华东监督站应参考NRC相关程序组织编写符合我国实践的监督程序。

五、结语

本报告来自调研的实践总结，代表了我们对运行许可证延续监管工作的阶段性认知。从实践中来，到实践中去，我们将在业已开展的许可证延续监管活动进一步总结经验、提升能力，努力实现认识水平的不断进步，为确保核与辐射安全、保障国家安全，为促进生态文明建设、建设美丽中国奉献自己的一份力量。

福建省海洋生态环境突出问题专题调研报告

胡松琴　汤振怡　杨静　王鹏
（生态环境部海洋生态环境司）

为落实中央领导同志有关批示精神和生态环境部“不忘初心、牢记使命”主题教育安排，按照把开展主题教育同打好污染防治攻坚战、解决群众反映突出生态环境问题结合起来的要求，生态环境部海洋生态环境司组织有关部门和部属单位于 2019 年 7 月 9—12 日赴福建省开展海洋生态环境突出问题专题调研。调研组按照主题教育活动检视反思突出问题要“广开言路、畅通渠道，真心诚意听取基层党员群众、工作服务对象意见建议”的要求，用 4 天时间实地调研了福州市、宁德市和漳州市，采取资料汇总、座谈交流和现场踏勘等方式，重点关注海洋生态环境现状与存在的突出问题，分析主要原因并研究解决办法。

一、福建省海洋生态环境基本情况

福建省是我国沿海大省，拥有海域面积 13.6 万千米^2，海岸线 3 752 千米，大小港湾 125 个。近年来，福建省努力践行习近平生态文明思想，认真贯彻执行中央决策部署，加强海洋生态环境保护，结合打好污染防治攻坚战，切实加强陆海联动，控制污染排放。监测结果显示，2018 年，福建省近岸海域海水质量总体良好，列入国家考核的近岸海域监测站位水质优良比例为 80%，近岸海域优良水质海域面积比例为 93.0%，均超出 72%、81%的考核要求，海洋生物质量总体一般，海洋生物群落结构基本稳定。全省 12 条主要河流Ⅰ～Ⅲ类水质比例为 95.8%，主要江河入海污染物总量较 2017 年有所增加，河口、海湾局部海域海水无机氮、活性磷酸盐含量仍然偏高，秋冬季沿岸呈富营养化状况的范围较广。

二、调研发现的问题

根据福建省生态环境厅介绍，福建省近岸海域水质污染主要来自海水养殖、农业面源、入海河流等。为此，调研组选取宁德、漳州的部分海水养殖场和入海河流、入海排污口进行了实地调研，发现存在以下问题。

（一）海水养殖污染物排放监管不到位

现行的《海水养殖水排放要求》为农业部 2007 年颁布的推荐性行业标准，近期提出的修改稿正在征求意见，但仍未上升为强制性标准，且该标准的修改稿中缺乏总氮、总磷，以及养殖尾水中特征性的消毒剂、抗生素、病原体等指标约束。同时，省级海洋与渔业主管部门作为行业监管部门未组织对养殖水域环境实施监测，养殖污染底数不清、现状不明，参与调研的农业农村部渔政局的同志甚至认为养殖水域的监测应由生态环境部门负责。

调研组在漳州市东山县鲍鱼工厂化养殖企业发现，企业并未设养殖尾水处理池且未开展相应监测，当地海洋渔业管理部门也未开展监测，该厂的入海排放口只有当地生态环境局组织的监督性监测，导致既难以评估养殖尾水处理的效果，也难以监控养殖尾水是否达标排放。

（二）海域海漂垃圾污染形势依旧严峻

福建省印发实施《福建省近岸海域海漂垃圾综合治理工作方案》，指导并组织地市集中开展攻坚清理。相关部门加强对城乡生活垃圾、渔业养殖垃圾、船舶港口垃圾等主要海漂垃圾的源头防控，建立“岸上管、流域拦、海面清”的海漂垃圾综合治理机制。各沿海地市也先后制定了海漂垃圾整治工作方案，结合当地实际探索海漂垃圾治理长效机制，部分地市实施海漂垃圾清理市场化运营。

宁德市自 2018 年 6 月开始组织实施海上养殖综合整治，将海漂垃圾治理作为重要内容，统筹推进三都澳和沙埕港内湾海上养殖升级改造，将养殖区和限养区内渔排升级改造为环保塑胶渔排、藻类养殖升级改造为塑胶浮球。截至 2019 年 6 月 30 日，禁养区藻类已基本清退，可养区和限养区改造升级加快，整个海域从原先的无序养殖转变为依法养殖、持证养殖，海漂垃圾治理取得一定成效。但是调研组在三都澳海域依然看到了长约 1 千米的海漂垃圾带，垃圾带主要包括白色泡沫、塑料袋、塑料瓶等，推测来源于周边海上传统水产养殖设施采用的白色泡沫、盛装饲料的塑料袋和生活用塑料垃圾。这种大规模垃圾带在大雨、大风等特殊天气条件下极易产生，虽然当地已经实施海漂垃圾清理市场化运营，但形势依然严峻。

（三）部分小流域入海河流存在劣Ⅴ类水体

福建省连续3年将小流域综合治理列入为民办实事项目，并实施小流域综合治理“以奖促治”政策，省级财政累计投入15亿元专项资金，撬动全省有效投资超过65亿元，重点推动257条小流域综合治理，基本消除汇入12条主干流、直接入海以及省级考核的重点治理小流域劣Ⅴ类水体。

调研组发现，也有部分未纳入考核的入海河流存在劣Ⅴ类水体。调研组在东山县东赤河康美镇段发现，根据地方监测结果，入海处水质氨氮为2.17毫克/升、总氮为6.23毫克/升、总磷为0.83毫克/升，均超过《地表水环境质量标准》（GB 3838—2002）Ⅴ类水质标准，为劣Ⅴ类水体。但是，当地生态环境部门将此河作为排污口管理，入海处设立排污口标识，如果按照《城镇污水处理厂污染物排放标准》（GB 18918—2002），水质已经达到了一级A排放标准，属于达标排放。

三、建议

上述问题，不仅是福建省一个省的问题，而且是在全国沿海省市范围内普遍存在的问题，标准缺失、监管不到位、源头管控不严等是产生问题的直接原因。为此，提出建议如下。

（一）制定海水养殖尾水的分类排放标准

福建省海上养殖综合整治投入巨大且成效显著，但部分近岸海域水质仍然污染严重。2018年以来，福建省排查核实526个海水养殖排放口，由于排放标准缺失导致大量养殖尾水未经处理直接排放入海，直接影响近岸海域环境质量。这种现象在全国沿海省份特别是渔业大省普遍存在。根据《环境保护法》，污染物排放标准由生态环境部负责制定，因此亟须针对不同海水养殖模式制定相应的污染物排放标准，通过标准的强制约束力规范养殖尾水排放。

（二）压实海水养殖废水排放管理主体责任

将各类海水养殖废水排放口作为入海排污口的一种类型，纳入地方政府常态化污染防治监管，建立海水养殖排放口台账，压实各类主体责任。明确养殖企业（户）的污染防治主体责任，配备废水处理设施确保达标排放；明确行业管理部门的管理责任，加强养殖环境及排放口周边海域的监测；明确生态环境部门的监管责任，加强监督性监测；明确地方政府的责任，对于无能力配备废水处理设施的，参照工业园区的模式建立养殖园区，由政府统一建设养殖废水处理设施，引导个体养殖户进入园区，实现废水统一收集处理，减轻渔民负担。

（三）尽快制定出台入海排污口管理办法

东山县东赤河的案例表明，入海排污口的定义缺乏统一规范是问题的关键。我国入海排污口数量众多、类型多样，但由于缺少法定定义和认定标准，导致排污口适用标准不一、管理混乱。因此，需尽快制定入海排污口管理办法，明确入海排污口定义、分类及管理措施，实施入海排污口规范管理，减轻入海排污口污染影响。

（四）指导地方加强海漂垃圾源头管控和治理

海洋生态环境问题出现在海上，但根在陆地，涉及诸多问题和多个管理部门，需要多部门联防联控。福建省海漂垃圾治理在全国堪称典范，从省里到地方均出台了实施方案，但由于养殖设施升级改造尚未完成、河漂垃圾清理不及时、海漂垃圾清理能力有限等原因，治理效果尚不理想，仍需切实加强源头管控。当前，海漂垃圾治理广受国际社会关注，虽然来源众多，但实施联防联控易见成效，百姓获得感强，应切实加大投入，强化源头管控。国家层面可考虑由生态环境部会同相关部门制定出台方案或意见，指导地方开展海漂垃圾治理，借鉴福建经验，建立海上环卫制度，依托河长制、湾长制的实施，推动各地各部门联合统一行动，对海漂垃圾实施有效治理。

现代煤化工行业废水“零排放”调研报告

滕巍　刘志学
（生态环境部环境工程评估中心）

现代煤化工行业主要指以煤为原料，采用新型、先进的化学加工技术，使煤转化为气体、液体或中间产品的过程，主要包括以煤气化、液化为龙头生产合成天然气、合成油、化工产品等的能源化工产业。我国现代煤化工产业基本围绕煤炭资源布局，全国四大煤化工产业示范区中的三个（内蒙古鄂尔多斯、陕西榆林、宁夏宁东）布局在煤炭资源储量丰富的黄河中上游地区。由于该区域水资源匮乏、水环境容量小，废水“零排放”已成为煤化工行业减少污染物排放和节水的重要手段。

生态环境部针对现代煤化工行业废水处理情况开展废水“零排放”工艺现状的调研，主要内容包括典型企业“零排放”工艺投资及运行情况、固体废物处理处置情况等。调研组在梳理现代煤化工行业废水“零排放”工艺现状、存在问题的基础上，提出规范煤化工行业废水“零排放”管理的对策建议。

一、现代煤化工行业废水“零排放”工艺现状

（一）蒸发结晶是主流工艺

自 2015 年 12 月《现代煤化工建设项目环境准入条件（试行）》发布以来，生态环境部共批复 14 个现代煤化工项目的环评，10 个项目位于黄河流域，其余 4 个项目分别位于新疆塔城、伊犁及贵州毕节等地，均提出了废水不外排要求。14 个废水不外排方案中，蒸发结晶工艺 12 个，是目前的主流方案，另外 2 个分别为蒸发塘处置和盐湖处置。蒸发结晶工艺是指对现代煤化工产生的高含盐废水，采用膜浓缩及蒸发结晶的方式分离出固态结晶盐的过程，最终实现废水不外排。经调研，蒸发结晶工艺总体吨水投资约为 45 万～75 万元，占项目环保投资的 10%～20%、项目总投资的 1%～2%，一次性投资在企业可接受范围内。

（二）蒸发结晶装置基本可实现稳定运行

蒸发结晶工艺主要由膜浓缩单元及蒸发结晶单元组成。根据最终产出的结晶盐不同，蒸发结晶分为混盐工艺和分盐工艺：混盐工艺产出的为杂盐，分盐工艺产出的主要为氯化钠、硫酸钠以及少量杂盐。调研发现，潞安180万吨煤制油项目（以下简称潞安项目）采用混盐工艺，2017年12月投运以来运行稳定，其间仅由于蒸发结晶单元压缩机故障停工两次，累计检修时间4天，无法及时处理的浓盐水暂存至高盐水调节池，检修完成后送回蒸发结晶工艺单元，未对外环境产生危害。伊泰120万吨煤制精细化学品项目（以下简称伊泰项目）采用分盐工艺，2017年7月投运以来运行稳定，每年按计划安排1次检修，与主装置检修同步，其间主装置停运不产生废水，无废水外排。经调研，两种蒸发结晶工艺装置目前均能实现稳定运行。

（三）节水减排的同时固体废物产生量有所增加

调研发现，黄河流域用水指标紧张且原水水价普遍高于10元/吨，蒸发结晶工艺总回用水量可占工艺进水量的90%以上，如潞安项目和伊泰项目蒸发结晶工艺总回用水量分别占工艺进水量的94.3%和95.1%，废水处理后回用可以大幅降低企业对原水的需求。同时，废水不外排方案还可以显著降低对环境的影响。据估算，潞安项目和伊泰项目分别减少COD年排放量300吨和700吨，减少氨氮年排放量5吨和41吨。

但是，蒸发结晶产生的杂盐应按照危险废物进行管理，也给环境管理带来挑战。混盐工艺危险废物产生量大，采用混盐工艺的潞安项目年杂盐产生量达2万吨；分盐工艺产生的杂盐占总盐量的2%～8%，但仍是不小的数字，如伊泰项目年杂盐产生量可达900吨，必须实现安全处置或综合利用。

二、废水“零排放”存在的问题

从调研结果来看，调研的企业对废水不外排要求的落实总体较好，但蒸发结晶工艺仍存在一些问题，具体如下。

（一）蒸发结晶工艺运行成本较高，需警惕企业偷排造成环境污染

据调研，目前蒸发结晶工艺吨水运行成本为15～30元，企业全年普遍运行费用在1亿元左右。现代煤化工行业盈利情况与原油价格息息相关，近几年受国际低油价影响，除煤制烯烃以外，其他现代煤化工产业基本都处于亏损状态。以神华包头煤制烯烃一期

项目为例，企业年报数据显示，2019 年实现利润 3.14 亿元，项目蒸发结晶年运行费用预计为 0.96 亿元，约占全年利润的 30%。在行业整体盈利水平偏低的前提下，需警惕企业为降低运营成本而偷排未处理废水造成环境污染。

（二）刚性填埋场需求增多，结晶盐处置不当易引起二次污染

蒸发结晶产生的杂盐溶解性高，若处置不当，极易引起土壤及水环境的二次污染。按照 2019 年修订、2020 年 6 月 1 日实施的《危险废物填埋污染控制标准》（GB 18598—2019），杂盐需进入刚性填埋场进行填埋。全国已建成刚性填埋场数量有限，以现代煤化工产业较聚集的内蒙古鄂尔多斯地区为例，已投运的现代煤化工企业杂盐产生量约为 10 万吨/年，但实际投运的刚性填埋场处置能力严重不足，大量杂盐或将无法得到有效处置。

（三）结晶盐综合利用障碍多

（1）结晶盐综合利用依据不足

《煤化工　副产工业硫酸钠》（T/CCT001—2019）和《煤化工　副产工业氯化钠》（T/CCT002—2019）两项团体标准已发布实施。团体标准是指由团体按照团体确立的标准制定程序自主发布的标准，由社会自愿采用，该两项团体标准规定了煤化工副产硫酸钠和氯化钠的适用范围、产品分类、技术要求、检验规则、包装、运输等内容。但《固体废物鉴别标准　通则》（GB 24330—2017）中规定，可不作为固体废物进行管理的物质需“满足国家、地方制定或行业通行的产品质量标准”，结晶盐团体质量标准的执行效力有所欠缺。

（2）结晶盐作为原料使用不畅

目前分盐工艺产生的氯化钠作为原料已应用于氯碱、皮革鞣剂等行业，硫酸钠已应用于合成洗涤剂、印染及玻璃等行业。由于现代煤化工废水成分复杂，个别企业副产结晶盐产品质量把关不严，结晶盐中痕量重金属及残留有机物超标，造成部分使用结晶盐为原料的烧碱企业出现离子膜污染、堵塞等情况，影响下游行业工艺稳定性，亦有可能造成二次污染。

三、对策建议

（一）因地制宜地开展现代煤化工废水处理

（1）因地制宜地提出废水处理要求

建议环评阶段综合考量项目所在区域的水资源总量、水环境容量、水处理技术经济

可行性等因素，因地制宜地提出现代煤化工项目废水排放要求，对于黄河流域等水资源匮乏、水环境容量小的地区应严格执行废水不外排；由于“零排放”工艺及经费问题，其他地区不宜“一刀切”要求“零排放”。

（2）加强废水处理全过程监管

各级生态环境管理部门应加强现代煤化工企业全过程监管，对黄河等重点管控水域构建有针对性的监管体系，重点核查区域削减措施落实情况及排污许可执行情况等，同时结合入河排污口排查、溯源等工作，严格查处废水偷排等环境违法违规行为，规范现代煤化工行业管理。

（二）加快刚性填埋场建设，鼓励新建项目使用分盐工艺

（1）针对杂盐处置的特殊性，建议园区或企业加快危险废物刚性填埋场建设。同时，杂盐暂存、转运等环节应严格按照危废管理相关要求执行。

（2）鼓励企业采用蒸发结晶分盐工艺，减少杂盐产生量，提升资源化利用率。

（三）提升结晶盐标准执行效力，密切关注下游盐利用企业污染物排放情况

（1）建议结合分盐工艺技术进展和下游用户需求，开展结晶盐质量标准适用性研究，不断完善标准内容，适时提升为行业标准，增强标准执行效力，推动行业结晶盐质量提升，确保有长期稳定的出路。

（2）建议密切关注煤化工副产工业盐下游利用企业污染物排放情况，重点关注废水中重金属离子、TOC 等物质的含量，防止产生二次污染。

（3）建议联合市场监督管理部门，严格把控煤化工副产工业盐的产品质量，规范结晶盐交易及去向，防止其流入食品、医药等领域。

坚守初心使命，让青山绿水带来金山银山

——江西省崇义县生态环境保护工作调研

王飞　王紫竹　张琪　张国平　张翼翔
（国家海洋环境监测中心）

按照生态环境部第15期青年干部“走基层、接地气、转作风”专题培训班的统一部署，生态环境部调研组5名成员于2019年8月25日至9月4日赴江西省赣州市崇义县开展为期11天的调研活动。

调研组围绕崇义县生态环境保护工作，与崇义县政府有关领导、崇义县生态环境局进行了座谈，与部分县直部门和乡镇负责同志进行了交流，实地调研了崇义县大气自动监测站、水质自动监测站建设运行情况和主要建筑工地扬尘防治工作，现场察看了崇义县生活垃圾填埋场运行情况和崇义县饮用水水源地建设和保护情况，参观了阳明山国家森林公园、崇义县博物馆和阳明书院，并深入偏远山区与农民同吃同住同劳动。通过这11天的调研学习，较为深入地了解了崇义县的经济发展和生态环境保护情况，学习了阳明文化，进一步拉近了与老乡们的距离，对基层工作有了更加直观深刻的认识。同时，总结了崇义县生态环境保护工作中的经验做法，并在推动生态环境优势转化为经济优势、推进多元化县级生态补偿等方面进行了初步的思考。

一、崇义县基本情况

崇义县位于江西省西南边陲，总面积2 206.27千米^2，人口22万，辖有10个乡6个镇，可以从三个方面概括崇义特色。

（一）文化厚重

崇义因王阳明建县，是其“立德、立功、立言”体现最完整的地方，明朝正德十二年（1517年），王阳明率兵镇压农民起义后，奏呈皇上批复，设立崇义县。崇义也是老红色根据地，保留有毛泽东、朱德、彭德怀、陈毅旧居，有建党初期名将王尔琢烈士陵

墓、上堡整训旧址等革命遗迹。崇义也是客家人聚居区，有三节龙、舞春牛等特色鲜明的客家民俗风情，上堡梯田还被评为“全球重要农业文化遗产”。

（二）生态优美

崇义境内山脉纵横交错，群峰起伏连绵，全县 1 000 米以上的山峰有 232 座。西北部思顺乡的齐云山海拔 2 061.3 米，为境内最高点，也是赣南最高峰。崇义的江河属长江流域赣江水系，累计有大小河流 83 条。崇义森林覆盖率为 88.3%，位居全国县级第一。生态保护红线划定范围占比 50.15%。2015 年被列为全省首批生态文明示范先行县，2018 年获评国家生态文明建设示范县和“中国天然氧吧”，阳明湖则获评第二批“中国好水”。

（三）资源丰富

崇义森林资源丰富，是中国竹子之乡、中国南酸枣之乡，被评为全国重点林业县，拥有 1 个国家级自然保护区（齐云山）、2 个国家级森林公园（阳岭、陡水湖）和 2 个省级自然保护区（阳岭、章江源），其活立木蓄积量 1 400 万米^3、毛竹 1 亿根。崇义矿产资源丰富，全县已探明矿种有 27 种，查明有资源储量的矿种 16 种，以钨、煤、锡最为丰富，全县钨保有储量 15.2 万吨，在中国县级排名第一；锡储量为 3.5 万吨，煤储量为 1 000 万吨，硅储量为 230 万吨。

崇义县还是生态环境部对口支援县。2013 年以来，生态环境部累计支持崇义环保专项资金 5.48 亿元，项目共 42 个，其中中央专项配套资金项目 35 个，争取到国家生态文明建设示范县、国家森林城市、国家有机食品生产基地建设示范县等重大政策 50 多项。

二、崇义县生态环境保护工作开展情况

崇义县委、县政府高度重视生态文明建设工作，以生态环境部对口支援为契机，坚持绿色发展理念，牢固树立“绿水青山就是金山银山”的意识，坚定不移走生态县域经济发展道路，探索了持续抓好“统筹、保护、治理、发展、创新”的崇义特色的绿色发展道路。2018 年 $PM_{2.5}$ 平均浓度 30.7 微克/米^3，省、市两级地表水水质考核断面水质达标率为 100%，县城集中式饮用水水源水质达地表水III类水质标准比例为 100%。其主要做法有：

（一）注重抓统筹

崇义县成立了以县委书记为组长、县长为常务副组长的生态文明建设工作领导小组和由县委书记、县长任主任的“双主任制”县环委会。研究制定了《关于贯彻落实〈国

家生态文明建设试验区（江西）实施方案〉的意见》，以及《崇义县环境保护工作职责分工方案》《崇义县环境保护网格化监管工作实施方案》《崇义县矿山企业勘查开采生态行为准则（试行）》《崇义县"河长"工作制度（试行）》《崇义县城乡环境综合整治工作实施方案》等制度体系。在赣州市率先设立生态文明建设办公室，为县政府直属正科级事业单位。同时，还设立了山水林田湖草生态保护修复办公室、河长办公室等机构。倡导绿色生活，开展光盘行动，全面推行绿色办公。在城区主干道设立自行车专用道，购置新能源公交 20 辆，鼓励绿色出行。开展生态文明进农村、机关、学校，举行美丽中国"江西样板"大家谈，"六五"环境日主题宣传等活动，增强全民环保意识。

（二）着力抓保护

认真组织学习习近平生态文明思想和环保相关会议、文件精神，邀请了各级领导专家组团到崇义调研指导并举办生态文明建设专题讲座。将 50.15%的国土面积划入生态保护红线范围。划定了永久基本农田 14.3 万亩，区划保护生态公益林 94 万亩；创建国家湿地公园 1 个，创建国家级自然保护区 1 个、省级自然保护区 2 个，保护区总面积达 52 万亩，占国土总面积的 17.27%。出台《崇义县招商引资项目准入规定》《崇义县矿山企业勘查开采生态行为准则（试行）》，坚决杜绝高消耗、高污染、低效益的企业项目引进，在资源开发中严把环评关，重要矿产资源开采回采率、选矿回收率、综合利用率年均提高 3 个百分点以上。

（三）坚决抓治理

（1）打好蓝天保卫战。率先在赣州市建成县级环境空气质量自动监测系统，深入实施城区"五尘三烟三气"集中整治，全面淘汰黄标车和燃煤锅炉，全年 $PM_{2.5}$ 平均浓度为 30 微克/米^3。

（2）打好碧水保卫战。全面贯彻落实河、湖长制，投入 4 000 余万元完成阳明湖水面整治。通过县财政出资等方式收购饮用水水源地林木 537.3 亩，持续提升饮用水水源地林木水源涵养功能。持续开展境内流域综合整治，依法取缔、关停矿产品加工小作坊 73 家，全面整治农村小水电站。实施城镇污水处理提标改造，乡镇生活污水集中处理设施建设实现了全覆盖，境内主要河流出境断面水质常年保持Ⅲ类以上。

（3）打好净土保卫战。生态环境部累计安排中央重金属（土壤）污染防治专项资金 2.56 亿元，重点推进关田下关村河道底泥清淤及处理处置、柯树岭矿山废渣综合治理、聂都丰州原砒霜生产场地修复治理等 21 个项目，现已全部开工。累计修复土壤污染场地 4 个，治理废弃矿山 3 个，清理河道底泥 62 万米^3，逐步解决历史遗留污染土地问题。

（4）实施乡村环境整治工程。大力推进农村生活垃圾分类和资源化利用，通过探索购买社会服务的方式在全市率先开展农村生活垃圾专项治理，建立“两全四化”垃圾治理“崇义模式”，农村人居环境得到极大改善，2014 年、2016 年被评为全省农村清洁工程工作先进县。

（5）实施山水林田湖草综合修复工程。加快建设自然岸线保护和修复、生态化河床建设等七大项目，工程总投资达 2.15 亿元，其中县级配套资金 1.5 亿元。目前 7 个项目均已开工建设，完成工程投资 1.4 亿元，占总投资的 65.1%。

（四）重点抓发展

把全域旅游当作第一大产业来打造，加快构建“7+2+1”全域旅游发展格局，促进旅游、文化、体育、康养四业融合发展。推动以钨矿为代表的有色金属产业加快智能制造转型，3 家矿山被评为国家绿色矿山，章源钨业被评为国家绿色工厂。加快培育经济新动能，引进了 11 家无污染、封装式锂电企业，锂电科技产业园初具规模。大力发展“一根藤”（刺葡萄）、“一颗枣”（南酸枣）、“一片叶”（有机茶）、“一根竹（木）”（竹木产业竹木加工）、“一棚菜”（大棚蔬菜）“五个一”特色农业。崇义南酸枣糕成功申报国家地理标志保护产品，目前拥有国家认证的有机产品 7 项、绿色食品 1 项，打造有机食品基地 8 个。

（五）突出抓创新

（1）创新生态保护机制。设立生态文明办，成立客家梯田保护管理局，增强了生态保护队伍力量。编制自然资源资产负债表，出台《关于开展领导干部自然资源资产离任审计的实施意见》，推行换届前县委、县政府主要领导及乡镇主要领导自然资源资产离任审计，进一步提高生态环保意识。

（2）创新构建环境治理与生态保护的市场体系。创新森林科学经营模式，总结推广了适合南方林区的丰产高效的经营理论和技术模式，成功承办全国森林质量提升工作会议，森林经营成为“全国样板”。引入第三方资质机构，评估评价重金属、土壤污染防治等项目实施质量。

（3）创新建立生态扶贫机制。通过让贫困户参与工程建设获取劳务报酬、生态保护补偿政策增加转移性收入、生态公益岗位得到稳定工资性收入等途径，提高贫困人口脱贫质量。

三、调研发现的问题

崇义县这几年充分发挥自身生态环境优势，坚守初心使命，将守护好绿水青山作为生态环境保护工作的重中之重，并取得优异的成绩。但同时，在调研中我们发现崇义县生态环境工作还存在一些困难和问题，需要在下一步工作中持续关注和改进。

（一）优美的生态环境并未充分转化为“金山银山”

崇义县生态环境本底值较好，而且近几年生态环境保护工作也取得了较大发展，在此基础上，2018 年全县城镇居民人均可支配收入 27 257 元，农村居民人均可支配收入 10 412 元，均取得了较好的成绩。但与全国城镇居民人均可支配收入 39 251 元，农村居民人均可支配收入 14 617 元相比，崇义县的人均收入差距还是很大的，崇义的优美生态环境并没有完全带来经济上的提高，“绿水青山”转化为“金山银山”效率并不高。究其原因：一是相关政策和资金支持力度还不够。二是在创新方面有待提高，特别是山区林业、竹业发展潜力未能充分体现。三是生态旅游宣传推广不够，如上堡梯田景区将在 2019 年“十一”期间开园营业，但是在省级和国家级主流媒体上并未见音视频及图文推广。

（二）基层生态补偿工作仍需细化创新

一是在齐云山、阳明山、上堡梯田、君子谷等国家级、省级自然保护区或风景名胜区建设过程中，涉及原有居民迁出安置，居民后续的生活补偿和工作安排等诸多问题尚未有统筹考虑。以齐云山村为例，齐云山国家自然保护区缓冲区，需逐步迁出。目前，齐云山村人均毛竹 8 亩，年人均毛竹收入约 2 万元，再加上山茶油人均 7 500 元，四口之家的年均收入可以达到 10 万元左右，即使由于实际情况可能存在系数，也有较为可观的收入。但迁出原居住地之后，即使有一次性补偿或者是按每亩 18 元进行补偿，远达不到原收入。二是在崇义县部分饮用水水源保护区内，禁止畜禽养殖和大部分农业生产，原有居民的生产生活受到影响。例如，铅厂镇饮用水水源地位于长河坝村，由于被列入一级饮用水水源地保护区，原有养殖产业、竹木加工产业全部清除，300 余亩的脐橙全部退出，虽然给予了一次性补偿，但对于当地村民长期性收入影响较大。如何通过创新生态补偿机制，使这些受到影响的原居民在迁出或者产业结构调整的前提下收入不受影响，或者将影响降至最低是下一步工作中应重点关注的事项之一。

（三）执法改革推进缓慢

调研发现，崇义县目前机构改革尚未完全到位，执法主体责任亟须落实，导致在具体工作中出现执法主体责任不明确的问题。如建筑施工扬尘管理工作，目前由生态环境部门、城管部门、住建部门（质检所）共同负责，但没有明确主要责任部门，这就可能造成执法交叉或者执法监管空缺。同时，在餐饮油烟、噪声管理等方面也存在职责不明确的问题。

（四）乡村饮用水安全应高度关注

调研组实地考察了崇义县饮用水水源地、上堡乡饮用水水源地和竹溪村饮用水水源地。对县、乡两级饮用水水源地定期开展监测，能够确保饮用水的卫生安全。但村级饮用水水源地建设较慢，监测能力尚需进一步提升，农民饮用水安全值得高度关注。

（五）专项资金使用效率不高

目前，生态环境专项资金专款专用，避免了挪用和滥用，确实取得了一定成效。但部分专项资金安排上欠缺科学性。例如，2014 年崇义县生态环境监测工作突出，通过国家三级站验收，奖补 150 万元，但明确规定，这 150 万元只能用于监测能力建设。而在监测能力建设已经非常好的情况下，硬性规定奖补款仅能继续用于监测能力建设，而不能用于已有监测能力的配套人员培养与聘用，一方面造成了监测硬件设备的闲置，另一方需要的人员不能及时补齐，未能把有效的专项资金用在短板和刀刃上。

此外，在崇义县生态环境保护工作中，还存在监测点位设置不够合理，监察执法人员不足，历史遗留的 23 个废弃矿点约 72 万吨废石及尾砂处理等具体问题，需要在今后的工作中高度关注并予以解决。

四、建议意见

在总结好崇义县好经验、好做法的同时，针对以上存在的问题，我们提出以下意见建议。

（一）创新发展理念

支持崇义县创建国家“绿水青山就是金山银山”实践创新基地和国家生态旅游示范区，将“农旅结合”作为打通“绿水青山就是金山银山”的重要途径，鼓励农户发展油茶、杨梅、刺葡萄、毛竹、竹鼠等特色种养业。鼓励当地农民依托秀美风光，发展集餐饮、住宿、向导、挑山工于一体的农家乐，促进形成“绿水青山就是金山银山”。积极引导搬迁农民作为护林人员、瞭望人员、管理人员等参与保护区建设。建议进一步支持并指导创建国家第三批“绿水青山就是金山银山”实践创新基地，支持崇义县阳明山、上堡梯田、君子谷、齐云山等申报国家生态旅游示范区。

（二）探索基层生态补偿机制试点

在当前生态补偿试点的基础上，允许崇义县在国家生态补偿大政策前提下，结合自身实际情况，开展县级生态补偿多元化试点工作，针对生态环境保护搬迁、饮用水水源地保护等具体工作，探索建立适合县级的生态补偿政策。如从县自来水费用中提取部分资金，用于补偿饮用水水源地居民；安排搬迁居民进行护林工作或维护自然保护区工作，保障其基本收入；等等，做到生态环境保护和经济社会发展双赢。

（三）加快县级执法改革

结合生态环境系统监测监察执法改革工作，指导支持崇义县尽快完成执法体制改革，厘清各部门职责，进一步提高执法效率。

（四）加强农村饮用水安全监测

进一步重视乡村级饮用水水源的卫生安全，特别是对村级饮用水水源要定期开展卫生监测，确保饮用水安全，切实维护好广大农村地区农民群众的身体健康。

（五）加大对崇义污染防治与监测的支持力度

进一步加大对崇义县水污染防治、土壤污染防治项目库建设的指导支持力度，积极协调纳入中央项目储备库，支持崇义县开展流域环境管理模式探索试点。统筹考虑监测断面设置，优化资源配置，减少监测、运营的不必要支出。加强人员队伍建设投入，确保地方监测站行使好监督监测、应急监测等职能。

“河道三长”破解县域水环境污染难题调研报告

李庆旭　石婷　刘志媛
（中国生态文明研究与促进会）

2017年元旦，习近平总书记在新年贺词中发出“每条河流要有‘河长’了”的号令。这是情系民心的庄严承诺，也是维护河流健康的号令动员。全面推行河长制是破解我国新老水问题、保障国家水安全的重大制度创新。近年来，安徽省绩溪县高度重视全面推行河长制工作，2017年在安徽省率先启动实施河长制，任命了“行政河长”“民间河长”“河道警长”，建立了“河道三长”共治的工作局面。2019年6月25—26日，中国生态文明研究与促进会秘书长刘青松同志带队赴绩溪县开展流域水环境污染防治创新实践调研活动。

一、背景情况

（一）水资源丰富，生态功能地位重要

绩溪县地处黄山山脉与天目山山脉的结合带，长江水系与钱塘江水系的分水岭，是新安江、青弋江、水阳江的源头。境内水资源十分丰富，全县2千米以上河流达到117条，河流总长831千米，河网密度为0.75千米/千米^2，其中主要河流16条；主河道长30千米以上的有登源河、大源河和扬之河，三大河流流域面积585千米^2，占全县总面积的53%。遍布村庄左右的溪流为绩溪增添了几分灵动，像是最柔美的丝带环绕在连绵青山之间。宋代诗人杨万里盛赞：“泉从山骨无泥气，玉漱花汀作佩声”。

（二）重经济轻环境，初尝环境恶化苦果

改革开放之初，绩溪开始了“强工富县”的艰难探索。虽然工业经济总量有所攀升，但在生态环境上却导致了“狼烟四起”和“废水肆流”的恶果。曹渡桥上游1 000米的河段，集中了化肥、制革、草浆造纸3家排污大户，年废水排放量数百万吨，曹渡桥下

游河段连年被上级生态环境部门定为劣Ⅴ类水质，基本失去水体功能。下游歙县居民不堪污染，投诉不断。

（三）践行河长制，绿水青山惠泽人民

党的十八大报告对推进中国特色社会主义事业作出“五位一体”的总体布局，给前进中的绩溪在谋划发展的指导思想层面带来了前所未有的深刻启迪，工业与生态并重且逐渐成为绩溪社会经济发展的主题，守护“绿水青山”、保护生态环境成为决策社会经济发展的重要考量因素。这一时期正是财政部、原环境保护部酝酿、启动和推进新安江流域生态补偿机制的重要阶段，绩溪县紧紧抓住国家首个跨省生态补偿体制机制创新的契机，“咬定青山”，抓机制、谋转型，争项目、重投入，强管理、严监管，开始了流域水生态环境综合治理工作的探索与思考。

2017年，绩溪县按照“源头治水、科学治水、分级管理”的原则和“明确目标、落实责任、长效监管、严格考核”的要求，以治水为突破口，任命“行政河长”、招募“民间河长”、设立“河道警长”。在河长制“水清、河畅、岸绿、景美”的基础目标上，自我加压提出“鱼跃”的目标，即“水清、河畅、鱼跃、岸绿、景美”，以河道水生物的多样性来检验绩溪的水生态环境。县境内大到一条河，小到山里的一条溪都有人“贴心看护”。如今，绩溪县出境断面水质类别从屡被邻县投诉的劣Ⅴ类提升到稳定达标的Ⅱ类，基本实现了“水清、河畅、鱼跃、岸绿、景美”的目标。

二、主要做法

（一）落实领导责任，搭建四级“行政河长”

绩溪县高位推动，成立由县委、县政府主要负责同志担任组长，县直有关单位为成员单位的全面推行河长制工作领导小组，明确成员单位工作职责和责任；县委常委、县政府常务副县长担任领导小组办公室主任，县政府分管副县长任第一副主任。

建立县、乡（镇）、村（社区）、组四级“行政河长”体系。县级总河长由县委书记、县长担任，县级河长由县级领导干部担任。乡、村、组级河长，由同级负责同志担任。目前，全县共设置四级“行政河长”499名，其中，县级河长29名，乡镇河长96名，村组河长374名，形成了密集的河长覆盖网络。

（二）激发群众热情，率先招募“民间河长”

为激发全县广大群众参与河长制工作的热情，绩溪县在全省率先向社会公开招募“民间河长”，通过个人申请、组织推荐和审查等程序，共招募民间河长165名，其中县级民间河长27名，乡村组级民间河长138名，对“民间河长”实行“五个一”管理（建立1个微信群，向每位“民间河长”发放1张聘书、1个巡查标识、1份自律书、1本巡查日志），并出台《绩溪县推行“民间河长”制度实施意见》《绩溪县“民间河长”考评奖励办法》，充分发挥每个河长巡查员、宣传员、参谋员、联络员、示范员等“五员”作用，负责河段水质状况、卫生状况、违法捕捞、涉水违章搭建的监督举报。见图1。

图1　绩溪县“河道警长”“民间河长”职责公示牌

（三）强化打击查处，同步设立“河道警长”

为全力服务保障河长制工作的顺利推行，绩溪县同步开展了“河道警长”工作。县公安局层面做好与县“河长办公室”工作职能分工和服务保障工作的联系配合对接，派出所层面做好与辖区各行政村的工作对接，确保了“河道警长”与“河长”的无缝对接。为了实现“河道警长”流域全覆盖，工作无盲区，绩溪县建立了三级“河道警长”体系。县级层面，由公安局党委成员担任所联系派出所范围内的县级河流（河段）的“一级警长”；乡镇层面，由属地派出所所长担任乡镇河流（河段）的“二级警长”，由派出所责任区民警担任防区对应河流（河段）的“三级警长”。目前，全县共设立县级河道警长27名、镇村河道警长79名。各级“河道警长”共计巡查走访1 100余次，出动执法人员 720 人次，批评教育 420 余人次，查处相关案件 35 起，罚款 11 万元。

（四）坚持示范引领，大力实施“三园同创”

绩溪县结合自身实际，选择境内的“扬之河城北入口段”“登源河龙川段”“翚溪水库”3 处启动实施了河长制示范点创建，着力打造“三园”样板。一是与“城”结合，打造河长制水生态“公园”样板。在扬之河城北入口段兴建蓄水、拦水、亲水工程，延伸城区环境水面 3 千米，有效增加蓄水，同时对王家源河进行清淤治理，利用练江（临溪段）防洪治理工程、扬之河高标准农田综合开发项目，治理上游水环境，改善该示范点的水生态。二是与“旅”结合，打造河长制水生态“田园”样板。依托登源河畔重点旅游名胜区龙川景区，将龙川溪、登源河与古村落历史保护和旅游经济发展相结合，拓展旅游业外延。三是与“林”结合，打造河长制水生态“绿园”样板。依托翚溪水库，绩溪县以“林”为媒，建设库区道路、防护门，并对水库周边及水面环境进行多次清理，着力把翚溪森林公园打造成山水相融的河长制水生态“绿园”，如图 2 所示。

图 2　与“旅”结合的河长制水生态田园

（五）开展专项整治，持续改善河湖面貌

开展入河排污口专项整治，对摸排出的 14 个入河排污口全面进行核查、登记、建档、立牌、审批等整改工作，做到分类施策。开展固体废物及“清四乱”排查整治，对排查出的 129 个固体废物点位进行整改清理，深入开展河湖“清四乱”专项整治工作，对排查出的 4 个问题进行挂牌销号处理，并建立长效管理机制，累计出动联合执法行动

2 600 余人次。开展河道采砂治砂专项整治，对 14 家涉河道采砂制砂点进行全面整改，签订关停、退让协议。开展小水电整治，对 48 座水电站逐一进行排查，分类施策，逐一拟定整改方案。加强河道治理，对金沙河、扬之河、登源河、徽水河、戈溪河等多条河道进行治理，实现了全县重要水功能区水质达标率达 100%。见图 3、图 4。

图 3　金沙河　2018 年 11 月未整治前和 2019 年 3 月整治后效果对比

图 4　扬之河　2018 年 8 月未整治前和 2019 年 3 月整治后效果对比

三、典型经验

（一）坚持问题导向，延伸河长视角及时发现问题

习近平总书记反复强调，要坚持问题导向，坚持底线思维，把问题作为研究制定政策的起点，把工作的着力点放在解决最突出的矛盾和问题上。绩溪县在推行河长制工作过程中，创新招募“民间河长”的出发点就是将“民间河长”定位为流域水环境管理的

“延伸视角”。“民间河长”身处最基层、最前线，能够及时掌握和发现影响水资源保护与水生态环境质量的各类信息及动态，第一时间发现问题、反映问题，进而有针对性地解决问题。绩溪“民间河长”的推行真正意义上打通了河长制“最后一公里”，保证了“每条河流都有河长”的目标。截至目前，全县“民间河长”共提供各类信息 1 600 余条，有效协助“行政河长”开展了工作。

（二）创新工作机制，建立全社会治水的工作格局

绩溪县创新河湖长联动工作机制，开展“行政河长”“民间河长”“河道警长”“技防河长”“四长”共治，落实县、乡、村、组四级河长，牵头责任单位包保责任，构建县—乡、乡—村、村—组的网格式责任体系。强化责任担当，常态化、制度化、精细化地开展巡河监管活动，推进河湖治理管护问题整改落实，逐步建立了从政府治水到社会治水的工作格局。见图 5。

行政河长

民间河长

河道警长

技防河长

图 5 “四长”共治

在县级推行河长制工作的基础上，绩溪县的各乡镇也分别先行先试，开拓创新。华阳镇创新河长制管理工作方式，根据河道分布情况，划分网格，积极探索河长制“网格化”管理；上庄镇创新“党建+河长制”工作，开展由人大代表、党员、志愿者参加的河道清淤保洁工作；长安镇大力实施禁渔工作，充分利用综治监控网络，甄别电鱼、药鱼、捕鱼隐患；板桥头乡在下溪村利用河道发展生态养殖，制定村规民约，掀起全民河长热潮；扬溪镇以“相约河长制，牵手母亲河”为主题，开展党员固定活动日活动；瀛洲镇率先在全县制定民间河长工作方案并组织了河道保护志愿者行动；荆州乡开展河长制工作示范村建设，并出台了《荆州乡河长制示范村评比办法》；伏岭镇在完善四项基本会议制度的同时，制定出台了《伏岭镇河道管护考核办法（试行）》，激励参与河道管理的村组和管护员。

（三）营造良好氛围，逐步提高群众护水治水意识

2017 年以来，绩溪县的“民间河长”们以进企业、进农村、进社区、上街道等方式深入群众，开展保护水资源等宣传公益活动 4 次，到扬之河、登源河、大源河、戈溪河等主要河道进行集中开展保护母亲河志愿服务活动 7 次，协助参与部门开展河长制主题活动 50 余场次，累计发放宣传单 3.5 万份。每周开展不少于 1 次的巡河巡查活动，建立“民间河长巡河台账”，165 本巡河台账记录了他们的巡河足迹，见证了每条河流逐渐向好的变化；提供水质状况、卫生状况、违法捕捞、涉水违章搭建等各类问题线索 1 600 余条，劝阻垂钓人员 300 余人次；为加强河道管护工作建言献策 23 次，在全面推行河长制工作中发挥了积极作用。

河长制工作推行伊始，部分群众依然抱持“和我没关系”的态度，在河道管理范围乱扔垃圾、乱采乱挖、侵占岸线、搭建违章建筑。当“河长”巡河发现并发出第一张河道问题整改通知单，大家意识到“河长”不是徒有其名，巡河不是走走过场。“民间河长”们风雨无阻的巡河身影，向社会各界展现了绩溪县保护绿水青山的决心和信心，让社会各界知道保护每一条河流不仅仅是政府行为，更是每一个群众的责任和义务。如今，绩溪县全民治水进入常态化，老百姓都意识到河流资源得到合理保护，旅游资源品质才能提升提高，才能带动全县的旅游经济，自己的“钱袋子”才能鼓起来。

四、工作建议思考

绩溪县自 2017 年全面推行河长制以来，水生态环境治理取得了明显成效，但也存在着各部门、各乡镇思想认识不到位、工作主动意识欠缺，乡镇村级间工作进展不平衡、

推进力度不足，河道建筑垃圾的倾倒现象时有发生、该如何处置，“民间河长”约束力不够、工作积极性不强等问题。为进一步推动流域水生态环境保护从“河长制”到“河长治”再到“河长清”，项目组提出以下四点工作建议。

（一）依托“互联网+”，打造“智慧河长”管理模式

将河流信息、巡河信息以及群众举报的信息汇总，纳入河长制管理数据库，打造“智慧河长”管理信息共享平台和“河长”巡查轨迹查询系统，实时了解每个河道、村落监控点动态，做到河道监管全天候、无死角，反馈“零延迟”。

（二）疏堵结合，加快推进建筑垃圾综合利用

全面规划，合理选址，高标准、高质量地建设建筑垃圾消纳场，深入推进建筑垃圾减量化，促进资源化利用，从源头杜绝建筑垃圾乱倾乱倒、私设消纳场等现象，让建筑垃圾“有家可归”。

（三）完善长效机制，推动治水由“治标”到“治本”

结合绩溪实际大胆创新实践，探索涉水项目边建边管的新路子。织密织牢河长制工作的制度之网，严格执行河长巡河、河长会议、工作督察等制度。完善考核问责机制，进一步量化对河道巡查保洁员、各级河长及“民间河长”考核标准，完善登记台账，确保履职到位。注重河长专业技能培训，提升河长专业化管护水平，增强管护实效。充分运用检查和社会监督机制，压实属地责任、部门监管责任，推动河长制各项工作落实落细。

（四）拓宽宣传渠道，营造全民参与良好氛围

通过日常河道巡查清理工作，对沿岸居民开展水生态环境保护常识宣传教育，提高辖区群众的生态保护意识，形成全社会人人知晓、共同关心、主动参与、积极监督的河流管理保护的良好氛围。

四川省洪雅县畜禽养殖污染防治调研报告

丘锦荣　郭梅　张玉环　吴国增　陆俊卿
（生态环境部华南环境科学研究所）

四川省眉山市洪雅县地处四川盆地西南边缘，面积 1 896.49 千米^2，人口 35.08 万（2016 年），其中城镇人口约 10 万人。规模化畜禽养殖是洪雅县的农业支柱产业，产值占全县农业产值的 60%以上。据估算，洪雅县 2016 年畜禽养殖排粪量 85.7 万吨，排尿量 65.1 万吨，粪污排放总量为 150.8 万吨。大面积的畜禽养殖、低层次的污染处理，给当地农村人居环境、周边河流及生态环境造成了一定的污染，一度成为洪雅县安溪河水质恶化的主要原因之一。为全面改善全县农村环境质量，保护农村饮用水和农产品安全，实现畜禽养殖与环境保护的可持续发展，洪雅县在 2016 年颁布实施了《洪雅县畜禽养殖污染综合防治规划》，全面启动畜禽养殖污染治理专项行动，走出了一条“疏堵并重、循环利用、机制保障”的路子，有效地改善了农村环境质量。

一、洪雅县畜禽养殖污染防治主要做法

（一）疏堵并重——优化畜禽养殖布局，落实污染防治措施

（1）科学规划、优化布局

洪雅县严格按照国家及地方有关要求，科学划定禁养区、限养区和适度养殖区范围，除饮用水水源保护区等敏感区域外，县内重点流域和水库周围 500 米范围均划为禁养区，并明确规定了不同区域污染防治措施和污染物排放达标要求。同时，编制了《洪雅县现代循环农业发展规划》，确定“两带、六区、多点”空间布局，确保养殖业粪污有储存池和消纳土地，种植业有可靠、高质的有机肥来源。

（2）健全档案、限期整改

政府按照禁养、限养、适度养殖区标准，建立畜禽污染整治档案，做到“一户一档”。开展畜禽养殖污染“百日整治行动”，查处各类养殖污染事件 11 起，处罚 3 起，

依法拘留 2 人。禁养区共关闭规模畜禽养殖场（专业户）101 家，完成整治畜禽养殖场（户）1 262 家。

（3）限期关闭、适度补偿

制定了《关于禁养区规模养殖场（小区）、专业户关闭补偿实施办法》，规定凡 2017 年 10 月 31 日前禁养区内关闭的养殖场（专业户），关闭 1 个，验收 1 个，兑现补助 1 个，禁养区内需关闭搬迁的规模养殖场（专业户）超过 2017 年 10 月 31 日进入强制关闭的不再补偿。补偿标准为：禁养区内关闭的规模养殖场（小区）、专业户按圈舍 100 元/米^2、沼气池 100 元/米^3、沼液贮存池 50 元/米^3、干粪堆积棚 20 元/米^2、成年种猪 500 元/头给予补助。

（二）循环利用——探索资源综合化利用，发展循环经济

作为四川省第一批农业循环经济项目试点县，洪雅县积极探索有效利用禽畜粪便发展种养循环经济的路子。经过多年的不懈努力，完善了沼液管道输送灌溉技术，累计完成投资 6 000 余万元，修建沼液存储池 12 口共 5.2 万米^3、铺设沼液输送管网 500 千米，基本建成设施齐全、功能完善的种养循环经济示范区 5 万亩，全县畜禽粪污资源化利用率达 94.3%，有力地促进了全县绿色有机农产品示范区建设，成为四川省种养循环经济发展典范。

（三）机制保障——全方位落实保障机制，持续规范管理

（1）组织保障、形成合力

洪雅县将发展种养循环经济作为推动农业现代化的有效途径，每年写入政府工作报告，纳入年度目标考核，全过程督促检查。同时，成立了种养循环经济工作领导小组，不定期召开农发、农牧、环保等涉农部门和相关乡镇参加的工作联席会议，及时解决种养循环推进过程中的困难和问题，形成县、乡、村、组四级合力，全力推进种养循环。整合财政、农发、农牧、水务等部门的基本口粮田、幸福美丽乡村、高标准农田、农发产业带、农业循环经济、有机肥生产试点等，投入财政资金 8 099.3 万元，建成中保现代农业循环示范园区 1.5 万亩，实现了田网、路网、渠网、沼液输送管网的“四网配套”，土地规模化种植 90%以上，实现了农民和园区业主的双赢。

（2）科学保障、技术创新

针对种养循环技术在国内尚处于起步阶段、规范和模式缺乏统一等问题，洪雅县每年投入 100 余万元，鼓励新发明，推广新技术，成功改良牛粪干湿分离、沼液固液分离、粪污管道防堵等技术 10 余项，提升了生产效率，解放了农村劳动力。

（3）管理保障、持续发力

制定发布了《洪雅县农业循环经济设施管护办法》，按照属地管理与市场运作相结合的方式，由专业公司严格按照制度进行设施管理、维护等，将权、责、利明确到每个环节，建立有人管理、有人维护的长效机制，确保效益共享、利责挂钩。目前，每立方米沼液处置费由养殖企业支付 3 元，政府补贴 3 元。

二、洪雅县畜禽养殖污染防治取得的成效

（一）因地制宜地建立了种养循环模式

打破了“就污染治污染”的传统工作模式，以种定养、以养促种，使种植业和养殖业相互补充、相互促进，找到了现代农业绿色发展的好路子，突破了畜牧业污染治理难的“瓶颈”，降低了化肥施用量，促进了种植业的绿色发展、养殖业的可持续发展和农民的增收。

（二）有效改善了农村人居环境

种养循环从根本上解决了畜禽养殖污染的问题，降低了畜禽养殖粪污对地表水环境的影响，其中安溪河水质迅速由劣Ⅴ类升为Ⅳ类或Ⅲ类水质，直接改善了农村生产生活环境，有力推进了生态文明建设。2016 年洪雅县被评为国家生态县、全省现代农业示范县、有机产品认证示范县，四川唯一、全国 19 个首批中国生态文明奖获得县。

三、启示与建议

（一）建立多部门协同共推畜禽养殖污染防治的格局

全面落实政府、部门和养殖户主体责任，切实明确政府推进工作责任和完善治理机制，县级以上政府应成立畜禽养殖废弃物处理与资源化利用工作办公室，统筹发展改革委、公安、财政、自然资源、生态环境、农业农村等相关部门协调推进。生态环境部门结合畜禽养殖污染防治特点，建立完善污染物排放监管及考核评估机制；农业农村部门结合畜禽产业发展需求，加强基本农田保护及废弃物综合利用的指导和服务；财政部门完善以绿色生态为导向的农业补贴制度；发改与税务部门逐步完善沼气发电收购与税收免征政策；自然资源部门完善规模养殖场及废弃物资源化利用工程用地审批政策；科技

部门加大畜禽养殖粪污治理与资源化利用关键技术攻关力度，强化技术集成和应用。

（二）实施规划引领，优化空间布局

空间布局不合理是造成种养无法实现平衡的根本原因。应遵循"种养平衡、循环利用"理念，以生态保护红线、永久基本农田、城镇开发边界为控制线，以环境容量与区域养殖承载量核算结果为依据，全面统筹与优化种植业、林业和畜禽养殖业空间布局。深入落实农业供给侧结构性改革，以"减猪稳鸡、发展牛羊"为导向，明确 2018—2025 年生猪养殖总量控制线。

（三）加强监督管理

将畜禽养殖污染防治要求纳入日常执法监管范围，制定畜禽养殖污染源现场督查指导性文件，加大监督检查力度，对存在环境违法问题的养殖场依法查处。严格执行排污许可证制度，推动规模化畜禽养殖场进行排污申报登记，依法申领排污许可证，建立畜禽养殖污染排放动态数据库。强化监督性监测，对畜禽养殖污染问题突出的区域，要加强水质监测和污染物溯源分析，开展畜禽污染防治效果评估和养殖场信用等级制度，并制定相关的奖惩措施。

（四）强化科技支撑，创新治理模式

修订《畜禽养殖业污染物排放标准》，加严 COD、氨氮、总氮、总磷等指标排放要求，完善抗生素、重金属等非常规指标限值。进一步完善畜禽养殖场污染防治最佳可行技术指南、畜禽养殖清洁生产指标体系及技术指南等技术标准体系。加大创新开发投入力度，用国家科技计划项目等科技发展专项资金设立生态养殖及养殖废弃物综合利用研发项目，重点研究具有经济性、适宜性和普及性的治理技术和监督管理技术，组织开展技术示范推广，提升污染防治水平。利用"互联网+"技术，构建畜禽养殖实时监控网络。利用移动终端和云计算应用开发技术，创新畜禽养殖污染防治管理模式，耦合监测信息公布、信息管理系统公开、环保投诉举报和环境监管执法等各方面管理信息，不断增加畜禽养殖污染防治信息公开的时效性和实效性，提升畜禽养殖污染防治管理水平。

（五）完善扶持政策

建立与畜禽养殖污染防治功能相适应的财税支持机制。设立省级畜牧大县畜禽养殖废弃物资源化利用扶持资金，推动完善有机肥生产、使用补贴政策，落实畜牧业发展扶持资金和畜禽粪污综合利用试点项目，支持规模养殖场配套建设粪便无害化处理设施设

备。出台有利于有机肥生产和使用的土壤有机质提升奖励和扶持政策，完善畜禽养殖污染防治设施工程建设的用地政策。完善畜禽养殖行业财税政策，构建畜禽养殖污染防治工程投资机制和补助模式，充分调动地方积极性。积极探索运用财政支付、金融贴息、税收减免、价格优惠等经济手段和政府购买服务等机制模式，引导和鼓励各类金融机构增加对畜禽养殖废弃物资源化利用的支持力度。本着“谁投入，谁获益”的原则，推动建立企业、政府、社会多元化投入和利益分享机制，不断提高畜禽养殖废弃物处理利用的专业化、市场化和产业化水平。

深入推进“十四五”土壤污染综合防治的思考与建议

孙宁　丁贞玉　张岩坤　郝占东
（生态环境部环境规划院）

一、引言

在《土壤污染防治行动计划》和《中华人民共和国土壤污染防治法》的指导和保障下，“十三五”时期我国土壤污染防治各项任务有序实施，各项目标指标有望实现。但总体上我国土壤污染防治仍然底子薄、基础差、经验缺乏，按照怎样的思路和重点深入推进“十四五”土壤污染防治，成为非常重要的环境管理决策问题。

土壤污染防治先行区是开展土壤污染防治政策机制设计和工程项目先行示范的重要区域。当前先行区建设过程中存在的突出问题，可以在很大程度上反映出我国存在的问题。为此，生态环境部调研组以湖北省黄石市为国家级先行区代表，以广西壮族自治区柳州市为省级先行区代表，于 2019—2020 年多次赴两地开展深入调研和座谈，总结出“十三五”期间黄石和柳州两地土壤污染防治的主要进展和成效，分析出面临的主要问题和矛盾，结合党的十九届五中全会精神要求，思考国家层面上 “十四五”深入推进土壤污染防治主要思路，以期为生态环境部进一步谋划国家土壤污染防治重点和任务、推进先行区土壤污染防治提供决策参考。

二、主要进展和成效

“十三五”时期，黄石和柳州先行区建设取得的进展与成效主要表现在如下四个方面：

（一）制度先行，搭建起市级层面土壤环境管理框架体系

黄石和柳州两地非常重视土壤环境管理制度体系的建设。“十三五”期间黄石市先

后制定了工业企业退役场地再开发利用的环境安全管理办法、污染地块风险管控和修复管理办法及实施细则，率先制定了印制电路板行业企业土壤及地下水污染风险防控技术指南和工程项目效果评估技术指南。柳州市从 2018 年开始，先后制定了《建（构）筑物拆除土壤污染防治技术指南》《重点监管单位自行监测技术指南》《土壤污染重点监管单位周边土壤环境监测技术指南》等 8 份规范性文件。通过这些管理文件的制定，搭建起富有操作性和针对性的市级土壤环境管理框架体系，既落实了国家相关制定要求，又有效规范了两个先行区的土壤环境管理。

（二）多部门联动，从体制机制和责任分工上把好关

两个地级市均重视多部门联动工作机制的建立，生态环境部门主动加强与农业农村、自然资源、住建、发改、规划等部门之间的沟通与衔接，从各自职责出发，围绕农用地和建设用地安全利用目标，制定联动管理办法，从环评、土地流转、用地审批、开发利用等不同环节把好关，形成较好的工作机制和成效。

（三）加强土壤污染源头防控，提升重点监管企业土壤环境管理能力

两市注重工业固体废物堆放场所整治和化肥农药面源污染控制，尤其是在产企业防控方面，通过技术培训、编制指南性文件，不断督促重点监管企业提高土壤环境意识。黄石市制定了《重点监管企业土壤与地下水环境监测技术指南》和《重点监管企业土壤污染隐患排查技术指南》，柳州市制定了《土壤污染重点监管单位土壤及地下水环境自行监测技术指南》等 5 份指南性技术文件，举办了多次在产企业土壤环境管理培训，在源头防控上取得了较好成效。

（四）加强工程项目全过程管理，探索管控与修复经验

黄石市制定了《专项资金管理办法》《招投标管理办法》《调查报告评审规定》，对资金管理、招投标和调查报告编制等关键环节进行管理。“十三五”期间黄石实施了 10 余个管控与修复工程项目，柳州实施了 5 个重点工程项目，两市均选择典型项目开展技术与项目管理模式的探索与总结，黄石形成了大型污染地块规划与修复联动模式、农田污染源头控制与安全利用技术模式。

三、当前存在的主要问题

两个先行区存在的主要问题表现在如下五个方面，这些问题在全国具有普遍性和

代表性。

（一）各方对土壤污染防治法律制度的认识和理解仍不到位

我国全面推进土壤污染防治刚刚起步不久，包括黄石和柳州在内，社会各界，尤其是在产企业领导者和环保工作管理人员、社会公众对土壤污染防治的责任和要求、环境影响评价导则（土壤环境）的要求等尚不能充分认识和理解。一些部门工作人员对法律不熟悉，对法律的理解认识和依法办事能力不足；部分企业负责人学法不主动，对法律制度规定不够了解，依法防治污染的意识不强；公众对法律法规具体内容知晓率不高。

（二）当前管控与修复活动不能很好地适应经济社会高质量发展的需要

经济社会高质量发展是我国经济社会发展的主线。土壤污染防治推进过程中，由于风险把控经验不足等，土壤污染修复与经济社会开发活动之间存在不匹配、不协调的问题，同时当前土壤环境修复资金来源单一的问题较为突出，持续有效推动“十四五”土壤污染防治的内生动力不足，亟须从实现土壤治理修复与土地资源增值之间协调互进的目标出发，在政策、技术、管理等方面进行创新，探索土壤环境修复新模式。

（三）工程项目进度总体偏缓，修复后土壤的去向和后续跟踪管理不明确

包括黄石市和柳州市在内，“十三五”时期实施的污染农用地和污染地块安全利用、风险管控与治理修复的总体进展较为缓慢，推进过程中技术路线变更、现场粗放式管理、资源能源消耗量较大、实施成效不稳定等问题较为突出，部分项目二次污染备受关注，尤其是修复后土壤的去向成为当前技术路线选择和工程实施进度的重要影响因素，对修复后土壤和地下水长期监管要求不明，资金保障难度较大。

（四）在产企业土壤污染防治各项制度的规范落实程度尚待进一步提高

受相关标准和规范缺乏或者出台时间晚，以及在产企业管理者认识不到位等因素影响，在产企业规范落实隐患排查制度、自行监测制度要求明显滞后，部分企业甚至存在排斥和推诿等现象。与此同时，在产企业土壤污染风险管控技术和工程经验非常缺乏，缺乏配套的鼓励性政策，也成为企业管理者持观望态度的重要原因。

（五）多部门联动仍需细化，全生命周期的土壤环境管理体系存在薄弱环节

包括黄石和柳州在内，多部门联动中还应进一步明确职责分工，建设用地规划许可、土地储备、出让、收回和续期等主要环节的监管要求还不够细化，多部门联动反应速度

和相互配合程度尚需提高。全过程生命周期管理中还存在名录退出条件、工程项目变更程序、现场监督检查、从业单位评价、跟踪监测评估等方面的问题需解决。

四、“十四五”土壤污染防治新阶段的特点分析

党的十九届五中全会审议通过的《中共中央关于制定国民经济和社会发展第十四个五年规划和二〇三五年远景目标的建议》明确了我国经济社会的“三新”特点，即我国即将进入新的发展阶段，必须坚定不移继续贯彻落实新的发展理念，加快构建新的发展格局。“三新”特点是指导我国深入开展“十四五”土壤污染防治、不断提高土壤安全利用目标的重要基础和前提。

新的时代和新的发展理念，决定了总体上我国土壤污染防治也将进入一个新的阶段。这个阶段的特点可概括为“责任落实为根本驱动、全面加快发展、增量与存量污染控制并重、重点补齐短板”。

（一）责任落实为根本驱动

《中华人民共和国土壤污染防治法》始终强调污染者或者土地使用权人应承担土壤保护与修复的责任，“十三五”时期主要由各级地方政府承担了土壤保护与修复的责任，但随着土壤污染责任认定相关办法和规范的出台与实施，我国土壤污染防治的驱动力将逐渐调整为责任机制下的土壤保护与修复，这也是“依法治污”的重要表现。

（二）全面加快发展

“十四五”作为面向2035年美丽中国基本建成和生态环境质量根本好转国家目标的开局之年，基于“十三五”的进展和取得的经验，在落实《中华人民共和国土壤污染防治法》各项任务和“生态文明建设取得新进步”的总体要求下，土壤污染防治各项任务必将呈现加速推进的总体局面。

（三）增量与存量污染控制并重

经济社会绿色转型发展必须解决好更好、更快地消除土壤存量污染和最大限度地减低增量污染的产生。“十四五”时期应重点解决我国土壤和地下水污染修复与管控技术及装备存在的水平较低、能耗较高、成效不稳定、后期管理薄弱的问题，推动技术可行、经济合理的技术体系不断成熟；尽快推进量大面广的在产企业土壤和地下水污染预防、应急、管控与修复体系的建立，通过大力推进土地资产全生命周期环境风险管理试点，

尽快建立起在产企业全生命周期土壤环境管理体系。

（四）重点补齐短板

在继承“十三五”土壤污染防治总体思路的原则下，继续深入推进各项任务，重点破解突出问题和薄弱的短板问题。

五、对“十四五”土壤污染防治思路的建议

结合调研发现的问题和“十四五”发展阶段的特点，提出“十四五”土壤污染防治总体思路为：

深入贯彻落实习近平生态文明思想，坚持保护优先、预防为主、风险管控，突出精准治污、科学治污、依法治污，全面贯彻《中华人民共和国土壤污染防治法》和《中华人民共和国固体废物污染环境防治法》要求，以确保农产品质量安全、人居环境安全、地下水饮用水水源环境安全，逐步改善土壤环境质量为根本目标，在深入开展土壤环境基础性调查的基础上，深入实施“保护”“预防”“管控”“修复”四大行动。深入推进工业企业和农业污染面源源头防治；大力落实在产企业土壤污染预防与风险管控；推动污染地块环境管理向全生命周期管理深化；不断提高治理修复工程项目技术水平和监管水平，切实形成一批先进的技术模式和监管模式；建立健全法规标准体系和土壤与地下水监测网络；全面提升监管能力水平，强化多部门信息共享和土壤环境管理信息化能力建设；切实建立从业单位信用管理体系和从业单位专业能力评价体系；推进治理体系和治理能力现代化，大力落实责任认定和责任制度，推动土壤环境修复从地产开发驱动向责任驱动阶段特点的转变，形成政府主导、污染者承担、全社会共同参与的土壤环境管理新格局，促进土壤与地下水资源可持续利用，为建设美丽中国进一步夯实土壤物质基础。

（一）保护行动

充分结合农用地污染详查成果和农用地土壤环境质量划定成果，对未受到污染的耕地大力落实好《中华人民共和国土壤污染防治法》提出的保护性措施，确保其面积不减少、土壤环境质量不下降，确保我国农用地土壤环境总体质量水平。自然资源主管部门批准土地复垦方案前，应当对拟复垦土地开展土壤污染状况调查，符合农用地土壤污染风险管控标准的，方可批准复垦。对“十三五”期间总体尚未涉及的未利用地，包括林地、草地、饮用水水源地和自然保护区等应进行保护的土地应尽快提上管理日程，通过制定相关制度和标准要求，切实推动这些类型用地的保护工作。

（二）预防行动

固体废物和危险废物作为土壤和地下水的重要污染源，应持续开展固体废物和危险废物贮存场所排查、调查与风险评估。选择典型在产工业企业和园区开展土壤和地下水环境调查评估、土壤环境风险预警监控体系和风险管控技术与管理综合试点。大力督促重点监管单位依法全面落实土壤环境管理各项制度要求，规范隐患排查、自行监测的实施，推动相关的配套性制度和鼓励性政策的研究制定。推动园区大气、水、固体废物和土壤污染综合解决方案和统筹一体的管理平台建设。

（三）管控行动

实际工作中纳入暂不开发利用风险管控计划的地块数量明显偏少，风险管控程序和技术缺乏规范性指导。为此，“十四五”期间应进一步加强对暂不开发利用地块风险管控相关的制度、标准、规范的编制工作，切实落实考核、监督、执法等工作。加强在开展土地综合整治、废弃矿山整治、绿色矿山建设等山水林田湖草整治过程中对土壤和地下水的预防、保护与管控工作力度。

（四）修复行动

“十四五”重点破解六个方面的问题：一是破解当前土地开发利用时间任意压缩土壤调查评估和修复工程实施正常和必要的时间周期，造成土壤修复全过程不确定性和隐患较为突出的现实矛盾。二是破解模式创新问题，积极探索土壤调查评估和修复全过程咨询服务模式，通过试点加快推进“治理修复+开发利用”制度创新，通过加强承诺制和监督管理力度，破解政策障碍。三是破解当前修复后土壤性质的认定和认识的问题，以及修复后土壤资源化利用相关制度和规范缺乏的突出问题。四是破解污染土壤治理修复或风险管控后期环境监管薄弱的问题，制定相关的制度、规范，认定责任，明确资金来源。五是破解修复工程技术规范和标准缺乏的现实问题，推动在二次污染防治、修复工程设计、工程造价控制、协同高效多技术集成等方面进行经验总结，建立起我国污染耕地安全利用、污染地块修复与风险管控成熟适用的工程、技术、经济、项目管理和监管等五大体系。六是破解土壤污染风险应急管理体系的研究和建设滞后的问题，将土壤环境应急处置修复工程和与此相对应的管理、技术和装备等放在更加重要的位置加以重视和落实。

美国严重事故监管要求发展及现状调研报告

杨志义　宋明强　丁超　种毅敏　王小海　柴国早
（生态环境部核与辐射安全中心）

一、研究背景

严重事故虽然发生的概率较低，但后果极为恶劣。1979 年美国三哩岛核事故、1986 年苏联切尔诺贝利事故、2011 年日本福岛核事故对人类社会造成了巨大影响。截至目前，我国共有运行机组 49 个，在建机组 13 个，总机组数位居世界第二。随着国内核电机组的持续增多，保证核安全对保护公众和社会安全以及核电“走出去”等国家战略起着关键性作用。福岛核事故发生后，主要核电国家和机构［如国际原子能机构（IAEA），美国、西欧监管者协会（WENRA），日本、法国、俄罗斯、韩国等］都已开展与核电厂严重事故相关的法规制（修）订，这一问题显得尤为重要。

美国作为核安全研究的先驱，经过几十年的研究发展，形成了一套完整的核安全法规标准体系，相关文件如联邦法规 10CFR 系列、监管导则 RG 系列、技术文件 NUREG 系列的一些技术方法和准则已成为国际上多个国家核电设计和安全审评的重要参考。在严重事故方面，美国在三哩岛事故后实施了“三哩岛行动计划”，率先对压水堆严重事故进行研究和建立法规标准，形成了一系列的重要成果。“9·11”和福岛核事故发生后，相关要求得到不断研究和充实，迄今为止，美国已形成国际上最完整、最清晰、最先进的核电厂严重事故监管体系之一。

我国针对严重事故及法规标准的研究较晚，在福岛核事故发生后，我国短时间内颁布了《福岛核事故后核电厂改进行动通用技术要求（试行）》，核电厂实施的改进效果仍待进一步评估。2019 年年底美国经过近 10 年的研究，形成了 10CFR50.155 系列，针对应急运行规程（EOPs）、严重事故管理指南（SAMG）和大范围损伤管理导则（EDMG）等进行了进一步的研究和整合，这也可以作为我国开展相关研究的重要参考材料（图 1）。

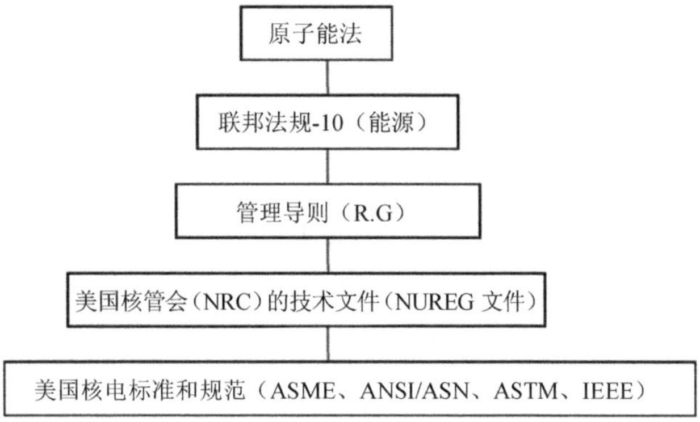

图 1　美国核安全监管体系示例

本调研报告对美国严重事故监管要求开展了详细调研，并分福岛核事故前、后两个阶段，阐述了超设计基准事故/严重事故的监管要求变化及最新进展，最后进行了总结，其内容对我国相关工作的开展、监管要求的制定具有重要的参考价值。

二、美国对严重事故的管理演变历史

美国核管会（NRC）对严重事故的监管可归纳为三个阶段。

（一）早期研究与起源

世界上首先研究严重事故后果的是美国原子能委员会（AEC），其在 1957 年发布了 WASH-740。1961 年以后，美国针对核电厂选址问题，发布了 10CFR100“反应堆选址准则”以及厂址源项相关报告 TID-14844。为探讨核电是否安全，1975 年美国麻省理工学院拉斯姆森教授团队发布 WASH1400“反应堆安全研究”（RSS），并开始认识多重失效和严重事故，然而，此报告当时并没有得到足够的重视。1979 年三哩岛核事故的发生几乎重现了 WASH1400 的事故序列，验证了 WASH1400 的重要性，自此核电厂的严重事故才被人们重视起来，安全研究的重点集中在小破口失水事故（SBLOCA）、人因、规程等方面，特别是核电厂严重事故的研究。

（二）快速研究与发展

三哩岛事故后，严重事故在监管和业界均得到了快速发展。为了识别核动力厂特定的可通过低成本改进的严重事故相关薄弱环节，美国 NRC 实施了单个核动力厂薄弱环节评价（IPE）计划。通用信函（GL88-20）给出了指导核动力厂进行薄弱环节评价的定量筛选准则，包括以下几个方面：

（1）任何导致堆芯损伤超过 1E-6/堆年的功能序列。

（2）任何对总堆芯损伤频率贡献超过 5%的功能序列。

（3）堆芯损伤频率超过 1E-6/堆年的功能序列，这些序列会导致安全壳失效且放射性超过 WASH-1400 中定义的“BWR-3”或“PWR-4”的释放类。

（4）堆芯损伤频率超过 1E-7/堆年且导致安全壳旁通的功能序列。

（5）参考以前概率安全分析（PSA）经验或工程判断，认为对堆芯损伤频率或安全壳性能恶化有重要贡献的功能序列。

此后，结合 IPE 的结果和特定安全问题，美国以“打补丁”的方式对超设计基准事故（严重事故）进行管理，相关监管要求包括：

（1）氢气控制（10CFR§50.44）；

（2）全厂断电事故 SBO（10CFR§50.63）；

（3）未能紧急停堆的预期瞬态 ATWS（10CFR§50.62）；

（4）火灾或爆炸导致的大范围损伤［10CFR§50.54（hh）（2）］；

（5）大飞机撞击（10CFR§50.150）；

（6）包含熔融堆芯-混凝土相互作用、蒸汽爆炸、高压熔融物喷射、氢气燃烧、安全壳旁通在内的严重事故［10 CFR §52.47（a）（23）］。

（三）未来新监管技术的探索

为探索风险指引和基于性能的监管框架的可行性，2007 年美国 NRC 发布了 NUREG-1860 报告，其中介绍了基于 PSA 方法确定执照基准事件（Licensing Basis Event，LBE）的方法，并将 LBE 分为常规（frequent）、稀有（infrequent）和罕见（rare）事故。其中罕见事故的筛选频率为 1×10^{-7}/堆年～1×10^{-5}/堆年，包含了多重失效（如 ATWS）以及严重事故。该文件在筛选罕见事故的过程中，截取了发生频率在 1×10^{-8}/堆年的事件，采用 95%的分位值大于 1×10^{-7}/堆年的准则进行了筛选。

2012 年美国 NRC 发布了风险指引型监管框架 NUREG-2150，其中提到了“设计增强类”的概念。然而，经过研究，在 SECY-15-0168 中，美国 NRC 工作人员没有采纳 NUREG-2150 的建议，认为不需要正式在监管框架中引入 DEC 的概念，但可以通过内部的指导性文件达到相同的效果，主要原因是考虑整个监管体系的改变将要消耗太多的资源。美国 NRC 同意了工作人员在 SECY-15-0168 中的建议。

三、对于新建核电厂严重事故的技术要求

（一）可燃气体控制

针对可燃气体控制，美国制定了专门联邦法规 10CFR50.34（f）和 10CFR§50.44。

10CFR50.34（f）相关内容：提供一个可以安全缓解 100%锆水反应产氢量的氢气控制系统。该氢气控制系统和相关系统将以合理的可信度保证：

（1）在释放出相当于 100%锆水反应产氢量的事故中和事故后，安全壳内均匀分布的氢气浓度不超过 10%，或者事故后安全壳大气不支持氢气燃烧；

（2）在氢气燃烧或爆炸可能导致丧失安全壳结构完整性或缓解措施失效的区域，氢气不会聚集到可燃浓度。

10CFR§50.44 相关内容：

（1）要限制安全壳内的氢气浓度，即在事故期间及以后，相当于 100%燃料包壳-冷却剂反应产生的氢气均匀分布时的浓度小于 10%，必须能维持安全壳结构的完整性。

（2）为缓解超设计基准事故下产生的可燃气体，必须有可燃气体控制系统、大气混合系统以及氢气监测和取样系统。

（二）其他主要严重事故威胁

针对新建核电厂的审评，美国 NRC 在 SECY90-016 和 SECY-93-087 中给出了对堆芯熔融物-混凝土相互作用、高压熔融物喷射和安全壳直接加热、设备可用性以及安全壳性能等的审评期望，并得到了委员会的批准。

1．堆芯-混凝土相互作用（MCCI）

在严重事故下，熔化的堆芯熔穿反应堆压力容器，造成堆芯熔融物与混凝土反应产生大量的氢气和其他气体，导致安全壳完整性被破坏。美国 NRC 的立场是：

（1）提供反应堆堆腔底板空间以促进堆芯熔融物扩展；

（2）提供淹没反应堆堆腔的方法以辅助冷却过程；

（3）在需要的设置安全壳衬里和混凝土的其他结构；

（4）保证堆芯-混凝土相互作用产生的最佳估算环境条件（温度和压力）在 24 小时内不会超过 level C（钢制安全壳）和设计极限载荷类（混凝土安全壳）。保证安全壳性能具有裕量以承受环境条件参数的不确定性。

对于足够的堆坑底板面积，美国 NRC 并没有给出定量的准则，EPRI URD 设计准则为 0.02 米^2/兆瓦，即 EPRI 评估的冷却堆芯碎片的最小面积准则对应的是 25.4 厘米高的碎片。

2. 高压堆芯熔化喷射和安全壳直接加热

熔融的堆芯碎片在高压下从反应堆压力容器内喷射而出会导致对安全壳直接加热，进而使安全壳由于大气的能量快速增加而失效。美国 NRC 认为，在正在进行的研究还没有完成前，提供对这种失效模式的保护时应非常谨慎。这种保护应包含下列两个方面：

（1）提供一个反应堆冷却剂系统降压的措施，防止堆芯熔融物喷射和蒸汽发生器传热管蠕变破裂；

（2）将反应堆堆腔布置成反应堆压力容器失效时，高压堆芯碎片喷射不会直接撞击到安全壳边界。

3. 安全壳性能

美国 NRC 的意见是，严重事故研究仍存在不确定性，在可信的严重事故挑战下，安全壳边界应作为防止裂变产物释放的可靠屏障。因此，美国 NRC 提出了安全壳性能准则，应可应对以下两类明确的严重事故挑战，防止放射性的释放：

（1）快速的能量释放、氢气燃烧以及反应堆冷却剂系统能量的初始释放。

（2）缓慢的能量释放，包括衰变热和由堆芯-混凝土反应生成的不可凝气体的产生。

安全壳准则包括概率论和确定论两个准则。概率论准则：安全壳条件失效概率不高于 0.1。确定论准则：在堆芯开始损坏后的至少 24 小时内，通过确保安全壳的应力不超过 ASME 的在役 C 级限值，安全壳应维持它作为可靠的密封屏障的作用。

美国 NRC 进一步认为，在 24 小时以后，安全壳应能连续地提供防止裂变产物失控释放的屏障。

4. 设备可用性

美国 NRC 认为，用来缓解设计基准事故的安全有关设备，受一系列综合性的准则制约，如冗余性、多样性、环境鉴定以及质量保证，保证它们能够在必要时执行既定的功能。然而，用来缓解严重事故的设备不必给予同样的要求，因为发生事故的可能性大大不同。应当具备合理的保证，使应对严重事故的设备能够在严重事故下、需要它们运行的时间段内执行功能。但是，只应对严重事故的设备不必满足 10CFR 50.49 有关环境鉴定要求、10CFR 50 附录 B 质量保证要求和 10 CFR50 附录 A 冗余性和多样性要求。

四、福岛核事故对美国超设计基准事故管理的影响

福岛核事故发生以后，美国 NRC 针对美国 104 座运行核电厂在极端外部事件引起电源丧失或系统设备遭到大范围破坏情况下的应对能力进行了检查。针对检查中发现的问题，美国 NRC 及美国核工业界从多个方面采取了响应和改进行动，发布的《21 世纪提高反应堆安全的建议》提出了 5 个方面 12 条详细建议。

为了便于这些建议的实施，美国 NRC 考虑了短期和长期行动，并于 2011 年 12 月 15 日确定了借鉴福岛事故经验教训所采取建议行动的优先次序（SECY-11-0137）。

美国 NRC 工作组提出的推荐行动按照优先级划分为三个层次来实施。

1. 第一层次：为事故缓解需要，可以立即实施的行动

2016 年前完成。严重事故相关行动包括：

（1）全厂断电事故的管理行动；

（2）对联邦法规 10 CFR § 50.54（hh）（2）中涉及的设备提供适当的保护，以使其避免受到超过设计基准外部事件的影响；

（3）增加乏燃料水池的测量仪表；

（4）加强和整合应急运行规程、严重事故管理指南和大范围损伤管理导则；

（5）应急准备的管理行动（主要是人员配备和通信设施配置）。

2. 第二层次：近期不能实施的行动

主要因为诸如需要进一步技术评估和调整、取决于第一层次问题完成情况或者不具备关键技术能力等因素的限制。这些行动不需要长期研究，在掌握充足的技术信息和具备适当的资源时即可实施。

第二层次严重事故相关行动包括：

（1）增强乏燃料水池的补水能力；

（2）应急准备的管理活动。

3. 第三层次：建议行动需要开展进一步的研究

这些建议行动与相对短期的工作有关，完成这些短期工作之后才能明确长期需要开展的工作，5 年内完成。严重事故相关行动包括：

（1）加强其他类型安全壳可靠的卸压排放功能；

（2）安全壳内或其他厂房内的氢气控制和缓解；

（3）加强针对长时间全厂断电和多机组事故的应急准备；

（4）提升应急响应数据系统能力；

（5）长时间全厂断电和多机组事故应急准备（EP）的课题研究；

（6）开展严重事故方面的培训，对驻厂监督员增加针对严重事故管理指南方面的培训。

2015年，美国NRC工作人员计划开展针对超设计基准事件的法规制定工作（SECY-15-0065）并得到委员会的批准。2019年9月10CFR§50.155 超设计基准事故管理（MBDBE）正式颁布，并将EDMG的相关要求作为其中一部分。

该MBDBE导则主要基于福岛核事故后针对超设计基准事故的分析和管理，美国NRC曾发布两项命令，即EA-12-049 和 EA-12-051，发布了两个监管导则，即 RG 1.226 和 RG 1.227，正在编写RG 1.228，核能研究所（NEI）颁布了预期相适应的NEI系列技术文件。其对应关系如下：

（1）RG 1.226：对应EA-12-049。

NEI 12-06：多样化灵活的应对策略（FLEX）实施指南。

（2）RG 1.227：对应EA-12-051。

NEI 12-02：乏池监测能力指南。

（3）RG 1.228：对应EA-12-049。

NEI 12-01：评估超设计基准事故响应人员和通信能力指南；

NEI 13-06：增强超设计基准事故和严重事故的应急响应能力；

NEI 14-01：超设计基准事故和严重事故应急，响应程序和导则。

小结

综上所述，可以得出福岛核事故前后，美国对严重事故的监管要求有以下特点和结论：

（1）在三哩岛核事故后，美国开始进行严重事故机理研究和监管要求制定工作，并形成了目前的监管现状。其中大范围损伤管理导则作为强制法规要求也包含在其中。

（2）在联邦法规中，美国NRC给出了针对可燃气体的法规要求；在SECY文件及相关SRM中，对于主要的严重事故现象，美国NRC给出了技术立场，包括对堆芯熔融物-混凝土相互作用、高压熔融物喷射和安全壳直接加热、设备可用性以及安全壳性能等。在福岛核事故后，这些研究并没有进一步的变化，包括美国NRC并没有引用类似IAEA的设计扩展工况的概念。

（3）福岛核事故后，美国在多个方面进行了改进，分为短期、中期、长期行动项，其中就包含整合电厂的各种事故规程，应急运行规程、严重事故管理指南和大范围损伤管理导则等，从实践中可以看到，SAMG 的编制已成为必要行动。

（4）针对福岛核事故后对超设计基准事故的管理，美国形成了 10CFR§50.155（MBDBE）法规，并颁布了相应的下层导则 RG 系列，NEI 已发布相应的 NEI 文件，用于支持电厂满足该法规的要求，内容涉及移动设备、通信、应急、乏燃料贮存池等多个方面。

赴围场县车家营村驻村扶贫调研情况报告

练湘津　范志国
（生态环境部水生态环境司）

按照生态环境部 2020 年定点扶贫工作安排，生态环境部水生态环境司赴围场县车家营村开展了为期 1 周的（9 月 19—25 日）驻村帮扶工作，与村民同吃同住，深入了解当地情况，开展了环保知识科普宣传，针对存在的问题，提出了有针对性的建议。现将有关情况报告如下。

一、驻村调研基本情况

车家营村地处围场县郭家湾乡东部，全村土地总面积为 3.86 万亩，其中耕地面积为 6 600 亩，林地面积为 2.8 万亩，草地面积为 4 000 亩。下辖 18 个村民组，12 个自然营子，总人口 380 户 1 341 人。村设 1 个党支部，7 个党小组，现有党员 59 人，村民代表 36 人，村“两委”班子成员 3 人。

2018 年年初，车家营村共有贫困户 117 户 247 人，其中因病致贫 80 户 153 人，占比 68.4%；因缺资金致贫 10 户 28 人，占比 8.5%；因学致贫 6 户 25 人，占比 5.1%；因残因灾致贫 6 户 14 人，占比 5.1%；缺劳力致贫 3 户 3 人，占比 2.6%；缺技术致贫 12 户 24 人，占比 10.3%。村民受教育程度低，文化生活匮乏，收入来源主要靠传统种植、养殖和外出打工，基本处于“靠天吃饭”状态，村民总体致富能力不强，村集体造血功能不足。

近年来，车家营村按照习近平总书记提出的“科学扶贫、精准扶贫”的要求，在河北省、市、县、乡各级党委、政府领导下，在生态环境部水生态环境司、建设银行河北省分行等单位帮扶下，以实现村贫困人口“两不愁、三保障”为目标，因地制宜，对症下药，通过改善种植结构壮大特色产业，通过金融手段扶助到户，扶持壮大村级集体经济项目，增强村级组织造血功能，把发展壮大集体经济与脱贫攻坚、村级公益事业相结合，让贫困户共享发展成果。车家营村 2019 年年底共有未脱贫户 5 户 8 人，均为低保贫困户，主要致贫原因为因病致贫。目前，车家营村 5 户未脱贫户“两不愁、三保障”已经全部实现，正在巩固提升致富成果，全村所有贫困户实现如期脱贫目标。

二、当地采取的主要措施

（一）加强组织领导，夯实扶贫责任

着力打造“党建+”模式，充分发挥村基层党组织引领作用，建立未脱贫农户扶贫台账和任务清单，采取“多帮一”方式，实现高质量脱贫。村集体建档立卡，贫困户享受各种收益补助，如养老补贴、残疾补贴、慢性病补贴、大病补贴、教育补贴等。建立村集体增收与贫困户脱贫利益联结机制，引导贫困户通过投工投劳等方式积极参与村级建设和公益设施管护。根据村情设立如活动室清洁员、护林员、保洁员、政策宣传员、安全值勤员、矛盾调处员、公共设施管护员等各类公益岗位，在本村统一安排的大型活动及村级其他工作中，设立临时性公益岗位，同等条件下，优先安排贫困户就业，劳动报酬根据工作绩效不低于其他同等劳动力。

（二）坚持村委统筹，实施资源整合

推行“一名党员，探索一个致富增收途径，形成一个致富产业链，辐射带动一批贫困群众脱贫致富”的“1+1+1+N”党建扶贫模式，统筹资源，整合力量，有针对性地破解乡村发展难题。村支部书记牵头建立金莲花中草药种植园区 120 亩以及村集体生产加工企业，实现年收益 50 万元，辐射带动村里贫困群众 20 余户。

（三）推进结构调整，增加村民收入

结合当地资源优势发展生态产业，带动群众脱贫致富。车家营村 120 千瓦分布式光伏发电自 2018 年全面建成后，每年为村集体经济增收 20 万元左右，也为该村的贫困村民提供了清洁打扫职位，既保障光伏发电设备的卫生状况，又为困难群众提供了资金补贴。

（四）创新扶贫机制，注重扶贫效果

车家营村出产的土豆量大质好，但是由于地理位置太偏僻，交通不便，2018 年以前，土豆收购量少且价格普遍低于周边市场价接近一毛钱。村党支部委员会集体研究制定了“农户+合作社+善融商务”的精准扶贫模式，利用善融商务平台帮助销售村土豆，收购价格略高于当地市场价，大大提升了种植农户的收入。同时，村党支部对符合条件的村

级集体经济发展项目，协调建行等金融机构为其提供增加授信额度、降低贷款利率、延长贷款期限等优惠和扶持。

（五）加强技能培训，提高村民素质

村党支部高度重视村民职业技术培训，通过多渠道多形式开展村民劳动技能培训，提升村民技能素质。与生态环境部水生态环境司党支部联合开展共建活动，邀请环保领域专家为村民开展了环境健康与疾病防治、垃圾分类操作实务等方面的培训，提升村民生态环保意识。邀请河北省建行等金融领域专家为村民讲授信贷等方面专业知识，架起银行和村民的“连心桥”。

三、存在的主要问题

（一）政策扶持有待进一步强化

车家营村集体经济基础较为薄弱，产业结构较为单一，村级经济发展缺乏人才和智力支持；全村目前无专业协会组织，农户自我发展能力不足，在技术、销售、互助等方面缺乏依托，难以适应市场经济的要求；产业扶贫有待进一步推进，相关扶贫资金项目支持力度还需进一步加大。

（二）组织建设有待进一步加强

车家营村“两委”班子成员偏少，只有 3 人（村支部书记、村主任、村妇女主任），且 3 人年龄都偏大（平均年龄 55 岁）。村里党员队伍老龄化较为严重，党员文化程度普遍偏低。村“两委”组织生活不够健全，党员组织会议少，制约了基层组织活力的发挥。个别村干部工作方式简单、领导方法陈旧，因地制宜开展工作创新能力不足。

（三）生态环境有待进一步改善

车家营村村民对农村环境综合整治的意识有待加强，开展垃圾分类等生态环保行动缺乏主动性和积极性。农村生活垃圾收集、清运不及时；生活污水任意排放；畜禽粪便随处排，存在农村环境脏乱差问题。农村环境综合整治需要大量资金投入，由于村集体财力比较薄弱，影响了整治工作的顺利开展，农村卫生保洁等长效管理所需经费难以足额到位。

四、下一步工作建议

（一）进一步加大对乡村振兴工作的扶持力度

邀请相关行业专家指导督促当地因地制宜培育和壮大优势特色产业，依托国内一些科技含量高、产品效益好、辐射带动强的中药材精深加工企业集团，把发展金莲花等中药材产业作为调整农业产业结构，促进农民增收的主导产业来培育和打造，大力扶持专业农村合作社发展，创立“公司+基地+合作社+农户”等经营管理模式，不断壮大乡村集体经济，让村民共享发展成果。同时，逐步推进牛、羊等畜禽养殖业规模化发展，对养殖大户、养殖专业合作社进行扶持，给予政策、资金和技术上的倾斜。落实“四个不摘”，建立健全防止返贫长效机制，推进全面脱贫与乡村振兴有效衔接。

（二）进一步加强基层党组织建设

指导基层党组织围绕抓党建促乡村振兴，坚持“输血”与“造血”并举，持续发展壮大村级集体经济，深化农业农村改革，完善乡村治理体系，激活乡村振兴内生动力。以村“两委”换届为契机，切实加强村“两委”领导班子建设，加强村后备党员干部队伍建设，把外出打工、年轻有为的青年作为培养重点，切实培养一批年富力强的农村致富带头人，带动全村共同富裕。通过技能培训、外出参观、在职教育等多种方式，提高干部能力素质，着力打造一支素质高、能力强、作风硬的基层干部队伍。强化党建引领，针对农村党员分散、流动性大的特点，创新形式，搭建载体，充分利用农村党员远程教育平台，落实好“三会一课”等组织制度，促进基层党组织的制度化、规范化建设。

（三）进一步加强农村环境综合整治

引导和帮扶当地充分利用宣传栏、广播、电视、报刊、网络等媒体手段开展多层次、多形式的宣传，吸引广大农民积极参与农村环境综合整治行动，发动农民群众对自身受益的环境基础设施建设投工投劳。充分发挥生态环保项目资金在乡村振兴中的作用，创新农村生态环保项目资金的投入方式，实现农村环境整治项目与农村新能源开发、农业产业结构调整和农业现代化相结合，充分发挥项目资金的集聚效应。加强农业面源污染治理的技术帮扶和政策宣传，推进农村人居环境整治，落实生态环境保护责任制，持续改善农村生态环境质量，让农民群众有更多获得感、幸福感和安全感。

关于广西北部湾生态环境保护有关情况的报告

裴相斌　孙凯峰
（生态环境部海洋生态环境司）

北部湾背靠我国的大西南、毗邻粤港澳、面向东南亚，是我国沿海沿边开放的交汇地区，具有东承西联的独特区位优势，在我国与东盟开放合作的大格局中具有重要的战略地位，在深化中国-东盟战略合作、促进21世纪海上丝绸之路和丝绸之路经济带的战略互动、拓展区域发展新空间等方面起到了不可替代的作用。

北部湾地处热带、亚热带，拥有我国南部最大海湾，广西在北部湾沿岸的城市有北海市、防城港市、钦州市3个地级市，生态环境质量全国一流，资源要素禀赋优越。北部湾（广西）海岸线总长为1 628.59千米，海洋资源丰富，生态系统多样，分布有我国面积最大的红树林、典型的海草床、珊瑚礁等生态系统，栖息着鱼类500多种、虾类200多种、蟹类190多种、头足类近50种以及贝类、海产动物，珍稀濒危动物儒艮、白海豚、江绿海龟、珍珠贝等物种资源。广西北部湾海洋资源丰富，生态系统多样，生态环境质量良好，是全国为数不多的“洁海、净海”之一。

《水污染防治行动计划》《近岸海域污染防治方案》明确了北部湾作为九大重点河口海湾之一，应以改善海域环境质量状况为核心开展污染综合整治，全面推进近岸海域污染防治工作的要求。因此，实施北部湾海洋生态环境保护工作既是落实《水污染防治行动计划》的工作部署，也是实现“洁海、净海”保护目标的基本要求。

为客观掌握北部湾广西近岸海域海洋环境质量状况，准确回答记者关注的涉海环境问题，环境保护部水环境管理司组织华南环境科学研究所相关专家通过查找资料和实地踏勘，归纳了近年来北部湾广西近岸海域海洋环境质量状况，对比分析影响海洋环境质量状况的主要因素：①入海河流达标情况以及污染物入海总量；②入海排污口登记调查和达标排放情况；③海水养殖分布和污染排放等，现将有关情况报告如下：

一、记者反映问题情况的核实

（一）广西近岸海域海水水质呈现波动下降的趋势

“十二五”期间，广西近岸海域海水水质良好，海水水质优良（即一类、二类海水水质）比例平均值为84.1%（其中，国控点位海水水质优良比例为90.9%），劣四类海水水质比例平均值为6.8%。对比2015年以来的监测结果，广西近岸海域海水水质呈波动下降趋势，2015—2017年广西近岸海域海水水质优良比例分别为90.9%、81.8%、86.4%，整体呈下降趋势，功能区达标率逐年持续下降，2015年前无劣四类水质，2017年劣四类水质占比达 9.1%。钦州市茅尾海海域，防城港市的东湾、西湾海域，水质处于四类甚至劣四类等级，未达到功能区要求。

2018年，根据第一期、第二期监测结果，近岸海域水质为良好。44个近岸海域环境质量监测点位中，优良点位比例为84.1%（一类海水占70.5%，二类海水占13.6%），四类海水占比为4.5%，劣四类海水占比为11.4%，超标点位出现在钦州市近岸海域的茅尾海和钦州湾。3个沿海城市中，北海市和防城港市近岸海域水质级别为优，钦州市近岸海域水质优良比例较低，为41.7%，局部海域（茅尾海）水质极差。

（二）部分入海河流水质持续未达标，且污染物排放量有所增加

广西沿海纳入国控入海河流断面的南流江部分断面在2015—2017年连续3年水质未达标，钦江部分断面2016—2017年连续2年水质未达标。以多年平均径流量计，广西9条河流入海水量为129.97亿吨/年。以此计算的河流携带污染物入海量结果表明，2017年，河流携带入海的高锰酸盐指数总量合计42 876吨，与2016年相比降低1.7%；总氮入海总量合计35 495吨，同比增加15.3%（其中氨氮6 906吨，同比降低7.4%）；总磷入海总量合计2 356吨，同比增加30.8%。

2017年，入海河流总氮、总磷通量与2016年相比净增加显著，除茅岭江总氮入海量削减外，主要因素是南流江总氮、总磷入海量增加所致，南流江总氮净增量占9条入海河流总氮净增量的比例为89.5%，钦江占比约为6.4%，防城江占比约为4.2%；南流江总磷净增量占广西 9 条入海河流总磷净增长量的比例约为 75.3%，茅岭江占比约为9.5%，钦江占比约为8.6%。

（三）入海排污口底数不清，且达标排放率低

2017 年，广西近岸海域共排查出非法和设置不合理排污口 29 个，截至 2018 年 10 月，仍有 9 个正在实施整治中。2018 年，钦州市对钦江及大榄江流域沿线进行污染源排查，共发现钦江主城区段有 20 个疑似排污口，大榄江流域有 85 个疑似排污口。经进一步甄别核实，钦江主城区段新发现的排污口实为 7 个（三桥北侧西岸 2 个，明阳街泄洪口、渡口街直排口、新二中直排口、世洋丽豪园西南侧直排口、二桥垃圾中转站直排口各 1 个），大榄江流域新发现的排污口实为 49 个（大榄江 2 个、西干渠及西干渠康熙岭支流 22 个、沙江沟 19 个、彭屋沟 6 个）。截至 2008 年 10 月底，钦江主城区 4 个排污口已截流，其余 3 个排污口正在按照内河综合整治工程实施截流；大榄江流域新发现的 49 个排污口，预计在 2019 年年底通过市城区黑臭水体整治工程截流。

2018 年前三个季度，广西对 114 个直排入海口中的 68 个实施监测，共采集了 156 个水样并进行检测分析，水质达标率为 52.6%，与 2017 年的 66.2%相比，达标率明显下降。其中，北海市 22 个排污口的 43 个监测数据，达标率为 58.1%；钦州市 23 个排污口的 62 个监测数据，达标率为 54.8%；防城港市 23 个排污口的 51 个监测数据，达标率为 45.1%。出现超标的排污口水样中 87.8%为市政排污口，其余 12.2%为工业排污口。

（四）茅尾海水产养殖密布，海水交换能力差

通过查阅资料和现场实地踏勘发现，茅尾海周边海水养殖面积为 1 万多公顷，养殖密度大、投饵多以及陆基上的养鱼、虾蟹养殖废水未经处理直接或经简单沉淀处理后排放。大部分养殖废水的化学需氧量、总氮等指标超出广西地方标准《海水池塘养殖清洁生产要求》（DB 45/T1062—2014）一级标准要求，直接影响了排放口邻近海域的海水水质。

茅尾海为半封闭性海湾，中间狭窄，东、西、北三面为陆地所环绕，南面与北部湾相通，成为袋状内海，其出海口口门不足 1 千米，水体与外海水体交换能力较差。近年来，钦州市大力发展生蚝养殖业，茅尾海海域及其出海口均密布了大量在用的网箱和筏架，以及废弃未清理的蚝桩，这对该海域的潮汐潮流、海水交换能力等均具有显著的抑制效应。

（五）污染物产生量呈增加趋势，但排放量和入海量未出现显著增加

随着广西经济社会的发展，尤其是沿海三市近期筹划布局建设 3 个钢铁、3 个石化、4 个有色金属、1 个化工、1 个造纸、1 个冶金和 1 个电力等 14 个重大工业项目，上述项目一旦全部建成投入生产，将不同程度地增加区域化学需氧量、氮、磷等污染物的产

生量，且上述项目为新增建设项目，会间接导致区域污染物排放入河（海）总量的增加。

此外，通过对比已开展监测的工业企业和市政污水处理厂，发现特殊污染物包括总氮、总磷等排放量呈现增加的趋势，如广西 11 家工业企业直排海入海口的排放情况表明，2017 年广西工业企业直排海排污口排放的废水总量为 0.21 亿吨，与 2016 年相比增加 22.5%；高锰酸盐指数排放入海总量为 416.50 吨，同比增加 32.4%；总氮排放入海总量为 84.53 吨，同比增加 65.2%；总磷排放入海总量为 1.74 吨，同比增加 27.9%。

高锰酸盐指数及总氮排放入海总量增幅大的原因主要为广西金桂浆纸业有限公司、中国石油广西石化公司和中国石化北海炼化有限责任公司3家企业废水排放量增加以及相应污染物浓度增加所致。3 家企业废水排放量达 1 772.61 万吨，占 11 家工业企业废水排放总量的 84.7%，比 2016 年增加 466.55 吨；高锰酸盐指数合计排放量为 335.46 吨，占总排放量的 80.5%，比 2016 年增加 121.27 吨；总氮合计排放量为 75.61 吨，占总排放量的 89.4%，比 2016 年增加 37.1 吨。

广西沿海 23 个市政直排入海口污染物情况表明，与 2016 年相比，2017 年废水排放总量为 0.98 亿吨，同比增加 8.7%；高锰酸盐指数排放总量为 1 601.38 吨，同比增加 13.1%；总氮排放总量为 1 545.49 吨，同比增加 13.3%；总磷排放总量为 203.61 吨，同比降低 40.4%。总磷降幅较大的原因主要是红坎污水处理厂总磷排放量显著下降。

二、北部湾海洋生态环境保护工作开展情况

（一）制定并出台多项海洋生态环境保护相关政策文件

广西历来重视维护和保护海洋生态环境，2014 年，自治区环境厅代表自治区人民政府与钦州市、北海市、防城港市政府签订《近岸海域环境保护目标责任书》，将“加强海洋环境保护工作”作为生态环境保护的重要内容，单独列入广西社会经济发展规划。陆续制定出台了《关于加强广西北部湾沿海城市生态环境综合治理工作的实施意见》《广西水污染防治攻坚三年作战方案（2018—2020 年）》《南流江—廉州湾水体污染防治总体实施方案》《广西近岸海域污染防治方案》等涉海生态环境保护工作文件。

（二）扎实推进海洋生态环境保护工作的实施

1. 推动落实入海河流水质达标方案

严格执行入海河流水体达标方案的各项重点工作任务，全力推进《南流江—廉州湾水

体污染防治总体实施方案》《南流江玉林市站—钦州市站断面水体达标方案（2016—2020）》《北海市南流江亚桥和南域断面水体达标方案》《钦江东、钦江西监测断面水体达标方案技术报告》和《北海市合浦县西门江老哥渡断面水体达标方案》等骨干工程建设。

以南流江为例，通过实施养殖场直排截污、建设镇级生活污水处理厂、清理整治入河排污口等措施，河流水质逐月逐季好转。截至 2018 年 5 月，入海河流月度水质已消除劣Ⅴ类水体，8—10 月，各入海河流月度水质已稳定达Ⅳ类及以上水质，累计至 2018 年 10 月，入海河流月度水质优良率达 66.4%，与上年同期相比上升 13.6%。总氮入海量比上年同期减少 5 921 吨，下降 17.5%；总磷入海量比上年同期减少 336 吨，下降 14.9%。

2．加强入海排污口监测和管理

2017 年，广西在落实《水污染防治行动计划》《近岸海域污染防治方案》清理非法和设置不合理入海排污口工作中，共排查出入海排污口 114 个，其中非法和设置不合理的 29 个入海排污口已在 2017 年完成清理整治。截至 2018 年 10 月，广西又完成了 41 个排污口的截流或关闭（其中防城港市截流、关闭 9 个，北海市截流、关闭 21 个，钦州市截流、关闭 11 个），实施雨污分流改造 57 个排污口，通过管网建设和污水配套设施建设和改造 7 个排污口。

3．污水集中处理设施提标改造

2017 年，近岸海域汇水区域内的钦州市、北海市和防城港市地市级城镇污水处理设施全面达到一级 A 排放标准。另外，沿海三市 22 个工业园区（钦州市 10 个、北海市 6 个、防城港市 6 个）中，7 个工业园已配套建设了污水处理厂，其余工业园区依托当地生活污水处理厂处理废水，在一定程度上杜绝了废（污）水的直接排放。

4．加快推进水产养殖清理整治工作

一是沿海三市组织编制了《养殖水域滩涂规划（2018—2030）》，进一步规范水产养殖布局；二是集中开展水产养殖业尾水超标排放专项整治工作，通过实施专项行动严肃查处水产养殖业尾水超标排放违法违规问题；三是已选取茅尾海及钦江、大榄江、茅岭江等沿岸水产养殖场尾水汇水区域、养殖池塘等 10 个点位进行水质监测，及时掌握水产养殖排放尾水水质超标情况，为茅尾海的环境综合治理提供科学依据。

三、广西近岸海域海洋生态环境保护对策建议

（一）牢固树立生态优先、绿色发展理念

北海市、防城港市、钦州市要提高政治站位，强化“四个意识”，把“生态优先、绿色发展”理念贯穿到经济社会发展的各项工作中，合理划定近岸海域环境功能区，并根据管理的水质目标要求，优化排污口布局。坚决摒弃以牺牲生态环境换取一时经济增长的做法，坚决守住广西北部湾这片“洁海”。同时，积极探索北部湾海洋生态环境保护和修复的政策和资金支持，从国家层面把北部湾区域综合整治与生态修复规划纳入国家保护修复重大工程规划并尽快实施。

（二）强化发展规划的刚性控制作用

严格实施广西北部湾经济区有关发展规划，坚持“一张蓝图绘到底”。以区域经济社会与环境协调发展为目标，推动落实《北部湾经济区沿海重点产业发展战略环境评价报告》《关于促进北部湾经济区沿海重点产业与环境保护协调发展的指导意见》，从源头预防环境污染和生态破坏。在规划实施过程中，适时组织开展对规划实施情况的评估。接受监督，坚决整改规划实施中存在的问题。

（三）大力推进环境保护基础设施建设

沿海三市要加大资金统筹力度，积极组织申报各项环境保护重大工程规划，拓宽资金渠道，加快沿海区域环境基础设施建设。集中实施城镇、园区、企业三大领域环保基础设施建设，切实加大城镇生活污水、工业集聚区废水处理设施及配套管网建设力度，针对近岸海域水质氮、磷超标的特性，污水处理设施应增加脱氮除磷设施，确保工业废水达标排放。相关市县要加大对南流江、钦江等入海河流水环境的综合整治力度，大幅削减主要污染物排放总量。实施城镇生活垃圾填埋场及收运系统建设工程，加大生活垃圾收运体系建设，提高生活垃圾收运率。

（四）强力整改突出的环境问题

针对沿海三市普遍存在的环境问题，通过加强对入海排污口的清理整治与监管，确保排污口稳定达标排放。加大对钦江、茅尾海、防城港东湾的整治力度，确保水质达到国家考核目标要求。严控养殖污染，杜绝养殖污水超标排放，全面排查摸清沿海氮、磷

污染底数，实施氮、磷排放总量控制，推进氮、磷固定污染源达标排放。

（五）全面加强生态环境保护工作领导责任

沿海三市严格落实生态环境保护“党政同责”“一岗双责”，市各级党委和政府主要负责人作为本行政区域生态环境保护第一责任人，县人民政府对本辖区环境质量负总责，将年度污染防治任务完成情况作为对各县（市、区）、各部门领导班子、领导干部综合考核评价的重要依据。对工作责任不落实、环境质量改善未达到年度考核目标的市县，按规定进行约谈问责。

长江三角洲区域生态环境共同保护规划研究编制调研报告

张信　杨悦
（生态环境部综合司）

为落实《长江三角洲区域一体化发展规划纲要》（以下简称《规划纲要》）要求，做好长江三角洲生态环境共同保护专项规划编制工作，2019 年 12 月 9—14 日，生态环境部同推动长江三角洲一体化发展领导小组办公室、中国科学院科技促进发展局，组织中国科学院南京地理与湖泊研究所、环境规划院相关人员，赴上海、江苏、浙江、安徽（以下简称“三省一市”）开展专题调研。通过召开座谈会和实地查看等形式，考察了长江三角洲地区当前经济社会发展状况、生态环境保护工作进展、存在的问题和主要诉求等情况。总体来看，长江三角洲在大气、水、固体废物污染联防联控、联合执法监管、环境信息共享、政策标准协同等领域积极探索，生态环境保护工作取得积极进展。但在环境质量持续改善的同时也应看到，区域污染排放总量大、强度高，生态环境保护压力依然较大。现将调研情况报告如下：

一、区域生态环境共同保护取得积极进展

2018 年，长江三角洲地区总人口数为 2.3 亿人，占全国人口总数的 1/6；地区生产总值为 21.1 万亿元，约占全国生产总值的 1/4，是我国经济增长的重要引擎。随着保护力度的持续加大，区域环境质量改善显著。2019 年 1—10 月，41 个城市 PM 平均浓度为 39 微克/米^3，同比下降 4.9%，比 2015 年下降 18.8%；333 个地表水国考断面中Ⅲ类水质及以上占比为 82.9%，同比增加 4.6%，比 2015 年上升 12.6%。

（一）加强生态环境共同保护顶层设计

《规划纲要》出台之后，“三省一市”都制定了实施方案，将生态环境保护作为重点任务。沪、苏、浙共同编制《一体化示范区生态环境和绿色发展专项规划》，全面落实

生态优先绿色发展理念。浙江率先编制推动长江三角洲区域一体化发展生态环境保护的专项行动计划。

（二）落实区域生态环境共保联治重点任务

在大气方面，推进区域高污染车辆限行执法，区域同步提前实施轻型车国Ⅵ排放标准和相应油品标准，推进区域柴油货车污染协同治理和港口专项治理，全面实施长江三角洲船舶排放控制区换低硫油措施，建立跨省重污染天气应急预警机制。在水方面，大力推进长江生态环境保护修复，一些沿江城市（如安徽省马鞍山市、芜湖市等）对非法码头实现全面拆除并复绿，释放长江干流岸线。深化太湖流域和新安江流域治水合作，浙皖两省已建立上下游互访协商、联合监测、应急联动机制。上海与江苏、浙江协作摸清了188条跨界河流情况，推进90条段界河协同整治。江苏南京新生圩港区建设船舶生活污水处置设施，为船舶提供生活污水集中上岸收集处理服务。在固体废弃物方面，开展水泥窑协同处置固体废物、危险废物综合利用，建立危险废物跨省转移生态环境主管部门信息互通机制，依法优化和简化危险废物跨省转移的审批操作流程，强化转移审批事中和事后联合监管。

（三）稳步推进区域生态环境协同监管

推进地级城市空气质量预报及预警信息、区域机动车信息、太湖流域水环境综合治理信息等共享平台建立。统一区域严重失信行为认定标准、联合奖惩措施。以临界地区省级以下生态环境协作机制建设为基础，完善区域污染防治互督互学工作机制，统一区域环境行政处罚自由裁量规则。推动示范区探索统一生态环境标准、统一监测体系、统一监管执法的“三统一”制度，初步商定由江苏负责标准、浙江负责监管执法、上海负责监测监控体系。建立标准一体化工作推进联络机制，梳理“十四五”标准一体化清单。组建长江三角洲区域生态环境协作专家委员会，推进生态环境联合研究中心建设，开展“长三角$PM_{2.5}$和臭氧协同防控策略与技术集成示范”等重大项目联合研究。南京建设扬子江生态文明创建中心，构建绿色技术创新体系，突破重大关键核心技术“瓶颈”制约。

二、区域生态环境共同保护面临的主要问题

（一）生态环境质量改善效果不稳固

区域空气质量总体趋好，但臭氧浓度整体呈持续增长态势。水环境进一步改善压力较大。太湖水质自2007年以来由劣Ⅴ类提升到Ⅳ类，但是自2016年以来，总磷反弹且

居高不下，蓝藻暴发面积和强度同步增大。2019 年 2 月太湖出现蓝藻水华，至 11 月蓝藻水华依然严重。

（二）区域结构调整压力大、难度大

产业结构偏重，钢铁、石化、化工等高耗能、高排放、高污染行业密集。以江苏为例，全省火力发电和水泥产量居全国第一，钢铁产量居全国第二。能源结构偏煤，单位平方千米的煤炭消费量、柴油燃料油消耗量分别是全国平均水平的 4 倍、5～6 倍；近 5 年长江三角洲增加了 200 多亿米^{3}的天然气，主要用在新增企业用能，增加了氮氧化物排放量。交通运输结构不合理，受保有量大（机动车约占全国的 18.6%，船舶约占全国的 55%）、增长快影响，机动车船已成为区域大气污染的重要影响因素。

（三）区域发展不平衡、不充分影响依然突出

长江三角洲地区发展不平衡、不充分矛盾突出，特别是皖北、苏北、浙西南等地与中心区发展水平差异较大，各地利益诉求不尽相同，难以形成共同的目标导向、责任分工与协作机制。同时，各地环境质量目标存在较大差异，造成生态环境保护工作力度不同，在应急联动、会商协办等方面形成合力存在难度。

（四）区域保护协作力度不足

长江三角洲区域发展不平衡，生态环境保护协作还存在一定不足。比如，水源地的风险防控问题，区域饮用水水源地临江、河、湖而设，沿江重化工布局、排污口设置以及水运航道等稍有管控疏失就会影响水源地水质，存在安全风险。又如，流域上、下游水体功能保护目标协调性问题，如太浦河，上游江苏把它作为泄洪通道，而下游连着上海的水源地，在功能、标准、管理上存在不协调。

（五）区域生态环境治理体系与治理能力仍亟待提升

区域生态环境保护合作模式与区域能源、产业、交通城镇化等发展战略的融合协同不够，依靠绿色发展来实现污染源头管控有待进一步加强。综合运用排污权交易、绿色金融、资源有偿使用等市场手段还不充分。固体废物、危险废物协同处置机制不成熟。本次调研发现，尽管江浙沪有固体废物、危险废物处置需求，安徽一些企业有处置产能，但由于政府对固体废物、危险废物跨区域转移合作空间未打开，致使处置需求和处置产能不匹配。生态环境监管基础与生态环境监管的重大需求不匹配，管理的科学化、精细化、信息化水平亟待提高。

三、地方关于规划编制需求及建议

（一）关于长江三角洲生态环境共保规划编制思路的建议

建议地方做好四个把握：一是把握好生态环境在长江三角洲区域一体化发展中的重要地位，从“共谋、共治、共担、共享”上落实共同保护要求；二是把握好生态环境共保的目标定位，要对照国际标准、国家要求、区域发展定位和相关阶段性目标；三是把握好区域共治联保的问题导向，重点破解区域发展结构、流域上下游协同和利益平衡机制、跨部门跨区域协作、生态环境治理市场机制等“瓶颈“；四是把握好影响协同成效的关键举措，坚持分区施策、分类指导、突出重点。

（二）相关具体建议

1. 关于设定规划目标

长江三角洲“三省一市”产业结构、发展水平不同、环境承载力和环境现状存在差异。因此，在目标设定上应实事求是，不应过高，既要统筹协调，也应该充分考虑差异性。远期目标逐步趋同，近期目标存在地域差异性。

2. 关于改善流域区域水生态环境

统一上、下游水质目标，统一水质监测和评价标准，统一考核评估体系。对太浦河取水、“引江济太”等工程产生的生态影响进行系统研究评估。研究“引江济太”对太湖水质特别是太湖水源地水质的影响。探索上海、浙江通过太浦河可采用的不同的取水方式，如管道输水的可能性。加大东海海域污染联防联治力度，建立长江口、杭州湾等陆海联动、江海联防的海洋环境污染防治机制。

3. 关于完善固体废物监管

新修订的《固体废物污染环境防治法》进一步明确生态环境、发改、工信、住建、交通等部门的监管职责，并指导督促地方政府建立完善的网格化管理机制，建立区域协同防范各类固体废物的非法转移倾倒的工作机制，探索建立跨区域固体废物、危险废物的处置补偿机制。

4. 关于完善跨流域、跨区域生态补偿机制

进一步研究新安江流域生态补偿机制，探索由资金“输血式”补偿向多元“造血式”补偿的转变模式。尝试在安徽划出一块“飞地”，用于浙江异地工业区，以加强产业转移、人才培训方面的合作。探索在太湖流域建立生态补偿机制，实现太浦河、太湖等水资源共治共享。

5. 关于加强政策标准合作与信息共享

制定区域生态环境保护标准一体化建设规划，构建区域协同的环境准入、污染排放、清洁生产和绿色产品等标准。加快构建生态环境治理、跨界环境违法案件、环境应急资源信息、固体废物、危险废物跨省转移联单信息的互通共享机制。加快长江三角洲区域环境信用管理一体化进程。

6. 关于加强对转方式、调结构等工作的协调指导

在能源领域，建议国家能源局、发展改革委加强统筹，推进长江三角洲区域提高外来电比例。在交通领域，建议交通运输部等在长江三角洲区域统一规划部署，完善铁路网和码头建设，提升货运“水铁联运”“水水中转”比例；加强岸电使用绩效的监督考核，完善船舶使用岸电成本分摊机制。在产业领域，建议发展改革委、工信部、国资委等部门加强规划和指导，重点做好长江三角洲区域大型重化工企业的优化转型升级。

四、下一步工作建议

（一）切实加强顶层设计

按照《规划纲要》和推进长江三角洲一体化发展领导小组部署要求，组织编制《长江三角洲区域生态环境共同保护规划》，落实相关任务要求，实行定期调度机制，确保2020年4月提出规划初稿，2020年6月形成规划文本和系列成果。

（二）加快结构调整优化

制定出台有利于推进产业、能源、运输和用地结构调整优化的相关政策，明确禁止和限制发展的行业、生产工艺和产业目录，通过高新技术产业的技术外溢效应改造提升传统产业；继续实施能源消耗总量和强度“双控”行动，千方百计地降低煤炭消耗总量；

提高铁路货运量及重点港口集装箱“水铁联运”量，推进沿海沿江港口的大宗货物集疏港实现水路或铁路运输，不断强化机动车和非道路移动机械的污染防治工作；优化产业用地、城市建设用地布局，推动用地指标投放的精准化和差别化，提高土地资源综合利用水平。

（三）加快构建现代环境治理体系

率先探索以高水平保护推动高质量发展的体制机制，研究设立区域生态环境管理机构，扩大污染防治协作机制范围，涵盖更多长江三角洲区域城市。推进“三省一市”生态环境治理的地方立法，包括条例、管理办法、污染排放限制标准等。探索推行量化评价和质化评价相结合的分级管理制度和治理企业跟投业主项目模式。复制推广示范区的成熟有效经验。生态环境、公安交管部门探索建立健全联合执法机制。推动开展船舶环境污染强制责任保险。

（四）坚决打赢污染防治攻坚战

深入实施“打赢蓝天保卫战”行动，编制实施工业炉窑治理专项行动方案和重点行业挥发性有机物综合整治方案。以长江经济带、淮河流域、太湖流域、新安江流域和太浦河水污染防治为重点，抓好流域区域水污染联防联控联治。加强固体废物、危险废物污染联防联治，深入推进“无废城市”建设试点。

南昌市和石家庄市低碳发展促进条例调研报告

田丹宇　杨秀　周泽宇　徐华清
（国家应对气候变化战略研究和国际合作中心）

南昌市和石家庄市分别作为第一、第二批国家低碳试点城市，率先于 2016 年出台了《南昌市低碳发展促进条例》《石家庄市低碳发展促进条例》，通过立法强化低碳发展理念、固化低碳试点成果、深化低碳转型实践。为深入了解两市在促进低碳发展法治化方面好的做法及面临的挑战，近日生态环境部赴两地开展专题调研，并进行了座谈，现将调研情况总结如下。

一、《南昌市低碳发展促进条例》基本情况及特色亮点

江西省南昌市作为国家第一批低碳试点城市，于 2016 年 4 月经市人大审议通过了《南昌市低碳发展促进条例》，并于 2016 年 9 月施行。该条例共分为 9 章 63 条，包括总则、规划与标准、低碳经济、低碳城市、低碳生活、扶持与奖励、监督与管理、法律责任和附则，其立法目的聚焦于依法构建城市低碳发展的体制机制，依法巩固城市低碳试点好的做法与经验探索，依法捍卫南昌“森林大背景、空气深呼吸、江湖大水面、湿地原生态”的生态文明建设成果，为城市低碳发展提供法律保障。

（一）不断夯实立法共识，确保该条例顺利出台

一是立法需求上多次沟通，充分发挥立法部门的积极性。立法初期，南昌市立法机构对低碳发展立法的重要性认识并不到位，对低碳发展条例立法的可行性把握不准，对低碳发展目标是否会约束地区经济增长和产业发展存在担忧。南昌市发展改革委作为条例起草部门，在立法过程中与相关立法机构和政府职能部门进行了充分沟通，对国内低碳试点地区进行了广泛调研，并组织经济专家、法律专家和能源专家反复论证，认为低碳立法对优化经济结构、促进产业转型具有积极作用。南昌市法制办也先后牵头组织召开了 3 次座谈会，对条例内容进行反复修改。江西省人大法工委也牵头组织了多次意见

征求会，按照立法规范严格把关。2015 年，在各方的共同努力下，《南昌市低碳发展促进条例》被列为市人大立法计划和市法制办“调研论证项目”，2016 年被列为“年内提请市人大常委会审议的立法项目”，并最终顺利出台。

二是立法内容上求同存异，取得相关部门的最大公约数。在立法过程中，起草部门通过反复修改条例内容，协调几个政府主要部门逐步取得了立法内容上的共识，并妥善解决了省、市人大和企业代表的关切。首先，在确保立法核心要素的前提下，对立法争议较大的内容进行了适当删减；其次，对涉及生态环境、能源等相关领域的内容，起草部门主要是听取相关部门意见，以进一步充实条例，包括实施清洁能源计划、执行建筑节能标准、推广新能源汽车、推动再生水市场有效供给、鼓励低碳生态农业等内容；最后，根据立法部门要求规范执法后果等相关的规定，采纳了市人大的意见，在条例最后部分增加了罚则，使之更加符合立法规范。

三是立法步骤上循序渐进，强化开门立法与广泛参与。《南昌市低碳发展促进条例》从列入立法计划开始，就在《江西日报》、新华网等主流媒体上进行了专题报道，广泛宣传低碳发展的必要性和征求公众对立法的意见和建议。考虑到公众对低碳发展意识的接受程度和对一部新法的知晓需要一定的过程，市人大也将该条例出台后的一年定位为宣传年，市发展改革委还组织召开新闻发布会，对该条例进行全面解读，并在《南昌日报》上将条例进行全文登载，把条例列为政府年度宣传重点。

（二）科学制定法律条文，兼具可操作性和导向性

一是聚焦规划目标和责任评价考核，明确低碳政策导向。该条例集中体现了南昌市的低碳转型思路，对低碳发展的综合施策进行了立法布局，为城市未来的发展方向指明了道路。条例明确提出了编制低碳城市发展规划，建立低碳发展决策和协调机制，建立低碳发展目标行政首长负责制和离任报告制度，建立低碳发展考核评价指标体系，建立低碳项目库并制定低碳示范标准，对项目进行以温室气体排放评估为主要内容的产业损害和环境成本评估，加强低碳高端人才引进并制定特殊优惠政策等内容，这些促进低碳发展的重大举措及其可能产生的效果，也值得持续跟踪分析。

二是聚焦公众低碳认知度和获得感，倡导低碳生活方式。调研发现，南昌市非常重视“可视化低碳城市”的建设目标与行动，即低碳成果不能只停留在总结报告中，要让老百姓看得到、感受得到。为此该条例专门设置了“低碳城市”一章，将城市规划、公共设施布局、低碳建筑、低碳交通、新能源汽车、城市园林绿化、低碳示范创建等内容纳入，且该条例在有限的立法体量下，关于公众低碳生活的规定却非常细致，如明确规定要循环使用筷子、不得无偿提供不可降解塑料袋、鼓励新建建筑一次性装修到位等细

节性要求，并相应设定了 500 元以上、5 000 元以下罚款的罚则，具有较强的可操作性。

三是聚焦扶持与奖励等激励性手段，推动社会广泛参与。该条例专门设置了“扶持与奖励”一章，并将倡导和鼓励作为该条例实施的主要途径，将监督和惩罚作为辅助性手段。南昌市政府自 2014 年起，每年安排 500 万元的财政预算作为低碳城市建设专项资金，用于支持低碳重点工程建设、低碳新技术推广、低碳产品生产应用。该条例中提出的“对低碳发展贡献突出的单位和个人给予表彰和奖励”“将温室气体排放监测纳入财政预算”等，由于有了市财政预算内的低碳专项资金，而使落实工作得到了保证。

（三）有序推进法律落实，打好配套“组合拳”

一是将配套实施意见同步纳入立法视野。本着“先粗后细、先易后难”的立法原则，南昌市发展改革委制定了“条例+实施意见”的立法路线：将争议较小、原则性强的内容优先纳入条例；在该条例实施后的一年中，根据实施效果及面临的新情况和新问题，及时制定《南昌市低碳发展实施意见》，细化该条例中的具体措施，弥补该条例中的不足。这样的立法配套“组合拳”既保证了该条例的及时出台，又保证了该条例的有效实施。

二是按部门落实法律任务，确保权责明确。本着“责任主体细化、任务节点细化”的原则，南昌市计划将部门任务分解作为该条例执行的主要手段，即将现有条例和将要出台的实施意见中的主要任务，在市政府职能部门之间进行任务分解，有效利用现有政府工作机制，确保该条例中的各项任务措施落到实处。

三是实施执法跟踪机制，珍惜立法资源。据南昌市发展改革委介绍，该条例出台前，该市在绿色建筑节能、区域低碳规划、新能源汽车普及、城市垃圾分类、LED 灯推广等方面已具有一定的工作基础。该条例出台后，将对该条例涉及的规划、能源、建筑、交通、宣教等主要职能部门的执行情况进行跟踪评估，借助地方性法规的强制力，进一步推动各部门为低碳发展工作提供更多的资金保障和工作动力。

二、该条例实施面临的挑战

一是该条例中的重大制度落地尚待时日。考虑到《南昌市低碳发展促进条例》出台时间不长，缺乏执法实践，目前还无法从司法、执法和法律监督方面评判该条例产生的社会影响。调研发现，该条例提出的关于重大低碳发展制度中，尚有部分内容仍处在研究和探索之中，并未开展实质性工作，亟须抓好顶层设计，做好深化落实。

二是该条例中的执法基础尚需夯实。调研发现，由于目前地方碳排放数据基础比较薄弱，地方统计局有关温室气体排放的基础统计制度尚处在建立和完善之中，地方发展改革部门有关企业温室气体核算和报告制度及信息披露制度也处在推进之中，尚未形成系统的数据管理制度和工作基础，难以作为法定采信的碳排放数据依据，亟须加快企业层面温室气体排放数据统计、监测和核查体系建设。

三是该条例中的惩罚措施尚无经验。调研发现，作为新生事物，由于国内低碳试点城市对于处罚性的执法尚没有先例，该条例中对于国家机关及其工作人员、温室气体重点排放单位和其他社会主体的法律责任，在执法主体、执法权划分、处罚裁量权等相关问题方面都需要在未来做进一步探索。

三、《石家庄市低碳发展促进条例》好的做法及挑战

《石家庄市低碳发展促进条例》自 2016 年 1 月 22 日经石家庄市人大通过，2016 年 5 月经河北省人大批准，于 2016 年 7 月 1 日起施行。该条例共分为 10 章 63 条，包括低碳发展的基本制度、能源利用、产业转型、排放控制、低碳消费、激励措施、监督管理和法律责任等内容。

一是率先开展国内城市低碳立法。2012 年，河北省石家庄市被列为国家第二批低碳试点城市，出台的《石家庄市低碳发展促进条例》是全国第一部城市低碳发展促进条例，开创了城市低碳立法的先河。调研发现，石家庄市在申请和建设国家低碳城市试点过程中，逐步明确了通过立法保障地区低碳转型的路径，力求借助法律的强制力促进该地区的产业转型升级和跨越式发展。该条例于 2013 年 6 月被列入石家庄市政府和市人大的五年立法计划，2014 年正式启动草案起草工作。由于是国内第一部城市低碳发展立法，该条例起草部门与市法制办一起就条例框架和内容进行了多次沟通、修改和完善，并对名词解释、罚则设定等基础性问题进行了较为充分的讨论，该条例题目也从原来的《石家庄市绿色低碳发展促进条例》改为《石家庄市低碳发展促进条例》，条例内容从繁到简，最终获得了各方面的认可并顺利出台。

二是全面布局城市低碳制度与政策。《石家庄市低碳发展促进条例》涉及的低碳制度与政策比较全面：在控制温室气体排放方面，提出了建立碳排放总量、碳强度控制制度、温室气体排放统计核算制度、温室气体排放报告制度、低碳发展指标评价考核制度、碳排放标准和低碳产品认证制度，提出鼓励重点排放单位实施碳捕集、利用和封存技术，积极增强林木、草地、耕地、湿地的储碳能力；在推动能源转型方面，提出了煤炭消费总量制度和煤炭质量标识制度，鼓励新能源和可再生能源发展，推广先进的用能技术；在促进产业转型方面，提出了制定重点生态功能区产业准入负面清单，对固定资产投资项目实行准入管理，将碳排放评估纳入节能评估内容、重点碳排放单位的能源审计和清

洁生产审核之中；在引导公众参与方面，提出优先发展公共交通，加强公共机构节能，鼓励低碳消费、低碳生活等。该条例在低碳制度创新方面有了一定的突破，提出了“碳排放总量控制制度”“产业准入负面清单制度”“将碳排放评估纳入节能评估”等内容。

三是多层次设定法律责任。该条例用了“监督管理”和“法律责任”两个章节对约束和罚则进行规定，其中处罚对象除国家机关及其工作人员外，还包括企事业单位、生产经营者等私权利主体，处罚方式包括行政罚款、警告、记过等行政处罚和不良记录登记等多种形式，可以看出该条例虽然立法层级不高，但仍是一部综合性的法规。由于该条例施行时间较短，目前尚无法看出实施效果，但如果执行到位，可以预见将是一部约束力较强的地方性法规。

四是重立法、轻执法现象不容忽视。《石家庄市低碳发展促进条例》的法律调整范围不仅限于控制碳排放，还包括合同能源管理、负面清单等能源和产业转型的内容，其执法面临的挑战将是巨大的。调研发现，该条例的起草部门至今仍缺乏执法勇气和自信，尚没有明确的执法计划，相关执法措施和手段也未落实到位。

四、启示与建议

在国家应对气候变化立法进展缓慢，地方立法面临“目的不明、定位不清、执法不力”等共性问题大背景下，南昌和石家庄两个国家低碳试点城市克服重重困难取得的立法成果确实来之不易，对国内其他城市和在国家层面推进气候立法具有一定的借鉴意义。

一是将法制建设作为地区低碳转型的重要抓手。综合研究表明，地方立法机关的层级越高，内容越完善，对应对气候变化和低碳发展制度运用越丰富，这个地区的低碳发展推进和碳市场运行就越有效、越规范。调研发现，在南昌和石家庄两市的低碳发展促进条例中出现了建立低碳目标首长负责制和离任报告制度、建立低碳项目库、鼓励低碳人才引进等立法亮点，这些重大制度和抓手的有效实施对于强化城市低碳发展目标引领、加快打造城市低碳产业体系、凝聚城市低碳社会合力均将起到良好的促进作用。建议地方立法机关和政府高度重视气候法制建设，将其作为加快地方生态文明建设的基本途径，作为依法推动城镇化低碳发展、加快区域低碳发展的重要抓手。

二是地方立法应更加注重制度的可操作性。调研发现，南昌和石家庄两市的低碳发展促进条例中不乏规定过于宽泛的内容，在执法层面缺乏可操作性。由于地方立法机构对于地区情况更熟悉，地方法律的适用对象更具体，建议在地方立法过程中考虑执法的可行性，尽量在规则适用对象、惩罚力度裁量、制度实施程序等方面进行详细具体的规定，做到既精准又精细。同时建议在立法过程中，要超前谋划执法相关问题，明确执法主体、执法对象和执法程序，最大限度地发挥监督及法律效力。

三是建议及时总结地方立法亮点并上升国家层面。通过对地方立法成果的梳理发现，地方立法过程中对低碳发展制度进行了积极探索，涌现出很多立法亮点。例如，《南昌市低碳发展促进条例》在立法过程中提出的注重公众低碳成果可视化和感知度、多领域协同治理的推进思路，建立低碳目标行政首长负责制和离任报告制度、建立低碳项目库、对项目进行排放评估为主要内容的产业损害和环境成本评估等立法内容，以及注重后期普法宣传和配套立法的做法，均值得持续跟踪总结，并在国家气候立法时加以借鉴和吸收。

四是建议加强国家和地方气候变化立法的协调。首先，在立法内容上应加强互补。国家立法应明确应对气候变化管理机构之间的职责分配，厘清省、市、县各级地方政府的权责，搭建低碳发展的基本制度框架。地方立法应在落实国家重大制度的前提下，突出区域特色，聚集地方关切。其次，在立法进程中应加强互动。国家立法过程中应广泛征求地方的立法建议，考虑地方立法诉求和执法可操作性。地方立法作为下位法，在立法内容上不能与国家立法相矛盾，在罚则种类和力度上不能超过国家立法。最后，在法律术语上应加强衔接。国家和地方的立法成果之间，要注意协调法律术语内涵和外延的一致性。

关于浙江省仙居县特色化绿色发展之路的调研报告

杨博
（生态环境部核与辐射安全中心）

2016年8月，国家社科基金重点课题“绿色技术范式与生态文明制度建设研究”课题组到浙江省仙居县就“仙居县在生态文明建设过程中，形成了怎样的一条富有仙居特色的绿色发展之路”开展调研。仙居县地处浙江省东南部，是我国江南一个典型的“八山一水一分田”的山区县，意为“仙人居住的地方”。仙居历史悠久，文化底蕴深厚；仙居生态优越，旅游资源丰富。既是全省的“经济洼地”，又是全省的“生态宝地”。一直以来，仙居县委、县政府坚守发展和生态“两条底线”，肩负富民和惠民“两大重任”，全力将区域生态优势转化为经济优势，2005年至今始终坚持并践行“绿水青山就是金山银山”的科学论断，县委、县政府保持战略定力，咬定“生态”不放松，坚守生态自觉和生态自信。

一、仙居建设生态文明的探索之路

为深入贯彻中央“四个全面”战略布局，按照建设“两美”浙江省总要求，牢固树立“绿水青山就是金山银山”的发展理念，2015年浙江省26个欠发达地区集体“摘帽”后，仙居县抢抓机遇，谋求新路，以强化生态文明建设导向，充分发挥仙居独特生态优势，力求在县域生态文明建设中走出一条生产发展、生活富裕、生态良好、生命健康的绿色化发展改革新路子。

（一）践行绿色化发展新理念

习近平总书记提出的绿色发展理念是将生态文明建设融入经济、政治、文化、社会建设各个方面和全过程的全新发展理念，包括绿色经济理念、绿色环境发展理念、绿色政治生态理念、绿色文化发展理念和绿色社会发展理念。仙居县坚持以绿色化理念引领和指导县“十三五”规划，将绿色化发展的六大内容109项任务融入规划中，分解到乡镇和部门，落实到具体项目上，以项目化、指标化的方式使规划易评估、能落地，使绿色蓝图可操作、能实现。

（二）建设绿色化产业新体系

绿色经济发展是绿色发展的物质基础，涵盖“经济要环保”和“环保要经济”两个方面。仙居县主动探索适应新常态的经济发展方式，坚持走以国际化引领、高端化推进、品牌化营销、集团化运作、信息化融合的“五化同步”发展路径，实现了产业生态化、生态产业化。

（三）构建绿色化城乡新格局

良好的生态环境是最公平的公共产品，是最普惠的民生福祉。仙居将生态文明的理念融入城乡建设与发展的各个环节，初步构建起特色鲜明、经济繁荣、生活安康、生态文明的城乡一体发展新格局。

（四）建立绿色化治理新制度

仙居坚持“破”“立”结合，从创新制度和体制机制入手，构建绿色化治理、管理和考核新制度。

（五）倡导绿色化生活新风尚

2015 年，中共中央政治局审议通过《关于加快推进生态文明建设的意见》提出，“必须加快推动生活方式绿色化，实现生活方式和消费模式向勤俭节约、绿色低碳、文明健康的方向转变，力戒奢侈浪费和不合理消费”。仙居县坚持“绿水青山就是老百姓的幸福靠山”理念，围绕实施绿色化发展三年行动计划，大力倡导绿色化的生产方式、生活方式和价值理念，把绿色发展的理念转化为绿色行动的自觉，转化为绿色价值的追求。

二、绿色公约建设绿色仙居县和美人文

在生态文明建设的探索之路上，仙居县不断推陈出新，重点开展“十大绿色创建”活动。在行业层面，要求农业、工业、旅游等部门，组织制定绿色农业、绿色工业、绿色服务业等各大产业的绿色标准，着力构建以“低投入、少污染、高产出”为核心的绿色产业体系。在社会层面，要求在学校、家庭、企业、医院、乡村、乡镇、社区、景区、宾馆饭店，开展系列绿色创建活动，鼓励各单位着手制定绿色公约，以绿色公约来发动

社会各界参与绿色发展，来推动各个层面绿色发展。

（一）建立健全绿色公约

一是倡议绿色消费公约。“绿水青山就是金山银山”，绿色、理性、健康的消费方式就是促进发展。为此，仙居县倡议全县广大消费者积极行动起来，践行低碳生活、绿色消费理念，共同遵守绿色消费公约：选购环保产品、抵制过度包装；简约无害装修、减少建材污染；提倡无纸办公、节约办公用纸；选用节水产品、剩水循环利用；定量理性消费、摒弃奢侈浪费；适量点餐、打包剩菜剩饭；拒绝食用野味、不用野生制品；购物备环保袋、买菜自带菜篮；乘用公共交通、短途适当步行；自带洗漱用品、少用酒店一次性用品。

二是形成仙居县“绿十条”。仙居县是一座天然氧吧，是一块难得的心灵净土。为使公众工作的环境更优美、心情更舒畅、生活更幸福、生命更健康、工作更出彩，仙居县制定了呼吁全县践行的“绿十条”：树立绿色理念，践行绿色发展；倡导绿色出行，践行“1357”行动；倡导绿色采购，使用绿色产品；倡导绿色用能，践行节水节电；倡导绿色办公，推行电子政务；精简会议文件，加强调查研究；倡导勤俭节约，拒绝奢侈浪费；营造绿色环境，建设洁净机关；倡导绿色生活，践行绿色消费；崇尚勤政廉政，建设文明机关。

三是形成绿色机关公约。机关作为仙居全县绿色化发展改革的“火车头”，也积极制定了重要的绿色公约：开展“绿色宣传”、规范“绿色采购”、推行“绿色办公”、追求“绿色用能”、倡导“绿色出行”、营造“绿色环境”。

四是遵守绿色景区公约。维护环境卫生、遵守公共秩序、保护生态环境、保护文物古迹、爱惜公共设施、尊重别人权利、讲究以礼待人、提倡健康娱乐。

除上述详细介绍的绿色公约之外，仙居县还有诸如美丽乡村建设绿色公约、绿色医院公约、绿色学校公约、绿色家庭公约等丰富全面的绿色公约。以党政带动、改革推动、上下联动、示范促动、全民行动、宣传发动等方式，仙居县要求各个部门因地制宜，制定推动本地区和本行业绿色发展的公约，以公约的形式全面激活绿色发展后劲。

（二）发动“重点人群”践行绿色公约

仙居县始终强化共治思维，发动领导干部、党员干部、在校学生、家庭主妇、企业主、志愿者等，共同参与绿色化发展改革，着力改变以往“政府主动、企业被动、公众不动”的格局。仙居县的领导每两周带头参加“绿色化头脑风暴”，带头践行绿色公约。仙居县县长经常参与绿色志愿者爱心活动和绿色出行等活动。发动家庭主妇参与垃圾分类、厕所革命等活动，如淡竹乡、白塔镇、下各镇通过乡村绿色公约，建设绿色乡村；

福应街道通过绿色联盟，发动社区群众践行绿色公约，创建绿色社区，使村居面貌大大改善；县教育局发动广大中小学生，开展校园绿色公约和绿色之星竞赛评比，从五个维度推行学校绿色教育，打造良好教育生态；团县委倡导“1357”绿色出行，争当行走达人；县发展改革局打造绿色机关等。

三、仙居特色绿色发展之路的深远启示

习近平总书记多次代表党和政府强调生态文明、绿色发展的重要性，可见绿色发展是这个时代最重要的题中之义。全国各个生态意识先进的地区都在积极探索推动生态文明建设的具体途径，仙居县正是奋斗在绿色发展一线的典型代表。

（一）绿色发展试点型建设符合国情

2015 年，仙居县争取了浙江省全省首个综合性的县域绿色化发展改革试点，这是仙居县委、县政府把握发展新趋势，谋求新发展格局作出的重大战略抉择，意义重大。开展绿色化发展改革试点，是仙居县光荣的使命。浙江省委、省政府把试点放在仙居县实施，是对仙居多年来发展道路和发展成绩的肯定，为仙居赢得了区域竞争的重大机遇。仙居要用足、用好、用活试点这个重大机遇，在区域竞争中赢得主动、抢得先机，充分利用上级赋予仙居先行先试的探路权，拿出非凡的勇气和决心，大胆改革，开拓创新，打造特色优势，吸引人才、资本和项目，谋求仙居科学跨越发展。开展绿色发展试点的推进方式，是全国县域长远绿色发展的最优选择。近年来，我国很多地方围绕绿色发展科学跨越的主题，初步构建了生态型战略体系，发展的理念在提升，基础在夯实，速度在加快。但类似于仙居这样“经济洼地，生态高地”型的县域地区，绿色发展的总量、质量和先进县市相比仍存在差距，和群众的期望仍有距离。因此有必要通过开展试点工作，给予其先行先试的探路权与全方位支援，探索出一条既能加快各县域发展，又能保护绿水青山的绿色化发展之路。

（二）仙居探索绿色公约意义重大

2016 年是仙居县绿色化发展改革试点全面推进之年，如何在试点过程中创造出仙居特色，仙居县进行了积极的探索和思考。仙居县作为践行绿色发展的先行区，晒出了骄人的绿色化发展改革成绩单。这些成绩主要源于仙居县探索的先进工作方法。为增强生态发展型示范试点的引领带动作用，加快形成仙居县绿色化发展体制机制，仙居县在全市乃至全国率先走出了一条适合绿色化发展的道路。自绿色发展改革试点批复以来，仙居县从树

立干部绿色理念、发展仙居绿色经济、倡导仙居绿色生活、建立仙居绿色机制等方面着手，力求在浙江省形成一批可学、可看、可推广的试点，为浙江省探索出一条“生产循环化、生活低碳化、全域生态化、治理现代化”的县域绿色化发展新路子。在这些众多可圈可点的工作方法中，仙居县绿色公约推进生态文明建设的方式独树一帜。借绿色公约之力，将“绿色”真正“化”在群众的生活中，取得了很好的成效，开启了美丽仙居建设新模式。

（三）政策形式多样化十分必要

在政策体系方面，仙居县在全国率先研究制定《县域绿色发展指标体系》，探索建立以绿色为导向的综合评价体系。根据绿色化发展改革各项任务和指标要求，对各乡镇（街道）、部门、平台实行分类差异化考核，考核结果与干部使用、奖金发放挂钩。同时，要求各个部门制定出台《绿色项目引导目录》《绿色项目审批和要素保障政策》《生物多样性保护行动计划》等20余项推动绿色化发展改革的“政策清单”。此外，推进生态文明建设的仙居按照“可量化、可评估、可操作”原则，组织开展制定农业、工业、服务业、新兴业态等各大产业的绿色标准。重点在学校、家庭、企业、医院、乡村、乡镇、景区、宾馆饭店中开展绿色创建活动，制定地方《绿色创建标准体系》，努力形成绿色创建的“仙居定义”，以标准体系检验绿色发展成效。此外，仙居县还积极推出丰富全面的绿色公约。综合评价体系、具体的评价标准制定和绿色公约的相互配合，以不同的形式引领仙居真正地把绿色化融入各行各业、各家各户。

（四）仙居特色值得在全国范围内推广

绿色化发展改革是一项全新的工作，也是一项全局性的工作，仙居作为绿色发展改革试点，把握了发展新趋势，以绿色公约为支点推动生态文明建设的创新方法，为浙江省全省乃至全国县域绿色化发展积累可看、可学、可用的经验与示范。在先进的工作方法指导下，仙居生态文明建设、绿色发展取得了显著效果。作为绿色发展试点，仙居县先后得到了浙江省政府领导的高度肯定和支持。绿色发展在全国开展试点式发展道路，可以在全国范围内推广仙居绿色公约工作方法和仙居绿色发展探索路径，并进一步在全国各地学习与探索过程中探索出更加丰富完善的绿色发展路径。

中美经贸摩擦对江苏省、广东省生态环境保护的影响调研报告

李丽平　张彬　张莉　田春秀　赵嘉
（生态环境部环境与经济政策研究中心）

为深入了解中美经贸摩擦对我国生态环境保护特别是污染防治攻坚战的影响，2019 年 10 月 16—23 日，生态环境部与商务部国际经贸关系司联合赴江苏省南京市、广东省广州市等地进行了实地调研。

调研组认为，截至调研时间，各方面应对政策措施陆续到位并发挥效果，企业从最初的紧张、慌乱逐渐趋于理性、冷静并积极应对。在中美经贸摩擦没有进一步升级的情况下，其对江苏、广东经济贸易有一定影响，对中小企业影响相对大一些，但总体可控，后续影响程度是否加深还有待进一步观察；对生态环境保护影响较小，但需持续跟踪评估、防范风险；生态环境部门近期应重点关注危险废物处置能力不足、机电等行业加速对外转移、“两高一资”产品出口退税提高、企业要求放松环境管理与增加环境激励的诉求等问题。“十四五”生态环境保护规划应充分考虑中美经贸摩擦的影响。

一、中美经贸摩擦对江苏省和广东省的经济贸易有一定影响，但总体可控

江苏省和广东省是我国经贸大省，也是我国对美贸易的主要省份。2017 年两省生产总值占全国比例分别为 10.4%和 10.8%，对外出口比例分别为 16.0%和 27.5%，位居全国前两位。参加座谈会的代表认为，受中美经贸摩擦影响，两省生产总值和对外贸易增速放缓，对美贸易持续走低，但总体影响可控。

一是江苏省和广东省的经济运行平稳，但增速放缓。江苏省 2019 年前三个季度的全省生产总值增长率相较 2018 年和 2017 年同比增速分别下降 0.3%和 0.8%。广东省情况与江苏省类似，2019 年前三个季度全省生产总值增长率较 2018 年和 2017 年同比增速分别下降 0.5%和 1.4%。

二是江苏省和广东省对美国出口额下降，但总出口额不变或略有上升。2019 年前三个季度，江苏、广东两省对美国出口额下降 1.8%～9.8%，总出口额不变或略有上升。体现在外贸市场日趋多元，市场“替代效应”明显。2019 年前三个季度，江苏省对欧盟、东盟和日本进出口总额分别增长 7.2%、11.1%和 3.7%，对“一带一路”沿线国家进出口额增长 9.1%。2019 年 1—8 月，广东省对欧盟出口增长了 11.9%，对“一带一路”沿线国家出口额增长 8.7%。

三是江苏省、广东省与美国双向投资减少，总投资稳定增长。受不稳定预期影响，江苏省、广东省与美国企业双向投资减少。统计数据显示，广东省全年实际利用外资有望保持一定增长。2019 年 1—8 月，广东全省实际利用外资额 1 030 亿元，同比增长 1.8%，超 1 亿美元外资大项目个数和实际外资分别增长 21.4%和 21.9%，预计全年实际利用外资将保持增长。

四是对企业影响可控，中小企业受影响较大。中美经贸摩擦对产品竞争力强、市场广、对美国市场依赖性较小的企业影响不大，对于产品竞争力较弱、可替代性强的企业，有个别企业出现停产转产、工人失业等问题。

五是中美经贸摩擦对江苏省和广东省就业影响不明显。2019 年 9 月末，江苏全省城镇登记失业率为 3%，继续处于较低水平；广东城镇登记失业率为 2.16%，同比下降 0.26 个百分点。

六是中美经贸摩擦减弱了企业出口信心和发展预期，但企业正逐步适应。目前尽管中美经贸摩擦对江苏省经济贸易的影响已逐步显现，但是全社会对中美经贸摩擦的持续性和反复性有了一定预期，心理承受能力进一步提高。中美经贸摩擦对出口预期影响较小，63%受访企业认为没有影响，11%受访企业认为有较大影响。

二、中美经贸摩擦当前对江苏省和广东省的生态环境保护影响较小，但需跟踪评估并防范风险

（一）江苏省和广东省的生态环境质量稳中向好

2019 年上半年，江苏省全省环境空气质量整体优于上年同期，水环境质量总体较上年同期有明显改善。广东省大气环境质量整体稳定，主要污染物浓度继续下降，臭氧波动上升，水环境质量同比好转。

（二）江苏省和广东省的环保投入没有变化

江苏省南京市政府和广东省广州市政府未因中美经贸摩擦放松环保工作要求。调研的江苏省南京市、广东省广州市均表示当前领导非常重视生态环境工作，将打好污染防治攻坚战定位为重要的政治任务，在管理和投入上均未放松。中美经贸摩擦期间政府节能环保投入持续增加。2019 年 1—9 月江苏省生态保护和环境治理投资同比增长 14.1%。广东省也表示，2020 年环境保护领域的预算还会继续保持，不会因中美经贸摩擦影响而有大的变化。政府加大环保政策“投入”，帮扶企业共克时艰。调研中了解到，为推动新旧动能转换，帮助企业渡过难关，江苏省南京市还出台了许多帮扶政策。

（三）中美经贸摩擦对生态环境的影响有利有弊

江苏省认为，中美经贸摩擦对生态环境保护的影响与对经济的影响应该是类似的，近期来说既有正面影响也有负面影响，到底是正面占主导还是负面占主导，取决于应对方法。广东省认为，中美经贸摩擦对当前中国生态环境保护的影响分直接影响和间接影响，从直接影响看没有影响或者影响不明显；从间接影响看，对广东的环境执法没有影响，对环境质量改善有正面影响，但是也有可能随着新的结构和业态发展面临产生新污染物的风险。

（四）中美经贸摩擦对环保产业总体影响不大

中美经贸摩擦对广东省环保产业总体影响不大，环保产业成为拉动经济新的增长点，广东省相关部门对本省市生态环境治理和工业污染治理的 10 多家代表企业进行走访，发现大部分企业业绩比上年同期增长 15%～20%，广州市环保产业产值增加 12%～13%。

三、生态环境部门需重点关注的几个问题

调研中大家普遍认为，中美经贸摩擦将是长期的、不确定的，不会因为美国总统的更换而变化，因此，当地政府和企业正在采取相应措施，如以转移产能、改造升级工艺等积极应对。从生态环境保护角度，应对中美经贸摩擦，以下问题亟须特别关注。

（一）危险废物处置能力严重不足，影响了企业的正常生产，有的甚至可能演变为新的环境与贸易问题

广州市相关部门提出，企业向他们反映危险废物处理企业较少，难以满足需求。以

东方国际集装箱有限公司为例，该公司油漆用量很大，油桶和剩余油漆应做危险废物处理。由于当地没法处理，公司不得不将危险废物运送到肇庆甚至东北去处理，成本大大增加。调研组实地调研的广州南沙龙沙有限公司反映，企业每年产生上千吨危险废物，由于在本地很难找到危险废物处理供应商，所以有的危险废物需要运送到甘肃处理，而跨省手续难办、烦琐、时间长，间接影响到其生产安排，导致交货推迟，客户抱怨投诉等（详见专栏一）。

专栏一　危险废物处置问题已成为龙沙应对中美经贸摩擦障碍

广州南沙龙沙有限公司（以下简称龙沙）是一家外商独资企业，总部位于瑞士，主要产品为维生素 B_3、左旋肉碱、卫生和防腐、活性医药成分（简称 APIs）、化学中间体及其他相关产品。

该企业出口占比为 50%～60%，出口市场中美国约占 50%，欧洲占 30%～40%，还有少部分输往日本。

中美经贸摩擦对龙沙的出口影响较小，但是影响其进口。主要原因是该企业产品创新药属于美方加征关税豁免清单的类别。此外，该企业与客户一般签署 5～10 年的长期合同，合同中规定关税成本由客户承担。

龙沙反映其危险废物处置问题严峻，甚至影响其生产安排，他们已经考虑了各种措施应对，甚至想过送回瑞士处理，但都无果。主要问题为：一是危险废物处置供应商供不应求，且配额不足；二是部分特殊种类废弃物无相关处理技术和能力；三是危险废物在省际、国际转移审批阻力大；四是危险废物经营许可证难以办理；五是危险废物处置供应商掌握议价权，处置成本过高；六是缺乏高盐废水相关处置标准。

来源：作者根据实地调研整理。

（二）中美经贸摩擦加速了江苏省和广东省企业的对外转移，既加速产业结构的优化，又可能产生新的环境风险

广东省调查报告显示，1 788 家企业中 188 家有外迁转移计划，占企业总数的 10.5%，外迁意愿有所加强。江苏省反映，对 500 多家美国市场过半且对美出口超千万美元的企业的调查显示，有近 20%的企业有产能转移意向，8.3%的企业已经转移产能。调研组实地调研的 8 家企业中 5 家有向外转移的安排，其他 3 家公司通过内部调换产能实现对美国出口（详见专栏二、专栏三）。这种对外产业转移的加速也可能引发环境风险，例如，对外投资企业是否遵守当地环境标准，是否做环评等。

专栏二 华宝通讯（南京）受中美经贸摩擦影响考虑在越南设厂

华宝通讯（南京）有限公司［以下简称华宝通讯（南京）］是一家代工苹果平板电脑和触控笔的台湾独资企业，于2004年年初在大陆投资建厂，目前共有2万多名员工。

华宝通讯（南京）的美国市场占比高达50%～60%，国内市场占比从2017年的30%持续下降到2019年的5%～10%，且仍在萎缩。

中美经贸摩擦对华宝通讯（南京）的影响较为明显。该企业产品被纳入第三批美国加征关税清单，目前加征关税的成本暂由下游苹果公司承担，但苹果公司将来势必会逐渐将成本分摊给供应商。该企业属于代工厂，用工需求大，但利润率低（小于10%），因此成本受加征关税的影响较为明显，其下游客户明确表示若2019年12月15日美方继续加征关税，将不再给该工厂美国订单。由于苹果公司不允许其上游供应商存在资源共享，即该企业无法拓展苹果公司以外的其他客户，因此目前正在考虑在越南新建工厂，负责生产美国市场的产品。

来源：作者根据实地调研整理。

专栏三 捷普电子（广州）受中美经贸摩擦影响考虑将欧洲订单收回国内，项目转移到越南、马来西亚、墨西哥等地

捷普电子（广州）有限公司［以下简称捷普电子（广州）］是一家美国独资企业，以加工贸易为主，主要产品为电子电器产品的功能线路板，拥有员工1.5万人。

捷普电子（广州）产品的30%去向是美国市场，欧洲市场占30%～40%，亚洲市场占20%，国内市场仅占不到10%。

中美经贸摩擦对捷普电子（广州）的影响已初现端倪，预计将于2020年显现。受中美经贸摩擦影响，捷普电子（广州）下游客户已经开始转移订单或表达出转移订单的意向，比如大量的太阳能产品订单将逐步向越南转移。预计企业30%的产值（约11亿美元）将受到影响。企业采取的主要应对措施包括：通过自动化等技术改造降低成本；积极寻求本地客户；将欧洲订单从东南亚工厂转移至国内；将项目转移到越南、马来西亚、墨西哥等地；通过远程操控海外工厂运营来维持国内员工稳定就业等。

来源：作者根据实地调研整理。

（三）关注部分企业关于放松环境管理、增加环境治理激励的诉求

广东省反映其调研全省 180 家重点企业诉求时，有的企业提到环保费用过高或者环评标准比较高，希望再有一些特殊和优惠政策，如捷普电子（广州）有限公司希望针对 VOCs 治理设施和运行进行补贴（企业预计总投入 3 000 万～4 000 万元）。在这样的背景下，如何应对外部和社会压力，按时保质地打好打胜污染防治攻坚战是生态环境部门需要密切关注的重要课题。

总体而言，目前中美经贸摩擦对中国的经济贸易以及生态环境影响总体可控，未来影响具有不确定性。比较明确的是，中美经贸摩擦加速了中国的产业转移和转型升级，也对生态环境保护产生了影响，对生态环境保护工作提出了新课题。“十四五”期间生态环境保护规划应充分考虑中美经贸摩擦的影响。

湖南省常德市土壤污染防治先行区建设调研报告

王一鹏　季国华　田梓　黄国鑫
（生态环境部环境规划院）

自 2016 年 5 月获批全国土壤污染综合防治先行区以来，湖南省常德市按照“土十条”和《先行区建设指导意见》，积极探索实践，全力推进先行区建设，着力打造“净土城市”示范样板，各项工作取得阶段性成效。通过 4 年的土壤综合防治先行区建设，常德市已基本构建起党委领导、政府主导、环保牵头、部门联动、齐抓共管的土壤污染综合防治工作体系，探索建立“科学指引、制度先行、严管严控、治污扶贫”的常德模式，同时在土壤污染治理中探索出一套契合常德实情的特色技术体系，为全国土壤污染防治工作提供了一条可供借鉴的路径。

一、基本情况

常德市地处湖南省西北部，是长江经济带的重要节点城市和洞庭湖生态经济区的重要组成部分，常德市头枕长江、腰缠二水（沅水、澧水），东靠洞庭湖，西连张家界。常德市境内矿产资源丰富，素有“非金属矿产之乡”之称，主要集中在石门、澧县两县，鼎城、桃源、临澧三县（区）次之，其他各地区较少。根据常德市历史土壤环境相关调查数据，常德市土壤环境质量整体良好，局部区域土壤污染严重，工矿业废弃地土壤环境问题突出；重金属污染，其中，砷超标问题突出，镉、汞和铜等重金属污染也不容忽视；砷污染集中分布在石门和临澧、桃源的西北部，主要来自雄黄矿的开采，污染程度较深，并造成下游饮用水水源次生污染。

二、工作成效

（一）科学探索，引领实践

1. 广泛吸纳科研支撑力量

依托高校、中国科学院及生态环境部直属单位等科研单位，在土壤污染治理技术上攻坚克难及在先行区建设方面开展积极探索。

2. 积极探索砷污染修复模式

结合石门雄黄矿砷污染治理项目，探索建立种苗、栽种、培育、收割等质量标准，采用“植物萃取+活化”、“植物萃取+经济作物间作”、“植物阻隔+钝化”、生态补偿等技术对受污染农用地进行修复，形成《农用地重金属污染植物萃取技术指南》《蜈蚣草育苗技术规范》《蜈蚣草栽培手册》《污染土壤修复后评估技术指南》等，建立了一整套较为成熟的土壤砷污染治理模式。

3. 稳步推进农用地分类制度

通过安乡县安丰乡农用地分类管理试点，在土壤污染状况调查的基础上，探索以耕地物力边界、产权权属、行政区划等因素划定优先保护类、安全利用类农田范围，形成《安乡县农用地土壤分类管理办法》《安乡县农用地土壤环境质量类别划分方法》，并设计完成了土壤环境信息化管理平台，为实施农用地分类管理提供了科学参考。

（二）确立机制，制度先行

1. 建立土壤污染防治工作机制

成立由市长任组长、相关部门主要负责人为成员的常德市土壤污染综合防治先行区建设工作领导小组。编制《湖南省常德土壤污染综合防治先行区建设方案》及《常德市土壤污染防治工作方案》，并每年制定先行区建设实施方案，确定先行区建设指标目标，明确土壤污染源头控制、土壤污染地块风险管控、土壤污染治理与修复等方面任务。2019年常德市土壤污染综合防治示范区建设工作领导小组办公室印发《常德市土壤污染综合防治先行区建设工作联席会议制度》，负责全市土壤污染综合防治先行区建设工作的组织、领导、协调及重大事项决策。

2. 建设监管考核管理制度

常德市人民政府与各县（市、区）人民政府等签订《土壤污染综合防治目标责任书》，将环保工作纳入市直部门绩效考核内容，并制定出台《常德市环境保护工作绩效考核细则》《常德市环境质量考评实施办法》《常德市落实土壤污染综合防治先行区建设考核工作任务清单》。在建设用地管理方面，常德市出台实施《常德市建设用地环境管理办法》，明确各部门对建设用地环境管理的详细工作流程，编制《土壤环境重点监管企业管理工作方案》，加强企业管理及责任落实。结合农用地分类管理试点项目，积极探索农用地分类管理工作模式。

3. 构建互联互通信息化平台

编制《常德市土壤污染防治项目管理规程（试行）》，建立土壤污染防治项目全过程管理模式，同时推进土壤环境管理信息化平台建设，实现部、省、市、县四级环保业务信息网络的互联互通。

（三）严格监管，重点防控

1. 严格环评手续审批

在规划环评编制阶段，对规划实施可能造成的土壤、地下水环境影响进行分析、预测和评价。例如，在对津市工业园医药化工板块开展规划环评时，明确提出控制重金属和难降解有机物企业入驻。在建设项目审批中，增加土壤和地下水内容，土壤污染防治成为新改、扩建项目环评报告书（表）的重要因素，对影响土壤环境的高污染项目坚决否决。例如，在仙盛科技年产 3 100 吨医药材料项目、吉翔化工等项目的审批过程中，因项目可能排放重金属和难降解有机物，存在较大环境风险，故坚决予以否决。

2. 加强重点监管企业监督

根据行业类别、生产规模、污染状况，结合全市企业详查工作，确定 32 家土壤重点监管企业；通过市政府网站全面公开重点监督企业监测数据、污染节点、风险定级等信息，倒逼企业防范污染；坚持把涉镉企业污染源控制作为重点，全面查清、核实涉镉在产和停产企业，形成涉镉企业清单，并编制整治方案，实现“一企一策”；在涉镉企业污染整治的基础上，有序实施其他涉重金属的污染治理。

3. 探索矿山场地风险管控

对关闭的 30 多座矿山开展现场调查，摸清矿山场地风险底数，并选择鼎城石板滩石煤矿开采遗留矿坑、汉寿连家坝金矿遗留场地探索风险管控模式。鼎城石板滩石煤矿开采遗留矿坑通过采取“锁水、控源、截流、治污、监控”等措施，实施“外溢应急、截水撇流、水体治理、生态恢复”等工程，环境风险得到有效管控。汉寿连家坝金矿遗留场地通过采取清理尾砂、土壤原位阻隔、黏土压实、生态恢复、建截污沟等措施，有效管控了场地污染迁移扩散，使下游水质得到明显改善。

4. 启动国土面积空间管控

发挥“三线一单”硬约束作用，整合形成 172 个基本单元，划定土壤环境优先保护区、重点管控区；其中，划定农用地优先保护区 4 533 千米^2，农用地、建设用地重点管控区 260 千米^2，分别占市域总面积的 24.6%、1.42%。

（四）结合治理，联系民生

1. 开展农业面源污染防治

全域开展化肥农药“零增长”行动。测土配方施肥技术推广率达到 90%以上；通过实施绿色防控示范项目、推动有机食品基地建设等，2018 年与上年相比，农药利用率提高 3.2%，达到 38.8%，农药使用量减少 7.3%。

2. 推广边生产、边修复控镉技术

推广稻田“VIP 及 VIP+*n*”控镉技术体系，通过农田水分调控、低镉积累品种种植、土壤 pH 调节、叶面喷施拮抗物质和合理施用化肥等措施，降低土壤中镉的有效性，减少植物对镉的吸收。

3. 开发砷污染土壤修复产业链

依托“湖南石门典型区域土壤污染综合治理工程”，建设土壤修复产业园，已形成以植物萃取技术为主的修复产业链（图 1）。产业园区包括种苗繁育、废物安全处置、宣教中心等，下一步，还将建立土壤修复项目管理信息中心，争取形成一套成熟的砷污染治理技术体系，从市场角度打造我国首个农田土壤污染修复产业园。按每亩平均收益 2 000 元/年计算，4 476 亩污染土壤的综合治理可直接创造经济价值 820 万元/年，当地人均收

入将由 2015 年的 5 250 元提升到 2018 年的 9 200 元。

图 1　土壤修复产业园及农户参与移栽

4. 建立“绿色存折”管理模式

在常德市津市市，政府为每个农户发放一个再生资源绿色银行存折本（以下简称“绿色存折”），并相应地在回收站建立每户废品回收台账。聘用专职保洁员负责垃圾回收，并按垃圾种类、数量、单价、金额等栏目填入登记台账，同时将收购金额填入农户“绿色存折”。农户每月可持“绿色存折”到回收站，按交售废品后存折上累计的钱款余额换购相应价格的日用品或现金。该制度取到了较好的实施效果，并得到《中国环境报》央视 2 套《经济半小时》、新华每日电讯等节目的报道（图 2）。

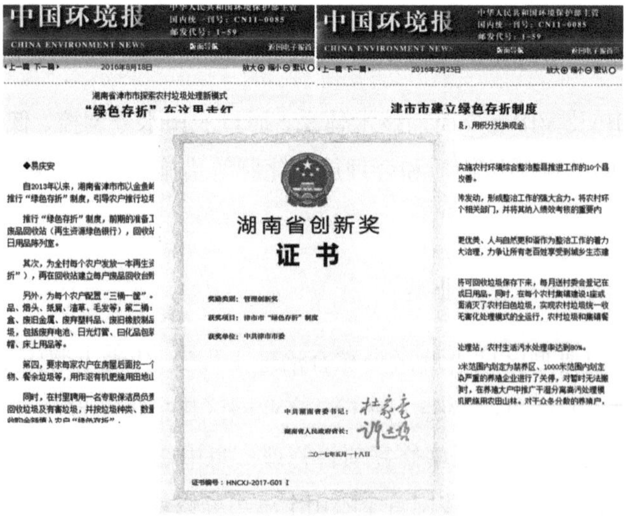

图 2　“绿色存折”制度得到报道并获得湖南省创新奖

三、特色技术体系

（一）受污染耕地安全利用技术

1. 农用地土壤分类管理技术

安乡县安丰乡选取4.9万亩农用地，开展土壤分类管理试点，通过农用地土壤污染状况加密调查，进行土壤和农产品协同监测与评价，确定土壤污染范围及程度，划定农用地土壤环境质量类别；同时，建立土壤分类管理制度和土壤环境信息管理平台。

（1）开展农用地土壤污染状况加密调查时，根据国家层面多部门土壤污染调查的要求，结合监测布点精度难以反映小区域土壤质量的情况，调查点位布设精度由《农用地土壤污染状况详查点位布设技术规定》中的1 km×1 km，加密为258 m×258 m，调查网格大小为100亩；对加密调查发现的镉超标区域进行二次加密，调查网格大小为10亩。

（2）开展土壤和农产品协同监测与评价，结合区域土壤样品检测结果，在评价单元内选择污染较为严重的区域，点对点采集农产品样品，其他区域平均每500亩布设一个农产品采样点，并将每20个农产品样品设置一个平行样。

（3）制定完成《安乡县农用地土壤分类管理办法》，该办法规定：根据土壤污染状况详查结果、农产品质量，进行耕地土壤环境质量类别划分工作，建立耕地土壤环境质量分类清单，将耕地划分为优先保护类、安全利用类和严格管控类，分别采取优先保护、安全利用、治理与修复等管理措施，保障农产品质量安全。

（4）制定《安乡县农用地土壤环境质量类别划分方法》，在确定评价单元时，综合考虑地块边界、行政边界和权属边界等因素，判定每项污染物代表的评价单元类别后，取最严格评价结果作为该评价单元的类别。

（5）设计完成土壤环境信息化管理平台软件，记录安丰乡土壤环境质量监测点位信息，评价土壤污染物含量变化，展示土壤环境质量监测网点分布及土壤环境质量等信息。

2. 水稻安全生产“VIP及VIP+*n*”控镉技术

鼎城区石公桥镇镉污染农田治理与修复示范项目采用“源头减量工程+水稻安全生产技术+土壤镉减量修复工程”技术模式，项目实施面积为155亩。

水稻安全生产通过水稻“VIP及VIP+*n*”控镉技术，具体包括镉低积累品种种植、优化水分管理、施用生石灰、施用土壤调理剂、施用有机肥、喷施叶面阻控剂调控稻米中镉的含量，实现水稻安全生产；同时，通过种植镉高富集植物——冬季牧草菊苣，提取土壤中的重金属，并对镉富集植物的茎叶进行刈割、移除、处理，实现土壤重金属减量。

预计示范区内 50%以上的稻米可达到食品安全标准（＜0.2 毫克/千克）；通过种植冬季牧草菊苣，且对牧草的多次刈割将土壤中的镉移除，使农田镉含量逐步下降，达到年降镉率 20%以上。

（二）污染地块治理修复技术

1. 农田蜈蚣草砷污染修复技术

针对石门雄黄矿区及周边土壤，采用蜈蚣草萃取—活化剂强化技术和蜈蚣草—柑橘间作技术修复污染农田，采用钝化和植物阻隔的方式安全利用污染农田。

（1）蜈蚣草萃取—活化剂强化技术

建立工厂化育苗配套工程，实现超富集种苗规模化育苗，并通过标准配送装置输送至修复区。移栽前，在蜈蚣草栽种区域配合施用提高植物萃取效率的修复剂（活化剂Ⅰ型）。蜈蚣草植株生长到 50～100 厘米高度时，或生长 2～4 个月后，收割地上部分。移栽第一年刈割 1 次，此后每年刈割 2 次。刈割之后留茬高度为 5～10 厘米。蜈蚣草单作按照株距 0.25 米和行距 0.25 米进行种植，即每亩种植蜈蚣草种苗 10 672 株；每年每亩施用 1 吨修复剂活化蜈蚣草根系周围的重金属有效性，提高植物萃取效率。

（2）蜈蚣草—柑橘间作技术

结合当地种植习惯，在果树周边种植蜈蚣草，来降低果园土壤重金属对柑橘产量和品质的影响。为适用柑橘树下的遮阴的生境条件和柑橘采摘需求，蜈蚣草按照株距 0.25 米、行距 0.25 米种植密度进行种植，与柑橘种植穴位（半径 1 米）错开。因此，每亩果园需要蜈蚣草种苗 5 336 株。

（3）钝化和植物阻隔技术

在安全利用区，水田采用水稻—钝化剂阻隔（1 吨/亩）修复，旱地采用玉米—钝化剂（1.5 吨/亩）阻隔修复，土壤砷含量有效态降低 50.4%～78.5%，农产品的砷含量合格率达到 100%（＞95%）。

经过效果评估，蜈蚣草萃取—活化剂强化修复区土壤砷去除率达到 10%以上的点位占总采样点位的 73.8%～83.9%，蜈蚣草萃取—柑橘间作修复区土壤砷去除率达到 10%以上的点位占总采样点位的 80.2%，部分土壤砷含量年去除率可达到 14.1%。

2．有机废渣场地修复技术

澧县原青云香料厂废渣及土壤污染修复工程主要针对有机废渣，该治理项目主要修复污染物为超标较严重的2,4,6-三氯苯酚、五氯苯酚、苯并[*a*]芘、茚并[1,2,3-*cd*]芘4种污染物，经过修复技术比选，项目选用“异位热脱附技术+光催化氧化+活性炭吸附”的方式进行修复，场地治理工程包括污染土壤治理范围标定、范围内厂区厂房和硬化路面的拆除、污染土壤清挖、土壤筛选和破碎、加热进行热脱附、废气处理以及处理后土壤的回填与场地复原，项目于2018年完成并通过竣工验收。项目实施综合考虑了污染治理过程中的二次污染、场地污染物的分布特征及土壤的质地，采取比较成熟的修复技术，其中异位热脱附技术可将2,4,6-三氯苯酚、五氯苯酚、苯并[*a*]芘、茚并[1,2,3-*cd*]芘脱附出土壤，采用负压大棚的形式，能有效地避免二次污染。

关于赴香港参加环境教育与公众参与实践交流的总结报告

刘友宾　史宇　柳青
（生态环境部宣传教育司）

一、出访概况

为进一步提高宣传教育工作水平，学习借鉴香港特别行政区在环境教育、社会宣传、公众参与、生态环境保护等方面的做法与经验，受香港环保署邀请，生态环境部宣传教育司于2019年7月16—20日赴香港开展环境教育与公众参与实践交流。团组于7月16日下午抵达香港，20日下午返回北京，在境外停留5天，未延期。交流期间活动严格按批复日程执行，无任何违反中央八项规定精神及外事纪律执行情况。

代表团先后与香港环保署、世界绿色组织（WGO）进行交流座谈，并参观了大埔凤园、绿汇学苑、嘉道理农场暨植物园、T·PARK“源·区”、“绿在葵青”、O·PARK1有机资源回收中心等。

通过本次赴香港实践交流，团员们普遍反映收获很大，开阔了思路，增进了交流，特别是对生态环境部生态环保宣教工作的自身定位、工作方法、管理模式等方面有很好启发和借鉴意义。

二、座谈交流内容

（一）香港环保署

1. 香港环保署环境宣教工作经验

7月17日上午，代表团赴香港特别行政区政府（以下简称特区政府）总部与香港环保署副署长区伟光会面并进行了座谈，区伟光向代表团介绍了香港环保署环境宣教工作的四点主要经验。

一是自上而下地推进宣传教育。香港环保署自 2013 年起开始大规模开展环境保护宣传教育活动，第一个实例是减少厨余垃圾的“惜食香港”运动。这项运动由香港环境局局长黄锦星亲自推动，政府联合行业协会、企业、非政府组织（以下简称 NGO）共同推进。这项活动设计了创意吉祥物“大嘥鬼”，是一个眼阔肚窄、浪费食物的动漫形象，唤醒港人珍惜食物，减少浪费。吉祥物“大嘥鬼”的宣传效果非常突出，逐渐被全香港认可为环保代言人，不仅限于“惜食香港”，在各类宣传活动中都会作为吉祥物出现。

二是充分发挥社交媒体宣传作用。香港环境局局长黄锦星、香港环境运动委员会以及吉祥物“大嘥鬼”都开设了自己的 Facebook 和 Instagram 主页，专门用于环境保护宣传教育，香港环保署聘请专业广告制作公司负责社交媒体的宣传创意和日常运维，建立一年时间内关注粉丝数超过 50 万人。

三是充分引导和组织 NGO 参与环保宣教。为提高环保宣教活动的社会公信力和影响力，特区政府充分发挥了与 NGO 合作的优势，借助和依靠香港民众对 NGO 的信任和好感，通过 NGO 开展环境现状分析、民意调查、立法宣教、活动推广等工作，使 NGO 成为特区政府与香港民众之间的纽带和缓冲带，建立互利双赢的推进环保宣传教育合作模式。政府主动扶持 NGO 组织，每年投入环保基金 2 亿港元左右开展环保宣教工作，有针对性地设立了 150 多个项目招标 NGO 组织参与，并对 NGO 进行环保知识和技能培训，充分发挥了 NGO 的正面作用。

四是深入社区打好环保宣传战。香港环保署为更有效地面向普通居民开展环保宣传教育，在香港所辖 18 个区派出 150 人常驻在居民社区，针对生活垃圾处理、废物回收利用等环保工作开展宣传工作，力求通过宣传教育推动居民生活模式的改变，逐步形成自觉环保的意识和习惯。

2．香港环保署宣教工作机构设置及主要业绩

香港环境局是特区政府的组成部门之一，香港环保署是香港环境局下设的主要办事机构，其中社区关系组是香港环保署负责环保宣传、教育和行动计划组织的部门，由区伟光副署长分管。香港环保署还设有媒体关系组，专门负责环保新闻发布与协调媒体等工作，直接由环保署署长分管。

社区关系组由组长和副组长负责，下设香港环境运动委员会和环境及自然保育基金两个部门，每个部门由一名总行政主任负责，部门内按照工作分工设有几个小组，每个小组由一名高级行政主任负责，小组内的其他工作人员都为行政主任头衔。

香港环境运动委员会成立于 1991 年，其宗旨是提高大众的环保意识，鼓励社会大众为更美好的环境做出贡献，成立以来委员会面向学校、商界和公众开展了很多与环境相关的宣传及教育活动。学校设立了香港绿色学校奖、零即弃校园大奖，开展学生环境保护大使计划、环保章培训等活动；商界设立有香港“环保奥斯卡”大奖美誉的香港环境卓越大奖，并开展香港绿色机构认证工作；在公众教育方面，举办多种多样的宣传及公众教育运动，利用重要时间节点开展“六·五”世界环境日、绿色年宵公众参与环保宣教活动，与餐饮界合作倡导避免使用一次性餐具运动，在居民社区建立“绿在区区”社区环保基地、开设环境资源中心大力推进社区环保教育。

环境及自然保育基金（以下简称环保基金）于 1994 年成立，政府于 2013 年获得立法会财务委员会，并通过拨款向环保基金注资 50 亿元用作种子基金，通过每年赚取投资回报，为非政府组织提供教育和研究的资金支持。环保基金自成立以来，已资助超过 5 400 个与环保和自然保育有关的教育、科研和其他项目及活动，总额约 31 亿港元。2018 年共投入 2 亿港元，资助项目 156 个，重点资助类别为社区减少废物项目、环保教育和社区参与项目、环保研究技术示范和会议项目、自然保育管理协议计划。

（二）世界绿色组织

7 月 17 日下午，代表团赴世界绿色组织总部，与世界绿色组织行政总裁余远骋进行了交流座谈。世界绿色组织是一个典型的香港 NGO 环保团体，组织的理念是关注与保护环境有关的民生和经济议题，提供整合的共赢方案，推动绿色低碳社会。世界绿色组织关注社会弱势群体的生活需要，推出与环保相关的扶贫计划；进行香港资源环保政策研究，站在第三方立场积极为因环境变化而引起的社会矛盾发声；通过组织各种“绿色运动”，推广绿色文化，加强公众对环保的认知和参与。世界绿色组织发起的环保活动很有特色，如给贫困家庭赠送节能电器的社区服务，号召节约使用纸手巾的“惜纸行动”，与菜市场和超市联合举行的“新鲜食物捐赠计划”，提倡节能环保办公的“绿色办公室计划”等。

三、现场考察情况

（一）粉岭环境资源中心

粉岭环境资源中心成立于 2003 年，又名“环保天地”，为学校、社团及新界北的居民提供环境资讯及环保教育服务。中心总面积约为 400 米^2，内部大部分装修及家具都采用环保材料。色彩缤纷的展览厅设有展板、互动游戏及模型，并划分为 8 个展览区，分别以空气质量、减少废物、保护水资源、环境规划及评估、噪声问题、管制与执法、全球环境议题和社区环保教育为主题，还设有演讲室及图书馆。中心开放给各界人士免费参观，并为预约的学校或社区团体提供免费讲解服务和环保讲座。代表团参观时正赶上某校小学生在这里举行暑期活动，能够非常直观地感受到小学生们对馆内各种具有趣味性的互动科普游戏的喜爱，“10 秒挑战走塑（减少一次性塑料餐具）绕口令”“噪声声级测试”“臭氧层消耗模拟”等都深受欢迎。

（二）大埔凤园蝴蝶保育区

大埔凤园蝴蝶保育区位于大埔新市镇的东北面，土地为私人所有，原为当地百姓的风水林，后经过评估凤园内约有 42 公顷土地被列入“特殊科学价值地点”，按照政府法条规定不能改变其土地利用方式。2005 年通过环保基金资助，NGO 组织大埔环保协进会与土地所有人达成协议，负责保护和管理凤园内蝴蝶及栖息地等生态资源，大埔蝴蝶保育区正式成立。经过多年的努力经营，凤园内已经拥有超过 200 个蝴蝶品种，占香港蝴蝶品种总数的 80%以上。同时，大埔环保协进会通过组织科普参观、义工训练和摄影比赛等活动，让参观来访者及当地居民了解生态特色和重要性，培养了社会公众保护生态环境的正确态度。

（三）绿汇学苑

绿汇学苑前身是新界首间警署，建于 1899 年，属于香港一级历史建筑，自 2006 年起废弃。2009 年之后，经特区政府发展局与嘉道理农场暨植物园公司合作，借助“活化历史建筑伙伴计划”，将其改建为绿汇学苑。复修工程耗资 5 030 万元，由政府做非经常性资助。嘉道理农场将旧大埔警署改建为低碳生活的教育中心，取名为“绿汇学苑”，提供启迪教育课程及培训，向公众宣扬环境保育信息，并设立烹饪训练区向学校团体推广低碳饮食文化，设立称为“福艺坊”的民间工艺工场，推广民间工艺。机构也计划开辟“文物径”，把旧大埔警署与大埔区内具生态及文化价值的文物资源联结起来。绿汇学苑项目建成后将环保宣传、生态旅游和历史文化教育融为一体，是政府与 NGO 合作进行环保方面宣传教育的典范案例，曾获得 2016 联合国教科文组织亚太区文化遗产保护奖。

（四）嘉道理农场暨植物园

嘉道理农场暨植物园占地 148 公顷，坐落于香港最高山脉——大帽山的北坡，位于大埔市附近。该园于 1956 年成立，当年的目标是向贫苦农民提供农业帮助，随着香港的农业日渐式微，香港立法局于 1995 年 1 月通过《嘉道理农场暨植物园公司条例》，嘉道理农场暨正式成为非营利机构，把重点转移至自然保护及教育方面。嘉道理农场暨虽然是一所公众公司，但其资金和管理由私人经营，经由“嘉道理基金”信托人委任的董事局独立管理。嘉道理农场暨每年开支约为 8 000 万港元，由“嘉道理基金”拨出，而占地 148 公顷的农场暨植物园属于政府租地。嘉道理农场暨与多个政府组织、大学和非政府机构进行多个合作项目。

（五）T·PARK“源·区”

T·PARK“源·区”位于香港西北角的屯门区曾咀稔湾路，集发电站、水疗中心和污泥处理厂于一体，建筑以波浪起伏的外墙为特色。这是香港首家污泥处理设施，也是世界最大的污泥焚烧厂之一。污泥处理厂采用流化床焚化技术，每天可以处理 2 000 吨污泥，焚化污泥产生的电能不仅可以实现 T·PARK“源·区”全部耗能的自给自足，产生的剩余热能还可以提供给政府电力部门作为市政用电补给。当设施运作达到最高处理量时，每天可以发电 2 兆瓦。T·PARK“源·区”由香港环保署负责投资兴建并委托企业进行日常运维，项目于 2010 年开始施工，2015 年年初开始运营，曾获多项环保和建筑国际大奖。

T·PARK“源·区”既是一个大型环保设施，也是教育休闲和自然生态设施，常驻 150 名工作人员中有 20 名专门从事对公众的环保宣教相关工作，其内部设有多个各具特色的环境保护宣传教育相关区域。此外，T·PARK“源·泉”还是香港首个公众免费水疗池，所有热能均来自焚化淤泥，能同时容纳 50 人进行水疗，采取预约的形式免费向公众开放，公众预约非常火爆，广受欢迎；“源·馆”“源·廊”是 T·PARK“源·区”中专门用于环境宣教的场地，借助互动模型和短片介绍转废为能、污泥焚化、发电和污水处理等概念，加深访客对废物处理的了解；“源·景”是整座设施的瞭望台，也是一个旧物升级再造的展示厅，用以展示剩余物料被活用的种种可能性。在这里，市民能够亲身体验、感受源头减废的重要性，有助于提高香港民众的环境保护意识。

（六）“绿在葵青”

“绿在葵青”位于青衣担杆山路 12 号，是香港环保署“绿在区区”项目在葵青区的基地，香港环保署于 2018 年 6 月经过公开招标，委托 NGO 组织新生精神康复会负责营办，为期三年。“绿在葵青”积极在区内为参与回收计划的屋苑及机构提供回收服务，定期在社区收集各类可回收物料，包括废纸、废胶、废金属、电器、玻璃容器、光管以及充电池等，再送往合适的回收商处进行处理，转废为材。此外，“绿在葵青”在区内不同地点举办环保教育活动，并不时举办大型环保项目，以方便市民通过以物易物方式处理旧衣、旧书和其他适合回收的物资，鼓励大家从源头减废。目前连同“绿在葵青”，全港已有7个“绿在区区”项目投入服务。整体运作良好，并在支援社区减废回收方面逐步取得成效，截至2018年年底累计收集的可回收物逾4 200吨，招待访客超过79万人次，并举办了逾4 000项环保教育活动。

（七）O·PARK1有机资源回收中心

O·PARK1位于北大屿山小蚝湾，是一座能源自给自足的厨余处理设施，其产生的热能及电能除供厂房使用外，每年可经电网输出1 400万千瓦·时剩余电力，等于约3 000户家庭的用电量，预计每年可减少约2.5万吨的温室气体排放。除电能外，O·PARK1每年可产生约6 500吨堆肥的副产品可作为有机肥用于城市绿化，让资源循环再用。O·PARK1同样由香港环保署负责投资兴建并委托企业进行运维，其厨余原材料由政府委托餐饮行业协会收集提供，产生的电能纳入电网归政府所有，副产品有机肥料的利润划归运维企业所有。O·PARK1也是一个环境保护宣传教育基地，在宣教方面的投资达到了2 000万港元，目前很多相关设施正在建设中。项目力求通过吸引广泛的公众关注和参与，体现有机资源回收是一种有效实现能源转化的高科技产业，改变公众对垃圾场肮脏恶臭的普遍认识。同时让公众认识到这样一座大型项目仅能处理小部分的厨余，从而倡导居民在生活中尽量减少厨余垃圾的产生。

四、实践交流体会与工作建议

（一）环保宣教工作需要加强人力、财力投入

香港环保署从事宣教工作的人员包括社区关系组100人，传媒关系组10人，还有下派社区进行宣教工作的150人，共计260人，占整个环保署2 100名员工的1/8左右。香港环保署每年投入的宣教资金包括环境运动委员会的3 600万港元和环保基金的2亿港元，共计2.36亿港元，约占香港环保署每年总预算（2018年61.6亿港元）的4%左右。可以看出，无论从人员和经费的数量还是从所占比例上，香港环保署在环保宣教工作的投入都很大。虽然香港环保署和生态环境部的宣教工作在思路、内容和侧重点方面有较大差异，但面积仅1 000多千米^2、人口仅700多万人的香港能够投入如此多的人力、财力，相比之下内地对环保宣教工作的资金投入和支持力度均显不足。

（二）政府应在环保宣教工作中发挥引领作用

政府自上而下地推进环保宣教工作是香港环保署的重要工作经验。香港环保署通过制定规划、组织活动、设立项目、划拨资金等方式，调度社会各界力量参与环保宣教工作。此次出访参观的面向公众开放的环保宣教设施，其建设费用和从事环保宣教工作人员的薪资，一部分由政府直接出资，另一部分是来自环保基金对 NGO 的资助，从本质上讲都是政府投资。内地也在提倡企业环保设施对外开放和进行公众环保宣传，但企业其实从法理上并没有宣传的义务。因此，政府需要发挥引领作用，给予相关企业一定的指导和支持，增加环保公众参与的投资力度。

（三）宣教工作应充分体现环保的服务属性

从香港环保署组织的社区培训、颁奖典礼、扶贫捐赠、有奖游戏、环保夏令营等活动上可以看出，特区政府环保宣教的定位更倾向于服务社会大众，将环保宣传融入居民的生活。政府出资建立的 O·PARK1 有机资源回收中心和 T·PARK“源·区”污泥处理中心里面设有互动体验展厅、水疗馆等设施，向公众灌输环保既是高科技产业也是休闲新时尚的理念。相比较而言，内地的环保宣传多采用类似学校课堂的知识灌输方式，力求让公众了解环保大政方针和掌握环保科学知识。但实际上，公众更关心的是“环保跟我有什么关系？”和“我能为环保做些什么？”，我们的环保宣教工作应更多地站在公众的立场和角度考虑问题，充分体现环保的服务属性，逐步将角色从“教师”转变为“服务员”。

（四）环保宣教工作应从“小切口”入手抓重点

香港 35%的生活垃圾是厨余垃圾，因此香港环保署从问题较为严重的厨余垃圾问题入手，集中精力开展“惜食香港”宣传教育行动。该行动针对性强、趣味性强，与百姓生活结合紧密，得到公众的广泛支持。活动设计的吉祥物“大嘥鬼”老幼皆知，被全香港认可为环保代言人，被广泛应用于各类环保宣教工作中。这是一个以“小切口”实现“大成效”的典型案例。生态环境保护工作涉及面广、头绪繁多、非常复杂，环保宣传教育工作要涵盖方方面面就难免大而化之，达不到好的效果。我们在环保宣教工作中一定要避免太宽、太泛、太杂的问题，要善于抓住重点问题，从“小切口”入手，把工作做细、做实、做深。

（五）政府应加强对 NGO 组织的资助和引导

香港环保署对 NGO 组织采用扶持策略，利用环保基金立项资助 NGO 开展环保宣教活动，既实现了对 NGO 的正向引导，又发挥了 NGO 在政府和公众间的桥梁作用，有效提升了政府开展环保宣教工作的公信力、执行力和传导力。在内地，政府与 NGO 之间缺乏足够互信以及良好的合作机制。究其原因，一方面是内地 NGO 力量比较薄弱、体制机制不健全、组织化程度不高；另一方面政府在对 NGO 的定位和作用上也缺乏健全成熟的经验。我们在开展环保宣教工作时，可以利用 NGO 组织在公众参与方面的优势，特别对有官方背景、实力较强的 NGO 进行资助和引导。NGO 组织也应加强能力建设、提升自身水平，与政府部门主动交流、形成合力，共同做好面向社会公众的环保宣教工作。

（六）环保宣教应加强多元性、针对性、包容性和友好性

香港的环境宣教工作载体丰富、形式多样、受众面广，并且偏重启发、引导、激励，很值得我们借鉴和学习。首先，香港环保署充分利用户外和主流印刷媒体来延伸宣传范围，不仅在传媒领域投放各种形式的终端广告，还将环保宣教融合在旅游、娱乐产业中，同时注重联合商界、学校和社区设立各种环保奖项，通过“褒奖先进”进行正面激励和集中造势。其次，香港环保署分析不同民众的性别、年龄、职业、教育背景等特点，制定有针对性的宣教方案和项目，基本实现了受众的全面覆盖。再次，将环保与宗教、历史、文学、艺术、科技、民俗等主题融合在一起进行宣教推广，让民众在参加各类社会活动时潜移默化接受环保理念。最后，特区政府通过各种方式创造机会，让民众直观感受“环境福利”，深刻体会环境质量与自己切身利益的直接关联，从而自发地去改变生活方式，关注和爱护生态环境。我们的环保宣教工作应充分借鉴香港的经验，在提升多元性、针对性、包容性和友好性等方面下功夫，让更广泛的社会公众更加自觉地了解、接受、参与生态环境保护，带动全社会共同建设美丽中国。

关于加强我国放射性废物管理法规标准体系建设的建议

李小龙　徐春艳　刘志辉　姚兵　魏方欣
（生态环境部核与辐射安全中心）

我国拥有种类齐全、数量可观的一大批核设施，这些设施在运行和退役中会产生大量放射性废物，为防控放射性废物相关安全风险，应持续加强相关法规标准体系建设。

一、我国放射性废物管理法规标准体系现状

目前，我国已建立了放射性废物管理法规标准体系，有效规范和推进了全国放射性废物管理工作的有序开展。

（一）建立了与国际良好实践一致的法规标准体系层级结构

我国放射性废物管理法规标准体系充分吸收借鉴了国际良好实践，与国际上包括IAEA、美国、法国等建立的放射性废物管理法规标准体系的层级结构基本一致，见表1。

表1　国内外放射性废物管理法规标准体系层级结构

<table>
<tr><th>法规标准体系层级</th><th>我国</th><th>IAEA</th><th>美国</th><th>法国</th></tr>
<tr><td>第一层级</td><td>法律</td><td>基本安全原则（Fundamental Safety Principles）</td><td>法律（Act）</td><td>法律（Laws）</td></tr>
<tr><td>第二层级</td><td>条例</td><td rowspan="2">基本安全要求（General Safety Requirements）与具体安全要求（Specific Safety Requirements）</td><td rowspan="2">联邦法规（Code of Federal Regulation）</td><td>法令、部令或通告（Decrees，Ministerial orders，Circulars）</td></tr>
<tr><td>第三层级</td><td>部门规章（HAF）、强制性国标</td><td>核安全局的决定（NSA Decisions）</td></tr>
<tr><td>第四层级</td><td>导则（HAD）、推荐性国标</td><td>安全导则（Safety Guides）</td><td>美国核管会导则（Regulatory Guide）</td><td>国家核安全局导则（Guides）</td></tr>
<tr><td>第五层级</td><td>技术文件</td><td>技术文件</td><td>技术文件、标准</td><td>技术文件、标准</td></tr>
</table>

（二）构建了放射性废物管理法规标准体系建设的基本框架

我国形成了包含放射性废物处置前管理、放射性废物处置以及核设施退役三个方面的放射性废物管理法规标准体系建设基本框架，可全面覆盖放射性废物管理事项，与国际良好实践一致。

（三）形成了一大批法规标准

我国经过几十年的研究和实践，以保障安全为目标，以解决放射性废物管理中迫切和突出问题为导向，逐步形成了一大批具有科学性、针对性和可执行性的法规标准，保障了放射性废物管理的安全。

二、问题分析

当前我国放射性废物管理法规标准体系建设中仍存在以下问题。

（一）法规体系和标准体系分别有待完善

在我国放射性废物管理实践中逐步形成了以核安全法规（HAF）和核安全导则（HAD）为主体的核安全法规体系，主要关注的是程序、事项、功能和性能，并规定了管理要求和安全要求，以及以强制性国标（GB）、推荐性国标（GB/T）和国家环境保护标准（HJ）为主体的标准体系，规定了技术方法和技术指标等，是实现法规中管理要求和安全要求不可或缺的技术措施。虽然当前法规体系与标准体系中都包含了放射性废物处置前管理、放射性废物处置以及核设施退役三个方面，但法规体系和标准体系都不完善，对于具体的放射性废物管理事项存在法规或标准缺失，安全要求与技术要求未能配套等情况。

（二）法规标准滞后于放射性废物管理实践

近年来出现了许多新的放射性废物处理技术，如低放射性废物等离子焚烧玻璃固化技术，该技术的应用促进了放射性废物减容，形成的玻璃固化体提高了对放射性核素的包容隔离性能，但其相关法规标准滞后，不利于该技术的规范应用和推广。此外，当前我国核设施退役相关法规标准缺项较多，不利于退役工程的实施和安全监管。

三、加强法规标准体系建设的建议

（一）完善顶层设计

完善放射性废物管理法规标准体系顶层设计，指导法规标准制修订工作的有序开展。我国放射性废物管理法规标准体系建议见附件。

（二）一体推进法规体系和标准体系建设

协调配套的放射性废物管理法规体系和标准体系是我国 30 年来核与辐射安全监管实践的重要经验和重要成果，对于保障我国放射性废物管理安全起到了关键性作用。开展放射性废物管理工作，不仅要保障安全，也要一体推进完善协调配套的放射性废物管理法规体系和标准体系。

（三）与时俱进地制（修）订法规和标准

近年来放射性废物管理领域发展繁荣，新技术、新实践不断出现，应与时俱进地制（修）订配套的法规和标准。

（四）对标国际先进持续提升安全水平

国际上在放射性废物管理领域已开展了大量研究和实践，法规标准制（修）订过程中对标国际先进是持续提升放射性废物管理安全水平的有效途径。

附件

我国放射性废物管理法规标准体系建议

一、法规体系

（1）法律

序号	法律名称	施行时间/制（修）订建议
1	中华人民共和国放射性污染防治法	2003-10-01
2	中华人民共和国核安全法	2018-01-01
3	放射性废物管理法	建议制定

（2）行政法规

序号	法规名称	施行时间/制（修）订建议
1	放射性废物安全管理条例	2012-03-01

（3）部门规章

序号	法规主题	法规编号	法规名称	施行时间/制（修）订建议
第 4 部分　放射性废物管理系列规章				
1	放射性废物处置前管理、处置安全	HAF 401—1997	放射性废物安全监督管理规定	1997-11-05
2	放射性废物处理设施、贮存设施、处置设施许可	HAF 402—2019	放射性固体废物贮存和处置许可管理办法	2013-12-30 建议修订，明确贮存设施和处置设施安全许可相关规定，明确放射性废物处理设施资质许可和安全许可的相关规定
3	退役安全	HAF 40×—202×	核设施退役安全监督管理规定	建议制定，规定核设施退役安全管理的相关要求

（4）核安全导则

序号	法规主题	法规编号	法规名称	施行时间/制（修）订建议
通用				
1	放射性废物分类	环境保护部、工业和信息化部、国家国防科技工业局公告 2017 年　第 65 号	放射性废物分类	2018-01-01

序号	法规主题	法规编号	法规名称	施行时间/制（修）订建议
2	废物最小化	HAD 401/08—2016	核设施放射性废物最小化	2016-10-21
3		HAD 401/11—2020	核技术利用放射性废物最小化	2020-03-10
放射性废物处置前管理				
4	处置前管理	HAD 401/12—2020	核设施放射性废物处置前管理	2020-05-13
5	处理	HAD 401/02—1997	核电厂放射性废物管理系统的设计	1997-01-16
6		HAD 401/03—1997	放射性废物焚烧设施的设计与运行	1997-02-15 建议修订，结合当前法规要求和实践补充修订相关内容
7	贮存	HAD 401/××—202×	放射性废物贮存设施	建议制定，规定放射性废物贮存设施的选址、设计、建造与运行的相关要求
8	排放	HAD 401/01—1990	核电厂放射性排出流和废物管理	1990-05-19 建议修订，本导则处置前管理的相关内容与2020年5月发布的HAD 401/12重复，建议参考IAEA导则GSG-9将本导则修订为核设施气液态流出物排放管理导则
放射性废物处置				
9	近地表处置安全	HAD 401/××—202×	极低放废物处置设施	建议制定，规定极低放废物处置设施选址、设计、建造、运行、关闭的相关要求
10		HAD 401/05—1998	放射性废物近地表处置场选址	1998-07-06
11		HAD 401/××—202×	放射性废物近地表处置设施	建议制定，规定近地表处置设施设计、建造、运行、关闭的相关要求
12	地质处置安全	HAD 401/××—202×	中水平放射性废物处置设施	建议制定，规定中水平放射性废物处置设施选址、设计、建造、运行、关闭的相关要求
13		HAD 401/06—2013	高水平放射性废物地质处置设施选址	2013-05-24
14		HAD 401/10—2020	放射性废物地质处置设施	2020-01-19
15	处置设施的监测和检查	HAD 401/09—2019	放射性废物处置设施的监测和检查	2019-03-22

序号	法规主题	法规编号	法规名称	施行时间/制（修）订建议
			核设施退役	
16	便于退役	HAD 401/××—202×	核电厂便于退役	建议制定，规定核电厂便于退役的相关要求
17	退役安全	HAD401/××—202×	核设施退役	建议制定，规定核设施退役的要求，替代《研究堆和临界装置退役》(HAD 202.04)
18		HAD 401/××—202×	核技术利用设施的退役	建议制定，规定核技术利用设施退役相关要求，替代 HAD 401/07《γ 辐照装置退役》
19		HAD 401/07—2013	γ 辐照装置退役	2013-05-24
20		HAD 202.04—1992	研究堆和临界装置退役	1992-04-18
21		HAD ×××—202×	核设施停闭期管理	建议制定，规定核设施停闭期管理的相关要求
22	退役安全评价	HAD 401/××—202×	核设施退役的安全评价	建议制定，规定核设施退役安全评价的相关内容
23	退役活动	HAD 401/××—202×	核设施退役源项调查	建议制定，规定核设施退役源项调查的相关要求（含退役前、退役过程中以及退役后）
24		HAD 401/××—202×	核设施退役阶段的去污与拆除	建议制定，规定核设施退役去污和拆除活动的相关要求
25		HAD 401/××—202×	核设施退役资料和记录的保存	建议制定，规定核设施退役相关资料和记录的维护与保存
26		HAD 401/××—202×	核设施退役防火	建议制定，规定核设施退役过程中的防火要求
27		HAD 401/××—202×	核设施退役放射性废物管理	建议制定，规定退役阶段放射性废物管理的相关要求，补齐《核电厂放射性排出流和废物管理》(HAD401/01)不包括退役废物的缺项
28		HAD 401/××—202×	过去活动和事故导致的放射性污染区域的治理	建议制定，规定核活动和事故导致的放射性污染区域治理的相关要求
29	场址解控	HAD 401/××—202×	核活动场址的解控	建议制定，规定核活动场址解控的相关要求

二、标准体系

（1）强制性国标

序号	标准主题	标准编号	标准名称	施行时间（年）/制（修）订建议
通用标准				
1	放射性废物分类	GB ××××—202×	放射性废物分类	建议制定，规定放射性废物分类的相关内容
2	放射性废物管理安全	GB 14500—2002	放射性废物管理规定	2002
3	辐射防护	GB 18871—2002	电离辐射防护与辐射源安全基本标准	2002
4		GB 6249—2011	核动力厂环境辐射防护规定	2011
5		GB 13695—1992	核燃料循环放射性流出物归一化排放量管理限值	1992
6		GB ××××—202×	放射性废物贮存、处理、处置设施环境辐射防护规定	建议制定，规定放射性废物贮存设施、处理设施、处置设施的选址、设计、建造、运行相关的辐射防护管理要求
7		GB 14588—2009	反应堆退役环境管理技术规定	2009 建议制定《核设施退役辐射防护规定》，替代《反应堆退役环境管理技术规定》，规定核设施退役人员及环境辐射防护相关的管理要求
放射性废物处置前管理				
8	放射性废物处理系统	GB ××××—202×	核电厂放射性废物处理系统设计规定	建议制定，规定放射性废物处理系统的设计要求
9		GB ××××—202×	放射性废物焚烧设施安全规定	建议制定，规定放射性废物焚烧设施的安全和技术要求
10		GB ××××—202×	高放废液玻璃固化	建议制定，规定高放废液玻璃固化的安全和技术要求
11	废物包性能要求	GB 12711—2018	低、中水平放射性固体废物包安全标准	2018
12		GB 7023—2011	低、中水平放射性废物固化体长期浸出试验方法	2011
13		GB 14569.1—2011	低、中水平放射性固化体性能要求　水泥固化体	2011
14		GB ××××—202×	低放废物玻璃固化体性能要求	建议制定，规定低放废物玻璃固化体性能检测和性能的要求
15		GB ××××—202×	高放废液玻璃固化体性能要求	建议制定，规定高放废液玻璃固化体性能检测和性能的要求
16		GB ××××—202×	低水平放射性废物包特性鉴定——水泥固化体	建议制定，规定处置前对放射性水泥固化体废物包进行特性鉴定的相关要求

序号	标准主题	标准编号	标准名称	施行时间（年）/制（修）订建议
17	废物包性能要求	GB 36900.1—2018	低、中水平放射性废物高完整性容器——球墨铸铁容器	2018
18		GB 36900.2—2018	低、中水平放射性废物高完整性容器——混凝土容器	2018
19		GB 36900.3—2018	低、中水平放射性废物高完整性容器——交联高密谋聚乙烯容器	2018
20		GB ××××—202×	高水平放射性废物处置容器	建议制定，规定高水平放射性废物处置容器设计、制造、采购、检验等的相关要求
21		GB ××××—202×	中水平放射性废物处置容器	建议制定，规定中水平放射性废物处置容器设计、制造、采购、检验等的相关要求
22	贮存	GB 11928—89	低、中水平放射性固体废物暂时贮存规定	1989 建议修订，按照新的放射性废物分类，修订中水平放射性废物贮存的相关内容
23		GB 11929—2011	高水平放射性废液贮存厂房设计规定	2011
24		GB ××××—202×	高水平放射性固体废物暂时贮存规定	建议制定，规定高水平放射性固体废物暂时贮存的要求
25	流出物监测	GB 11216—1989	核设施流出物和环境放射性监测质量保证计划的一般要求	1989
26 27		GB 11217—1989	核设施流出物监测的一般规定	1989
28	清洁解控	GB 27742—2011	可免于辐射防护监管的物料中放射性核素活度浓度	2011
		放射性废物处置		
29	填埋	GB ××××—202×	极低水平放射性废物填埋处置规定	建议修订《极低水平放射性废物的填埋处置》（GB/T 28178—2011），升级为强制性国标，规范核设施退役所产生大量极低放废物的处置活动
30	近地表处置	GB 9132—2018	低、中水平放射性废物的近地表处置规定	2018
31		GB 13600—92	低、中水平放射性固体废物的岩洞处置规定	1992 建议修订，根据新的放射性废物分类，修订中放废物处置相关描述
32	地质处置	GB ××××—202×	高放固体废物地质处置规定	建议制定，规定高放固体废物地质处置的安全管理
33		GB ××××—202×	中等深度处置规定	建议制定，规定中等深度处置的安全管理

序号	标准主题	标准编号	标准名称	施行时间（年）/制（修）订建议
核设施退役				
34	退役安全	GB ××××—202×	核设施退役安全要求	建议修订《核设施退役安全要求》（GB/T 19597—2004），升级为强制性国标，规范核设施退役活动
35	退役活动	GB ××××—202×	核设施退役源项调查规定	建议制定，规范核设施退役源项调查活动
36		GB ××××—202×	退役需要的文件和记录的保存要求	建议制定，保障核设施退役的安全顺利实施

（2）推荐性国标

序号	标准主题	标准编号	标准名称	施行时间（年）/制（修）订建议
放射性废物处置前管理				
1	源项	GB/T 13976—2008	压水堆核电厂正常运行工况下的放射性源项	2008
2	表面去污	GB/T 14057.1—2008	放射性污染表面的去污　第 1 部分：试验与评价去污难易程度的方法	2008
3		GB/T 14057.2—2011	放射性污染表面的去污　第2部分：纺织品去污剂的试验方法	2011
4	表面污染测定	GB/T 14056.1—2008	表面污染测定第 1 部分　β发射体（$E\beta_{max}$＞0.15Mev）和 α 发射体	2008
5		GB/T 14056.2—2011	表面污染测定第 2 部分　氚表面污染	2011
6	清洁解控	GB/T 17567—2009	核设施的钢铁、铝、镍和铜再循环、再利用的清洁解控水平	2009 建议修订，补充完善再循环、再利用的相关内容
7		GB/T 17947—2008	拟再循环、再利用或作非放射性废物处置的固体物质的放射性活度测量	2008
放射性废物处置				
8	极低放处置	GB/T 28178—2011	极低水平放射性废物填埋处置	2011 建议修订为强制性国标
9	近地表处置辐射监测	GB/T 15950—95	低、中水平放射性废物近地表处置场环境辐射监测一般要求	1995
核设施退役				
10	退役安全	GB/T 19597—2004	核设施退役安全要求	2004 建议修订为强制性国标

（3）国家环境保护标准（HJ）

序号	标准主题	标准编号	标准名称	施行时间（年）/制（修）订建议
放射性废物处置前管理				
1	取样方法	HJ/T 22—1998	气载放射性物质取样一般规定	1998
2		HJ/T 21—1998	核设施水质监测采样规定	1998
3	格式与内容	HJ ××—202×	放射性废物贮存、处理设施安全分析报告的格式与内容	建议制定
4		HJ ××—202×	核电厂放射性废物管理大纲的格式与内容	建议制定
5	源项估算方法	HJ ××—202×	放射性固体废物比例因子获取方法一般规定	建议制定，规范固体废物源项估算工作，为固体废物处置监管提供支持
放射性废物处置				
6	安全全过程系统分析方法	NNSA-HAJ-0001—2020	放射性废物处置安全全过程系统分析	2020
7	近地表处置设施的选址方法	HJ/T 23—1998	低、中水平放射性废物近地表处置设施的选址	1998
8	格式与内容	HJ/T 5.2—93	放射性固体废物浅地层处置环境影响报告书的格式与内容	1993
9		HJ ××—202×	放射性废物近地表处置设施安全分析报告的格式与内容	建议制定
核设施退役				
10	格式与内容	HJ ××—202×	核设施退役安全分析报告的格式与内容	建议制定
11		HJ ××—202×	退役计划的格式与内容	建议制定
12		HJ ××—202×	退役申请指南	建议制定
13		HJ ××—202×	核设施退役环境影响评价报告的格式与内容	建议制定
14	便于退役	HJ ××—202×	核电厂便于退役的措施	建议制定
15	场址解控	HJ 53—2000	拟开放场址土壤中剩余放射性可接受水平规定（暂行）	2000

理性竞争，坚守核安全设备价格底线
——核安全设备低价中标现象调研报告

崔毅　徐俊龙　田冬青　童一周
（生态环境部华北核与辐射安全监督站）

一、调研背景

2016 年 5 月，某公司通过较低的合同报价“挤掉”传统核岛土建单位，中标防城港 3 号、4 号机组核岛土建工程的一则消息在核电圈中引发了不小的轰动。一时间业内关于低价中标现象的讨论和非议甚嚣尘上。

在日常监督检查中，生态环境部华北核与辐射安全监督站也经常收到核设备制造单位对低价中标及恶性竞争问题的反映，并给予了持续关注。但目前这一问题并未得到明显改观，甚至愈演愈烈。低价中标已成为核设备质量问题频发的背后推手之一。如何在市场竞争中守住成本价底线，是值得所有核电建造和核安全从业者考虑的问题。

针对以上情况，并结合部直属机关党委“两学一做”主题调研活动的统一部署，生态环境部华北核与辐射安全监督站对核安全设备低价中标问题进行了调研。

二、调研的基本情况

（一）调研目的

通过调研，了解目前核电建设中核安全设备招标现状、招投标制度中存在的问题、低价中标原因以及相关意见和建议等。

（二）调研对象

为了保证调研样本的代表性、调研结论的客观性，生态环境部华北核与辐射安全监督站选取国内全部民用核安全设备持证单位（其中机械设备持证单位128家，电气设备持证单位42家）以及国内三大核电工程总承包单位（中国核电工程有限公司、中广核工程有限公司、国核工程有限公司）作为本次活动的调研对象。

（三）调研方式

本次调研前期采用了问卷的方式对各调研对象进行了情况了解，共170家持证单位及3家工程公司对问卷进行了回复。后续对部分单位进行了电话咨询及情况核实，并选择2家工程总承包单位以及竞争相对激烈的铸锻件、管道、管配件、核2级和3级泵、阀门5类设备的各1家单位进行了实地走访座谈。

（四）调研反馈

从问卷回复和座谈反馈情况来看：

约80%的受访单位认为目前的招标模式有低价中标的导向作用，制造厂为了拿到合同不得不将合同价格越报越低，利润几乎为零甚至亏损。

约80%的受访单位认为受此影响，制造厂家已不再愿意或没有心思进行工艺技术改进和能力提升，也不可能投入更大的力量去进行新产品的自主研发。

约50%的受访单位反馈曾遇到过不合理低价竞标的情况。

几乎所有持证单位均认为目前的最低价中标以及部分单位恶意竞争行为已经严重扰乱了核电市场的正常秩序，甚至给我国的核安全埋下了隐患，该问题亟待解决。

三、核安全设备招投标现状及存在的问题

目前，国内三大核电工程公司核安全设备的采购一般均采用公开招标的方式。对于技术复杂而合格供应商数量有限的，也会采用邀请招标、询价采购和竞争性议标等方式。本次调研发现，工程公司在招标规则的制定、执行过程中，存在以下问题。

（一）评标方式大同小异，价格因素占比过大

对于公开招标，三大工程公司均采用综合评价法进行评标，从商务、技术、质保、价格等方面进行评估，根据设备种类和技术特点，在招标文件中明确各要素的评价细则和权重。调研中持证单位普遍反映价格因素在评分中所占比重过大，一般占40%～60%。

对于价格分的评分细则，各工程公司的规定不尽相同，一般取各投标方修正的投标总价的算术平均值乘以不低于0.9的系数为最优评标价，以此为基准来确定各投标人的

报价得分，各家规定略有区别，但总体来看对高于最优价的投标方扣分多，低的扣分少，甚至不扣分或加分。投标企业为了获得高分确保中标，不得不压低报价。

此外，各工程公司均没有设置标底及最低价控制线。而在面临低价投标时，客观上缺乏甄别手段，主观上也倾向于所谓的“质优价廉”，给投标方造成“低价易中标”的导向。

（二）缺少投标资格预审，超低报价扰乱正常招标

针对大宗材料或者持证单位较多的设备类别，招标门槛设置较低，缺少投标资格预审，参与投标的单位过多，水平参差不齐，甚至出现许可证范围不覆盖的单位、贸易商也参与竞标，造成了过度竞争。

个别面临许可证延续而急需业绩的企业，不惜报出超低价“赔本买业绩”，极大地拉低了平均报价，这种超低报价一旦中标，迫使其他企业在下一次竞标时也只能压价，扰乱了招标的正常秩序。

（三）业绩评估过于简单，低价可以弥补业绩不足

调研表明，工程公司在招标时对业绩的考量方式较为简单。只关注业绩的有无或数量，不区分业绩等级。整台机组供货和零星供货的业绩、多机组供货和单机组供货的业绩，在评分时没有明显区别，导致业绩丰富的企业没有优势，而缺乏业绩的企业通过低报价很容易弥补业绩分的缺失。

对于业绩的评分，只关注产品供货验收情况，不考虑产品在核电现场的使用状况，也不考虑制造企业的质量史。只要出厂验收合格，评标时便予以认可。对于出现过重大质量问题，甚至受到过监管部门行政处罚的单位，在评标时未能有效体现。调研中有厂家反映，某企业的产品在核电现场刚发生重大质量问题，但很快又中标了一个大额项目合同。

（四）评标人员的选取有待商榷，设计和监造人员话语权缺失

工程公司在招标时为了体现公平公正，评标人员均随机从专家库选取。但随机选取的专家不一定对招标产品的技术要求有很深的了解，导致评标过程中无法对技术方面进行深入全面的评价，技术分无法拉开差距，而价格却是一目了然，评分相对直接，本就权重不占优势的技术分更失去了应有的作用。此外，专家对投标企业的了解程度不够，在评标时只能通过书面材料进行评估，难以保障客观性。调研中有厂家反映，某些技术能力较差的企业通过制作漂亮的标书就能取得一个高的分数。

另外，在实际招标中往往没有设计和监造人员参与。设计方作为技术条件的提出者，

对拟招标设备需要达到怎样的性能要求最为清楚；监造人员对投标企业的人员、技术和质保能力以及以往供货产品的质量史也均有详细的了解。这两者话语权的缺失造成了技术评标的不完善。

（五）评分标准的有效执行存疑，事实上的低价中标造成不良导向

现行公开招标基本是以最终得分来决定中标单位，但工程公司只公布最终总得分，而不公布具体项目得分，投标方无法知道自身失分项。而各投标单位的报价都是公开的，且中标单位往往是最低价单位，因此无论评标标准是什么，都给投标企业造成价格才是决定因素的印象。在调研中也发现，招标方在制定招标细则时，实际上也设置了防止不合理低价中标的手段，对于低于平均价 40%以上的标书要适当扣分，甚至直接否决，但实际是否严格执行尚存疑问。

四、低价中标的原因分析

低价中标现象产生的直接原因是上述招投标模式的不合理，但究其根本原因，有以下几个方面：

一是核电建设由“大业主”转为国际通行的设计采购施工总承包（EPC）模式。相比大业主模式，总承包尽管在管理上有很多优势，但该模式下业主对工程过程控制能力非常有限，质量控制难度大。此外，EPC 一般采用设计、采购、施工的总价合同，承包方为贴补管理成本及获取更多利润，在满足合同技术要求的前提下，会尽可能地降低采购成本。

二是核电建设投资预算缺乏依据。调研中发现，目前在核电建设中，常规岛和辅助系统的工程定额都是沿用火电的行业规定，但核岛部分的工程概算一直缺乏。1993 年建设部出台过一个核电厂工程定额标准，但时间久远已没有意义。目前在实际操作中都是拿工程案例算造价，用上一个工程实际的同类产品的合同价作为概算估计，这样“最低价中标”的后果还会发酵，下一个项目的合同价只能更低，造成恶性循环。

三是受标杆电价的影响，企业成本压力加大。2013 年 7 月，国家发展改革委发布《核电上网电价机制有关问题的通知》，核电上网电价由“个别定价”改为“标杆电价”。标杆电价的出台，让核电失去了政策优势，将同火电同台竞争，进入了成本控制时代，对项目投资形成了硬性约束，并将传递到产业链的各个环节。

四是受经济下行压力影响，不少企业面临生存危机，为了维持基本运行，企业不惜报低价承揽合同。此外，在日益严格的巡视、审计下，采购方为了规避审计风险和廉政

责任，也往往采取最低价中标作为决策手段。

五、不合理低价中标的影响和危害

（一）影响核安全设备质量

企业的生存发展需要合理的利润空间，不合理的低价中标后为了保证利润，制造商会在人力成本、原料选用、质量控制等方面采取非正常措施以谋求利润。如减少质保质检人员数量，降低人员工资待遇；选择价格最低的原材料厂家，降低原材料入厂验收的要求；技术标准按最低要求执行，尽量减少工序等。最终还是以牺牲质量为代价。

（二）影响整个行业的健康发展

不合理低价中标会使企业长期停留在低水平竞争的层面，从而丧失改进技术、提高质量的意愿和动力，而把心思花在降低成本、偷工减料甚至弄虚作假方面。而认真执行质量管理的企业，由于必需的成本无法中标，反而在行业中无法生存，导致“劣币驱逐良币”，使真正有能力、有技术且真想为核电建设出力的企业不得不退出核电市场。

（三）影响核电厂的安全运行

如前所述，低价中标的制造厂为了挤出利润空间大都尽量按照最低的技术要求进行制造，甚至违规操作、弄虚作假，设备质量难以得到保障。而核安全设备的质量和可靠性对核电厂的安全稳定运行至关重要。质量参数压线的设备经过在核电厂的长期运行后质量问题有可能会逐渐暴露，给核电厂的安全运行带来风险。

六、防止不合理低价中标的建议

（一）完善招标模式，合理界定成本价格

各核电工程公司作为总承包单位在招标中处于主导地位，在“游戏规则”的制定和中标方的选择方面具有绝对的话语权，在合理控制核电建造成本的同时应正确认识质量与价格的关系。建议工程公司应从以下几个方面完善现有招标模式：

一是要在科学分析原材料、人工、管理、质保等价格构成的基础上，设置拟采购物项的基准价格，或在考虑通货膨胀因素的前提下，将拟采购物项近几年中标价格的平均

值作为基准价格，对明显低于基准价格的竞标方应坚决剔除。

二是要减弱价格分在招标中的占比，合理设置评标委员会的专家组成，加强对投标方技术能力、质保能力、供货业绩的评比，不能让价格成为中标与否的决定性因素。

三是考虑按照企业状况、产品质量、企业信誉、技术能力等方面对供应商进行分级，通过日常评价拉开档次，使同等水平的持证单位在投标时能够在同一层面上公平竞争。

（二）提升自身能力，持续培育安全文化

核安全设备持证单位是制造质量的责任主体，建议其做好以下几方面工作：

一是要正确认识并对待核电市场的竞争形势，共同创造并维护理性有序的竞争环境，不做恶意竞争的投标者和扰乱市场的搅局者。

二是要在当前供给侧结构性改革的大背景下，始终坚持并遵守“安全第一、质量第一”的理念，在提高供给产品的质量上下功夫，通过过硬的质量和优秀的企业形象在竞争中立足。

三是要建立长效机制提升核安全文化水平，以整体硬实力和文化软实力赢得市场，坚决不做“饿死同行、累死自己、坑死业主”的低价竞标者。

（三）加强行业引导，逐步构建诚信体系

“最低价中标”作为一种评标方式在发达国家的工程建设招标中得到了较好的运用，但“最低价中标”的实行，必须以完善的社会诚信体系为前提。从我国目前的社会环境和行业水平来看，还缺乏规范的评估机制和行业公信机制。核行业相比其他行业更有其特殊性，完全实行最低价中标的条件尚未成熟。因此，建议国家核电主管部门进一步加强对核电业主和工程总承包方在招标方面的引导，推动建立行业内的诚信体系。将供应商的诚信作为招标过程的一个评分项并占有适当的权重，对于在投标中恶意低价、在制造中弄虚作假的企业纳入黑名单，并向社会公布。以行业自律的方式使核设备供应商在“要钱”还是“要脸”之间能够作出正确选择。

（四）强化能力把关，营造有序竞争氛围

国家核安全局作为核安全监管部门，具有对制造企业许可和监督的两大行政职能。为扭转低价中标、恶性竞争的局面，建议国家核安全局一方面应尽快出台每一类设备的制造资格条件，提高准入门槛，并以此作为许可证取证和延续的硬性指标，对申请单位的整体能力进行严格把关，扶强不助弱。避免过分看中业绩，给制造商以不惜代价追求业绩的错误导向。另一方面，建议加强对“低价中标”单位的监督检查力度，一旦发现

其在核设备活动中存在弄虚作假、违规操作等行为，依法严格处理。将那些为了利用核电招牌赚声誉而扰乱正常市场秩序，甚至危害核安全的企业坚决淘汰出局。

七、结语

正常的价格是对劳动价值的体现，也是对核安全和社会责任的担当。无限制的最低价中标，正在腐蚀着核设备质量、影响着核设施安全。所有核电参与者应该清醒地认识到，不能再任由中标价格带着核设备质量一路下滑。各方应共同努力，让市场竞争促进核设备质量的不断提升，保障我国的核电安全，并迈出“走出去”的坚实步伐。

引进先进技术，推动核安全设备质量提升

——民用核安全电气设备零部件质量管理调研报告

郑骈垚　马象睿
（生态环境部华北核与辐射安全监督站）

一、背景

为深入学习宣传贯彻党的十九大精神，把思想和行动统一到党的十九大精神上来，弘扬理论联系实际的学风，落地见效、促进工作，切实提高解决问题、推动发展的能力，坚决扛起生态文明建设的政治责任，生态环境部华北核与辐射安全监督站针对民用核安全电气设备零部件质量控制情况开展了大调研活动。

随着核电事业的历史变迁及不断发展，装备制造业技术越来越专业化、精细化，核电厂安全级设备尤其是电气仪控设备，大量设备集成商通过采购市场上成熟元器件、零部件或整机设备等商品级物项，通过系统设计并装配集成测试后形成安全级系统设备，执行重要安全功能。如核电厂反应堆保护系统机柜、应急柴油发电机组、成套开关设备、就地控制盘箱柜等。核安全设备外购零部件主要指核安全级机柜、盘台在集成中使用的商品级零部件，如电源、开关、阀门、仪表等。随着核电的发展，制造领域也不断出现新问题。其一，由于核电发展战略的变化及技术发展迅速，大量核级设备制造商逐渐放弃核级质保体系，老的核电厂核安全设备的备品备件采购面临原供应商停产或更新换代，难以寻找到满足要求的核级零部件供应商。其二，在核电设备大规模制造过程中，零部件的质量问题成为引发核电事故的重要原因之一。以韩国为例，近十年来，因零部件缺陷而突然停运的事件曾发生过百余次。其三，近几年，“浙江高强紧固件事件”“西安奥凯电缆事件”给我国核电造成了恶劣影响和带来了重要警示作用。其四，生态环境部华北核与辐射安全监督站在监督过程中也发现一些国内核安全设备持证单位对外购零部件的质量控制存在较多不足之处，如采购技术要求不明确，质量证明文件缺失，入厂检验试验项目不完整，对分供方质量监督缺失，对代理商供货质量检验手段不足等。

因此，民用核安全电气设备设计制造中，外购零部件质量是确保核安全设备质量的关键之一，进一步了解国内外外购零部件质量控制情况将有助于推动国内核安全设备质量水平的提升，加强对国内民用核安全电气设备持证单位外购零部件采购控制活动的监管是非常必要的。

二、调研工作

为充分了解国内民用核安全电气设备持证单位对外购零部件质量验证情况，本次调研工作主要采用文献研究、现场调研、比较分析和工程实践四种方法，分别从国内外技术方法比较、国内现状及工程实践等方面入手开展调查研究。

（一）国外技术方法调研

对于外购零部件质量控制方法，美国已形成一套完整的体系。美国对核安全设备中使用的没有在核质保体系下设计制造且影响安全功能的结构、系统、部件等称为商品级物项（Commercial Grade Item，CGI），经过多年研究，已形成一套商品级物项适用性确认方法（Commercial Grade Dedication，CGD），作为核电厂安全重要领域控制零部件质量、杜绝引入不良品的重要手段，来保证商品级物项满足核电厂安全功能要求。CGD方法已逐步得到国际核电业主及承包商的认可和支持，但在国内尚未得到应用。

美国 CGD 方法通用过程流程图如附录 1 所示。主要包括技术评价和验收两个环节，整体过程包括商品级物项范围确认、关键特性识别、验收方法确认、验收执行四个阶段。

1. 商品级物项范围确认

商品级物项范围确认首先应针对外购物项，确认其是否涉及安全功能。通常根据硬件需求规格书中相关系统功能要求及硬件要求，确定系统中所需的外购物项，明确设备种类、品牌和型号系列等，以便进行技术评价。

确定物项最终用途是确定其安全功能的必要条件。如果物项在应用中的功能分类为安全级，那么该物项便可执行安全功能并应作为基本部件采购，或作为商品级物项采购并经适用性确认后方可应用。基本部件是指供应商已建立核质保体系并实施设计制造的部件或者是已按照 CGD 方法进行了适用性确认的物项。如果物项安全功能分级为非安全级，该物项应作为非安全级物项采购。如果物项可以从持有国家核安全局颁发的设计制造许可证或注册登记确认书的供应商处按许可名录采购，则可按基本部件采购。否则，该物项应作为商品级物项采购。

2. 关键特性识别

“关键特性”在美国《联邦法规》10 CFR 21 中的定义为：“商品级物项重要的设计、材料和性能特性，一经验证，将为该物项执行预期安全功能提供合理保证。”物项的关键特性应基于其最终用途和安全功能来选择，且必须可验证，否则不能作为商品级物项执行采购，只能按基本部件采购。当确定关键特性后，则必须对该特性进行验证，为物项执行其预期的安全功能提供合理的保证。关键特性可以基于实际设计信息，也可以使用故障模式和影响分析（FMEA）或其他合适的工程评价过程来识别。如果能获取原始设计文件，可以从现有设计基准文件中得到物项充分的技术和质量需求，确定关键特性。如果不能获取原始设计文件或得到的信息不足以支撑建立关键特性，可以基于对安全功能的 FMEA 来确定关键特性。通过假定物项故障模式和失效机理，确定阻碍物项执行其预期安全功能的故障类型，安全功能主要包含正常运行条件下的安全功能、设计基准事件下的安全功能、能动安全功能和非能动安全功能。关键特性选定后，要审核选定的关键特性，确保覆盖所有安全功能，确保能够执行物项预期安全相关功能。

3. 验收方法确认

商品级物项验收的关键在于对每一批物项的所有关键特性都需要选择合适的验收方法进行验收。对于不同的商品级物项所提出的每一个关键特性，应针对物项特点及供应商特点，考虑物项需要验证的内容、验证关键特性的首选时间（制造期间、接收期间）等，验证的程度要与相应关键特性的重要性匹配，选择合适的验收方法。验收方法主要包括专门的检查和试验（方法 1）、商业级调查（方法 2）、源地验证（方法 3）和物项/供应商表现记录调查（方法 4）四种。

4. 验收执行

（1）专门的检查和试验

方法 1 主要是对既定的商品级物项关键特性进行验证。方法 1 适用于所有商品级物项，但更适用于由多个供应商供货或相对简单的物项，或者是该物项安装后其关键特性较容易验证的情况。用于验收的样品数量与采购物项的批次、数量和供应商的质量控制等相关。在执行验收时，需追溯至具体的制造商及产品批次。

（2）商业级调查

方法 2 主要是考察和证实供应商的质量控制体系，以及目标商品级物项的关键特性是否被有效地置于质量控制活动之下。方法 2 主要适用于供应商较为单一但相对复杂或批次重复较多的物项，这类物项的关键特性，不易使用方法 1 中的进货检查和测试得到验证。方法 2 是为了使供应商取得调查范围内的多批次物项的供货资格。如果仅有特定的关键特性受供应商的质量控制或者有证据表明供应商的质量控制存在不足时，则必须采用其他验收方法完成对剩余关键特性的验收。商业级调查应针对制造商开展，如果 CGI 采购存在多级代理或分销，那么应评估代理商/分销商是否对物项的质量产生影响，确认是否需要对代理商/分销商进行调查。

（3）源地验证

方法 3 主要是在商品级物项发运之前，在供应商工厂内进行的质量见证活动，以此来确认所选 CGI 的关键特性已受到供货商的良好控制。方法 3 主要适用于单一物项或单批次物项采购、没有正式的质保大纲来控制关键特性的制造商、制造物项的关键工艺较复杂或者“事后”验证不能提供足够保证的情况。源地验证的监督活动主要包括对加工和装配过程或其他关键工艺的见证、非破坏性检验的见证、性能测试的见证或最终检查的见证。

（4）物项/供应商表现记录调查

方法 4 主要考察供应商历史业绩以及目标物项的过往表现记录，进而确定是否接受一个商品级物项。方法 4 适用于过往历史信息易于收集利用的商品级物项，其表现记录主要来源于以下信息：历史表现的用户记录、历史验证的用户记录、广泛的工业应用表现记录。应用方法 4 时应该确保收集的性能数据可以直接用于验证具体的关键特性。方法 4 不会增加对物项质量和性能验证的成本，不需要昂贵又耗时或重复的活动，是接受商品级物项特定关键特性的较有价值的手段，但需要注意的是，方法 4 一般不单独使用，需要结合方法 1、方法 2、方法 3 使用。

（二）国内现状调研

调研小组在前期文献及国外技术研究的基础上，根据核安全电气设备类别及设计特点、单位性质、采购控制能力、零部件使用情况，编制了详细方案及调研提纲、调研问题，确定了北京广利核系统工程有限公司（核电站数字化安全级反应堆保护系统）、广东正超电气有限公司（核级电气仪控盘箱柜）、上海自动化仪表有限公司（核级温度计/变送器/仪控盘台箱柜）、厦门科华恒盛股份有限公司（核级不间断电源）、陕西柴油机重工有限公司（核电站应急柴油发电机组）、厦门 ABB 低压电器设备有限公司（核级低压成套开关设备）、上海昱章电气成套设备有限公司（柴油发电机励磁柜）7 家被调研单位，调研活动以调查问卷、现场访谈、查阅文件和记录的形式实施。调研活动主要涉及零部件的安全分级、关键特性识别、采购技术要求、采购过程控制及验收、供应商管理等方面。调研人员聚焦突出问题，认真听取被调研单位反映的实际情况、当前遇到的问题及困难、对零部件质量控制的管理建议等，通过调研，进一步了解了安全级设备零部件质量控制现状，查找了质量控制薄弱环节。目前主要在以下几个方面存在问题。

1. 设计技术指标方面

大部分厂家在设计阶段未明确指出零部件是否执行核安全功能，对零部件的关键特性识别不清晰或者概念不明确，对核级设备中零部件未进行充分功能分级，未能开展FMEA。个别厂家甚至认为核电厂在设计时已经考虑了冗余等设计，所以个别核级设备发生故障不影响核安全，因此核安全设备中的零部件均不是执行安全功能的部件。

2. 采购技术要求方面

大部分厂家因为对外购零部件设计技术指标不明确，故形成的采购技术要求也不明确。往往仅规定品牌、名称、型号、规格等，缺少详细的采购技术要求，有关质量条款约定得很少，甚至没有条款约定。

3. 验收准则方面

大部分厂家针对零部件缺少明确的验收准则。对于设计院指定的零部件，有国家标准或者行业标准指导的一般按照标准要求进行采购及检验，对于无标准或者非设计院指定的零部件，一般根据厂家自己分析的技术要求来验收，但几乎没有形成有效完整的分析和确认验收准则的过程文件。而这些技术要求往往局限于品牌、名称、型号、规格等，甚至部分企业认为有合格证或符合性证明就视为质量验收合格。极个别企业将原产地证明或产品手册等作为验收通过的证明文件。

4. 验收方法方面

每个厂家对不同零部件的验收方法各异。大部分厂家对于从境外采购或者由代理商、分销商处代购的零部件，主要采用到货验收方式，但除少数单位对到货零部件可以对关键特性进行严格的入厂检验外，大部分厂家因检验手段或检验能力有限都仅仅是确认合格证/符合性证明、品牌、型号、规格、数量等信息，严重依赖供方质量证明文件，很少向供货商索要关键特性的检验报告等文件，极个别依托个人经验进行不同程度的检验。此外，部分厂家反馈，国外厂家很难提供检验报告，国内厂家一般可以提供，除自主设计并外协加工的零部件，部分企业可进行源地验证外，其他很少采用源地验证或委托第三方检验的方式进行验收。对零部件供应商的商业级调查也只是通用调查，对于关键特性质量控制情况的调查内容很少。

5. 检验批次方面

对于入厂检验的零部件，大部分厂家对于批次的定义大同小异。厂家主要以合同和型号为依据，将一个订单项的同一型号零部件定义为一个批次，若供应商分批交货，则按分批交货计批次。上述分法未能完全考虑同一批到货零部件中是否有生产批次不同的情况。尤其是代理商，这种情况可能更为突出，很少有厂家去确认所购买的零部件上的批次信息标识。

6. 设计验证和质量验证概念方面

大部分厂家将设计验证和质量验证概念混淆。部分厂家认为，只要对零部件进行过设备鉴定，就可以认为零部件质量没问题。部分厂家认为，供应商或代理商提供了鉴定证明文件，在零部件入厂时检查外观和核对数量即可；部分厂家认为，沿用原有设计并经权威部门认证的零部件，到货时有质量符合性声明即可；部分厂家认为，只要将外购零部件集成为整机或者单独进行鉴定试验，就视为质量合格。其实他们并没有分清什么是设计验证，什么是质量验证。设备的鉴定试验属于设计验证范畴，经过鉴定试验，仅仅证明设计没问题，并不能证明按此设计的零部件每一批次制造质量都合格。由于不同厂家制造工艺不同，即便是同一厂家会因制造设备、人员、环境、材料等的差异引起不同的加工批次质量不一致。因此，零部件的质量不能仅依据鉴定试验的结果，应该依据每一批次的检验结果来证明。

三、实践成果与监督管理建议

（一）工程实践成果

通过以上文献研究和现场实际调研，为进一步确认参考美国成熟的 CGD 技术加强核安全设备零部件质量控制的可行性，2018 年，生态环境部华北核与辐射安全监督站通过联合北京广利核系统工程有限公司、中国核电工程有限公司成立三方联合专项组，以田湾 5/6 号机组安全级反应堆控制保护系统（DCS）项目作为零部件（CGI）质量控制的示范改进项目，结合我国已有《核电厂质量保证安全规定》及其导则和工程项目特点，开展相应的工程实践。生态环境部华北核与辐射安全监督站全程参与项目实践工作，最终完成 18 种零部件的 56 项关键特性分析及验收工作，取得较好实践成果。

作为三方专项组成员之一的北京广利核系统工程有限公司组织编制的《商品级物项在核电厂安全级电气仪控设备中的应用指南》（NB/Z 20540—2019），于2018年通过核电标委会专家评审，该标准是国内首个用于指导核电厂核安全设备商品级物项转化工作的标准，为执行商品级物项转化活动提供技术指导。

基于研究及工程实践成果，为进一步加强行业对此方法的吸收与理解，2019年生态环境部华北核与辐射安全监督站组织召开两次关于零部件质量管理交流研讨会，来自中国核工业集团有限公司、中国广核集团有限公司、国家电力投资集团有限公司所属的工程公司、设计院以及国内DCS设备持证单位、重要电气设备14家重要电气设备持证单位共计40余位代表出席会议，会议对各单位商品级物项转化的实践经验进行分享，对比分析我国现有《核电厂质量保证安全规定》及其导则与美国CGD技术的异同点，对美国CGD技术方法在国内的适用程度进行充分研讨，明确该方法在我国的适用条件与范围。

（二）监督管理建议

结合研究及工程实践成果，建议国内民用核安全电气设备持证单位应尽快消化吸收美国CGD技术，在原有核质量保证体系的基础上，补充和完善设计控制和采购控制措施，通过质保体系的有效实施确保零部件质量验证活动的规范性和有效性，最终保证零部件质量。

为进一步规范行业内安全级设备的零部件分级管理，提高零部件质量控制水平，形成如下监督管理建议。

1. 关于零部件质量验证范围

鉴于我国对核安全设备的许可监督管理模式已覆盖系统和设备，而美国的CGI范围可以是柜内零部件，也可以是整机系统，因此美国CGD技术并不完全适用于我国国情。建议我国对零部件的监督管理应为《民用核安全设备目录（2016年修订）》范围内核安全电气设备所使用的零部件等物项。对于设备中影响安全功能的零部件，可作为关键零部件，如果持证单位采购的零部件不能按照核质保体系开展设计制造活动，则应加强质量控制。

2. 关于零部件质量验证单位

零部件质量验证单位应是建有核质保体系的单位，可以是民用核电厂安全重要物项设计和制造单位，也可以是核电厂营运单位和工程总承包单位。此外，零部件质量验证并不是新增的要求，而是在原有核质保体系的基础上，补充及完善设计控制和采购控制措施，通过质保体系的有效实施，确保零部件质量验证活动的规范性和有效性，保证零部件质量。质量验证单位应掌握零部件的功能和性能，具备分析和验证关键特性的能力。

3. 关于关键特性识别要求

零部件质量验证单位需要对影响安全功能的零部件识别关键特性，应根据零部件对核安全功能的影响，通过分析零部件的工作原理或故障模式来识别关键特性，或者同时采用以上两种方式。关键特性一般包括物理特性、性能特性、核安全特有的特性及其他重要特性，核安全特有的特性包括环境适应性，如地震、温度、湿度、放射性和电磁兼容性等。关键特性可以通过现有的技术方法进行验证，如果零部件的某个关键特性无法进行验证，则该零部件不能被使用。

4. 关于验收方法要求

美国 CGD 技术中提出的四种验收方法，对比我国 HAF003 及其导则中关于采购物项质量验收方法在本质上是一致的。考虑到物项/供应商表现记录不可以单独使用，同时我国核安全相关法律法规要求，在确认验收方法前应完成供方评价，供方评价中包含了对物项/供应商的历史表现记录的调查，因此，可将美国 CGD 技术的四种验收方法进行优化，形成我国零部件质量验收的三种方法，具体为质量证明确认、源地验证和收货检查三种方法，并需要根据供方评价的结果进一步确认。零部件质量验证过程流程图如附录 2 所示，三种方法的具体应用原则建议如下。

（1）如果供方对零部件关键特性能够进行有效控制，可通过在采购文件中明确质量控制要求，在收货时查看供方提供的关键特性质量证明等文件来验收。否则，不能单独采用本方法，应与其他方法组合使用。

（2）源地验证是关键零部件在设计、制造和试验期间，通过现场检查的方式来验证关键特性。特别是对于交货后难以验证其关键特性，设计、制造或试验复杂的关键零部件的验收，适用于此方法。

（3）收货检查是在收到关键零部件后，采用检查和试验的方法验证关键特性是否满足技术要求。重点关注是否按照批次进行验收，若采用抽样的方式执行验收，需按照确定的抽样方案或公认的抽样标准进行，应确保每一批次都经过验证。对于无法采用质量证明确认和源地验证方法验证的关键特性，或者供应商无法提供充分的证明材料证明关键特性已得到有效控制的关键特性，应采用收货检查的方法进行验证。

四、结语

美国 CGD 技术的研究以及我国核安全设备零部件质量验证的监管方法的提出将有助于规范我国核电行业核安全设备零部件的质量控制，有助于规范核安全设备零部件的质量监督活动，可进一步完善我国核电领域核安全设备零部件质量控制相关法规标准体系和监管体系，最终确保核安全设备在核电厂中安全可靠运行。

生态环境部华北核与辐射安全监督站后续将结合国内各持证单位具体情况，有针对性地推广核安全设备零部件质量验证方法，编制核安全设备零部件质量验证监督细则，规范工作流程及监督检查工作，通过监督检查推动持证单位制定自己特有的零部件质量验证措施，并着手启动相关法规导则标准的制（修）订工作。

从未来发展角度来看，考虑到零部件的验收成本和重复性以及核电领域内具有的共性因素，建议逐步形成关键零部件质量验证数据库，以便确保统一的安全功能设计分析思路、准确的关键特性识别确认过程、选取科学合理的验收准则及方法、得出有效的验收结果和结论，可有助于有效落实经验反馈，达到资源整合、互利共赢。实施零部件质量验证的单位，应不断积累零部件质量验证活动中的技术成果，创建数据库，这些数据不但为在建核电厂核安全设备设计制造活动提供足够的可靠性证明，也将成为运行核电厂维修和维护时更换零部件的重要参考资料和质量保证措施。

附录 1

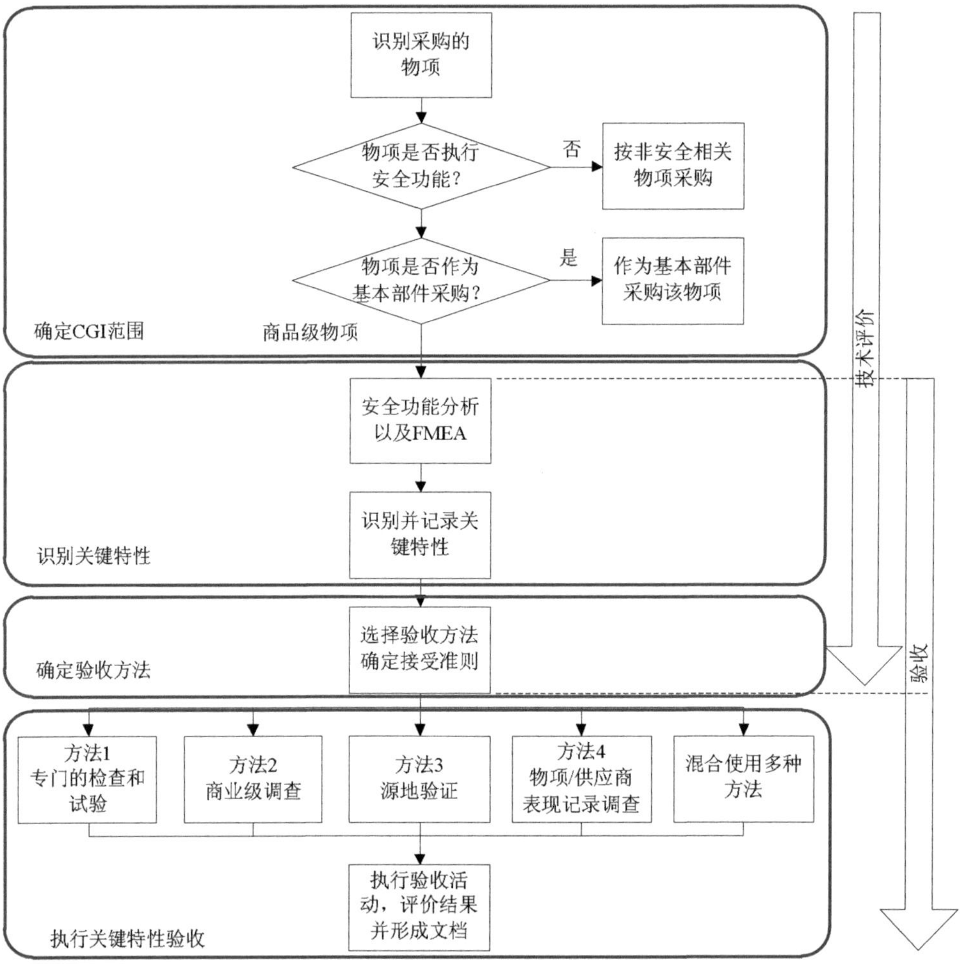

美国 CGD 通用过程流程

附录 2

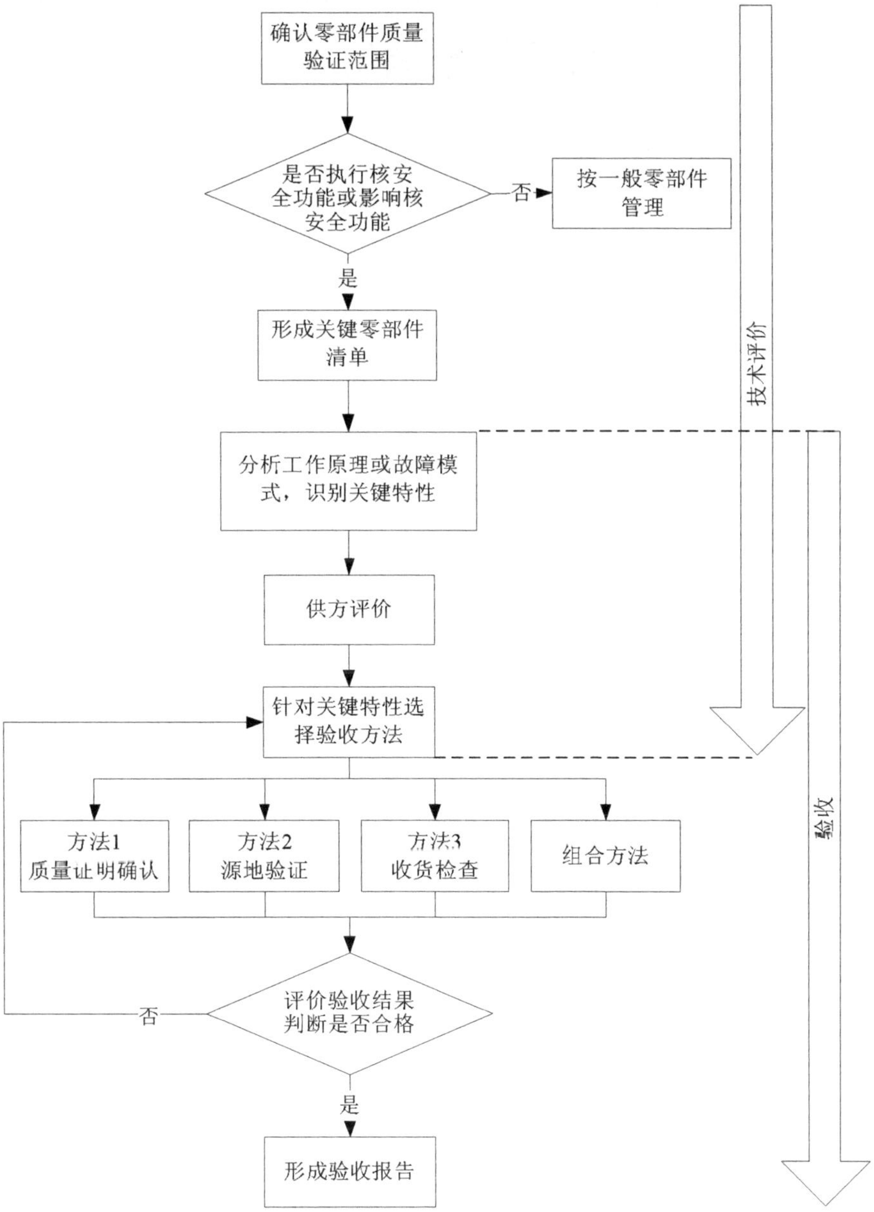

零部件质量验证过程流程

民用核安全设备焊工焊接操作工资格管理优化调整调研报告

郭承站　赵永明　刘璐　李静　丁义行　赵国斌　赵立彬
（生态环境部核设施安全监管司）

为推动民用核安全设备焊工焊接操作工（以下简称焊工）资格管理优化调整工作，生态环境部组织技术支持单位成立调研组，于 2017 年 12 月至 2018 年 6 月通过座谈交流等多种形式开展了专题调研，总结了焊工资格管理的良好实践，梳理了存在的问题与不足，分析了问题产生的原因，提出了进一步优化调整的对策，于 2018 年至 2019 年通过修订部门规章及有关配套的规范性文件，落实“放管服”要求，立足资格许可管理基本定位，发挥好资格许可杠杆作用，放管并重实施更有效监管，推动企业落实主体责任，取得良好实效。

一、基本情况

焊接贯穿于民用核安全设备设计、制造、安装、维修活动全过程，是民用核安全设备质量管理的重要防线，也是核安全监管的重点。焊工作为焊接活动的主体，其技能与意识对设备质量至关重要。

为加强焊工资格管理，提高民用核安全设备焊接质量，《民用核安全设备监督管理条例》于 2008 年 1 月 1 日起施行，明确对焊工资格实施行政许可。多年来，焊工资格管理适应了核电快速发展对焊接技能人才的需求，为提高核设备质量做出了积极贡献。

（1）建立了一支产业队伍。截至 2020 年，全国共有 9 272 人持有 20 785 张焊工资格证书，涌现了 3 名党的十九大代表、2 名中华技能大奖获得者、2 名大国工匠、12 名享受国务院特殊津贴专家和多名全国技术能手等杰出焊工代表。

（2）提升了焊工技能水平。通过制定统一的技术要求，从严考核标准、检验要求等，有效促进了行业焊工水平，特别是中小企业焊接水平的提升。

（3）推动了规范化管理。通过一系列管理要求，从组织机构、管理制度、焊接设备、检验技术等方面大幅规范了行业焊工管理。

在探索实践中，也逐渐探索了一些优秀的经验做法：

（1）立足核的特色。坚持技能与意识两手抓、两手硬的考核理念，既要考核操作技能水平，又要考核焊工的核安全意识，强化对核安全法规、核质保、核安全文化的考核。

（2）突出从严考核。考核过程有考评人员全程监考，检验标准统一按照最严的核 1 级焊缝要求进行检验；对考核过程中弄虚作假和违规操作等问题，始终坚持“零容忍”态度。

（3）适应技术进步。结合核设备焊接工艺特点，针对新堆型使用的新材料、新工艺，研究确定相匹配的考核要求，适应了技术进步需求。

二、存在的问题

国务院“放管服”改革全面推进，焊工资格管理要进一步符合行政审批改革新精神；人力资源和社会保障部发布《国家职业资格目录》，焊工资格管理要进一步满足职业资格规范管理新要求；核设备从业单位已基本稳定，焊接管理基础总体较好，焊工资格管理要进一步适应监管对象新特征，调研发现，目前仍存在以下问题需要解决：

（1）行业人员流失严重。近 5 年来全行业共有 14 400 余人取得了焊接资格证书，但目前仅有 6 200 余人在岗，流失率为 57%。“流水线”式的培养使焊工大量流失，成熟稳定人员积淀不足，新进人员由于对核安全的极端重要性认识不足，严慎细实的作风基础不稳固，容易出现人因问题诱发质量风险。

（2）资格许可过细过多。目前 20 785 张焊工资格证书中就有多达 4 800 余种资格代号，调研中部分单位反映焊工考核项次多，证书覆盖范围窄，考试流程烦琐，对焊工变更聘用单位要求多等，在一定程度上影响了企业生产活力和效率。

（3）管理模式不合时宜。此前，通过开展能力评估的方式监管部门选定了部分行业企业作为许可考核服务机构，由焊工所在单位向其缴纳考核费用但并没有经主管部门批准的明确的收费标准，所以增加了企业负担，也存在指定中介服务嫌疑；同时考核话语权更多在于承担考核的服务机构，由于监管资源所限，监管往往不能覆盖全过程、各方面，存在隐患风险。

（4）企业管理仍有缺失。焊接管理要靠监管部门的资格许可，更取决于企业产品焊接活动管理。调研发现，部分单位对焊工管理研究不深入，对产品焊接管控不充分，存在以资格许可管理代替本应由企业负责的焊工岗位评定授权等问题。

三、原因分析

调研发现的问题，既有多年行业管理存在的系统性问题，也有监管理念、思路、方式、方法与时俱进创新发展不够等问题。究其原因，主要有：

（1）价值导向存在偏差。企业往往只把那些具有较高知识水平和创新能力的顶尖人物看成人才，重学历、轻技能，重知识、轻技术，特别是在核电建设放缓的情况下，“位卑言轻”的焊工常容易成为“牺牲者”，价值得不到肯定，整体待遇偏低，职业发展通道不畅，在缺乏有效激励约束情况下，焊工流失严重，增加了管理难度和安全风险。

（2）制度要求跟踪不够。选定考核服务单位是特定历史阶段合理可行的做法，但因为对国家收费规定要求跟踪不够，没有及时抓住有利契机向主管部门申请职业资格收费项目和标准，收支两条线管理，导致目前考核管理不能完全满足行政许可改革和职业资格管理要求。

（3）宏观管理体现不够。在焊工资格设立行政许可后，为确保资格管理平稳过渡，监管部门沿用了以往电力行业协会的管理思路和做法，通过不断的考试满足生产需要，导致考试内容越来越细，证书覆盖范围越来越窄，资格管理流程越来越繁，政府宏观管理体现不够，有时难免“眉毛胡子一把抓”，捉襟见肘。

（4）杠杆作用发挥不足。此前资格管理的模式做法实际是一种“保姆式”监管，在核设备国产化初期发挥了作用，但长远来看是一种监管的错位，势必导致企业主体责任的缺位。事实上，资格许可管理无论如何细致都不应该也永远不能代替企业管理，关键要发挥好资格许可的杠杆作用，落实落细企业责任。

四、对策措施

总体思路是聚焦一个目标，坚持三项原则，瞄准三个关键，补齐三个短板。

聚焦一个目标：就是要正视行业存在的人才留不住的问题，以监管促联动，推动行业形成新的价值导向，将核行业的焊工建设成行业的高地、质量的阵地和职业的圣地，真正建立起一支有凝聚力、有战斗力，激励约束并举、成熟稳定的行业队伍，逐步解决长期存在的系统性问题，抓住主要矛盾。

坚持三项原则：一是坚持一个“公”字，公平公正公开，宁可管得宏观些，也要牢牢掌握主动权，保证质量。二是突出一个“实”字，对如何考、考什么、怎么考，既要尽力而为，又要量力而行；既要考出能力水平，又要为企业减负。三是落脚一个“进”

字，既要总结继承，又要问题导向与时俱进，反馈优化。

瞄准三个关键：一是抓许可质量，始终将从严许可贯穿始终，牢牢掌握话语权；二是抓责任落实，突出设备活动单位、采购监造单位和焊工三个责任主体，落实落细监管要求；三是抓“放管服”，始终对表对标政府职能转变有关精神要求，尊重探索、把握实践核安全监管特性规律，既积极主动又循序审慎，持续推进焊工监管“放管服”。

补齐三个短板：一是加强考核内涵，通过统计分析，研究确定与行业能力要求相匹配的考核内涵建设要求，突出标准化、规范化；二是加强数据统计，将考核通过率、日常活动问题率、人员持证时间、单位考核评价等连线建网，为“放管服”提供数据支撑；三是加强形势研判，要立足资格管理，加强前瞻思考与全局谋划，推动基于风险的监管理念在焊工监管中落地。

具体来讲，就是要坚持深化改革，坚持问题导向，坚持落实责任，通过落细落实履责要求，优化调整许可管理，加强事中、事后监管，抓细抓实如下工作：

（1）落实落细履责要求。在新修订的部门规章中，明确企业作为焊工选拔、培养、使用和管理的第一责任人，要求营造尊重焊工人才的氛围，从职称评定、薪酬待遇、荣誉激励等方面向焊工倾斜，加强焊工人员配置与单位承揽的核设备活动需求相挂钩的测算分析，以稳定焊工队伍为加强焊工管理的第一要务；制定焊工技能评定技术要求，由核设备单位负责实施，全面从严从高将焊工管理贯穿到整个核设备焊接活动管理的全过程，落实企业主体责任；明确焊工质量责任，通过考核铸魂、日常管理聚魂、常态监管中锻魂等持续推升焊工核安全意识，通过建立考核信用档案、行业通报等方式，形成必要的监管压力，督促依法依规开展活动；明确设备采购单位对焊接活动监造的要求，完善监造制度，提高专项监造能力，加强焊接活动监造管理。

（2）优化调整许可管理。既尽力而为又量力而行，以合法合规、质量为先为前提要求，将此前以考核是否满足从事具体产品焊接活动所需的焊接技能调整为以考核是否具备通用知识能力为目标的许可通用考核，通过统计分析近年来的焊工考核数据，抓住体现焊工技能的关键重点，设计典型考核试件，重在考察焊工基础技能、过程控制、职业素养和核安全文化意识，提高许可考核科学性；通过建立以需求为导向的考核计划管理配套标准化的考核过程管理要求，统一考核，统一评价，提高考核规范化；在现阶段无法申请新增行政许可收费项目的情况下，通过申请财政经费保障，以政府采购技术服务的方式组织考核单位开展考核活动，从制度设计上避免指定中介服务嫌疑；调整资格证书有效期，优化文件审批流程，明确考核各环节时间要求，提高审批效率，大力为企业减负。

（3）加强事中、事后监管。要抓住设备活动单位、采购监管单位、焊工三个责任主体，将其是否尽职履责作为首要监管任务，督促知责、明责、履责、尽责；要抓住监管重点，要把设备活动单位对焊工日常活动的技能评定作为当前一个时期监管的重点，防范质量风险；要抓紧开展大系统、多项目安装活动特种工艺监管等专项研究，摸清情况，评估水平，预警风险，形成对策，在监督检查中督促落实；要进一步总结不同设备类别单位特种工艺监管实践经验，形成更具指导性针对性的监督检查大纲、程序文件，推动监管常态化、精细化；要依靠信息化提高监管效能，通过个人“二维码”实现特种工艺人员“职业生涯全周期”管理，逐步实现活动轨迹全跟踪；要健全执法处罚，将层层严格追究责任、净化从业生态作为重点，考虑要求核设备单位法人签署承诺书，在包括管理层在内的所有核设备从业人员聘用合同中明确列出主观恶意违法应当一票否决予以辞退，强化红线意识，让相关责任人付出代价，避免最底层特种工艺人员被动当“替罪羊”，处罚泛化简单化；除核安全行政处罚外，要通过微信、网站等载体，将有关人员违法问题公之于众，列入行业黑名单并推动列入个人征信，形成强大的舆论压力，让其感到“真痛”。

后续，将按照“放管服”改革要求，推动焊工资格管理优化调整，做好简政放权的“减法”，事中、事后监管的“加法”和优化服务的“乘法”，思想再解放，改革再深入，工作再抓实，以有效监管督促企业落实主体责任，加快推动行业高技能人才队伍建设，保障核安全。

中央生态环境保护督察整改存在的问题与对策

柏伦章
（生态环境部西南督察局）

“不忘初心、牢记使命”主题教育活动开展以来，我局就中央生态环境保护督察整改存在的问题进行了调研，并提出相应对策和建议。调研主要采取三种方式：一是在2019年6月下旬集中对成都市高新区、简阳市等地开展现场调研；二是结合我局年初既定的调研计划，在主题教育开展之前，已对川滇黔部分重点整改地区和非重点地区进行了调研；三是对四川省、贵州省、云南省第一轮中央生态环保督察“回头看”（以下简称“回头看”）进行归纳分析，梳理了整改工作中存在的问题。调研期间，我局紧紧围绕调研主题，深入一线和基层，切实掌握第一手资料并进行了认真梳理研判。现将调研成果汇报如下。

一、西南地区督察整改基本情况

西南地区各省党委政府积极贯彻落实习近平生态文明思想和党中央、国务院决策部署，将督察整改工作作为重要政治任务来抓，全面部署大力推动督察整改工作，切实解决突出的生态环境问题，着力改善城乡生态环境质量，深入推进生态环境保护长效机制建设，整改工作取得了阶段性成效。四川省、贵州省、云南省第一轮中央生态环保督察整改任务分别为89项、72项、52项，“回头看”进驻期间，地方上报整改完成、基本完成或达到序时进度分别为89项、65项、47项，占比达100%、90.28%、90.38%。经核实，实际整改完成、基本完成或达到序时进度分别为77项、57项、36项，占比分别为86.51%、79.17%、69.23%，地方上报与督察组核实情况存在约15%的差距。

二、督察整改中存在的主要问题

从调研和督察“回头看”分析，各省整改工作差距主要表现在一些地方和部门仍然存在思想认识不到位、整改责任不落实、部分整改任务进展滞后等方面问题。同时，从我们自身来看，反映出更加重视督察及"回头看"的前期准备和进驻，而对地方督察整改跟踪督办和整改指导力度不够、重视不够。

（一）认识不到位

综观西南川、黔、滇三省第一轮督察问题整改情况，各地依然存在各类生态环境问题，且问题不尽相同，但归根结底的共性问题是部分地方党委政府和有关部门对习近平生态文明思想学习不够，认识不到位，行动不自觉。没有把发展和保护有机结合起来，督察组来了，全力以赴抓环保工作，督察组走了，思想懈怠放松整改。"回头看"发现，遵义市污水处理设施及收集管网建设严重滞后，湘江河综合整治工作落实依然不力，蚂蚁河等湘江河支流水质类别仍为劣Ⅴ类，没有达到督察整改目标要求。查阅资料发现，该市传达学习中央重大环境保护决策、研究部署督察整改工作和统筹推进不力，个别区县甚至伪造虚假学习文件，导致突出环境问题没有得到有效解决。

（二）责任不落实

生态环境保护工作包括三个层面的责任：一是党委政府的领导责任；二是分管领导和部门的监管责任；三是企业的主体责任。调研发现，一些地方和部门仍然存在发现问题不理睬、看见问题绕道走、整改问题往外推等情况，所应承担的生态环保工作责任没有落实落地。如由于四川省各级住房和城乡建设部门督促检查不到位，部分市（州）党委政府存在"等靠要"思想，并擅自放松整改要求，导致全省应于 2018 年完工的 544 个城乡生活污水处理项目，至 2018 年 11 月"回头看"时仍有 190 个尚未开工，160 个虽已开工但无法按期建成投运。成都市高新区因责任不落实，12 个乡镇污水处理厂推进缓慢，"回头看"时被公开曝光。贵州省金兴黄金公司整改主体责任不落实，整改不彻底，同样被"回头看"公开曝光。

（三）方案不科学

《督察整改方案》是各地督察整改的重要依据和对照标准，方案制订是否规范、科学、合理，直接影响督察整改效果。调研分析中发现，有的整改方案没有严格落实国家政策要求，擅自放宽时限标准；有的整改方案细化不够，部分重点任务缺乏阶段性目标；有的整改方案责任不明确，工作任务没有压实到位。如云南省整改方案提出的黄标车淘汰范围和工业集聚区污水集中处理设施建设时限均宽于国家明确要求。截至 2018 年 5

月，全省仍有 7 954 辆 2005 年年底前注册营运的黄标车未淘汰到位，18 个省级以上工业园区尚未建成集中式污水处理设施。

（四）整改不扎实

一些地区和部门对于中央生态环境保护督察工作是一项制度性安排认识不足，平时工作不严不实，得过且过，“回头看”进驻督察时临时抱佛脚，突击整改，应付了事。如贵阳市开阳县针对生活垃圾填埋场存在填埋区防渗措施不到位、渗滤液处置能力不足等问题，承诺 2018 年 6 月底前完成整改。但实际 2018 年 6 月才启动整改工作，11 月“回头看”时，仍未完成整改。

（五）指导整改和跟踪督办不够有力

此次调研中，对于地方整改中存在的问题，我局也有一定的责任。认为有以下几点：一是压力传导不够。督察准备和督察进驻期间紧锣密鼓、利剑高悬，督察进驻结束后，往往会产生松松劲、歇歇脚的想法，压力传导层层衰减，督察整改越往后越往下，容易整改的差不多整改完了，剩下的基本上是难啃的“硬骨头”，导致畏难情绪滋生，做不好督察整改后半篇文章。二是帮助指导不够。我局在督察中指出问题多，帮助指导却很少，第一轮中央生态环保督察和“回头看”中我局发现了大量的问题并反馈给地方党委政府。这些问题一部分属于思想认识、决策部署的问题，另一部分属于技术方法不当、管理不到位带来的问题。基层专业人才缺乏，出了生态环境问题只会病急乱投医，而且越治越严重，导致老问题未整改到位又出现新问题。三是跟踪督办不力，特别是对群众投诉整改情况关心还不够。据统计，四川省、云南省、贵州省“回头看”受理的群众举报中与第一轮督察举报问题重复的有 770 件，经核查 612 件情况属实，占比达 79%。

三、督察整改工作的对策和建议

（一）坚定整改态度，抓住整改机遇，建立健全长效工作机制

督察整改是中央生态环境保护督察工作取得实效至关重要的后半篇文章，直接决定党中央重大决策部署能否落地见效，关系到人民群众的满意度、认同感。因而各级党委政府必须切实提高政治站位，增强“四个意识”，做到“两个维护”，抓好整改工作，建立健全整改长效机制。同时，各级党委政府应该主动作为，抓住督察整改的机遇，解决一

批长期想解决而解决不了的生态环境问题，以督察整改助力打赢打好污染防治攻坚战，以督察整改提高人民群众对优美生态环境的获得感。从思想上、行动上将"要我做"真正转变为"我要做"。

（二）制订切实可行的整改方案

一是科学性。针对反馈问题，认真研判，制定切实可行的整改措施和科学合理的整改时限，确保方案可以有效实施，落地落实。二是严谨性。整改方案最终要经党中央批准并向全社会公布，是各级党委政府向党中央和人民群众作出的庄严承诺，必须慎之又慎，可邀请各方面专家和上级主管部门进行指导帮助，确保方案可实施、可操作、可监督、可完成。三是延续性。充分认识生态环境问题的复杂性、艰巨性、反复性，在全面清理辖区内的各类环境问题的基础上，举一反三，制订切实可行的方案，根治辖区内所有环境问题，杜绝督察反馈问题死灰复燃。

（三）压实责任，扎实有序地推进各类问题整改

严格落实"党政同责、一岗双责"以及企业的主体责任，始终坚持问题导向，逐步建立健全整改台账，能立即解决的问题马上整改，立行立改；对需要专项整改的问题，紧盯快办，保质保量完成；对需要长期整改的问题，明确阶段性目标任务分步推进。对制度体系层面的问题深化改革，明确措施，研究制定长效机制；属于认识层面的问题，分类制定整改措施，认真落实；属于体制机制的问题，科学研判，试点推进，形成成果后固化为制度再认真执行；属于普遍性、系统性的问题，统筹制订工作方案，依法依规明确时间表路线图，并启动实施。

（四）举一反三，切实做到整改工作"全覆盖、零容忍"

一方面，全面认真梳理辖区内主要环境问题，既包括共性问题，又包括个性问题，切实解决本地区、本部门（行业）影响绿色发展、损害群众健康的突出环境问题，以环境质量改善增强群众获得感；另一方面，整改工作中，还要注意查找产业结构和布局不合理、城乡规划不科学、生产方式和生活方式不绿色、基础设施不完善、日常管理不到位等深层次的原因，按照习近平总书记指出的"科学运用中医整体观，追根溯源、诊断病因、找准病根、分类施策、系统治疗"，这样才能彻底解决问题，走出一条以绿色为本底的高质量发展新路子。

（五）加大整改指导，加强跟踪督办

督察时不仅要指出地方存在的生态环境问题，还应该力所能及地帮助、指导地方怎样解决这些问题。既要坚持问题导向，也要坚持目标导向，推动地方生态环境质量持续改善，以更加有效的措施切实解决群众身边突出的生态环境问题，协同推进经济高质量发展和生态环境高水平保护。特别是在积极回应人民群众对优美生态环境的合理诉求方面加强跟踪督办，不断推动信访投诉边督边改、立行立改，增强人民群众的获得感，提高人民群众对督察工作的参与度和信任度。

关于赴柳州市开展基层排污许可制改革实施情况调研的报告

汪键[1]　柴西龙[2]　齐硕[2]　王焕松[1]
（1. 生态环境部原规划与财务司；2. 生态环境部环境工程评估中心）

为深入贯彻党的十九大报告“强化排污者责任”“构建政府为主导、企业为主体、社会组织和公众共同参与的环境治理体系”精神，全面落实部党组“大调研”实施方案的有关要求，结合控制污染物排放许可制改革工作，2018 年 3 月 12—16 日，生态环境部一行 4 人赴广西柳州市开展“基层排污许可改革的探索与实践”专题调研。

一、调研基本情况

调研组在 5 天的调研过程中，组织召开了 6 场座谈会和 2 场专题培训会，实地调研 4 家企业，深入市、县两级行政审批局审批窗口和环境保护局办事科室蹲点了解情况，深入企业车间与具体申请许可证的工作人员交流情况、发现问题。其中，座谈对象包括自治区环保厅、地方政府、市县环保部门、行政审批局、企业代表 170 余人。调研企业包括已核发排污许可证的水泥企业 2 家（广西壮族自治区柳州地区水泥厂、广西鱼峰水泥股份有限公司）、制糖企业 1 家（广西凤糖雒容制糖有限责任公司），以及即将启动排污许可证核发的汽车制造业企业 1 家。培训会专题解读《排污许可管理办法（试行）》（环境保护部令　第 48 号，以下简称《办法》）新精神，介绍全国排污许可管理信息平台新功能，覆盖自治区 14 个地级市的市、县两级环保局，5 个市级审批局，包括核发人员、监察执法人员、技术支持机构等共 285 人，在互动过程中解答近百个实际操作中的具体问题。

调研组聚焦“夯实许可证核发质量、强化许可证执行落实、督促许可证监管执法”，深入了解排污许可制改革在基层的落实情况和“发一个行业、清一个行业”工作进展情况，深度发掘地方环保部门在推进改革过程中存在的疑点和难点，积极探索排污许可证进一步简化优化途径，推动构建以排污许可制为核心的固定污染源管理新格局。

二、广西推进排污许可制实施的特色做法

（一）建立专项工作机制，保障排污许可制有效实施

广西壮族自治区生态环境厅及各市级生态环境保护部门均专门成立了排污许可证管理办公室及技术组，加强排污许可制实施的统筹、组织和指导，建立了排污许可制实施工作机制，明确各科室职责和审核流程，形成各司其职、各负其责、密切配合、齐抓共管的工作格局，有效保证了许可证的核发质量和作为一项基础管理制度的实施。

（二）典型引路、全面推进，助推排污许可证核发工作顺利完成

作为国家制糖行业排污许可证试点，广西在协助编制完成制糖行业排污许可技术规范的优势基础上，确定“全面培训、现场填报、分区指导、试点先行”的工作思路，对区内90家制糖企业进行了培训，并筛选出基础较好的16家制糖企业作为首批填报试点，组织专家指导试点企业开展填报，并将试点经验推行到全区，比国家要求的时限提前1个月完成核发，也为全国制糖行业排污许可证的核发提供了经验。

（三）发挥企业自主能动性，加强排污许可技术支撑

市县生态环境保护部门核发人员少，还要承担污染源普查、减排等多项工作，为提高许可证核发效率，生态环境保护部门物色业务水平高的企业技术人员作为专家，协助生态环境保护部门进行该行业企业填报指导、审核，如百色市凌云通鸿水泥有限公司环保技术人员被生态环境厅特聘为专家对全区水泥行业的填报进行指导。

（四）开展区、市两级许可证质量检查，提高发证质量

检查方式采用市级相互交叉抽查和自治区逐市抽查相结合。按照各市2017年排污许可证核发数量，将14个市分为3个小组，每个小组内的各市按顺序循环交叉抽查，抽检企业数量不少于核发总数的10%，并适当选择不同行业企业进行抽查。自治区抽查由广西壮族自治区生态环境厅组织专家小组在市级抽查后的各市核发清单中再随机抽取1～3家企业进行质量检查。对全区已核发的309张排污许可证中的65家企业进行了抽检，占核发总数的21%。同时，根据抽查发现的问题，各市对已核发的许可证进行了全面梳理和整改，进一步提升了排污许可证核发质量。

三、调研发现的主要问题

（一）地方对“发一个行业、清一个行业”认识不足

一是生态环境保护部门对核发清理工作认识尚不到位。部分生态环境保护部门认为“给违规企业核发许可证是对合规企业的不公平”，而对违规企业的处理方式往往是简单粗暴的，要么真的“看不见”，要么装作“看不见”，或者仅仅是下达责令改正违法行为通知书，对于整改要求的落实情况也不采取实施监管。未从根本上认识到唯有把违规企业都纳入监管范围，督促企业整改以履行持证按证排污等环境主体责任，对整改不到位的企业报请政府依法关停，才是对合法企业、公众和环境质量的真正公平。

二是生态环境保护部门对排污许可相关政策法规理解不到位。部分核发部门要求企业必须先停产，先取得环评或者先通过竣工环保验收才能申领许可证，给许可证核发设置了不该有的前置条件，对上述企业的许可证申请也不予受理或驳回。这些硬性要求都与 2018 年发布的《办法》相违背。

三是生态环境保护部门对核发清理工作存在畏难情绪。一方面，部分地市审批局与生态环境保护局之间、生态环境保护局内部处（科）室之间对行业全面排查工作相互推诿，究其根源是清查工作时间紧、任务重、压力大，且缺乏有效的手段，即使利用电力、工商、工业等部门的企业名单，也需要大量的人力、物力去现场核实，而地方人员、能力有限，担心排查工作有纰漏会被上级问责。另一方面，部分核发部门认为《办法》的效力不足，担心会被地方纪检部门问责，出现流血流汗又流泪的情况。

（二）企业执行排污许可证要求存在困难

通过申领排污许可证，3 家调研企业基本都设立了环保专职或兼职人员，其中制糖厂还设立了专门的分析化验室，企业环保意识有所加强。但改革初期排污许可证的执行仍面临以下问题：

一是自行监测方面。第一，由于原有松散的环境管理模式，企业未有效落实相关监测要求，当排污许可证开始“较真”后，企业普遍感觉自行监测要求提高，监测成本增加。如制糖厂初步估算每年监测成本增加约 3 万元，但企业表示尚且能够接受。第二，部分指标自行监测要求不甚合理。如企业为了改善废气无组织管理，将转载点、物料堆场等无组织源改造成有组织排放，但却要因此承担有组织监测费用，改造花钱，监测还要花钱，不太合理。

二是台账记录方面。企业目前一般都有生产台账，通常以车间、工段或岗位为单元记录，但环境管理的记录内容较少。调研中发现，第一，各行业排污许可技术规范中有关环境管理台账记录的指导性不足，设计的台账记录表格大部分未细化到车间、工段或岗位，对企业电子台账保存形式的要求也不甚明确。第二，多数企业不能完全按照排污许可证要求进行台账记录，尤其是小型企业环境管理台账记录不完善现象较为普遍，也有部分小企业由于管理水平落后、技术人员缺乏等因素，尚未有效开展台账记录。

三是执行报告方面。2017 年 6 月 30 日，广西完成许可证核发的火电、造纸两个行业 154 家企业未按照许可证要求有效提交年度执行报告。分析其主要原因有两个：第一，全国排污许可证管理信息平台执行报告模块尚在不断完善；第二，针对企业不按要求提交执行报告，尚无相关罚则，生态环境保护部门监管乏力，对企业的约束力不够。

四是其他方面。按照《办法》的规定，企业应当在生产经营场所内方便公众监督的位置悬挂排污许可证正本。但调研中发现，企业普遍未按上述要求执行，对许可证作用认识不够，对许可证要求不管不顾。因此，通过加强证后监管等举措，确立排污许可证权威，迫在眉睫。

（三）排污许可证设计仍显复杂

地方反映，排污许可证设计仍显复杂，企业填报和生态环境保护部门审核仍有一定困难。

一是登记事项内容较多、过细。排污许可证申请表中有关生产设施、原辅料及燃料、主要产品及产能信息表等登记事项的填报内容较细，如纺织印染企业有 500 台相同的织机，数量多、产排污类型相似，企业反映逐项填报工作量大，占将近 1/3 的填报时间和占许可证 1/3 的篇幅。

二是核发部门、企业普遍反映自行监测频次偏高。如有色金属冶炼企业车间排口、总排口每日监测总铅、总镉、总砷等重金属，企业难以承受，且地方监测机构较少、力量薄弱，常常要从南宁等大城市聘请监测机构人员，每日跨区域采样不现实。

三是简化管理内容不够简化。部分生态环境保护部门认为，县级生态环境保护部门人员能力极为欠缺，建议从生产设施等登记事项以及环境管理台账等环境管理要求入手，进一步精简排污许可证简化管理内容。

（四）排污许可证后监管严重脱节

排污许可证监管执法是排污许可制改革落实的关键，但调研中发现，证后监管与许可证核发工作严重脱节，大大降低了排污许可证的效力。

一是无证查处不及时导致企业申领填报态度不积极。柳州市有不少因各种原因未取得排污许可证的企业，但目前没有一例无证排污处罚的案例。由于对不按期领证的查处不及时，处罚不明确，部分企业申请许可证态度不积极。核发工作人员迫于无法按时完成发证被追责的压力，只得一遍遍地耐心指导，甚至代为填报，未真正脱离“保姆式”管理。

二是按证检查跟进不及时导致企业观念未改变。排污许可证强调企业自我管理、自行监测、自主报告，促使企业自觉履行环保责任，自证守法。但是由于发证后未及时依证开展监管，还沿用原有的监管模式，使得部分企业对排污许可证的认识依旧停留在“有证就行”，许可证变成“墙上挂画”。

三是台账记录和执行报告处罚不健全导致不能有效督促企业完善环境管理。相关法律法规对台账记录未建立或建立不规范、执行报告不上报或上报不符合要求等没有明确的罚则，执法人员也只能口头督促企业完善相关记录，大大降低了许可证的效力。

四是许可证监管执法技术支持跟进不及时导致执法人员对执法重点的把握不准确。国家尚未出台排污许可证执法相关的文件、手册等，执法人员对排污许可证许可排放限值核算、台账建立、执行报告及自行监测等各项具体要求掌握得不准确、不到位、不统一，只能凭现有监管要求和经验来开展相关工作，不能很好地完成监管任务。

五是现有固定源管理模式与排污许可证管理要求不衔接。第一，执法部门目前都是按照“双随机”机制确定现场检查计划，如重点排污单位每年全覆盖，非重点排污单位每年抽查数量为执法人员数量的5倍，对于大量的非重点排污单位很难实现许可证有效期内监管执法全覆盖。第二，现有重点排污单位的筛选模式与排污许可证确定的重点管理排污单位不一致。如按《重点排污单位名录管理规定（试行）》（环办监测〔2017〕86号），柳江区生态环境保护局将水泥粉磨站确定为重点排污单位，而《固定污染源排污许可分类管理名录（2017年版）》中水泥粉磨站为简化管理。

（五）信息平台建设及数据应用亟须加强

一是企业信息化管理水平参差不齐，影响排污许可信息化。畜禽养殖、屠宰等行业企业数量众多，规模较小，很多企业无电脑或不会使用电脑，排污许可证的申报需要依靠生态环境保护局的电脑填报，企业电子台账记录、执行报告上传等工作几乎不具备完成条件。

二是企业仍需报送多套数据，内容交叉重复、负担不减反增。以柳州市的制糖厂、水泥厂为例，企业日常需填报的环境管理系统包括环统申报系统（季报、年报）、排污许可系统、在线监测系统（脱硝电子台账、DCS曲线）、固体废物管理信息系统、污染源普查、环境税（原为排污费）等，多数系统填报内容重复。生态环境保护局同样需要在以上系统进行信息汇总整理。排污许可证核发初期，尚未根本扭转多头申报问题，企业负担不减反增。

三是排污许可数据亟待整合、共享应用。柳州市审批局规定必须使用内部政务审批系统办理审批手续，所以排污许可证的发放信息需要二次人工录入当地政务系统，许可证发放工作量人为翻倍。对于环统、总量等系统，目前也是人工将国家排污许可管理信息平台的数据导入省内总量、环统等系统。

四、对策建议

（一）关于“发一个行业、清一个行业”

一是尽快出台“发一个行业、清一个行业”工作方案，明确职责分工、工作任务、实施时间，指导地方合理、有序开展行业清理、核发工作。

二是通过“两步走”推动“发一个行业、清一个行业”。一方面，按照《办法》要求，先核发许可证，再按证督促企业落实整改；另一方面，可参照广西的做法，对违规项目下达责令改正通知书，对违法行为实施处罚、明确整改要求和时限，环监部门及时跟进执法检查，企业按期整改到位的给予核发排污许可证，否则，报请地方政府予以关停。

（二）关于强化证后监管

一是加快推进排污许可证后监管顶层设计。紧紧围绕排污许可证开展固定污染源监管执法顶层设计，明确如何制订许可证执法计划，明确许可证执法检查目标、重点任务、执法检查流程、方式和手段、违法处罚形式等，规范和指导地方开展排污许可证监管执法。

二是全力推动排污许可执法技术体系支撑研究。出台重点行业排污许可证执法手册，明确检查内容、检查重点、检查手段和方式等，细化如何开展排放浓度、排放量核查，如何核实排污数据和执行报告的真实性，如何检查环境管理要求落实情况。尽快研究不按证建立环境管理台账、提交执行报告、信息公开等的罚则，督促企业落实排污许可证环境管理要求。

三是尽快开展排污许可证专项执法检查。对 2017 年已完成许可证核发的 13 个行业，国家应尽快出台专项执法检查文件，严厉打击无证排污行为，查处超许可浓度限值排污行为，督促企业严格落实自行监测要求，建立无证排污和不按证排污黑名单，树立排污许可证违法典型案例。对2018年将核发排污许可证的行业，地方环保部门尽快出台文件明确告知义务、申领时限以及不按期领证的严重后果，提醒企业主动申领排污许可证。

四是加强证后监管培训。使监管执法部门、人员掌握排污许可证体系设计、管理思路、总体要求，把握依证监管执法的重点，使其能够依法依规正确处理问题，保障排污许可制度落实落地。

（三）关于进一步简化优化排污许可证设计

一是进一步简化优化许可证登记事项。建议进一步简化排污许可证申请中有关主要产品及产能信息表的填报要求。对数量较多、产排污类型相似的设备，建议研究合并填报同类设施+备注数量的方式，由后台实现自动编码，大幅减轻填报工作量。另外，建议在排污许可证副本中不生成上述登记事项信息，但是可以推送至执法人员手持式终端或执法App中，便于执法人员依据其开展执法检查。

二是进一步简化优化自行监测要求。针对已经核发排污许可证的15个行业开展实施效果评估，根据评估结果，按行业对重点管理和简化管理的企业进一步明确分类管理的具体规定（包括自行监测要求），结合实际进一步制（修）订排污单位自行监测指南等相关技术规范文件，能通过辅助手段核查、检查的，尽量减少监测点位、因子、频次，对守法企业、信用等级高的企业减少监测频次。

（四）关于落实企业按证排污

一是台账管理方面，进一步研究出台相关指导文件，细化完善各行业环境管理台账的技术要求、内容以及保存形式。对将来需要提取用于辅助审核实际排放量等功能的数据，明确数据报送格式，对仅用于现场核查的台账信息，企业可将纸质台账拍照后上传作为电子台账。

二是执行报告方面，进一步完善排污许可管理信息平台"实施与监管"系统中执行报告填报模块，尽快出台相关指导文件，加强执行报告填报指导和企业信用体系管理，督促地方强化执行报告监督管理，以2018年为基准年，严格落实和规范执行报告提交工作。

（五）关于加强信息平台建设及数据应用

一是在国家层面加强平台信息整合、数据共享。进一步鼓励一线监管人员参与数据整合工作，建立不同系统中相同排放口匹配关系，为信息共享提供基础。国家层面尽快建立不同管理系统间数据交换机制，基础信息统一采集，集成共享，减少企业重复填报内容，同时避免“数出多源”“数据不统一”问题。

二是加强平台使用培训。通过加强培训，指导地方生态环境保护部门、企业理解平台设计思路，掌握使用方法。将信息化窗口与行业技术规范的使用有机结合，真正利用信息化手段，使企业填报和核发机关审核程序更加规范化和便捷化。同时，通过培训建立与用户沟通渠道，了解企业及核发机关使用疑难点，促进平台建设不断改进完善。

关于污染物排放总量控制管理改革的调研报告

韩旭　王彦超　程曦　董远舟
（生态环境部环境规划院）

为做好“十三五”总量控制工作，推动总量控制制度改革，生态环境部于2019年3月5—6日、4月18—19日分别赴广东省广州市、深圳市和陕西省西安市，开展污染物排放总量控制管理改革调研，了解典型省份污染物排放总量控制相关工作进展、存在的问题，听取各方意见，并有针对性地提出改革建议。具体情况报告如下：

一、总量控制工作进展

（一）总量减排工作现状

“十三五”以来，广东省、陕西省持续开展总量控制工作，两省每年印发年度主要污染物总量减排实施方案，下达各市（区）减排指标和重点减排工程任务并督导落实。广东省2018年化学需氧量、氨氮、二氧化硫、氮氧化物排放总量分别比2015年下降7.9%、7.2%、9.0%和4.4%，完成“十三五”目标的76%、64%、301%和148%；陕西省2018年化学需氧量、氨氮、二氧化硫、氮氧化物排放量分别比2015年下降8.0%、7.4%、14.5%和10.2%，完成“十三五”减排目标的80%、74%、96%和68%，总体完成情况较好。

重点减排工程建设方面，截至2018年年底，广东省已建成城镇污水处理设施526座，全省日处理能力达到2 685万吨，比2015年新增日处理能力约300万吨；132个省级以上工业集聚区中105个已配套污水集中处理设施；2 600余家规模化畜禽养殖场实施了粪污治理与资源化利用；120台燃煤机组完成超低排放改造，合计节约5 249万千瓦；关停136.5万千瓦燃煤发电机组；现有烧结机和球团机生产线全部配套脱硫设施，现有产能2 000吨/日及以上的生产线中SNCR脱硝设施全部投运；现有26条平板玻璃生产线中脱硫脱硝设施全部投运；自2015年7月1日起全省全面供应国Ⅴ车用汽油和国Ⅴ车用柴油，广州市、深圳市和珠海市已经实现公交车100%电动化目标。陕西省2015—

2018 年累计完成 222 个减排重点工程，列入国家改造计划的 30 万千瓦及以上燃煤机组全部实现超低排放，超额并提前完成国家要求的改造任务；陕西省还将 30 万千瓦以下煤电机组也纳入改造范围，关中 10 万千瓦以上煤电机组全部实现超低排放，陕北部分 10 万～30 万千瓦机组实现超低排放。

（二）试点排污权交易管理现状

陕西省是全国排污权交易试点省份之一，全省深化排污权交易制度改革，探索通过排污权收储、排污权有偿使用等方式促进落后产能淘汰，减少主要污染物存量，控制主要污染物增量。截至 2019 年 4 月，全省共完成交易额 13.4 亿元。依据“放管服”要求并对标“苏浙沪”模式，陕西省改革排污权有偿使用和交易程序、范围，并计划将全省新（改、扩）建设项目环评总量前置调整为实施投产运行前总量前置，在不影响制度实施的前提下，改善营商环境，服务绿色发展。

（三）排污许可管理现状

截至 2018 年年底，广东省 24 个行业共核发排污许可证 4 355 张，但环境统计和第二次全国污染源普查初步数据显示，全省分别有工业、企业 1.5 万余家和 57 万个，排污许可监管企业覆盖面偏小。

陕西省为加快推进全省排污许可数据、监测数据、执法检查信息的关联整合，融合了总量控制制度，建设了排污许可证、环境监测、证后执法、环境税征收“四位一体”的现代化固定污染源污染防治体系，拟在 2019 年年底前实现固定污染源排污许可全覆盖。截至 2019 年 4 月 15 日，全省已核发排污许可证 1 003 张，管控大气污染排放口 7 148 个，水污染物排放口 938 个。

二、主要困难和问题

（一）总量考核及管理制度有待调整

“十三五”以来的主要污染物总量减排核算通过“地市上报、省级自查、国家审查”方式开展，原则上对于未完成环境质量改善目标的省份，不认可全省其他减排工程减排量。对于未完成环境质量改善目标的省份，往往仅是个别地市环境质量改善目标未完成而其余地市完成了环境质量改善目标，依据核算原则，完成环境质量改善的地市也无法认可其他减排工程减排量，导致各地工作成绩难以得到认可，削弱了基层减排的积极性。

同时，由国家到省再到市、县的减排目标分解缺乏针对性，下达的减排任务与区域实际减排需求不符，一些地区存在大量非法企业，偷排漏排依然是影响环境质量的主要因素，但这些企业不在环境统计口径内，减排工作认可难度大。

目前全国总量控制的主要污染物指标包括化学需氧量、二氧化硫、氨氮和氮氧化物，而其他和环境质量密切相关的指标如颗粒物、臭氧、总磷、总氮、重金属、挥发性有机物（VOCs）等并未纳入总量管理，部分未纳入总量控制的污染物指标已成为制约部分地区环境质量的重要因素，因此仅对四项主要污染物实施总量控制，不利于改善各地环境质量。

（二）总量控制与排污许可、环境统计等衔接不顺畅

"十三五"以来，总量控制逐渐与企业排污许可证数据衔接，但从目前企业上报的排污许可执行报告来看，总体存在年度执行报告数量不全、污染物实际排放量数据质量不高等问题，加上基层生态环境部门监管能力不足，对企业执行报告数据缺乏审核，当前排污许可的实际排放量数据难以支撑总量控制工作。同时，各地环境统计数据与排污许可证中实际排放量差距也较大。不同口径间污染物排放数据关系较为混乱，相关匹配度较差，给污染源管理工作带来很多困难。

（三）重大建设项目总量指标来源不足

一方面，《建设项目主要污染物排放总量指标审核及管理暂行办法》（环发〔2014〕197 号）提出的"总量前置"，针对总量指标来源有明确的行业限制，特别是电力行业的可替代总量指标不能用于其他行业，而部分地区非电行业减排量较小，"十三五"以来的主要污染物减排量不足以支撑国家和省重点项目的主要污染物总量指标。另一方面，总量指标来源受区域限制，部分地市反映本地市可替代总量指标较少，无法满足重大项目总量指标需求，而国家层面没有明确省内总量指标跨地市替代的具体规定。此外，VOCs 等污染物的总量指标已成为限制石化行业重大项目建设的重要因素。

（四）管理制度参与人员技术不足

"十四五"时期，随着固定污染源排污许可证核发工作的全面完成，排污许可工作将从目前的以完成发证为主逐步向精细化管理过渡，这一阶段亟须了解排污许可的关键技术和方法体系的人员参与相关工作。对于排污许可证证后监管工作，职权归属于地市级生态环境部门，目前在这一层级从事排污许可工作的专业人员相对较少，且对排污许可关键技术方法体系了解有限，难以支撑日益精细化的排污许可管理需求。

（五）排污有偿使用和交易相关法律依据不足

排污有偿使用和交易试点工作已经开展多年，但在排污权交易领域，国家层面仅出台了《关于进一步推进排污权有偿使用和交易试点工作的指导意见》（国办发〔2014〕38 号）和《排污权出让收入管理暂行办法》（财税〔2015〕61 号），缺乏指导开展排污权有偿使用和交易工作的技术指南，致使试点工作推进缺乏法律基础、依据和制度支持。

（六）总量超标执法处罚难以实现

对环境违法的处罚依据一般为法律或标准，处罚的违法行为主要包括偷排、漏排和浓度超标等。由于污染物排放量的核算方法体系还不完善，取证难度大，把污染物排放量核算结果作为执法依据缺乏相关核定方法，导致超总量排污的处罚案件很少，超总量执法一般仅作为超标排放等其他执法处罚的附加条款。

三、对策建议

（一）研究建立科学合理的总量控制管理制度

“十四五”如继续按照“总量减排服从质量考核”的原则进行减排考核，建议取消减排考核，只进行环境质量考核。如继续开展总量减排考核，建议转变总量减排考核要求，将宏观总量考核向以排污许可证和环境统计为基础的微观总量考核转变。

建议基于环境质量现状及改善要求，调整或者授权部分省试点调整总量监管范围，因地制宜地增加总量控制指标数量。大气环境方面，统筹考虑各区域的污染特征，实施多污染物协同减排，将 VOCs 纳入总量约束性管理范围，二氧化硫不再纳入总量约束性管理范围，国家层面尽快制定 VOCs 总量减排核算技术方法及减排技术路线；水环境方面，应当满足环境质量改善的核心需求，逐步将总氮、总磷等指标纳入总量控制指标范畴，化学需氧量不再是监测断面超标重要因素的流域，并不再纳入总量约束性管理范围。

（二）深入推进以排污许可制为核心的总量控制制度

建议将排污许可证或环境统计数据作为企业污染物总量排放的确权依据，逐步厘清污染物总量控制与污染物排放总量之间的关系，理顺与其他污染源数据之间的关系。一是明确总量控制制度控制的目标是行政区域内企事业法定允许排放量红线的总和，对有排污许可证许可排放量的企业采用许可执行报告排放量，对没有许可排放量的较小企业采用宏观估算。基于环境质量改善、行业发展情况及污染治理技术进步情况，提出行政区域或者行业总量控制目标削减计划。二是对地方政府实施总量控制约束性管理，考核行政区域内与实际排放量是否满足总量控制目标，对企事业单位实施依法监管，监督实际排放量是否满足许可排放量。

（三）研究调整重大项目总量指标来源的行业限制

建议以改善环境质量为出发点实施建设项目指标管理，支持解决新建重大项目总量指标来源问题。一是支持重大项目主要污染物排放总量指标在省级行政区内跨地市替代。二是明确重点建设项目总量指标管理相关要求，结合新时期环境管理要求，及时修订《建设项目主要污染物排放总量指标审核及管理暂行办法》（环发〔2014〕197号）。

（四）通过加强培训等手段提高地方工作人员技术水平

针对各地排污许可技术力量不足的问题，建议在国家层面和地方层面加强技术培训：一是对各行业排污许可技术规范核心内容及要点进行培训；二是对排污许可执行报告中实际排放量审核原则、方法等进行培训；三是对排污许可执法监管要点进行培训。

（五）进一步衔接排污许可和排污权有偿使用制度

建议厘清排污许可和排污权有偿使用制度衔接方式，尽快印发针对排污权有偿使用和交易指导相关文件，对《关于进一步推进排污权有偿使用和交易试点工作的指导意见》（国办发〔2014〕38号）和《排污权出让收入管理暂行办法》（财税〔2015〕61号）等文件进行修订，提升排污许可、排污权交易、总量减量替代等相关工作精细化管理水平。

（六）加快研究超总量排放执法管理方式

企业超总量排放的执法监管是总量控制制度落地的重要保障，也是区域和流域环境质量改善的重要抓手。建议加快开展监督执法与总量控制衔接研究，逐步统一和规范总量排放的合法监测手段和法定核算方法，规定取证途径，采用信息化手段开展监督执法试点，尽快将主要污染物总量超标纳入执法处罚范围。

生态环境领域“一刀切”问题的思考与对策

黄宏
（生态环境部西南督察局）

党的十八大以来，生态环境工作取得历史性成就，发生了历史性变革。党的十九大提出，坚决打好污染防治攻坚战，使全面建成小康社会得到人民认可、经得起历史检验。当前，随着生态环境工作的逐步深入和压力的加大，生态环境领域也暴露出一些问题，最为典型的就是“一刀切”问题。

“一刀切”的含义是不对具体事物做具体分析，而是一律同样对待。比喻不顾实际情况，用同一方式处理问题。生态环境领域“一刀切”是生态环境领域法律法规的执行偏离。

一、生态环境领域“一刀切”的表现形式

生态环境领域的“一刀切”，不是在真抓实干，解决环境问题上下功夫，而是脱离实际、搞花拳绣腿，带有临时性，是表面整改、敷衍整改、假装整改，执行上级政策或要求发生偏离，以应付督察，其表现形式多种多样。

（一）突击整改“一刀切”

一些地方违背马克思主义实践观点与实践标准，平时不积极认真抓好生态环境保护工作，对国家或上级部门有明确时限要求的重点任务没有给予足够重视和实质性推动，在完成时限即将到来甚至面临问责压力时，才进行突击整改，整改要求的时限短、急，有时还会脱离实际规律，实为懒政。例如 2018 年 10 月 22 日，中央第六环保督察组向云南省反馈督察意见时指出，德宏州瑞丽市 2016 年在查办违法开采砂石举报案件时，以“一刀切”方式关停所有砂石场，后又违规批准部分未取得合法手续的砂石场恢复生产。督察“回头看”时，瑞丽市再次采取“一刀切”，临时关停企业，影响恶劣。再如，江苏省无锡江阴市有 62 家印染企业未建设污水预处理设施，长期超标纳管，江阴市仅

要求有关企业集中停产 1 个月以应付督察。

（二）逃避问责“一刀切”

一些地方政府违背马克思主义唯物观点，缺乏担当，履职不到位，导致环境问题长期积压，当面临上级督察时，仓促应付检查地采取“一刀切”，把问题通过临时关停方式“藏”起来，检查组一走，污染照旧，完全背离了通过督察检查帮助地方解决问题的初衷，也必然造成污染反弹。这实际上是典型的搞花架子、形式主义，做表面文章。2018 年中央环保督察组“回头看”时发现，呼和浩特和林格尔县在 2016 年就对凯帝森木器加工厂实施查封，并向社会公示已关停取缔。但实际是“真掩盖、假整改”，企业一直在非法生产，直至“回头看”进驻前一周，才又被贴上“封条”。广东省韶关市应于 2018 年 6 月完成饮用水水源一级保护区内项目的依法拆除或关闭工作，但韶关市直至 2018 年 2 月才组织排查，排查后未及时组织清理，直至 6 月“回头看”进驻后，才匆忙印发通知，强制清退和拆除，造成不良影响。

（三）借题发挥 “一刀切”

一些地方不实事求是，对历史遗留问题、难题，不是通过日常工作循序渐进地去解决攻克，不是通过针对性的深入细致调查去查找问题根源去攻克，而是打着污染治理或生态环境部督察的旗号，采取强制手段或施加隐形压力，扩大打击面，提速加码，实为典型的官僚主义。2018 年 8 月，生态环境部通报，陕西省彬州市以治污降霾之名，设卡强制过路车辆洗车收费，是典型的假装治污、牟取私利行为，不仅严重偏离中央生态环境保护决策部署，还给污染防治攻坚战工作抹黑，侵害群众利益，损害政府形象。宁夏回族自治区经济与信息化委员会在督察整改过程中，将大气污染防治工作视作影响工业增长的“拦路虎”，将行业增加值下降归结为“受环境保护督察影响”，将生态整治视作全区经济增速下滑的主要原因，为环境问题突出的企业停产整治找理由开脱，甩锅给生态督察。

（四）连带打击“一刀切”

一些地方不从实际出发，不坚持问题导向，工作不务实，对国家或上级政策理解掌握不到位，未制定明确、可操作的标准和要求，以点概面、以偏概全，发现个别和局部问题后即对整个行业或整个区域所有企业采取“一刀切”关停整顿，这实际上是一种乱作为。如在强化督查过程中发现有大蒜加工企业未按照要求加装抑尘装置，当地政府即对 26 家大蒜加工企业实施查封、断电，部分已经按照前期整改要求整改完毕企业也被要求停产。2018 年中央生态环境保护督察“回头看”发现，陕西省宝鸡市在“散乱污”企业综合整治过程中，对部分企业生活用电，甚至对未被列入“散乱污”清单的陕西航宇金属加工有限公司和宝鸡中天鹏泰有限责任公司两家规模以上企业实施拉闸停电。这些所谓的“一律关停”，看似态度坚决、力度很大，无论企业大小、是否违法违规排放、是否具备改造条件，不分类别对相关行业企业一律实施关停整治，反映出了地方执政能力不足、存在本领恐慌，造成“误打误伤”。

（五）不切实际“一刀切”

一些地方违背马克思主义人民大众的基本立场，不坚持群众观点和群众路线，对环境问题不分类处置，缺乏严格规范的合理性和可行性论证，造成整改整治措施不切实际，损害百姓利益，是一种惰政的体现。2017 年 12 月，河北、山西、陕西等多个省份在实施农村供暖改造过程中，不从实际出发，而是“一刀切”地实施“煤改气”，一些燃煤取暖设施被拆除，但天然气供应不足、煤气管道铺设跟不上，导致一些人家在寒冷的冬日无法取暖，严重损害群众利益。2018 年 11 月，中央生态环境保护督察组进驻山西时再次发现，太原市迎泽区康乐街片区在不具备集中供热、“煤改气”的条件下，忽略群众实际，禁止燃煤的做法导致大批群众难以温暖过冬，给当地居民的生活带来极大不便。河北省唐山市高新区、芦台经济开发区、廊坊市固安、永清等县在制定生态环境部督察整改方案时，不根据当地实际，照抄照搬、敷衍应付。

（六）朝令夕改“一刀切”

一些地方违背马克思主义系统观点与系统分析方法，出台生态环境政策，缺乏延续性和严肃性，导致企业无所适从。如 2017 年 2 月，四川省夹江县发布《关于陶瓷企业停止使用煤气发生炉的通告》（以下简称《通告》），要求所有陶瓷企业关停煤气发生炉，统一改用天然气。《通告》要求在 2017 年 4 月 10 日和 6 月 30 日前分两批停炉。但夹江县担心中央环境保护督察时出问题，在 2017 年 4 月底“一刀切”，关闭 271 座常压煤气发生炉和 75 座两段式煤气发生炉。2017 年“煤改气”阵痛未息，2018 年又要求退城入园，政策朝令夕改，导致企业无所适从。

二、生态环境领域“一刀切”的危害

生态环境领域的“一刀切”，是一些地方精神懈怠、能力不足、脱离群众、消极腐败的表现，长此以往，必然误事、误人、误己。

（一）损害党群关系，影响政府公信力

生态环境领域的“一刀切”行为，本质上都是形式主义和官僚主义在生态环境保护领域的表现，是懒政、惰政、怠政、庸政的具体形式。其根本上是不作为、乱作为甚至滥作为，是不依法履职、不依法行政的表现。这种行为不仅影响政令畅通，还违背了生态环境保护工作的初心。这种形式主义和官僚主义拉开了干群、党群关系，致使政府公信力在民众中不断下降。

（二）导致能力思维看法“僵化”

“一刀切”不管共性和个性，而是全切了，违反事物发展规律和实事求是精神，是一种不认真对待基层问题的野蛮粗暴做法，当然也是一种懒政的做法。对解决生态环境问题，不调查研究，不实事求是，不分类处置，不量力而行，不因时、因地、因利地“切一刀”，而是简单地“一刀切”，如此下去，会让干部的能力、思维“僵化”，甚至“成瘾”。同时，还让群众的看法“僵化”，不论干部做得对不对，心里先打一个问号，甚至有的从心里就开始不信任干部，有的还可能由此不问青红皂白地谩骂干部。

（三）干扰执法，损害公平

依法治国是党领导人民治理国家的基本方略，法治是治国理政的基本方式。“先停后治”“先停再说”“一律关停”“以停代治”等“一刀切”行为，其实是不依法行政、不依法履职的结果。根源是法治意识淡薄，是人治的表现。这种“一刀切”破坏了法治，干扰了环境执法监督。同时，不分青红皂白地对合法企业、达标企业“一律关停”这种连带打击的“一刀切”，不仅损害了企业的合法权益，造成事实上的不公平，而且助长了违法违规企业的黑色增长，侵蚀了公平竞争的环境，造成“劣币驱逐良币”，影响了高质量发展和创新发展，既影响当下，也影响长远。

（四）混淆视听，转移矛盾

打好污染防治攻坚战是加快补齐环保短板、实现全面建成小康社会环保目标的战略举措。陕西省彬州市以治污降霾之名，设卡强制过路车辆洗车收费，假装治污、牟取私利。宁夏回族自治区经济与信息化委员会将大气污染防治工作视作影响工业增长的“拦路虎”，将行业增加值下降归结为“受环境保护督察影响”。这种做法违背了生态环境保护工作的初心，与中央生态环境保护决策部署不符，转移了自己工作不作为、乱作为的矛盾，逃避问责，混淆视听。同时，这种做法借生态环境保护之名，牟取个人或部门私利，

提供假情况，欺上瞒下，阳奉阴违，干扰上级决策，性质十分恶劣，危害极大。

（五）不切实际，影响民生

共产党是为人民谋幸福的，人民群众什么方面感觉不幸福、不快乐、不满意，就要在哪方面下功夫，千方百计地为群众排忧解难。而一些地方不是下功夫解决人民群众身边的问题，不是为群众排忧解难，反而“一刀切”影响民生。如不顾当地老百姓冬季取暖需要，在无其他采暖替代措施的情况下，拆除燃煤取暖设施，侵害了老百姓的取暖利益。一些地方平时不作为，临时抱佛脚，在督察组进驻期间，临时关停洗车场、砂石场甚至包子铺，严重影响老百姓生活。这种简单、粗暴的冷暴执法，置民众利益于不顾，不仅影响民生，而且侵蚀执政党的执政根基。

三、防止生态环境领域“一刀切”需综合施策

生态环境领域“一刀切”是形式主义、官僚主义在生态环境领域中的表现形式，既有能力问题，也有作风问题，还有依法行政问题。要纠正这种执行偏离，需要多管齐下，综合施策。

（一）要提高马克思主义理论看家本领

习近平同志指出：“马克思主义理论，是我们做好一切工作的看家本领，也是领导干部必须普遍掌握的工作制胜的看家本领。”生态环境领域“一刀切”其实质是没有坚持以人民为中心，脱离人民群众，没有坚持和运用实事求是、没有坚持实践观点和实践标准、没有坚持和运用矛盾观点和矛盾分析方法、没有坚持和运用系统观点和系统分析方法解决当前突出环境问题，根本原因就是没有掌握和运用马克思主义立场、观点、方法去解决问题，存在能力不足、本领恐慌。因此，要原原本本地学习和研读马克思主义经典著作，学好、用好马克思主义哲学，把哲学思维转化为解决问题的工作方法，增强解决生态环境问题的看家本领。

（二）要坚持实事求是的谋事态度

习近平同志强调：“坚持实事求是，就是坚持一切从实际出发来研究和解决问题，坚持理论联系实际来制定和形成指导实践发展的正确路线方针政策，坚持在实践中检验真理和发展真理。”环境问题历史欠账多，解决难度大，不可能一蹴而就，不可能毕其功于一役，需要久久为功。因此，解决生态环境问题，既要有科学的、实事求是的态度，

又要有“功成不必在我”的精神；既要“尽力而为”又要“量力而行”，不好高骛远，不超越发展阶段，不喊空口号、不搞形式主义、不做表面文章。从实际出发，调动一切积极因素尽最大努力，一锤一锤接着敲，一件事情接着一件事情去做，一年接着一年去做，滴水穿石，锲而不舍，才能不断改善环境质量，增强人民群众的获得感。

（三）将依法行政贯穿生态环境保护的全过程

习近平同志指出：“任何组织或个人都必须在宪法和法律范围内活动。任何公民、社会组织和国家机关都要以宪法和法律为行为准则，依照宪法和法律行使权利或权力、履行义务或职责。”生态环境领域“一刀切”绝大部分属于不作为、乱作为，实质就是没有依法履职和依法行政。在生态环境保护过程中，按照源头严防、过程严管、后果严惩的思路，建立健全依法决策、依法监督、依法执行的工作机制，特别是建立和执行行政机关内部重大决策合法性审查机制，做到法无授权不可为、法定职责必须为，发挥制度和法制的引导、规制功能，以深入推进依法行政，为打好污染防治攻坚战提供法制保障和法治环境。

（四）坚决杜绝形式主义、官僚主义

习近平同志指出：“对四风问题，必须下大气力惩治。”生态环境领域“一刀切”是形式主义、官僚主义在生态环境领域的突出表现，违背党的性质和宗旨，是当前群众深恶痛绝、反映强烈的问题，也是损害党群干群关系、影响政府公信力的重要根源，是党和国家事业之大敌、人民之大敌。这种不良风气，严重阻碍了党的十九大精神和党中央关于生态环境保护决策部署的贯彻落实，必须下大气力加以整治。要持之以恒地开展督察督办、监督问责，对领导干部这个关键少数存在形式主义、官僚主义的，采取“一票”否决，不提拔重用、不评优评先；情节严重的降级甚至撤职处理，在“切一刀”的同时，还得“一刀切”，不能让形式主义、官僚主义有破窗效应，铲除其土壤，才能营造接地气、通下情、重民生，真抓实干的工作氛围和环境。

（五）建立激励机制，激发内生动力

习近平总书记指出：“法规制度带有根本性、全局性、稳定性、长期性。”从当前情况来看，在严厉追责问责的同时，要强化激励作用。要建立生态环境干事创业的激励机制，建立最广泛的生态环境统一战线和同盟军。对生态环境保护事业实事求是、成效突出的，要提拔重用、表彰奖励，增强从事生态环境保护事业干部的认同感、归属感、成就感。要营造从事生态环境干事创业的良好氛围，让想干生态环境事业的有机会、能干

生态环境事业的有舞台、干成生态环境事业的有地位。要切实关爱从事生态环境事业的干部，努力解除其后顾之忧，为身处生态环境保护事业岗位的干部提供良好的政治保障、组织保障、后勤保障。要建立健全生态环境尽职免责机制，要有从事生态环境事业的干部行为可识别、可预期的标准。要精简检查督导，优化考核问责，让基层干部从被动应付、畏首畏尾的状态中解放出来。

建设生态文明是中华民族永续发展的千年大计。生态环境事业是一项全局性、系统性、长期性工程，打好污染防治攻坚战，要增强本领、依法行政、真抓实干，同时要建立健全激励机制，建立最广泛的生态环境统一战线和同盟军，让党员干部解放思想、放开手脚，发挥聪明才智和主观能动性，激发干好生态环境事业的内生动力，才能从根本上防止“一刀切”。

福建生态文明建设路径调研报告

刘桂环　文一惠　谢婧　朱媛媛　张逸凡　孟锐　王夏晖
（生态环境部环境规划院）

2018年，习近平总书记在全国生态环境保护大会上明确提出，要通过加快构建生态文明体系，确保到2035年，生态环境质量实现根本好转，美丽中国目标基本实现；到21世纪中叶，建成美丽中国。当前，我国正处于“两个一百年”奋斗目标的历史交汇期和全面开启社会主义现代化强国建设新征程的重要机遇期，在生态文明建设进入快车道的新的历史时期，寻找挖掘全国可复制、可推广的生态文明建设模式，是推动美丽中国建设的具体行动。福建省是习近平生态文明思想的重要孕育地和创新实践地，生态文明建设历史悠久，实践经验丰富，2020年，带着“怎么推进生态文明建设”“生态环境高水平保护如何协同推进经济高质量发展”等问题，生态环境部深入福建开展全方位的调研，调研范围覆盖全省九市一区，现将调研成果报告如下。

一、福建生态文明建设为美丽中国提供省域建设经验

2000年，习近平同志担任福建省省长期间提出了生态省战略，亲自领导编制了《福建生态省建设总体规划纲要（2004—2020年）》，成为福建省一以贯之推进生态文明建设的重要遵循，2002年国家环境保护总局将福建列为国家生态省建设试点。福建历届省委、省政府时刻铭记习近平总书记在部署生态省战略时提出的“任何形式的开发利用都要在保护生态的前提下进行，使八闽大地更加山清水秀，使经济社会在资源的永续利用中良性发展”的要求，按照国家系列部署要求，努力将生态优势培育成最具竞争力的优势，形成一大批体制机制、经济转型、生态环境保护的亮点。

福建始终坚持生态优先理念，持续接力生态环境保护的政治责任。自启动生态省建设以来，福建配套出台了一系列促进生态文明建设的地方性法规、条例和政策方案，先后在国内率先推行生态环境保护“一岗双责”，在全国率先对全省34个县取消了GDP考核，在全国率先实施生态环境保护“党政同责”制度，在全国率先实施省级生态环境保

护督察制度，推动环境保护由“末端治理”向“全程管控”转变，并建立经常性领导干部自然资源资产离任审计制度，引导领导干部树立“既要金山银山又要绿水青山的“政绩观和发展观。

福建注重发挥生态优势，协同推进经济高质量发展与生态环境高水平保护。在推进生态省建设中，福建始终牢记习近平总书记“青山绿水是无价之宝”的嘱托，坚持“绿水青山就是金山银山”的理念，立足生态资源特色和自身基础条件，推进产业生态化和生态产业化。一方面，强化重污染企业的集中治理和管控，淘汰落后产能，用先进节能环保技术改造传统产业，实施全方位清洁化改造，推进循环经济建设，促进生态农业特色化发展、工业低碳化发展、旅游业生态化发展。另一方面，在生态保护与修复的同时积极发展绿色产业，积极推动生态与会展业、文化业、旅游业、健康医疗产业的深度融合，培育无烟经济，探索生态补偿、生态权益交易、资源产权流转、区域协同开发等多种生态产品价值实现路径，实现经济发展与生态保护共赢。

福建突出系统治理，推动良好的生态环境成为人民幸福生活的着力点和支撑点。福建水网密布，水系发达，全省坚持“山水林田湖草是一个生命共同体”的系统思想，以水为带、以水为脉，通过水岸同治、源头管控、生态治理、产城融合等措施，积极探索河流、岸线、景观、产业、文化遗产、城市设施协调联动的人水和谐格局。在全省范围内启动万里安全生态水系治理工程，以“河畅、水清、岸绿、安全、生态”为目标，构建具有防洪、生态、景观、社会等综合效益的生态综合体。

福建积极创新体制机制，持续提升生态环境治理效能。大量生态文明做法经验和制度机制获得了各部委的充分肯定，部分做法已被纳入国家顶层设计。武平县集体林权制度改革、自然资源统一确权登记试点经验、“六全四有”“河长制”创新、宁德市海上养殖综合整治工作经验、海洋生态产品市场化改革“连江模式”、晋江农村土地制度改革经验、漳州市“生态+司法”模式等体制机制创新模式得到了各部委的充分肯定，为全国的生态文明体制改革提供了宝贵的经验。综合性生态补偿试点、重点生态区位商品林赎买经验、生态审计“南平做法”、水土保持综合治理“长汀模式”、厦门市五缘湾片区生态修复与综合开发、南平市“森林生态银行”被列为国家层面的工作典型，部分做法被纳入国家层面的指导性文件。

二、福建各地因地制宜地推进生态文明建设，为美丽中国提供市域建设经验

福建省福州市注重内河景观建设，区县积极探索“资源—资产—资本”的转化路径。

福州市结合城区水系综合治理项目，以内河沿岸步道和绿带为"串"，以有条件、可拓展的块状绿地为"珠"，建设"水清、河畅、岸绿、景美"的内河景观，打造与市民生活联系更加紧密的"串珠式"公园绿地网络和公共空间网络。在森林、海洋、湿地等领域探索"资源—资产—资本"的转化路径，永泰县在全省率先实施重点生态区位商品林赎买，推进林权抵押贷款试点，推进大樟溪流域综合性生态保护补偿试点，探索水权交易，创新古树名木"司法+保险"保护模式，连江县探索建立了"政府+企业+金融+渔民"的海域自然资源生态产品市场化运营机制，闽江河口通过综合治理措施入选中国重要湿地名录。

厦门市筼筜湖综合治理和五缘湾片区生态修复与开发成效显著。按照时任厦门市委常委、副市长习近平提出的筼筜湖综合治理要求，厦门历届市委、市政府持续开展"依法治湖、截污处理、清淤筑岸、搞活水体、美化环境"，曾经污染严重、鱼虾绝迹、水体黑臭的筼筜湖已成为繁华市中心的城市湿地公园和白鹭保护区，被联合国开发计划署评为"东亚海域污染防治和管理"示范工程。五缘湾片区通过生态修复与综合开发，由原来以农业生产为主发展成为如今以生态居住、休闲旅游、医疗健康、商业酒店、商务办公等现代服务产业为主导的城市新区，成为厦门岛内唯一集水景、温泉、植被、湿地、海湾等多种自然资源要素于一体的生态空间。

漳州市"五湖四海"建设颇具特色。围绕"田园都市、生态之城"发展定位，利用政府与社会资本合作（PPP）的方式，吸引企业投资对碧湖、西湖、西院湖、九十九湾湖、南湖和荔枝海、香蕉海、水仙花海、四季花海进行基础设施建设和环境综合整治，按照尊重自然、因地就势、传承文化的原则，把城区原有荒废的生态资源和城区臭水沟打造成了鸟语花香的"五湖四海"公园，形成"城中有湖、城中有林、城中有花"的美丽漳州生态格局。

泉州市推动制造业低碳化绿色化发展。泉州市是制造业大市，GDP 连续 21 年居福建省首位，工业增加值连续 29 年居福建省首位，获批创建"中国制造 2025"试点城市。泉州通过实施全方位规划统筹、全链条生态提质和全社会协同共建三大路径，建立起绿色制造业集群，实现与生活系统的生态化链接，促进生产、生活与生态空间的融合建设、平衡发展。

莆田市木兰溪治理实现"逆袭"。莆田市木兰溪治理是习近平总书记亲自擘画、全程推动治水和生态保护工作的先行探索，莆田历任市委、市政府采用全流域系统治理的方法，从攻克技术、资金和拆迁等难题建设木兰溪下游防洪工程开始，逐步走向全流域防洪、生态、文化的统筹兼顾，实现了从"水患之河"到"安全之河"的华丽转身，继而向"生态之河"挺进，成为推动当地经济腾飞的"发展之河"。2019 年，木兰溪探索全流域治理模式图片入选庆祝中华人民共和国成立 70 周年大型成就展，木兰溪生态文明建设实践入选中组部主题教育案例教材。

三明市在全国首创林票制度改革。2019 年 11 月，三明市在全国率先开展以“合作经营、量化权益、自由流转、保底分红”为主要内容的林票制度改革试点，赋予林票交易、质押、兑现等权能，引导国有林场、林业龙头骨干企业与村集体经济组织及其成员采取现有林出让经营、委托经营，采伐迹地合资造林、林地入股等方式开展合作，实现了山林资源资产化，资产股权化，股权证券化，促进村财和村民双增收。

南平市首创“生态银行”推进绿色发展。南平市从 2018 年开始，选择林业资源丰富但分散化程度高的顺昌县开展“森林生态银行”试点，借鉴商业银行“分散化输入、整体化输出”的模式，构建“生态银行”这一自然资源管理、开发和运营的平台，对分散零碎的资源进行集中收储和整合优化，委托专业运营商推动资源交易变现，打通了资源变资产、资产变资本的通道。目前，南平正在积极探索土地、水、矿、农业等生态资源，能够开发利用的文物、民居、遗迹等文化资源及非物质文化等多种“生态银行”运行模式。

龙岩市水土流失治理实现历史性突破。龙岩市是福建省水土流失严重的地区之一，尤其长汀县为全国南方红壤区水土流失最为严重的县份。在时任福建省省长习近平同志的倡导下，从 2000 年起福建省委、省政府每年把长汀水土流失治理列入全省为民办实事项目，形成了“政府主导、群众主体、社会参与、科学治理、以人为本、持之以恒”的长汀经验，长汀县实现了从全国水土流失重灾区到国家生态文明建设示范县的历史性跨越。2018 年，长汀县成功摘掉福建省扶贫开发重点县的帽子，水土保持综合治理模式入选改革开放 40 周年“福建影响力”典型案例。

宁德市多举措推进海上生态养殖综合治理。2018 年，宁德市开展了为期两年的大规模的海上养殖综合整治工作，建立了一套职责明、机制活、合力强的海域管理体系，综合治理效能大幅提升；通过统一收储、依法出让、分类流转推动“非法占海”向“规范用海”转变，沿海行政村每年仅通过分包海域养殖权可平均增收 5 万元；调整养殖布局，改造养殖设施，推动渔业转型升级。目前全市现已全面完成海上养殖综合整治工作，海水水质得到改善，海洋自然景观和生态环境明显改善，中华白海豚近两年来多次出现在三都澳和沙埕港海域。

平潭综合试验区积极发展海洋生态经济。平潭岸线资源丰富，清洁能源资源丰富，旅游资源独具特色，平潭充分发挥岸线资源、清洁能源资源、旅游资源优势，持续推进渔业绿色、安全、融合、开放、规范发展，着力培育水产品品牌，持续推进风能产业，积极发展跨境电商，开展海洋渔业国际化交流，弘扬海洋生态文化。坚持“现代化+原生态”和全域旅游理念，开展离岛旅游、海湾旅游、生态廊道沿线旅游，开展“海上丝绸之路”国家旅游合作，打造精品旅游路线，不断擦亮“滨海旅游”品牌。

三、持续巩固深化生态文明建设成效助力美丽中国建设

福建经过探索已经形成了具有省域特色的生态文明推进路径、政策制度体系、绿色发展模式，为全国生态文明建设提供了“福建样板”，展现了生态省建设的积极示范和带动效应。建成生态省是生态文明建设的新起点，美丽建设是生态省建设的“升级版”，要实现美丽中国目标，还需要分阶段谋划，经过长期探索与实践。建议按照 2025 年“生态文明建设实现新进步”，联合国 2030 年可持续发展议程提供“中国方案”、2035 年“美丽中国目标基本实现”的阶段目标，以美丽国土空间建设为基础支撑，以美丽生态环境和美丽现代经济协同推进为基本路径，以美丽幸福城乡建设为着力点，以美丽生态文化建设为精神动力，以美丽治理体系建设为制度保障，突出各地要素禀赋和特色优势，推进各地因地制宜地开展美丽中国建设，在全国形成一批各具特色的省域、市域、县域等不同层级的美丽中国建设样本，为加快建设人与自然和谐共生的现代化提供示范。

找原因、寻对策
精准助力呼伦湖生态综合治理

高吉喜
（生态环境部卫星环境应用中心）

为落实生态环境部“不忘初心、牢记使命”主题教育活动要求，深入贯彻落实习近平总书记抓好内蒙古呼伦湖生态综合治理指示精神，解决好群众反映突出的生态环境问题，2019 年 6 月 19—21 日，生态环境部卫星环境应用中心带领调研组就找寻呼伦湖污染原因、助力生态综合治理开展专题调研。调研期间实地踏勘了两条主要入湖河流乌尔逊河和克鲁伦河，与呼伦湖国家级自然保护区管理局进行了座谈交流，同时通过查阅资料深入了解呼伦湖生态环境退化原因，分析提出治理对策与建议。

一、调研背景

（一）习近平总书记多次对呼伦湖及内蒙古生态屏障建设作出重要指示

早在 2013 年 11 月，习近平总书记就对呼伦湖保护与治理工作作出重要批示；2018 年 3 月，习近平总书记又一次作出重要批示，要求加强呼伦湖山水林田湖草保护与修复；2019 年 1 月，习近平总书记在新华社内部调研报告《内蒙古一湖两海生态规划治理乱、效果差》中再次作出重要批示；2019 年 3 月，习近平总书记在参加内蒙古代表团审议时又一次强调指出，“要抓好内蒙古呼伦湖、乌梁素海、岱海的生态综合治理，对症下药，切实抓好落实”。

此外，习近平总书记对包括呼伦湖在内的内蒙古生态屏障建设也多次提出要求。2014 年 1 月，习近平总书记在内蒙古考察时提出，把内蒙古建成“我国北方重要的生态安全屏障”“祖国北疆安全稳定的屏障”；2019 年 3 月，习近平总书记在十三届全国人大二次会议内蒙古代表团审议时指出：内蒙古生态状况如何，不仅关系全区各族群众的生存和发展，而且关系华北、东北、西北乃至全国生态安全。把内蒙古建成我国北方重要生态安全屏障，是立足全国发展大局确立的战略定位，也是内蒙古必须自觉担负起的重大责任。构筑我国北方重要生态安全屏障，把祖国北疆这道风景线建设得更加亮丽，必须以更大的决心、付出更多的努力。

（二）呼伦湖是我国北方重要生态安全屏障

呼伦湖位于“两屏三带”北方防沙带和东北森林带的交会处，是北方生态屏障的重要组成部分，在调节气候、防止荒漠化以及维系呼伦贝尔草原生态平衡乃至我国北方生态安全等方面发挥着不可替代的作用。同时，呼伦湖是东北亚鸟类迁徙的重要通道和集散地，是亚洲水禽的重要繁殖地，是内蒙古最大的水生生物种质基因库。2002 年，呼伦湖国家级自然保护区正式列入国际重要湿地（拉姆塞尔公约，Ramsar Convention），同年 11 月被批准加入联合国教科文组织世界生物圈保护区网络。

（三）呼伦湖生态综合治理效果尚未显现

2015 年以来，针对呼伦湖生态治理工作的投入资金已达到 13.15 亿元，但呼伦湖化学需氧量（COD）、总氮（TN）、总磷（TP）和氟化物等水质核心指标均无明显改善。与 2015 年相比，呼伦湖 COD、TN、TP 和氟化物等指标在 2016—2017 年不降反升。2015—2017 年呼伦湖水质 COD 平均浓度分别为 64.6 毫克/升、70.2 毫克/升和 72.8 毫克/升，TN 分别为 1.42 毫克/升、1.43 毫克/升和 1.45 毫克/升，TP 分别为 0.112 毫克/升、0.106 毫克/升和 0.127 毫克/升，氟化物分别为 1.65 毫克/升、1.75 毫克/升和 1.85 毫克/升，总体水质仍为劣Ⅴ类，表明呼伦湖水污染防治工作仍任重道远。

二、调研结果

（一）呼伦湖流域概况

呼伦湖又称达赉湖，位于呼伦贝尔草原西部，是我国第五大湖泊，也是我国北方第一大湖泊，历史上水域面积曾达到 2 339 千米^2。呼伦湖水系是额尔古纳河水系的重要组成部分。主要水系包括呼伦湖、哈拉哈河、贝尔湖、乌尔逊河、乌兰诺尔、新达赉湖、克鲁伦河、达兰鄂罗木河（新开河），其中长度达到 100 千米以上的河流有 3 条，20～100 千米的 13 条，20 千米以下的共 64 条。全流域河流总长度 2 374.9 千米，流域总面积（国内）37 214 千米^2（图 1）。

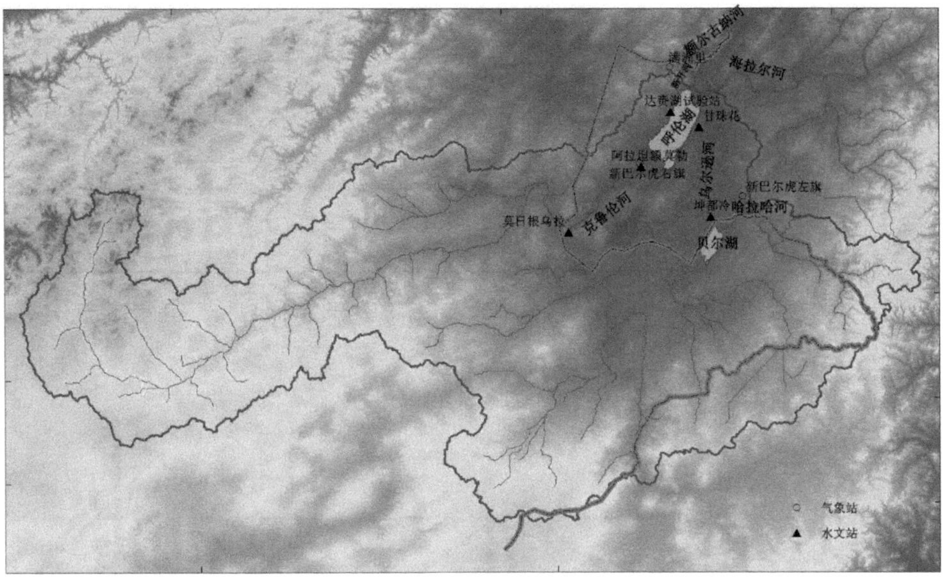

图 1　呼伦湖流域地形、水系及湖泊分布

（二）呼伦湖流域水质现状及历史变化

呼伦湖水质在历史演变过程中波动幅度较大。通过分析现有的呼伦湖近 40 年氮、磷含量资料，发现呼伦湖在历史演变过程中基本都劣于Ⅲ类水标准，优于Ⅲ类水标准的时间并不长，特别是从 2002 年开始，水质一直处在富营养化水平较高的阶段，峰值持续的周期要长于出现在 20 世纪 80 年代末期到 90 年代初期距今最近的一次水质恶化时期（图 2）。

呼伦湖主要入湖河流水质优于湖体，海拉尔河中下游及乌尔逊河水质相对较差。根据 2017 年 10 月主要入湖河流沿程断面水质现状监测数据，海拉尔河上游（呼伦贝尔市）水质为Ⅱ类，中游（陈巴尔虎旗）水质为Ⅳ类（超标，主要超标因子是 COD、TN），下游（入新开河处）水质为Ⅲ类；新开河水质为Ⅳ类；克鲁伦河上游（中蒙边境）水质为Ⅱ类，下游（入湖）水质为Ⅲ类；乌尔逊河上游（中蒙边境，贝尔湖）水质为劣Ⅴ类（超标，主要超标因子是 COD），下游（入湖）水质为Ⅴ类（超标，主要超标因子是 COD、高锰酸盐指数）。

呼伦湖水质状况总体与达标要求差距较大。根据中国环境科学研究院《呼伦湖水环境问题诊断及背景值确定报告》给出的多年呼伦湖水质监测数据来看，2009 年以来，由于气候逐渐湿润且实施呼伦湖引河济湖工程，呼伦湖水面面积扩大明显（图 3），水质有所改善，但 COD 依然超标严重（图 4），对比Ⅴ类水控制目标，2017 年呼伦湖 COD 平均超标率为 82%。

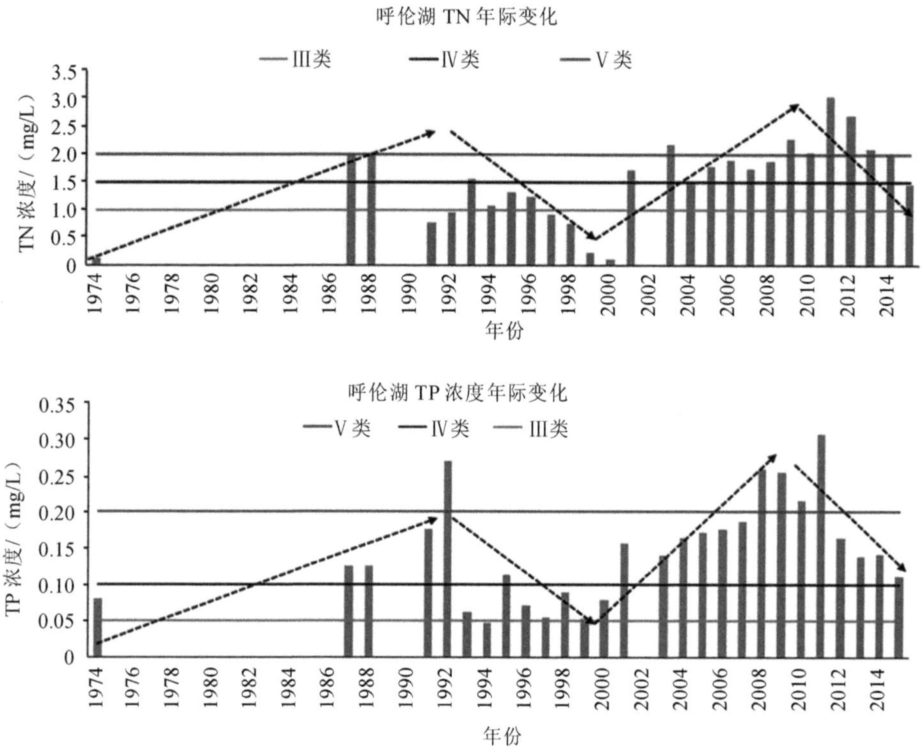

图 2　呼伦湖 TN、TP 年际变化

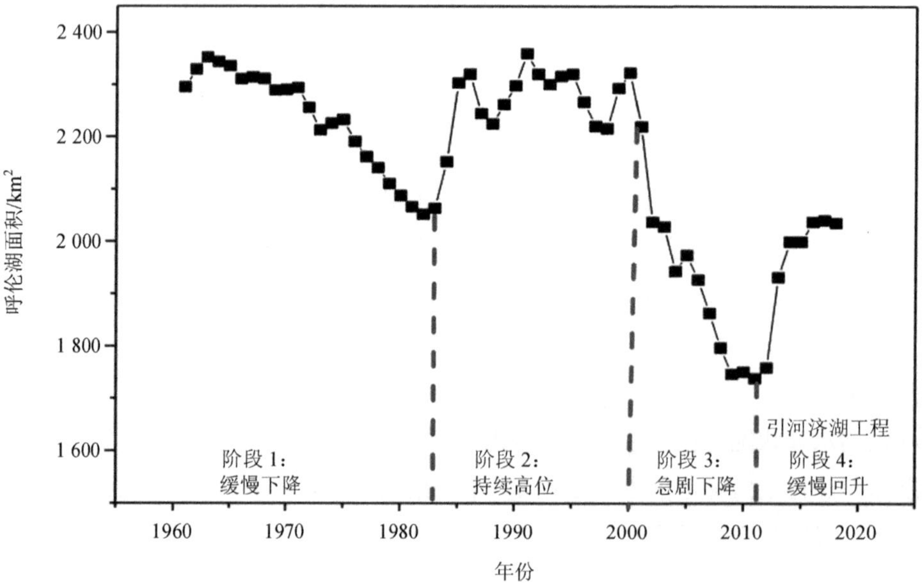

图 3　呼伦湖水面面积变化

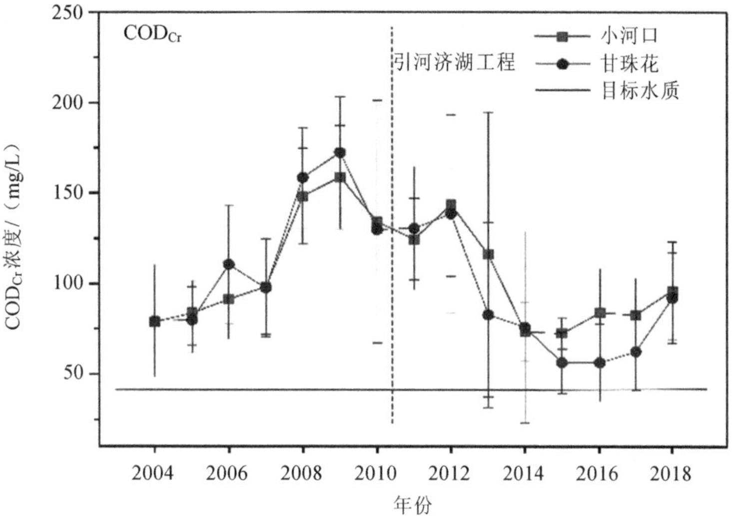

图 4 呼伦湖国控断面（小河口、甘珠花）多年水质变化

（三）呼伦湖生态综合治理工作

自 2015 年以来，呼伦贝尔市围绕《呼伦湖流域生态与环境综合治理规划》提出的目标，重点从水系连通、污染防治、生态修复、环境管理四个方面实施 12 大类工程 18 个重点项目，包括引河济湖完善工程，河湖渠湿地水体连通工程，入湖河、库综合整治，城市污水、垃圾处理设施建设工程，农业、农村污染防治工程，呼伦湖保护区环境综合整治，草原生态保护工程，矿区环境恢复与治理，环湖沙化土地治理工程，呼伦湖渔业资源恢复及水生态治理工程，环境管理保障及基础设施能力建设工程等。

（四）发现的主要问题

科研工作基础薄弱，呼伦湖水污染成因认识不足。呼伦贝尔市科研基础薄弱，缺乏多专业高层次人才及先进的研究方法和技术手段，目前针对呼伦湖水污染成因的研究多停留在例行水质指标的常规监测与分析上，多在水言水，视野较窄。呼伦湖水质超标成因复杂，对于是自然因素还是人为因素占据主导作用仍存在较大争议。由于入湖河流水质好于湖体水质，加上当地工业企业少，因此，地方不少人认为自然因素是导致湖泊水质恶化的主要原因，但因一直未开展科学的调查评估，始终是“公说公有理，婆说婆有理”。为此，直至目前，仍无法精准识别呼伦湖水污染成因，进而尚未能科学精准制定呼伦湖流域生态综合治理方案。

治理规划先天不足，工程实施效果不明显。生态治理工作应结合实际科学规划，对水环境质量影响较大的项目要加紧实施，将有限资金用在改善水质的"刀刃"上。然而，由于对呼伦湖生态环境问题与成因识别不准确，呼伦湖治理规划工程措施虽对改善当地生态基础设施发挥了重要作用，但对水质改善效果并不明显。

缺乏深层次思考，呼伦湖生态综合治理目标欠科学。近年来，呼伦湖流域气候总体暖干化，生态补水少，自然蒸发多，水质长期为劣Ⅴ类，呼伦湖自然演化规律尚不清晰，应思考完全以呼伦湖水质保护目标考核生态综合治理工作成效的合理性，同时也应考虑改用巩固生态安全屏障作用等指标进行综合评价，以提高考核的科学性。那么，如若调整水质保护目标，该如何调整，这些均需开展深层次的系统研究。

三、对呼伦湖治理的对策与建议

调研组按照学懂、弄通、做实的总体要求，深入学习领会习近平总书记对呼伦湖的指示精神，多角度认真分析呼伦湖水质超标的原因，回归到对症下药，切实抓好呼伦湖生态综合治理落实的"初心"和"使命"，思考提出了解决相关问题的初步对策和建议。

（一）以"不忘初心、牢记使命"为宗旨，坚定信心，切实加大呼伦湖治理力度

整体来看，呼伦湖水质与入湖水量密切相关，受制于当地气候条件和流域来水情况，自然因素变化对呼伦湖生态环境状况影响较大，但人为因素的影响不可忽视。调研组在调研过程中发现，流域周边人口聚集区域、大型企业分布区多呈沿河分布的状况，如一些煤矿企业就分布在伊敏河上游。另外，调研组在调研过程中还发现，河流两岸放牧活动所产生的排泄物在雨水冲刷下直接进入河流，对河流水质产生一定影响。

为此，绝不能以"自然因素是导致湖泊污染的关键要因"为借口，放松对呼伦湖的治理力度。相反，必须以"不忘初心、牢记使命"为宗旨，以改善群众生活质量为目标，加大对呼伦湖的治理力度，巩固现有治理成效。

（二）弘扬科学精神，直面问题，提出符合呼伦湖实际的治理目标

为不断满足人民群众对优美生态环境的需要，国家对湖泊的治理要求很高，但部分人员认为自然因素是造成湖泊污染的主要因素，从而缺乏治理的动力，导致社会要求高而实招不够的局面。受季风环流强弱变化的影响，呼伦湖流域历史降水丰枯转换明显，丰枯时段的降水变化幅度大，呼伦湖水位不易维持在一个相对稳定的状态，而频繁的水位变化导致呼伦湖水质同步剧烈变化。目前，同区域的贝尔湖（基本无人为干扰）水质COD、TN也处于劣Ⅴ类水平，表明区域大气候对湖泊水质的影响类同，但如前所述，

人类活动对呼伦湖水质的影响也不可忽视。

因此，清晰辨识自然因素和人为因素的相对影响与作用机理，是呼伦湖生态环境治理工程实施的重要科学依据。在“不忘初心、牢记使命”主题教育活动下，应弘扬科学精神，精心分析研究呼伦湖水质恶化的原因，区分自然因素和人为因素，尊重寒旱区草原湖泊演变自然规律，充分评估调水、污染防治等工程的水质改善潜力，确定呼伦湖水质基线变化范围，提出切实可行、可操作的治理目标和治理方案，科学指导呼伦湖生态环境综合治理工作。

（三）以系统思维为基础，从生态系统完整性和连续性角度出发，开展呼伦湖流域生态环境治理

在呼伦湖治理方式上，过去主要关注湖泊水污染状况，已经实施的各类治理工程措施也主要集中在湖滨带及缓冲带的生态环境建设、坡面流污染拦截以及湿地水生植被建设和恢复等工程。宏观上，没有深刻认识到“山水林田湖草生命共同体”的重大意义，缺乏对区域尺度生态系统整体特征的分析。如从生态系统角度多因素定量核算污染来源，包括区域大气传输干湿沉降（氮、硫、沙尘）、干草（风滚草）入湖、湖泊 VOCs 沉降释放、水鸟栖息污染、冻融及洪水导致的岸带面源污染等。因此，呼伦湖治理是一项系统性工程，必须从植被、土壤、水等生态系统角度开展综合分析，应从水量平衡、内源释放、风沙降尘、干草输送等生态系统角度提出综合治理方案。

此外，在考虑自然生态系统综合影响的同时，必须兼顾社会经济系统的影响，如土地利用结构变化、产业结构变化、人口和城镇化变化等。

（四）加大流域生态环境保护修复力度，从区域、流域角度统筹呼伦湖治理

呼伦湖水系属于额尔古纳河水系，包括呼伦湖、哈拉哈河、贝尔湖、乌尔逊河、乌兰诺尔、新达赉湖、克鲁伦河、达兰鄂罗木河（新开河），全流域河流总长度为 2 374.9 千米，流域总面积（国内）为 37 214 千米^2。流域上中游的变化必然会对呼伦湖产生影响。因此，呼伦湖治理必须是流域治理、区域治理，而不能只盯着一摊湖水做文章。一是应对整个流域开展监测、分析和评估。系统分析流域各河流与湖泊间的水力联系与水动力机制、河湖关系演化特征、污染源时空分布与变化特征等；二是应树立大流域的思维观，科学分析和评估区域生态系统结构与功能以及生态系统过程连续性变化特征。从流域整体情况出发，打破流域内部自然单元、行政单元的治理壁垒，对整个流域水位、水量、水质以及流域气候条件等开展整体分析评估，统筹呼伦湖流域治理。在治理过程中，不仅要关注呼伦湖流域的水质变化，而且要对流域草地退化、土壤沙化、生物多样

性减少等生态变化一并展开监测、保护与修复，以保障流域生态系统的正常循环。

开展“不忘初心、牢记使命”主题教育最重要的任务就是要科学研究，解决问题，并重在落实。呼伦湖自然条件复杂，湖泊退化成因不清，治理目标意见不一，在很大程度上影响了呼伦湖的科学治理。必须要认真贯彻“守初心、担使命，找差距、抓落实”的总要求，弘扬科学精神，准确“把脉”呼伦湖退化成因，分析高寒湖泊的自然演替规律，提出切实可行的治理目标和治理措施，更要避免出现“钱花了，事不成”“问责谁，谁喊冤”的局面，确保呼伦湖生态综合治理取得实实在在的成效。

南水北调助力京津冀生态用水保障

——2018 年干涸断流卫星遥感监测报告

王晨　郅晓沙　张晓刚　贾兴　赵焕　赵乾
（生态环境部卫星环境应用中心）

为配合打好污染防治攻坚战，落实《水污染防治行动计划》，维持河湖生态用水需求，生态环境部卫星环境应用中心就 2018 年夏季京津冀地区河流水资源短缺现状开展了卫星遥感监测以及实地考察调研。2018 年 8 月，先后赴北京等地进行了实地调研，通过现场考察河流干涸断流情况，结合亚米级卫星影像监测结果以及专家座谈和文献调研等方式，深入调查了京津冀地区河流水资源短缺的问题，在研判现状、分析问题的基础上，提出了相应的对策建议。

一、京津冀地区河流水资源短缺的基本情况

2018 年夏季京津冀地区河流水资源现状，可以简要概括为：河流水资源量严重匮乏，干涸断流情况严重、问题突出；部分河流因南水北调工程等生态补水措施，干涸断流情况有所缓解。具体表现如下。

（一）河流水量严重匮乏，干涸断流问题突出

京津冀有 75%以上的河流存在干涸断流现象，超过 20%的河段干涸断流，水资源严重超额使用，不利于水生态环境改善。卫星监测结果显示，京津冀地区有效影像覆盖的 314 条河流中 241 条存在干涸现象，占河流总数的 76.8%，干涸长度为 3 994.33 千米，占监测河流总长度的 22.4%（图 1）。

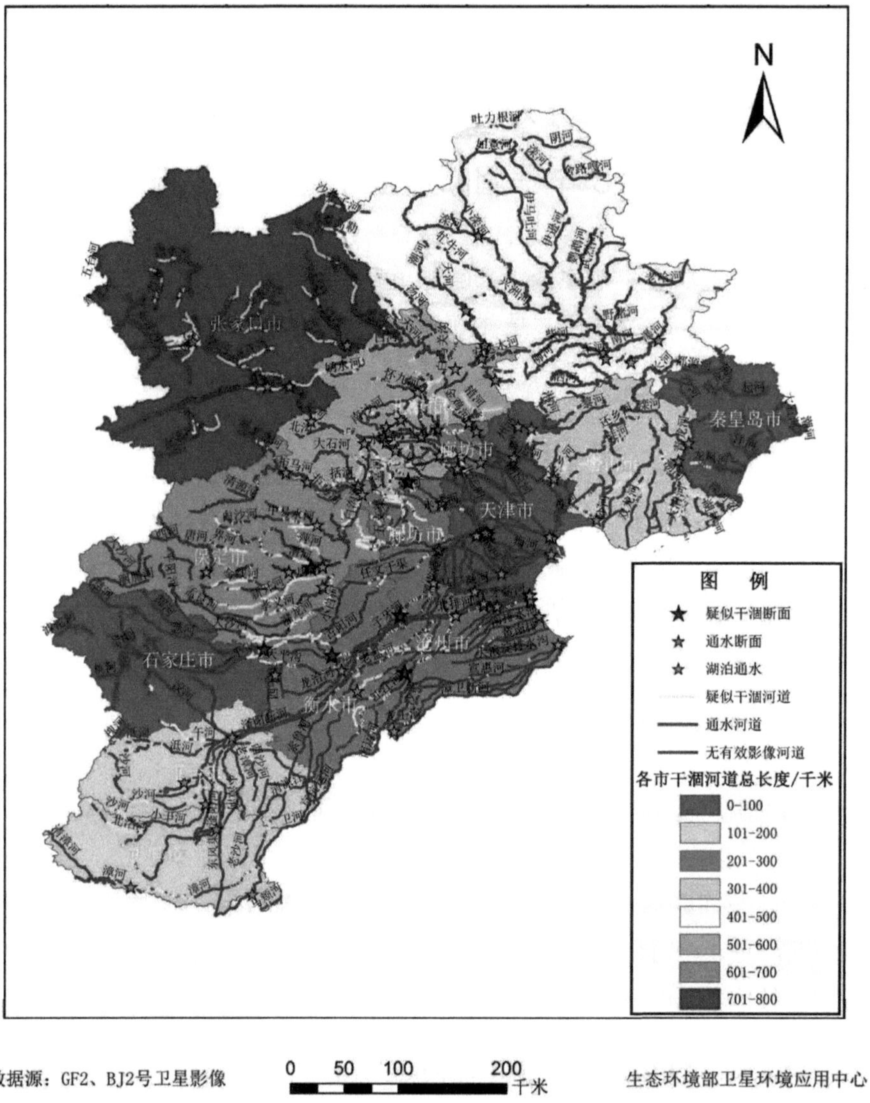

图 1　京津冀地区干涸河道分布

1. 河流干涸断流情况

从河流水系来看，滹沱河干涸河道最长，达 103.22 千米，其次是唐河，干涸河道长度为 101.41 千米，排名第三的沙河干涸河道长度为 89.31 千米；上都高勒、漕河和永定河干涸河道长度均超过 70 千米，分别为 83.59 千米、74.48 千米和 70.22 千米（图 2）。97 条河流超过 50%的河道干涸断流，其中正沟河、大凌河西支和大宁东干渠等 24 条河流的干涸比达 100%（图 3）。

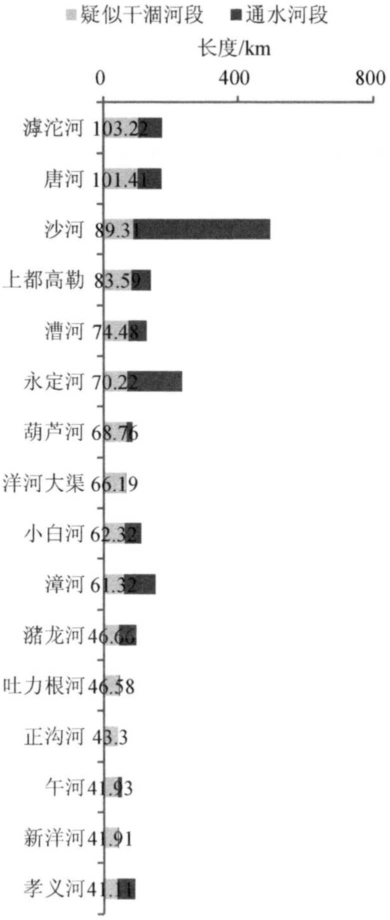

图 2　河流干涸长度[①]

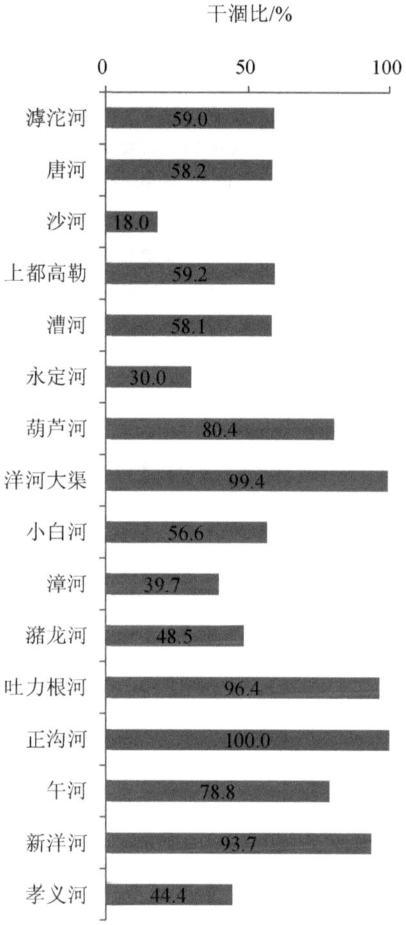

图 3　河流干涸比

2. 各城市干涸断流情况

从行政区域来看，京津冀地区 13 个地级及以上城市均有干涸河道分布，其中张家口、保定、北京位居前三，干涸长度分别为 768.38 千米、691.87 千米和 591.24 千米；其他各市干涸河道长度均低于 500 千米，其中天津干涸河道长度最短，为 10.02 千米（图 4）。此外，张家口河道干涸比也为最高，达 55.8%；石家庄次之，为 48.1%，保定为 40.1%，其他各市河道干涸比均低于 40%，天津的河流干涸比最低，为 0.6%（图 5）。

① 图 2、图 3 按干涸河道长度排序，只展示了干涸河段大于 40 千米的河流。

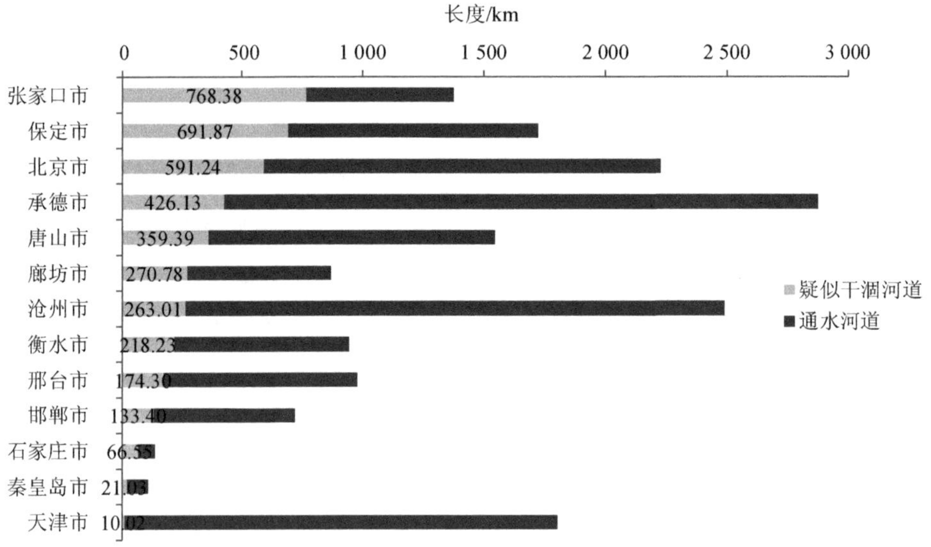

图 4　京津冀地区各城市河流干涸长度

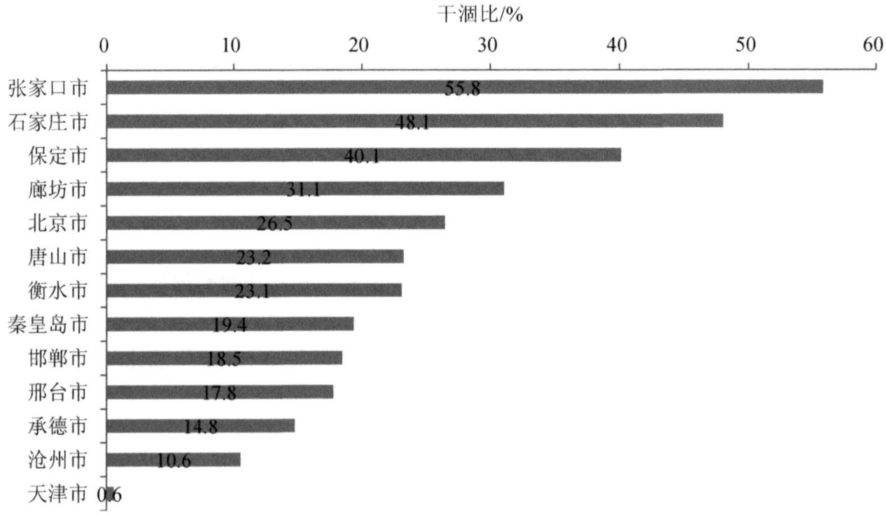

图 5　京津冀地区各城市河流干涸比

3. 国考断面干涸断流情况

从地表水国考断面来看，京津冀地区有效影像覆盖的断面有 103 个，其中 6 个考核断面处于疑似干涸河道，分布在石家庄、沧州、保定和廊坊；15 个断面的水面/河道宽度比小于 50%（表 1、图 6）。

表 1　京津冀地区考核断面遥感监测结果①

城市	河流	断面	遥感监测结果	河道宽/m	水面宽/m	水面/河道宽度比/%
石家庄市	滹沱河	枣营	干涸断流	100	0	0
沧州市	滹沱河	临河富庄桥	干涸断流	90	0	0
	子牙河	小王庄	干涸断流	35	0	0
	江江河	张帆庄	干涸断流	30	0	0
保定市	漕河	马庄	干涸断流	30	0	0
廊坊市	龙河	三小营	干涸断流	20	0	0
张家口市	洋河	左卫桥	通水	500	10	2
密云区	潮河	辛庄桥	通水	215	5	2
承德市	清水河	墙子路	通水	47	5	11
廊坊市	沟河	三河东大桥	通水	65	10	15
沧州市	南排河	李家堡一	通水	55	10	18
保定市	府河	安州	通水	50	10	20
密云区	潮河	古北口	通水	125	35	28
廊坊市	白沟河	太平庄闸	通水	160	50	31
保定市	南拒马河	北河店	通水	200	75	38

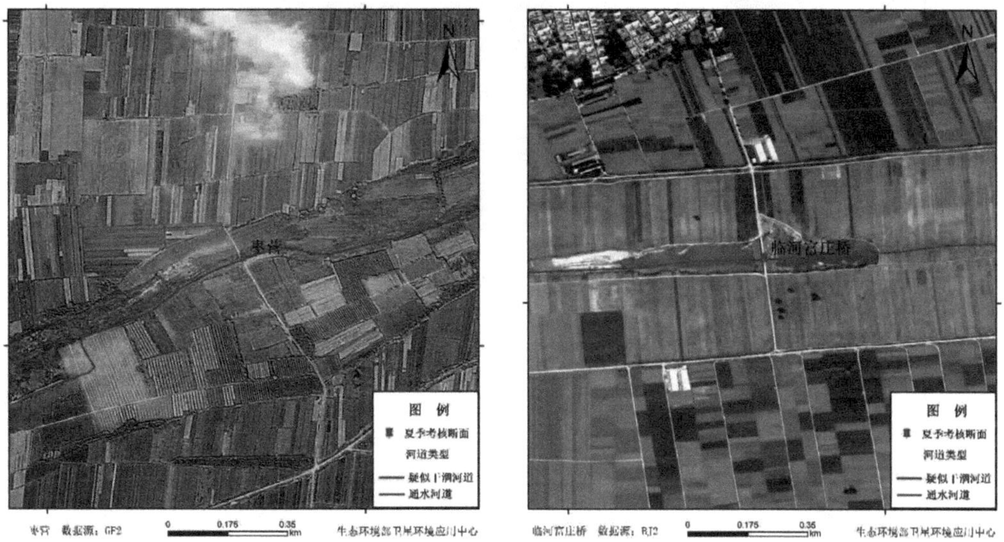

图 6　干涸断流断面遥感影像

① 断面按水面/河道宽度比排序，只展示了比值小于 50%的断面。

（二）生态补水效益初显，干涸断流有所缓解

自 2018 年 4 月以来，南水北调中线工程向京津冀部分地区实施生态补水，河流干涸断流情况有所缓解（图 7）。与上年同期相比，干涸断流长度减少 365.50 千米，同比减少 10.7%（图 8）。部分河流补水效益显著，滏阳河、拒马河、滹沱河、北易水河、瀑河等南水北调中线工程沿线河流，干涸断流长度分别减少 31.54 千米、17.52 千米、16.97 千米、11.61 千米和 11.10 千米。

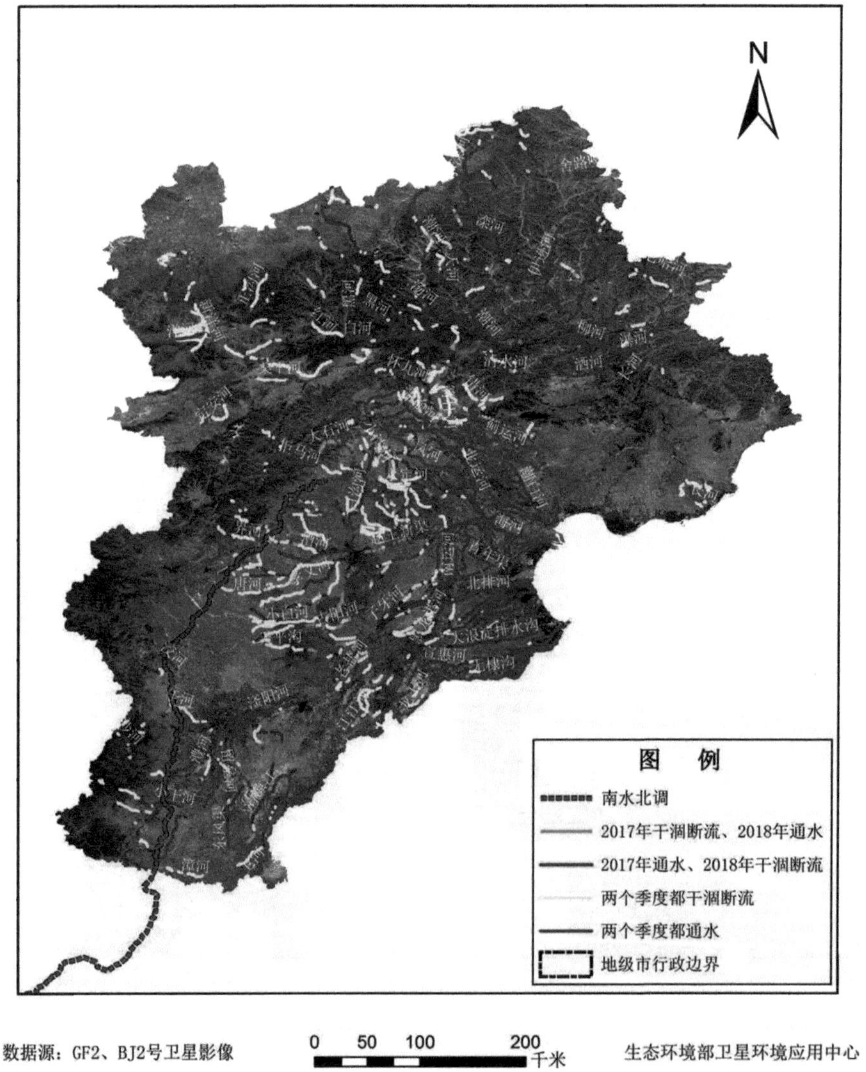

图 7　2017 年、2018 年夏季河流干涸断流变化情况空间分布

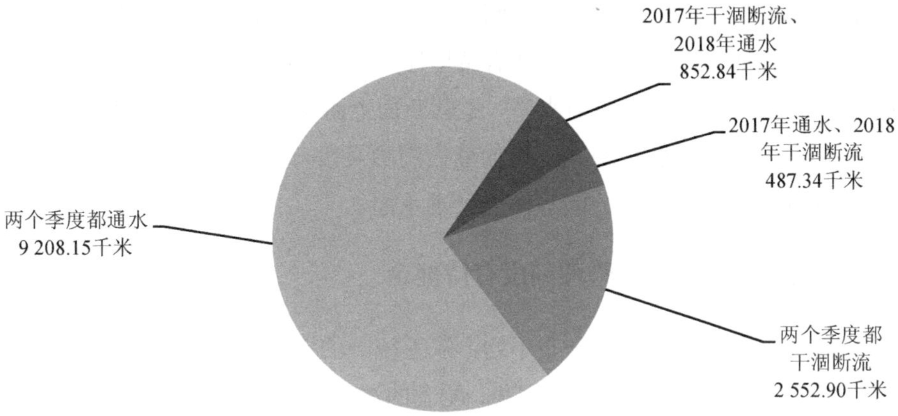

图 8 2017 年、2018 年夏季河流干涸断流同比变化情况

二、突出问题及主要原因

虽然 2018 年夏季河流干涸断流情况有所缓解，但京津冀地区整体仍呈现严重干涸断流情况，水资源匮乏、水环境管理问题仍然存在。

（一）水资源先天不足，利用方式粗放低效

京津冀地区先天水资源禀赋差，时空分布不均，导致水资源严重短缺，供用水矛盾突出。据统计，京津冀地区人均水资源量不及全国平均水平的 12%。然而，全区以全国水资源量的 0.9%支撑着全国超 10%的人口和 8%的 GDP，是当前全国供水矛盾最突出的地区之一。此外，粗放低效的利用方式使得水资源匮乏不断加剧，地下水超采严重。境内河北省属于我国的重工业区，钢铁冶炼业等高耗水行业集中，但行业节水意识缺乏，节水措施不到位，能耗远超周边先进地区。京津冀地区属于农业密集种植区，农业需水量大而节水设施不到位，全区约 50%的种植区未实现喷淋滴灌，水资源利用效率低下。专家指出，人口增多导致农业过度种植，华北平原至少 15%的冬小麦生产依靠的是超采地下水。每年京津冀地区地下水超采 34.7 亿米^3，已形成 20 多个下降漏斗区，进一步造成了地表水衰减。

（二）水库闸坝层层截留，河流开发严重透支

京津冀地区水库、闸坝、橡胶坝等各种水利工程繁多，河道严重片段化，各种水利工程层层拦截，导致河流水资源开发严重透支。卫星监测结果显示，2018 年夏季 6 个干

涸的国考断面中，4 个断面上游建有水库闸坝，1 个断面上游存在橡胶坝拦截形成景观水面。枣营断面和临河富庄桥断面上游建有黄壁庄水库，张帆庄断面上游建有张桥节制闸和周通节制闸，马庄上游建有龙门水库。枣营断面上游深泽县筑坝蓄水形成深泽湖湿地景区。有些河段闸坝、橡胶坝密布，例如潮白河顺义段，隔几千米就有一座橡胶坝，形成顺义滨河森林公园、潮白河公园等多处景观水面。

（三）统筹规划有待加强，管理制度有待健全

首先，京津冀地区水资源先天分布不均，缺乏统一的调度机制，导致区域供用水矛盾日益尖锐。其次，水资源管理制度不完善，配套的法律法规体系不健全；境内的水库、闸坝和用水之间未形成有效、良性的供耗关系。最后，京津冀涉及北京、天津和河北三省（市），不同区域相关的管理方式、力度存在差异，相关行政管理部门还未建立统一、有效的水资源保护和管理体系。

三、京津冀地区河流水资源管理对策建议

（一）增强节水与水资源的高效利用

解决水资源短缺的核心问题还是在于节水。以实现水资源可持续利用为目标，进行流域的节水和高效用水，提高水资源的利用效率、协调水资源供需矛盾、实现水资源的合理配置。工业节水方面，限制高耗水行业，引进先进技术，降低能耗；农业节水方面，调整农业种植结构，由侧重工程节水措施转变为综合节水措施；城市节水方面，不断减少城市用水规模，用再生水替代新鲜淡水开采量，将再生水纳入水资源配置，扶持和鼓励废污水再生利用；全社会方面，通过行政、经济、法律、科技措施，在社会上广泛树立节水与水资源保护的意识和观念，促进强化节水和产业结构调整，积极建设节水型社会。

（二）合理调度闸坝，实现水资源的优化配置

科学计算生态流量，采取闸坝联合调度，实现水资源的优化配置，维持河湖生态用水需求，重点保障枯水期生态基流。在闸坝调度过程中，既要考虑水电资源的经济社会要求，又要考虑生态环境保护的需求，为河流生态整治工程配置合理的水流条件。整个流域要通盘考虑，合理确定生态用水比例，逐步建立保障河流生态流量的长效机制。将生态调度纳入流域闸坝调度系统中，以河流生态需水为基础，合理安排闸坝下泄水量和

泄流时段，根据下游生态需水要求进行泄放。

（三）建立健全水资源与水环境综合管理的相关制度

构建一个包括水资源规划管理、水资源配置管理、用水管理、水资源保护和水环境管理、公众参与、水行政执法在内的制度体系，完善水资源开发、利用、保护和水污染防治的市场机制。建立健全流域水环境生态保护补偿机制，明确上下游水资源使用权。实施水源涵养、生态补水、地下水回补、城乡水资源综合配置等措施，完善相应制度政策。加强对现行水资源、水环境保护相关制度政策的有效落实，提高流域管理政策的针对性。增强监管，落实地方政府的水环境保护目标责任制，加强政府监管和执法力度。

（四）加强“天—空—地”一体化的河流干涸断流及水资源保障情况遥感监测

利用卫星遥感等先进科技手段开展河流干涸断流、河流生态用水保障工程监视监测，建立重点流域河流干涸断流周期性巡查机制。充分利用高空间分辨率卫星遥感、航空遥感影像资料和地面监测数据，开展“天—空—地”一体化的河流干涸断流及水资源保障情况遥感监测，掌握河流干涸断流的空间分布以及水资源保障工程开展情况。根据卫星监测结果，提出需要重点核查的区域，进行现场核查，有效监督河流生态环境恢复、水资源保障规划等相关文件的落实情况。建立流域动态信息库，使管理部门可以更直观更有针对性地对河流干涸断流情况进行监管，推动河流水环境管理更加规范。

关于青海省开展湟水流域水污染防治攻坚战情况的调研报告

马国林　周宇娟　张二科
（生态环境部西北督察局）

为落实生态环境部学习贯彻党的十九大精神“五大活动”要求，2018 年 3 月 14—17 日，生态环境部西北督察局对青海省湟水流域西宁海东段开展水污染防治攻坚战情况进行了现场调研。调研组先后与青海省环境保护厅和西宁市、海东市政府及相关区县分管领导及环保、水务、城建、发改、农业等部门进行了座谈，查阅了相关资料，现场察看了湟水流域西宁海东段部分污水处理厂运行、农村规模化畜禽养殖场环境整治以及农村污水截污纳管工程实施等情况。现将调研情况报告如下。

一、湟水流域水环境基本情况

（一）流域概况

湟水是黄河的一级支流，发源于青海省海北州海晏县，进入西宁盆地后与西宁市域内的北川河、南川河及海东市域内的沙塘川河、大通河等支流相汇，向东出省界于甘肃省永登县傅子村汇入黄河。湟水干流全长 374 千米，其中青海省境内 303 千米，甘肃、青海跨界河段 33 千米，甘肃境内 38 千米。青海省内湟水干流多年平均天然径流量为 22.14 亿米^3，占全省向省外流出水总量（600 亿米^3）的 3.69%，是“中华水塔”的组成部分。

青海湟水流域涉及西宁市、海东市和海北州共 12 个区县行政区划，是青海省人口密度最大、经济最发达的地区。流域总面积约 1.6 万千米^2，占全省国土总面积的 2.2%，但全省近 60%的人口和 70%的 GDP，以及 52%的耕地和 70%以上的工矿企业分布在湟水流域。湟水又被称为青海省的“母亲河”。

（二）水资源利用状况

湟水水资源总量为 22.14 亿米^3，总供水量为 9.18 亿米^3。其中，农田灌溉用水量为 4.67 亿米^3，林牧渔畜用水量为 1.09 亿米^3，工业用水量为 1.45 亿米^3，城镇公共用水量 0.81 亿米^3，居民生活用水量为 0.88 亿米^3，生态环境用水量为 0.28 亿米^3。

（三）水环境质量状况

湟水流域是国家水污染目标责任书和青海省水污染防治行动计划确定的水污染防治重点流域。目前在湟水流域共布设有国考、省考核水质监测断面 24 个。其中，金滩、扎麻隆、小峡桥、润泽桥、塔尔桥、甘冲口、峡塘和民和桥 8 个断面为列入国家目标责任书的考核断面。2017 年，湟水水质整体呈轻度污染。在 24 个监测断面中，达到水环境功能区划（考核）目标的断面有 19 个，达标率为 79.2%。Ⅰ～Ⅲ类水质断面有 16 个，占 66.7%，劣Ⅴ类水质断面 2 个，占 8.3%。2017 年平均水质未达到水环境功能（考核）目标的为湟水干流西钢桥、新宁桥、小峡桥、湾子桥断面和北川河峡门桥 5 个断面，西钢桥、新宁桥断面水质为劣Ⅴ类。湟水流域水污染防治形势依然严峻。

二、青海省开展湟水流域水污染防治的主要举措

近年来，青海省委、省政府高度重视湟水水污染防治工作，出台了一系列法规政策及规划方案，省级环保、水务等部门和西宁市、海东市、海北州等地方各级政府加大水污染防治工作力度，湟水流域水污染治理取得阶段性成效。

（一）着力强化流域水污染防治监管

一是加强法规规划。青海省先后制定了《湟水流域水环境综合治理规划（2011—2015年）》《湟水流域水污染防治条例》《关于进一步深化湟水流域水污染治理的实施意见》，促进形成上下游共治、左右岸同治、多部门联治、全社会群治的流域水环境管理机制。二是重视监测监控。环保部门在市州及县级交界处均设置了监测控制断面，流域现有 17 座污水处理厂全部建成自动在线监控设施，沿湟水 57 家排放量超过 100 吨/日的涉水企业完成了自动监控设施建设。水利部门初步建成全省取水许可台账系统、水量调度信息系统以及流域内重要取用水企业监控体系，实现了对重点取用水大户和入河排污口的实时监控监测。三是严格环保执法。近年来沿湟各级环保部门查处各类生态环境违法案件 900 多起，移送公安机关 21 起，行政拘留 27 人，处罚金额 2 100 多万元，追究刑事责

任案件 3 起，严厉惩治了一批偷排漏排、擅自停运污染防治设施等突出环境违法行为。

（二）重视利用科技手段治污

一是开展农村水污染治理攻关。联合生态环境部华南环境科学研究所和哈尔滨工业大学实施了适合青海省乡镇生活垃圾的高温热解处理技术应用示范项目、开展农村分散式生活污水“净水槽”模块化处理装置研发，并在乐都、互助两县进行样机试验，取得初步成果。二是开展水生态治理攻关。以影响流域水质改善的西钢桥、小峡桥和民和桥断面为重点，吸收国内外较为成熟的“生物坝”“生态矩阵”及“生物垫层”等技术，在教场河、石惠沟等 14 条重点支流实施水环境综合治理和水生态修复示范工程建设。三是开展重点企业和城镇污水处理厂污水深度处理攻关。依托哈尔滨工业大学任南琪院士团队，初步解决了少数企业高浓度有机废水和高盐废水排放量大、处理难、回用率低的难点问题，实现了处理后废水回用和资源化利用。推广乐都县污水处理厂尾水潜流+表流人工湿地深度处理技术试验，已启动实施面积达 920 亩的 9 处污水处理厂尾水人工湿地，深度治理尾水 8 万吨/日，占污水处理量的 22%。

（三）综合施策突出工程措施治污

一是整治排污口。“十二五”期间，全流域先后建成 74 千米污水收集箱涵，整治封堵排污口 730 多个。二是扩建污水处理厂和管网。流域已建成污水处理厂 17 座，处理能力达到 42.9 万吨/日，较 2010 年提高 75.4%，新增污水收集管网 426 千米。建设中水回用工程 6 个，中水利用量达到 12 万吨/日。三是开展水生态综合治理工程。自 2013 年结合西宁市、海北州全国水生态文明城市建设试点工作，围绕试点 25 项指标，实施了湟水河城区段水生态综合治理工程、北川河（城区核心段）景观提升改造工程、宝库河（黑泉水库坝后）水生态文明建设示范工程，以及南川河防洪及流域管理利用世界银行贷款项目，已取得阶段性成效。

三、湟水流域水污染防治存在的主要问题

（一）城区、乡镇和工业园区污水处理能力薄弱

一是城镇污水处理厂建设滞后。调研中发现，西宁市第一污水处理厂排污口附近有一个城市污水收集箱涵排放口，每日向湟水干流直接排放未经处理的城镇生活污水 5 万～6 万吨，监测氨氮值 20 毫克/升，超标 1.5～3 倍。据了解，西宁市第六污水处理

厂正在建设中，建成后才能处理这部分污水。西宁市第二污水处理厂提标改造至今未完成，本次调研时每天仍有约 4 万吨生活污水按二级标准排放，达不到国家规定的一级 A 排放标准。海东市互助县城镇污水处理厂进水管网破裂，每日约 2 000 吨未经处理的生活污水直接排放到湟水干流。二是乡镇污水处理厂建设刚刚起步。西宁市有 12 个人口集中的乡镇，只有 1 座乡镇开始建设集中污水处理厂，其余 11 座还在规划中。由于湟水干流沿岸一些重点城镇（如城关镇、拉拉河大华镇、鲁沙尔镇—多巴镇等）没有建设污水处理厂，因此对湟水水质造成一定影响。这一问题特别在乡镇和村庄密集区域的支流表现得尤为突出，据测算，每年约有 2.96 万吨的氨氮污染物未经处理排入水环境。三是垃圾处理和渗滤液处置能力严重不足。按西宁市和海东市的规划要求，两市 2015 年年底前应分别新建 9 座城镇生活垃圾填埋场和 27 座乡镇生活垃圾填埋场，截至 2017 年年底，西宁市仅完成 2 座，海东市仅完成 21 座，两市分别有 9 座城镇生活垃圾填埋厂和 6 座乡镇生活垃圾填埋厂没有建成。西宁市已建成投运的 10 座城镇生活垃圾填埋场实际日处理量达到 2 800 吨，已超出设计能力的 2 倍；垃圾渗滤液日产生量达 190 吨，而目前实际日处理能力仅为 90 吨。海东市有 12 座垃圾填埋场距离湟水干流支流不足 1 000 米，一些未处理的生活垃圾和渗滤液对湟水水质构成威胁。四是工业集聚区集中污水处理厂建设迟缓。2017 年环境保护部通报青海省水污染防治目标责任书任务完成情况中，西宁市和海东市分别有 1 座和 4 座工业集聚区集中污水处理厂未按要求完成建设。

（二）规模化畜禽养殖场污染防治能力薄弱

一是污染物排放量大。湟水流域是青海省主要的农业生产区，畜禽养殖和农业面源污染问题尚未得到根本性解决。据统计，2017 年西宁市和海东市生猪的出栏量约 100 万头，海东市存栏量约 60 万头，按照排污系数折算，两市生猪的产污量约相当于 300 万人的产污量。二是海东市畜禽养殖污染防治不到位。市政府禁养区划定工作明显滞后，直到 2017 年 4 月才进行部署。全市在湟水流域禁养区内共有 110 家畜禽养殖场，污染较为严重，但市政府以“治理设施完善、不排污染物”为由，违规在禁养区内保留部分养殖场。三是规模化养殖场污染严重。湟水支流沙塘川河禁养区养殖场密集，仅互助镇就有 25 家，2017 年 8 月中央环境保护督察发现，百得、永腾等规模化养猪场雨污不分、污水横流，病死畜处理池紧邻河堤。此次调研发现，百得规模化养猪场的生物肥处理厂紧邻湟水干流，2017 年该厂将养殖场将未经处理的生猪尿液违法排入紧邻湟水干流的农地，威胁到湟水水质。

（三）人为造成部分河道断流

一是水电开发和农业灌溉造成部分河流断流。2017 年 8 月中央环境保护督察发现，湟水干流 21 座小水电站均未建设生态基流设施，当年枯水期湟源县等河段形成了约为 16 千米明显减水河段。调研中发现，海东市仍有一家水电站未完成生态基流设施整改；西宁市湟中县位于湟水支流南川河老幼堡桥上游近 2 000 米河段断流干涸，主要原因是上游水库因春灌停止下泄水量。二是湟水干流和南川河流经西宁市区部分河段断流。西宁市在湟水和南川河干流部分河段建造闸坝，形成景观水面，时有断流发生，这直接影响河流水生态。调研中还发现，流经西宁市火车站广场前约 2 000 米湟水主河道被分割成几个水塘，导致河水绕过水塘从旁边修建的混凝土暗箱涵流动，水塘成为死水池，水面漂浮垃圾、浮泥等污染物。

（四）流域水土流失尚未得到遏制

一是水土流失仍然严重。湟水流域地处黄土丘陵区，沟壑纵横、地形破碎，流域内分布有大小支流 78 条。数据表明，目前湟水流域土壤最大侵蚀模数为每年 15 000 吨/公顷，西宁市水土流失面积达 2 593 千米^2，占其土地总面积的 34.09%，海东市水土流失面积达 5 285 千米^2，占其土地总面积的 40.71%。据测算，流域水质污染物氨氮负荷总量中，随地表径流注入水体的面源污染贡献率占近 40%。二是水土流失呈增加趋势。这一特征尤以海东市的老鸦桥、湾子桥两个断面表现明显。而随着近年来青藏高原从“暖干化”向“暖湿化”变化，湟水流域内年降水量增加了近 30%，主要污染物随地表径流污染物注入水体的贡献率也呈增加趋势。

（五）流域水环境监管与责任落实有待强化

一是治水合力不足。由于流域内实行各县级政府对湟水干支流分段管理，缺乏综合规划和统一认识，导致流域治理联动性不足、联动性不强，存在“上热下冷、上紧下松”现象。要形成治污合力，还需在体制机制上有所创新与强化。二是监管执法能力不足。流域内基层环保部门在机构设置、人力配备和基础能力建设方面欠账过多，解决突出问题的思路不宽、办法不多、手段单一，流域水环境统一监管难的问题依旧突出，部分企业环保投入不足、擅自停运治污设施、超标排放甚至偷排现象时有发生。三是发挥市场化治污的作用不够。青海省环保产业和环境污染第三方治理市场化培育水平偏低，环境保护的公众参与度不强，这也在一定程度上制约了湟水流域水环境的治理和保护。

四、加强湟水流域水污染防治的意见与建议

2016 年 3 月 10 日“两会”期间，习近平总书记参加青海代表团讨论时特别指出，要扎扎实实推进生态环境保护，保护好三江源，保护好“中华水塔”，确保“一江清水向东流”是青海义不容辞又来不得半点闪失的重大责任；党的十九大又将打好污染防治攻坚战作为新时期生态环境保护的重要工作，这就要求青海省要多措并举，攻坚克难，扎扎实实打好湟水水污染防治攻坚战，打赢碧水保卫战。

（一）对青海省的意见和建议

一是以机构改革为契机，进一步在切实履行水污染防治职责上下功夫。建议青海省在推进新一轮湟水流域环境综合治理过程中，借鉴中央国家机构改革各部门职能调整的要求，全面贯彻新修订的《水污染防治法》的各项要求和国家“水十条”的相关要求，确立统一的湟水水污染防治、水环境改善目标和监管体制机制，明确地方政府及各部门的职责，制定湟水流域新一轮治理规划和到 2020 年的三年行动计划。全面落实“河长制”，建立跨区域联合治污工作机制，加快湟水流域综合整治。

二是加大技术研究与推广，进一步在科学推进湟水流域治理上下功夫。着力解决重点废水排放企业深度治理、农村牧区生活污水收集处理、高寒地区污水处理厂生物菌活性等难题。研究恢复强化流域河流自净能力，特别是城市段河道整治对水体净化能力的影响，因地制宜地利用河漫滩、河流弯道、人工湿地等恢复提升河流自净能力。采取措施加大水土流失治理力度。

三是强化考核问责，进一步在落实责任深入推进治污上下功夫。建议在西宁市、海东市和海北州党政领导班子年度考核中增加湟水流域治理目标任务指标权重，对完不成任务的市州和相关部门领导干部实施“一票否决”；将湟水流域水污染防治继续作为中央环境保护督察整改落实情况督察的重点，督促加快突出问题整改。同时，开展省委、省政府对三市州环保督察，重点督察履职情况、重点任务完成情况、环境质量改善情况、重大案件查处情况等，强化责任落实和问责。

四是综合施策，进一步在精准改善流域水环境质量上下功夫。要以流域控制单元为突破口，以改善流域水环境质量为目标，治理方法更加注重系统性，防治各河段主要污染物更加注重针对性，增加对湟水干支流国控省控断面的监测频次，及时预判水污染防治形势，为各级决策提供依据；要加快建设西宁市第六污水处理厂，按国家要求在 2018 年年底前完成西宁市和海东市工业集聚区污水集中处理设施建设，并按照三市州城市发

展规模和速度超前谋划一批城镇污水处理厂，确保城镇生活污水全收集全处理，同时结合美丽乡村振兴规划，建设一批乡镇污水处理厂，并解决好运行经费保障问题；要推行污水处理厂和收集管网的市场化运作模式，提高专业化运营的能力和水平；要依法对湟水流域禁养区内规模化养殖场实施搬迁，新建规模化养殖场配套运行污染治理设施；要采取措施恢复保障河道生态基流，谋划论证引黄入湟的调水工程，补充湟水枯水期的流量。

（二）对生态环境部的建议

一是加大对湟水流域的资金支持力度。建议规财司在国家水污染治理专项资金、农村面源污染治理资金上向青海省湟水流域治理倾斜。

二是提供监测数据的技术支持。建议中国环境监测总站依据湟水国控断面水质自动监测数据，及时向青海省通报湟水水环境质量数据及变化趋势。青海省环境保护厅请求在年度目标任务考核时剔除因洪水等泥沙含量大对湟水国考断面检测值的特殊因素影响，建议生态环境部水生态环境司和生态环境监测司予以斟酌考虑。

我局将对此次调研发现的问题及 2017 年中央环境保护督察发现的问题扭住不放，并作为对青海省中央环境保护督察“回头看”的重点内容，对整改不作为、慢作为的地方开展专项督察和点穴督察，促进实现湟水流域水环境质量改善目标，夺取水污染防治攻坚战胜利。

关于加强东北边境地区投放式剂量率连续监测设备运维管理的建议

刘彬　丁志博　郭海峰　王茂杰　张蔚华
（生态环境部东北核与辐射安全监督站）

近年来，为应对境外核活动对我国东北边境及周边地区辐射环境造成的潜在风险，生态环境部（国家核安全局）在东北地区配置投放式剂量率连续监测设备60台，作为边境预警监测网络体系的重要补充，可及时网格化布设投放，有效获取现场第一手监测数据，发现和准确判定境外核活动对我国东北边境的辐射环境影响。为确保东北边境地区辐射环境应急工作常备不懈，有效防范和化解安全风险，生态环境部东北核与辐射安全监督站（以下简称东北监督站）坚持底线思维、问题导向，于近日组织开展了东北边境地区投放式剂量率连续监测设备严寒环境下性能测试。

一、基本情况

生态环境部核与辐射安全中心（以下简称核安全中心）在2016年、2017年对东北边境地区应急监测能力建设项目累计投入资金1 263万元，建设完成投放式剂量率连续监测系统，含60台投放式剂量率连续监测设备、配套数据中心服务器及数据汇总软件平台。为提升应急监测实效，经生态环境部核一司协调，辽宁省生态环境厅、吉林省生态环境厅、黑龙江省生态环境厅分别代管7台、43台、4台设备，布设在边境一线，核安全中心长白山前沿实验室、延吉前沿实验室各保留2台、4台设备，60台设备已全部部署到位（详细分布情况见附表）。

东北监督站周密计划、精心组织、协调联动开展了此次测试活动。一是统一时间，于2020年1月13上午9点准时开始；二是统一方式，设备在预先充满电后，进行不插电、室外严寒环境下连续工作压力测试；三是统一记录，预先设计了测试记录表，可标准化详细记录全过程情况。测试实施及统计分析工作跨越春节假期，全面掌握了在极低温室外条件下设备的关键性能，有效检验了布设在东北边境地区投放式剂量率连续监测设备的可用性、可靠性和适应性。

二、主要成效

一是协调联动开展测试，压实监管责任。组织核安全中心进行测试技术支持、数据汇总分析等工作，与东北三省联动开展测试活动。各方责任明确，涵盖东北边境地区布设的全部投放式剂量率连续监测设备共计60台，包括东北三省网格化布设的54台［分布在边境19县（区）］，以及核安全中心在长白山前沿实验室、延吉前沿实验室存放的6台。

二是精心严密组织测试，力求取得实效。测试前统一部署，宣贯传达测试注意事项。60台设备同时开机连续运行，各点位设专人负责记录，核安全中心实时监控数据传输平台。建立微信联络工作群，及时进行调度，确保测试安全，注重反馈信息、留取影像，随时解决异常问题。截至2020年1月20日，各地测试设备基本停止工作，测试结束。获得了在极寒条件下，室外断电自持续航时长、辐射环境剂量率、监测数据传输情况等设备关键参数。

三是反映一线存在问题，进行原因分析。通过投放式剂量率连续监测设备在室外作业、实战环境下的仿真测试，发现了部分设备断电自持续航时长不足、个别设备剂量率测量不正常，以及监测数据的实时传输功能因网卡过期无法实现等亟待解决的问题。东北监督站协调核安全中心和东北三省共同进行原因初步分析，征求各方在运行维护中存在的问题及建议，汇总形成了测试工作报告。

四是引起相关各方重视，有效推动工作。测试中取得的翔实数据和第一手资料引起了各相关单位的高度重视。在东北地区核与辐射安全保障和应急准备工作视频调度会上进行了充分沟通和宣贯，进一步统一了思想认识、提高了政治站位，切实推动辐射环境应急监测工作抓紧抓细抓实，保障国家资金投入与设备效能得到有效发挥。

三、有关问题

（一）断电自持续航时长不足

此次测试室外环境温度为−29～−5℃，有些点位有多云天气，但持续性多云天气较少。60台设备中，因蓄电池故障，无法自持供电的设备有9台，个别设备无法启动开机，或在去掉外接电源后关机；续航时长小于2天的设备有12台；续航时长在2天以上的设备数量占比最多，共 39 台。只有 1 台设备达到技术规格书的性能指标（7 天，环境温度–40～50℃），断电自持续航时长测试合格率仅为 1.67%。

除出现故障的设备外，断电自持续航时长受东北边境地区的严寒气候影响较大，同时与阳光照射、太阳能板蓄电功能、人员操作布置等有密切关系。对于周围空旷、阳光照射条件等布置环境较好的设备，其续航时间就较长。

（二）个别设备剂量率测量不正常

测试过程中各投放式剂量率连续监测设备显示的剂量率读数为 72～249 纳戈瑞每小时，大部分为 72～150 纳戈瑞每小时，均在天然本底范围内。其中有 1 台测量数值偏低（30 纳戈瑞每小时）、4 台因不能开机无法进行测量，剂量率测量合格率为 91.67%。

剂量率测量数值偏差与设备未及时检定校准和设备存在故障有关，4 台设备无法正常启动有待进一步查明原因。

（三）监测数据的实时传输无法实现

投放式剂量率连续测量设备将监测数据实时传输到位于长白山前沿实验室的数据汇总中心，并推送到生态环境部应急监测调度平台。可通过访问长白山数据汇总中心或生态环境部应急监测调度平台进行数据查询。60 台设备均配备无线通信系统，其中有 10 台加配北斗卫星通信系统。

目前，由于投放式剂量率连续测量设备配置的通信数据卡已过期，监测数据的实时传输功能无法实现。只有 1 台设备可以实时传输，监测数据传输测试合格率仅为 1.67%。

（四）运维经费保障尚未落实

投放式剂量率连续监测设备属于核安全中心固定资产，由其进行归口运维管理。目前，核安全中心尚未建立运维专项保障经费，对东北三省代管设备未签署委托协议，未落实保障经费，给后续运维工作带来较大挑战，难以满足设备处于随时可用状态要求。

据测算，60 台投放式剂量率连续监测设备每年需要运维经费约为 50.22 万元，包括维护管理费，如设备布设运输、维修物流、日常管理等，每台 5 000 元，共计 30 万元；检定费每台 1 600 元，共计 9.6 万元；无线数据卡通信费 3.6 万元；海事卫星通信费 7.02 万元。

四、下一步工作建议

此次测试活动发现的设备故障、运维管理、数据传送等方面存在的问题，已引起核安全中心和辽宁省生态环境厅、吉林省生态环境厅、黑龙江省生态环境厅的高度重视。后续各相关单位将认真研究并制定有效措施，切实保障投放式剂量率连续监测应急响应能力，确保做到“喊得应、拉得出、测得准、打得赢”。

一是建议尽快对故障设备进行排查和维修。鉴于目前配置的投放式剂量率连续监测设备属于核安全中心固定资产，建议核安全中心及时组织技术支持力量和项目承担单位进行设备故障排查，尽快修复无法正常启动工作的设备，必要时返厂维修，确保投放式剂量率连续监测设备的有效管理，保持随时可用状态。

二是建议强化设备的运维管理。建议生态环境部核设施安全监管司尽快组织核安全中心和东北三省辐射监测机构制定针对投放式监测设备的常态化运维管理制度，落实有关代管协议和运维经费，将设备维护职责落实到岗到人，对设备性能定期检测和维护。东北监督站组织做好基层运维管理人员技术培训，避免设备误操作，定期举行专项测试或演练，开展实地操作训练。建议核安全中心有效落实运维资金保障，足额拨付运维管理委托费用，提供有效技术支持服务。

三是建议加强监测数据的传输与管理。建议核安全中心采取有效措施，尽快恢复监测数据的实时传输功能，抓紧升级监测数据平台，使各省生态环境厅通过应急监测调度平台对监测数据进行实时查询。建议生态环境部核一司组织研究解决在无移动信号的边境区域，布设投放式剂量率连续监测设备的数据传送方式。

附表

东北边境地区投放式剂量率连续监测设备部署表

序号	省、市	县（市、区）	乡镇（街道）	序列号	数据传输方式
1	辽宁省丹东市	宽甸满族自治县	宽甸镇	180017	无线通信
2			振江镇	180019	无线通信
3			长甸镇	180016	无线通信
4			虎山镇	180020	无线通信
5			红石镇	180047	无线/卫星通信
6		振兴区	临江街道	180041	无线/卫星通信
7	辽宁省本溪市	桓仁满族自治县	沙尖子镇	180015	无线通信
8	吉林省白山市	浑江区	六道江镇	180043	无线/卫星通信
9		江源区	湾沟镇	180008	无线通信
10			砟子镇	180002	无线通信
11		临江市	六道沟镇	180004	无线通信
12			桦树镇	180018	无线通信
13		长白县	十四道沟镇	180049	无线/卫星通信
14			十二道沟镇	180048	无线/卫星通信
15		抚松县	泉阳镇	180007	无线通信
16			露水河镇	180001	无线通信
17			兴参镇	180013	无线通信
18			沿江乡	180010	无线通信
19			漫江镇	180011	无线通信
20			仙人桥镇	180014	无线通信
21		靖宇县	景山镇	180006	无线通信
22			那尔轰镇	180005	无线通信
23			三道湖镇	180003	无线通信
24	吉林省延边朝鲜族自治州	延吉市	小营镇	180053	无线通信
25			三道湾镇	180054	无线通信
26		图们市	石岘镇	180052	无线通信
27		敦化市	大石头镇	180027	无线通信
28			官地镇	180039	无线通信
29			额穆镇	180029	无线通信

序号	省、市	县（市、区）	乡镇（街道）	序列号	数据传输方式
30	吉林省延边朝鲜族自治州	敦化市	黄泥河镇	180035	无线通信
31			翰章乡	180031	无线通信
32			江源镇	180034	无线通信
33			大蒲柴河镇	180037	无线通信
34			老头沟镇	180056	无线通信
35			德新乡	180060	无线通信
36			白金乡	180051	无线通信
37		和龙市	八家子镇	180012	无线通信
38			崇善镇	180050	无线/卫星通信
39		汪清县	春阳镇	180044	无线/卫星通信
40			复兴镇	180055	无线通信
41			大兴沟镇	180038	无线通信
42			罗子沟镇	180030	无线通信
43		珲春市	板石镇	180033	无线通信
44			春化镇	180059	无线通信
45			密江乡	180057	无线通信
46			哈达门乡	180058	无线通信
47		安图县	亮兵镇	180021	无线通信
48			永庆乡	180032	无线通信
49			新合乡	180028	无线通信
50			二道镇	180036	无线通信
51	黑龙江省牡丹江市	东宁市	东宁镇	180023	无线通信
52			老黑山镇	180022	无线通信
53		绥芬河市	绥芬河镇	180024	无线通信
54		宁安市	宁安镇	180025	无线通信
55	核安全中心	延吉前沿实验室		180045	无线/卫星通信
56				180046	无线/卫星通信
57				180026	无线通信
58				180040	无线通信
59		长白山前沿实验室		180009	无线通信
60				180045	无线/卫星通信

西北五省（自治区）城市放射性废物库废旧辐射源收贮过程中面临问题的调研报告

周启甫　赵　坤
（生态环境部西北核与辐射安全监督站）

为深入贯彻落实《中共中央关于在全党开展“不忘初心、牢记使命”主题教育的意见》《关于“不忘初心、牢记使命”主题教育调查研究的通知》等有关要求，针对西北地区城市放射性废物库废旧放射源收贮、运输车辆运输资格证、废物库运行等方面存在的问题，生态环境部西北核与辐射安全监督站从面临的困难、亟待解决的问题等方面深入开展调研研究，提出一些具有可操作性的建议和措施，切实推动解决一些实际问题和困难。

一、西北五省（自治区）城市放射性废物库现状

（一）陕西省城市放射性废物库

陕西省城市放射性废物库是由专门机构——陕西省放射性废物收贮管理中心（以下简称放管中心）负责运行和管理，该机构位于宝鸡市眉县，西距宝鸡 65 千米，东距西安 120 千米。陕西省放管中心是 2011 年 10 月经陕西省编委批准成立，性质为正处级公益一类事业单位。内设办公室、收贮保卫科、综合保障科 3 个科室，正式编制 11 人，目前在编人员 6 人，聘用人员 8 人。

截至 2019 年 5 月底，陕西省城市放射性废物库共收贮放废源 1 137 枚，放射性废物 61 千克。

（二）青海省城市放射性废物库

青海省城市放射性废物库始建于 1986 年，位于湟中县，占地 30 亩，距西宁市区约 25 千米。目前由青海省辐射环境工作站负责运行和管理（根据青海省机构改革工作意见和青海省编制委员会办公室批复，2018 年 8 月原青海省辐射站更名为青海省辐射

环境工作站）。

截至目前，青海省城市放射性废物库共收贮暂存放射性废物 608 千克，废旧放射源 266 枚。另外，石油天然气开采生产中产生的放射性沾污废旧钢管 250 千克，暂存于废物库。

（三）新疆维吾尔自治区城市放射性废物库

新疆维吾尔自治区城市放射性废物库建于 1984 年，隶属新疆辐射站，2006 年经国家发改委和国家环保总局批复立项进行整改扩建，2008 年 7 月新疆放射性废物库整改扩建工程完工，同年 10 月通过环境保护部验收并正式投入使用。其主要承担新疆 160 余万平方千米辖区内核技术利用过程中产生的放射性废弃物（源）的收贮、暂存任务。

2017 年 8 月至 2019 年 6 月 19 日，新疆维吾尔自治区城市放射性废物库共收贮闲置、废弃放射源 258 枚，放射性废物约 1 000 千克及放射性脱氧剂约 200 余千克。

（四）宁夏回族自治区城市放射性废物库

宁夏回族自治区城市放射性废物库隶属宁夏核与辐射安全中心，由放射废物管理科负责其日常安全运行管理。2013 年 8 月经自治区编办同意增设放射废物管理科，增加科级领导职数 1 正 1 副。目前，该科实设科长 1 名，其他工作人员 2 名。

截至 2019 年 6 月 17 日，宁夏回族自治区城市放射性废物库共贮存各类放射源 522 枚（其中废旧放射源收贮 417 枚，暂存放射源 105 枚），放射性废物约 920 千克。

宁夏回族自治区城市放射性废物库地处白芨滩国家生态保护区红线内，宁夏回族自治区政府要求对宁夏回族自治区城市放射性废物库进行异地搬迁重建，目前正在踏勘异地搬迁重建地点。

（五）甘肃省城市放射性废物库

甘肃省城市放射性废物库由甘肃省核与辐射安全中心负责运行和管理，位于兰州市皋兰县，距兰州市 52 千米，目前已按照相关标准和导则要求，完成废物库安保升级改造工作，并通过验收。

截至目前，甘肃省城市放射性废物库共存贮放射性废源 1 479 枚（其中包含Ⅰ类源 7 枚、Ⅱ类源 7 枚，标源 141 枚），放射性废物 35 桶（200 升）。

二、各省（自治区）城市放射性废物库所面临的主要问题

调研组通过调研了解到，各省城市放射性废物库在运行过程中主要存在以下需要解决的问题：

（一）核与辐射安全意识不足，主动担当作为有待加强

各省城市放射性废物库是利用国家财政建设、社会公益性项目，承担各省核技术利用中废旧放射源的安全收贮，防止废旧放射源处理不当或收贮不及时而发生辐射事故等的职能。2017 年 4 月之前，核技术利用单位需要承担废旧放射源收贮费用，各省废物库可以通过收取废旧放射源收贮费，以维持废物库正常的运行和运输。但是，自《关于做好放射性废物（源）收贮工作的通知》（环办辐射函〔2017〕609 号）下发之后，要求各省城市放射性废物库自 2017 年 4 月 1 日起“停止征收放射性废物送贮费”，由于西北五省（自治区）经济相对落后，导致各省（自治区）在废旧放射源收贮时，主动担当作为的积极性不高，并以各种理由拖延废旧放射源的收贮工作，导致辐射安全隐患增加。

（二）废旧放射源收贮车辆均未办理放射性危险品营运资质

截至目前，西北地区各省（自治区）城市放射性废物库均未取得放射性危险品运输资质，原因是各省（自治区）城市放射性废物库不满足《道路危险货物运输管理规定》第八条要求：“①车辆不满足要求：要求运输车辆为 8 年内的车辆，部里配备的运源车已经 10 年；要求有 5 辆运输车，各库均没有足够车辆。②人员配备不满足要求：要求有驾驶人员、装卸管理人员、押运人员且均应有相应的从业资格证，还应配备专职安全管理人员。”各省（自治区）城市放射性废物库由于人员编制较少，人员配备均不能满足要求。因此各省（自治区）城市放射性废物库放射源收贮车辆均未能取得放射性危险品营运资质。

（三）部分废旧放射源不能及时、安全收贮

由于运输车辆未取得运输资质，按规定运源车辆不能上路，有的省（自治区）不得已采取“非法偷运”，而有的省（自治区）甚至发生过运源车辆被扣事件。更多的时候（特别是收贮废旧放射源不再收费之后），各省（自治区）城市放射性废物库只能让用源单位将废旧放射源送到城市放射性废物库，而用源单位一时找不到有资质的运输单位，或者有资质的运输单位要价太高（单次运输最高达 10 万元），一些小企业无法承受，从

而导致废旧放射源不能及时和安全收贮，存在较大的安全隐患。

（四）部分省（自治区）城市放射性废物库安保升级尚未进行

按照环境保护部《关于进一步加强核与辐射安全监管能力建设工作的通知》（环办辐射函〔2017〕1593 号）的要求，各省城市放射性废物库应在 2020 年年底前完成实体防护设施，技术防范设施进行升级、改造，进一步提升城市放射性废物库的安全防范能力。目前西北五省（自治区）中甘肃省核与辐射安全中心投入 343 万元用于城市放射性废物库安保升级工作；陕西省城市放射性废物库正在开展安保升级工作，其余三省尚未开展相关工作，需要尽快落实经费等工作。

（五）部分省（自治区）放射性废物库台账与国家核技术利用辐射安全管理系统台账不一致

调研发现，部分省（自治区）城市放射性废物库台账与国家核技术利用辐射安全管理系统台账录入不一致。例如，陕西省放管中心收贮台账中尚有 205 枚放射源无编码，且未录入到国家核技术利用管理系统中；有 1 631 枚放射源已送贮国家废物库，但这些放射源尚在陕西省放管中心的管理系统台账上。新疆维吾尔自治区城市放射性废物库实际收贮台账有 258 枚放射源，但国家核技术利用管理系统收贮台账有 272 枚，原因是部分放射源收贮国家库后，尚在新疆放射性废物库的台账上，甚至有部分放射源同时在原放射源使用单位和清原公司台账上的现象。

三、解决废物库面临的问题和建议

（一）增强核与辐射安全大局意识，及时收贮废旧放射源

在调研交流中，针对各省（自治区）的运行经费困难和运输资质问题所带来的废旧放射源不能及时收贮的问题，强调要求各省（自治区）废物库运营单位要充分认识核与辐射安全的重要性，在废旧放射源及时收贮、消除安全隐患方面要有担当意识，不能以各种理由延误废旧放射源的收贮工作。通过沟通，各省（自治区）充分认识到问题的重要性，承诺在今后的工作中主动担当作为，及时做好废旧放射源的收贮工作。

（二）协调相关部门，尽快办理放射性危险品营运资质

按照现行要求，各省（自治区）城市放射性废物库因不具备放射性物品道路运输资

质，无法按照相关法律法规在交通、公安部门办理相关手续，导致无法对放射性废物（源）进行收贮。目前，新疆、青海、宁夏境内无资质运输单位，委托外地有资质运输单位代价很高。在新疆地区，按照新疆维吾尔自治区公安厅的要求，运输放射性物品须武装押运，此笔费用也非常高昂，大部分产生放射性废物（源）的企业基本无力承担，因此存在辐射安全风险。

现各省（自治区）城市放射性废物库均为事业单位，开展放射源收贮工作均为免费收贮，鉴于现在各省（自治区）城市放射性废物库收贮放射源运输过程均为违法行为，建议生态环境部协调公安、交通等部门，给予各省（自治区）放射性废物库办理放射性危险品营运资质。

（三）督促各省（自治区）城市放射性废物库尽快完成安保升级

按照《关于进一步加强核与辐射安全监管能力建设工作的通知》（环办辐射函〔2017〕1593 号）的要求，各省（自治区）城市放射性废物库应在 2020 年年底前完成安保升级、改造工作，建议生态环境部督促各省（自治区）城市放射性废物库按时完成安保升级，同时确保省级财政部门对省城市放射性废物库运行经费的支持。

（四）适当放宽省级辐射安全管理人员部分权限

现在国家核技术利用辐射安全管理系统省级管理人员权限较少，只能进行简单的信息维护，例如，如果收贮无辐射安全许可证单位的放射源，即使放射源有编码，在输入国家核技术利用辐射安全管理系统时，由于没有辐射安全许可证，也只能按照无主源输入到系统中，无形中缺少了放射源的信息，不利于信息的完整性。在放射源信息录入的过程中，一旦信息录入错误，省级管理人员没有权限删除错误信息，只能联系生态环境部核与辐射安全中心进行处理。建议适当放宽国家核技术利用辐射安全管理系统省级管理人员部分权限。

2020 年四川省辐射环境安全管理工作情况的调研报告

杨海峰　李增强　唐铭
（生态环境部西南核与辐射安全监督站）

为做好将辐射环境安全管理工作纳入中央生态环保督查的准备工作，深入了解省级核与辐射安全监管工作开展的实际情况，推动核与辐射安全监管工作，适应新时代、新要求，生态环境部西南核与辐射安全监督站分批对辖区各省（区、市）开展了调研。2020 年 5—7 月，调研组对四川省辐射环境安全管理工作情况展开了调研，调研报告如下。

一、调研工作开展概况

根据国家疫情防控相关要求，本次调研分阶段开展并多次调整。3 月和 4 月，调研组完成前期沟通和相关资料查阅；5 月中旬至 7 月上旬，选取乐山市、宜宾市、广元市、成都市等典型地域开展现场调研，与当地生态环境保护部门及部分地方政府及公安、卫健等部门进行座谈交流；4 月对四川省辐射环境监测机构垂改情况展开专题调研，向生态环境部提交了重要情况报告，部门领导高度重视并作出批示，要求有关部门督促解决。

二、四川省近年工作开展情况

近年来，四川省生态环境厅进一步加强辐射环境安全管理工作，认真履行辐射环境安全监管职责，按照国家要求完成了国控网辐射环境质量监测、重点地区饮用水水源地放射性水平调查和第二次污染源普查伴生放射性矿普查，以及核设施及重点核技术利用单位监督性监测等工作；会同省发改委、财政厅等部门印发了《四川省核与辐射安全和放射性污染防治“十三五”规划及 2025 年远景目标》（以下简称《四川规划》），涵盖监管监测能力建设、应急响应体系等 8 个方面，并将各市州规划实施方案编制情况纳入了 2018 年四川省核与辐射安全监管工作专项督查内容，2019 年开展了中期评估并提交了评估报告；强化对核技术利用单位的监管，制定了专门的检查大纲和检查实施方案并贯彻执行；推进“放管服”的落实，将Ⅳ、Ⅴ类放射源、Ⅲ类射线装置以及大量电磁项目审批权限下放至市（州）生态环境部门，优化办事程序，积极服务企业；持续加强应急能力建设，修订生态环境厅辐射事故应急预案，配备了大量辐射环境监测仪器，2018年、2019年连续组织开展了辐射事故专项和综合演练，省级辐射事故应急能力较强；逐步规范伴生放射性矿辐射环境监管，出台《四川省伴生放射性矿产资源开发利用企业名录（2019）》，对企业行政申请从严审批；积极开展核安全文化宣贯，不仅在组织培训课程中将核安全文化课程纳入考核，同时也强化了公众宣传，建设完成了核与辐射国家生态环境科普基地；多方沟通对接，积极推动建立健全核安全协调机制。探索建立健全涉核社会风险防范化解机制，出台一系列文件，多次及时、妥善地回应了群众重大关切问题。

三、工作中存在的主要不足

（一）未将辐射污染防治工作纳入目标考核

除广元市外，四川各市（州）均未将辐射污染防治工作或辐射环境安全监管工作纳入目标考核，与当前国家进一步压实各级党委、职能部门生态环境保护政治责任的大方针不符，导致部分地方不够重视辐射安全管理工作，监管部门工作无压力、无动力，国家有关政策无法真正落地，基层相关监管人员所需知识欠缺，工作中出现明显偏差，如出现Ⅲ类射线装置和Ⅲ放射源概念不清。德阳、眉山、乐山、甘孜、阿坝、凉山等市（州）有共计 12 家医疗机构，大部分为牙科诊所，仅具备医疗射线诊断能力，但许可范围为使用Ⅲ放射源、Ⅲ类射线装置，实际不具备放射源使用或存放能力。另外，疫情期间部分单位拆除放射源后长时间暂存于办公场所，监管部门长时间未跟进，导致对放射源收贮进展不了解、不知道、不清楚。

（二）“放管服”政策要求落实不全面

四川对“放管服”政策的“放”执行得较为彻底，地市级监管部门承接大量涉辐射项目的审评、发证和监督任务，但未考虑各市（州）实际管理和服务能力是否能够承接。部分市（州）在不了解国家法规和具体要求下开展工作，出现诸多问题，如许可证发放程序不规范、不严肃，全省多个市（州）颁发辐射安全许可证单位，许可时间未按照 5 年有效期规范执行（2～4 年不等）；部分市（州）维护国家核技术利用辐射安全监管系统信息时粗心大意，出现低级错误，如将许可时间、许可条件等弄错（超 5 年甚至有 6 年，工业企业许可范围写为医疗诊断）；部分市（州）监督检查流于形式，对明显问题不能发现并予以指正，如成都某测井公司使用错误的许可证（时间范围超过 5 年），虽然经过层层备案，层层把关，但均未发现问题；宜宾某企业固定式监测仪器长时间无法正常工作，各级检查未能发现并指出问题。

（三）部分市（州）辐射事故应急能力不足

基层应急监测能力薄弱。全省仅绵阳、广元、乐山、宜宾设置独立辐射环境监测机构，辐射事故发生时具备快速响应能力。自贡、攀枝花、泸州等 13 地应急设备不齐全，巴中、阿坝、甘孜 3 地暂不具备辐射事故应急能力；部分市（州）长期未开展应急演练。2018 年和 2019 年，除成都、广元、乐山 3 地组织开展过辐射事故应急演练外，其余市（州）均未开展过演练；部分市（州）长期未修订应急预案。乐山、雅安、甘孜、凉山辐射事故应急预案为 2015 年版，攀枝花、遂宁为 2016 年版，泸州、广元、内江、巴中为 2017 年版。

（四）伴生矿辐射环境监管“宽松软”

按照“二污普”数据，四川省现有 16 家伴生放射性矿开发利用企业。但从实地调研情况来看，这些企业几乎不具备自行监测能力（无仪器、监测人员），委托监测数据等信息也未依法进行公开，仅个别管理人员清楚放射性污染防治要求。另外，这些企业先期批复的环评文件未明确 1 贝可/克的剂量限值要求，未建设放射性污染防治措施（如部分企业生产水直接向环境排放），与当前实际要求严重不符，监管部门在行政审批时未予以明确指导。市（州）生态环境部门对伴生矿企业的辐射环境安全监管作用较弱，未将辖区内伴生矿企业按照重点排污单位的相关要求开展监管管理和监督执法。

（五）监管履职“部门化”现象明显

除生态环境部门外，《放射性污染法》还规定其他部门的职责，《国家安全法》也明确“管行业必须管安全，管业务必须管安全，管生产经营必须管安全”。但实际上，四川省辐射安全监管成了各级生态环境部门一家之责，单打独斗情况突出，其他部门鲜有问津，也少有配合形成监管合力。应急演练时，基本由生态环境部门包打全场，政府少有真正出面组织，职责缺失，责任落空；有关信息无法有效互通、互信、互认，生态环境部门认可卫健部门的监测报告，但卫健部门不认可生态环境部门出具的报告，各地规划编制也几乎都是生态环境部门的工作，其他部门配合不明显。

（六）其他问题

调研发现，地方生态环境部门和部分核技术利用单位对部分问题反映强烈：

一是网络培训考核报名和考试困难。根据生态环境部的要求，自2020年1月1日起各级生态环境部门不再对从事辐射安全培训的单位进行评估和推荐，不再要求从事放射性同位素与射线装置生产、销售、使用等辐射活动的人员参加原推荐单位组织的辐射安全培训。培训需求人员可通过国家核技术利用辐射安全与防护培训平台免费学习，再通过微信小程序报名成功后（唯一的报名考核渠道）取得准考证，到指定考核地点进行集中上机考核。每位考生一年最多可获得三次考核机会。生态环境部此次改革初衷是为贯彻落实党中央、国务院深化“放管服”改革部署要求，减轻企业负担，但实行至今，存在考生报名难、考核难的突出问题。以成都为例，成都每年需取得辐射安全培训合格证书的人数约为8 000～10 000人，但至今只有约1 000人能够报名并参加考试，通过率为40%左右，众多从业人员面临培训合格证书到期却无法参加考试的困境，地方生态环境部门与核技术利用单位反映极其强烈。

二是缺少强有力的有效监管手段。随着垂改的逐步推进，部分地方核与辐射安全监管职能划入环境执法部门，但后续专业技术能力培训、执法培训和仪器设备配备未及时落实到位，不少地方出现监管人员不懂辐射，懂辐射的人不参与监管的情况。由于部分监管人员特别是县（区）监管人员专业能力不足和监测仪器配备不到位，故在监督过程中往往存在监督人员对监督流程、要点一无所知，无个人防护仪器、装备等情况，辐射安全监管流于形式。

三是第三方监测机构监管存在漏洞。2015年2月，环境保护部出台《关于推进环境监测服务社会化的指导意见》，引导社会力量广泛参与环境监测，促进环境监测服务向社会化市场良性发展。辐射环境监测作为环境监测的组成部分，近几年辐射环境监测服务社会化工作加快推进，各地辐射监测机构如雨后春笋般涌现，但第三方监测机构刚刚起步，良莠不齐，存在重利益、轻质量的现象，甚至存在监测数据弄虚作假现象。如何规范管理第三方监测机构方面存在不足。当前，我国缺乏对社会辐射环境监测机构监管的法律依据，存在一定程度上的权责不清、定位不明、监管交叉等问题。生态环境有关部门还未建立齐全的辐射环境监测机构依法管理制度，尤其是缺少对监测机构的准入制度和事中、事后的管理要求，管理制度的长期滞后，导致辐射环境监测市场混乱。同时，辐射环境监测机构的技术水平整体偏低，缺少统一的质量保障体系，部分机构技术基础薄弱，监测数据的准确性和有效性无法得到保障。

四、意见和建议

一是完善法律法规并落实地方政府责任。贯彻落实习近平生态文明思想“最严格制度、最严密法治保护生态环境”要求，做好核与辐射法律法规制定的顶层设计，建议对法律法规进行全面梳理，对缺失和不足进行补齐修订，加快制定伴生矿、电磁污染防治等法规，建立完整且相对完善的核与辐射安全监管法规体系，避免出现“无法可依”的情况。进一步严肃罚则，加大违法成本并严格执行，真正起到法规震慑的作用，真正压实主体责任；按照中共中央办公厅、国务院办公厅印发《关于构建现代环境治理体系的指导意见》中提出的，加快推进政府为主导、企业为主体、社会组织和公众共同参与生态环境治理体系要求，明确地方政府对辖区辐射环境负责并纳入考核，从根本上解决无人监管和管理效果不佳的情况；同时加强属地和跨地域应急能力建设，压实地方党委、政府放射性污染防治责任。

二是加快推进垂改落地见效，加强基层机构能力建设。当前各省（区、市）机构垂改进度不一，有的已按新的模式运行，有的停滞不前。建议加快推动机构垂改落地见效，同时确保核与辐射安全监管能力不削弱，按需配置合理的人员和设备并向基层倾斜，强化基层人员业务素质和考核。考虑核与辐射特殊性，建议督促各地在“十四五”规划中进一步加强队伍设置和设备配置等，在工作任务较重的地方设置单独的监管监测队伍，任务较轻的在垂改中纳入其他区域代管，一方面集中优势资源解决“重”“难”任务，另一方面解决因监管能力不足导致的地区限制辐射产业发展，使行业发展与监管能力相适应。同时要加快改革力度，推行辐射安全许可证电子证照，提高审批效率，以新思路、新模式缓解人员不足等问题。

三是完善核技术利用培训考试体系。核技术利用辐射安全与防护培训考试目前存在的堵点和痛点亟须疏导，否则将面临众多从业人员无证上岗或复工复产无法进行的困境。建议尽快调研各省在组织考试中存在的困难，制定下发相关政策，尽快解决报名难的问题。对危害轻微、安全与防护要求相对较低的行业，如医疗行业的放射诊疗培训可以互相认可，免予进行辐射安全与防护培训考试；多渠道开辟报名和考试通道，最大限度地化解当前积压考试限制，在相关问题解决前，出台已取得证书的人员有效期延长政策。

四是进一步规范第三方监测机构管理。社会化环境辐射监测机构迫切需要建立自身自律机制和政府对社会化第三方环境监测机构监测活动质量监管机制。建议完善法律法规，明确监测机构基础条件，提高准入门槛，督促各部门履行监管职责，加强事中、事后监管。建立多部门信息互通互认机制，设置社会共用黑名单机制。建议推进大数据库共享平台，对于非涉密监测报告上传至指定平台信息公开，监管单位定期或随机抽查，接受社会公众监督。

强化社会环境监测机构监督管理
确保监测数据“真、准、全”

柏仇勇　高锋亮
（生态环境部生态环境监测司）

根据部党组关于“不忘初心 牢记使命”主题教育调查研究的统一部署，2019 年 6 月 20—22 日，生态环境部生态环境监测司组成调研组赴上海市就加强社会环境监测机构监管开展调研。按照“找准小切口、做好大文章”的要求，调研组一行听取了上海市生态环境局关于加强社会监测机构监管的情况介绍，实地察看了通标标准技术服务（上海）有限公司、上海纺织节能环保中心等多家社会化服务机构，组织召开了有 20 多家社会监测机构参加的座谈会，充分听取政府环境管理部门和社会化监测机构对培育和规范监测市场，加强监测监督管理的意见和建议。调研组还先后分赴司法部、人力资源和社会保障部、国家市场监管总局等部门，就设立社会监测机构和人员管理资质进行沟通、座谈，充分了解相关情况，听取意见建议。

一、我国社会环境监测发展现状

近年来，随着环境保护领域日益扩大、环境监测任务快速增加、环境管理要求不断提高，社会环境监测市场蓬勃的发展，社会环境监测机构如雨后春笋般涌现。经初步统计，目前我国有 3 000 多家社会监测机构，社会监测力量近 20 万人，承担国家环境质量监测网运维、排污单位自行监测、环境影响评价现状监测、环境损害评估监测、清洁生产审核、企业事业单位自主调查等监测工作。社会环境监测机构进入环境监测服务市场，在一定程度上缓解了当前政府生态环境监测能力不足的问题，成为政府生态环境监测的有益补充。

生态环境部高度重视对社会环境监测市场的培育和社会监测机构的监管，2015 年环境保护部发布《关于推进环境监测服务社会化的指导意见》，明确提出要大力推进环境监测服务主体多元化和服务方式多样化，不断加强诚信建设、完善社会监测监管机制。

一些地方也积极落实意见要求，开展实践探索，出台了相应的管理办法，推动了社会环境监测服务规范的发展。

二、环境监测社会化服务存在的主要问题及原因分析

我国环境监测社会化服务起步较晚，尚处在探索阶段，大多数机构成立时间短、技术水平参差不齐，监测市场鱼龙混杂，有一些问题亟待解决。主要体现在：

（1）社会监测机构弄虚问题较为突出。部分社会机构受经济利益驱动、利益相关方干扰和暗示，低价竞争，以远低于成本的价格承担任务，编造数据、出假报告以赚取利润。这一问题在环境影响评价现状监测以及二噁英监测等高成本监测活动中较为突出。还有一些社会生态环境监测机构、生态环境监测设备运营维护机构受利益驱动，或屈从于委托人或委托单位排污单位的无理要求，配合或参与造假，将未达标数据编造为达标数据出具报告。这一问题在排污单位委托监测以及机动车尾气检验中比较突出。

（2）社会监测机构能力水平参差不齐亟待提高。环境监测是一项专业性很强的工作，高水平的环境监测人才需通过长期实践和严格训练才能胜任岗位需求。但当前社会监测机构人员素质水平较低且流动性强，甚至有些机构在合同中标后才临时组建运维队伍，相关知识储备和业务基础严重不足，缺乏运维经验，所以无法很好地执行生态环境监测技术规范和质控要求。

（3）对社会监测机构的监管力度亟待加强。目前，对社会监测机构的监督管理主要依靠市场监管部门采用计量认证制度，但这种监管方式覆盖范围不全，仅涵盖传统的实验室分析类生态环境监测机构，监测设备运营维护机构却不在计量认证范围内；针对性不强，市场监管部门管辖环保、卫生、食药、司法鉴定等 30 多个行业的计量认证，管理面宽、针对性不强，对生态环境监测机构的前期认证和后续监管都缺乏专业性；违法成本低，对社会化监测机构违法行为，目前主要由市场监管部门依据《检验检测机构资质认定管理办法》进行查处，处罚力度小，最高经济处罚 3 万元，难以形成震慑。

这些问题的存在，严重影响了环境监测社会化的有序推进，也影响了政府和环保部门的公信力，需要切实加强监督管理，促进监测市场规范化发展。

三、对加强社会监测机构监管的思考和建议

针对当前环境监测社会化服务市场中存在的突出问题，结合调研的情况，结合正在开展的《生态环境监测条例》编制工作，调研组从“设立资质提高门槛”和“加强事中、

事后监管”两个方面进行了认真分析和论证。

我们认为，设立资质许可，对规范生态环境监测市场管理，实现社会化监测机构健康发展能起到推动作用。一是有利于贯彻中央全面深化改革领导小组关于环境监测的改革要求，推动落实“探索建立环境监测人员数据弄虚作假从业禁止制度”“强化生态环境部门对社会监测机构和运营维护机构的管理”“依法建立健全对不同类型生态环境监测机构及环境监测设备运营维护机构的监管制度”等相关规定。二是有利于提高生态环境监测的“入口关”，提高市场准入门槛，从源头提高社会化生态环境监测机构质量和人员能力素质。三是有利于解决当前计量认证覆盖范围不全的问题，将自动监测、在线监测纳入资质管理，实现监管全覆盖。四是有利于贯通社会化生态环境监测机构的源头准入和事中、事后监管，提升生态环境部门的管理主动权和管理效果。

但同时也存在一些不容忽视的问题和较大的现实困难：一是设立资质后，生态环境部门在对社会监测机构实施全面管理的同时，必将承担巨大的监管责任，面临较大的廉政风险以及可能的问责压力。二是如要对社会监测机构实施资质管理，受制于编制设置和能力储备，当前生态环境部门在机构、人员力量等方面都相对薄弱。三是实施资质管理，对便民利企、优化营商环境、激发市场主体活力、壮大新动能等形成一定的制约。

综合以上分析，权衡各方利弊，调研组认为，应当将加强社会监测机构监管的着力点放在事中、事后监管。

（1）明确对社会监测机构监管的责任主体。应当明确生态环境部门和市场监管部门各自职责，依法对社会环境监测机构负有监管责任。生态环境部门有权对在行政区内从事生态环境监测活动的监测机构进行监督管理，市场监管部门依法对取得检验监测机构资质认定证书的监测机构进行监督管理。同时，加强两个部门监管协同，完善日常监督检查制度，建立共同检查、信息共享、案件移送等相关机制。

（2）实现监管类型全覆盖。在现有检验检测机构资质认定制度的基础上，采用由生态环境主管部门会同市场监管部门就特殊要求联合制定具体办法的方式，填补采样、自动在线监测、遥感监测等领域的监管空白，实现对社会化生态环境监测机构监管“全覆盖”。

（3）提高对监测机构和人员的具体要求。通过立法的形式，在《生态环境监测条例》中对生态环境监测机构、一般人员、技术负责人、质量负责人、授权签字人应具备的条件提出要求，从源头设置相应条件，确保社会化生态环境监测机构和人员入行“有门槛”。

（4）加强信用管理和行业自律。生态环境管理部门要牵头建立完善生态环境监测机构信用监管制度，建立社会环境监测机构星级评价制度，开展信用评级和动态管理，将生态环境监测机构、人员违法行为和处罚结构纳入全国信用信息共享平台和国家企业信用信息公示系统，纳入黑名单，实现“一处违法、处处受限”。

（5）以“零容忍”的态度严惩监测弄虚作假行为。在进一步明确监测弄虚作假情形的基础上，大力加强对弄虚作假行为的惩处力度，大大提高违法成本，在经济处罚之外，探索运用行政手段、法律手段对弄虚作假行为进行惩处，让造假的机构、个人在监测行业内没有立足之地。加强与公、检、法部门合作，健全行政执法与刑事司法衔接机制，对于涉嫌犯罪的要依法移送公安机关，接受刑事判罚。

稳妥推进机关后勤服务社会化
着力提升机关事务保障水平

路斌　刘迪　黎慧姣
（生态环境部机关服务中心）

党的十九大报告指出，深化事业单位改革，强化公益属性。加快机关后勤服务社会化改革是贯彻落实党的十九大精神、深入推进事业单位改革的重要举措。结合生态环境部"大调研"活动，生态环境部组成专题调研组，于 2018 年 3 月对国家机关事务管理局、农业部机关服务中心和上海市、深圳市、四川省机关事务管理局以及 9 家京外部属单位进行实地调研，充分了解机关后勤服务改革发展方向及典型性经验做法，旨在稳妥推进生态环境部机关后勤社会化服务改革，并发挥生态环境部机关对部属单位后勤服务管理工作的指导性作用。

一、机关后勤服务改革历程和现状

（一）机关后勤服务改革发展历程

机关后勤服务社会化改革是一个动态的、渐进的转化过程，伴随我国经济体制、行政管理体制改革和机构改革的进程而展开，以中央文件为依据，机关后勤服务改革大体分为两个阶段。

1. 探索管办分离，创建机关服务中心

1989 年，国家机构编制委员会印发的《关于中央国家机关后勤体制改革的意见》（国机中编〔1989〕7 号）中提出，机关后勤工作分解为管理职能和服务职能两个部分。1993 年，中编办、国管局印发的《国务院各部门后勤机构改革的实施意见》（中编办〔1993〕33 号）进一步提出，机关后勤行政管理职能和服务职能从机构上分开，后勤行政管理职能划入各部门办公厅（办公室），组建事业性质的机关服务中心，履行服务职能。

2. 深化管办分离，强化机关服务中心管理属性

1998 年，国务院办公厅转发《关于深化国务院各部门机关后勤体制改革的意见》（国办发〔1998〕147 号）将深化机关后勤体制改革，按照精简、统一、效能和权责一致的原则，规范机关后勤管理职能。2004 年，温家宝总理对机关事务工作部门的职能定位作出了“管理、保障、服务”的高度概括。党的十八大明确要求，加大机关向社会力量购买后勤服务的力度，合理规范机关事务管理职能配置，不断提高管理服务保障效能。

（二）积极探索服务社会化改革现状

随着市场经济的发展和行政管理体制改革的推进，发展后勤经济已不属于政府职能，要求机关后勤服务由内部自我服务向社会力量提供转变，同时，社会服务业的快速发展也为加快推进机关后勤购买服务创造了条件。根据中央和地方 5 省（直辖市）的社会化服务改革调研结果来看，一是机关后勤服务社会化水平大幅提高，尤其是经济发达地区和改革开放力度较大的地区，后勤服务社会化改革步伐迈得更快、力度更大，如上海市机关后勤服务社会化程度现已达到 80%以上。二是机关办公楼区物业服务基本实现由社会力量承担，如深圳经济特区市委、市政府集中办公区由深圳市机关事务管理局统一管理，自 2004 年起，深圳市机关事务管理局通过公开招标购买物业服务，物业社会化服务涵盖公共区域维修、设备设施维护、绿化、安保、保洁、监控、停车管理等多个方面，陆续引进 3 家物业管理公司，至今物业服务已实现社会化购买全覆盖。

（三）生态环境部机关后勤服务改革实践

1. 生态环境部机关本级后勤服务改革情况

生态环境部机关服务中心于 1994 年成立，成立之初，主要承担机关后勤管理和后勤服务的职能。随着机关后勤体制改革的深入和环保事业的发展，服务中心的职能不断进行调整和加强，2010 年 9 月，生态环境部党组会议审议通过服务中心新的“三定方案”（环办〔2010〕121 号），服务中心内设 1 个中心、12 个处（部、室），在机关事务管理与保障方面承担了部机关“五委会”事务、节约型机关建设、人防和职工住房改革，承担机关财务、政府采购、资产管理、文印电传、办公楼管理、基本建设等职能；在机关事务服务方面承担了交通、会议接待、医疗保健、物业、餐饮等职能；承担了归口管理生态环境部 3 个培训基地的职能。

为积极响应机关后勤服务社会化改革政策，服务中心在将会议服务、保洁服务分别

外包、探索多年的基础上，于 2017 年经公开招标对机关办公区物业和会服打包购买社会化服务，定期考核，将绩效与考核挂钩，由办公楼管理处专职监督管理。引入社会化服务后，生态环境部办公区物业服务更规范化、专业化和精细化，服务质量得到了明显的改善和提升。

服务中心在推进机关后勤服务社会化改革中做了一定的工作，但仍处于初步探索阶段，还面临以下问题：

（1）管理投入不足

一是服务中心工勤人员占编较多，减少了管理岗位编制人员；二是经费保障不足，1999 年制定的机关后勤服务费用结算机制和费用标准已不能适应现在的市场服务价格。

（2）专业化水平不够

服务中心合同聘用制人员多，因待遇不高，流动性大，同时人员劳动技能和专业技术水平不高。

（3）制度不够完善

服务中心现有制度标准和机制无法完全适应服务社会化改革的要求，从前期引入购买到后期监督管理，未建立一套标准制度和操作规范，相应的管理机制也不够完善。

（4）管理和服务手段落后。

服务中心后勤服务管理工作采用传统管理和操作，信息化管理等新技术运用滞后，存在业务流程繁杂、服务渠道交错等问题。

2. 部属单位后勤服务改革情况

本次共调研了华南核与辐射安全监督站、西南核与辐射安全监督站、华东核与辐射安全监督站等 9 家京外派出机构和直属单位。

（1）后勤改革情况

7 家单位已开展后勤服务改革，主要涉及物业、餐饮、车辆保障方面，其中 5 家单位物业都已购买社会化服务，1 家单位为自办服务，1 家由共有产权楼物业单位负责；1 家单位为餐饮购买社会化服务，6 家单位为自办职工食堂，但厨师采用劳务派遣。另外 2 家单位为租房办公，未购买社会化服务，物业服务等由业主统一提供，餐饮也是职工自行解决。

（2）管理运行情况

4 家单位建立了本单位后勤服务标准和管理保障制度，其中 1 家单位制定了服务考核办法，用于监督管理；8 家单位后勤服务管理工作由办公室具体负责，且由办公室人员兼职管理。各单位普遍反映，单位后勤管理队伍建设比较薄弱，缺乏专门的后勤管理机构和专职管理人员，职工后勤管理相关培训也不足。

（3）节能工作情况

4 家单位制定了本单位节能管理制度、能耗统计制度，5 家单位有关制度散见于各类综合管理制度中，尚未形成规范、统一的制度体系，相关配套制度标准尚未建立，且各单位缺乏对新技术、新能源、新产品的引入。

（4）安全管理情况

单位产权楼的高压配电、压力容器（管道）、电梯等专业设备设施由专业人员持证上岗管理。除华南督察局和华南环境科学研究所共有办公楼为近年新建外，其他单位楼宇和设备设施都有日渐老旧的情况，须及时维修更新。

二、机关后勤服务改革的经验做法

根据中央分类推进事业单位改革工作部署，结合国家机构改革，国管局明确机关后勤服务改革的基本思路不会变，即以加快机关后勤服务社会化为主线，推进机关后勤服务由内部自我服务为主向社会力量提供转变，机关服务中心转变为承担服务管理职能、经费主要由财政保障的机关事务管理机构。调研发现，机关后勤服务社会化改革优秀经验做法如下：

（一）提升机关后勤服务质量，落实后勤服务社会化格局

上海市机关后勤体制和服务社会化改革经历了 30 余年的探索和实践，各项工作走在了全国前列，目前已逐步形成了市、区两级主管、三级管理的体制机制，引入可控的社会资源，推动政府购买已成为上海市机关后勤服务保障的基本方式，机关后勤服务已形成“政府主导、市场竞争、择优服务”的后勤服务保障供给模式，以社会优质服务资源带动、以市场机制倒逼提升机关后勤服务质量。同时，上海市按照分级、分类、分步的原则，制定了符合上海机关实际的后勤人员改革分流政策、转企扶持政策等，确保改革平稳有序推进。

（二）构建后勤管理制度体系，筑牢机关事务标准化之基

标准化管理是机关事务落实新发展理念、实现治理体系和治理能力现代化的现实要求，也是深化后勤服务管理体制改革、推动改革创新发展的题中之义。深圳市机关事务管理局高度重视法制化、规范化、标准化建设，特别注重用制度约束和规范服务保障行为。在涉及资产管理、办公用房管理、公共机构节能、安全管理、会务管理、物业管理、

车辆服务等方面，制定了一套完整的规章制度和标准体系为后勤服务管理工作作保障，明确服务工作标准，结合监督管理办法，实现了内部管理的全过程可控，逐步形成了用制度管权、按制度办事、依制度服务的工作机制，有力促进了机关事务工作的改革发展。

（三）“互联网+机关服务”深度融合，推动后勤改革信息化发展

面临“互联网+”、大数据与实体经济全方位融合的新时代，机关事务管理在财务、资产、房产、物业、采购、餐饮、医疗等方面的工作，不靠信息化、智能化的新技术、新手段无法适应现实需求。农业部机关服务中心围绕运用互联网技术和信息化手段开展工作，推动后勤管理服务方式方法创新，在有计划推进财务资产、公共节能、会务接待、集中采购、物业服务、基建维修、医疗保健等业务信息系统建设的基础上，逐步推动形成统一的业务协同管理、信息资源共享的数据平台，积极打造智慧机关服务，全方位提升机关后勤服务工作信息化水平。

三、下一步机关后勤服务改革的工作思路

（一）推进生态环境部本级机关后勤服务社会化改革的建议

服务中心坚持以问题为导向、以创新为驱动、以深化改革为抓手，加强推进生态环境部本级机关事务管理与服务改革。具体建议如下：

一是把握正确的改革方向，科学推进机关后勤社会化。按照国管局确定的改革思路，坚持机关后勤服务社会化改革方向，坚持统筹规划，正确处理好改革与稳定、当前改革与长远发展、整体推进与重点突破的关系，引入竞争机制，选择市场成熟度较高的行业逐步购买社会化服务（如物业、会服、安保等），更好地发挥社会力量，积极稳妥地确保改革顺利推进。同时，积极争取上级部门的支持，加大对后勤服务社会化改革的顶层设计，为切实调整机关后勤服务费用支出消除制度性障碍。

二是加强社会化服务监督，健全社会化服务管理体制机制。进一步理顺后勤服务管理机制，将工作重心转移到社会化服务的监督管理和部属单位后勤服务工作的统筹指导上。规范社会化服务的招投标制度、服务标准、监督管理制度、考核制度绩效评价体系及相应机制，建立健全具有实操性、前瞻性的机关后勤社会化服务管理标准体系，以标准化操作评估为抓手，加强对服务质量的全过程管理。根据监督管理结果，适时对后勤服务管理工作的客观现状、潜在问题、发展趋势等作出调查分析和论证，更新服务标准，改良社会化服务项目，不断提高服务水平。

三是加强自身队伍建设，持续提升服务管理水平。加强学习专业化培训，克服本领不足、本领落后的问题，增强对社会化服务组织的话语权和权威性；调整优化机构设置和人员岗位，切实尊重职工意愿，在政策规定范围内，可采取“老人老办法、新人新办法”的方式。同时，做好后勤服务改革中的思想政治工作，争取干部职工的理解和支持，使改革少一点阻力，多一点动力，确保各项改革措施顺利落实到位。

四是建立信息化平台，完善机关后勤管理手段。运用“互联网+管理+服务”改进后勤服务保障供给能力水平，基于环境保护部业务专网，充分利用现有的网络基础和设备资源，搭建一个流程规范、整体联动、服务多元的交互式机关事务管理与后勤服务综合办公平台，建立标准和流程统一的系统管理与后勤服务模式，实现内部管理精准化和后勤服务便利化。

（二）统筹指导生态环境部部属单位后勤服务管理工作的工作建议

1. 指导和推动部属单位主动进行社会化改革

指明后勤服务改革的必要性，明确凡是社会化成熟度高的服务可交给社会力量担当。

2. 规范部属单位购买社会服务制度标准

研究后勤服务需求，制定后勤社会化服务标准及采购合同参考文本，统一规范各单位向社会力量购买物业服务和其他后勤服务的内容、方式、标准和程序等。

3. 监督部属单位社会化服务管理工作

重点监督各单位社会化服务的安全管理工作，特殊专业人员必须保证持证上岗。

4. 开展部属单位后勤管理业务培训

对后勤管理人员、专业技术人才和技能人才开展专题培训，不断提高各单位后勤管理和后勤队伍文化素质、业务水平和工作技能。

5. 推进部属单位能源资源节约增效

出台《生态环境部 2019—2020 年节约型示范单位创建实施方案》《生态环境部节约型机关创建工作实施方案》，充分利用市场竞争机制，鼓励引进应用节能新产品、新技术、新服务，不断适应后勤服务社会化改革要求，提高节能管理专业化水平。

《关于加强对外合作与交流中生物遗传资源利用与惠益分享管理的通知》实施情况调研报告

郝亚茹[1] 赵富伟[2] 李颖硕[2] 刘文慧[3] 李圆圆[3]
（1. 生态环境部自然生态保护司；2. 生态环境部南京环境科学研究所；
3. 中国环境科学研究院）

为了规范对外合作与交流中生物遗传资源利用与惠益分享活动，了解《关于加强对外合作与交流中生物遗传资源利用与惠益分享管理的通知》（以下简称《通知》）各项要求落实情况，2020 年 8 月，生态环境部联合教育部、科学技术部、农业农村部、中国科学院、国家林业和草原局等部门成立调研工作组，制定调研工作方案和调研手册，赴北京、江苏、广东、云南、陕西等省（市）有关主管部门与 10 家高校和科研院所进行调研。通过召开座谈会、现场调研、查阅档案资料等形式，掌握了各地方有关部门、高校和科研院所生物遗传资源对外合作与交流管理情况，了解了相关管理需求和面临的困难。现将相关情况汇报如下。

一、《通知》实施现状

（一）总体情况

2019 年 1 月，云南率先发布实施省级生物多样性地方性法规，即《云南省生物多样性保护条例》，对生物遗传资源获取与惠益分享进行了原则性规定。北京、江苏、陕西等地生态环境主管部门正在研究起草省级生物多样性保护地方性法规。所调研省（直辖市）的农业农村、林业和草原主管部门依照《种子法》《畜牧法》《野生动物保护法》《野生植物保护条例》《濒危野生动植物进出口管理条例》《自然保护区条例》等现行法律法规，以及农业农村部和国家林业和草原局的相关规定，发布实施省级配套措施，开展农作物、林木、牧草、食用菌、畜禽、野生动物、野生植物等的采集、猎捕、交换、野外考察、向境外提供或者与境外机构和个人在境内合作研究利用等活动的审核审批，进一步强化并规范了上述生物遗传资源的采集、猎捕和对外合作与交流管理。

自 2014 年以来，地方教育和科技主管部门完善科技保密、实验室安全、人员出访等管理制度，防范生物遗传资源流失，提升生物遗传资源保护意识。各地方主管部门和相关高校、科研院所结合“5·22 国际生物多样性日”“6·5 环境日”“全国科普日”“爱鸟周”“野生动物宣传月”“水生野生动物保护科普宣传月”等活动，依托各级各类科普教育基地，开展形式多样的生物多样性、物种和遗传资源保护宣传教育。

（二）立项管理

调研省（直辖市）的教育和科技主管部门在省级科研项目中，加大对生物遗传资源对外合作与交流项目的支持力度。农业农村、林业和草原主管部门依照现行法律法规和农业农村部、国家林业和草原局的相关要求，完成了农作物、林木、牧草、食用菌、畜禽、野生动植物等对外合作与交流活动的审核或审批。生态环境主管部门仅广东省生态环境厅收到由企业抄送的 1 项对外合作与交流项目资料，其余省（直辖市）生态环境主管部门均未收到抄送或备案资料信息。

高校和科研院所普遍建立了科技、国际合作、咨询委员会或者保密委员会等管理机制，并将生物遗传资源对外合作与交流项目管理纳入日常管理工作。其中，中国科学院微生物研究所和中山大学均建立由行政管理部门、科研伦理委员会、保密委员会组成的内部管理机制。南京林业大学、云南省农业科学院、云南农业大学等省属高校和科研院所均定期向相应的省级生物遗传资源主管部门报告项目立项情况。

高校和科研院所普遍反映，近年未开展我国列入保护名录的、可能是新物种和新变种的或具有重要价值的生物遗传资源对外合作与交流项目。

部分高校和科研院所自2014年以来从未签订过生物遗传资源输出与惠益分享协议，而中国科学院微生物研究所、江苏省中国科学院植物研究所、云南农业大学、云南省农业科学院等签订的国际合作协议较多。其中，云南农业大学签订了 231 份国际合作协议，云南省农业科学院签订了 20 多份国际合作协议。现有国际合作协议均含有惠益分享相关条款，也能够涵盖《通知》要求的其他协议要素，但未列明“国家共享惠益”。部分国际合作协议中缺少生物遗传资源来源和应用前景等相关条款。

（三）项目实施监督

地方主管部门接收到境外机构和个人在我国生物遗传资源原生境开展野外考察的申请较少，仅云南省生态环境厅收到外国人进入纳板河流域国家级自然保护区考察申请 3 次，北京市园林绿化局收到外国人野外拍摄鸳鸯录像申请 1 次。生物遗传资源保藏机构未定期向主管部门报告境外机构和个人获取生物遗传资源。例如，中国科学院微生物研究所认为难以判断微生物遗传资源的重要性和价值，故未予报告。各单位近年没有出现组织或者带领境外机构和个人在我国资源原生境开展野外考察的情况，同时向境外机构和个人提供我国迁地保藏资源的次数也较少。各部门、高校和科研院所尚未建立对外提供非活体标本、流行性疾病样本以及科学普及目的的生物遗传资源的简化程序。

按照现有的国际科研惯例和规则，微生物新种发表或者专利微生物需要将模式菌株分别保存在不同国家的两个保藏中心。微生物科研人员在发表论文或者申请专利时，均在依法办理微生物资源出境手续后，将模式菌株提交给指定的保藏中心，这是微生物遗传资源流失的一个风险点和监管盲点。

中国科学院微生物研究所和荷兰喜力啤酒公司签订生物材料转让协议，2018 年 3 月将西藏野生亲本酵母菌转让给喜力公司。研究所初期获益 6 万欧元，后期参与销售分成。在协议中要求合作方定期报告研究利用情况，同时也会利用国家微生物科学数据中心追踪相关进展。江苏省中国科学院植物研究所、广东省农业科学院、云南农业大学与境外机构签订合作协议，将拥有自主知识产权的农作物新品种引种至境外推广种植。虽然在协议中要求境外合作方定期报告研究利用情况，但却存在境外合作方通报信息不及时或不全面等问题。

（四）项目成果跟踪监测

目前，各高校和科研院所均建立了项目成果登记和查验制度，但执行效果不同。中国科学院微生物研究所采用境外合作方主动通报和研究所自主追踪监测的方式，跟踪论文论著、知识产权、经济收益等生物遗传资源境外产出。虽然云南省农业科学院、云南农业大学和江苏省中国科学院植物研究所要求项目负责人在协议中约定由境外合作机构主动通报成果，但却面临成果通报不及时或者隐瞒收益等问题。中山大学、中国农业大学、西北农林科技大学等其余高校和科研院所主要针对项目管理，查验中方合作者提交的科学报告、论文发表、专利授权等，并未采取资源境外利用和产出情况的监测措施。

各单位在申请专利时，均依法披露了生物遗传资源直接来源和原始来源。中国科学院微生物研究所、中国农业大学、江苏省中国科学院植物研究所、云南农业大学等在论文发表时，均要求披露生物遗传资源直接来源和原始来源；其余高校和科研院所对此未做要求，由科研人员根据杂志要求执行。

（五）生物遗传资源输出管理

地方农业农村、林业和草原主管部门依照《种子法》《畜牧法》《渔业法》《野生动物保护法》《野生植物保护条例》《濒危野生动植物进出口管理条例》的有关规定，以及农业农村部、国家林业和草原局的有关通知要求，负责农林种质资源、野生动植物及其制品的出口、对外提供或者在境内与境外机构和个人合作研究利用初审或审批，但未依照《野生植物保护条例》和《濒危野生动植物进出口管理条例》的有关规定将审批信息资料抄送至生态环境主管部门。地方主管部门尚未采取事后监管措施，未建立违规输出行为曝光、披露和责任追究、信用评级、黑名单等制度。

仅中国科学院微生物研究所、江苏省中国科学院植物研究所、云南农业大学 3 家单位建立了对外提供生物遗传资源的登记和查验制度。

高校和科研院所未发现携带和寄递珍稀、濒危、特有、可能是新物种和新变种的或具有重要价值的生物遗传资源出境的情形。云南农业大学、江苏省中国科学院植物研究所、中山大学等输出的生物遗传资源均为具有自主知识产品的育成品种。中国科学院微生物研究所、江苏省中国科学院植物研究所、南京林业大学、云南农业大学、秦岭国家植物园等单位已建立生物遗传资源出境定期自查制度。

二、存在的问题

虽然各地方主管部门、各高校和科研院所在生物遗传资源保护领域开展了大量工作，但针对《通知》的实施，仍然存在以下主要问题：

（一）地方主管部门、高校和科研单位对生物遗传资源利用与惠益分享重要性认识仍不到位

地方主管部门、高校、科研院所和科研人员普遍缺乏生物遗传资源惠益分享意识，特别是在生物遗传资源对外合作与交流活动中，对体现生物遗传资源国家利益的必要性和重要性认识不充分，导致《通知》的相关要求如建立相关工作机制、规章制度等仍未受到足够重视。一些高校和科研院所成果登记、检查和验收内容仅限于论文论著、科学报告、知识产权等产出，忽略了资源价值增值所产生的经济和社会效益。新冠肺炎疫情暴发特别是生物安全纳入国家安全体系以来，虽然地方主管部门、高校和科研院所均开展了形式多样的生物资源相关宣传教育工作，但行政管理、科研、产业一线人员的生物遗传资源保护意识和业务能力亟待提高。

（二）《通知》要求的各项制度仍未完全建立或者未有效实施

地方主管部门主要依据国家现行法律、行政法规、地方性法规和规章开展生物遗传

资源相关监督管理工作。现行法律法规建立了农作物、林木花卉、食用菌、烟草、中药材等种质资源、畜禽遗传资源、水产苗种、国家重点保护野生动植物等的获取管理制度，地方农业农村、林业和草原主管部门能够依法开展上述生物遗传资源的采集、猎捕、进出口管理工作，地方科技、教育主管部门能够按照各自职责分工开展生物遗传资源对外合作与交流有关管理工作。然而，上述资源以外的生物遗传资源的获取管理制度尚未建立，例如，非国家重点保护野生动植物、微生物、衍生物、生物遗传资源相关的传统知识、遗传资源数据信息等。

根据《种子法》和《畜牧法》的有关规定，“向境外提供或者与境外机构、个人开展合作研究利用”种质资源和畜禽遗传资源，应当在申请的同时提交“国家共享惠益的方案”。《广东省种子条例》原则性地要求签订合作协议，《云南省生物多样性保护条例》中提出建立获取与惠益分享制度，但由于缺乏国家共享惠益的类型、方式、程序等更为具体的规定，地方主管部门和有关单位难以实施，所以国家和地方立法中惠益分享相关条文的实施效果较差。

由于上位法缺失，故《通知》中有关重要生物遗传资源出境备案、对外提供科普用生物遗传资源制度、生物遗传资源对外合作与交流项目报告制度、成果查验制度、审核审批信息资料抄送制度、事后监管和惩戒制度等均未得到落实。科研院所开展生物遗传资源身份登记和利用管理相对较好，高等院校相对较差。

（三）生物遗传资源管理体制机制仍不完善

《通知》要求各单位依法取得审批并开展生物遗传资源对外合作与交流项目，但微生物、衍生物、生物遗传资源相关传统知识、遗传资源数据信息等目前没有明确的管理部门，导致其获取、利用和惠益分享监管缺位，降低了高校和科研院所的人员主动报告生物遗传资源对外合作与交流项目的积极性。

虽然江苏和云南设立了生物遗传资源相关省级协调机制和专家咨询机制，但总体上生物遗传资源对外合作与交流、利用与惠益分享仍然缺少统一的协调机制，各部门间信息共享渠道不畅通，生物遗传资源专家咨询机制缺失，造成多头管理或管理空白。

在“948 项目引进国际先进农业科学技术计划”“中国科学院战略生物资源计划”等生物遗传资源对外合作与交流的背景下，教育和科技主管部门、生物遗传资源主管部门、海关等部门缺乏部门联动机制，国外引种的生物遗传资源入境报批程序不清晰、审批周期长、获批入境率低，导致我国科研人员耗费大量人力、物力、财力尚不能将境外生物遗传资源顺利引入境内。

（四）对外合作与交流项目管理仍然不够精细

高校和科研院所是当前生物遗传资源对外合作与交流项目的实施主体。科技、教育和资源主管部门加大了对外合作与交流项目的支持力度，但在管理上着重对经费使用、成果产出等的监督和管理，涉及农作物、林木、牧草、食用菌、畜禽、国家重点保护野生动植物的对外合作与交流项目主要依据现行制度办理采集、猎捕、进出境等手续，发布的对外合作与交流项目合同范本缺乏对惠益分享、第三方转让限制条件、报告与追踪等的规定，导致高校和科研院所项目管理缺乏必要和有效的指导、规范和监管手段。高校和科研院所的科研人员不知道如何才能达成一份“国家共享惠益的方案”。除合同约定的合作方通报义务外，普遍缺乏更加有效的生物遗传资源境外利用情况追踪监测手段，导致难以分享生物遗传资源后续利用所产生的惠益。

（五）地方主管部门、高校和科研院所监管能力仍然存在较大不足

除云南外，其余调研省（直辖市）生物多样性调查刚刚起步，生物遗传资源监管相关数据库或者信息平台尚在搭建，地方主管部门监督管理数据信息缺乏共享机制。生物遗传资源鉴定识别、价值评估、出入境快速查验、跨境流转追踪监测等科学技术尚未转化为行政主管部门进行有效监管的手段和方法。高校和科研院所依托科技、国际合作、保密、人员出访等现有机制管理生物遗传资源对外合作与交流项目。行政主管部门限于机构和人员设置等因素，无法配备生物遗传资源相关管理人才，尚不能满足生物遗传资源对外合作与交流管理的需要。

三、工作建议

（一）加快国家生物遗传资源获取与惠益分享立法进程，推动《生物遗传资源获取与惠益分享管理条例》尽快出台，完善配套措施

2020 年 2 月，习近平总书记主持召开中央全面深化改革委员会第四次会议，明确指出“尽快推动出台生物安全法，加快构建国家生物安全法律法规体系、制度保障体系”“把生物安全纳入国家安全体系，全面提高国家生物安全治理能力”。韩正副总理在中国生物多样性保护国家委员会（以下简称国委会）会议上指出：“要采取有效措施，加强自然遗传资源管理和保护，加快推进生物遗传资源管理条例立法进程。”中央国家安全委员会将该条例纳入《国家安全立法规划》。自 2015 年以来，生态环境部成立生物遗传

资源获取与惠益分享条例立法工作领导小组，完成了条例起草，并将条例草案向部门（2轮）、地方（1轮）和社会（1轮）征求了意见。条例草案重点对生物遗传资源管理体制、信息共享平台、获取原则、境外主体获取程序、惠益分享要求、跨境流转的追踪监测等作出了规定。建议配合《生物安全法》出台实施，将《生物遗传资源获取与惠益分享管理条例》列入2021年国务院立法工作计划，加快推进条例立法工作，争取早日出台，确保各地方行政管理部门、高校和科研院所有法可依。

同时，生态环境等主管部门要加快制定完善各项配套措施，建立生物遗传资源信息共享制度，促进跨部门生物遗传资源获取、利用、进出境、知识产权、惠益分享等信息共享共通。生态环境等主管部门发布实施生物遗传资源获取与惠益分享协议范本，教育、科学技术、农业农村、中国科学院、林业和草原等部门改革完善中央和地方财政支持的各级各类生物遗传资源相关对外合作与交流项目合同范本，细化和强化对惠益分享、第三方转让条件、跨境流转追踪监测等的指导。

（二）强化各级生物遗传资源相关部门协调机制，建立健全各级专家咨询机制，加强生物遗传资源管理支撑技术运用

充分发挥国委会的领导和统筹协调作用，增强部门之间的沟通协作，加强生物遗传资源获取、利用和惠益分享管理。建立和完善各级生物遗传资源相关部门的协调机制，强化各级政府生物遗传资源利用与惠益分享监管工作的协调统筹。建立健全各级各行业生物遗传资源保护和管理专家咨询机制，纳入基础研究、资源保护和管理、法律等领域的专家学者，推行生物遗传资源重要决策跨领域专家论证制，进一步强化生物遗传资源保护和管理工作的科学合理性。加快建立中央和地方生物遗传资源数据库，跨部门合作开展试点示范，将资源快速鉴定识别、价值评估、出入境远程查验、跨境流转追踪监测等技术手段运用于生物遗传资源监督管理，逐步形成“宽进严出，宽严相济”的生物遗传资源对外合作与交流格局。地方各级主管部门强化对所属高校和科研院所生物遗传资源对外合作与交流活动的管理，省级主管部门强化对行政区内中央高校生物遗传资源对外合作与交流活动的管理。

（三）建立面向国际的生物遗传资源获取与惠益分享示范中心，打造共建、共享、共赢的生物遗传资源对外合作与交流平台

近年来，中国科学院依托西双版纳热带植物园、武汉植物园建立东南亚生物多样性研究中心和中非联合研究中心，主要开展东南亚、非洲生物多样性综合考察和基础研究利用等。由于大部分东南亚和非洲国家已经加入《名古屋遗传资源议定书》，相关国家

法律法规逐步完善，生物遗传资源保护和惠益分享意识大大提升，这对我国科研单位和人员在境外依法合规开展生物遗传资源相关考察和研究利用工作提出了更高的要求。建议由生态环境部牵头，联合中国科学院、海关总署、农业农村部、湖北省、云南省，依托东南亚生物多样性研究中心和中非联合研究中心，建立部院署省共建的、面向东南亚和非洲的生物遗传资源获取与惠益分享示范中心，打造依法合规引进境外资源、中外合作开展研究利用、中外共享惠益的国际平台。

（四）制订生物遗传资源保护与惠益分享宣传教育计划，多部门合力加强生物遗传资源宣传教育

中央和省级生态环境主管部门牵头，多部门参与，制订本行政区域内生物遗传资源保护与惠益分享宣传教育计划，将生物遗传资源保护、社会经济价值、惠益分享等内容纳入科学普及、保密、国际交流、生物多样性保护等领域的宣传教育工作，重点开展针对行政管理人员、科研人员、企业相关从业者的宣传培训。创新宣传教育形式，利用“双微”、报纸杂志、短视频等全媒体形式，开展生物遗传资源公众科普宣传。借鉴美国自然科学基金管理经验，要求各级各类生物遗传资源相关项目的承担单位结合研究工作，开展面向社会公众的生物遗传资源科普教育。

坚持问题导向　突出精准科学治污
——基于第 17 轮次蓝天保卫战强化监督定点帮扶济宁组的观察与研究

郑军
（生态环境部对外合作与交流中心）

山东省济宁市位于黄淮海平原与山东中南山地交接地带，是京津冀地区及周边大气污染防治“2+26”重点城市之一。济宁市的大气污染水平较重，大气污染物排放基数大，结构性污染问题突出，完成年度和秋冬季攻坚目标的压力较大，但空气质量提升潜力同样较大。2019 年 12 月 17 日—2020 年 1 月 2 日，第 17 轮次蓝天保卫战强化监督定点帮扶济宁市的 6 个工作组的 19 名同志，发扬“严、真、细、实、快”的工作作风，开展了重污染天气应急响应、工业企业污染防治、“散乱污”企业综合整治、黑加油车治理、信访投诉等监督帮扶工作。14 天内共现场检查点位 613 个，发现和上报问题 36 个，涉及企业未完全落实重污染天气应急减排措施、运输车辆管控落实不力、企业治污设施不正常运行、地方问责泛化、产业集群污染 5 个方面 13 类问题。

济宁市环境空气问题是我国空气污染大背景下的一个缩影，也是产业结构偏重、能源结构偏煤、运输结构偏公路的典型城市样本，此次济宁市强化监督定点帮扶工作中的 5 个方面问题，在监督帮扶工作中具有一定的共性和代表性，也从侧面反映出蓝天保卫战强化监督定点帮扶工作的复杂性和艰巨性。归结起来，这些问题既有来自主观意识形态方面，也有源于客观工作环境方面。

调研报告基于第 17 轮次蓝天保卫战强化监督定点帮扶济宁中心组的观察，结合济宁市产业、能源、运输结构情况，分析检查发现的深层次问题，对完善强化监督定点帮扶工作提出了构建抽调人员大数据库、优化强化监督 App 模块、适当配置红外线温度计等建议；对大气污染防治提出了修订量化问责规定、加强重污染天气应急预案编制、国Ⅴ车辆识别管控等技术指导，注重监督帮扶工作的延续性，切实提高帮扶含金量等方面的思考与建议。

一、济宁市绿色转型的基础状况

（一）济宁市产业、能源、运输结构情况

济宁市位于山东省西南腹地，地处黄淮海平原与山东中南山地交接地带。全市地形以平原洼地为主，地势自东向西倾斜，地貌较为复杂。济宁市辖2区2市7县，即任城区、兖州区、曲阜市、邹城市、微山县、鱼台县、金乡县、嘉祥县、汶上县、泗水县、梁山县。2018年，济宁市常住人口为834.59万人，全市生产总值为4 930.58亿元，比上年增长5.8%。

济宁市矿产资源丰富，且以煤为主。济宁市是国家煤炭能源基地和山东省工业中心城市，年产原煤8 000多万吨，燃煤总量4 860万吨、占山东省的1/6；全市含煤面积为4 826平方千米，占全市总面积的45%，主要分布于兖州、曲阜、邹城、微山等地。全市煤储量260亿吨，占山东省煤炭总量的50%，为全国重点开发的八大煤炭基地之一。济宁全市有38家电厂，总装机容量为1 025万千瓦，电厂密度居全国第2位。煤电传统产业奠定了其工业基础，也使济宁市成为典型的煤烟型大气污染城市，工业结构性大气污染突出。

济宁市产业结构不合理，公路货运量大。2018年，济宁市三次产业结构比例为10.0∶45.3∶44.7，全市规模以上工业企业达2 811家，主要以工程机械、汽车及零部件制造加工、化工、橡胶、食品、医药、造纸等为主，其中，重工业占全部工业的73.0%，高新技术产业产值占规模工业的30.6%、仅居全省第11位，“四新”项目数量少、规模小，新旧动能转换支撑不足。济宁市运输结构重公路运输，大型工矿企业和物流园区煤炭、钢铁、矿石等大宗货物公路运输量较大，重型柴油货车污染排放问题突出。此外，济宁市进出口规模小、经济外向度低，减税降费、去产能、化工产业转型、压煤等政策对济宁影响明显大于其他城市。

（二）济宁市大气污染状况

济宁市的大气污染问题较为严重，曾多次发生雾霾事件。受产业结构偏重、能源结构偏煤、交通运输结构偏公路运输的影响，大气污染物排放基数大，结构性污染问题突出，完成年度和秋冬季攻坚目标的压力巨大。2017年，全市二氧化硫、氮氧化物、烟（粉）尘排放量分别为5.02万吨、3.04万吨、2.75万吨。在山东省和全国城市空气质量排名中，济宁市处于中等偏后。其中，2018年，济宁市 $PM_{2.5}$ 年均值为88.2微克/立方米，排在

全国 190 个重点城市倒数第 18 位。济宁市作为京津冀大气污染传输通道上的“2+26”城市之一，大气污染问题显得尤为严重，空气质量提升潜力较大，对改善京津冀大气环境容量和质量意义重大。

二、第 17 轮次监督帮扶调研发现的问题分析

2019 年 12 月 17 日—2020 年 1 月 2 日，第 17 轮次蓝天保卫战强化监督定点帮扶济宁市的 6 个工作组，包括来自生态环境部对外合作与交流中心和天津市生态环境系统的 19 名同志，开展了重污染天气应急响应、工业企业污染防治、“散乱污”企业综合整治、黑加油车治理、信访投诉等监督帮扶工作。14 天内共现场检查点位 613 个，发现并通过 App 上报问题 36 个，涉及企业未完全落实重污染天气应急减排措施、运输车辆管控落实不力、企业治污设施不正常运行、地方问责泛化、产业集群污染 5 个方面 13 类问题，见表 1。

表 1　济宁市第 17 轮强化监督帮扶现场发现的问题

问题类型	问题数	涉及区县
未严格落实企业应急预案中的减排措施	9	兖州、任城、梁山、嘉祥、金乡、经开区
物料堆场未落实扬尘治理措施	8	微山、邹城、汶上
企业未按要求落实运输车辆管控措施	6	高新区、梁山、曲阜、鱼台、泗水
企业治污设施不正常运行	6	兖州、嘉祥、梁山、汶上
流动加油罐车	1	兖州
新发现清单外“散乱污”	1	经开区
企业应急预案规定减排措施与实际不符	1	曲阜
企业未安装治污设施	1	高新
企业未落实 VOCs 整治要求	1	兖州
属于 31 个重点行业内企业，但未纳入减排清单	1	经开区
其他涉气环境问题	1	梁山

注：表中涉及 11 类问题，还有 1 类问责泛化、1 类产业集群环境污染问题。

（一）监督帮扶工作过程中地方害怕发现问题、担心问责现象较为普遍

监督帮扶调研中发现，济宁市大气污染水平较重，有关生态环境指标“持续改善”空间有限，一般干部保持传统思想较重，仍然存在依赖心理，思想解放力度不够大。有些单位和干部的能力素质、担当精神与新时代发展新要求尚有差距。帮扶过程中发现，基层环保监管队伍普遍存在害怕发现问题、担心问责的情况。济宁市根据 2017 年环境保护部发布的《京津冀及周边地区 2017—2018 年秋冬季大气污染综合治理攻坚行动量化问责规定》（环

督察〔2017〕115 号），出台了自身的量化问责条款并实施至今，存在问责层层加码、一出问题就问责、问责泛化等情况，基层环保监管队伍普遍反映问责压力过大。

（二）部分企业未完全落实重污染天气应急响应措施

2019 年 12 月 20 日 0 时至 12 月 30 日 0 时，济宁市启动了重污染天气橙色预警。按照《关于加强重污染天气应对夯实应急减排措施的指导意见》等工作文件，各小组在济宁市境内开展了重污染天气应急响应检查。此次检查共发现 9 个问题，部分企业并未严格落实应急预案中的减排措施，尤其是在区县交接处、城乡接合部、飞地等“三不管”区域监管薄弱，出现问题较多。

玻璃、焦化等部分行业限产标准难以鉴定，有些以最大产能甚至包含淘汰产能折算，导致预警前后实际产量不变。个别企业没有制定“一厂一策”；有些已经停用部分产污工序或企业工序发生改变，但并未及时调整应急预案内容；有些应急预案与现场公示牌展示内容存在出入。此外，嘉祥县个别码头运输公司在检查中出具重污染天气应急豁免清单和由嘉祥港航局等部门盖章的证明文件，但未按要求履行报备程序，联系济宁市大气办表示并未收到相关文件。

（三）重污染天气应急响应运输车辆管控问题

在重污染天气应急期间，济宁市大部分生态环境部门和企业都知道要落实国Ⅳ及以下车辆限行要求，但由于难以判断车辆标准，部分企业尤其是中小企业管理操作无从下手。另外，检查中还发现部分国Ⅲ、国Ⅳ运输车辆存在改装或者国五证明不实的情况，实际雇用企业难以鉴别。经济开发区应急预案中提出日常运输车次在 10 辆以下的单位，不受国Ⅴ标准限行，但未对企业日常运输车次进行分类界定。

（四）部分企业治污设施不正常运行

现场监督帮扶调研中发现，济宁市个别企业除有验收监测报告外，未按要求定期进行第三方检测，不能提供日常检测报告，无法真实体现企业排放现状；部分企业治污设施缺少日常维护保养，设施长期处于暴晒淋雨的室外环境，现场检查开启过程中曾发生短路爆炸；部分企业 UV 光氧催化设备灯管完好率过低，企业没有及时进行维修更新，有些企业没有建立维修保养记录或者尚不知晓需要建立。

（五）汶上县白石镇特色产业集群环境污染问题

调研中还发现，汶上县白石镇存在石材开采加工特色产业集群环境污染问题。白石镇主产天然花岗岩，总储量为 2 000 万立方米以上。2003 年以来，大量福建和本地商人开始开采加工石材，形成较大规模的特色产业集群，多时达上千家企业（整合后现有 200 余家）。但由于缺少产业规划、工艺相对粗放、环保投入较少，导致生态环境污染问题日益严重，见图 1。

图 1　白石镇采石场现场照片

2019 年 12 月 28 日，调研组在赴汶上县开展重污染天气应急响应核查的过程中发现，白石镇石材加工企业普遍存在粉尘收集设施不正常、无法有效收集粉尘、周边农田内存在大量污泥坑、大面积裸土未苫盖等问题，当晚调研组会商后联系生态环境部大气办负责人，并由其联系生态环境部卫星中心调取卫星遥感图片解译，共识别 35 个疑似污水大坑。12 月 30 日，济宁市解除重污染天气预警，调研组联合济宁 2 组，共同前往白石镇采石场和石材加工厂内查看，现场噪声巨大、产生大量锯泥水且违法外排，企业普遍私挖农田堆存锯泥，部分已被覆土掩埋，矿区开采大部分为地面以下，石料开采后形成大量 30～60 米深的大坑，部分大坑内留有大量蓝绿色水体。本次调研组已将有关意见和建议反馈给济宁市生态环境局和第 18 轮次监督帮扶组，见图 2。

图 2　石材加工企业现场及周边（沉淀池附近有废水外排，部分企业存在私挖农田堆存锯泥现象）

三、有关建议

强化监督定点帮扶工作的持续压茬式开展，解决了重点区域中的很多大气环境问题，对环境空气质量改善发挥了重要作用。但环境空气质量持续改善的压力依然较大，改善的整体效果与人民日益增长的优美生态环境需要相比仍有较大差距。

（一）关于完善强化监督定点帮扶工作的有关建议

一是构建强化监督定点帮扶工作人员数据库。强化监督定点帮扶采用生态环境部机关部门（派出机构）、1 个部直属单位和 1 个省级生态环境部门“三位一体”包保到市工作机制，实践证明效果很好。但由于帮扶工作组短时间内缺乏对当地环境污染的深刻掌握，部分组成人员专业领域、熟悉程度、能力水平存在差异，经过两周时间适应后又将面临被轮换的安排。因此，建议构建抽调人员大数据库，合理优化配置小组成员，尤其是中心组以及各小组长的人员组成结构。

二是进一步完善现有强化监督定点帮扶 App。可优化 App 界面和模块设置，将督察和热点网格模块适当展开，或根据每轮次各城市重点任务，灵活提升相应模块的顺序和调用层级，以便于现场应用提高使用效率。

三是适当配置红外线温度仪、VOCs 便携式检测等设备。由于济宁市存在大量机械加工制造企业，电焊和喷漆房存在量较大，现场监督帮扶过程中，个别企业偷偷生产，但检查时会采取一键关停或者其他违规行为，建议督察组配置红外线温度仪等便携式检测设备，有效识别刚停止作业的焊接点位，以提高督查工作的有效性和便利性。

（二）以切实改善环境质量为导向，明确监督定点帮扶发现问题的量化问责规定

建议修订生态环境部有关量化问责规定。各地也应以大气污染水平同比提升为目标，改变等和靠的传统思维，压实地方治气责任；不能以问责代替监管，坚决杜绝平时不作为、有事乱作为等情况的发生；进一步建立健全生态文明长效机制，力戒形式主义、官僚主义，充分发挥考核工作的引导、激励和约束作用，完善形成导向明确、压力递增的考核奖惩体系。

（三）加强重污染天气应急预案、国Ⅴ车辆识别管控等技术指导，注重监督帮扶工作的延续性，切实提高帮扶的含金量

建议地方生态环境部门会同交管等部门加大重污染天气应急响应期间重型车辆监

管力度，引入第三方力量加大对企业的技术指导，要求企业做好出入车辆登记管理，核实并拍照留存相关证明材料，使预案措施真正落实到位。当地生态环境部门应加大日常监管巡查，督促企业定期检查废气处理设施。此外，建议将类似白石镇产业集群环境污染类问题作为监督帮扶的重点对象，持续关注地方整改情况，尤其是锯泥、粉尘收集、污水外排、园区道路扬尘、裸露土苫盖等方面的整改进度，要求地方定期形成整改进展报告，并适时组织开展“回头看”。